新型彩电上门维修速查手册系列

新型进口彩电上门维修速查手册

孙德印　主编

机 械 工 业 出 版 社

本书从上门维修的需要出发，搜集了新型进口彩电维修的常用必备资料。全书共分5章，第1章为进口彩电机心机型与电路配置速查；第2章为进口彩电总线调整方法速查；第3章为进口数码、高清彩电维修技法速查；第4章为进口液晶、等离子彩电维修技法速查；第5章为进口彩电易发故障维修速查。本书为维修进口新型彩电，特别是维修高清、液晶、等离子彩电提供必要的维修资料和维修技法。

本书资料齐全、内容明了、便于携查、易于操作，是供广大读者，特别是家电维修人员学习、查阅、维修新型进口彩电的必备工具书。

图书在版编目（CIP）数据

新型进口彩电上门维修速查手册/孙德印主编．—北京：机械工业出版社，2013.8

（新型彩电上门维修速查手册系列）

ISBN 978-7-111-43520-4

Ⅰ.①新…　Ⅱ.①孙…　Ⅲ.①彩色电视机－维修－手册　Ⅳ.①TN949.12-52

中国版本图书馆CIP数据核字（2013）第177197号

机械工业出版社（北京市百万庄大街22号　邮政编码100037）
策划编辑：刘星宁　责任编辑：江婧婧
版式设计：常天培　责任校对：张　媛
封面设计：陈　沛　责任印制：乔　宇
北京机工印刷厂印刷（三河市南杨庄国丰装订厂装订）
2013年9月第1版第1次印刷
184mm×260mm·22.5印张·571千字
0 001—3 000册
标准书号：ISBN 978-7-111-43520-4
定价：59.80元

凡购本书，如有缺页、倒页、脱页，由本社发行部调换

电话服务	网络服务
社服务中心：（010）88361066	教材网：http：//www.cmpedu.com
销售一部：（010）68326294	机工官网：http：//www.cmpbook.com
销售二部：（010）88379649	机工官博：http：//weibo.com/cmp1952
读者购书热线：（010）88379203	**封面无防伪标均为盗版**

前　言

近几年有关进口彩电维修的书籍和资料较少，特别是有关进口新型高清、液晶、等离子彩电完善的、具备实用性的手册还不多见，广大维修人员急需能适应当前维修新型进口彩电要求的实用维修手册。为满足维修人员维修新型进口彩电的需要，笔者编写了这本《新型进口彩电上门维修速查手册》。

本书从上门维修的需要出发，收集了新型进口彩电电路配置、总线系统调整方法、快捷维修技法和易发故障维修速查等资料。全书共分5章，几乎包含了维修进口彩电所需要的全部资料，力争做到一书在手，进口彩电全修。

第1章为进口彩电机心机型与电路配置速查。本章相当于本书的索引和连接，使用本书时，根据所修进口彩电的机型，先在第1章中查阅其所属机心和集成电路配置，根据其机心和配置，在第2章中查阅所修机型或机心的总线调整方法，如果是数码、高清彩电，在第3章中查阅相关机型或机心的维修技法；如果是液晶、等离子彩电，在第4章中查阅相关机型或机心的维修技法和等离子屏的自检方法；在第5章中可查阅到所修机型和所属机心同类机型的易发故障维修实例，为排除进口彩电软件和硬件故障提供参考。

第2章为进口彩电总线调整方法速查。本章提供了松下、东芝、索尼、夏普、LG、飞利浦、日立、三洋、三星等品牌几百种系列、机心的数码、高清、液晶、等离子、背投彩电的总线调整方法，供维修进口彩电软件故障时参考。

第3章为进口数码、高清彩电维修技法速查。本章提供了松下、东芝、索尼、夏普、LG、飞利浦、三洋等品牌数码、高清彩电的存储器初始化方法，故障自检显示信息，童锁与旅馆模式、酒店模式解锁方法，为快速修复进口数码、高清彩电软件故障提供快捷的维修技法。

第4章为进口液晶、等离子彩电维修技法速查。本章提供了松下、索尼、LG、飞利浦、三星等品牌液晶、等离子彩电的故障自检显示信息、等离子屏自检方法、电源板单独工作方法、保护电路解除方法等快捷有效的维修技法，为快速排除进口液晶、等离子彩电故障提供方法和技巧。

第5章为进口彩电易发故障维修速查。本章提供了松下、东芝、索尼、夏普、LG、飞利浦、日立、三洋、三星常见品牌的几百种系列、机心数码、高清、液晶、等离子、背投彩电的常见易发故障的排除方法和技改方案，特别是提供了因厂家设计缺欠引发的硬件故障排除方法。故障速修方法大多来自一线的维修经验，技改资料多为厂家内部技改方案，由售后服务部门掌握，很少外流，资料十分珍贵。

本书由孙德印主编。其他参加本书编写的人员有孙玉莲、张锐锋、孙铁瑞、孙铁强、孔刘合、于秀娟、刘玉珍、孙铁骑、孙玉净、孙德福、孙玉华、王萍、陈飞英、许洪广、张伟、郭天璞、孙世英、韩沅汛、孙铁刚等。本书在编写过程中浏览了大量家电维修网站有关进口彩电的内容，参考了家电维修期刊、家电维修软件和彩电维修书籍中与进口彩电有关的内容，由于参考的网站和期刊书籍较多，在此不一一列举，一并向有关作者和提供热情帮助的同仁表示衷心的感谢！由于编者的水平有限，错误和遗漏之处难免，希望广大读者提出宝贵意见。

编　　者

目　录

第1章　进口彩电机心机型与电路配置速查

第1章相当于本书的索引和连接，使用本书时，根据所修的进口彩电的机型，先在第1章中查阅其所属机心和集成电路配置，根据其配置的集成电路型号，在第2章查阅所属机心的总线调整方法；在第3章中查找进口数码、高清彩电的存储器初始化方法、故障显示自检方法、童锁和旅馆模式解锁等维修技法；在第4章中查阅进口液晶和等离子彩电故障自检信息、等离子屏自检方法、等离子屏配套电源板单独工作、保护电路解除等维修技法；在第5章中查找所修机型和所属机心同类机型的易发故障维修实例。

1.1　新型彩电电路结构

进口新型彩电，有显像管显示图像的采用数码处理和总线控制技术的高清彩电、单片彩电、超级单片彩电；有液晶显示屏显示图像的液晶彩电；等离子显示屏显示图像的等离子彩电和背投彩电。前者显像管显示图像的高清彩电、单片彩电、超级单片彩电，读者比较熟悉，下面对新型液晶彩电、等离子彩电、背投彩电的电路结构做简要介绍。

1.1.1　液晶彩电整机电路构成

目前流行的数字高清液晶彩电的电路结构如图1-1所示，主要包括电源板、背光灯板、TV电视接收板（模拟电路板）、主电路板（数字电路板）和液晶显示板（LCD或LED显示板组件）构成。各个电路板的功能和作用如下：

电源板：是为整个液晶彩电供电的电路，将AC220V市电变换为整机各个电路板需要的各种直流电压，常见为12V、14V、18V、24V、28V，为各个单元电路供电。其中送到主电路板的供电，再经DC-DC变换器，变换成5V、3.3V、2.5V、1.8V等电压，供给整机小信号处理电路使用。

背光灯板：也称逆变器，将电源板送来的12V、24V、380V的直流电压变换为700～1000V以上的高频交流电压，点亮液晶显示屏背后的LCD背光灯，通常大屏幕液晶显示屏后面都有多个灯管，每个灯管都需要一组交流电压供电电路。新型LED背光灯则变换为70～200V的直流电压，将LED背光灯串点亮。小屏幕液晶彩电和新型液晶彩电，往往将电源板和背光灯板合二为一，成为IP板。

TV电视接收板：电视信号经调谐器、中频电路、视频解码和伴音处理，解出视频和伴音信号，其中YUV图像信号送到主电路板进行图像处理。多数液晶彩电还将音频处理电路和伴音功放电路安排在TV电视接收板上，TV音频信号和主板上输入的音频信号，经音效处理、功率放大，推动扬声器发出声音。

主电路板：具有多种信号接口电路，它可以直接接收来自其他视频设备的数字信号，也可以接收来自计算机显卡的VGA模拟视频图像信号（R、G、B）以及DIV、HDMI、USB的数字信号，每种信号都伴随同步信号。模拟R、G、B信号需要经模拟信号处理电路中的A-D转换器，变成数字视频信号，再进行数字图像处理。不同格式的视频信号在进行数字处

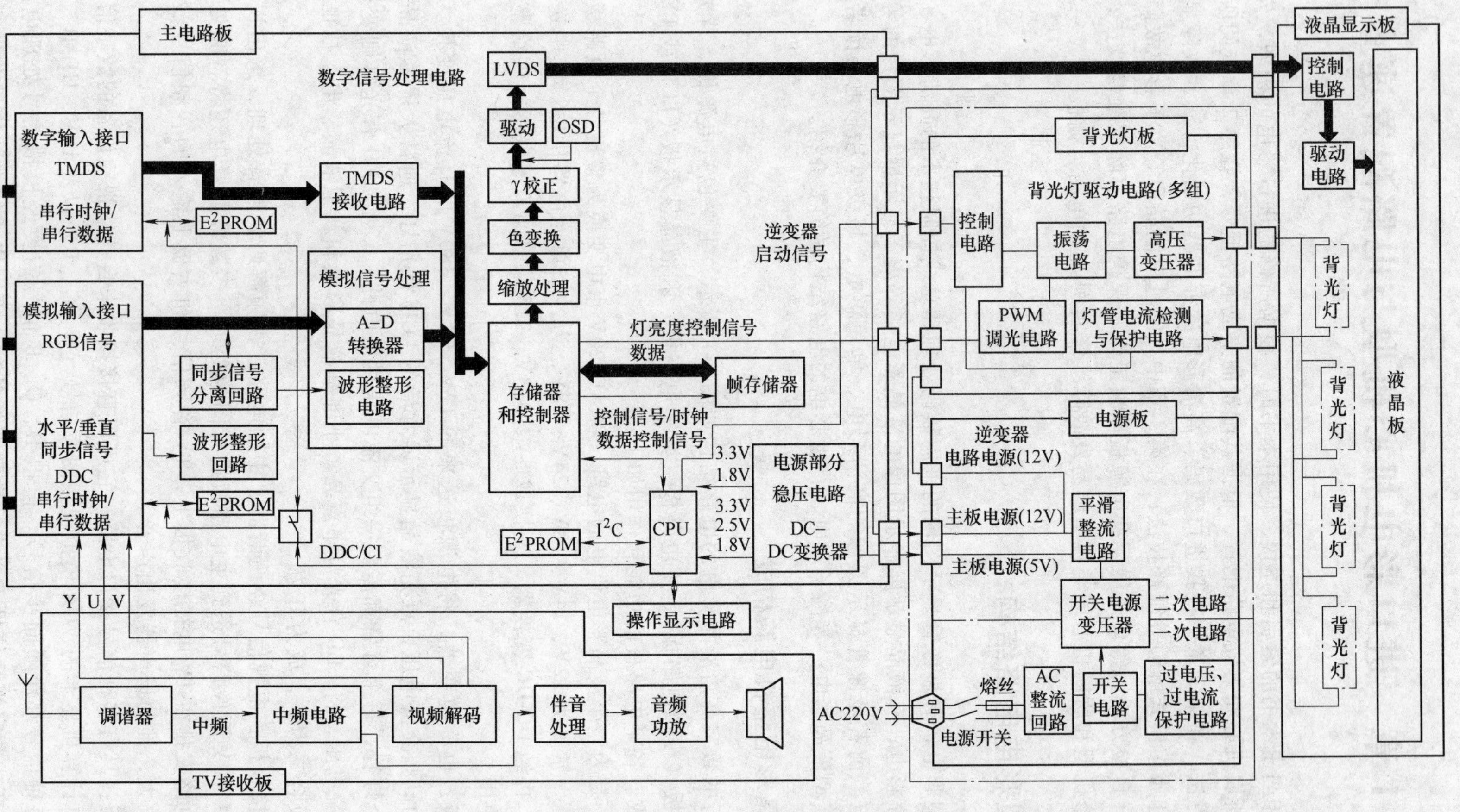

图 1-1 数字高清液晶彩电典型电路结构

理的同时要进行格式变换，与显示格式相对应。经存储器和控制器、缩放电路、色变换电路、伽玛校正（γ）电路、低压差分信号（LVDS）形成电路，变成驱动液晶显示板的控制信号（*X*、*Y*轴驱动）。微控制器电路主要包括MCU（微控制器）、存储器等，是整机的指挥中心，其中MCU用来接收按键信号、遥控信号，然后再对相关电路进行控制，以完成指定的功能操作。存储器用于存储彩电的设备数据和运行中所需的数据。图中，DDC（Display Data Channel）是显示数据通道；DDC/CI（Display Data Channel/Command Interface）是显示数据通道/指令接口；TMDS（Transition Minimized Differential Signal）是最小化传输差分信号；LVDS（Low Voltage Differential Signaling）是低压差分信号；OSD（On Screen Display）是屏上显示电路，即字符信号发生器。

液晶显示板：也称液晶显示模块，是液晶彩电的核心部件，主要包含液晶屏、LVDS接收器（可选，LVDS液晶屏有该电路）、驱动电路（包含数据驱动电路与栅极驱动电路）、时序控制器（Timing Controller，TCON）和背光源等。驱动电路和时序控制器（TCON）是附加于液晶面板上的电路，TCON负责决定像素显现的顺序与时机，并将信号传输给驱动电路，其中纵向的驱动电路（源极驱动电路）负责视频信号的写入，横向的驱动电路（栅极驱动电路）控制液晶屏上薄膜晶体管（TFT）的开/关，配合其他组件的动作，即可在液晶屏上显示出影像。

1.1.2 等离子彩电电路构成

等离子彩电由多块电路板组成，按照总体功能可分为信号处理和等离子屏显示两大部分。一般等离子屏显示部分多为等离子屏生产工厂设计制造，等离子屏显示部分的组件如图1-2所示，其配套的电源板、扫描电路板、扫描缓冲板、维持板、地址选址板、逻辑板等为等离子屏服务的组件都由等离子屏厂家生产组装；而信号处理部分多称为主板，多由电视机生产厂家设计生产，负责对TV、AV、计算机、网络信号源的图像和伴音信号进行处理。有时一个机心或机型，由于生产时货源的不同，往往采用两种以上等离子屏组件，造成相同机心、机型的等离子屏不同，负责信号处理的主板往往也需进行相应的电路改进和程序升级。各个组件的功能如下：

电源板：松下称为“P”板，三星称为“SMPS”板，LG称为“电源板”。一般由抗干扰输入电路、整流滤波电路、待机5V或3.3V电压形成电路（或称“副电源”）、功率因数校正（PFC）电路、低压供电形成电路（如5V、9V、12V、32V等）、高压供电形成电路（如VS、VA、VSET等60～200V电压）、输入/输出接口电路组成。电源板为等离子屏组件和主板电路供电，由于各个等离子屏、机心主板的供电需求不同，电源板输出电压也各不相同。

扫描电路板：松下称为“SC”板，三星称为“Y”板，LG称为“Y-SUS”板。主要由扫描控制信号缓冲驱动电路、隔离放大电路、能量恢复电路、维持驱动电路、擦除驱动电路、隔离电压形成电路组成。其作用是将逻辑板提供的扫描控制信号经缓冲、隔离、放大、MOS管或IGBT驱动后，生成扫描驱动波形，输入扫描电极。

扫描缓冲板：主要由高压驱动电路组成，多由上、下两块扫描缓冲板组成，上缓冲板松下称为“SU板”，三星称为“YB up”板，LG称为“YDRV-TOP”板；下缓冲板松下称为“SD板”，三星称为“YB low”板，LG称为“YDRV-BTM”板。如长虹PT4216分辨率为852×480的显示屏，一块扫描缓冲板上安装有4块驱动电路，两个扫描缓冲板共8块驱动电路，每个电路有 64 路输出，总共 512 路输出，对应显示屏上 512 个扫描电极（其中 32 路未用）。扫描缓冲板接收扫描板的驱动信号，通过扫描驱动电路依次向显示屏扫描电极提供扫描波形。

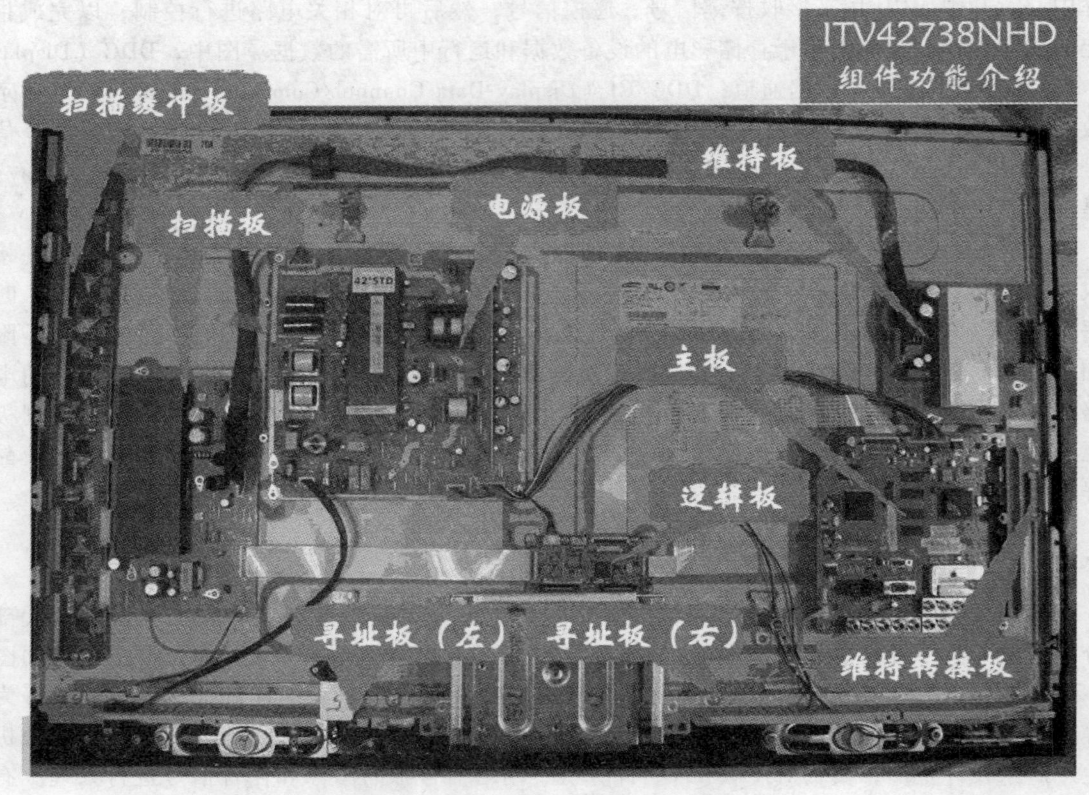

图 1-2　等离子彩电组件分布示意图

维持板：松下称为“SS”板，三星称为“X”板，LG 称为“Z-SUS”板。维持板主要由维持控制信号缓冲电路、能量恢复电路、维持驱动电路等组成。维持板是将逻辑板提供的维持控制信号经缓冲、切换、隔离、放大、MOS 管或 IGBT 驱动后生成维持驱动波形，并通过连接器（FPC 线）向面板的维持电极提供维持驱动波形。如分辨率为 852×480 的显示屏一般通过两个 FPC 线连接至屏上 480 根维持电极。

寻址板：寻址板一般分为左、右两个，松下称为“C1、C2”板；三星称为“E、F”板；LG 称为“XL、XR”板。主要由寻址驱动电路及其相关元器件组成。不同型号等离子显示屏的寻址板电路组成差异较大，如 LG 的 PDP42V7 屏寻址板只作为传输通路，寻址板上只有几个滤波电容；而松下 MD-42M7 屏的寻址板则由寻址信号驱动电路及外围相关元器件组成。寻址板对逻辑板输出的信号进行缓冲，向寻址驱动 IC（COF 模组）传送数据信号和控制信号。

注：大多数显示屏是由寻址板（左）和寻址驱动板（右）两块组成（如 LG 的 PDP42V7 屏、松下的 MD-42M7 屏等），少数显示屏是由左（E）、中（F）、右（G）三块组成（如三星的 S42SD- YD05 屏），部分大屏幕双扫显示屏则由上/下各三块组成。

逻辑板：三星称为“LOGIC”板，松下称为“D”板，LG 称为“CTRL”板。逻辑板主要由 LVDS 接收、缓冲、放电控制、时钟选择、同步控制、格式变换、子场处理、MCU、扫描/维持/寻址数据和控制信号输出、DC-DC 变换等电路组成。逻辑板接收来自主板的 LVDS 后，在微处理电路的控制下生成并输出寻址驱动数据信号和扫描、维持电极所需要的扫描和维持驱动信号。逻辑板是屏的大脑，对信号板送来的信号进行处理，并分配到其他组件上，控制着其他屏上组件有序地工作。

主板：信号处理板组件是等离子彩电中信号处理的核心部分，由多个大规模集成电路组成，在系统控制电路的作用下承担着将外接输入信号转换为统一的等离子显示屏所能识别的数字信号（LVDS）的任务，负责整机的图像、伴音信号处理，主要由高、中频电路，AV/S 端子/分量/PC/HDMI 输入电路，A-D 转换电路，切换电路，格式变换电路，画质处理电路，MCU，音效处理电路、伴音功率放大电路等组成。

等离子彩电主板电路组成框图和信号流程如图 1-3 所示。不同的品牌、机心和机型，其主板电路配置各不相同，掌握所修机型或机心的电路配置，可对所修机型做到心中有数，根据其电路配置准备相应的集成电路资料和维修数据，熟悉图像和伴音处理的信号流程，有的放矢地进行维修。

1.1.3 背投彩电电路结构

背投彩电并不属于平板彩电的范畴，但是相对于笨重的大屏幕 CRT 彩电，它又是相当“轻薄”的，而且尺寸可以做到 60in 以上，相对厚度薄，具有与平板彩电类似的很多特点。

目前，国产背投彩电的型号较多，屏幕尺寸也有多种，但它们的工作原理基本相同，其基本组成电路框图如图 1-4 所示。它主要由高、中频电路、TV/AV 切换电路、数字变频电路（一般为模块，简称为 DPTV-3D）、RGB 电路、视频放大电路、扫描电路、会聚电路、微处理器控制电路和开关电源电路等组成。背投彩电采用了许多先进和特殊的电路，具有较高质量的画质和音质。其主要电路的工作原理可以从以下几个方面来说明。

高频调谐器电路：背投彩电一般多为高清彩电，使用的高频调谐器多为中放一体化调谐器，供电电压分为中放和调谐 5V 供电以及中放 5V 供电，采用 32V 选台调谐两大类。在 I^2C 总线的控制下，调谐器输出视频全电视信号和音频信号去后级的音频处理电路与视频切换电路。对于具有副画面功能的背投彩电，其电路中一般都设置了双调谐器电路，这一点与普通画中画彩电的功能一样。

数字电路板：数字电路板又称为 IPQ 或 FB 电路板，也称为变频板。数字电路板主要用来完成模拟视频信号 Y/C 及 YPbPr 或 YCbCr 信号源识别切换，亮/色解码处理，然后对产生的模拟 YUV 信号进行扫描格式转换及图像伸缩处理。这些信号处理电路主要由数字电路板上的 DPTV-3 完成。

数字会聚组件电路：数字会聚组件电路的作用是产生改变投影管电子束水平及垂直方向位置发生变化的控制信号，最终使三幅不重合的单色画面重合。会聚组件产生的会聚调整信号有 RV、RH、BV、BH、GV、GH 六路会聚信号和会聚调整画面三基色信号。这些信号中的字母“V”表示垂直方向调整，字母“H”表示水平方向调整。会聚组件产生的会聚调整信号被送往主电路板的 RGB 混合处理电路，通过 RGB 混合处理电路控制后，在屏幕上显示会聚调整时的会聚网格画面，其形状类似于音量控制时屏幕上显示音量大小控制的“字条”。会聚网格画面的颜色可以在红、绿、蓝、青色、黄色、白色之间切换。会聚电路常见

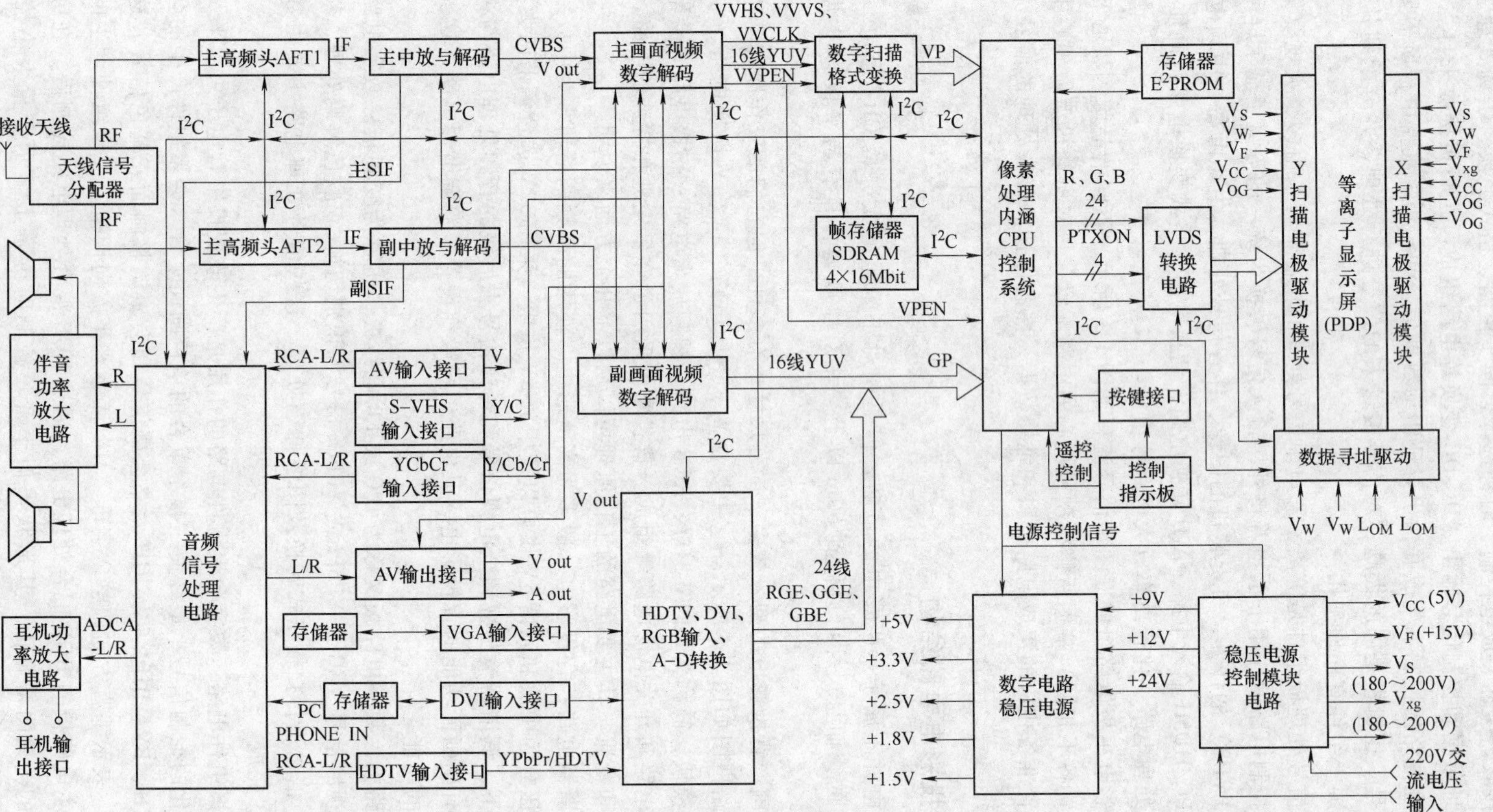

图 1-3 等离子彩电主板组成框图和信号流程

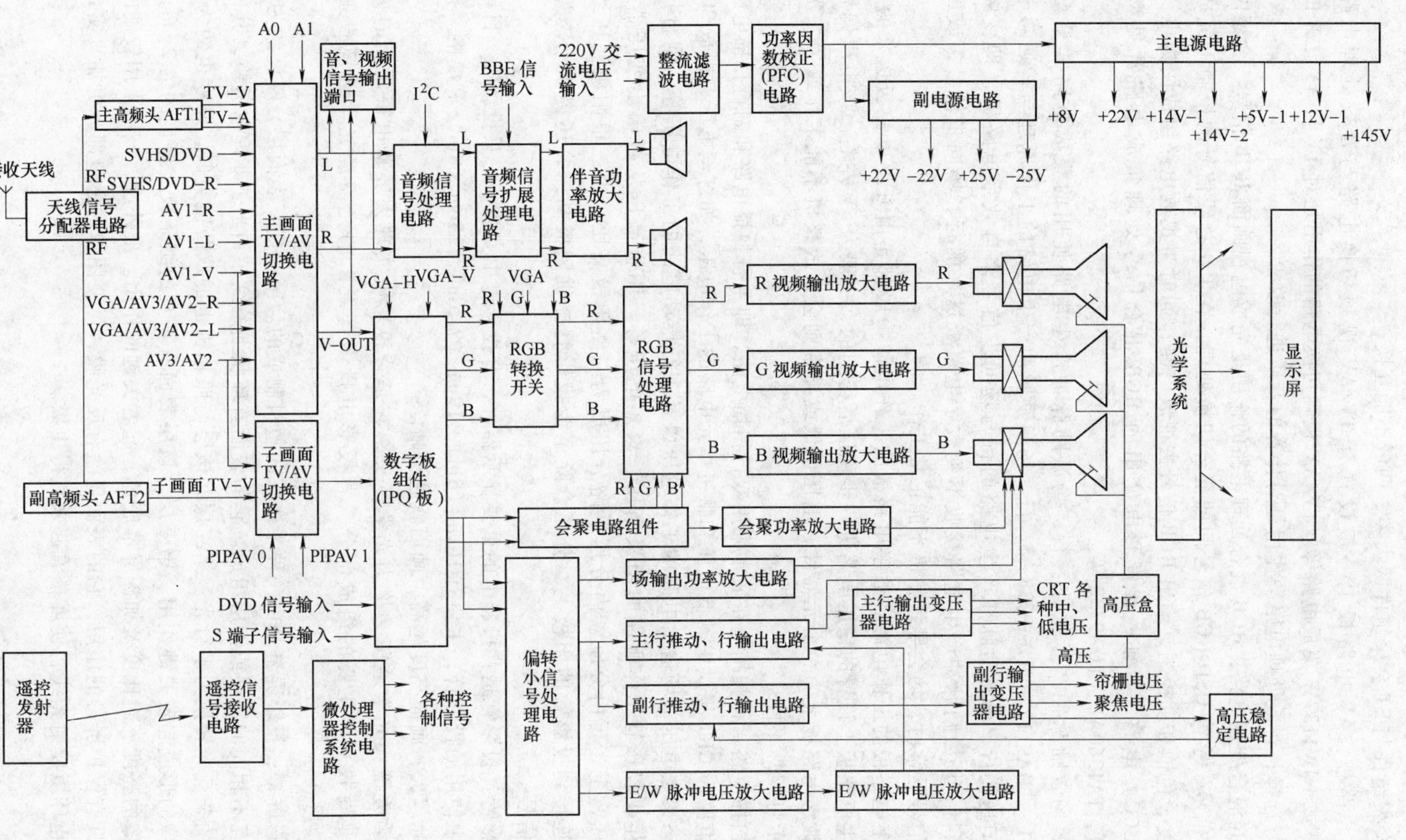

图 1-4　背投彩电基本组成电路框图

有先锋会聚组件与ST会聚组件两大类，两者不能互换。

AV电路板：AV电路板上一般设置有TV/AV视频切换电路与音效处理电路，如TA13430或NJW1137W集成电路等。TV/AV视频切换电路的作用是对TV与AV送来的视频信号进行选择；音效处理电路的作用是对伴音的音质进行改善。

RGB混合处理电路：RGB混合处理电路的作用是完成电视画面RGB信号、会聚网格画面RGB信号、字符OSD-RGB信号间的混合切换处理，在I^2C总线信号的控制下完成对比度、亮度、色饱和度控制，输出RGB信号去视放电路；同时与视放电路组成阴极电流循环控制（CCC）电路。目前，背投彩电使用的RGB混合信号处理集成电路常见型号有SID2500、TA1360AF、TDA9332等。

行、场激励脉冲产生电路：行、场激励脉冲产生电路使用的集成电路常见型号有TDA9111、TDA9112和TDA9338等。行、场激励脉冲产生电路的工作原理与普通彩电基本相同，但送往行、场激励脉冲产生电路的行与场同步信号来自数字电路板（即变频电路板）。当行、场激励脉冲产生电路接收不到数字电路板送来的行、场同步信号，或虽接收到，但信号异常时，均会导致整机不能正常工作。

数字电路板的工作电源：数字电路板的工作电源一般都是由开关电源板送来的8V电压，经主电路板上设置的稳压电路进一步稳压后得到的，一般为5V左右。该电压偏高，容易损坏数字电路板上的一个元器件，电压偏低或异常则会造成整机不能工作或“二次”开机后指示灯闪烁不停。

行扫描电路：行扫描电路通常采用双行扫描电路，即主行扫描电路和副行扫描电路。主行扫描电路为CRT提供中、低电压和整机单元电路的工作电压，如灯丝电压、视放200V电压、动态聚焦电压、场输出电路的工作电压以及副行推动电路的工作电压等。副行扫描电路，产生供投影管工作所需的阳极高压、聚焦电压等。阳极高压从行输出变压器输出，加到分压盒上，再由分压盒内分压电路分压成为三路阳极高压，由三根阳极高压线通过高压帽连接到投影管的阳极上。分压盒除了为投影管提供阳极高压，还提供动态聚焦感应控制信号。

投影管：投影管是背投彩电的重要显示器件，背投彩电中安装了三只投影管。目前，背投彩电中使用的投影管，主要有16cm（6in）、19cm（7.5in）、25cm（8in）等规格。投影管屏幕尺寸越大，画面亮度越高，画面就越清晰。

光学透镜：光学透镜又称为光学镜头，它是背投彩电实现大屏幕电视画面的关键部件，也是背投彩电主要的组成部分。背投彩电投影管发出的光需经光学透镜投射到屏幕上。

投影屏幕：投影屏幕是由一种半透明的塑料制成的。第一层，表面层，厚度约为1mm，通常由互不相同的三层或四层组成。它的表面有环状细条纹，相当于菲涅尔透镜，其作用是将反射的杂乱光转换为平行光。第二层，该层与照相机上的双凸镜类似，厚度也约为1mm，它对图像的形成起着关键作用。第三层，该层表面有垂直的细条纹，厚度约为2mm，它对提高图像的亮度、对比度及加深屏幕底色，起着关键的作用。最外层，该层采用较硬的塑料制成，具有保护屏幕的作用，它的表面还涂有反光膜，可使图像的黑色部分更加真实，并且可以防止环境反射光线，使屏幕看起来显得更黑。

1.2 松下彩电机心机型与电路配置

1.2.1 松下平板、背投彩电机心机型与电路配置

机心/系列	集成电路配置	代表机型
GLP2A 液晶机心	VSP9405B-VK-C3-TSD、DPS9450A-XZ-A1、AN17822A、MSP3410G-QI-B8-V3、M27W401-80B6、R1LV0408CSB-7LC-S0、M24C32-WMN6T、SDA5550M-QB-TBO、LM77CIMX-5 等	TC-20LA2G 等液晶彩电
GLP2N 液晶机心	VSP9405B-VK-C4-TSD、THC63LVDM83C、DPS9450A-XZ-A1、AN17822A、MSP3410G-QI-B8-V3、M27W401-80B6E、SDA5550M-QB-TBO、C0JBBZ000281 等	TC-20LA5G 等液晶彩电
GLP21 液晶机心	VCT69XYP、SII9023CTU、C3EBFC000037、C0FBBK000047、74HC4053D、TEA6422DT、C1BB00000998、NJM4558AD、F9222L-F219、TB7100F、XC6365D105MR、PNA4701M05TV 等	TX-32LX60F、TX-32LX60P、TX26LX60F、TX-26LX60P 等液晶彩电
GLP2W 液晶机心	VSP9405B-VK-C4-TSD、THC63LVDM83C、DPS9450A-XZ-A1、MSP3410G-QA-B8-V3、AN17822A、C3DAPC000039、SDA5550M-QB-TBD、C0JBBZ000281 等	TC-23LX50D 等液晶彩电
LH18 液晶机心	C1AB00001874、C1AB00001875、MSP3410G-QA-B8-V3、C1BA00000278、C1AB00000454、C1AB00001843、C1AB00001869、C1AB00001868、C3ABPJ000065 等	TC-32LX1D、TC-26LX1D、TC-32LX1X、TC-32LX1M、TC-32LX1A、TC-32LX1T、TC-32LX1H、TC-32LX1DJ、TC-26LX1X、TC-26LX1M、TC-26LX1A、TC-26LX1T、TC-26LX1H 等液晶彩电
LH33 液晶机心	MSP3410G-QI-B8-V3、AN15857AAN17822A、LA4536M-TE-R、GC6FM（C1AB00001869）、MB87L1772、SDA6000-A23、C0JBBZ000281、C3ABPG000133、C3FBMD000182、C0JBAE000231、CXA1875、C1AB00001815、C3ABPG000133 等	TC-20LB30G 等液晶彩电
LH44 液晶机心	AN5829S-E1V、AN17822A、C1BB00000800、AN15857A、GC3FM（C1AB00002165）、C0JBCZ000523、MN102H90MTY 等	TC-19LX50、TC-23LX50、TC-19LE50、TC-23LE50 等液晶彩电
LH50 液晶机心	MSP4450K-QA-D6-500、AN15867A-VT、AN15862A-VT、MN103SB20RGL、ADV7499BCSTZ-110、MB87R1520PFV-G-BNDE1、SII9023CTU-L、C0FBBK000047、C1BB00000998 等	TC-32LX600D 等液晶彩电
LH64/LH65 液晶机心	C0DABYY00008、BD9821-V3、AN15862A-VT、AN15876A-VT、C0DBAYY00274、C0DBAYY00273、C1AB00002752、ADAV4XYZ（C1AB00002746）、C1AB00002730、ICS476EG-08LFT、C3FBQD000024、C0JBAZ002848、C1AB0002687、MB39A128APFT-G、MNZSFD7GP42、C0JBCZ000556、C1AB00002641、ADV7493BBSTZ-150 等	TC-32LX700D/TC-32LX700 等液晶彩电

（续）

机心/系列	集成电路配置	代表机型
LH69 液晶机心	AN15876A-VT、AN15862A-VT、ADAV4622、AK8130B-E2、C1AB00002913、TC74VHCT541AFT、K1NA68800050、C3FBRG000011、TC74LCX373FT、C1AB00002687、MB39A128APFT、MB39A130APFT、C1ZBZ0003725 等	TX-37LZ800H 等液晶彩电
LH80 液晶机心	SII9025CTU、C5ZBZ0000037、EP1C6T144C7N、C1AB00002941、C5HAZZZ00011 等	TC-32LE80D、TC-37LE80D 等液晶彩电
ML-05MA 液晶机心	GM2221、AT49F002N、M62320FP、TPA6110A2、TPA3008D2、AT24C16AN、VCT49XYF、VA7657F、24C02、X69660 等	TC-20LA6G 等液晶彩电
TC-LE 液晶机型	C5HABZZ00138、SII9023CTU-L、C5ZBA0000037、EP1C6T144C7N、C1AB00002474 等	TC-26LE7D、TC-32LE7D 等液晶彩电
TC-LX 液晶系列	C1ZBZ0003191 或 EP1C6T144C7N、M24C02、SII9025CTU、C5ZEZ0000037、EP1C6T144C7N、C0ABFA000012、C1AB00002941、C1BB00000947、TUC4GJ5007、TUC4G727-1、B3L000000032、TNP4G433AA 等	TX-32LX88M 等液晶彩电
TH-L32C8C 液晶机型	C5ZBZ0000037、C3EBJC000061、COEBF0000354 等	TH-L32C8C 等液晶彩电
TH-L32X15C 液晶机型	UCC28051DR、SSC6200、SSC6210A、STR-H3435、STR-H7204、MB39A139PFT-G-JN-ERE1、LV4920H-TLM-E 等	TH-L32X15C 等液晶彩电
TH-L42D22C 液晶机型	LV5807MXL-TLM-H、TAS5709GPHPR、BD8656FS-HVGE2 等	TH-L42D22C 等液晶彩电
50C/60C 等离子系列	MSP3450G 等	TH-42PA50C、TH-42PA60C 等离子彩电
GP4D 等离子机心	M51997P、AN6913-AT、AN6912、AN8176S、M63991PF、NJM2903MTE1、IR21084S、TC74VHC244FT、C1AB00000735、C0ABZA000031、AD9283BRSR80、MNX7320DV10、MN84503、TC74LCX14FT、MN82860、MN84502、MN7E007P5B、MN4SV17320DFD-10、MN7D029P5A、DS90CF386MTDX、MN102L230、XC2S50PQ208、C1AB00001468 等	TH-42PW4、TH-42PWD4 等离子彩电
GP5D 等离子机心	C0JPAZ000005、C0DBEZG00004、PQ30RV21A、C1AB00001494/C1AB00001468、C3ABMG000075、C0CBABB00029、C0JBAR000111、C0JBAZ000801、TC74VHC68FT、C0ABHA000033、C0CBCBD00005、C0ZBZ0000551/C0ZBZ0000533、C0JBAZ000855 等	TH-42PW5C、TH-42PW5CH、TH-42PWD5C 和 TH-42PW5、TH-42PWD5、TH-37PW5、TH-37PWD5 等离子彩电
GP6DA 等离子机心	C0JBAZ001604、PW181、PW1232、VPC3230D、B3L000000020、CNC1S171R、C0DAZZZ00019、MIP2E2DMPSCF、C2ABDA000040、C0EBH0000190、C0ZBZ0000383、TA76431ASTP6、C0DAAZG00010、C0JBAZ002056、C0JBAF000367、C5HABZZ00121、B3PAA0000261、C0JBAR000241、C2BBFE000138、C0DBEZ00004、C0ZBZ0000800、C3ABPG000133、C3FBMD000194 等	TH-42PA20C、TH-42PA30C、TH-42PV30C 等离子彩电

（续）

机心/系列	集成电路配置	代表机型
GPH10DA 等离子机心	AN15876A-VT、C0DBGYY00202、C1AB00002746、C1BB00000947、C0ABBB000230、C0CBCBE00001、C0CBCBC00190、IC4501、GENX4、C0JBAZ002845、C0DBAYY00274、C0DBAYY00273、MNZSFD7GP42、C3EBDC000067、C0CBCAD00082、C1AB00002753、C0DBAYY00274、C0JBAZ002692、MNZSFC9GPH2 等	TH-50PV70C 等离子彩电
GPH10D 等离子机心	C1BB00001006、C0ABBA000168、C1AB0000253Q、C0FBAY000012、C1AB00002487、C3ABMG000227、C1AB00002529、C0JBAZ002692、C0DBAYY00274、C0FBAY000012、C3ABQJ000042、C0JBAZ002692、MNZSFC9GPH3 等	TH-50PH10CK、TH-50PH10CS 等离子彩电
P-BOARD 等离子机心	C1AB00001826、C0DBEZG00004、C3HBKZ000001、C0JBAZ001834、C0JBAR000241、C0JBAS000109、C0AA00000395、C0JBAB000471、C0AB00001139、C1AB00000454、C0JBBR000002、C1AB00000441、C1AB00001720、C0ZBZ0000551、C0JBAZ001992D2、C2ABDA000040 等	TH-50PHW6、TH-50PHD6 等离子彩电
E1W 背投机心	MN1876476T4N、TA1215AN、CXA1315M、CXA1735AS、J1C1562BF、SN103832APG、TA1215AN、TA8889AP、TDA8417、MN7A062TXM、MPD6563G088、F432504PCM 等	TC-47WG25G 系列宽屏幕背投彩电
E2 背投机心	MN1876476TZ1、CXA1315、MN8232N、SAA7283ZP、SN103832APG、SAA7283ZP、TA8889AP、TDA8417、TA1215AN 等	TC-43GF85G、TC47GF25G、TC-51GF85H、TC-51GF85G 等背投彩电
E3 背投机心	MN187476TX1、C2CBGF000097、TB1237AN、BH3865S、MN8232A、MN82361、CXA1315M、CIAA00000553、CIAB00000651、CIAB00000680、CIAB000001240、COAA00000359、C3BBFC000206 等	TC51P280G、TC-51P18G、TC-43G280G、TC-43P18G 等背投彩电
EURO-7VP 背投机心	SDA6000、MSP3410DQAC5、A CXA2069Q、AN6914S、CXA1211M-T4、CD0031AMT、CIAB00000441、CIAB00000735、CM0021AF、COZBZ000451、CM0021AF、M52347FP-E2、M62392FP-E2、MB8711973、SDA9415、STK392-110、BA7603F-E2、TDA8601T/CIR 等	TC-29P700G、TC-34P700G、TC-47P700G、TC-51P700G 等 GIGA-P700 系列高清背投彩电

1.2.2 松下数码、高清彩电机心机型与电路配置

机心/系列	集成电路配置	代表机型
EURO-7 机心	SDA6000、CXA2069Q、CXA1315M-T4、CIAB00001230、CIAB00001310、COFBZK000004、CS493002-CIR、CXZ1315M-14、M62392FP-E2、MB87F1720、SDA9415、TC7MBD3245K1、TC7WH24IFUE1、TVSA0431 等	TC-34P500G、TC-34P200G、TC-29P500GTC、29P200G 等“影音头等舱”GIGA-P500 锐屏高清系列彩电

（续）

机心/系列	集成电路配置	代表机型
GP1/ GP11 机心	MSP4410G-QA-BB、1A7876N、J3AAABZ00004、COABBB000102、C1AA0000560、M5243AFP09、TDA2616/N1、AN15935A、AN7108、CIBB00000510、COFBAF000040、C0JBAM0000065、COZBZ0000373 等	TC-34P880D、TC-34P888D 系列高清大屏幕彩电
GP3 机心	TDA6108JF、AN15526A、TDA9592N64BJ、CIAB0000605、C1AB00001547、C1AB00001340、TEA2031A、C5HABZZ00120、C0EAS0000026、C0DAAHF00005、C0DAZJG00004、B3RAC0000005、C3EBFC000021、MSP3410GAB83、MSP3460GAB83、AN17820B、NJM2535MTE1、PUB4301、AN6564NS-E1、MN82362 等	TC-29P50RA、TC-29P52GA 系列高清大屏幕彩电
JH9UC 系列	TA1360AFG、TA8256AH、LA4525、SDA6001/M2、TC90101FG、QX100、SM5301AS、UPC64084GC、CXA2189Q、MM1631AJBE、BD3869AF、MST9883C-110、GM6010-LF-BD-SD 等	29JH9UC、34JH9UC 系列高清彩电
MD2 变频机心	MN102235GT1J、CXA1315M、MSP34150P0A1、BH3866AS、TDA9332、VCP3215C、CXA2069Q、F432262PGJ、SDA9255E、FJB007S、VCP3211A、MB87F1720 等	TC-29P100G、TC-29P100H、TC-29P100R、TC-33P100G、TC-33P100H 等 100 系列变频彩电
MD2L 锐屏机心	MN1876476TYN、TB1237AN、TA8859AP、ACXA2069Q、BH3866AS、TVRJ234、BH3866AS、TA1270AF、MC14066BFE1、F11003、MN82361 等	TC-29P15X、TC-29P15XA、TC-29P15XZ、TC-29P15R、TC-33P25G、TC-29P10R、TC-29P10RR、TC-29P12G、TC-29P12H、TC-29P15G、TC-29P15RJ 等锐屏系列彩电
MD3 变频机心	TDA2616/N1、TDA7481、CXA1315M-T4、SI-3025KS-TL、C0DAAGG00002、STR-X6456LF02、AN6914S、TDA8177、C1ZBZ0001989、AN5876S-E1、SDA5550M、M29W200BT9N1、TC7MBD3245KL、C3EBGC000033、C3HBKZ000001、MM1492AF、TDA8601T/C1R、MSP3461GQAB8、TDA6111Q、AN5876S-E1 等	TC-29P48G 等变频彩电
MD3AN 变频机心	TDA6111Q、NJM2903MTE1、TDA8177、STR-X6456LF02、SE140N、PQ12RD1B、SDA5550M、TVR4G6-2、C3FBKD000103、C1AB00000441、C0DAGG00002、SI-3033LU-TL、SI-3025KS-TL、PST9119NR、PST9128NR、C1ZBZ0001989、C0CBCAD00006、NJM2904MTE1、C2CBZFC00048、AN5876S-E1V、C3HBKZ000001、C0CBCBD00006、TC7MVD3245KL、TVR0A024、C3EBGC000017、TVR0A025、AN5876S-E1V、MSP3411GAB83、TDA7481、TDA2616/N1、MM1492AF、TDA8601T/C1R、AN6564NS-E1 等	TC-29P750G 等变频彩电

（续）

机心/系列	集成电路配置	代表机型
MD3N 变频机心	CXA1315M-T4、SI-3025KS-TL、STR-X6456LF02、TDA8177、AN6914S、TDA2616/N1、PUB4310、AN6564NS-E1、TDA 8601T/C1R、MM1492AF、MSP3411GQAB8、LE28FW4101T、C0JBAZ001839、AN5876S-E1V、SDA5550M、C3HBKZ000001、C1ZBZ0001989、TDA6111Q 等	TC-29P260G、TC-29P58G 等变频彩电
C150 单片机心	MN15151TWP、TA8844N、M52034SP、STR-S6307、LA 7837、AN5071、AN5265-MECS 等	TC-2188、TC-2188I、TC-2188M、TC-2188S、TC-2188SI、TC-2588、TC-2588M 等 88 系列彩电
CX-1 单片机心	MN152811T6N 或 MN152811TJS、AN5192K-A 等	TC-2148、TC-2158R、TC-2158RS、TC-2198、TC-2199 等单片系列彩电
M14C 机心	BM5060、AN5600K 等	TC-2163DR、TC-2163DDR、TC-2163DHNR 系列彩电
M14H 机心	AN5138K-R、AN5600K 等	TC-2162D、TC-2162DD、TC-2162DHN 系列彩电
M15L 机心	MN15142TEA1 或 N15142TKG、AN5601K 等	TC-1870、TC-1870D、TC-1870DD、TC-1870DHN、TC-1871DR、TC-1871DDR、TC-1871DHNR、TC-1872D、TC-1872DD、TC-1872DHN、TC-1873、TC-1873DTC-18 ~ 3DR、TC-1873DDR、TC-1873DHNR、TC-2070D、TC-2070DD、TC-2070DHN、TC-2090DHN、TC-2113RQ、TC-2171 DR、TC-2171DD、TC-2171DDR、TC-2171DHNR、TC-2173、TC-2173 DR、TC-2173DDR、TC-2173DHNR、TC-2185、TC-2185CM、TC-2185CR、TC-2185DDR、TC-2185S、TC-2186、TC-2186CV、TC-2186DDV、TC-D21、TC-D21C、TC-M25 等小屏幕彩电
M15LM 机心	BM5609、AN5601K 等	TC-M25C 系列彩电
M15LW 机心	MN15142TEA1、AN5601K 等	TC-D25、TC-D25B、TC-D25C 系列彩电
M15M 机心	BM5067、AN5601K、TA8653N 等	TC-AV25C、TC-AV29C、TC-485 XR、TC-2187XR、TC-2687CXV、TC-2687XR 系列彩电

（续）

机心/系列	集成电路配置	代表机型
M15MX 机心	BM5069、AN5601K、TA8653N 等	TC-AV29CX、TC-AV29XR 系列彩电
M16M 机心	MN1871611TKA、AN5858K、TDA1543、AN5421、AN5177NK 或 AN5179NK、TB1204N、BA15218N 等	TX-32V1M、TX-33V1X、TX-33V1EE、TC-32V2H、TC-33V2H、TC-33V2X、TC-33V2PX、TC-33V21、TX-29V1M、TC-29V1Z、TX-29V1X、TC-29V1X、TC-29V1R、TX-29V1EE、TX-29V2H、TX-29V2HA、TX-29V2X、TX-29V2PX、TC-29V21、TC-26V2H、TC-26V2HA、TX-26V2X、TX-26V2E、TX-26T1M、TC-26T1Z、TX-26T1EE、TC-2611EE、TC-2611R、TC-2611RA 等大屏幕彩电
M16MV3 机心	MN1872432、AN5858K、AN5177NK 或 AN5179NK、AN5650、SAA7280、TA8719AN 等	TC-33V30H、TC-33V30HA、TC-33V30R、TC-33V32HN、TX-33V30X、TX-33V30XE、TC-29V30X、TC-29V30H、TX-29V30XE、TC-29V30R、TC-29V30RA、TC-29V32HN、TC-25V30H、TX-25V30X、TC-25V30R、TC-25V30RA、TC-25V35HN、TC-25V35R 等大屏幕彩电
M16S 机心	MN187243TKO、AN5858K、AN5421、AN5177NK 或 AN5179NK、AN5650、SAA7280、TA8719AN 等	TC-M21、TC-M21A、TC-M21TM、TX-21T1M、TC-21T1Z、TX-21T1EE、TC-2111PX、TC-2111R、TC-2111RA、TC-2111EE、TC-2111E、TC-2111P、TC-2111Z、TC-14R、TC-1411R、TC-1411RA 等小屏幕彩电
M17 机心	MN1874033TWY 或 MN1872432TNR、TA8880CN、TDA8417、TA8889AP、CXA1735S、TA8859AP、SAA7282ZP 等	TC-25GF10H、TC-25GF10R、TC-25GF12G、TC-29GF10R、TC-29GF12G、TC-29GF15R、TC-29GF15G、TC-2540RQ、TC-29GF20R、TX-25GF10H、TX-33GF15X、TC-33GF10、TC-43GF10 等大屏幕彩电
M17V 机心	MN1874033T2A 或 MN1874033TNHR、TA8880N、SN103832APG、J1C1562A、CXA1315P、MN6755320H1A、TA8889AP、CXA1735S、TA8859AP、SAA7282ZP 等	TC-25GV10R、TC-25GV12G、TC-29GV10R、TC-29GV12G 等录像、电视一体彩电

（续）

机心/系列	集成电路配置	代表机型
M17W 宽屏机心	MN1874033T2T、TA8880BN、SN103832APG、TDA8417、SAA5246APG/E、MAB8461TW216、SAA7282ZP、TA8889AP、CXA1735AS、TA8859AP、CXA1315M、MN8232A 等	TC-24WG12G、TC-28WG12G、TX-32WG15G 等宽屏幕彩电
M18 机心	MN1874033T4X或 MN1874876T5H、TA1215AN、TA8889AP、CXA1315P、SN103832APG、AN5295K、SAA7283ZP、TDA8417 等	TC-25GF85R、TC-25GF85G、TC-29GF30R、TC-29GF32G、TC-29GF32H、TC-29GF35G 等大屏幕彩电
M18M 机心	MN1874876T5H、TA1215AN、TA8889AP、CXA1315P、SN103832APG、AN5295K、SAA7283ZP、TDA8417、AN5862、TA1215AN、TA8772AN、MN8232A 等	TC-29GF80R、TC-29GF82H、TC-29GF82G、TX-33GF85、TX-29GF85、TX-29GF80、TC-29GF85R、TC-29GF85RA、TC-29GF85RX、TC-33GF85R、TC-34GF85H、TC-34GF85R、TC-43GF10、TC-29GF85G 等 80 系列或新画王系列彩电
M18W 宽屏机心	MN1874862T5B、TA1215AN、TA8889AP、CXA1315P、SN103832APG、TDA8417、TA1215AN、TA8889AP、SAA7282ZP、TA1239AP、F432504PCM、MN78062TXM、ENV59D08G3 等	TC-28WG25G、TC-28WG20G、TC-28WG20R、TC-28WG25G 和 TC-32WG25G 等 16:9 宽屏幕系列彩电
M19 机心	MN1876476TDX 或 MN1876476T8J、TB1237N、SN103832APG、TDA8859AP、CXA1315M、TA1215AN、MN8232A、SAA7283ZP、TDA8417、AN5215、AN5385K、UPC2260V、NJM4565L、STRM6833BF04、L7833S、M52760SP、M52317SP 等	TC-29GF95R、TC-29GF92G、TC-29GF92R、TC-29GF90R、TC-29GF95G 等三超画王 90 系列彩电
M19M 机心		TC-33GF82G 系列大屏幕彩电
MX-2A 机心	MN101C46FTM2、MN82362、STRF6256、C1AB00001715、TDA2616/N1、TDA8177、C0DAFKE00001、MSP3410GAB33 或 MSP3460GAB33、C1AB00000201、C1AA00000622 或 C1AA00000323、TEA2031A 等	TC-2550R、TC-2552G、TC-29P50R、TC-29P52G、TC-29P50RA、TC-29P52GA、TC-2995R 等大屏幕彩电
MX-5 单片机心	MN1871681T7R、M52770SP 等	TC-2180R 系列彩电
MX-5Z 超级单片机心	TDA9381 等	TC-21P40R 系列彩电
MX-6 机心	MN1873284TS1、TA8859AP、TDA2616、1A7833S、M52791SP、TDA9859 等	TC-29F99G、TC-29F99H、TC-29F99 等大屏幕彩电
MX-8 机心	MN1873284TF1、TB1237AN、M52791FP、MN82361、AN5441S、TDA9870A/V2、TDA9875A/V2 等	TC-21P22G、TC-25P22G、TC-29P22G、TC-29P20R、TC-29P22R、TC-29P26R、TC-29P28G 等彩电

（续）

机心/系列	集成电路配置	代表机型
S13A 超级机心	TMPA8873CSN 等	TC-21FJ20GA 等超级彩电
TC-2529AD 机型	TPU3040-20、L7577N、TEA6415Q、TEA6420、MSP 3400CPPC6 或 MSP3101BPPF7、VDP3108APPA1、CCU3001-07、LA4282、TDA8175、MC141625A/B、UPC1860GS-E1 等	TC-2529AD 等彩电
TX-29AD50F 机型	SCA30C164-2、TEA6420、TEA6415C、MSP3410BPPF7、TDA9143/N1、TDA4665/V4、TDA9151B/N3、SAA4961、TDA2030AV、BA1521B、TDA8350Q、SDA5273STDA4780/N3、M514256B70RS、AN8029、LA6515、TDA6110Q/N4、TDA 9814TV3、SDA9250-2GEG、DA9251-2XGE、MB87D202A、UPD93213GF、SDA9280GEG、SDA9257 等	TX-29AD50F 等高清彩电
TX-21K2T 机型	SDA5254V41、N52778SP-A、LA7840、LA4265、STR58041A 等	TX-21K2T 等彩电

1.3 东芝彩电机心机型与电路配置

1.3.1 东芝平板、背投彩电机心机型与电路配置

机心/系列	集成电路配置	代表机型
20VL36C 液晶机型	LC863264A、VPC3230D、LC74986W-8B12、BR24L04F、TDA7267A、MN1231XF 等	20VL36C 等液晶彩电
JL7C 液晶系列	GM2221、MM1495XF、MN101E02HXX、AN5277、AT2408C 等	14JL7C、20JL7C 等液晶彩电
WL36C 液晶系列	SDA6001、IC42S16400、MX29LV800、MST9883、SM5301AS、GM6015、TA1287F、TA1318AF、MM1519XQ、TDA9181T、UPD64082、TB1274AF、CXA2069Q 等	26WL36C、32WL36C 等液晶彩电
WL36P 液晶系列	CXA2069Q、32ZP38P、42WH36P、TDA9181T、TA1287、GM6015、TC90A92F、UPD6403、MST9883A、MN82860、TA1318AF 等	26WL36P、32WL36P 等液晶彩电
WL46C 液晶系列	TA2024、UPD64084GC、TA1274AF、TDA9181T、BA7603F、CXA2069Q、LA4525、TA1217AF、NJM2150V、EC954W1、TA1318AF、MM1519XQ 等	32WL46C 等液晶彩电
WL48 液晶系列	MSP3410G-QI-B8-V3、NJM2150V、G90A94、EPM3064ATC44-10N、M30626FHPGP、TA8246AHQ、MM1631AJBE、MX29LV 160BTTC-70G、MST9883C-110PB-FAEE、SDA6001、G90A94 等	37WL48A/E/R/T 等液晶彩电

（续）

机心/系列	集成电路配置	代表机型
WL55C 液晶系列	TA8246AHQ、FLI8532、BA7649AF、STR-Z4369、CE1050、STR-W6765、G36220157026、U8532、GDM220001429、U90700、TLC2932、L4580、U62320 等	37WL55C 等液晶彩电
WL58C 液晶系列	MSP4450G-Q1-C13-100、MM1631AJBE、MM1630XQ、TA8246AHQ、NJW1109M、CD4053BNSR、TB1274AFG、TDA1318AFG、U8532、TC907CCAFG、TLC2932、U62320、STR-A6169、U16LF819 等	32WL58C、37WL58C、42WL58C 等液晶彩电
WL66C 液晶系列	TPM86FS49AUG、STR-W6765、STR-Z4569、MSP3410G、TA2024、L4525E、CD4053BNSR、TB1274BFG 等	26WL66C、32WL66C 等液晶彩电
42WP37C 等离子机型	C0JBAZ001604、C0CBCBD00008、C0ABFA0000012、C3ABPJ000043、W946432AD-6、M13S64322A-4L、MN102L230、C3HAHC000006、C3FBLD000039、C0JBAZ001604、XC2S200E-6PQG208C、MN845041-A、MN84510-A、MT48LC2M32B2TG-6 等	42WP37C 等离子彩电
F3PW 等离子机心	CXP7500P10S、TA1217AF、NJM2150V、LA4252、MM1519XQ、TA1318AF、MC14053BF、BA10358F-E2、BA4558F、TA1287F、TB1274AF、TDA9181T、CXA2069Q、SDA6001B12、LV800TMC-WR5、M30622M8PG、MN82860、THC63LVDF84B、THC63LVDM83R 等	42WP36C 等离子彩电
C00P 背投机心	TA7508P、TC90A61F、EM636327Q、STR-F6668、MIP0224S、STR-Z4369、Q501 等	40WH08G、40WH08B 等离子彩电
A（D7PJ）背投机心	CXP750096、MDCC11、MDFS01、MM1495XD、MVCM34、MVPC01、TA1316AN、TA1318N、TA8859CP 等	43A7C、43A8UC、43A9UC、50A7C、50A9UC、61A9UC 等背投彩电
AG 背投机心	CXP750096、AT24C64-10PC、MG/MD 系列等	43AGUC、50AGUC 等背投彩电
F5DW 背投机心	TMP87CP38N-3240、TMP87CM36N、CXP85116、TA1222AN、TA8859AP、TA1216N、TA1218N、TA1229N、TC9090N、SDA7273S、M52005、TA8772AN、TA8795AF、74HC4053AF、TC9097F 等	51PW5UC、52DW5UE、56PW5UH 等背投彩电
F5SS 背投机心	TMP87CP38N-3240、TAl222AN、TA8859P、TAl219N 或 TAl218N、TAl229N、TAl216N、TC9090N 等	48PJ5VC、48PJ5VE、48PJ5VH、55PJ5VC、55PJ5VE、55PJ5VH、61PJ5VC、61PJ5VE、61PJ5VH 等背投彩电
F8LP 背投机心	TMP87PS38NOE 或 TMP87PS38NOF、TMP87CS38N、TC9090AN、TA1218N、TA1217AN、TA1276AN、TA1229N、SDA5273-2S、MPD6221GS、F436007BPPM、TC170G21AF-0104、TC200C16AF 等	44G9UXC 系列液晶背投彩电

（续）

机心/系列	集成电路配置	代表机型
G7/G9 背投机心	TMP87CS38N、MSP3410、TA1216AN、TA1217AN、TA1222AN/BN、TA1228N、TA1229N、TA1270AF、TA8772AN、TA8859CP、TC9090N、TC90A17F、TC90A30F 等	43G7UXC、43G9UXC、48G7UXC 等背投彩电
S6PJ 背投机心	BA7603F-T1、SAA5564PS、TA1267AF、TA1217AF、TA75902F、TB1251AFG、TDA9178T、TA1366FG、STR-Z4267、TA8216H、MM1495XF、LA78040、TC190C060AF-301、TLC2932IPW、SLA4501M 等	43S6C、43SK6C 等背投彩电
S8SS 背投机心	TMP87CS38N、T7K64、LC78816M、MM1109XS、SAA5264、TZ1216AN、TA1218N、TA1222BN、TA1229N、TA8667P、TA8859CP、TC9090AN、μPC1406HA 等	43N9UXC、50N9UXC、61N9UXC 等背投系列彩电
SR9PJ 背投机心	CXA2069Q、TC90A65F、TDA9181T、TDA1360AN、TPW3516AF、STR-Z4479、M52055FP、TA8258H、CXP750010-305S、LA7833S、TA1318N、TC74HC123APN、TDA9178T、STK392-110、TA8859CP、NJW1136D 等	43CSR6UR、43SH6UN、43VR9UMQ、50VR9UMQ、61VH9UMQ 等背投彩电
40WH08 背投系列	MX29F040QC、AT24C08N、MSM5116400D、PST9146NL、TC190C060AF、TC74HC244AF、TLC29321PW、MC33078DR2、MC14052BFEL、STR-F6668B、STR-Z4369、TC4066BP、STR392-110、TC74HC14AP 等	40WH08G、40WH08B 等背投彩电
43JH6C 背投机型	TA1360AFG、SDA6001、TC90101FG、SM5301AS、BD3869AF、CXA2189Q、MM1631AJBE 等	43JH6UC 等背投彩电

1.3.2 东芝数码、高清彩电机心机型与电路配置

机心/系列	集成电路配置	代表机型
F3SS 宽屏机心	CXP85332-120、TA8765N、TA8851BN、TA8857N、TA1200、TA8776N、LC7442、μPD6325C 等	28W3DXH、28W3DXE、32W3DXH、32W3DXE 等 16:9 宽屏幕彩电
F3SSR 宽屏机心	CXP85460-102、CXP81432-513、TA8857N、TA8859AP、TA8765N、TA1200N、TA8851BN、PCF8574AP、SDA5273S、JLC1562AN、TC9078F、JLC1562AN、TC160E7053AF-11 等	28DW4UE、28DW4UH、28DW4UC、28W3DXH、32DW4UE、32DW4UH、32DW4UC 等 16:9 宽屏幕彩电
F5DW 宽屏机心	TMP87CP38N-3240、TMP87CM36N、CXP85116、TA1222AN、TA8859AP、TA1216N、TA1218N、TA1229N、TC9090N、SDA7273S、M52005、TA8772AN、TA8795AF、74HC4053AF、TC9097F 等	28DW5UE、28DW5UH、28DW5UC、32DW5UH、32DW5UC、32DW5UE 等 16:9 宽屏幕彩电

（续）

机心/系列	集成电路配置	代表机型
BAZ00KA 机心	CXP85340-106S、AN5862K、SAA5231/V8、SAA5243P/E、TA8427K、TA8765N、TA8772N、TA8795AF、TA8814N、TA8851BN 等	2539UE、2539UH、2939XP 等“火箭炮”系列彩电
C5SS2 机心	TMP87CP38N-3276、TA1222AN、TA1219N、TA1217AN、TC9090AN、TA1229AN、TA8859P、MVCM41C、ECA13LX2 等	3350DC、3350DH、3350DE 系列彩电
C7SS 机心	TMP87CS38N-3499、TA1259AN、TA1218N、TC9090N、TA1229N、TA1216AN、TA8859CP、SDA5273S-C134 等	3370UE、3370UH、3370UXP 系列彩电
C8SS 机心	TMP87CS38N-3608、TA1276AN、TA1218N、TC9090N、TA1216AN、TA8859CP、TA1229N、SDA5273S-2S、AN7397K、MNCS45F 等	37G9UXC 系列彩电
D1SS 机心	M3724MA-XXXSP、TA1219N、TA1251、TA1217AN 等	29AF6US、29AF9US、34AF9UC 系列彩电
D7E 机心	TMP87CL38N-3505、TA1219N、TB1245N 等	21E3NC 系列彩电
D7ES 机心	MN37222M6-F846P、TA1219N、TB1245N 等	25E3DC、25E3XC、29E3DC、29E3XC“冲击 V”系列彩电
D7SS 机心	TMP87CL38N-3499、TA1219N、TB1245N 等	29E8DC、29E8DXP 系列彩电
D8SS 机心	TMP87CS38N-3608、TA1218AN、TA8859CP、TA1259N、TDA8443B、TA8772AN、TA1229N 等	29G6DC、29G6UXC、29G6UHC、29G6UX3、34G6DC3、34G6DC、34G6UXC、34G6UX3 等“数码 100Hz”系列彩电
D9ES 机心	TMP87CS38N-3629、JLC15628BN、TA1218AN、TA1229N、TA1276AN、TA1300AN、TC9090AN 等	25N6DC 系列彩电
D9SS 机心		29N6DC、29N6UXC、34N6DC、34N6UXC 等“飞视”系列彩电
F0DS 机心	CXP750011-143S、TB1274AF、TC90A49F、TA1276AF、MM1495XD、TA1217AF、TA8859P、TA1300AN、SDA5273-2SC30-12、TC9446F、JLC1562BN 等	29D9UXC、29D9UC、34D9XC、34D9UC 等大屏幕彩电
F2DB/P 机心	CXP80424-165S/146、TA8783N、TA8859P、TA8777N、TA7347P、TA8776N、TA8814N、CX20125、TA75558S、LC7441NE、TA8777N、TA8795F、AN5862K、TA877N、B81461-12RS、等	2929DH、2929DE、2929DXH、2929DXE、2929KTP、2929KTV、2929XPM、3429KTP、3429DXH、3429DXE、3429XPM 等第二代“火箭炮”系列彩电

（续）

机心/系列	集成电路配置	代表机型
F3SS 机心	CXP85332-120、TA8765N、TA8851BN、TA8857N、TA1200、TA8776N、LC7442 μPD6325C 等	2539UE、2539UH、2938DE、2938DH、2939UE、2939UH、2939UXE、2939UXH、2939XP 等第三代“火箭炮”系列彩电；2979XP、29E7XP、2979UH 等第五代“火箭炮”系列彩电
F5SS 机心	TMP87CP38N-3240、TA1222AN、TA8859P、TA1219N 或 TA1218N、TA1229N、TA1216N、TC9090N 等	2980XP、2980DE、2980DH、2988UXC、2988UXH、2988XP、2988UE、2988XPM、2988UH、34E8DC、34E8DXC 等大屏幕彩电
F7SS 数码机心	TMP87CS38N-3164 或 TMP87C38-3506、TMP87C38-3595、TA8859CP、TA1300N、TA1276AN、TA1229N、TA1217AN、TA1218N、TC9090AN、SDA5273S-C134、JLC1562BN 等	2999UH、2999UXE、2999HXC、2999UC、29G7DXH、29G7DC、29G7DXC、29G9UXC、29G9UC、29G9DC、29GM97 等“数码 100Hz”系列彩电
F8SS 机心	TMP87PS38NOE 或 TMP87PS38NOF、TMP87CS38N、TC9090AN、TA1218N、TA1217AN、TA1276AN、TA1229N、SDA5273-2S、MPD6221GS、F436007BPPM、TC170G21AF-0104、TC200C16AF 等	29G7DE、29G7DXH、29G7DC、29G7DXC、29GM97 等大屏幕彩电
F9DS 机心	TMP87C6S38N-3608、TA1276AN、TA1217AN、TA1229N、TC90A49P、TA1218N、JLC1562BN、TA8859CP、TA1300AN、AN7397K 等	29N9UXH、34N9UXH、34N9UC 等大屏幕彩电
F9SS 机心	TMP87C6S38N-3595、TA1222BN 等	34N9DXC 系列大屏幕彩电
F91SB 机心	CXP80420-X133XP、TA8783N、TA8777N、TA8739P 等	2118KTV、2518KTV、2918KTV、3418KTV 等第一代“火箭炮”系列彩电
F93C 机心	CXP80420-X133XP、TA8783N、TA8777N、TA8739P 等	2929DXH、3429DXH 等大屏幕彩电
M52707 单片机心	M37222M6-A81SP、STR-Z2152、MM1111XS、M52707SP、L7837、U3660M、M52325P-A 等	2150XH、2150XHE、2150XHC、1450XS、1450XSH、2050XH、2950XH 等单片彩电
MC-15A 机心	M50436-683SP、TA8659N、TA8720N 等	2500XH、2506XH、2518DEH、2518DH、2800XH、2806XH、2909XH、248X9M、289X8M、289D8H、329P8M、329P8H、3408DH 等 H/M 系列彩电
S0ES 机心	M37274MA154SP、TB1251AN 等	21D7DXE、21D7SXH 系列彩电

（续）

机心/系列	集成电路配置	代表机型
S3ES 机心	M37210M4-786SP、TA8783N、TA8880CN 等	2540XP、2840XP、2840XH、2845SH 系列彩电
S3SS 机心	M37210M4-628SP、TA8783N、TA8880CN 等	2138SH 系列彩电
S5E 机心	M37222M6-C83、M52707SP-A、TA1218N 等	1450XS、1450XSC、1450XSH、2050XH、2050XS、2150XH、2150XHC、2150XHE、2150XSC 等小屏幕系列彩电
S5ES 机心	M37222M6-C84SP、M52707SP-A、TA1218N、TA8859CP 等	2550XHC、2550XHE、2550XP、2555DE、2555DH、2555SH、2950XHC、2950XHE、2950XMJ、2950XP、2955DE、2655DH、2955SH 等大屏幕彩电
S5S 机心	M37222M6-B80/A81SP、M52707SP-A、TA1218N、TA8859CP 等	2155D、2155DE、2155DH、2155SH、2155XC、2155XH、2155XMJ 等小屏幕彩电
S5SS 机心	M37222M6-B80/A81SP、M52707SP-A、TA1218N、TA8859CP 等	2980DE、2980DH 系列彩电
S6E 机心	M37222M4-C87、TB1227N、TA1218N 等	1460XSC、1460XSH、1465XR、2160XH、2160XHE 系列彩电
S6ES 机心	M37222M4-D86、TB1227N、TA1219N、TA8859CP 等	2560XHC、2560XP、2565SH、2960XP 系列彩电
S6SS 机心	TMP87CS38N-3446、TA1259N、TA1229N、TA1218N、TC9090AN、TDA8443 等	2989XP、2989UE、2989UH 系列彩电
S7E 机心	TMP87CK38N-3505、TB1231N、SAA5281ZP/E、TA8859CP 等	1470XNC、2170XNC 系列彩电
S7ES 机心	M37222M6-E88SP 或 M37222M6-F83、TB1227AN 或 TB1230N、TA1219N、TA8859CP、SAA5281ZP/E 等	2975DE、2975SH、2975SHC、2975SP 系列彩电
S7S 机心	M37222M6E-86SP、TB1230N、TB1229N、TA8859CP	2175DE、2175SH 系列彩电
S8ES 机心	M37222M8-B81、TB1227AN、SAA5281ZP/E、TA8859P、AN7397K、TA1218N、TA1217AN 等	29G3SHC、29G5DXC 系列彩电
S8S 机心	M37222M6-083、TB1226AN、SAA5281ZP/E、MM1250XD 等	21G5SXC 系列彩电
TA1222N	TMP187CS38N、TA8256H、TA1222AN、UPC1406HA、MN24CDOEN、MC1458P1、SAA5281ZP/E、TC74H4053AP、STR-S6709、HIL101、TA1229N、TC9090N、T8772AN、MM1031XS、TA1219N、TA1216N 等	2998UE、2998UH 等大屏幕彩电

（续）

机心/系列	集成电路配置	代表机型
TB1261 机心	TMP88PS38BN、TB1261N、STR-F6268S、TDA8177、TA1219N、AN5277、TA1304N 等	29SF6C、29SF6KC、29SF6ZC、29SF6SC、29SF6SH 等大屏幕彩电
TB1251 机心	TMP87CM38N、TB1251CN、TA8211AN、AT24C08-100C、TC90A45P、MM1495XD、SAA5264、STR-Z4267 等	29A3DE、29A3E、29A3R、29A3TA、29A3SH、29A4MX 等大屏幕彩电
TB1254AN 机心	QA01、TB1254AN、S24C02AOPA、AN5274、TC4053BP、SAA5264、STR-G6653、TA8403K、NM24C04EN 等	14A3R、14A3E、14A3M、14A3MJ、14A3H 等小屏幕单片彩电
TMPA8807、TMPA8809 超级机心	TMPA8807 或 TMPA8809、TA1343N、TC4052、TDA2616、TDA8177、KA5Q1265RF 等	29JF5C、21VF3NC 等超级彩电
倍频机心	750010-167S、TA1318AN、STR-F6653、TA1217AN、STR-X6469、UCC1406HA、LA4282、TA1318N、TA8859CP、LA7846N、MM1495XD 等	29SF7UC 等倍频彩电
2XS2XC 系列	MN101E04G、MM1495XF、AN5523、AN5277、STR-W6765、TA1304AF、TA1367AF、AN1593N、AT24C16N 等	25S2XC、29S2XC 系列彩电

1.4 索尼彩电机心机型与电路配置

1.4.1 索尼平板、背投彩电机心机型与电路配置

机心/系列	集成电路配置	代表机型
G4E 液晶机心	CXA3809AN、CXD9969P、MIP2H2 等	KDL-40HX800 等液晶彩电
G4BW 液晶机心	CXA3810M-T6、MIP2H2、CXA3812M-T4、NJM2904M、NJM2904V、BD9276EFV-GE2、BD00GA3WEFJ-E2 等	KDL-40NX720 等液晶彩电
G5 液晶机心	CXA3811M-T6、MIP2H2 等	LDL-46NX820 等液晶彩电
G5AW 液晶机心	CXA3811M-T6、MIP2H2 等	KDL-46NX720 等液晶彩电
G7 液晶机心	CXA3812M-T4、NJM2904M 等	KDL-55HX820 等液晶彩电
G7A 液晶机心	CXA3812M-T4、NJM2904M 等	KDL-55EX720、KDL-60EX720 等液晶彩电
GE2B 液晶机心	CXA3809M-T6、MIP2H2、NJM2904M、LV5768M 等	KDL-46NX800、KDL52NX800 等液晶彩电

（续）

机心/系列	集成电路配置	代表机型
GE3A 液晶机心	CXA3809M-T6、MP2H2、NJM2904M、LV5768M、BD9540EFV、BD95503MUV-E2 等	KDL-40NX700 等液晶彩电
KDL-V 液晶系列	MAP4400A-QA-B2-501-T、MB91305、MX29LV160CTTI-70G-WAX2FU-01、EM6A9320BI-5MGN、SIL9023CTU、BD9775FV、TPS5124DBTRG4、CXA2069Q-TL、R2A15105SP、SVP-LXS 等	KDL-40V2500、KDL46V2500、KDL 46V25L1 等液晶彩电
KDL-W 液晶系列	CXA2069Q-TL、MSP4410K-QA-D6-501、R2A15105SP、NJM 3414AV、MB91305、MX29LV160CTTI-70G-WAX2FE-03、MB39 C011A、BD9775FV、SN74LV132APWR、SN74CBTLV 3245APWR、CXD9887GG、K4D263238I-VC50T、SIL9023CTU、UPD61123F1-100-KA3-A、K9F2808U0C-PCB0T、EDD1216 AATA-6B-E、TC74LCX541FT、FA5001AN-D1-TE1、CXD9841P 等	KDL-40W2000、KDL-46W2000 等液晶彩电
KF-XBR 液晶系列	TLC2932IPWR、CXA2103AQ、CXD2073Q、CXA2171Q、TDA7269A、CXD2097AQ、HY57V161610DTC、SN65LVDS 31DR、3CH8B1TA/D、CXD9509AQ、HB94918RPG-G-155、CXD2309AQ、XA3506A/D、CXA2170Q、IS41C16256、TC90A90F、UPD64083GF-3BA、CXP964032-001Q、SN65LVDS 32DR、CXP86608-001R、MT48LC8M16A2TG75、MCA3001T、M306VSMG-501FP、MB94918RPF-G-148、CXD2069Q、TC94 A04AF-014、GM7030、ST72631K4M1 等	KF-50XBR800、KF-60XBR800 等液晶彩电
KL-WA 液晶系列	SDA30C164-2-GEG、M27C4001-1SC1、MC14577CFEL、CXA2101Q-TL、MC14528BF、CXA1815S、CXA1875AM、MB81440C-60JN-ER、SBA5273P、MC14052BF、MSP3410B-P3-B3-T、TDA2822M、TDA2009A、BA7046F-T1、CXD2072Q、TLC5733A、CXD2443Q、CXA2504N-T6、CXA1853AQ、CXA 1875AM-T4、CXA1855S 等	KL-40WA1K、KL-40WA1U 等液晶彩电
KLV-S 液晶系列	CXA2069Q-TL、MSP4410K-QA-D6-501、M61571AFP、NJM 3414AV、NJM4558V-TE2、MB9I305PMC-G-BNDE1、UPD17240 MC-166-5A4-EI-A、S29AL016D70TF1010-WAX2GI、SN74LV 132APWR、TMP75AJDR、M24256-BWMN6T 等	KLV-26S00A、KLV-46S00V 等液晶彩电
KLV-S2 液晶系列	CXA2069Q、MSP4410K-QA-D6-501、M61571AFP、NJM 3414AV、MB91305PMC-G-BNDEI、UPD17240MC-166-5A4-E1-A、S29AL016D70TFI010-WAX2G1、CXD9199GG-D、EM6A 9320BI-5MG、FB5702、BD9775FV、CXD9841M-H 等	KLV-26S200A、KLV-32S200A、KLV-40S200A、KLV-46S200A 等液晶彩电
LA-2A 液晶机心	NJW1106FC2、NJW1149、TDA7296、TDA7265、MCZ3001DA、MD3222N、90C36LC1B-LF、CXD9740GA、MT48LC8 M16A2TG-75-Y9WT、UPD72893GD-LML、IC42S16101、TC58128AFT、MT46 V8M16P-6T 等	KDF-60XBR950、KDF-70XBR950 等液晶彩电

（续）

机心/系列	集成电路配置	代表机型
LA-3 液晶机心	NJW1106、SII9993、CXA2188Q、CXA2209Q、CXA2103AQ、CXD2073Q、ATIX226、MB90330、NJM1149、D9788、PCM1802、CXD9774、A7001、TLV5734、M16C-VS、TPS5120DBTR、NJW1149等	KDF-42WE655、KDF-50WE655 等液晶彩电
LAX U 液晶机心	FLI8548、MSP4410、TPA3100、MAX9722、MM1510、74LVC14AD、AT24C02、HY5DU561622ETP-4、MAX9722 AETE、NJM2750、TPA3100D2、L6562、DAP015、DAS01A 等	KLV-32M300A、KLV-37M300A 等液晶彩电
LE-1 液晶机心	TDA9820T-T、CXA1875AM-T4、TDA6812-2MGEG、SAA7283GP、CXA1815S、TDA2009A、CXK1203AR、CXD2066Q、CXA1839-T6、CXA2011Q、SDA30C164-2-GEG、TMS27PC020、CXP85220A-0390、SDA5273P-C134-GEG、CXD2030R、CXD2309Q、TDA8395/N2、CXA1860Q、CXD2300Q、CXD1176Q、CXK48324R、CXD2428Q、CXA1819Q、CXD2412AQ、CXA1855S等	KL-37W2U 等液晶彩电
LG-3 液晶机心	TC90A69F、CXA2163AG-T6、TPS5120DBTR、NJW1149、SAA5360HL、CXQ91F318A-106R、CXD3807、CXD9707DGP、TLV5734PAG、M306VSMG-537FPU、CXD9690Q、THC63LVD103、THC63LVD104、CXD9809GF、CXA7001R-T6、MCZ3001DB、MB90F334APMC-GE1、CXD9788AR、CXD9774M、MB93423-26BGL-GE1、CXA2209Q、CXA2188Q、SN65LVDT14PWR 等	KF-WE42A1、KF-WE50A1、KF-WE60A1、KF-WS60A1 等 RM-1022 机心液晶彩电
MR2 液晶机心	TFP501PZP、SN74LV125APWR、SN74LV4052APWR、PCA9555DB-118、MB88141APF-ER、MB91306RPFV-G-BND-E1、MAX1644EAE-TG074、CXD9762GF、K4F263238G-UV50T、THC63LVDM83C-T、MCZ3001UB、NJM2901M-TE2、TAS5001PFBR、TAS5101DAPR、AK4114VQ-L、MD3221N、CXA2163AQ-T6、CXA2189Q、CXA2188Q、TC4052BF、AK5380、NJU26103、NJW1148、AK4351、AK4114VQ-LNJM2123M、CXA2163AQ-T6、CXD3802BQ、CXD9509AQ、MT48LC2M32B2P-6-Y14W、CXP961048-020Q、M306V7MJA-054FP 等	KLV-MR32M2 等液晶彩电
MRX1 液晶机心	TFP501PZP、SN74LV4052APWR、PCA9555DB-118、MB88141APF-ER、MB91306RPFV-G-BND-E1、MBM29LV800TA-70PFTN-DE100、SN74CBTLV16210GR、CXD9762GF、K4D263238F-UC50T、THC63LVDM83C-T、AK4114VQ-L、TAS5001PFPR、CXD3804R-T6、K4S641632F-UC75T、CXA2069Q-TL、TEA6422DT、ICAK411VQ-L、UDA1380、AK7716VT、THC63LVD103、THC63LVD104A、VSP9427BC3T、MSP3411G-QA-B11、TVP5150APBSR 等	LDM-3210、LDM4210 等液晶彩电
TG1 液晶机心	TDA8890H、TDA15401/51S、TDA7491H 等	KLV-32G480A 等液晶彩电

（续）

机心/系列	集成电路配置	代表机型
WAX2-1 液晶机心	MB91305PMC-G-BNDE1、CXA2069Q、MSP4410K、SVP-PXXX、M61571AFP、NJM3414AV、S-35390A-J8T1G、SN74LV132APWR、S29AL016D70TFI010-WAX2G1、UPD17240MC-166-5A4-E1-A、CXD9199GG-D、EM6A9320BI-5MG、M24C02、SN74LVC14APWR 等	KLV-32V200A、KLV-40V200A、KLV-46V200A 等液晶彩电
WAX2-2 液晶机心	CXA2069Q、MB91305、MAP4400A、MAP4400A-QA-B2-501、M61571AMP、CXD9199GG、SN74CBTLV3245APWR、EM6A9320BI-5MGN、BD9775FV、CXD9841M、TPS5124DBTRG4、215H47AGA21HG 等	KDL-23S2010、KDL-26S2010、KDL32S2010、KDL-40S2010、KDL-46S2010 等液晶彩电
WAX2F 液晶机心	CXA2069Q-TL、R2Z15105SP、MSP4410K-QA-D6-501、MB91305、MX29LV160CTT1-70G、K4D263238I-VC50T、CXD9887GG、SIL9023CTU、MB39C011A、BD9775FV、UPD61123F1-100-KA3-A、EDD1216AATA-6B-E、K9F2808U0C-PCB0T、TC74LCX541FT、CXD9841P 等	KDL-40W2000、KDL-46W2000 等液晶彩电
WAX3、 WAX3D 液晶机心	CXD9888GG、PCF8574APWR、NJM12901V-TE2、BD9853FV、TPS51100DGQR、K4D263238I-VC50T、LX1692BIDW、BA10339F-E2、L6562、CXD9841P、CXB1441R-T4、CXD9890Q、MB91305、CXD9903GG、BF7641FV、EM6A9320BI-5MGM、TMDS341A、UPD61123F1-100-KA3-A、NAND128W3A2BN6F、K4H561638H-UCB3T、TC74LCX541FT、AK4388ET-E2	KDL-32D3000、KDL-40D3000、KDL-46D3000 等液晶彩电
WAVE 液晶机心	FL18538、TDA3100D2、24LC32、AM29LV800DT、SII9011、MSP4410K、NCP1653、NCP1280、STR-W6252、FA5500、PQ3225、NCP1377 等	KLV-40U200A、KLV-32U200A 等液晶彩电
WAX 液晶机心	TPA3004D2PHPR、MSP4411K-0A-D5-401、CXA2163AQ-T6、MC74LVX8053DTR2、CXA2069Q-TL、CXD9841M、STR-A6109、FA5501N-TE1、BA10324AF-E2 等	KLV-S26A10、KLV-S32A10、KLV-S40A10 等液晶彩电
AX1 等离子机心	CXA2163AQ、CXA2188Q、CXAQ2189Q、AK5380、NJU26103、TC74LCX125FT、AK4351、NJW1148、NJM3414AV、NJM4560、NJM4558V、CXD9509AQ、CXD3802BQ、CXD2097BQ、THC63LVDM83C-T、THC63LVD103、CXD9762AGF、M306V7JJAFP050U0、MB91306RPFV、K4D263238F-UC50T、THC63LVDF84B、CXD9690Q、MB93491A、SN65LVDT41PWR、MBM29LV160BE、HY57V281620HCT-HR 等	KE-MX42A1、KE-MX42S1、KE-MX42M1 等离子彩电
MR1 等离子机心	CXD9752GG、MSM56V16160GF、HD64F2377、TC7SZ32FU、RV5C378A-E、M24128-BWMN6T、SN74LV4052APWR、MCZ3001DA、SN74LV08APWR、TAS5001PFBR、TAS5101DAPR、AK4114VQ、TFP501PZP、SN65LVDS1050PW、HD64F2134AFA20V、SN74AHCT245PW、CXD9738R、CXA2163AQ-1、TDA9178T、MC141627FT、UPD64083GF、TLC5733AIPM、CXD9665Q、AD9888XS170、CXD9752GG、NJW1149、AK4114VQ、MB93491、MB93401A、MT48LC8M16A2T-BE 等	KE-MR42M1、KE-MR50M1 等离子彩电

（续）

机心/系列	集成电路配置	代表机型
PFM-B 等离子系列	24LC21T/SN、MM1113XFBE、BA7657F、TC74HC4052AF、SN74LV4053ANSR、CXA1211M、M62352GP、M52347、AD9884、PW164-20W、TC74LCX244F、MBM29LV400TC、HD64F2633TE、RS5C348A、MAX202CSE、UPD64082、MSM514265C-60JS、ISPLS12032E、CXD2300Q、CXA1860Q、CXD2030R、TDA8395T/N3、CXA1739S、Z8622812PSC、CXA2119M、CXD2090Q、TLC5733A、MSM56V16160F、UPC1862GS、TC74HC123AF、CXD2309、EP1K50TC144-3 等	PFM-42B1、PFM-42B1E 等离子彩电
LE-3 背投机心	MSP3410、CXA2101AQ、CXA2123、CXA1875AM、TDA 7269A、SN74HC163ANS、PC74HC00D-T、CXA1815S、CXD2090Q、TLC5733A、MSM56V16160D、TMC57127、CXD9509Q、MB81F643242B-10、AFC79F30、CXD2309Q-T6、CXA3266AQ-T6、74VHC123A、SAB-C161PI-LM、M27C800-100K1LE3、SDA5275-3PC02-22、MSM5116400D-60SJR1、TC554001AF-70L、M27C1001-45XC1-LE3A-1、MC94918RPF-G-102-BND、CXD2064Q-T6、CXA 2123BQ、CXA2149Q 等	KF-50SX100、KF-50SX100K、KF50 SX100U 等背投彩电
LG-3 背投机心	TC90A69F、CXA2163AQ-T6、S18033JF、TPS5120DBTR、IRF7335D1-TR、NJW1149、CXQ91F318A-106R、CXD3807、MT48LC4M16A2P-75、ATHENA3、HY57V161610ETP-7、TLC2933IPWR、CXD9707DGP、MT48LC2M32B2P-6、TLV5734 PAGTLC2932IPWR-12、M306VSMG-537FPU、TC74LVX125FT、CXD9690Q、THC63LVD103、THC63LVD104、CXA7001R-T6、STR-A6169、MCZ3001DB、MB90F3344APMC-GE1、SN65LVDT 14PWR、CXD9788AR、CXA2188Q 等	KF-WE42M1、KF-WE50M1、KF-WS60M1 等背投彩电
RA-2A 背投机心	PA0053B、PM0011AS、STK392-150、CXA2019Q-T4、SDA9288X-GEG、CXD2043Q、CXA1688M-T6、TDA6106Q 等	KP-53S65、KP-61S65、KP-41T65、KP-46C65、KP-48S65 等液晶彩电
RA-3B 背投机心	0XA2079Q、0XA2147Q、0XP750010-RA-3B、TDA7265、BH3868BFS、0M00060F、0XP86324-PJED、UPD6376G、NJM2068V、UPD424210LE-60、UPD64082、0XA2039M-T6、0XA1315M-T4、STK392-153、LA78345 等	KP-43T90、KP-48V90、KP-53V90、KP-61V90 等背投彩电
RG-1 背投机心	CXP85112B-613S、MSP3410、SDA9188-3X、TDA4780、TDA9141、TPU3040、CXA2018Q、CXP5400、TDA9143 等	KP-E41MH11、KP-E53MH11 等 E 系列背投彩电
RG-2 背投机心	CXP85452-080Q、CXP86213-002S、CXAl315M、CXA1855Q-T6、CXA1875A、CXA2050S、MSP3410D、SSAA5261、SDA9189X、TDA8424、TDA9160 等	KP-EF41MG、KP-EF48MG、KP-EF53MG、KP-EF61MG 等 EF 系列背投彩电

（续）

机心/系列	集成电路配置	代表机型
RG-3 背投机心	CXP85452-080Q、CXP750096、CXA1315、CXA1855、CXA2069Q、MB94918、MSP3410Q-PS、TDA8424、CXA2100Q、CXA2123Q、TDA9178、μPC64082、MSP3415D、NJM4560D、PA0053、PM0002、TDA8359T、CXA2018 等	KP-EF 系列背投彩电
RX-1 背投机心	CXP85460-078Q、CXP85112B-613S、P83C652FBA/AB517、CXA1855S、CXD2018Q、MSP3410、TDA4780、TPU3040、DCXA1315M、TDA9145、TDA9160A、SDA9188/3X、CXP5068H-244Q 等	KP-W41MG11 系列背投彩电
SCC-N70T 背投机心	CXP85452-080Q、CXP86213-002S、CXA1315M、CXA1855Q-T6、CXA2050S、CXD2018Q、MSP3410Q-PS、TDA8424、TDA8359T、NJM4560D、PA0053B、PM0002B 等	KP-XA43M90、KP-XA53M90 等 XA 系列背投彩电

1.4.2 索尼数码、高清彩电机心机型与电路配置

机心/系列	集成电路配置	代表机型
AA2W 高清机心	CXP85856A-024Q、CXA2131S、TA1226N、CXA1315WM、CXA2039M-T6、STV9379、NJM2903M、BH3868FS-E2、TDA467D013TR、TA8216H、MCR5102、CXA1845Q、PD640818GF、CXA2019AQ-T4、SDA9288XE-B121 等	KV-36XBR250、KV29FV10、KV29FV15、KV36FV15、KV36FS10、KV34FV10、KV34FV15、KV34 FV15C、KV34FV15K、KV34FV15T、KV34FX250C、KC32XBR250、KV38FV15K、KV38FV15K、KV38FX250C、KV38FX250T 等大屏幕高清彩电
AG-1 宽屏机心	CXP853P40AQ-3SV4918、P87C652FBA、CXA1855S、TDA4686、MSP3410、TPU3040、TDA9145、TDA9160、CXD2018Q、CXA1526、SDA9188/3X 等	KV-W28MH11、KV-W28MN11、KV-W28MH2、KV-W32MH11、KV-W32MN11、KV-W32MH2 等 16:9 “贵丽”系列宽屏幕彩电
AG-3E 机心	CXP750096-034Q、CXD2059AQ、TLC5733AIPM、TLC29321PWR、CXA2100AQ、BH3868AFS-E2、AN7582Z、PS1202、CXA2069Q、CXA2163Q-T6、UPC339C、MCZ3001DUPC358C、LM393DLL、LA6510、TDA6111Q 等	KV-DR29M80、KV-29M39、KV-DR29M61、KV-DR34M80、KV-DR34M84、KV-EX29M83、KV-EX29M97、KV-EX29M80、KV-EX29M90、KV-DR34M8A、KV-EX34M93、KV-EX34M97 等 DR 系列大屏幕彩电
BY-1A 机心	TDA9373PS/N2/AV、M24C08、TDA8177、STR-G9656、LM358DR、MM1506XNRE、BU4052、AN5277T、TDA9859 等	KV-AR29T80C、KV-AR29T80D、KV-AR29T80W、KV-AR29X80C 等大屏幕彩电

（续）

机心/系列	集成电路配置	代表机型
ES 机心	CXP750096-025Q、CXA2100AQ、STV9379 等	KP-ES43MG、KP-ES48MG、KP-ES61MG 等“贵翔”高级系列彩电
AG-3 机心	CXP750096-012Q 或 CXP750096-013Q、TDA7315D013TR、MB88141-APF-ER、μPD64082、CXA2123AQ、CXA2123AQ-T6、MB94918、CXA2101AQ、TDA9178T、CXA2069Q、CXA1875AM-T4、TC9446F-002、TCM57127、CXD9509Q 等	KV-EF29M80、KV-EF29M90、KV-EF34M90、KV-ES29M61、KV-ES29M80、KV-ES29M90、KV-ES29 M9S、KV-ES34M90、KV-ES34M9S、KV-LF34T93、KV-LF34199、KV-LS29T80、KV-LS29T90、KV-LS29T97、KV-LS29T99、KV-SF29M90、KV-SF29T80、KV-SF29T90、KV-SF29T93、KV-SF29T99、KV-SF29M90、KV-SG29T80 等“贵翔纯平特丽珑”系列彩电
KV-SF34 系列	CXP75XX、STR-F6656、TDA8172、TDA7481、TDA7315D-013TR、CXA1315P、NJM2187L、NJM2150D、NJM1558M、LA6510STV5112、NJM2903M、LM358DR 等	KV-SF34T93、KV-SF34T99 等大屏幕彩电
BG-1L 机心	CXP85424-090S 或 CXP8533AC、CXP85452、CXP85340、CXA1855S、CXA2050S、TDA8424、SDA9189X32、SBX1856-01、CXA1315M、CXA1875、TDA9160A、SAA5261、MSP3410B-PP-F7、TDA9170、TC9337F 等	KV-E29MF1、KV-E29MF8、KV-E29MF8S、KV-E29MF81、KV-E29MH8、KV-E29MH8L、KV-E29SN81、KV-E29MN81、KV-E295N81 等 E 系列彩电； KV-H29TF2、KV-H29TG2 等 H 系列彩电； KV-LX34T80、KV-LX34T90 等 LX 系列彩电； KV-EF29M80、KV-EF29M90、KV-EF29M31、KV-EF296M61、KV-EF29M91 等 EF 系列彩电； KV-J25MF8J、KV-J29MF8J、KV-J29MFIS、KV-J29MH2、KV-J29MH21、KV-J29MN21、KV-J29MF1 等 J 系列彩电
BG1L 机心	CXP85XXX、XR1071CP、MC14052BF、NJM4558M、CXA1315M-T4、CXA1855S、CXA2050S、TDA8424、TDA8395T/N3、TDA6101Q/N3、STR-S6709、TDA8172、MSP3410B 等	KV-E29TG8、KV-EF29M31、KV-EF29M61、KV-EF29M80、KV-EF29M90、KV-EF29M91、KV-E29MF8、KV-E29MH8、KV-E29MH81、KV-E29MN1、KV-E29MN81、KV-E29SN81、KVJ25MF8、KV-J25MF8J、KV-J29MF8、KV-J29MF8J 等 E、EF、J 系列彩电

（续）

机心/系列	集成电路配置	代表机型
BG-1F 机心	CXP85116B-61S 或 CXP85200、P83C654、TDA8366N31、CXA1315P、SAA5281ZP 等	KV-G14BI、KV-G2181、KV-G21M1、KV-G21P1、KV-G21P11、KV-G21S1、KV-G21S11、KV-G21Q1、KV-G25M1、KV-G25T1 等 G 系列彩电；KV-T21MF1、KV-T21MNl、KV-T21 MN1 等 T 系列彩电；KV-V16MF1、KV-V16MN1、KV-V20MF1、KV-V20MN1、KV-V20MN1 和 KV-2168MT、KV-2169MNT 等 V 系列彩电
BG-1S 机心	CXP85116B-621S、CXP85116-62 或 CXP85200、P83C654、TDA8366N31、CXA1315P、SAA5281ZP、MSP3410 等	KV-J21MF1、KV-J21MF1S、KV-J21MF1/90、KV-J21MH1、KV-J21MH1、KV-J21TF1 等 J 系列彩电；KV-T25MN8、KV-T25MN81、KV-T25SF8、KV-T25SF81、KV-T29MF1 等 T 系列彩电；KV-G25MXX 等 G 系列彩电
BG-2S 机心	CXP85200或 CXP85220A、TDA8375、SAA5261、MSP3410D、TDA7438 等	KV-A21MF1、KV-A21MH1、KV-A21MN1、KV-A21MFlS、KV-A21 MNl1 等 A 系列彩电；KV-J21MF2、KV-J21MH2、KV-JMN21、KV-J21MF2J 等 J 系列彩电；KV-G21TC2、KV-T21TF2、KV-G14M2、KV-G14M2S、KV-G14S2、KV-G14P2S、KV-G14P21S、KV-G14L2J、KV-G14Q2 等 G 系列彩电
BG-3S 机心	CXP86461-601S、CXA2130S、SAA5261、TDA7315D-013TR、CXA1315M、MSP3415D、CXA1855S、CXA2060A、CXA2139、SDA9288X、TDA7249S、TDA7459 等	KV-XF29M50、KV-XF29M65、KV-XF29M81 等 XF 系列彩电；KV-TF21M80、KV-TF21M90 等 TF 系列彩电；KV-LF25T80、KV-LF34T93、KV-LF34T99 等 LF 系列彩电；KV-SF29T80、KV-SF29T93 等 SF 系列彩电

（续）

机心/系列	集成电路配置	代表机型
BG-3S 机心	CXP86449-627S、TDA8248K、CXA2139S、TDA7429S、STR-F6654、TDA8172、NJM2903M、LA6510 等	KV-LF21T80、KV-TF21M80、KV-LF21T90、KV-LF25T80、KV-LF24T93、KV-LF34T99、KV-TF21M90、KV-XF29M50、KV-XF29M65、KV-XF29M81 等 LF、TF、XF 系列彩电
BG-3S（SCC-U28D-A）机心	CXP750097-006S、CXA2139S、STR-F6656、TDA8172、NJM2903M-T、LA6510、LA358D	KV-EF34M80、KV-EF34M31、KV-EF34M61、KV-EF34M90、KV-EF34M91、KV-EF34N90、KV-HF21M80、KV-HF21N70、KV-HF51P50 等 EF、HF 系列彩电
BG-3R 机心	CXP750097、CXA2139S、CXA2159S、MSP3415D、SAA5261、SDA9288X、BH3868FS 等	KV-XA29M80、KV-XA29M90、KV-XA29M94、KV-XA34M80 等 XA 系列大屏幕彩电
	CXP864641-673S、L6510、CXA2159G、TA3223K、TDA91837、STR-F6456S、TDA8172、TDA7429、MC14053BF 等	KV-AR29M80A、KV-AR34M80A、KV-AR25M80、KV-XJ29M31、KV-XJ29M50、KV-XJ29M60、KV-XJ29M80、KV-XJ29M81、KV-XJ29N90 等 AR、XJ 系列彩电
E64K 机心	PCA84C640P-016、CXA1213S、PCF8582E、PCF8581、PCF8570 等	KV-2565MT、KV-2565MTJ、KV-2584MT、KV-2954MI、KV-2965MI、KV-2966MI 等彩电
FA1A 机心	LC8633XX 系列、LA76828 等	KV-CK28F2S 系列彩电
G1 机心	M37204M8-A10SP、CXA1315P、CXA1315M-T4、CXA1526P、CXA1545S、CXA1464AS、TA1884P、SDA9089XGEG 等	KV-S25、KV-S29JN1、KV-S33、KV-S29MH1、KV-S34MH1、KV-S34JN1 等 S 系列彩电
G3E 机心	M34302M8 或 M34302M8-612、CXA1545AS、CXA1587S、CXD2018Q、TA8776N、TDA9145 等	KV-1435M3、KV-1435M3J、KV-14DK1、KV-R14M1、KV-R14M1J、KV-R14M2、KV-R14P1、KV-R14Q1、KV-R21M1、KV-R21P1、KV-R21Q1、KV-R21S1 等彩电

（续）

机心/系列	集成电路配置	代表机型
G3F 机心	CXP80424、CXA1587S、TA8776N、CXA1545AS、CXD2018Q、TDA9145、TDA9160/N2、SDA9188X 等	KV-K28MH11、KV-K28MF1、KV-K21MF1、KV-K21MH11、KV-K21MN11、KV-K25MF1、KV-K25MH11、KV-K25MF1J、KV-K25 MN1J、KV-K28MF1J、KV-K28MN11、KV-K28MN31 等 K 系列彩电；KV-F29MH31、KV-F29MF1、KV-F29MH11、KV-F25MF1、KV-F25MN11、KV-F25MN31、KV-F25MZ3 等 F 系列彩电；KV-L34MH11、KV-L34MF1、KV-L34MN11 等 L 系列彩电
GA2A/B 机心	LC8633XX系列、LA76828 等	KV-CK28D5S、KV-CK28D5N、KV-CK34D5S 等 CK 系列彩电
GP-1A 机心	PCA84C640P、CXA2123C 等	KV-2128DC、KV-2182CH、KV-2182DC、KV-2182DH、KV-2183TC、KV-2184TC、KV-2553TC、KV-2965MT 等彩电
GP-2A 机心	M37100M8-616SP、CXA114P、TDA4555 等	KV-2900T 系列彩电
SCC-B46A-A 机心	M50431-513SP、CXA1001AP 等	KV-2182DC、KV-2182CH、KV-2182DH 等小屏幕彩电
XE-3 机心	CX522-054、CXA20015A、CX109、μPC1377C 等	KV-1400CH、KV-1403CH、KV-1430、KV-1430CH、KV-1432CH、KV-1842HK、KV-1882CH、KV-2000HK、KV-2060CH、KV-2062CH 等小屏幕彩电

1.5 夏普彩电机心机型与电路配置

1.5.1 夏普平板彩电机心机型与电路配置

机心/系列	集成电路配置	代表机型
LC-D 液晶系列	TPA3100D、MM3151XQ、M62320FP、AK4863EQ、AN5832SA、TMDA341A、IXB986WJN1Q、MST3586M、V385AGLF、K4H561638H-UCCC、IXC042WJQZQ、TC6384AF1E、IXB860WJQZ、TPS40055、MP2367DN 等	LC-32D42U、LC-37D42U 等液晶彩电

（续）

机心/系列	集成电路配置	代表机型
LC-GA 液晶系列	TDA8931T、SIL9021、VCT6973 或 IXB624WJ、IXB823WJ、MR4020、TXA037WJ、TDA9886、IXB664WJ、BR24L64F、MM1507XM、CD4052BP、BR24C21F、MM1506XN、NJM4558M、ISL83220 等	LC-32GA8E、LC-37GA8E 等液晶彩电
LC-P 液晶系列	MM1630AQ、MSP3413G1E、TDA7480、SIL9021、AK4384ET、NJM2750M、IXB405WJ、DS90C386、IXB445W、MSP3413G、TDA9886、BA7655AF、M62332FP、MST9883C、IXB427WJ 等	LC-32P50E、LC-26P50E、LC-37P50E 等液晶彩电
LC-SA 液晶系列	TDA8931T、IXB624WJ、IXB664WJ、IXB823WJ、TDA9886、SII9021、VCB6973 或 IXB624WJ、MR4020、MR4030、CD4052 BP、BR24L64F 等	LC-26SA1E/RU/F/I/K、LC-32SA1E /RU/F/I/K等液晶彩电
LC-SH 液晶系列	TDA8933BTW、MT8295、MT5362-PBGA470、WM8521H9 GED/RV、HYB18TC512160B2F-2.5、LP2966MRX、WM8521、MT536X、MX25L6405MC-20G、L5985、ENG37E14KF、L6599D 等	LC-32SH25E 液晶彩电
LCD-A 液晶系列	BD9897FS、NJM2903M 等	LCD-32A37A 等液晶彩电
LCD-AE 液晶系列	IXC182WJ01、IXC550WJ、MST3383C、TAS3208D、R2A 15505、YDA147SZ、IXC354WJ、YDA148QZ、BD8143MU、BD8165MU、SII9025 等	LCD-65AE5A 液晶彩电
LCD-G 液晶系列	FA5501、L6565、MIP2D20MP、LM2462、STSR30、BD10393F、PQ070XH2、PQ20WZ11、PQ015YZ5、FA5502M、MIP0255SPSCF、BD9731KV、MD1422N、LT1910 等	LCD-32G1、LCD37G1 等液晶彩电
LCD-GA 液晶系列	FA5502M、MPD6S008 等	LCD-32GA3 等液晶彩电
LCD-L 液晶系列	NCP1606、NCP1230、MP2301E、IXC512WJQZ、PST8429U、IXC802WJ、M24C64WN、STA333W、PST8429U 等	LCD-32L100A、LCD-32Z100A 等液晶彩电

1.5.2 夏普数码、高清彩电机心机型与电路配置

机心/系列	集成电路配置	代表机型
WP-30 机心	IX2372CE、MC14066B、TDA4688、TDA8415、VHITBl204F、TA8851AN、TA8776N 等	W328、W248、W288 等 W 系列宽屏幕彩电
A-100 机心	IX1807CE、IX1763CE、TA8662N 等	25AX4、29AX4、29AW4、33AW4 等“丽音王”系列彩电
A-200 机心	IX1803CE、IX1693CE 等	25A-K、25A-CK 系列彩电
C200 机心	IX1194CEN2、RH-IX0969CEN1 等	25AN1、29AN1 系列彩电

（续）

机心/系列	集成电路配置	代表机型
C-300（M-1）机心	IX2156CEZZ、IX0776CE 等	29CX4 系列彩电
PAL-A 机心	IX2551CE、M52343SP 等	14D-CMA、14D-CK1A、CV-2132CK1 等小屏幕彩电
SB 机心	IX0001SE、TB1229DN、M52797SP、AN7396K 等	21SB1、25SB1 等 SB 系列彩电
SP-30 机心	IX2321CE、TDA8362 等	21D-CK1 系列彩电
SP-31M 机心	IX2164CE、TDA9160A、TA8851AN 等	25EX4、29EX4 等 EX 系列彩电
SP-41 机心	IX2504CE、M52343SP、μPC1853C 等	21FN1 系列彩电
SP-42M 机心	IX2505CEN1、IX2508、TA8859BP、TA8777AN、TA8889P、μPC1853C 等	25FN1、29FN1 等 FN 系列彩电
SP-43M 机心	IX2523CE、IX2508CE、TA8772AN 等	25FX4、29FX4 等 FX 系列彩电
SP-51 机心	IX2611CE、M52340SP、M62420SP 等	21TN1 系列彩电
SP-53M 机心	LX2650CE 或 M37204MC、M52340SP、TA8859CP、TA8889AP、IX2652CE、IX2650CE、HPC1353C、LC74402 等	29HX4、29HX5、29HX8、S29HX8 等 HX 系列彩电
SP-60 机心	IX3081CE、M52340SP、TA8859CP、TA8889AP、μPC1353C、IX2652CE、IX2650CE、LC74402 等	29KX8P、29KX80P 等 KX 系列彩电
SP-71 机心	IX3081CE、IX2915CE、AN7397K、TA8776N、TAl218AN、TA8859CP、TC9090AN、SDA9288X、TDA9141 等	29SB1、29RD1、29RE1、34RE1、29RH1、34RD1、34RH1、33RX10J 等大屏幕彩电
SP-90 机心	IX3285CEN4、IX3323CE、TA1229N、CXA2069Q、AN7397K、MSP3410D、TC9090AN、TDA9141、TDA8443A、IX2451CE、TA1241AN、SAB9083 等	29A-FD5、29A-FD8、34A-FD5、34A-FD8、29TE1 等 FD 系列彩电
SS-1 机心	IX3007CEZZ、TDA8375、TDA7429S、SAA7283、TDA4671、SAA5249、TDA9840 等	25RN5、25RN5RU、29RN5、29RN5RU、29RN8 等 RN 系列彩电
TB/TH 系列	IX0101SE、TB1245N、TA1219AN、AN7396K17、TC9090AN 等	29TB1、29TB6、29TH1、29TH6 等 TB/TH 系列彩电
UH 系列	IX010148E、IX3349CEN1、AN5891K、TA1219AN 等	29UH1、29UH6 等 UH 系列彩电
25N 系列	IX1194CEN1、RH-IX0969CEN1 等	25N42、25N42-E1、25N42-E2 等 25N 系列彩电

（续）

机心/系列	集成电路配置	代表机型
29N 系列	IX1194CEN1、RH-IX0969CEN1 等	29AN1A、29N42、29N42E1、29N42E2 等 29N 系列彩电
7P-M 机心	IX0981CEN1、IX0464CE、IX0969CE 等	14S11-A1、18S11-A1、20S11-A1、21S11-A1、21S11-A2、21S21-A1 等小屏幕彩电
7P-SR1 机心	IX0981CEN1、IX0464CE、IX0969CE 等	C-2101CK、C-2121CK、C-2121DK、DV-5406SPM 等小屏幕彩电
8P-MW2 机心	IX1194CE、IX0969CE 等	25W11-B1 系列彩电
9P-1M 机心	IX1194CEN2、PH-IX0969CEN1 等	25N21-D2 系列彩电
9P-CK1 机心	IX0933CE、IX0712CEN1 等	C-1850CK、C-5407CK1、CV-2121CK、CV-2121DK 等小屏幕彩电
9P-CM4 机心	IX1194CEN2、RH-IX0969CEN1 等	2508、25AN21、25A21-D2、29AN21、29AN21-D、29AN21-D2、29AN42-E1 等彩电
91AN-1 机心	IX1762CE、IX1587CE、TA8747N 等	29AW1 系列彩电

1.6 LG 彩电机心机型与电路配置

1.6.1 LG 平板、背投彩电机心机型与电路配置

机心/系列	集成电路配置	代表机型
19LG300 液晶机型	TMDS251PAGR、LD7575APS、OZ9938GN 等	19LG300 等液晶彩电
32LC2R 液晶机型	FLI8532、MSP4410K、CXQ2069Q、ANX9021、NTP2000、K4D261638F-LC50X2、LA7217M、74HC14D、MC34053ADR2G、TAS5122DCAR、24LC02BT、SIL9021CTU、THC63LVD104 等	32LC2R 等液晶彩电
32LG30R 液晶机型	TW9910DANA2-GR、NTP3000A、LGE6891CD、LM324、MC74HC4066ADR2G、TMDS351PAG、MX3232、ZR36966PQCG-XD、HY57V641620FTP、LGE6991DD、HYB25DC256163CE-4 等	32LG30R 等液晶彩电
32LD450 液晶机型	MC14053BDR2G、SC4215ISTRT、MAX17119DS、MAX9668ETP MAX17113ETL、TPS62110RSAR、M24C16-WMN6T、UPD78F0513AGA-GAM-AX、EAN60969601 等	32LD450、32LD550、47LE5300 等液晶彩电

（续）

机心/系列	集成电路配置	代表机型
37LG60UR 液晶机型	SMAW200-24C、OTF492509AA、MP2355DN-LF-Z、SC4215ISTRT、HYB25DC256163CE-4、TF9910DANA2-GR、NTP3000A、LM324、MC74HC4066ADR2G、ZR36966PQCD-XD、LGE6911DD 等	37LG60UR 等液晶彩电
37LH20RC 液晶机型	MST99A88HL、GE3767A、H5PS5162FFR-S6C、MX25L6405DMI-12G、24LC256、CAT24NC08W-T 等	37LH20RC、42LH30RC 等液晶彩电
42LB7RF 液晶机型	MSP40P-VK-EB-500、TAS5122DCAR、NTP3000、PRC9449H-V2-A1、HY5DU281622FTP-D43-C、FLI8668-LF-BC、LA7217M、MX29LV320CTTC-70G、HY5DU561622ETP-4、ANX9021、HTC63LVD1023 等	42LB7RF 等液晶彩电
55LE5500 液晶机型	MP2208DL、MP2108DQ、AOZ1702AI、MP2212DN、MAX17119DS、MAX9668ETP、MAX17113ETL、LGE7378A、H5TQ1G63BFR-12C、74FO8D 等	32LE5500、4755LE5500、55LE5500 等液晶彩电
AL04DA 液晶机心	Sil3512、XC95144XL-144、24LC512、PCA9515、ST3232CDR、74HC4053、PPC405GPR、HY57V161610、UPD64011B、K4S641632、LGDP4411、SI4925DY、THC63LVDM83R、LG-DT3502B、LGDT3701、TSB43DA42、LTDT1102BV2.3 等	32LP1D、32LP1D-UA、37LP1D、37LP1D-UA 等液晶彩电
LA61A 液晶机心	PPC405GPR-3JB266C、S29JL032H70TFI310、S29JL064H90TA100、HY57V561620CTP-H、YFDW254-24S、CY2309SXC-1HT、EPM570F256C5N、LGDT1102F、EPM570T144C5N、AT24C02N、RLCAMP0504M、CAT24WC08W-T、MST3361M-LF-110、MFS6407MTC20X-NL、UPD64015AGM-UEU-A、THC63LVD103、LGDP4412-IEP3、LGDT1304P、HY5DU573222FP-33、LGDT3502B、SII3512ECTU12、LGDT3703B、NSP2100A、TAS5122DCAR、MTV416GMF 等	42LB1DR-UA、42LB1DRA-UA 等液晶彩电
LA61B 液晶机心	TSB43DA42、SII3512、LGDT1901B、THC63LVD103、MST33611-HDM、CS8415A、ST3232、CY2309SC、AT24LC512、PPC405GPR、PCA9516、PIC18F242、74HCT4053、LGDT1303、LTC1470、MST3361、NSP2100A、CXA2069、MC33078、MSP4440、CXA2181、FMS6410 等	47LB1DA-UB 等液晶彩电
LC81E 液晶机心	HYB18T512160AF-3S、FCBGA-736PIN、X260、TC74LCX16373AFT、MST3361CMK-LF-170、STMAV335、LGDT1304P、SII3512ECTU12S、MSP4450K-VK-E8-500、CS8416-CZZR、UPD64015AGM-UEU-A、LGS8G13-A1、M12L64164A-5TG、HD2812 等	42LG70ED、42LG70ED-CA 等液晶彩电
LD75A 液晶机心	CXA2069Q、MSP4450K、FLI8548H-LF、74LCX157、STA333BW、STI5100GUC、ICL3232、TDFC-G336P、TPS2010ADR、HY5DU561622ETP 等	37LF66、42LF66、42LF66-ZE、47LF66 等液晶彩电

（续）

机心/系列	集成电路配置	代表机型
LD84D 液晶机心	NTP3000A、TPA6110A2、74LV541A、KIC7SZ32FU、24C512、KIA7427、STMAV340、MAX3232、74HC4066、LGE7363C-LF、HYB25DC256163CE-4、JLC15628FEL、10067972-050LF 等	42LG5010、42LG5020、42LG5030 等液晶彩电
LD89F 液晶机心	NTP300A、MAX3232CDR、NLASB3157、AT24C16AN、WT61P8、FLI10620H、74LCX244MTC、MSP4458G、TMDS 351PAG、NLASB3157 等	42LG6000、42LG6100 等液晶彩电
LD91D 液晶机心	LGE7329A、AT24C512、NTP3100、TDA9996、LGE3369A、74LCX244、MC74HC4006、TPA6110A、74LVC541A、TEA6420D、MAX3232CDR、HYB18TC512160B2F-2.5 等	32LH7000、32LH7000-ZA 等液晶彩电
LP7AA 液晶机心	MSP4550K、MX29LV320CTTC-70G、FLI8668、NTP3000H、CXA2040、ANX9021、ST3232C、TPS2010ADR、STA335BW、STI5100G、M2404HEPROM、24LC256T、AT24C02BN、HYB25DC256160CE、FLI8548H-LF、SC2595STR 等	42LB7RF、47LB7RF、42LY3RF、47LY3RF 等液晶彩电
LP62A 液晶机心	TAS5122、NTP2000、FLI8532、MSP4450K、AT49BV160C、K4D261638F、CXA2069Q、ST3232C、74HC14、24C02、ANX9021 等	37LC2R、42LC2R 等液晶彩电
LP78A 液晶机心	VCP-PR0、TDA3107D2、TEA6420、TW9909、ANX9021、74ACT253、STMAV335、MC74HC4066、CM2021-QQTR、TPA3107D2、VCT6973 等	32LC41/4R、32LC42、32LC43、32LC44 等液晶彩电
LP81A 液晶机心	NIP3000A、MC74C4066ADR2G、HYB25DC256163CE-4、TMDS351PAG、AT24CD28N、SMAW200-40C、LGE6991DD、AT24C64AN、MX25L1605AM2C-15G、TW9910DANA2TGR、ZR36966PQCG-XD、HY57V641620FTP 等	32LG31RC、42LG60FR、42LG30R、42LG50FR 等液晶彩电
MF002A 液晶机心	CXA2101AQ、LGTV1001、VPC3230、CXA2040AQ、BA7657F、SDA9410、MX88L284、SII-100、THS8083、SDA55XX、SDA9410、MSP3440 等	MF002A 机心液晶彩电
MF056M 液晶机心	MX29LV320、MSP4450K、STA323W、M5275B、LA7517M、CXA2069Q、SII9011CLU、24LC02BT、74HC14D、IC3232C、TC74LCX、SST25VF 等	42LC2RR 等液晶彩电
ML024E 液晶机心	M52758FP、AD9883、MSP34XX、STR-W6853P、AD9883 AKST、LG8801-H、CXA2040AQ、M52758FP、MP1583DN、KA75270Z、KIA7042AF、OZ960S 等	RT-15LA70 等液晶彩电
ML-027C 液晶机心	AD9883、S2310、PW181、P2781A、TLC7733、74HC32、K4S643232CN、LM2941、MP1583、SI4963、SI4925、VCP3230、SDA55、74F14、24C21、MSP3421、TPA3004D2、M52758FP、TDA8601、M37136、FL2301、THS63WD83R 等	RU-17LZ22、RU-23LZ21 等液晶彩电

（续）

机心/系列	集成电路配置	代表机型
ML-041A 液晶机心	VCT49XYI、MP1583DN、SI4936、MPS7720、LA7222、GM5221、M52758FP、ST3232CDR、74HCT157、S2300、M12L64322A、AT49F001N 等	RZ-23LZ41、RM-23LZ50/C、RM26LZ50/C、RM-30LZ50C、RM-27LZ50C 等液晶彩电
ML-041B 液晶机心	VCT49XYF、FM5301BS、M52758FP、GM9221、TC90A65F、SI45963、24C21、MC14066 等	RM-15LA70C、RM-17LZ50、RM-17LZ50C、RM-20LA66K 液晶彩电
ML041D 液晶机心	GM5221H-BC-LF、AN15865A、MSP4410K、M12L64322A-6T、AT24C02、FLI2300BD-LF、ST3232CDR、VCT49XYF、TPA3008D2、MST9883 等	23LX1RV-MC 等液晶彩电
ML-051A 液晶机心	UPD16311、KID65783AF 等	32LP1R-TE、37LP1R 等液晶彩电
ML-051B 液晶机心	FLI8125、FLI8532、MX29LV160BTIC-70、MSP340G-C12 或 MSP44X0K、TPA6110A2、CXA20F90、CM2021、74F14、LA7217M、Sil9011、FLI8125、24C32、HY50U281622ET-5 等	TZ-37LZ55、RT-37LZ55 等液晶彩电
MW-30LZ10 液晶机型	L4973、VCP3230、FLI2200、K4S643232C、74HC123、MSP3410、TPA3000D1、SIL161、AD9888、M52758FP、MSM82C55、AM29LV160BT70、R8820 等	MW-30LZ10 等液晶彩电
RT60SZ31 液晶机型	CXA2151、CX2069、SDA5550、CXA2119、AD9883A、VPC3230-S、VPC3230-M、XC95144XL、ADC9883、CXA2069、MSP3411G、LA4282、AT24C16、CXA2151、LGD1502、THC63D164、24LC256、M360V3、M37272、M62352 等	RT60SZ31 等液晶彩电
RU-27LZ50C 液晶机型	VCT49XYI、LA7222、MP1583DN、SI4963、MSP7720、SM5301、MST9883、FLI2300、GM5221、M52758、S2300、M12L64322A 等	RU-27LZ50C、RU-30LZ50C 等液晶彩电
GM1501H 等离子机心	GM1501H、CXA2069Q、MSP4410K、NJU26901、VPC3230、M62320FP、LA7151M、UPD64083、FLI2300、HY57V64332、M37136、M52758FP、CXA2101、THC63LVD103、24LC21、74HCT08、ST3232C、74ACT253、TAS5122DC 等	RT-42PX10、RT-42PX11X 等离子彩电
LI8125 等离子机心	CXA2069Q、SIL9012、THC63LVD104、NSP6241B、MSP4410K、FLI8532、FLI8125、ST3232、74HC14D、KIA7029、AT24C32、MX29LV800BT、HY5DU281622ETP、TAS5122 等	60PY2R 等离子彩电
LP78A 等离子机心	VCT7993P-FA-A1-H-000、MP255DN-LF-Z、TW9909BATB3-GR、TEA6420D、ANX9021、AT24C028N、74ACT253SC、MC74HC4066ADR2G、ICL3232CBNZ、TPA3107D2 等	42PM1RV 等离子彩电
P50W38 等离子机型	SiI160、K4S643232E、74ACT253、R8820LV、DS252AS、FLI2310、VCP3230、LA7151、MSP3440、UPD64083、SiI169B、AD9588、OPA3682、CXA2089、S2310、LA4282 等	P50W38、P50W28 等离子彩电

（续）

机心/系列	集成电路配置	代表机型
PP78A 等离子机心	MP2355DN、VCT6973、24C32AN-10SI-2.7 等	42PC5RVC 等离子彩电
MN-42PZ10 等离子机型	CXP750010、MX88L284、HC541、THS8083、CXA2101、SDA9410、CXA2022S、LA7222、VPC3230、M52758FP、LA45282、MSP3401G、X2416、CXA3516R、M62320X3、AT29C010、74HCT373 等	MN-42PZ10 等离子彩电
MC-87A/B 背投机心	8933-06A 或 CXP85452-141S、TB1227N、MSP3410、SAA5281、TC9090、CXA1855S、TDA9160、SDA9189 等	PF-43A20、PF-53A20、PF-60A30 等 PF 系列背投彩电
MF056C 背投机心	SOT223R/TP、SC156515M-1.8TR、SII9011CLU、MC34063ADR2G、CXA2069Q、LA7217M、MSP4410K、TAS5122DCAR、ICL3232CBNZ、FLI8532BC-LF、AT49BV160-70T1、K4D261638F-LC50 等	42PX3RVA、42PX3RVA-ZA、42PX3RVA-ZC 等离子彩电
MP-015A 背投机心	AT89C55WD、MSP3411G、STV2050A、VPC3230D 等	PT-43A82、PT-48A82、PT-53A82 等 PT 系列背投彩电
MP-02AB 背投机心	SDA555、AT89C55WD、AD9883、MSP3411P、CXA2069Q、M6230P、CXA2151Q、CXA2180Q、VPC3230、STV2050A、M35071 等	RT-54NA12、RT-44NA14T、RT-44NA43RB 等 RT 系列背投彩电
MP-03AB 背投机心	CXA2100、MSP3411G、CXA2151Q、CXA2180、LM4765T、VSP9427B、CXA2069、CXA2151、SLA1003、SDA5550、KA75270Z、KA75420ZTA、LGDT1000B、LA7217M、CXA2151Q、STK392-120、LF347D、CXA2180Q、CXQA2069Q、STR-F6658B、STR-A6351、KIA7824API、LM2576TV、TDA6111Q、M62320P 等	RT-44A84R 等背投彩电

1.6.2 LG 数码、高清彩电机心机型与电路配置

机心/系列	集成电路配置	代表机型
MC-01GA 单片机心	VCT3802、MSP3460G、LA4248、LA7845、STR-6656 等	CT-25K92F、CT-25M60EF、CT-29K92E、CT-29M60EF、CT-29Q42EF、RT-29FA32E、CT-29FA51E、RT-29FA60E、CT-29K92F 等彩电
MC-007A 机心	SDA5521、VDP3120B、MSP3410D、LA7845、LA4282A 等	CE-29Q26、CL-29Q26、CE-29Q46ET、CL-29Q46ET、CE-25Q26、CL-25Q26、CE-25H26、CL-25H46、CE-29H46、CL-29H46、CE-25H36、CL-25H36、CE-29H36、CL-29H36、CE-28H86、CL-28H86、CT-25Q40E、CT-29Q40E 等彩电

（续）

机心/系列	集成电路配置	代表机型
MC-009A 单片机心	LG8803-17A、TDA8842、TDA8351 等	CT-20J3B、CT-20J3R 等 J3 系列单片彩电
MC-017A 机心	SDA5555、VPC3230、MSP3410G、LA7845、STR-6456R、STR-83145 等	RT-29FA50IP、RE29FA31PX、RE29FA33PX 等彩电
MC-019A 机心	TDA9361、TDA9361、LA7840、TDA2006、MSP3410D、TDA9859、LA7016、STR-F6654R 等	CF-21Q42EF、CF-21K49F、CT-21H88F、CT-21T30K、RT-20CB10V、RT-21FB30V、RT21FB50V、RT-21FB70V、RT-CA50M、CT-21Q42EF 等彩电
MC-021A 机心	SDA5550、CXA2609、MSP3411G 等	RT-29FB20RP 系列彩电
MC-022A 机心	VCT3804F、CXA2040AQ、MSP3410、TDA2006、STR-F6456 或 STR-F6654、LA7845 等	CT-25K90V、CT-25M60VE、CT-29K90V、CT-29M60VE、CT-29Q40VE、RT-29FB50VE、RT-29FA50VE、RT-29FA60VE、RT-29FB30V、CT-29FA50V、RT-25FB70V、RT-29FV70V 等彩电
MC-049C 超级机心	VCT49XX 等	21FS2RLX 等超级彩电
MC-05HA 机心	FFP3316C 等	29FS2AMB 等彩电
MC-8AA 单片机心	CXP864P61S、TDA8842、TDA8351、TDA2006 等	CF-21G22、CF-21G24 系列单片彩电
MC-8CA 单片机心	CXP86441-543S 或 LG8838-21A、TDA8844、MSP3410、SAA5281、LA4282 等	CT-25C35E、CF-25C35E、CT-25H80、CT-25H82、CF-29C35E、CT-29C35E、CT-29H80、CT-29H82 等单片彩电
MC-8CB 单片机心	CXP86441-549 或 CXP86441-558S、LG8993-07C/B、TDA8844、MSP3410、SAA5281、LA4282 等	CT-25K90E、CT-25K90EN、CT-29K90E、CT-29KL90EN 等单片彩电
MC-15A 机心	GS8234-01F、TA8659、TDA2009、LA7833 等	CF-25C32PK、CF-29C42PK 等彩电
MC-41B 单片机心	GS8434-03A、TA8690、TA8750、TA8445K、TDA2006 等	CF-21D10B、CF-21D60B、CF-21D70B 等单片彩电

（续）

机心/系列	集成电路配置	代表机型
MC-51A 机心	LG8534-05B/C、CXA1855、TA8880AN、MSP3410、CF70209、TDA9160、SDA9188-3X 等	CF-25C60NM、CF-29B20NM、CF-29C60NM、CF-29C76NM、CF-29C80NM、CF-25C76NM 等 NM 系列彩电
MC-51B 机心	TMS73C47E-C69548Y或 LG8434-17A/B、TDA9160、CF70200 或 CF70209、TDA4687、MSP3410 等	CF-25C76、CF-29C76、CF-51C76 等 C76 系列彩电
MC-61A 机心	LG8534-07C、TAD8376-N1、MSP3410、CXA1545AS、CF70200、TDA9160、SDA9188-3X 等	WF-28A10TM、WF-28A10X 等彩电
MC-64B 单片机心	LG8734-08A、TDA8362B、LA7833、LA4282 等	CF-20D60、CF-20D70、CF-21D30R 等小屏幕单片彩电
MC-71A 机心	LG8734-06B 或 CXP854P60-164SD、TB1226BN、SDA9189、TDA9160、SAA5281、MSP3410D、CXA1855S 等	CF-29H20M、CF-29H20NM、CF29 H22M、CF-29H22NM、CF-29H62N、CF-34H10M、CF-34H10NM 等大屏幕彩电
MC-71B 机心	LG873406D 或 CXP85452-139S、TB1226BN、SDA9189、TDA9160、SAA5281、MSP3410、CXA1855S 等	CF-29C45NC 系列大屏幕彩电
MC-74A 单片机心	LG8993-16B、LG8738-05B 或 CXP86441 -509S、TDA8375、MSP3410 或 TDA8425、SAA5281 等	CF-29H69、CF-25CH79N、CF-29C79N、CF-25C89、CF-29C89、CD-25C79N、CD-29C79N、CD-25C89、CF-25C69、CF-25C89N、CF-25C99N、CF-29C89、CF-25H30、CF-25H79 等彩电
MC-84A 机心	CXP86324、CD4052B、K2873M、K6265K、K6266K、KIA4558、LA4282、MSP3410D、SAA5281、STR-F6654、TDA2006、TDA6107Q 等	CF-21F80、CF-21F33 等彩电
MC-99AA 机心	LG8993-40B、MSP3410D、VDP3120B、CXA1855 等	CT-34M22EN 系列大屏幕彩电
MC-99BA 单片机心	LG8893-07F、TDA8843、LA4282、TDA87350 等	CT-21Q20E 系列小屏幕单片彩电
MC-991A 单片机心	CXP86441- 556S 或 LG8993-16B、TDA8376、MSP3400D、SAA5281、TDA4474、CXA2040AQ 等	CT-29Q11EN、CT-29Q20E、CT-25Q20E、CT-29Q10E、CT-29Q10EN 等单片彩电
MC-993A 机心	LG8993-32A、TDA9160、TDA6111Q 等	CF29Q21P、WE32Q10IP 等彩电
MC-994A 单片机心	LG8993-27B、TB1238BN、LA7833、MC37221、TDA7253、CD4052B、LA7016、TEA5114A、STR-F6707 等	CT-21K49E、CT-21K90E、CT-21M60E 等单片彩电

1.7 飞利浦彩电机心机型与电路配置

1.7.1 飞利浦平板、背投彩电机心机型与电路配置

机心/系列	集成电路配置	代表机型
19PFL5602 液晶机型	TDA8932T、MSP4450P-VK-EF、TDA10046AHT、EDS1216AGTA、M29W320ET70N、SII9025CTU、UDA1334ATS、M30300SAGP、M29W800DT-70NG、TDA9886T/V4、TD1316AE71HP-2 等	19PFL5602/12、19PFL5602D/12、20PFL4122/10、20PFL5522D/12、22PFL3403/10、22PFL3403D/10、23PFL5322/01、23PFL5522/12、26PFL7532/12、32PFL5322/10、32PFL5403D/10、32PFL7433D/12、32PFL7962D/12、37PF7662D/12、37PFL9632D/10、42PFL5522D/12、42PFL7423H/12、47PFL5522D/12、47PFL9632D/10、52PFL7762D/12 等液晶彩电
30PF9946/93 液晶机型	MC34067P、TDA7490、TDA7482 等	30PF9946/93 等液晶彩电
32HFL2200 液晶机型	NVT72633、G912T63U、SC189、G5657F12U、TPA6132A2RTER、AD82581B-TKG、DRV603PWR、PI3HDNI301ZLEX、NT72634、SG6961、TNY277、L6599D 等	32HFL2200、42HFL2300 等液晶彩电
32PF7321/93 液晶机型	MC34067P、AVS1ACP08、L6910、L5973D、OFWK3955L、OFWK3953L、TDA15021H/N1A11、K4D263238F-UC50、M29W400DT-55N6、TDA8931、TDA7490L、TDA7482、GM1501-LF-CF 等	32PF7321/93 等液晶彩电
BL2. 3HUAA 液晶机心	MC34067P、PNX3000HL、PNX8550、K4D551638F、XC3S200、TDA9975、TDA13360、STV0701、TDA9975EL、K4D261638F、SAA5565HL、TDA7490、P87LPC760、M24C16、TDA1336、NXT2003、PNX2015E 等	BL2. 3HU AA 机心 32 ~ 37in 液晶彩电
F21RE AB 液晶机心	TDA8601T、TSH93、TEA6415CD-TR、LM3190、EP1K10TC144-3、TEA6422D、PCF8574AT、TDA9181、UV1316、TDA9320H、MSP3410D、HEF4052BT、SAA7712、LM833DT、TDA9330、M27V160、HYB3118165、SAA5801H、M29W400T、M27C512、MS81V04160、SAA4978、EAGLE、SAA4992、MC44063 等	FTR9955、FTR9969、FTR9964、FTR9969S、FTR9965S 等液晶彩电
Q523. 1U LA 液晶机心	TDA9897HL/V2、TDA10060、MC34067PG、PNX8537E、EP2C8F256C7N、NAND512W3A2BN6E、K4D551638F、EP2C35F484C7N、AD8191ASTZ、AD8191ASTZ、M25P05-AVBMN6P、PCA9540BDP、TD1736F、XC32S250E、ST3232C 等	42PFL7422D/37、42PFL7432D/37、47PFL7422D/37、47PFL7432D/37、47PFL5432D/37、47PFL9732D/37、52PFL7422D/37、52PFL7432D/37、52MF437B/37、52MF437S/37 等液晶彩电

（续）

机心/系列	集成电路配置	代表机型
Q528.1ALA 液晶机心	MC34067PG、TDA9898HL、PNX8537E/M2A、PNX5050EH/M1、T6TF4HFG、EP2C35F484C7N、EPCS16S116N、AD8191ASTZ、NAND512W3A2BN6E、K4D551638F、AD8191ASTZ、K4D551638F、EDE2516ABSE 等	42PFL9532 等液晶彩电
LC03A 液晶机心	M24C32、TDA9181、MSP3410G、AN7522、TDA9171、CY62256、74HCD573D、TC74HC590AF、MC34063A、ASS7118E、K4S643232E-TC50、74LVC373AFW、M29F002BT、PC251 等	15LC110、15LC118、17LC120、20LC110、23LC120、20LC120H、23LM120H 等液晶彩电
LC7.1A LA 液晶机心	TDA9886T/V4、SVPCX32-LF、EP2C5F256C7N、THC63LVDF84B、CM1601-LF、M29W400DT、K4D263238I、SII9025CTU、MSP4450P-VK-E8000Y、TDA8932T/N1、IS42S16400D-6TL、M29W800DT、M30300SAGP 等	LC7.1ALA 机心 32～42in 液晶彩电
LC7.2E LA 液晶机心	TDA9886T/V4、SVPCX32-LF、TD1316AF/HP-2、STV0700L、TDA10046AHT、PNX8314HS/C102、GM1601-LF、THC63LVDF84B、K4D263238I、M29W400DT、IS42S16400D-6TL、SII9025CTU、MSP4450P-VK-E8000Y、TDA8932T/N1、SVPCX32-LF、M29W800DT、M30300SAGP 等	LC7.2E LA 机心 26～42in 液晶彩电
LC7.5E LA 液晶机心	SVPWX68-7568-LF、PNX8341HS/C102、STV0700L、TDA10046AHT、TDA1316AF/IHP-2、TDA9886T/V4、SII9125CTU、SII9181CNU、SII9185ACTU、MSP4450K-VK-E8-001Y、TDA8932T、UDA1334ATS 等	32PF9968/10、42PF9968/10 等液晶彩电
RAM1.0 LA 液晶机心	MT8222、CS4344、TPA3101D2PHPR、NT5TU32M16CG-25C、TL2428MC、MX25L3205DM21-12G、TDA9885TSVS、DRV602PWR、DDR2256MBX2、24C32、HEF4052 等	32PFL3605 等液晶彩电
T4246D 液晶机型	RTD2674U、HY5DU561622FTP-4、H5DU2562GTR-FAC、MX25L3205DMI-12G、R2A15112FP、FAN6961SZ、LD7523GS、OZ9976GN-C-0-TR、STR-A6069H、KIA431A 等	T3246D、T4246D 等液晶彩电
TCM3.1ALA 液晶机心	FA5571、FSQ510、ICL6501、UC28060、L6562D、MT8222/21、TDA9885/9886、WM8501、STA333BW、RT8110、LX6501、MX25L3205、M24C32MN、M1264164A 等	42PFL3609-93、32PFL3609-93、47PFL3609-93、32PFL3409-93 等液晶彩电
TPF1.3A LA 液晶机心	MST51502、NT68F632、M24C02、M12L16161A-7T、SAA7118E/V2、FQ1216PN/I、SAA5360、TPA3005D2、MSP3415G-QI-B/V3 等	20TA1000/93 等液晶彩电
TPF1.3U LA 液晶机心	MST51510、MSP3415G-QI-B8V3、SAA7119E/V2、SAA5360、NT68F632、MST51502、M12L16161A-7T、TDA3005D2、BRT3193、OZ960SN 或 OZ9938GN 等	15MF500T/37、15MF605T/17、20MF605T/17、20MF500T/17 等液晶彩电

（续）

机心/系列	集成电路配置	代表机型
TPN1. 1ALA 液晶机心	NVT72633、G912T63U、SC189、G5657F12U、TPA6132A2RTER、AD82581B-TKG、DRV603PWR、PI3HDNI301ZLEX、NT72634、SG6961、TNY277、L6599D 等	37HFL5382、42HFL5382 等液晶彩电
TPS1. 0A LA 液晶机心	MST96885LD/ALD-LF、TDA3005D2、24C02、24C32、74LV4053PW、M12L16161A-7TG、HY57V641620ETP-6、TPA3005D2PHP、TPA6203A1DG、TPA6110A2DGNRG4、TEA1530AT、AP1501SA、OZ1060 等	20PFL4122/93 等液晶彩电
TPS1. 1A LA 液晶机心	MST96889LD-LF、74HC40522D、TPA6203A、TPA3005D2、24C02、24C16、24C32、74LV4053P、HY5DU281622ETP-5、HY57V641620ETP-8、TPA6100A2DGNRG4、UCC28051、FA5541N 等	26TA2800/93、26TA2800/98、26TA2800/79、32TA2800/93、32TA2800/98、32TA2800/79 等液晶彩电
TPS1. 3 LA 液晶机心	MST98981CLDA、WT6702、TDA3120D、HY5DU281622FTP5、M24C02、S25FL004A、M24C32、PI3HDM1212ABE、TPA3123D2、TPA6302A、SG6961、L6599D、TNY277、TEA1530AT、OZ9938GN 等	32PFL3403-93、37PFL3403-93、42PFL3403-93、47PFL3403-93 等液晶彩电
TPT1. 1ALA 液晶机心	M30300SPGP、FQ1256、74LV4053PW、74LV14ADT、M24C02、24LC64、74HC4052D、SVP-PX66、K4D263238GVC33、CS4344、IS61LV256-12T、SST39VF088、TPA3100D2PHPR、TDA1308T、MSP3450G、AP1084K18、SI4835、TPA6203、AP1510SA 等	32PFL7422/79、32PFL7422/93、32PFL7422/98、32PFL7482/98、37TA2800/79、37TA2800/93、37TA2800/98、42PFL5422/93、42TA2800/79、42TA2800/98、42TA2800/93、42TA2800S/93、42TA2800S/98、42TA3000/93 液晶彩电
TPT1. 1HALA 液晶机心	P89C664HBBD、HEF4053BT、ST202ECD、UC28051、FA5541N、74LV4053PW、SVP-PX66 或 SVP-LX66、CS4344CZZ、FBGA144、S29AL008D70TF1010、P15C3257QEX、PI3HDN412FT-AZHE、MST3580M-LF-170、M47HC590M1R、MSP3410G-QI-B8-V3、TPA3101D2PHRR 等	32HF7445-93、32PF9968-10 等液晶彩电
TPT1. 1S LA 液晶机心	SG6961、TEA1507P、74LVC14APW、M30300SAGP-U5C、SVP-LX66、FBGA144、AT24C02BN、PI5C3257QEX、PI3HDM1412FT-AZHE、MST3580M-LF-170、CY7C199-15ZXC、74HC573PW、MSP3410G-QI-B8-V3、TDA1308T、TPA6201A1DGN、TPA31002PHPR、BA7046F、P89C664HBBD、ST202ECD、HEF4503BT 等	TPT1. 1S LA 机心 32 ~42in 液晶彩电
TPT1. 2A LA 液晶机心	M30300SPGP、SVP-PX66、FQ1256、PCA9512、74LV4053PW、M24C02、MSP3450G 或 MSP3410G、TDA1308T、TPA3100D2PHPB、SST39VF088、IS61LV256-12T、K4D263238GVC33、CS4344、74HC4052D、SI4835、AP1510SA 等	42PFL7422/93、47PFL7422/93 等液晶彩电

（续）

机心/系列	集成电路配置	代表机型
FM24 AA 等离子机心	LM833DT、LM311D、ST24FC21、TNY256、MC33368、LM319D、74HCT4053D、PCF8574AT、MC34067P、L4973V、TEA1507、74HC4052D、PW164、AD9887KS、SAA7118E、SDA9400、FS6377、PCF8574AT、SAA5801H、MSM51V18165F、AM29DL164DT、EP1K30FC256、TEA6422D、MSP3415G 等	42FD9944/69S、42FD9944/93S 等离子彩电
FM24AB 等离子机心	SAA5801H/XX、PW164、AD9887、SDA9400、SAA7118、TEA6422D、MSP3415G、DS90C385、EP1K30QC、MSP3415G、PCF8591、PCF8574、4052、RS-232 等	42FD9944 等离子彩电
LC4.7A AA 等离子机心	M29W040B-55K1、TDA1517ATW、MC34063AD、K4D263238M-QC50、TDA7198T、TDA15021H、GM1601、M74HC590T、SII9993CT100、SM5301BS-G、TDA7490、TDA7297D 等	42PF9946/93 等离子彩电
LC4.9A AA 等离子机心	74HC08PW、SII9993CT、TDA15021H、M24C16、GM1501H、UV1318S、T6TU5XBG、MST9883C、EP1C12F256C8N、M24C02、PCA9515ADP、M24C32、MX29LV040、K4D263238F、CY62256LL-70ZC、M74HC590T、74HC573PW、TDA7490、TS4821D 等	42PF7320/93、42PF7320Z/93、50PF7320/93、50PF7393、42PF7520Z/93 等离子彩电
PM242AA 等离子机心	ST3232E、74HC4052D、AD9887、PW164、EP1K30FC256、DS90CC385M、PCF8574A、PCF8591、LM319D、74HCT4053D、FS6377、SDA9400、SAA7118C、74LVC125A、FS6377、TEA6422D、MSP3415G、LM833DT、SAA5801H 等	42FD9945/01 等离子彩电

1.7.2 飞利浦数码、高清彩电机心机型与电路配置

机心/系列	集成电路配置	代表机型
100Hz 变频机心	TDA9320H、SAA4961 等	29RF100等100Hz倍场频系列彩电
FL2G 宽屏机心	SDA9088、TDA8425、TDA4670、TDA4681、TDA8844、TEA6420、SAA9042 等	28FL2871、32FL2881 等宽屏幕彩电
A8.0A 单片机心	P87C770、TDA8844、MSP3410D 等	29F16（29PT5563/93S）、29G8（29PT5683/93）、29H8II（29PT5663/93S）、29H88II（29PT5663/93S）、29H9II（29PT5683/93S）、29SG（29PT5683/93G）、29SGC（29PT5683/93G）、34G9（34PT5893/93R）、34H8（34PT5683/93S）、34SG（34PT 5893/93S）、34SGT（34PT5893/93T）和 29PT5622、29PT5632、29PT5633、29PT5663、29PT5683、29PT572A、34PT772A、34PT5633、34PT5683、34PT5693 等大屏幕彩电

（续）

机心/系列	集成电路配置	代表机型
A8.0BA 单片机心	P87C770、TDA8844、MSP3410D 等	29RF70（29PT6211/93S）、29RF90（29PT6221/93S）、29RF95（29PT6221/93T）、29RF95LX（29PT6211/63T）等大屏幕单片彩电
A10A 单片机心	P87C770、TDA88XX、PD431000A-B、M65669SP、SAB9081 等	29RF50（29PT6011）、29RF68CM（29PT6001/93R）、29RF70F/L（29PT6111/93R）、29RF95（29PT6351/93R）、34RF90（34PT6251/93R）、34RF90LX（34PT6251/93S）、34RFR68GM（34PT6231/93R）、34SGT（34PT6131/93R）等大屏幕单片彩电
A10A AA 单片机心	STR-F6426、UV1300、TDA1308T、AN5277、TDA6108Q、TDA8885、TDA9171、MSP3451G、74HC4052、74HC4053、UPD431000A、TDA8601、SAB9081H、Z86130 等	29PT6001/93R、29PT6011/93R、29PT6111/93R、34PT6131/93R、34PT6231/93R、34PT6251/93R、34PT6251/93S、29RF68GM、29RF50、29RF98LX、34SGTLX、34RF68GM、34RF90、34RF90LX 等大屏幕彩电
EM1A AA 机心	TDA9181、TDA8601、SAA4978H、SAA4990H、TDA9320H、TDA8885、TDA8845、ASB9081H、MSP3451D、SAA5667HL、TDA2616、MSM54V12222A、TDA9330H、HEF4053BT、M62320P 等	29PT8319/93G、29PT8319/93R、29PT8319/93S、29PT8320/93R、29PT9320/93S、29PT8419/93R、29PT8420/93R、34PT8319/93G、34PT8320/93S、34PT8419/93R、29EF188GM、29EF100LX、29EF100FX、29EL100LX、29EL120、29EF100、29PT84208/93R、34EF188GM、34EF100 等大屏幕高清彩电
EM1.1A AA 机心	MSP34XXG、TDA7497、SAA5667HL、TDA7052、TDA8177、TDA9320H、TDA9181、MSM54V12222A、SAA4990H、SAA4978H、TDA9330、74HC4052、SAA5667HL、TDA6108JF、TDA8601T、74HC4024、TSH93 等	29PT7021/93R、29PT7321/93R、29PT8321/93R、29PT8322/93R、32PW8521/93R、34PT7321/93G、34PT7321/93R、34PT8322/93R、29SL133、29EL122、29EL163、29TA165、32EL163、34EF199GM、34EL122、34TA165 等大屏幕高清彩电

（续）

机心/系列	集成电路配置	代表机型
EM5A AA 机心	TDA9320H、SAA4978H、TDA9330H、TDA8885、TDA8801T、TDA8601T、M8232G、TDA61118JF、SAB9081N、MSP3452G、TDA7490、SAA5801H、TDA7490、TDA8177、TDA9320H、SAA4978H、SAA4992、MS81V04160、T8F24EF、LH28F320BJE、M29W400BT 等	29PT9220/93R、34PT9420/93R、29TS200、34TS200 等大屏幕高清彩电
G8 机心	P87C054BBPNB、PCF8574P、TDA4670、TDA4681、TDA8415、TDA8425/V7、TEA6414A、MA138461P/W196 等	25SX8611/58R、25SX8611/75R、25SX8876/93R、25SX8666/93R、28GR6776、29SX8671/93S、29SX8671/93T 等第一代“新视霸”系列彩电
G8AA 机心	P87C054BBPNB、MAB8461P/W196、TDA4671、TDA4681、TEA6414A、PCF8574P、TDA8425/V7、TDA8405、TDA8415、SAA5243P 等	25SX8661/57R、25SX8661/93R、25SX8661/93T、29SX8876/93R 等第二代“新视霸”系列彩电
G88A 机心	TMP87CM36N-32 5A、TDA4671、TDA4681、TDA9170、μPC1853、PCF8574P、TEA6414A、TDA8405、TDA9840、CF70200、SDA9088、SAA1300、SAA5252 等	25PT448A/93R、29PT745A/93R、29PT780A/93R 等第三代“新视霸”系列彩电
G88AA 机心		25PT780C/93R、29PT745C/93R 等第四代“新视霸”系列彩电
GFL 单片机心	P90CE201ABB、TDA8443、TDA9141、MSM6307、PCF83CE65X、SAA5270、TDA9288、TDA4672、TDA4780、TDA9155、TDA9840、TEA6360 等	32PW967A、32PW927A、32PW977A、28PW777A、28PW777B 等 2.00AA 系列彩电； 28PW787C/93、32PW987C/93 等 2.00AB 系列彩电； 48P977/9301 等 6D 系列彩电； 54P915/9302、60P915/9302 等 7DAA 系列彩电； 48P915/9302 等 7DAB 系列彩电
L01.1A AA 机心	TDA9853H、HEF4052BT、HEF4053BT、MSP3405G、AN7523 或 AN7522、TDA95XX、M24C08、TDA6107Q、M65669、TEA1507、TDA8359J 等	29PT1324/93R、21PT2565/93R、25PT2511/93R、25PT2521/93R、25PT2565/93R、29PT2525/93R、29PT2535/93R、29PT2565/93R、29PT2565/93S、29PT2566/93R、29PT4420/93R、29PT4520/93R、21RF67、21RF50、21RF98LX、25A18、25M18、25RF50、29E18、29RF68FX、29RF68GMFX、26RF68、29RF99、29RF67 等彩电

（续）

机心/系列	集成电路配置	代表机型
L01. 2A AA 机心	HEF4502BT、HEF4503BT、AN7522N 或 AN7523N、MSP34X5G、TDA95XX、TEA1507、TDA9302H 等	21PT2502/93R、21PT2521/93R、21PT3224/93R、21KA、21KC、21M18、21AL88 等彩电
L01H. 1A AA 机心	HEF4502BT、HEF4503BT、AN7522N 或 AN7523N、MSP34X5G、TDA95XX、TDA6107Q、TDA8359J、TDA8941P、TEA1507 等	21HT3411Z/93R、25HT2011/93Z、25HT2012/93R、25HT2212/93R、25HT2217/93Y、29HT2011/93Z、29HT2012/93R、29HT2212/93R、29HT2217/93Y、21RF50R、21HT 3411Z/93、25M18Z、25M18R、25RF50R、25RF50Y、29E18Z、29EF65R、29RF65Y、29E18R 等彩电
L04A AA/AB 或 L04HA AA 机心	TEA1620、TDA9887、SDA9488X、TDA8601T、TDA9178T、TDA2616Q、TDA12001H1、TEA1506T/N1、TEA1620 或 TEA1623、TDA8925J、L4978、TDA6107、MC34063AD、TDA9887 等	25PT4524/93R、29PT3224/93R、29PT3225/93、29PT4324/93R、34PT3224/93R、34PT3225/93、34PT 4524/93R、29PT7322/93G、29PT7333/93R、29PT8805/93、29PT8825/93、29PT8865/93、34PT7322/93G、34PT7333/93R、34PT8805/93、34PT8825/93、34PT8865/93、34RL188、34AL188、25HT3312/93R、25HT3317/93Y、29HT3312/93R、29HT3317/93R、29HT3317/93Y、25A188、29GM88、29RL88、29SN88、29AL88、34GM88、34RL88、34FL98、29RL1888、29AL1888、25AL88R、25AL88Y、329AL88R、29AL88Y 等彩电
L7. 1A 单片机心	SAA5290ZP、TDA8362 等	14P111A、14PT118A、14PT132A、14PT133A、14PT137A、14PT138A、14PT210A、14PT1422、14PT1482、14PT148A、14PT2321、14PT2381、20PT118A、20PT120A、20PT121A、20PT132A、20PT133A、20PT137A、20PT138A、20PT1321、20PT1422、20PT1381、20PT1482、20PT1482A、20PT2321、20PT2381、20PT2722、20PT2782、20PT2482/93、20PT 2381/93S、20PT1381/93S 等单片彩电

（续）

机心/系列	集成电路配置	代表机型
L7.3/L7.3A 单片机心	SAA5279或P831C76、TDA8374、TDA9860、MSP3410B等	5PT4428、25PT4528/93R（25H8 Ⅱ）、25PT4473、25PT448A/93（25S8）、25PT449A/93R（25B8）、25PT4528、25PT4528/93R（25A6）、25PT4462、25PT4463、25PT4473、25PT4623、25PT4673、29PT4180/93R（29E8）、29PT4423、29PT4423/93R、29PT442A/93（29S8）、29PT446A/93（29B8 Ⅱ）、29PT4473、29PT448A/93R、29PT4428A/93、29PT4462、29PT4463、29PT4673、29PT552A、74KQ401/93（2999）等单片彩电
L9.1 单片机心	SAA5542PS、TDA8843或TDA8844、MSP3415D、TDA7057AQ、DSP3505、DB30357等	21RF95LX、21PT3932/93S、25PT3532/93R（25SE）、25PT4324/93R（25E8）、25PT4324/93R（5A6Ⅱ）、25PT4324/93R（25SA）、25PT4723/93R（25H6）、25PT4823/93（25H88）、25PT4823/93R（25SHM）、25PT4888/93R（25S8Ⅱ）、29PT4223/93（29A6 Ⅱ）、29PT3532/93R（29SE）、29PT4223/93R（29SA）、29PT4888/93R（29S8Ⅱ）等单片彩电
L9.1A 单片机心	SAA5542PS、TDA8843或TDA8844、MSP3415D、TDA7057AQ、DSP3505、DB30357等	25HT4182/93R（25E8R）、25HT4182/93Z（25E8Z）、25HT4187/93Y（25E8Y）、29HT4182/93R（29E8R）、29HT4182/93Z（29E8Z）、29HT4187/93Y（29E8Y）、29PT4732/93R（29H6）、34PT4874/93R（34H6）等单片彩电

（续）

机心/系列	集成电路配置	代表机型
L9.2 单片机心	SAA5565PS、TDA8844、MSP3415D 等	14RA01、14TA01、20RA01、20TA01、21RA01、21SA01、14PT1324、14PT1354、14PT1355、14PT1365、14PT1555、14PT1565、14PT2665、14PT2685、17PT1564、20PT1354、20PT1355、20PT1554、20PT1555、21PT1355、21PT1364、21PT1365、21PT1655、21PT1664、21PT2264、21PT2684、21PT4255、21PT4375、21PT4455、21PT4475、21PT4655、21PT4675、37TA1264、37TA1274、37TA1474、37TB1254、51TA1274、51TA1474、51TB1254、52TA1464、52TA1474、52TA4415、52TB1454、52TB4395、21PT1582/93R（21KG）、21PT3182/93R（21E8）、21PT3182/93R（21SE）、21PT3382/93R（21FCII）、2LPT1582/93R（21K8II）、21P18520/93R（21KB）、21PT3532/93R（21SEM）、21PT3382/93R(21SF)、21PT3888/93R（21S8II）等单片彩电
MD1.0A 单片机心	TMP87CS38N、TDA8366、TDA9170、PCF8574F、MSP3410、μPC1853、TEA6425、SDA9288X、HEF4053B 等	29PT446A/93S、29PT448A/93S、29PT468A/93R、29PT548A/93S、29PT549A/93R、29MMTV/93R、34PT 5693/93、74KQ4303/93R 等大屏幕单片彩电
MD1.1/MD1.1A 单片机心	TMP87CS38、TDA8844、TDA9170、TEA6420、TDA9850、CF70200、PCF8574F、TEA6425、SDA9288X、μPC1853 等	29PT889A/69R、29PT862A/69R、29PT888A/93R、29PT880A/93R、29PT860A/57R、29PT880A/57R、29PT886A/75R、29PT886A/79R、29PT889A/56R、29PT862A/68 等大屏幕单片彩电

（续）

机心/系列	集成电路配置	代表机型
PV4.0/PV4.0AA 单片机心	MP87CM36N-3302 或 TMP87CM36N-3301、TDA8374 或 TDA8375、μPC1853、TDA9840、SAA5281、HEF4094、MSP3400、TDA8395N2、TEA6420、TDA9850 等	14PT231A、14PT233A、14PT238A、21MMTV、21PT231A、21PT232A、21PT233A、21PT238A、21PT238A/57R(21V7)、21PT238A/93R(21V8)、21PT240A、21PT240A/93R(21V88)、21PT240A/93S(21V9)、21PT241A、21PT260A、21PT260A/57R、21PT262A、21PT262A/69R、21PT262A/93R、21PT263A、25PT438A/93S(25V7)、25PT448A、21PT448A/93R(25V8)、25PT448A/93S(25V88)、25PT449A、25POT462A、25PT463A、25PT468A、25PT468A/57R、25PT548A/93S(25H8)等单片彩电
SAA/SBB 单片机心	PCF84C644、TDA8362、HEF4094 等	21GX1563/93B、21GX1871/93R(21B9)、21GX2563/93S、21GX3566/93S、25GX1876/93R、21GX2563/93R、29GX1896/93R、25GX1881/93R(25B9)、25GX1881/93S(25B9)、29GX1890/93R(29B9)、29GX1891/93R(29B9)、29GX1891/93S(29B9)、29GX1893/93S(29B9)、29GX1896/93R(28B9)等单片彩电
SK1.0A 超级机心	TDA9370、TC4052、TDA4863AJ、24C08、TDA7057AQ 等	21PT3606/93、21PT3626/93 等超级彩电
SK2.0A 超级机心	STR9656、TDA4863AJ、TDA83731、TDA7266、TDA9859 等	21PT4604/93 等超级彩电
SK4.0A CA 机心	STR-W6554A、DM837X、TDA9842AJ、4052、TDA486X 等	21PT8667/93、21PT8857/93、21PT8867/93 等彩电
TB1238 单片机心	TMP87CH38N、TA8859、TB1238AN、TA8247K、TDA7057AQ、BC4053BC 等	21V82、21S82、25M80、25M80R、25E80 等单片彩电
TDA 机心	TDA4501、TDA3565 等	C1492、C2191、C2192、C2591、C2592、C2593、C2594、C2595、C2991、C2992、C2525、C2962、C2965 等彩电

（续）

机心/系列	集成电路配置	代表机型
UOC 超级机心	TDA935X/6X/8X、BA7021、TDA7057AQ、TDA9859、TDA8351 等	29R64R、25S64、29A188、29HT84、25A188、25HT80 等超级彩电
GR2-AA 机心	PCB83C654、7514-2A、TDA8385、LM358N、SF916D、HEF4053、TDA9820、HEF4528BP、NE572N、HEF4052、TEA64158、TDA2579 等	28ST1181、28ST1281、28ST2181、28ST2187、28ST2281、28ST2287、28ST2784、28ST2880、29PT700A、29PT702B、29PT722B、29PT727B、52NA1307、52NA1364、52NA2304、52NA2377 等数码彩电

1.8 日立彩电机心机型与电路配置

1.8.1 日立平板、背投彩电机心机型与电路配置

机心/系列	集成电路配置	代表机型
15LD2200 液晶机型	PW1306、MT28F800B3W、24LC32A、EL1883IS、TA1366FG、TDA12021H、LM393、DS90C385MTD、74VLC245AD、ST24LC21、PI5V330-SOIC、M74HC4052、74HC5950、TDA2614、74HC14D、CS4334、TDA1308T 等	15LD2200 等液晶彩电
D8MW 液晶机心	FLI8538-LF、SII9125、M16C64、NJU26041V-01A、PCM1808、TAS5706PAPR、R5F364VDNFA、FLI8538、K8P1615UQB-PI4B000、K4H561638H-UCCC 等	UT32-MH28CB/CW/CT/CA、UT37-MH28CB/CW、UT42- MH28CB/CW、UT47- MH28CB/CW 等液晶彩电
FW1 液晶机心	TC4066BFT、SII9023、MM1685LHBE、MM8520 等	FW1 机心液晶彩电
LD4550 液晶系列	LD7575A、MT5380GKU、WM8521HCGED/RV、74HC4052D、HY5DU121622DTP-D43、MX25L3205DMI-12G、TMDS251PAGR、TDA8932BTW、MT5133、MT8295、OZ9938GN 等	19LD4550C、22LD4550U 等液晶彩电
LD8600 液晶系列	MSP3411G 或 MSP3452G、VPC3230D、SIL9993、SVP-EX59 或 SVP-EX-51、SDA5550、TDA9885T、TEA6420、TDA1308、TEA6415C、PCF8574、74LVC14A、ST24LC21、74HC595D、MAD4868A、PIV330-SOIC、EM6A9320、K6R4008V1C-I/C-P、GAL16LV8、M29W040B、SDA5550M、SII9993、MC33202、LM2576、MC34063A、TPA3004D2 等	32LD8600、32LD8600C、32LD8600TU、32LD8700TU、32LD8700U、32LD8A10、37LD8600 等液晶彩电
L32A403 液晶机型	SII9185ACTU、ZR39775HGCF、TPD12S520DBTR、M24C64、MX25L3205DMI-12G、H5PS5162FFR-25C、HY5PS561621BFP-25、TPA3121D2PWPR、FAN7529MX、A6069H、LD7523PS、OZ9976GN 等	L32A403 等液晶彩电

（续）

机心/系列	集成电路配置	代表机型
L42A403 液晶机型	ZR39785HGCF、SII9185ACTU、LD7523A、A6069H、ICE2PCS02G、TPD12S520DBTR、HY5PS561621BFP-25、OZ9976GN-C-0-TR 等	L42A403 等液晶彩电
PW1 等离子机型	NJM1320、CXA2069Q、TA1370FG、UPD64084、TB1274AF、TC90A69F、NJW1136、SAA5264、NJM2192AM、MSP3455G、SAA5264、NJM2534M、LA7213、NJM2533M、TA2021B 等	32PD5000TA、37PD5000TA、42PD300TC、42PD5000TC、55PD5000TC、PMA4230V、PMA4250A 等离子彩电
PW2 等离子机型	BA3530FS、CXA2069G、BA3530FS、BU4052BCFV、TB1274BFG、TC90A88F、TA1391FG、NJW1163V、NJM2192AM、BU4052BCF、TAS5001PFB、MSP3455G、SAA5361、SII993、TAS51220CA 等	32PD7800、42PD7800、42PD7900TC、PMA4270 等离子彩电
PT3-E/G 等离子机心	M306V7FHFP、BU4052BCF、AN5285K、CXA2069Q、MM1519XQ、BU4053BCF、NJM2584M、TC90A45F、TA1287F、TA1383FG、SII907B、STR-F6668B、HD64F3397、SII169、LVDM83R、NJW1133AM、TA2020-020 等	32HDT55、42HDT50、32HDT50、42HDT55 等离子彩电
42PMA400C 等离子机型	TA1358、74HC152、H8S2238、ICS1523M、M24C06、SN74LVCC4245APW、MCT-039、MSM55V15160F-773、LV2541、THC53LVDM83R 等	42PMA400C 等离子彩电
4611 背投机型	CXA1545AS、TA1222AN、TDA9815、BL14053BC、LA2785、TDA9860、LC7523、TA8200AH、MSP3410 等	4611、4315 背投彩电
AP7M 背投机心	M37270MF-168SP、CXA1545AS、LA2785、LV1010N、MSP3410B、TA1222AN、TA1229N、TDA9860 等	AP7M 系列背投彩电
CP9M 背投机型	M37270MF-XXX、CXA1545AS、LC7523、LV1010N、MSP3410、TA1222AN、TA1229N、TC9090AN、TDA9860、TPU3040T/TEXT 等	CMT4611、CMT4611L、CMT5011、CMT5011L、CMT5018、CMT5018N 等背投彩电
CTM4330 背投机心	H8S/2238W、MSP3450G、SDA9589X、TA1316AN、TDA9321H 等	CMT4330、CMT4330P、CMT4331、CMT4331P、CMT5030、CMT5030P 等背投彩电

1.8.2 日立数码、高清彩电机心机型与电路配置

机心/系列	集成电路配置	代表机型
A3P 龙影机心	M37204E8-853SP、M37204EB 或 1437204EB、1437BC4MS、TA8776N 等	CMT2598、CMT2598-041、CMT2968、CMT2998、CMT3398 等“龙影”系列彩电

（续）

机心/系列	集成电路配置	代表机型
AIPL 机心	M37103M4-655SP、TA8662N 等	25M8A-04、25M8A-042、29M8A-041 等彩电
AIPL-3 机心	M37201M6、TA8776N 等	CMT2518、CMT2700、CMT2588、CMT2588-041、CMT2901、CMT2988、CMT2988-041 等彩电
AIPL-4 机心	M37201M6、TA8776N 等	CMT2988P 等彩电
AIPL-5 机心	M37210M3-551SP、M51339SP-3 等	25M8C、25M8C-041、25M8C-042、29M8C 等彩电
AIPN 机心	M37103M4-655SP、HA7680 等	C21D8A、C25D8A、C25M8A 等彩电
AIPS 机心	M37210M3-250SP、HA7680 等	C21D8C 系列彩电
G7PL 机心	M34300N4-555SP、AN5635N-A、HA51338SP-3 等	CMT2700、CMT2900、CMT3300 系列彩电
G7PN 机心	M34300N4-555SP、M51338SP-3、M51339SP-3 等	CPT1888、CPT2103-53、CPT2137、CPT2138、CPT2139、CPT2150、CPT2177、CPT2177DU、CPT2177SF、CPT2408、CPT2408DU、CPT2408F、CPT2408SP 等彩电
G7PN-M 机心	M34300N4-555SP、M51338SP-3、M51339SP-3 等	CMT1435、CMT2137、CMT2138、CMT2139 等彩电
G-PL-2 机心	M34300N4-555SP、HA51339SP-3、AN5635N-A 等	CMT2518、CMT2718、CMT2901、CMT2908、CMT2916、CMT2918 等彩电
S2 机心	M37210M4-851SP、TDA8395、TDA8362 等	CMT2579-041、CMT2579-052 等彩电
S3-M3 单片机心	M37210M4-553SP、TDA8362 等	CMT2198 系列单片彩电
S6 机心	M37271MF-209SP、TB1226AN、MN1313AD、TA8776N、TDA9160A、SDA9189X 等	CMT2911S、CMT2913、CMT3411、CMT3411S、CMT3413、CMT2917、CMT2990W、CMT2990WN、CMT2990WP、CMT2990WPN、CMT2997W、CMT2997WP、CMT2997WN、CMT2997WPN、C3390FS、C3390FSP、C3399FS、C3399FSP 等大屏幕彩电

（续）

机心/系列	集成电路配置	代表机型
V1 机心	M37221MA-0545SP、TB1226AN、SAA5281ZPR、TMN1250SD、T900580 等	CMT2919、CMT2919N、CMT2978、CMT2978FS、CMT2989FS 等大屏幕彩电
V1-F 机心	M37221MA-0545SP、TB1226AN、SAA5281ZPR、TMN1250SD、T900580 等	CMT25F2、CMT25F2N、CMT29F2、CMT29F2N、CMT29F3、CMT29F3N、CMT29-F100、CMT29-F100N 等彩电
NP84C 机心	M34300N4-555SP、HA11485ANT 或 HA11845BNT、HA11509NT、MA51338SP-3 或 HA51338SP 等	CPT-1801SF、CPT-1803、CPT-1803SF、CPT-1805SF、CPT-1806、CPT-1818、CPT-1818SF、CPT-2001SF、CPT-2005、CPT-2005D、CPT-2005-042、CPT-2005SF、CPT-2008SF、CPT-2018、CPT-2018-052、CPT-2018SF、CPT-2106、CPT-2123、CPT-2123SF、CPT-2125SF、CPT-2126、CPT-2126SF、CPT-2127SF、CPT-2128SF、CPT-2128DC、CPT-2150SF、CPT-2157SF、CPT-2157DC、CPT-2157DU、CPT-2177DU、CPT-2403DC、CPT-2403SF、SF-1806、SF-2001、SF-2043、SF-2106、SF-2403、SF2103 等彩电
NP84C20 机心	M50161-554SP、HA11485ANT、HA11509NT、M51338P 等	CTP-1801SF、CTP-1805SF、CTP-1808SF、CTP-1818SF、CTP-2001SF、CTP-2005、CTP-2005D、CTP-2005SF、CTP-2008F、CTP-2008SF、CTP-2018、CTP-2018SF、CTP-2125DU、CTP-2125SF 等彩电
NP84C22 机心	M50432-551SP、HA51338SP-3 等	CPT2157DU、CPT2157SF 等彩电
NP24C24 机心	M50161-554SP或 M50432-551SP、MA51338SP 或 HA51338SP-3、M51338SP 等	SF-1806、SF-1806-053、SF-2106、SF-2106-053、SF-2403 等彩电
NP86CS 机心	M50432-551SP、LA7521、HA51339SP 等	CMT1910、CMT2110 等彩电

1.9 三洋彩电机心机型与电路配置

1.9.1 三洋平板、背投彩电机心机型与电路配置

机心/系列	集成电路配置	代表机型
32XH4 液晶机型	FLI8531、CS4344、24LC21A、24C02CT、QANX9011L-M、74HC14APW、SW1TCH4052、LV1116、LA7217、STR-W6753、QTC4052BF、QYDA138-M、QFLI8531-BE-M、QXXAVC914-M、L6563、L6599TR、LM393 等	LCD 32XH4-00 等液晶彩电
AVL 液晶系列	M5276E、FLI8125、AN5277、LA72700、R2S15900SP、HEF4052BT、TPA1517、FLI8125IC、STR-W6856N、MX29LV040、K7257、K72620、M52760E 等	AVL193、AVL209 等液晶彩电
CA8 液晶系列	FLI8531-ABM、CS4344、24LC21A、ANX9011L、74LC14APW、LA75501NVA、SF63760U、K4D551638H-LC40、QY-DA138、QAP8600-M 等	LCD-32CA8、LCD-37CA8、LCD-42CA8 等液晶彩电
UH9L 液晶机心	R2A15112FP、PS321TQFP80G、TDA1517、TDA8890H/NIB、CBT3257、TDA15471HV、HY5DU281622FTP-5C、PS321TQFP80G、CBT3257AD 等	LCD-26CA50S、LCD-32CA50、LCD42CA50、LCD-22CA50S 等液晶彩电
YV3-A 等离子机心	M30624、MST5151A、K4D263238E-GC45、IC2202、IC2203、CXA2069QM、NJW1157VP、LA7217M-TG、TA2024P 等	PDP-42V8CT 等离子彩电
YVI-A 等离子机心	LC749450NWM、AD9883、BA7657、CXA2171、CXA2069、TC4052、PW168 12C、MSP3514G、BA7078、J-L003、LC749450、QAV9155、THC63LVD1003、TE7780、UPD64083、SII169CT100、SEP7078AF、TE7780、NJW1138、LA4919N-E 等	PDP-42W5CT 等离子彩电
42XR7K 等离子机型	MST9E89DL、BH3547F、TDA3120D2、24C02、HEF4052、TDA4470 等	PDP-42XR7K 等离子彩电
42WV1 等离子机型	TA2024、TC4052BFT、PQ1CY1032ZP、PQ1CZ41H2ZP、FA7701V-TE1、BA033FP-E2、AD8057ART、LA7217M-T-TRM、BA7087AF-E2、TC7WT125FU-TE12L、TC74HC4053AFT、BA7657F、NJM2904-T2、PST6001M、PW181-10V、TC74LCX574FT、MBM29LV800TA-90PFTN、24LC32AT、PST573IM、TC7SZ32FU-TE85L、AD8057ART、BD6111FV-E2、IC61LV6416-15T、AV9155C、TC7SZ125FU 等	PDP-42WV1、PDP42WV1S、PDP-42WV1A、PDP42WV1AS 等离子彩电
PLC 背投系列	QXXAAC1950、QXXAAC1418A、CXA1218P、LA7222、LC9123A-511、LC97060A722、M83759P-G、MB83759P-G 等	PLC-200P、PLC-200PB、PLC-200PP 等背投彩电

1.9.2 三洋数码、高清彩电机心机型与电路配置

机心/系列	集成电路配置	代表机型
A8 帝王机心	M37102M8、TC4066BP、μPC6326C、TA8747N、TDA2579A、LA7217、TC4053BP、TDA4685、TDA9160、μPC1891CX、MC14053BCP 等	CMX2930、CMX2930CK、CMX2940、CMX2945、CMX3345、CMX2940U、CMX2940TXN、CMX2940CK、CMX2940N、CMX2940TX、CMX2945C、CMX3345C、CMX28WK1 等“帝王”系列大屏幕彩电
A6 单片机心	LC864512、LA7687A 或 LA7688A/B/N、LA7642 等	CK14A1 系列单片彩电
A3 单片机心	M34300N4-620SP 或 M34300N4-624SP、M34300N4-628SP、M34300N4-721SP、LA7680 或 LA7681、M51323AL 等	CKM2169-00、CEKM2183NT、CEM2589、CEM3022 等单片系列彩电
A2 机心	M34300N4-628SP、M51308SP 等	CMX2500、CMX2501B、CMS2510、CEM2515C 等彩电
A4-A 机心	M37102M8-503P、AN5635N、M51308SP、μPC6326C 等	CMX2510A-51、CMX2510C、CMX2510C-00 等彩电
GC3-A21 单片机心	6C3A/AVB967或 LC86343、LA76818A 等	CK21D80、CK21D5、CK21D88、CK21D108、CK21D100 等单片彩电
FC2A 单片机心	QXXAV8849、LA76828、LA7973MG、LA7804、24LC16B/P 等	CK25D50、CK25D80、CK25D5、CK25F70、CK28D50 等单片彩电
FC4 单片机心	LC86XXXX、LA76XXX 等	CK28F78 系列单片彩电
FC4B 单片机心	LA76828、LA78041N、LA4287、QXXAVC215P、24LC16B/P 等	CK28F78、CKF58、CK28F88、CK28F98、CK28F100、CK28F108、CK28F200 等单片彩电
FC4C 单片机心	LA76818AN、QXXAVC215P、24LC16B/P、LA4287、LA78041N 等	CK25D58G、CK28F78G、CK28F88G、CK28F98G、CK28F100G、CK28F108G、CK21F90G 等单片彩电
FC5A、FC6A 单片机心	LA76818AM、LA4268、24LC16B/P、QXXAVC635P、LA78041 等	FC5A机心：CK28F200C、CK28F98C、CK28F88C、CK28F78C、CK25F78C、CK21F200C、CK28D88C、CK25D88G、CK28D58C；FC6A 机心：CK21FS30 等单片彩电

（续）

机心/系列	集成电路配置	代表机型
FC7AR、FC7BR、FC7CR 机心	R2J12203XXXFP、LA4268-E、TC4052BFP、STR-W6754 或 STR-W6756、QXXAAJQ0803、LA78141 等	F7AR 机心：CK28F100D、CK28F200D、CK28F300H；FC7BR 机心：CK21FS30、CK21FS50；FC7CR 机心：CK21F90D、CK21F200D 等单片彩电
GA2B、GA3B、GA3C 大屏幕机心	TDA9875AN、STR-X6757、VPC3230D、TA1360、TDA6111Q、AD9883KST-110、LA7577N、P15V330 等	GA2B 机心：CD34D5S；GA3B 机心：CK34F56P；GA3C 机心：CK28F88P、CK28F90PN、CK28F98PN、CK28F100PN 等大屏幕彩电
GA3E 大屏幕机心	LA4287、QXXAVC419、LA7845H2、STR-X6757、TDA611Q/N3、TDA9332H、LA76818 等	CK28F68PA、CK28F88PA、CK28F98PD、CK28F100PA、CK28F108PA 等大屏幕彩电
GC2A、GA2A、GA2C 大屏幕机心	LA76818 或 LA76810、LA76828、LC863358A 或 LC863432、TA8216H、LA78040、BA3880AFS、TC9090ANM、MM1313BD、MM13698D、FA5311P、UPC1857ACT 等	GC2A 机心：CK28F80N；GA2A 机心：CK28D5S、GA2C 机心：CK28F80S、CK34D5S、CK28F70S 等大屏幕彩电
CK21F5 系列	M37221M8-221SP、OXXAYB889-230Z00	CK21F5 系列彩电

1.10 三星彩电机心机型与电路配置

1.10.1 三星平板、背投彩电机心机型与电路配置

机心/系列	集成电路配置	代表机型
8TG3 液晶机心	74HC4052D、VPC3230D-C5、MDIN150、K4S643232F、AD9887A、ADG774BR、REMBRANDT-1、R8820LV、K6X4016T3F、HEADER40X2、M29W160EB、DS90C385、HEADER60X2、MAX3232EEAE、PCF8563T 等	8TG3 机心液晶彩电
GBD26KS、GBD32KS、GBD40KS 液晶机心	M30840SGP、74HC4052、FST3125M、PCM1754、MAX232ECWE、24C02、24C32、K4D263238-128M、STA323W、MC33269DTRK-5.0、MP1583、STV8257DSX、SVP-PX56-7256 等	LA26R51B、LA32R541B、LA40R51B、LA26R71B、LA32R71B、LA40R71B 等液晶彩电
GBP32SEN、GBP37SEN、GBP40SEN、GBP46SEN 液晶机心	SNTP3000、SVP-UX68、SGTV58XX、M30840、SII9185CTU、MAX3223ECWE、MST3566M、SII9125、74LCX245、NC7WBD3125、M308A0SGP、74HC4052、24C02、24C256、K4D263238K-VC、RT9818C-29PV 等	LA32R81BX、LA37R81BX、LA40R81BX、LA46R81BX 等液晶彩电

（续）

机心/系列	集成电路配置	代表机型
GCR26ASA、GCR32CCN、GCR32TSA、GCR37ASA、GCR37CCN 液晶机心	74HC4052、SII9185CTU、MAX232ECWE、24C02、24C256、EM6A9160TS0A-5G、MAX9728A、NTP3100、AP1117D、RT9818C-29PV/42PV、AOZ1021AIL、S4LF122X01、TC7WB125FK、SEMS01 等	LA26A450C1、LA26A350C1、LA32A450C1、LA32A350C1、LA37A450C1、LA37A350C1 等液晶彩电
GFM40KSA、GFM46KSA 液晶机心	STA323W、STV8257、LM358D、74LCX245MTCX、EM562081BC-70、AT49BV802AT-70T1、S3F866B、DS1834AS/T. R、EM6A9320B1-5MG、MST3386M-LF-170、SVP-LX61 等	LA40F71B、LA46F71B 等液晶彩电
GML32KE、GML40KE、GML46KE、GMN32KS、GMN40KS 液晶机心	STR-W6757 或 STR-W6765、74LCX14、NC7WBD3125、M30620SPGP、74HC4052、FST3125M、MST9883CR、MAX232ECWE、24C02、24C32、TPA3004D2、DS1834A、EX52-7052、MSP4410K、SII9993CT100、S3F866B、49BV802A、74LCX245、BA7657F、K4D263238、LST309-M 等	LA32M50B、LA40M51B、LA46M51B、LA32M61B、LA40M61B 等液晶彩电
GNM32ASA、GNM40ASA、GNM46ASA 液晶机心	K4D551638、29LV320、74LCX245、74LCX157、M30840SGP、BA7657F、FST3125M、TEA6422D、PI3HDM412FT、PCM1754、MAX232ECWE、24C02、24C32、K4D263238-128MDS1834A、STV8257DSX、MC33269DTRK、SVP-PX56-7256、S3F866B、49BV802A、RT9818C-42PV 等	LA32N71B、LA40N71B、LA46N71B 等液晶彩电
GTU40TSA、GTU46TSA 液晶机心	747HC4052、SP232ACN、M30840、DM74LS157M、CS4340、STI5105、SVP-WX68、BA7657F、SGTV5810、SII9185CTU 等	LA40M81BX、LA46M81BX 等液晶彩电
LA20S51BP1 液晶机型	TDA7266D、TDA7050D、OZ9808、LM324、TSU396AWJ-LF、BA7657F、TDA15021H、AT24C16AN 等	LA20S51BP1 等液晶彩电
LA32S71 液晶机型	SVP-PX56-7256、K4D263238D、M30840、LM4810、STA323W、STV8257DSX、MAX232、S4LD158X01、K4D263238E、FRC9425C 等	LA32S71B2XXTT 等液晶彩电
LA-81B 液晶系列	PI3HDMI1212、MT8291、MAX232ECWE、24C02、24C08、24C256、K4D261638、RT9818C-29PV/42PV、MT8202FG、S4LF119X01、LM358、MT8293、NTP3000、WT61P6S 等	LA32S81B、LA37S81B、LA40S81B、LA46S81B 等液晶彩电
LA32B457C6H 液晶机型	PAN7530、KIA393、ICE3BR0665J、SEM2006、ICE2QS01、R2A20112、74AHC123A、74HC1G86GV、KIA358、MM74HC4052、MST24C02M1TR、MT8226FJ、MT16P8-RG480NT、HYB18TC256160BF-2. 5、S29AL032D70TFI030 等	LA32B457C6H 等液晶彩电
LA40M61B 液晶系列	TDA7050T、TPA3004D2、M30620SPGP、MSP4410G、TC4052、S3F8860、SII9933ADY、BA7657、AD9883、74LCCX14、NC7WBD3125、FST3125M、MST9883CTR-110、MAX232ECWE、24C02、24C32、DS1834A、K4D263238-128M 等	LA32M51BX/SHI、LA32M61BX/XSG、LA32M61BX/XTT、LA32M61BXC/XTT、LA40M61BXXTT 等液晶彩电

（续）

机心/系列	集成电路配置	代表机型
LA40F81BX 液晶机型	SGTV5810、NTP-3000、SIL9185CTU、SIL9125CTU、M308ADSGP、MST3560M-LF-170、SVP-WX68、EM6A9320B1-4M、S4LF119X01、HYB25DC512160CE-5、USB2504、KFG1216U2B-DIB6、OM7029EL/C1、74LCX6244AFT、TC74LCX245FT-ELK/M、74LCX16245MTDX、SGTV5810、SIL9125CTU 等	LA40F81BX 等液晶彩电
LA40M81BX 液晶机型	SIL9185CTU、BA7657F、MX29LV160CTT1-70G、M308ADSGP、WT61P6S-RN44D、SVP-UX68、MST2560M-LF-170、EM6A9320B1-4M、S4LF112X01、STX5105、HYB25D25163CE-4.0、S29AL032D70TF1030、74LCX16244AFT、TC74LCX245FT-ELK/M、SXT5105、SIL9125CTU、NTP3000、SGTV5810 等	LA40M81BX、LA46N81BX、LA52F81BX 等液晶彩电
LCD-37CA5 液晶机型	TVP5160、MST5151A、LA4919N、LA79500EM、NJW1199MP、M30820、TVP5147、PI5V330 等	LCD-37CA5、LCD-42CA5 等液晶彩电
M51A 液晶机心	TDA9810、TDA6920、TEA5114、SDA9187、TDA9160A、TDA9815、SDA5273P、SDA30C264、MSP3410D、TDA7050、DPL3519、TC4052BC、TL60DT、TDA7265、TDA4780、CXA1853Q、CXA2504N、CXD2443Q、SDA9280、SDA9272、SDA9253、VPC3215、CIP3250P、TOP210PS、STR83145、RBV-606、STR-6709 等	SP40J5HPX/XHK、SP43J6HFX、SP47W3HF1X 等液晶彩电
M62A 液晶机心	TEA8425D、UPD64083GF-3BA、TPA3001D1PWP、MSP4440G 或 MSP4410G、TEA6422D、S3C9428X35-S078、VPC3230D-C5、FLI2310FLI2310、CXA2171Q、MST9883A-110、SUPLECODE、THC63LVDM83R、SDA6001-B12、MBM29LV160T-90FPT、K4S641632C-TC80、S3C9428X35-S0T8、ASI510、K4S643232E-TC60 等	SP50L3HRX、SP61L3HRX 等液晶彩电
MB15S 液晶机心	AD9883AKST-110、VPC3230D-C5、SDA5550M、S3P863A、FST3125MX、TEA6425D、BA7657F、DPTV-3D-6730、MN82860、DS90C385MTD、K4S643232E-TC60、MSP3451G、LM4863MTEX 等	MB15S 机心液晶彩电
MK32P5 液晶机心	TDA4863G、STR-A6159、MC33067、MT8291、NTP3100、MT8226FJ、TMDS351PAG、AT24C02N-10SC、ST24C02M1TR、MIC2544-1YM、TC7WB125FK、RT9818C-42PV 等	LA32A550P1R、LA37A550P1R、LA40A550P1R、LA46A550P1R 等液晶彩电
N66A 液晶机心	SP3232EEY、24C02、AT24C256、K4T51163Q、MAX9728A、NTP-3200、AP1117D、NCP1117DT18T5G、RT9818C-29PV/42PV、AOZ1021HAIL、TC7WB125FK、SEMS03-LF、TPS2051BDBVR 等	LA32B530P7R、LA37B530P7R、LA40B530P7R、LA46B530P7R 等液晶彩电
N68A 液晶机心	74LVC1G17、74HC4052、SII9287ACNUTR、SP3232EEY、24C02、AT24C256、K4T51163Q、STA339BWS、AP1117D、RT9818C-29PV/42PVMP8668PL、RT7173-SP、TC7WB125FK、WM8593SEFT/V、AP2191MPG-13、IDT6V10012PGG 等	LA32B550、LA40B550、LA46B550、LA52B550、LA40B610L、LA46B610L、LA40B620L、LA46B620L、LA52B620L、LA37B650、LA40B650、LA46B650、LA44B650、LA46B750、LA52B750 等液晶彩电

（续）

机心/系列	集成电路配置	代表机型
N74A 液晶机心	SII9287ACNUTR、SP3232EEY、24C02、24C56、K4T1G164QD、STA339BWS、MP8668DL、MP3302DJ、WM8593SEFT/V、TPS2051BDBVR、AP2191MPG-13、74HC4052、SII9287ACNUTR、SP3232EEY、AT93C46D、KFH8GH6U4M-DIB6、PCF8574TS、FST3152M 等	UA40B7000WF、UA46B7000WF、UA55B7000WF 等液晶彩电
N98A/N98B 液晶机心	MSX5DAAC-XXXX、TDT5DAAC-XXX 等	UA22C4000P、UA26C4000P、UA32C4000P 等液晶彩电
NF26C0 液晶机心	TEA6425D、UPD84083、BA7657F、SDA5550、TEA6422、VPC3230、MSP3420G、TVTPA3002、TDA7050T、PW565、MDIN150、MST9883、SIL169 等	LS26A33 等液晶彩电
NF32C0 液晶机心	TPA3004D2PHP、MSP4410G、K6X1008C2D-TF55、MN74HC373MTCX、TEA6422D、74F163AD、SIL169CT100、SIL9993CT100、MST98863CR-110、BA7657F、MDIN-150、K4S643232E-TC60、M27V160-100K1、K4S641632C-TC80SDA6001-B12、PW565、DNIEPRO 等	LS32A33WX 等液晶彩电
NK15A、NK17A 液晶机心	SDA5550M、VCD3230D-C5、AD9883AKST-110、FST16233MTDX、NM24C17FM8X、KIA7029F、BA7657F、TEA6425D、PCF8574AT、FST3125MX、M32L32321SA-7Q、DS90C38/5MTD、MN82860、DPTV-3D-6730、MC34063ACD、LM2676SX-3.3、TA1101B、TDA7050T/N3、MSP3451G 等	NK15A、NK17A 机心液晶彩电
GJA32SSA、GJA37SSA、GJA40SSA、GJA46ASA 液晶机心	RT9818C-29/42PV、S4LF119X01、MT8202FG、PI3HDMI1212、MT8291、MAX232ECWE、24C02、24C08、24C256、M13S128168、MC33269DTRK-5.0、MT8293、AP1117D-3.3A、RT9173BPS 等	LA32R81B、LA37R81B、LA40R81B、LA46R81B 等液晶彩电
UA37C5000QR 液晶机型	SEM3040、ICE3BR1765J、UCC25600、HV9963、KIA358F 等	UA32C5000QR、UA37C5000QR 等液晶彩电
UA46C6900VF 液晶机型	SEM3040、ICE3BR1765J、UCC25600、HV9963、KIA358F 等	UA40C6200UF、UA40C6900VF、UA46C6200UF、UA46C6900VF 等液晶彩电
D58A（P）等离子机心	VSP9437、FLI2300、ASI500、AD9883、CXA2101、4S643232、DS90C385、74HC373、74LVX74、AD9884、SII169CT100、24C02、FLI2300、HY57V643220CT-6、BA7657F、FST3257、FST3125M、4S641632、29LV320 等	PS42P3SX、PS42P3XEC 等离子彩电
D59A 等离子机心	MSP3451G、TDA7050T/N3、VPC3230D、PW1231、PW181、MST9883-140、29LV800BT、ASI500、K4S643232E-TC60、VSP9437B、FLI2300、SII169CT100、SDA6001-B11、MC74F14D、MBM29LV320BE80TN、K4S641632C-TC80、M27V322-100XS6、M4LV-32/32-12VC48、CXA2101AQ、PCF8591T、TEA6425D、AD9884KST-100、MM74HC373MTCX、BA7657F、AD9883AKST-110、TA2024、TA1101B 等	PS50P3HX/XTT、PS50P3HX/XSG、PS50P3HX/XHK 等离子彩电

（续）

机心/系列	集成电路配置	代表机型
D60A 等离子机心	ASI500、K4S643232E-TC60、VSP9437B、MSP3451G、PCF8591T、FLI2300、SII169CT100、SDA6001-B11、MBM29LV320BE80TN、K4S641632C-TC80、MC74F14D、M4LV-32/32-12VC48、CXA2101AQ、AD9884KST-100、74LVX74MTCX、MM74HC373MTCX、BA7657F、AD9883AKST-110、TA1101B 等	PS63P3HX/XTT 等离子彩电
D62B 等离子机心	CXA2151Q、UPD64083GF-3BA、MSP3451G、74HC590、K6X1008C2D、SN74HC590ADWR、VSP9437、FLI2300、ASI500、AD9888KS-100、TEA6425D、PCF8574T、VSP9437B、BA7657F、TA2024 等	PPM50H3QX、PPM50H3XSF 等离子彩电
D72A 等离子机心	BA7657F、SAA7119E-V2、SII9993CT100、SVP EX62、M30620SPGP、M24256-WMN6T、FST3125MX、MAX232ECWE、S3F866B、DS1834AS/T. R、DNIE-LCD、MSP4410G-QA-C12-500、TEA6422D、NSP6241、DTC34LM85A、THC63LVD103、MM74HC373MTCX、74LCXI3244AFT（AL）、TAS5112DCA 等	PS42D5SX-XTT 等离子彩电
F33A 等离子机心	K4D261638I-LC50、M24C32、MAX232ECWE、MX29LV160CTTI-70G、MT8202FG、WT61P6S-RN440、MT8293、MT8291、NTP-3000、WM8521H9GED/RV、S4LF112X01、PI3HDMI1212 等	PS-42C91H、PS50C91HX、PS50C91XTT、PL-42P7HP 等离子彩电
M63A 等离子机心	M30620SPGP、S3F8888B、M20W800DB70N8、K8X1008C2D-TF55、MAX32ECWE、74LCX245MTCX 等	SP67L6HR 等离子彩电
PS-42D、4SK4X-XTT 等离子机型	TEA6425D、UPD64083CF-3BA、VPC3230D-C5、AD9883AKST-110、SII169CT110、HY57V643220CT-6、FLI2310-BDVER、K4S643232E-TC60、ASI510、SDA6001-B12、K4S6416320-IC80、DNIE2SDP31、NSP6241、MSP440G-0A-C12-500、TEA6422D、TAS5112DCA 等	PS-42D4SK4X-XTT 等离子彩电
PS-42P2 SDX-XTT 等离子机型	BA7567F、D590C385、PCF8591T、VPC3230D-B2、SDA9400、81V04160、9280、CXA2101AQ、M4LV-32/32-12VC、74HC04、74HCT221、AD9884、PW364-S1675、616V1000、29LV160、8563、74LCX32、SDA30C264、SDA5275-3D、Z86129、TDA7429S、1101/1201 等	PS-42P2SDX-XTT 等离子彩电
PS-42S5HP 等离子机型	M30620、3F8668、SAA7119、TEA6425 × 2、Sii9993、MSP4410G、NSP6241A、TAS5122 等	PS-42S5HP 等离子彩电
PS50P3HX/XHK 等离子机型	AD9884KST-100、MM74HC373MTCX、74LVX74MTCX、QS34X245-Q3、MSP3451G、TA1101B、TDA7060T/N3、SDA6001-B11、MBM29LV320BE80TN、K4S641632C-TC80、M27V322-100XS6、PCF8574T、BA7657F、AD9883AKST-110、NSI500、K4S643232E-TC60、Sil169、ICE2A280、ML4824、KA1M0880B、M4LV-32/32-12VC48、CXA2101AQ、VSP9437B、FLI2300	PS50P3HX/XHK、PS50P3HX/XSG、PS50P3HX/XTT 等离子彩电

（续）

机心/系列	集成电路配置	代表机型
J51B 背投机心	Z9035112PSC-OTP、TDA9810、TDA7265、TNY253P、TDA6920X、PCF8574P、TDA8601、VDP3130Y-B1、TEA5114A、DRGB001A、MSP3410D、DPL3519A、74HC4052、SDA9189X、SDA9187-2X、TDA9815、TDA9160A、24C04C、SDA545X-OTP、74HC32、LA7845、SVD001、STK392-040、74HC123P、TL494CN、TDA6111Q 等	SP43J7PFX/XSG、SP43J7PFX/FES、SP54J7PFX/FES、SP54J9PFX/VST 等背投彩电
J53A（P） 背投机心	SAA1300、TDA7265、PCF8591P、MSP3452G-A2、TEA6422、TEA6425、CXA2101AQ、CXA2102Q、TS80C51R2、24C16、KIA7442P-AT、PSD813F5D、74HC4052、74HC74、DPTV-DX、K4G32322A、4931、EL2386CS、BA7657F、M5274BSP、24LC21A、74HCT86、SDA555X-OTP、TSC87251G2D-OTP、LA7845、TNY253P、STK392-040、TL494CN、STR-FX6456 等	SP43T7HXC/XTT、SP54T6HXC/XTT、SP62T6HXC/XTT 背投彩电
J54A 背投机心	TEA5114、TEA6425D、TDA6422D、PCF8591T、TL062CDT、MSP3452G-B3 或 MSP3411、TL494CN、VIPER12A、LA7845、KS5039F、KSD73Y、FJU6920YDTU、TDA7265、SDA6001-B11、M27V160、4S641632、SDA5550M、M27W201-80P6、TDA6110Q、STR-X6459、LA7845、SDC12、TSC87251G2D-OTP、VSP9407B-B11、CXA2165Q、STK392-010、TDA7265 等	SP42W4HBX、SP42W5H、SP43T6HCX、SP43T7H、SP54T6H、SP54T6HCX 等背投彩电
J57A 背投机心	TDA6120Q、SDA6001-B11、SII169A、EM638325、VPC3230D、EL2386、DPTV-3D、CXA2101AQ、CXA2102、UPD64083、STR-6459 等	SP42Q2HL、SP43T8HL、SP43T7HL、SP47Q7HR 等背投彩电
L63A(P) 背投机心	P-PCFM-012、74HC4053、TEA6425D、CXA2151Q、TEA6422D、ML4824、RBV606、M62392FP、L3E06070D0A、L3E01031F0A、SII161ACT100、L3E07050K0A、MSP3450/3451/3452、TA2020、VCP3230D-C5、FLI2200、4S643232、ASI500、SII160CT100、81V04160、AD9888、AD9884、SDA6001-B11、PFC8574D 等	SP50L2HX1X/XSA、SP46L5HX1S/XSV 等背投彩电
P22A（N） 背投机心	AD9883 或 MST9883CR-110、TVP5150、ADS7828E/2K5G4、24C02、24C08、K4R271669H、TVP5150APBS、TDLPD-DP2000、LT1940EFE、7SZ126、MP1853、LT3783、LT1940、LF25CDT、MIC39100 等	SP-P310ME 背投彩电
SPT51A 背投机心	Z89XXX系列、TDA8843 等	SPM4388PF、SPM5288PF、SPM5288PM 等背投系列彩电
SPT52A 背投机心	Z89XXX系列、SDA9288、TDA8375、TDA8844、TDA9170 等	SP431FES、SP431JMFX、SP521FES、SP521JMFX、SP521SIG、SP521XSA 等背投彩电

（续）

机心/系列	集成电路配置	代表机型
SP54T6HF 背投机型	TDA7265、SDA5275-3P、SDA30C264、SVD001、MSP3450/3451/3452、TDA7050、TDA6111Q、LA7845、TL494CN、STK392-040、TNY253P、TDA6920X、TDA8601、8574P、PCF8591P、TEA5114A、TEA6422、28C54、TSC87251G20-OTP、SDC91、74HC4066、KA324D、74HC4052、SDC11、TLC2932IPWLE、24C16、TSC87251G2D-OTP、AD7823、VPC3230D-B2、81V04160、SDA9400、9280、CXA2101AQ、SDA9361 等	SP54T6HF 等背投彩电

1.10.2 三星数码、高清彩电机心机型与电路配置

机心/系列	集成电路配置	代表机型
S15 单片机心	SAA5291PS-032、TDA8842 或 TDA8839、R2559（sdip）、TDA7057、TDA7056、TDA9859 等	CS2166VX、CS212188V、CS212188X 等单片彩电
S15A 机心	SAA5291PS-032、TDA8374A、TDA8842/41、KA7630、TDA8356、TDA6107Q、TDA7266S、KA5Q0765R、SAA5562、TDA7056B 等	CS14H2T6X/ASP、CS5539Z6X/TAW、CS20H2T6X/SAP、CS20H2Z6X/SAP 等单片彩电
S15AT 单片机心	TDA8842或 TDA8839 等	CS301B、CS305DY、CS30A9、CS34D2 等单片彩电
S51A 单片机心	Z90361-DT、TDA8844、SPN169DN、TDA9859、LA7566、TDA9873H、LA7567N、TDA9808、KA3S1265R 等	CS298CNV、CS298CV、CS2511N、CS30A9、CS34D2、CS301B、CS305DV、CK566BT3X 等“天外天”系列彩电
S56A（P）超级机心	TDA9351PS/N21/3、PAP103T、K9652M、24C16、K7257M、5Q1265RT、KA7632、LA7845 等	CW29M064N 等彩电
S53 单片机心	SZM-503AT2、TDA8844 等	CS29A6HP 系列单片彩电
SCT11、SCT11C 单片机心	Z8933212PSC、M52309SP 或 M52777、TDA4445B、TDA7056A、TDA5057AQ、TA8710S、SPM1515V 等	CS3339Z、CS5039Z、CS5066K、CS5066KB、CS5339Z、CS5366K、CS5366KB、CS5366Z 等彩电
SCT12A 单片机心	Z8933212PSC、TDA8374 等	CS5339Z、CS5377Z、CS5339K、CS6215K、CS5377K、CS5377HKX、CS5377MTX 等单片彩电
SCT12B 单片机心	Z8933212PSC、TDA8374 等	CS6251K、CS6251TSCX、CS6251TSEC、CS6251ITC、CS7202ZB、CS7202EIX 等单片彩电

（续）

机心/系列	集成电路配置	代表机型
SCT13B 单片机心	SZM-193EC 或 SZM-191EC、TDA8374、TDA8342、TDA7056B、TDA4665、KA2S0680、KA7630、TDA6107Q、TDA8356 等	CK5039 等彩电
SCT51A 机心	RM124E0、SAA7283ZP、SAA5218、TDA4780、TDA9160、TDA9170、TDA9840、μPD1853 等	CS6277P、CS6277W、CS7277NP、CS7277HKX、CS7277NP/SXX、CS7277P、CS7277COX、CS7277PF、CS7277SMEX、CS7277TSX、CS7277PT、CS7277BOLIX、CS7277MRX、CS7277PEX、CS7277SEAUX、CS7277SEHX、CS7277SGEX、CS7277EUROX、CS7277KRTX、CS7277PTR、CS7277BWX、CS7277PYT、CS7277INTX、CS7288P、CS7277NP/W 等“天外天”系列彩电
SCT52A 机心	CXP854P60S-1、RM118、TDA9162、TDA9170、TDA4780、TEA5114A、AN5342K、TDA4566、MC14577BP、TDA4665、TDA9162、TDA9170、LA7845、STR-S6709 等	CS2901A、CS2901AW、CS2901ANP、CS2901AP、CS2901HKX、CS2901HKZ、CS2903ANP、CS2903AP、CS721A、CS721APTR、CS721PE 等“名品天外天”系列彩电
SCT55A 机心	Z89313、TDA9170、TDA7297、SAA5281P、TDA8375、TEA5114A、CXA1855Q、STR-6709、TDA5101Q、TDA9875 等	CS3003ANP、CS3004APX、CS3004XSH、CS3403AP、CS29A6、CS308A、CS722A、CS722ANT、CS728、CS761APFX、CS761XEH、WS3220 等系列彩电
SCT57B 机心	SZM-199EV、TDA8842、TDA8844、TDA9178、TDA8375、TDA9859/TDA9840/TDA9874 等	CK569 等系列彩电
SCT57C 机心	SZM-199EA/EA1/ET/ER2/EC1/EC/EV、TDA8842、TDA8374、TDA8375、TDA8844、TDA9178、TDA9874、TDA9859/TDA9840 等	CK765DW 等系列彩电
KCT51A 机心	RM118、TDA9162 等	CT2955、CT2955P、CT2955PM 等彩电
KS1A、KS1A（P）机心	TDA9381/N2/3、M24C08、K7257M、PAP103T、KA5Q0765R、KA7632、LA7840、TDA6107Q、TDA2665 等	CZ-21H12T、CS21V10M 等彩电
KS2A、KS2A（P）机心	SDA555XFL、TDA6001Q、TDA7297、MSP34X0D/MSP34X5D、VDP3130Y、VDP3112B、VDP3108B、DP3112B、BDP3120B、TDA7449、SDA9489X、KA3S1265R、LA7845 等	CS21S8NAS、CS2551SX、CS25M6NAX、CS29D8NX、CS25D6N、CS29D8N 等彩电

（续）

机心/系列	集成电路配置	代表机型
KS3A 机心	SDA555X-OTP、24C16、TDA6101A、LA7845、TEA6425、SDA9489X、VDP3140、TDA7297P、KS24L161、MSP3400D/MSP3410D、MSP3411G 等	CS29M6NBX、CS29A5WT8X/UMG、CS29A6PF8X/HAC、CS29A6WT8X/BWT、CS29A5MT9X/BWT 等彩电
KS7A 超级机心	VCT4953、24C16、STR-X6757S 或 STR-X6750B、LA7845、SDA9489X、TDA6109JF 或 STV5109 等	CW25M064、CS29M6PQ、CS25M20EQCIS、CS29M20EQTSE 等画中画彩电
KS9A/B 超级机心	TDA9351PS/N21/3、D4488B、MSP34D50、PAP103T、K9652M、U4468B、C81DC、KASQ0765R、KA7632、LA78045 等	CS-21M17、CB-21N112T 等彩电
77/88 系列	RM124ED（CXP85340A）、TDA9160A、TDA9170、TDA4780 等	CS-7277NP、CS-7277P、CS-7277W、CS-7288NP、CS-7288P、CS-7288W 等 77/88 系列彩电

第2章　进口彩电总线调整方法速查

维修模式，是I^2C彩电特有的调整模式。当电视机更换存储器、微处理器或被控集成电路，或电视机总线系统数据发生错误时，都需要进入维修模式，对出错的项目数据进行调整。

为了防止用户随意调整造成故障和电视机图像、声音质量的改变，进入总线维修模式往往需要密码，并且对电视机用户保密。为了防止工厂设置数据被维修人员调乱，造成电视机功能丢失或死机，有的电视机将维修模式分为两种：一种是维修模式，一般简称为“S”模式，该模式下主要显示和调整与光栅、图像质量有关的维修调整项目；另一种是工厂模式或工程师模式，一般简称为“D”模式，该模式下主要显示与功能设置有关的工厂设置项目。厂家一般只将维修“S”模式的调整方法透露给维修人员；对工厂“D”模式的调整方法保密，或只能使用工厂调试专用遥控器，方能进行工厂设置数据的调整。由于总线彩电的调整密码由各个彩电生产厂家自行设置，各种品牌和型号的彩电总线调整的密码各不相同，必须从厂家技术部门和相关书籍中查找与被调电视机同型号或机心的总线调整方法和调整项目的数据，方能进行调整。

为了满足上门维修调整彩电总线的需要，本章广泛搜集了进口彩电的总线调整方法，特别是近几年面世的高清彩电和平板彩电的总线调整方法，供维修调整时参考。有关各品牌、机心的电路配置和同类机型，请参见本书的第1章的内容。

2.1　松下彩电总线调整方法

2.1.1　松下平板、背投彩电总线调整方法

机心/系列	进入调整模式	项目选择和调整	退出调整模式
GLP2W 液晶机心	在声音菜单，设置低音最大，高音最小；将关机定时器设置为非关，同时按遥控器上的“呼出”键和电视机上的“音量减”键，即可进入维修模式1。 用“频道红/绿”键选择调整项目，用“黄/蓝（音量+/-）”键调整项目数据；每一项目调整完成后按“STR”键存储调整数据	设置频道为CH99，在维修模式1状态下，选择Sub-Brightness，按遥控器上的“静音”键和电视机上的“音量-”键，即可进入维修模式2。 用“红/绿”键选择调整项目，用“1或2”键选择数位，按“音量+/-”键调整数位，0或1。每一项目调整完成后按“STR”键存储调整数据	调整完毕，按遥控器上的“待机“键，退出维修模式
LH18 液晶机心	在总菜单中，选择声音菜单，设置为低音最大、高音最小；同时按住遥控器上的“CH SEARCH”键和电视机上的“音量-”键，即可进入维修模式1	进入维修模式1后，选择TXET Clamper Level；设置频道为CH99，按住遥控器上的“STILL”键，即可进入维修模式2。 用“频道+/-”键选择调整项目，用“音量+/-”键调整项目数据	调整完毕，按遥控器上的“待机”键，退出维修模式

（续）

机心/系列	进入调整模式	项目选择和调整	退出调整模式
LH33 液晶机心	设定定时关机为非0状态，将音量减小为0，按电视机上的“F”键，显示音量条目，同时按电视机上的“音量－”键和遥控器上的“呼出”键，即可进入维修模式1。 用“频道红/绿”键选择调整项目，用“黄/蓝”键调整项目数据；每一项目调整完成后按“OK”键存储调整数据	进入维修模式1，按住遥控器上的“静音”键和电视机上的“音量－”键，进入维修模式2。 用“红/绿”键选择调整项目，用“1或2”键选择数位，按“音量加/减”键调整数位，0或1；每一OPTION项目调整完成后按“OK”键存储调整数据	调整完毕，按遥控器上的“待机”键，退出维修模式
LH50 液晶机心	在设定菜单中设置定时关机为非0状态，同时将音量调整为0；同时按遥控器上的“显示”键和电视机上的“音量－”键，即可进入维修模式1。 用“红/绿”键选择调整项目，用“黄/蓝”键调整项目数据；每一项目调整完成后按“确定”键存储调整数据	进入维修模式1后，同时按遥控器上的“静音”键和电视机上的“降低”键，即可进入维修模式2。 用“红/绿”键选择调整项目，用“数字1～7”键调整数位，0或1；调整完成后按“确定”键存储调整数据	按遥控器上的“标准”键，退出维修模式
LH64 液晶机心	按电视机上的“音量－”键，在3s内按遥控器上的“显示”键三次，即可进入维修模式	进入维修模式后，屏幕上显示主菜单，按“数字1”键，向前选择主选项；按“数字2”键，向后选择主选项；按“数字3”键，向前选择子选项；按“数字4”键，向后选择子选项。用“音量＋/－”键调整项目数据	调整完毕，按电源开关关机或按遥控器上的“待机”键，退出维修模式
LH80 液晶机心	设置关机定时器为15，30，45…。设置音量为最小，按电视机上的“功能”键，切换到音量调整，同时按遥控器上的“呼出”键和电视机上的“音量－”键，即可进入维修模式1	在维修模式1下，选择“Sub-Brightness”；按遥控器上的“静音”键和电视机上的“音量－”键，进入维修模式2。 用“频道＋/－”键选择调整项目，用“音量＋/－”键调整项目数据	调整完毕，按遥控器上的“待机”键或“标准”键，关机退出维修模式
ML-05MA 液晶机心	在声音菜单，设置低音最大，高音最小；同时按遥控器上的“显示”键和电视机上的“音量－”键，即可进入维修模式	按“频道＋/－”键选择调整菜单和项目，按“音量＋/－”键进入菜单和调整所选项目数据	调整完毕，按遥控器上的“确定”键，退出维修模式

（续）

机心/系列	进入调整模式	项目选择和调整	退出调整模式
E1W、E2、E3 背投机心	在正常收视状态下，首先按“音量减”键，将音量调整到 0，然后按遥控器上的“定时关机”键，使屏幕右下角显示定时关机时间“30”（或“60”或“90”），再同时按遥控器上“状态呼叫加”键和电视机面板控制盒内“音量 -”键数秒钟，直到屏幕上显示调整菜单 CHK1，即进入维修模式	进入维修模式后，E1W 机心有 11 个调整菜单，E2、E3 机心有 6 个调整菜单。 按遥控器上的“1”或“2”数字键，可向上或向下顺序选择调整菜单；进入调整菜单后，按遥控器上的“3”或“4”数字键选择调整项目，按遥控器上的“音量 +/-”键调整所选项目的数据；调整后按“0”数字键存储调整后的数据	调整完毕，关闭背投彩电电源，然后开机便退出维修模式
EURO-7VP 背投机心	EURO-7VP 机心和 TC-43P700GA、TC-51P600GA、TC-43P600GA、TC-47P600GA、TC-43P300GA、TC-51P300GA 等高清背投彩电，调整方法相同：首先用遥控器选择并进入声音（SOUND）调整菜单中，将低音调整到最大，高音调整到最小；然后同时按遥控器上的“频道搜索”（CH SEARCH）键和电视机上的“音量 -”键，即可进入维修调整模式	进入维修模式后，屏幕上显示调整项目和数据，按“红色/绿色”键可向上或向下选择调整项目，按“黄色/蓝色”键改变所选项目的数据；每调整一个项目数据，按“STR”键存储调整数据。其中扫描偏转部分的调整，应按照要求，对 PAL、NTSC1 和 1080i 制式需输入相应的信号，分别进行调整；对每个制式的调整时，还需进入 100Hz，对逐行 1250i，16∶9，4∶3，50Hz、60 Hz 等多种屏幕扫描模式分别进行调整	调整完毕，按遥控器上的“待机”键遥控关机，即可退出维修模式
TH-42PA20、TH42PA30 等离子机型	进入声音调整菜单中，将低音调整到最大，高音调整到最小；然后同时按遥控器上的“INDEX”键和电视机上的“DOWN”或“-/V”键，即可进入维修调整模式 1。 将频道设置为 CH99，在维修模式 1 下进入 SDRAM-F，按遥控器上的“HOLD”键，即可进入维修模式 2	进入工厂模式后，按“频道 +/-”键或“上/下方向”键选择调整项目，按“音量 +/-”键或“左/右方向”键调整项目数据	调整完毕，按遥控器上的“N”键或“POWER”键，退出维修模式
TH-42PA50 TH-42PA60 等离子机型，PA50C 机心	先将音量调整到最小值 00，然后进入菜单的定时关机项目，调整为 15min 或 30min 定时关机，再退出调整菜单；同时按下 PDP 控制面板上的“-”键和遥控器上的“显示”键，屏幕上显示 service1 调整菜单的内容；再同时按下 PDP 控制面板上的“-”键和遥控器上的“静音”键，屏幕上显示 service2 调整菜单的内容；再按遥控器上的“数字 3”键，屏幕上显示 hours：00000，表示电视机的工作时间	进入工厂模式后，按“频道 +/-”键或“上/下方向”键选择调整项目，按“音量 +/-”键或“左/右方向”键调整项目数据	调整完毕，关闭电视机电源可退出维修模式

（续）

机心/系列	进入调整模式	项目选择和调整	退出调整模式
PV50C 等离子机型	先将音量调整到最小值 00，然后进入菜单的定时关机项目，调整为 15min 或 30min 定时关机，再退出调整菜单；同时按下 PDP 控制面板上的“-”键和遥控器上的“显示”键，屏幕上显示英文调整菜单的内容，这时再同时按下 PDP 控制面板上的“-”键和遥控器上的“静音”键，屏幕上显示第二层调整菜单的内容；再按遥控器上的“数字 3”键，屏幕上显示电视机的工作时间	进入工厂模式后，按“频道 +/-”键或“上/下方向”键选择调整项目，按“音量 +/-”键或“左/右方向”键调整项目数据	调整完毕，关闭电视机电源可退出维修模式
PA60C 等离子机心	将音量调整到最小值 00，然后按遥控器上的“MENU”键，屏幕上显示调整菜单，进入设置菜单，随意设定一个定时关机的时间；同时按下 PDP 控制面板上的“频道 -”键和遥控器上数字 0 左边的“呼出”键，屏幕上显示 service1 调整菜单的内容；再同时按下 PDP 控制面板上的“频道 -”键和遥控器上的“静音”键，屏幕上显示 service2 调整菜单的内容；再按遥控器上的“数字 3”键，屏幕上显示电视机的工作时间 hours：00000，hours 表示小时数	进入工厂模式后，按“频道 +/-”键或“上/下方向”键选择调整项目，按“音量 +/-”键或“左/右方向”键调整项目数据	调整完毕，关闭电视机电源可退出维修模式
700/800 系列、TH-PX 系列等离子机型	按压电视机上的“音量 -”键，同时，在 3s 内按遥控器上的“RECALL”键三次，即可进入工厂模式	进入工厂模式后，按“频道 +/-”键或“上/下方向”键选择调整项目，按“音量 +/-”键或“左/右方向”键调整项目数据	调整完毕，关闭电视机电源可退出维修模式
TH-PH 系列等离子机型	松下等离子彩电按电视机上的“VOL- UME-”键，同时，在 1s 内按遥控器上的“STATUS”键三次，即可进入工厂模式	进入工厂模式后，显示工厂菜单；按“频道 +/-”键或“上/下方向”键选择调整项目，按“音量 +/-”键或“左/右方向”键调整项目数据	调整完毕，关闭电视机电源可退出维修模式
42S10C 等离子机型	打开电视机，按电视机前面板上的“功能”键将其切换到音量，再按“-”键不动，同时按遥控器上“显示”键三次，即可进入工厂模式，屏幕上出现第一个表，即工程菜单，松开“-”键	进入工厂模式后，按“数字”键或“频道 +/-”键选择调整项目，按“音量 +/-”键或“左/右方向”键调整项目数据	调整完毕，关闭电视机电源即可退出工厂模式

2.1.2 松下数码、高清彩电总线调整方法

机心/系列	进入调整模式	项目选择和调整	退出调整模式
EURO-7锐屏机心	在正常收视状态下，先按“音量-”将音量减到0，再进入主“SET UP”菜单，设定关机定时器，然后同时按遥控器上的“字符显示”键和电视机上的“音量-”键，即可进入Service1维修模式，再同时按遥控器上的“静音”键和电视机上的“音量-”键，即可进入Service2维修模式	进入Service1和Service2维修模式后，按遥控器上的“3”或“4”数字键可向上或向下选择调整菜单项目，按“音量+/-”键可增加或减少被选项目的数据。每调整一个项目数据后，按“STR”键将调整后的数据存储	调整完毕，遥控关机即可退出维修模式
GP1/GP11高清机心	在正常收视状态下，先按“音量-”键将音量减到0，再进入主菜单（MENU），设定为非定时关机状态，然后同时按遥控器上的“字符显示”键和电视机上的“音量-”键，即可进入SERVICE1维修模式，再同时按遥控器上的“静音”键和电视机上的“音量-”键，即可进入SERVICE2维修模式	进入SERVICE1和SERVICE2维修模式后，按遥控器上的“3”或“4”数字键可向上或向下选择调整菜单项目，按“音量+/-”键可增加或减少被选项目的数据；每调整一个项目数据后，按“STR”键将调整后的数据存储；对PAL、NTSC制式需输入相应的信号，分别进行调整	调整完毕，遥控关机即可退出维修模式
GP3高清机心	先按“音量-”键，将音量调整到0，然后按遥控器上的“定时关机”键，定时关机时间为30min，再同时按遥控器上的“呼叫”键和电视机面板上的“音量-”键，屏幕右侧行驶CHK1等信息，表示进入维修模式	维修模式有CHK1~CHK4四个调整菜单，按遥控器上的“1”或“2”数字键顺序选择调整菜单；进入调整菜单后，按遥控器上的“3”或“4”数字键选择调整项目，按遥控器上的“音量+/-”键调整所选项目的数据；按“5”数字键使屏显变为蓝色，再按该键屏显变为白色	调整完毕，按遥控器上的“ON/OFF”键，遥控关机即可退出维修模式
MD1机心、MD2变频机心、MD2L锐屏机心	在正常收视状态下，首先按“音量-”键，将音量调整到0，然后按遥控器上的“定时关机”键，使屏幕右下角显示定时关机时间，再同时按遥控器上“状态呼叫+”键和电视机面板控制盒内“音量-”键，屏幕显示状态自动变为扩张状态，表示进入维修调试模式	进入维修调试模式后，屏幕上显示调整菜单的名称，按遥控器上的“1”或“2”数字键，可向上或向下顺序选择调整菜单；进入调整菜单后，按遥控器上的“3”或“4”数字键选择调整项目，按遥控器上的“音量+/-”键调整所选项目的数据；调整后按“0”数字键存储调整后的数据；MD2L机心按“5”数字键可关闭和恢复场扫描，出现一条水平亮线	MD1、MD2机心调整完毕，关闭电视机电源，然后开机便退出维修模式；MD2L机心调整完毕，遥控关机即可退出维修模式

（续）

机心/系列	进入调整模式	项目选择和调整	退出调整模式
M17 机心、M17V 机心、M17W 宽屏机心	电视机正常收视状态下，按“音量－”键，将音量减小到00，再按遥控器上的“定时关机”键1次，屏幕上显示定时关机的时间，此时同时按下电视机上的“音量－”键和遥控器上的“显示”键，即可进入维修模式，屏幕上显示第一个调整菜单	进入维修模式后，M17和M17V机心有4个调整菜单，M17W宽屏幕机心有8个调整菜单，用遥控器上的“数字1、2”键选择调整菜单，按遥控器上的“数字3、4”键选择调整项目，按“音量＋/－”键调整所选项目的数据；调整后按“数字0”键存储调整后的数据。 由于M17W机心所适用的机型为16:9的彩电，其调整的模式较多，一共有8个模式，各个模式的应分别进行调整；在进行副亮度和暗平衡调整时，按“数字5”键，光栅会变成一条水平亮线，调整后，再按此键，光栅恢复正常	全部调整完毕，遥控关机即可退出维修模式
M18 机心、M18M 机心、M18W 宽屏机心	电视机正常收视状态下，按“音量－”键，将音量减小到00，再按遥控器上的“定时关机”键1次，屏幕上显示定时关机的时间，此时同时按下电视机上的“音量－”键和遥控器上的“显示”键，即可进入维修模式，屏幕上显示第一个调整菜单	进入维修模式后，M18、M18M机心有4个调整菜单，M18W机心有8个调整菜单。 用遥控器上的“数字1、2键”选择调整菜单，按遥控器上的“数字3、4”键选择调整项目，按“音量＋/－”键调整所选项目的数据。调整后按“数字0”键存储调整后的数据。 在进行副亮度和暗平衡调整时，按“数字5”键，光栅会变成一条水平亮线，调整后，再按此键，光栅恢复正常。 由于M18W机心所适用的机型为16:9的彩电，其调整的模式较多，一共有10个模式，各个模式应分别进行调整	M18、M18M机心调整完毕，关掉电视机电源，即可退出维修模式；M18W机心全部调整完毕，遥控关机即可退出维修模式
M19 机心、M19M 机心	在电视机正常收视状态下，先按电视机上的“音量－”键，将音量减小到0，再同时按电视机上的“音量－”键和遥控器上的“定时关机”键，即可进入维修模式	M19机心共有5个调整菜单，按遥控器上的“1”或“2”键，在CHK1～CHK5中选择一种调整菜单，按遥控器上的“3”或“4”键选择该菜单中的调整项目，按遥控器上的“音量＋/－”键改变项目数据，直到规定值或满意为止	调整完毕，关闭电视机电源，即可退出维修模式

（续）

机心/系列	进入调整模式	项目选择和调整	退出调整模式
MD3AN、MD3N变频机心	在电视机正常收视状态下，先按电视机上的“音量-”键，将音量减小到0，再按遥控器上的“定时关机”键，设定定时器为30min，然后同时按遥控器上的“呼出”键和电视机上的“音量-”键，即可进入维修模式	进入维修模式后，有5个菜单。按遥控器上的“1”、“2”键，可选择调整菜单；利用“3”、“4”键选择要调整的项目，按“音量+/-”键改变项目数据，屏幕上的项目字符由绿色变为红色；调整后按“0”键，项目由红色转为绿色，表示调整后的数据被存储	调整完毕，关闭电视机电源，即可退出维修模式
MX-5单片机心、MX-5Z超级单片机心	在电视机正常工作状态下，先将音量调整到最小值0，再按遥控器上的“定时关机”键1次，然后同时按遥控器上的“字符显示”键和电视机上的“音量-”键，即可进入维修模式	进入维修模式后，MX-5机心有2个菜单，MX-5Z有4个菜单。按遥控器上的“1”、“2”键，可选择调整菜单；利用“3”、“4”键选择要调整的项目，按“音量+/-”键改变项目数据；在白平衡调整菜单中，按“5”键可切断或恢复场扫描	调整完毕，MX-5机心按遥控器上的“正常”键2次，MX-5Z机心按遥控器上的“ON/OFF”键，即可退出工厂模式
MX-6机心	收视状态下，先将音量减到0，接着按遥控器上的“定时关机”键1次，然后，同时按遥控器上的“字符显示”键和电视机上的“音量-”键，便可进入维修模式	进入维修调整模式后，按电视机上的“FUN”键，可选择光栅调整模式，按“频道”键选择调整项目，按“音量+/-”键改变被选项目数据。 按遥控器上的“定时关机”键1次，进入平衡调整模式。进入平衡调整模式后，按电视机上的“FUN”键，选择要调整的项目；利用“音量+/-”键改变项目数据；按遥控器上的“定时关机”键1次，可切断场扫描，呈一条水平亮线，再按1次“定时关机”键恢复场扫描	调整完毕，按遥控器上的“正常”键2次，可退出维修模式
MX-8机心	正常工作状态下，先将音量设定为0，再按遥控器上的“定时关机”键1次，然后同时按遥控器上的“字符显示”键和电视机上的“音量-”键，即可进入维修模式	调整菜单共有4个，CHK1为功能设置菜单，CHK2为图像调整菜单，CHK3为光栅调整菜单，CHK4为白平衡调整菜单。进入维修模式后，按遥控器上的“1”、“2”键可选择调整菜单；利用“3”、“4”键选择要调整的项目，按“音量+/-”键改变项目数据	调整完毕，按遥控器上的“NORMAL”键2次，可退出维修模式

（续）

机心/系列	进入调整模式	项目选择和调整	退出调整模式
S13A 超级机心	三种方法，方法 1：按电视机上的“音量 -”键将音量调整到 0，按住“音量 -”键不放，同时按遥控器上的“0”键三下，即可进入维修模式；方法 2：连续按遥控器上的“显示”键、“静音”键三次，也可进入维修模式；方法 3：按遥控器上的“回看”键，直接进入（要求：按方法 1 或方法 2 进入维修模式后，按“显示”键选择设置“FACTORY SW”项为 ON，以后即可使用“回看”键进入或退出维修模式）	进入维修模式后，按遥控器上的快捷键直接进入相应的调整菜单，按“频道 +/-”键选择调整项目，按“音量 +/-”键改变被选项目数据	方法 1. 按遥控器上的“菜单”键，可退出维修模式；方法 2. 按遥控器上的“回看”键，将“FACTORY SW”项为 OFF，再直接关机，退出维修模式

2.2 东芝彩电总线调整方法

2.2.1 东芝平板、背投彩电总线调整方法

机心/系列	进入调整模式	项目选择和调整	退出调整模式
32、36in 平板彩电	在电视机正常收视状态下，先按遥控器上的“MENU”键，屏幕上显示静音符号，再按一次该键，屏幕上的静音符号消失，保持按住遥控器上的“MENU”键不放，同时按电视机控制面板上的“MENU”键，即可进入维修模式，屏幕上显示字符 Service MENU、S mode 和调整菜单	进入维修模式后，按“频道 +/-”键或“上/下方向”键选择调整项目，按“音量 +/-”键或“左/右方向”键调整项目数据；按遥控器上的“数字 9”键，屏幕上显示的 self check 的第二行 Time 就是电视机的工作时间，显示的方式为十进制	调整完毕，遥控关机进入待机状态，即可退出维修模式
47L68C 液晶机型	开机状态下，按一次遥控器的“Mute”键，再按一次并按住遥控器的“Mute”键的同时，按面板的“MENU”键，可进入工厂模式	按遥控器上的“数字 9”键，看 Self Check 菜单第 2 行 Time 就是电视机的使用时间（十进制），其他别乱动，看后关机，重启。 注意：查看工厂菜单时，千万不要调整内部数据，很容易出现问题，而且厂家将不负责保修	调整完毕，遥控关机进入待机状态，即可退出维修模式
WL66C 液晶系列	先按遥控器上的“Mute”（静音）键，屏幕上显示静音符号，保持按住遥控器上的“静音”键不放，同时按电视机控制面板上的“MENU”（菜单）键，即可进入维修模式	进入维修模式后，按“MENU”键显示调整菜单，按“频道 +/-”键选择调整项目，按“音量 +/-”键调整项目数据；按遥控器上的“数字 1～6”键直接选择白平衡调整项目；按“数字 7”键可进入振荡 A/C（PC 组件）调整项目，按遥控器上的“数字 9”键，进入和退出自我诊断显示；同时按“CALL”键和“频道 -”键，可进入存储器初始设定状态	调整完毕，按遥控器上的“POWER”键，即可退出维修模式

（续）

机心/系列	进入调整模式	项目选择和调整	退出调整模式
C00P 背投机心	在电视机处于正常工作状态下，按遥控器上的“静音”键 1 次，屏幕上显示静音符号，然后同时按遥控器上的“静音”键和电视机上的“MENU”键，即可进入维修调整模式；屏幕右上角显示“S”字符。 在维修模式下，同时按压遥控器上的“CALL”键和电视机操作面板上的“MENU”键，即可进入工厂模式，此时屏幕右上角显示“D”字符	进入维修“S”模式和工厂“D”模式，按“MENU”键显示和关闭调整菜单，按“频道 +/-”键可选择调整项目，按“音量 +/-”键改变所选项目数据。白平衡调整时按数字 1 ~ 6 键直接选择调整项目；按“YELLOW”键进入会聚调整；按“数字 9”键进行自检诊断。调整时，通过按压遥控器上的“TV/AV”键，可选择机内测试信号	调整完毕，按“待机”键，即可退出维修模式
F5DW 背投机心	在电视机处于正常工作状态下，按遥控器上的“静音”键 1 次，屏幕上显示静音符号，然后同时按遥控器上的“静音”键和电视机上的“MENU”键，即可进入维修模式，屏幕右上角显示“S”字符	进入维修模式后，按遥控器或电视机面板上的“频道 +/-”键选择调整项目，按“音量 +/-”键改变项目数据	调整完毕，按“待机”键，即可退出维修模式
F5SS 背投机心	电视机正常收视状态下，按遥控器上的“静音”键 1 次，电视机屏幕上出现静音字符，接着同时按压遥控器上的“静音”键和电视机操作面板上的“MENU”键，机器进入维修模式，屏幕的右上角出现“S”字符。 在维修模式下，同时按压遥控器上的“CALL”键和电视机操作面板上的“MENU”键，即可进入工厂模式，此时屏幕右上角显示“D”字符	进入维修“S”模式或工厂“D”模式后，利用遥控器上的“频道 +/-”键可以选择调整项目；利用“音量 +/-”键可以改变要调整项目的数据。 在维修模式下，遥控器上的部分按键变为选项快捷键：按数字键“1、2、3”，可以选择 RCUT、GCUT、BCUT 基色关断项目；按数字键“4”可以选择 SCNT 对比度控制项目；按数字键“5”可以选择 COLC 彩色控制设定；按数字键“6”可以选择 TNTC 色调控制项目；按数字键“8”可以选择是否产生测试音频信号（1kHz）；按数字键“9”可以进入自检模式；按“-/--”键 1 次，会使光栅变为水平一条亮线，再次按压“-/--”可以恢复垂直扫描；按遥控器上的“TV/AV”键，可调出和选择机内 14 种 PAL 制式测试信号和 NTSC 制式测试信号	调整完毕，按压遥控器上的“待命”键，让机器处于待命状态，便可退出维修“S”模式或工厂“D”模式

（续）

机心/系列	进入调整模式	项目选择和调整	退出调整模式
F8LP 背投机心	在正常工作时，先按遥控器上的“静音”键 1 次，再同时按遥控器上的“静音”键和电视机面板上的“MENU”键，电视机进入维修“S”模式，屏幕右上角显示“S”字符。 在维修“S”模式下，按遥控器上的“CALL”键和电视机上的“MENU”键，即进入工厂“D”模式，屏幕右上角显示“D”字符	进入维修“S”模式后，按电视机或遥控器上的“频道 +/-”键选择调整项目，按“音量 +/-”键改变所选项目数据；按遥控器上的“TV/AV”键，可调出和选择机内 14 种图像测试信号，按遥控器上的数字“8”键，可控制音频信号的开/关	调整完毕，遥控关机即可退出维修“S”模式或工厂“D”模式
S6PJ 背投机心	按遥控器上的“静音”键 1 次，接着同时按遥控器上的“静音”键和电视机上的“MENU”键，即可进入维修“S”模式。 在“S”模式下，同时按遥控器上的“CALL”键和电视机上的“MENU”键，电视机进入工厂“D”模式	进入“S”或“D”模式后，按“MENU”键显示和关闭调整菜单，按“频道 +/-”键可选择调整项目，按“音量 +/-”键改变所选项目数据。白平衡调整时，按数字 1 ~ 6 键直接选择调整项目；按“YELLOW”键进入会聚调整；按“数字 9”键进行自检诊断。调整时，通过按压遥控器上的“TV/AV”键，可选择机内测试信号	调整完毕，遥控关机进入待机状态，即可退出维修调整模式
S8SS 背投机心	在电视机正常收视状态下，按遥控器上的“静音”键 1 次，接着同时按遥控器上的“静音”键和电视机上的“MENU”键，即可进入维修模式，屏幕右上角显示“S”字符。 在维修模式下，同时按遥控器上的“CALL”键和电视机上的“MENU”键，电视机进入工厂模式，屏幕右上角显示“D”字符（此模式只在更换存储器后使用）	进入维修模式和工厂模式后，按“频道 +/-”键可选择调整项目，按“音量 +/-”键改变所选项目数据。调整时，通过按压遥控器上的“TV/AV”键，可选择机内测试信号，共有 14 种图案可供选择，按数字“8”键，可控制音频测试信号（1kHz）的开/关	调整完毕，遥控关机进入待机状态，即可退出维修模式
G7、G9 背投机心	按压遥控器上的“MUTE”键 1 次，使屏幕上显示 MUTE 字符；再按住遥控器上的“MUTE”键，直到下一个程序；持续按住遥控器上的“MUTE”键，直到屏幕上显示字符消失；按下电视机上的“MENU”键，当屏幕的右上角出现“S”字符时，说明进入维修模式	进入维修模式后，按“POSUP 和 POSDN”键可选择调整项目，按“VOLUP 和 VOLDN”键改变所选项目数据；电视机和遥控器上的部分按键，可直接选择部分调整项目	调整完毕，遥控关机进入待机状态，即可退出维修模式

（续）

机心/系列	进入调整模式	项目选择和调整	退出调整模式
43JH6UC背投机型	按压遥控器上的“静音”键1次，使屏幕上显示静音字符；再按住遥控器上的“MENU”键，即可进入维修“S”模式。 在“S”模式下，按遥控器上的“CALL”键的同时按电视机上的“MENU”键，可进入工厂模式	按“频道+/-”键可选择调整项目，按“音量+/-”键改变所选项目数据。白平衡调整时，按“数字1～6”键直接选择调整项目；按“CALL”键和“频道+”键对存储器进行初始化；按“数字9”键进行自检显示，自检显示后，按“CALL”键和“频道-”键将保护电路读数重设为00	按“POWER”键关机，退出维修模式

2.2.2　东芝数码、高清彩电总线调整方法

机心/系列	进入调整模式	项目选择和调整	退出调整模式
JH9UC系列	先按一下遥控器上的“MUTE”（静音）键，然后按住“静音”键不放，同时再按下电视机上的“MENU”（菜单）键，当屏幕上显示“S”字符时，表示进入维修“S”模式。 在“S”模式下，按住遥控器上的“CALL”（召回）键或“MUTE”（静音）键，然后再按电视机上的“MENU”键，屏幕上显示“D”字符，表示进入工厂“D”模式	进入维修模式后，按电视机上的“菜单”键，屏幕上显示调整菜单，按遥控器或电视机面板上的“频道+/-”键选择调整项目，按“音量+/-”键改变项目数据；在白平衡调整时，按遥控器上的“-/--”键使屏幕显示一条水平亮线，再按“-/--”键屏幕恢复正常；按数字“9”键，可对IC进行估故障自诊断测试；更换存储器后，按“CALL”键，再按电视机上的“频道+”键，可对存储器进行初始化	调整完毕，按电源“POWER”键，即可退出维修模式
F3SS宽屏幕机心、F3SS画中画机心、F3SSR宽屏幕机心	在电视机正常收视状态下，同时按遥控器上的“F”键和“AV切换”键，接着依次按遥控器上的数字键“1、0、4、8”，屏幕右上角出现绿色的字符“M”，表示已进入维修模式，同时屏幕下边显示调整项目名称、项目号及电平值	进入维修模式后，同时按遥控器上的“F”键和“图像控制”键，可向上选择调整项目，同时按遥控器上的“F”键和“音频控制”键，可向下选择调整项目；按“音量+/-”调整项目数据。在白平衡调整模式时，如果同时按压遥控器上的“F”和“5”键，直接进行RCUT设定；同时按“F”和“6”键，直接进行GCUT设定；同时按“F”和“7”键，直接进行BCUT设定；同时按“F”和“8”键，直接进行GDRV设定；同时按“F”和“9”键，直接进行BDRV设定。在维修模式下，同时按遥控器上的“F”键和数字“2”键，可控制场扫描的接通与断开，供白平衡调整用	遥控关机即可退出维修模式，已调整的数据自动存入存储器中

（续）

机心/系列	进入调整模式	项目选择和调整	退出调整模式
F5DW 机心	在电视机处于正常工作状态下，按遥控器上的“静音”键1次，屏幕上显示静音符号，然后同时按遥控器上的“静音”键和电视机上的“MENU”键，即可进入维修模式，屏幕右上角显示“S”字符	进入维修模式后，按遥控器或电视机面板上的“频道 +/-”键选择调整项目，按“音量 +/-”键改变项目数据	调整完毕，按“待机”键，即可退出维修模式
C5SS2、C7SS、C8SS 机心	在电视机正常收视状态下，按遥控器上的“静音”键1次，屏幕上显示静音符号，接着同时按遥控器上的“静音”键和电视机面板上的“MENU”键，即可进入维修“S”模式，屏幕右上角显示“S”字符。 在维修模式下，同时按遥控器上的“CALL”键和电视机面板上的“MENU”键，电视机进入工厂“D”模式，屏幕右上角显示“D”字符	进入维修模式后，按电视机控制面板上的“MENU”键，进入和选择调整菜单，按“频道 +/-”键可选择调整项目，按“音量 +/-”键改变所选项目数据。调整时，通过按压遥控器上的“TV/AV”键，可选择机内测试信号，共有14种图案可供选择，按数字“8”键，可控制音频测试信号（1kHz）的开/关	调整完毕，按遥控器上的“POWER”（电源）键，遥控关机进入待机状态，即可退出维修“S”模式或工厂“D”模式，调整后的数据自动存储到 E^2PROM 中
D1SS、D7E、D7ES、D7SS D8SS、D9SS 机心	在电视机正常收视状态下，按遥控器上的“静音”键1次，接着同时按遥控器上的“静音”键和电视机上的“MENU”键，即可进入维修“S”模式，屏幕右上角显示“S”字符。 在维修模式下，同时按遥控器上的“静音”键（或者“CALL”键）和电视机上的“MENU”键，电视机进入工厂“D”模式，屏幕右上角显示“D”字符	进入维修“S”模式或工厂“D”模式后，按“MENU”键键打开或关闭调整菜单，按“频道 +/-”键可选择调整项目，按“音量 +/-”键改变所选项目数据。调整时，通过按压遥控器上的“TV/AV”键，可选择机内测试信号，按数字“8”键，可控制音频测试信号（1kHz）的开/关。 在进行白平衡调整时，按遥控器上的数字键“1、2、3”键可直接选择 RCUT、GCUT、BCUT 三基色截止调整项目，按“4”键选择 CNTX 或 SCNT 对比度调整项目，按“5”键选择 COLC 色度调整项目，按“6”键选择 TNTC 色调调整项目	调整完毕，遥控关机进入待机状态，即可退出维修“S”模式或工厂“D”模式
F0DS 机心	在正常收视状态下，先按遥控器上的“静音”键1次，屏幕上显示静音符号，接着同时按遥控器上的“静音”键和电视机上的“MENU”键，即可进入维修“S”模式，屏幕右上角显示“S”字符	进入维修“S”模式后，按“频道 +/-”键可选择调整项目，按“音量 +/-”键改变所选项目数据。调整时，通过按压遥控器上的“TV/AV”键，可选择机内测试信号（共有14种图案可供选择），按数字“8”键可控制音频测试信号（1kHz）的开/关	全部调整完毕，遥控关机进入待机状态，即可退出维修“S”模式

（续）

机心/系列	进入调整模式	项目选择和调整	退出调整模式
F2DB/P 机心	在电视机正常收视状态下，同时按遥控器上的“F”键和“AV 切换”键，接着依次按遥控器上的数字键“1、0、4、8”，屏幕右上角出现绿色的字符“M”，表示已进入维修“M”模式，同时屏幕下边显示调整项目名称、项目号及电平值	进入维修“M”模式后，同时按遥控器上的“F”键和“图像控制”键可向上选择调整项目，同时按遥控器上的“F”键和“音频控制”键可向下选择调整项目，按“音量+/-”调整项目数据。在维修模式下，同时按遥控器上的“F”键和数字“2”键，可控制场扫描的接通与断开，供白平衡调整用。 在维修”M“模式下，同时按遥控器上的“F”键和屏幕频道“CALL”（查询）键，即可使整机进入调整示范模式，微处理器将自动循环检查 I^2C 总线上挂接的集成电路或单元	遥控关机即可退出维修模式，已调整的数据自动存入存储器中
F7SS、F8SS F9DS、F9SS 机心	在电视机正常收视状态下，先按遥控器上的“静音”键 1 次，屏幕上显示静音符号；再按“静音”键 1 次，屏幕上的静音符号消失，保持按住“静音”键不放，同时按电视机面板上的“MENU”键，即可进入维修“S”模式，屏幕右上角显示“S”字符。 在维修“S”模式下，同时按遥控器上的“CALL”键和电视机面板上的“MENU”键，电视机进入工厂“D”模式，屏幕右上角显示“D”字符	进入维修“S”模式和工厂“D”模式后，按“频道+/-”键可选择调整项目，按“音量+/-”键改变所选项目数据。调整时，通过按压遥控器上的“TV/AV”键，可选择机内测试信号（共有 14 种图案可供选择），按数字“8”键，可控制音频测试信号（1kHz）的开/关	调整完毕，遥控关机进入待机状态，即可退出维修“S”模式或工厂“D”模式
F91S、S3ES、 S3S 机心	开机后，同时按遥控器上的“F”键和“TV/AV”键；然后松开“F”键和“TV/AV 转换”键，迅速依次按遥控器上的数字键“1、0、4、8”，屏幕上显示“1048”红色数字，然后迅速消失，在屏幕的右上角显示绿色字符“M”，表示已进入维修模式	进入维修模式后，同时按遥控器上的“F”键和“图像控制”键可向上选择调整项目，同时按遥控器上的“F”键和“音调控制”键可向下选择调整项目，同时按下遥控器上的“F”键和“音量+/-”键改变所选项目数据。 在维修模式下，同时按遥控器上的“F”键和数字“2”键，可关闭场扫描，屏幕呈一条水平亮线，配合暗平衡和低亮度的调整。调整完毕再次同时按遥控器上的“F”键和数字“2”键，光栅恢复正常	调整完毕后，按遥控器上的“待机控制”键，调整后的数据自动存入存储器中，并退出维修模式

（续）

机心/系列	进入调整模式	项目选择和调整	退出调整模式
S5E、S5ES、S5S、S5SS 机心	在电视机正常收视状态下，按遥控器上的“静音”键 1 次，接着同时按遥控器上的“静音”键和电视机上的“MENU”键，即可进入维修“S”模式，屏幕右上角显示“S”字符。 在维修“S”模式下，同时按遥控器上的“CALL”键和电视机上的“MENU”键，电视机进入工厂“D”模式，屏幕右上角显示“D”字符	进入维修“S”模式或工厂“D”模式后，按“频道+/-”键可选择调整项目，按“音量+/-”键改变所选项目数据。调整时，通过按压遥控器上的“TV/AV”键，可选择机内测试信号，共有 14 种图案可供选择，供与图像相关的调整项目调试时采用；按数字“8”键，可控制音频测试信号（1kHz）的开/关，供总线系统音频项目调整时采用	调整完毕，遥控关机进入待机状态，即可退出维修“S”模式或工厂“D”模式
S6E、S6ES、S6SS 机心	在电视机正常收视状态下，按遥控器上的“静音”键 1 次，屏幕上显示静音符号，再按“静音”键屏幕上的静音符号消失，保持按住“静音”键不放，同时电视机上的“MENU”（菜单）键，即可进入维修“S”模式，屏幕右上角显示“S”字符。 在维修模式下，同时按遥控器上的“CALL”键和电视机上的“MENU”键，电视机进入工厂“D”模式，屏幕右上角显示“D”字符	进入维修模式后，按遥控器或电视机上的“频道+/-”键选择调整项目，按“音量+/-”键改变所选项目数据。按电视机上的“MENU”键可以消去调整项目或重新显示调整项目。在调整模式下，遥控器上的个别按键功能有所改变：按“-/--”键场扫描关断/打开；按“TV/AV”键选择机内测试信号；同时按“CALL”和“频道+”键对存储器进行初始化；同时按“CALL”和“频道减”键使故障自检显示中的保护电路动作次数清零；按数字“1”键选择 RCUT；按数字“2”键选择 GCUT；按数字“3”键选择 BCUT；按数字“4”键选择 CNTY、SCNT；按数字“5”键选择 COLC；按数字“6”键选择 TNTC；按数字“8”键选择机内音频信号关断/打开；按数字“9”键进入故障自检显示	调整完毕，遥控关机进入待机状态，即可退出维修调整“S”模式和工厂设计“D”模式
S7E、S7ES、S7S 机心	在电视机正常收视状态下，按遥控器上的“静音”键 1 次，接着同时按遥控器上的“静音”键和电视机上的“MENU”键，即可进入维修模式，屏幕右上角显示“S”字符	进入维修模式后，按“频道+/-”键可选择调整项目，按“音量+/-”键改变所选项目数据。调整时，通过按压遥控器上的“TV/AV”键，可选择机内测试信号，共有 14 种图案可供选择，按数字“8”键，可控制音频测试信号（1kHz）的开/关	调整完毕，遥控关机进入待机状态，即可退出维修模式

（续）

机心/系列	进入调整模式	项目选择和调整	退出调整模式
S0ES、S8ES、S8S、N6/N9 机心	在电视机正常收视状态下，按遥控器上的“静音”键 1 次，屏幕上显示静音符号，再次按“静音”键 1 次，屏幕上的静音符号消失，保持按住“静音”键不放，接着同时按电视机面板上的“MENU”键，即可进入维修“S”模式，屏幕右上角显示“S”字符。 在维修“S”模式下，同时按遥控器上的“CALL”键和电视机面板上的“MENU”键，电视机进入工厂“D”模式，屏幕右上角显示“D”字符，此模式只在更换存储器后使用	进入维修“S”模式和工厂“D”模式后，按遥控器或电视机面板上的“频道 +/-”键可选择调整项目，按“音量 +/-”键改变所选项目数据。调整时，通过按压遥控器上的“TV/AV”键，可选择机内测试信号，供图像项目调整时采用，按数字“8”键可控制音频测试信号（1kHz）的开/关，供音频项目调整时采用	调整完毕，遥控关机进入待机状态，即可退出维修“S”模式或工厂“D”模式

2.3 索尼彩电总线调整方法

2.3.1 索尼平板、背投彩电总线调整方法

机心/系列	进入调整模式	项目选择和调整	退出调整模式
AZ1-A 液晶机心	按遥控器上的“DISPLAY”键、“频道 5”键、“音量 -”键、“TV POWER”键，即进入维修模式	进入维修模式后，用遥控器上的“上/下”键选择项目，用“左/右”键对选定的项目数据进行调整	调整完毕，按“POWER”键即可退出维修模式
LA-3 液晶机心	遥控关机进入待机状态，然后按遥控器上的“DISPLAY”键、“频道 5”键、“音量 +”键、“Power ON”键，即进入维修模式	进入维修模式主菜单后，按遥控器上的数字键“1”或“4”选择调整项目，按数字键“3”或“6”调整所选项目的数据，按数字键“2”或“5”选择类别，每次按数字键“2”，调整类别上移。若要恢复最小数据，可按数字键“0”，然后按“ENTER”键，从存储器中读取数据，按“MUTE”键，然后按“ENTER”键写入存储器	调整完毕，遥控关机即可退出维修模式
LAX U 液晶机心	按遥控器上的“左方向”键、“右方向”键、“静音”键、“进入”键、“静音”键、“菜单”键，即进入维修模式，屏幕上显示总线调整项目和数据	进入维修模式后，用遥控器“上/下”键选择项目，用“左/右”键对选定的项目数据进行调整	调整完毕，按“待机”键即可退出维修模式，再按此键电视机恢复正常

（续）

机心/系列	进入调整模式	项目选择和调整	退出调整模式
MR2 液晶机心	遥控关机进入待机状态，然后按遥控器上的“DISPLAY”键、“10KEY 5”键、“音量+”键、“POWER”键，即进入维修模式	进入维修模式主菜单后，按遥控器上的数字键“2”或“5”选择类别，按数字键“1”或“4”选择调整项目，按数字键“3”或“6”调整所选项目的数据；读出数据到存储器，可按数字键“7”，然后按“0”键；将数据写入存储器按“MUTE”键，然后按“0”键；复位原来的数据到存储器，按数字键“8”和“0”	调整完毕，遥控关机即可退出维修模式
TG1、EG1L、EX1 液晶机心	按遥控器上的“屏显”键、数字“5”键、“音量-”键、“电源/待机”键，即进入维修模式，屏幕上显示总线调整项目和数据	进入维修模式后，用遥控器“上/下”键选择项目，用“左/右”键对选定的项目数据进行调整	调整完毕，按“待机”键即可退出维修模式
WAX 液晶机心	按遥控器上的“ON SCREEN DISPLAY”键、“DIGIT5”键、“音量+”键、“TV”键，即进入维修模式	进入维修模式后，按遥控器上的数字键“1”或“4”选择调整项目，按数字键“3”或“6”调整所选项目的数据；部分机型用遥控器上的“上/下”键选择项目，用“左/右”键对选定的项目数据进行调整	调整完毕，遥控关机即可退出维修模式
KZV-46/40/32 V200A 液晶机型	在电视机正常接收 TV 信号的状态下，按“待机”键遥控关机，然后依次按下遥控器上的“屏幕显示”键、数字“5”键、“音量+”键和“待机”键开机，即进入维修模式，屏幕上显示总线调整项目和数据	进入维修模式主菜单后，多数机型按遥控器上的数字键“1”或“4”选择调整项目，按数字键“3”或“6”调整所选项目的数据。部分机型使用“频道+/-”和“音量+/-”键选择调整项目，改变所选项目的数据	调整完毕，按压“待机”键，即可退出维修模式，调整后的数据自动存储
LG-3 背投机心	使用 RM-Y910K 遥控器，首先进入待机状态，然后依次按下遥控器上的“屏幕显示”键、数字“5”键、“音量+”键和“待机”键开机，在 1s 内按下上述按键，即进入维修模式，屏幕上显示总线调整项目和数据	进入维修模式主菜单后，按遥控器上的数字键“1”或“4”选择调整项目，按数字键“3”或“6”调整所选项目的数据，按数字键“2”或“5”选择类别，每次按数字键“2”，调整类别上移。若要恢复最小数据，可按数字键“0”，然后按“ENTER”键，从存储器中读取数据，按“MUTING”键，然后按“ENTER”键写入存储器。注：先后按遥控器上的数字键“8”和“ENTER”键，可设定装运条件下的设置，或者用来关闭机器再重新开启，以便退出维修模式	调整完毕，按压“待机”键，即可退出维修模式，打开电源并设定为维修模式，再次调出已调整的项目，确认是否已做调整

（续）

机心/系列	进入调整模式	项目选择和调整	退出调整模式
RG-1、RG-2、背投机心	开启背投彩电电源，先进入待机状态，然后依次按下遥控器上的“屏幕显示”键、数字“5”键、“音量+”键、“电源开/电视彩色制式选择”键，即进入维修模式，屏幕上显示总线调整项目和数据	进入维修模式后，按遥控器上的数字键“1”或“4”选择调整项目，按数字键“3”或“6”调整所选项目的数据。 调整后应将调整后的数据写入存储器，先按“MUTING”键，此时屏显字符“SERVICE”变为“WRITE”，再按数字键“0”执行写操作，屏显字符“WRITE”变回到“SERVICE”表明数据存储完毕。 在调整过程中，欲恢复上一个数据，可先按下数字键“7”，再按下数字键“0”即可；若将场频为50Hz调整数据写入场频为60Hz的存储器中，应先按“显示”键再按“0”键；若将场频为60Hz的调整数据写入场频为50Hz的有关存储器中，则先按数字键“0”，再按“显示”键	调整完毕，按遥控器上的“待机”键即可退出维修模式，再按此键电视机恢复正常
RG-3、RX-1背投机心	用随机附带的遥控器进行调整，先将电视机进入待机模式，然后快速依次按遥控器上的“屏显”键、数字键“5”、“音量+”及“电源待机”键，即可进入维修模式，屏幕上显示调整项目、项目编号和数据	RG-3机心进入维修模式后，按遥控器上的数字键“1”或“4”选择调整项目；按遥控器上的数字键“3”或“6”改变项目数据。按遥控器下部大圆形按键的“上下方向”键，选择调整种类，向上连续按方向键，其调整种类依次为GEO-DAC-WHB-SAJ-JGL-YCT-SYC-AP-MSP-LTI-MID-3CM-2CM-DSP-TXT-PJE-OPM-OPB。 调整后，需存储数据，存储方法见RG-1机心的存储方法。 由于该机有多种显示模式，对各种模式的调整，应分别输入对应的测试信号进行调整。RX-1背投机心可参照RG-3机心进行调整	调整存储完毕，关闭电视机即可退出维修模式，再开机电视机恢复正常
SCC-N70T背投机心	开启背投彩电电源，先进入待机状态，然后依次按下遥控器上的“屏幕显示”键、数字“5”键、“音量+”键、“电源开/电视彩色制式选择”键，即进入维修模式，屏幕上显示总线调整项目和数据	进入维修模式后，按遥控器上的数字键“1”或“4”选择调整项目，按数字键“3”或“6”调整所选项目的数据。 调整后，需存储数据，存储方法见RG-1机心的存储方法。 在调整过程中，欲恢复上一个数据，可先按下数字键“7”，再按下数字键“0”即可；若将场频为50Hz调整数据写入场频为60Hz的存储器中，应先按“显示”键再按“0”键；若将场频为60Hz的调整数据写入场频为50Hz的有关存储器中，则先按数字键“0”，再按“显示”键	调整完毕，按遥控器上的“待机”键即可退出维修模式，再按此键电视机恢复正常

2.3.2 索尼数码、高清彩电总线调整方法

机心/系列	进入调整模式	项目选择和调整	退出调整模式
AG-1、AG-3 机心	开机后，按遥控器上的“待机”键使整机进入待命状态，再依次按遥控器上的“DISPLAY”键、数字“5”键、“音量＋”键及待机键“POWER”，并且在 1s 内完成，即可重新开机并进入维修模式，屏幕上显示“SERVICE”维修模式字符和调整项目编号、项目名称及其数据	进入维修模式后，按遥控器上的数字“1”或“4”键可向上或向下选择调整项目；按遥控器上的数字“3”或“6”键改变项目数据。调整后，需存储数据，存储方法见 RG-1 机心的存储方法。 数据存储的快捷辅助功能：按遥控器上的数字“7”、“0”键，所有数据全部置为存储器中的数值；按数字键“8”、“0”键使所有数据变为标准数据；按数字“2”、“0”键或“DISPLAY”、数字“0”键将场频 50Hz 的调整数据写入场频 60Hz 存储单元，反之亦然；按数字“9”键执行行频 H-FRE 自动调整功能。 该系列宽屏幕彩电有多种显示模式，应对各种模式分别进行调整	调整完毕，按遥控器上的待机键“POWER”遥控关机，即可退出维修调整模式，再遥控开机电视机恢复正常状态
BG-1L、BG-1F、BG-1S 机心	先按遥控器上的“待机 POWER”键使整机进入待命状态，再快速依次按遥控器上的“屏显”键 DISPLAY、数字键“5”、“音量＋”及电源待机键“POWER”，并且在 1s 内完成，电视机重新启动后即可进入维修模式，屏幕上显示项目编号、调整项目、参考数据和 SERVICE 维修模式的字符	进入维修模式后，按遥控器上的数字键“1”或“4”选择调整项目；按遥控器上的数字键“3”或“6”改变项目数据。 调整后，需存储数据，存储方法见 RG-1 机心的存储方法。 BG-1L 机心有多种显示模式，应对各种模式分别进行调整	调整存储完毕，按遥控器上的待机键“POWER”关闭电视机即可退出维修模式，再开机电视机恢复正常
FA1A 机心	电视机正常收视状态下，先按住电视机面板上的“菜单”键不放，同时按遥控器上的数字“1”键，即可进入维修模式，屏幕上显示总线调整菜单	进入维修模式后，按遥控器上的“定时”键或“静音”键选择调整项目，按“音量＋/－”键调整所选项目的数据	调整完毕后，按电视机或遥控器上的“菜单”键，即可退出维修模式
G1、G3F 机心	按遥控器上的“待机”键使整机进入待命状态，再依次按遥控器上的“DISPLAY”、“5”、“音量＋”及“POWER”键，并且在 1s 内完成即可进入调整模式，屏幕上显示调整项目名称和数据	按遥控器上的数字“1”键向上选择调整项目，按数字“4”键向下选择调整项目；按遥控器上的数字“3”或“6”键增加或减少项目数据。调整后，按遥控器上的“静音”键，进入数据写入储存方式，此时屏幕上显示绿色“WRITE”，再按遥控器上的数字键“0”，“WRITE”暂时变为红色，将调整后的数据存入存储器中，同时屏幕显示变为绿色“SERVICE”	按遥控器上的待机键“POWER”即可退出维修模式，再按此键电视机恢复正常

（续）

机心/系列	进入调整模式	项目选择和调整	退出调整模式
GA2A/B 机心	电视机正常收视状态下，先按住电视机面板上的“菜单”键不放，同时按遥控器上的数字“1”键，即可进入维修模式，屏幕上显示总线调整菜单	进入维修模式后，按遥控器上的“定时”键或“静音”键选择调整项目，按“音量+/-”键调整所选项目的数据	调整完毕后，按电视机或遥控器上的“菜单”键，即可退出维修模式
BG-2S、BG-3S、BG-3R 机心	先按遥控器上的待机键“POWER”使整机进入待命状态，再快速依次按遥控器上的屏显键“DISPLAY”、数字键“5”、“音量+”及电源待机键“POWER”，并且在1s内完成，电视机重新启动后即可进入维修模式，屏幕上显示项目编号、调整项目、参考数据和SERVICE维修模式的字符	进入维修模式后，按遥控器上的数字键“1”或“4”选择调整项目；按遥控器上的数字键“3”或“6”改变项目数据。 调整后，按遥控器上的静音键“MUTING”或“MUTE”键1次，进入数据写入储存方式，屏幕上的SERVICE字符变为绿色“WRITE”字符，再按遥控器上的数字键“0”，“WRITE”暂时变为红色，将调整后的数据存入存储器中，同时屏幕显示变为绿色“SERVICE”	调整存储完毕，按遥控器上的待机键“POWER”关闭电视机即可退出维修模式，再开机电视机恢复正常
BY-1A 机心	遥控关机进入待机状态，然后按遥控器上的“显示”键、数字“5”键、“音量+”键、“开机”键，即进入维修模式	进入维修模式主菜单后，按遥控器上的数字键“1”或“4”选择调整项目，按数字键“3”或“6”调整所选项目的数据；按数字键“2”或“5”选择类别，读出数据到存储器，可按数字键“7”，然后按“0”键；将数据写入存储器按“MUTE”键，然后按“0”键；复位原来的的数据到存储器按数字键“8”和“0”	调整完毕，遥控关机即可退出维修模式

2.4 夏普彩电总线调整方法

2.4.1 夏普平板彩电总线调整方法

机心/系列	进入调整模式	项目选择和调整	退出调整模式
LCD-20B10A 液晶机型	进入维修模式方法：KEY5（微处理器82脚）置地（L）后，打开电源； 进入工厂模式有两种方法：一是打开电源，使用专用遥控器，按下“REMOTE（调整工程）”键；二是将KEY4（微处理器81脚）设置接地，打开电源	SERVICE状态下，同时按“切换（TV/VIDEO）”键和“音量”键，按下电源开关，检查工厂模式的“K”字符显示在屏幕左上角；同时按下“频道-”键和“音量-”键，屏幕将变为工厂模式	关闭电源，退出工厂模式

（续）

机心/系列	进入调整模式	项目选择和调整	退出调整模式
37GX3H 液晶机型	使液晶彩电，进入待机状态，同时按住和“音量 -”键和“TV/VIDEO”，然后按电源键（打开），“音量 -”键和“TV/VIDIO”，不松手，直到屏幕左上方出现“K”字样松手，再同时按“音量 -”和“频道 -”按钮，然后放开，工厂菜单出现	按“频道 +/-”键或“上/下方向”键选择调整项目，按“音量 +/-”键或“左/右方向”键调整项目数据	按“CH +”键往下翻屏，在第二屏有 center acutime 关闭电视，退出工厂菜单
PDP 等离子机型	打开电视机电源开关，让电视机处于待机状态，按住“TV/AV”键和“频道 -”键，再同时按住“副电源开关”进行开机，并保持按住5s后再放手，即可进入工厂模式的调整菜单	进入工厂模式后，按“频道 +/-”键或“上/下方向”键选择调整项目，按“音量 +/-”键或“左/右方向”键调整项目数据	遥控关机，退出工厂模式
42PMA400C 等离子机型	关闭“辅助电源”按键或按遥控器上的“电源”键，然后打开“辅助电源”5s以上，同时按住显示屏底部的“SELECT”和“RECALL”键，即可进入维修模式	进入维修模式后，按“上/下方向”键选择调整项目，按“左/右方向”键调整项目数据，按遥控器上的“ENTER”键存储数据	关闭“辅助电源”或按遥控器上的“电源”键

2.4.2 夏普数码、高清彩电总线调整方法

机心/系列	进入调整模式	项目选择和调整	退出调整模式
WP-30机心	关断电视机主电源，拆开电视机后壳，把主电路板上的“维修开关S1001”置于维修模式位置。接通电视机电源，让电视机处于工作状态，即可进入维修模式	进入维修模式后，利用遥控器上的“蓝色”键，选择红色、绿色、黄色及青色调整项目。选择完毕，利用”蓝色”键的上移或下移键选择各色所包含的调整项目，再利用“蓝色”键的左移或右移键改变调整项目的数据。该机心有FL、NR、W1、W2、C1、C2六种屏幕显示模式，应输入相应的信号，分别进行调整	调整完毕，把“维修开关S1001”拨回正常位置，便可退出维修模式
PAL-A机心	先切断电视机电源，拆开电视机外壳，将电路板上的“调整开关S1008”置于“服务状态”，再开启电源，电视机即进入维修模式	共设有5种工作状态：标准状态、服务状态、服务微调状态、NVM状态、存储器初始化状态。它们之间的转换由微处理器的11、15、27脚电平及“PRESET”按键控制；S1008（IC1001的37脚）：高电平时为标准状态、低电平时为服务状态；TP1002（IC1001的11脚）：高电平时为服务状态；TP1001（IC1001的15脚）：高电平时为服务状态，低电平时为存储器初始化状态；电视机控制面板上“PRESET”键：服务状态/服务微调状态。可根据表中的提示，直接进入各种状态，进行调整和操作	调整完毕，将“调整开关S1008”置于正常状态（关闭侧），电视机即恢复正常收视模式

（续）

机心/系列	进入调整模式	项目选择和调整	退出调整模式
SB 机心	先关掉电视机电源，打开电视机后壳，用导线连接测试点 TP1001 和 TP1002，也可将 369、370 两个短接线之间连接起来。再接通电视机电源，屏幕上显示“SERVICE”字符，表示已进入维修模式	进入维修模式后，按遥控器上的“频道 +/-”键选择调整项目，利用遥控器上的“音量 +/-”键调整所选项目数据。 当进行白平衡调整时，按遥控器上的“数字”键和“F/B”键可直接进行白平衡调整，调整方法如下： R-CUTOFF 红枪截止调整：上调数据按“1”键，下调数据按“4”键；G-CUTOFF 绿枪截止调整：上调数据按“2”键，下调数据按“5”键；B-CUTOFF 蓝枪截止调整：上调数据按“3”键，下调数据按“6”键；R-DRIVE 红枪激励调整：上调数据按“7”键，下调数据按“F/B”键；B-DRIVE 蓝枪激励调整：上调数据按“8”键，下调数据按“0”键；关闭或打开场扫描：按“9”键	调整完毕，将 TP1001 与 TP1002 测试点的连接线或 369、370 短接线之间的连接线拆掉，便可退出维修模式
SP-41 机心	先拆开电视机后壳，把主电路板上的“维修开关 S1006”置于维修位置，通电让电视机进入工作状态，电视机便进入维修模式	进入维修模式后，利用遥控器上的“S-NORM”（向上）或“S-MODE”（向下）键选择调整项目，利用遥控器上的“音量 +/-”键调整所选项目数据	调整完毕，将“维修开关 S1006”拨回到正常位置，便可退出维修模式
SP-42M 机心	在关机状态下，拆开电视机外壳，将主电路板上的“维修开关 S1001”置于维修位置，然后开机即可进入维修模式	进入维修模式后，利用遥控器上的“S-NORM（向上）”或“S-MODE（向下）”键选择调整项目，利用遥控器上的“音量 +/-”键调整所选项目数据。 当屏幕上出现白平衡调整项目时，按遥控器上的“数字”键和“F/B”键可直接进行白平衡调整。调整方法参见 SB 机心的白平衡调整方法	调整完毕，将“维修开关 S1001”拨回到正常位置，便可退出维修模式
SP-43M 机心	在关机状态下，拆开电视机外壳，将主电路板上的“维修开关 S1001”置于维修位置 SET-UP MODE，然后开机即可进入维修模式	进入维修模式后，利用遥控器上的“S-NORM（向上）”或“S-MODE（向下）”键或“频道 +/-”键选择调整项目，利用遥控器上的“音量 +/-”键调整所选项目数据。在维修模式下，按遥控器上的快捷键，可直接选择常用调整项目	调整完毕，将“维修开关 S1001”拨回到正常位置，便可退出维修模式

（续）

机心/系列	进入调整模式	项目选择和调整	退出调整模式
SP-51 机心	先拆开电视机后壳，通电让电视机进入工作状态，把主电路板上的“维修开关 S1006”置于维修位置，电视机便进入维修模式	进入维修模式后，利用遥控器上的“频道 +/-”键选择调整项目，利用遥控器上的“音量 +/-”键调整所选项目数据。 对于白平衡调整项目，直接用遥控器上的快捷键进行调整	调整完毕，将“维修开关 S1006”拨回到正常位置，便可退出维修模式
SP-53M 机心	该机通过拨动维修开关进入维修模式，在正常收视状态下，将“维修开关 S401”置于维修状态 SET-UP MODE，开机即可进入维修模式	进入维修模式后，按遥控器上的“频道 +/-”（CH +/CH-）键或“CROSS +/-”键选择调整项目，按遥控器上的“上/下”键或“CROSS 左/右”键改变项目数据。在维修模式下，遥控器上的部分按键变为选项快捷键，可通过遥控器上的快捷键直接进入相应的项目调整状态。 在维修模式下，按“ENTRE”键即可进入子画面调整状态，屏幕上显示的维修项目和数据由绿色变为红色。调整后，再按“ENTRE”返回调整模式。调整方法参见 SB 机心的白平衡调整方法	调整完毕，把“维修开关 S401”拨回到正常位置，便可退出维修模式
SP-60 机心	首先关掉电视机电源，拆开后盖，将“维修开关 S1006”置于维修位置。然后打开电视机电源开关，即进入维修模式	进入维修模式后，利用遥控器上的“频道 +/-”（CH-UP/CH-DOWN）键选择调整项目，利用遥控器上的“音量 +/-”键调整所选项目数据。 在维修模式下，遥控器上的部分按键变为选项快捷键，按快捷键可直接选择调整项目	调整结束后，将“维修开关 S1006”置于正常位置，即退出维修模式
SP-71 机心	先关掉电视机电源，打开电视机外壳，将主电路板上的短路线 177 和 176 短接，或将测试点 TP101 和 TP102 短接；然后接通电视机电源，按遥控器上的“待机”键或电视机上的“频道 +”键开机，即可进入维修模式	进入维修模式后，按遥控器上的“频道 +/-”键可顺序向上或向下选择调整项目，按遥控器上的“音量 +/-”键调整所选项目的数据。 当屏幕上出现“CUT OFF BKG-DD”白平衡调整项目时，按遥控器上的数字键和“-/——”键可直接进行白平衡调整，调整方法参见 SB 机心的白平衡调整方法	调整完毕，断开短路线 177 和 176 或测试点 TP101 和 TP102 之间的短接线，即可退出维修模式

（续）

机心/系列	进入调整模式	项目选择和调整	退出调整模式
SP-90 机心	先关掉电视机电源，打开电视机外壳，将主电路板上的短路线 351 和 352 短接，然后接通电视机电源，按遥控器上的“待机”键或电视机上的“频道 +”键开机，即可进入维修模式	进入维修模式后，按遥控器上的“频道 +/-”键可顺序向上或向下选择调整项目，按遥控器上的“音量 +/-”键调整所选项目的数据。 屏幕出现“CUT OFF BKGDD”项目名称时，表示进入白平衡调整状态，此时遥控器上的数字键和“F/B”键，变为选择和调整白平衡调整项目的快捷键，调整方法参见 SB 机心的白平衡调整方法	调整完毕，断开短路线 351 和 352 之间的短接线，即可退出维修模式
SS-1 机心	开电视机外壳，让电视机进入工作状态，将主电路板上的“维修开关 S1006”置于维修模式位置 SERVICE，即可进入维修模式	进入维修模式后，用遥控器上的“频道 +/-”键选择调整项目，利用遥控器上的“音量 +/-”键改变被选项目的数据。 当进入 AKB/BKGD 调整状态后，屏幕上出现 WHITE POINT 字符时，表示进入白平衡调整菜单，此时按遥控器上的数字键和“F/B”键可直接进行白平衡调整，调整方法参见 SB 机心的白平衡调整方法	调整完毕，将“维修开关 S1006”拨回到正常位置，便可退出维修模式
TB/TH 系列	先关掉电视机电源，打开电视机后壳，将主电路板上的短路线 154、155 短接，再接通电视机电源，电视机便进入维修模式，屏幕上显示“SERVICE”字符	进入维修模式后，利用遥控器上的“频道 +/-”键选择调整项目，利用遥控器上的“音量 +/-”键调整所选项目数据。 当屏幕上显示“CUT OFF GLV”字符时，表示已经进入白平衡调整模式，此时遥控器上的数字键变为选项和调整快捷键，按遥控器上的数字键和“F/B”键可直接进行白平衡调整，调整方法参见 SB 机心的白平衡调整方法	调整完毕，将短路线 154 与 155 拆掉，便可退出维修模式
UH 系列	先关掉电视机电源，打开电视机后壳，将主电路板上的短路线 303、499 短接，再接通电视机电源，电视机便进入维修模式，屏幕上显示“SERVICE MODE”字符	进入维修模式后，按遥控器上的“频道 +/-”键选择调整项目，按遥控器上的“音量 +/-”键该变所选项目数据。 进行白平衡调整时，按遥控器上的数字键和“F/B”键可直接进行白平衡调整，调整方法参见 SB 机心的白平衡调整方法	调整完毕，将短路线 303 与 499 拆掉，便可退出维修模式

2.5 LG 彩电总线调整方法

2.5.1 LG 平板、背投彩电总线调整方法

机心/系列	进入调整模式	项目选择和调整	退出调整模式
液晶机型	只要同时按住遥控器和电视机上的“MENU”键坚持5s左右，屏幕上就会出现“M”字符，表示已经进入维修模式	进入维修模式后，按“频道+/-”键选择调整项目，按“音量+/-”键调整所选项目的数据	遥控关机退出维修模式
等离子机型	在电视机正常收视状态下，同时按住电视机控制面板和遥控器上的“MENU”键3s，即可进入维修模式的调整菜单，其初始密码为0000	进入维修模式后，按“频道+/-”键或“上/下方向”键选择调整项目，按“音量+/-”键或“左/右方向”键调整项目数据	遥控关机退出维修模式
MC-87A/B背投机心	在电视机正常工作状态下，持续按遥控器上的“SVC”键约5s，即可进入维修模式。如果遥控器上无“SVC”键，则先按电视机上的“OK”键、接着按遥控器上的“OK”键，也可进入维修模式	进入维修模式后，按遥控器上的“黄色”键选择调整菜单。按”频道+/-”键选择调整项目，按电视机或遥控器上的“音量+/-”键改变所选项目数据，然后按“OK”键存储数据	调整完毕，按“POWER”键关机，即可退出维修模式
MP-02AB背投机心	在电视机正常工作状态下，先按电视机上的“OK”键、接着按遥控器上的“OK”键，即可进入维修模式，屏幕上显示主菜单	进入维修模式后，按遥控器上的“频道+/-”键选择主菜单中的子菜单，按遥控器上的“音量+/-”键进入选中的子菜单，对子菜单前面有数字的，也可用遥控器上的数字键直接进入相应的子菜单。进入子菜单后，按遥控器上的“频道+/-”键选择调整项目，按遥控器上的“音量+/-”键改变所选项目数据，调整后按“OK”键存储数据	调整完毕，如果在子菜单位置，按遥控器上的“POWER”键返回主菜单；再按主菜单位置“POWER”键，即可退出维修模式

2.5.2 LG 数码、高清彩电总线调整方法

机心/系列	进入调整模式	项目选择和调整	退出调整模式
MC-01GA单片机心	开机状态下，按电视机上的“音量-”键或确定“OK”键不放，同时按住遥控器上的“OK”键，持续10s左右，即可进入维修模式	进入维修模式后，屏幕上显示调整“菜单”，按菜单键选择调整菜单，按“频道+/-”键选择调整项目，按“音量+/-”键改变调整数据	调整完毕后，按“AV/TV”键，即可退出维修模式

（续）

机心/系列	进入调整模式	项目选择和调整	退出调整模式
MC-006A 机心	按维修遥控器上的“SVC”键，可进入维修模式	按遥控器上的“频道+/-”键选择调整项目，按“音量+/-”键改变调整数据。调整后，按“OK”键（或“ENTER”键）对调整后的数据进行保存	按“AV”或“关机”键退出调整状态，返回正常收看状态
MC-05HA 机心	开机状态下，按维修遥控器上的“ADJ”（调整）键可进入维修模式	按遥控器上的“黄色”键，进入 Line SVC2 扫描菜单。按“频道+/-”键选择调整项目，按“音量+/-”键调整数据	按“AV”或“关机”键退出维修模式
MC-007A 机心	按遥控器上的“电源”键遥控关机，依次按遥控器上的“红色”键、“绿色”键、“黄色”键、“青色”键、“OK”键、“电源键”，即可进入维修模式	按遥控器上的“黄色”键，选择模式菜单，按遥控器上的“频道+/-”键选择调整项目，按“音量+/-”键改变调整数据	调整完毕后，按“AV”或“关机”键退出维修模式
MC-009A 机心	开机状态下，同时按电视机上的“OK”键和遥控器上的“OK”键，即可进入维修模式	按遥控器的“频道+/-”键选择调整项目，按“音量+/-”键改变调整数据，按“OK”键对调整后的数据进行保存	调整完毕后，按“AV”或“关机”键退出调整状态，返回正常收看状态
MC-017A 机心	在开机状态下，按维修遥控器上的“SVC”（维修）键，即可进入维修模式	按遥控器上的“频道+/-”键选择调整项目，按“音量+/-”键改变所选项目的调整数据。调整后按“OK”键对调整后的数据进行保存	调整完毕后，按“AV”或“关机”键退出维修模式
MC-019A 单片机心	有两种调整方法，一是开机状态下，按维修遥控器上的“SVC（维修）”键，即可进入维修模式；二是使用用户遥控器，同时按电视机与用户遥控器上的“OK”键，也可进入维修模式	按遥控器上的“频道+/-”键选择调整项目，按“音量+/-”键改变所选调整项目的数据。调整后，按“OK”键对调整后的数据进行保存	全部调整完毕后，按“AV”或“关机”键退出调整状态，返回正常收看状态
MC-022A 机心	使用用户遥控器进行调整，正常收视状态下，电视机面板上采用4个按键的机型，按住面板上的“音量”键，采用6个按键的机型，按面板上的“确定”键，同时按住遥控器的“确定”键，持续6~10s，即可进入维修模式，屏幕上显示调整菜单	该机共有8个调整菜单，按“菜单”键顺序选择调整菜单，如果按遥控器上的“红色”键直接进入功能设置菜单 OPTION1，按遥控器上的“绿色”键直接进入功能设置菜单 OPTION2，按遥控器上的“蓝色”键直接进入功能设置菜单 OPTION3。进入各调整菜单后，按“频道+/-”键选择调整项目，按“音量+/-”键改变所选项目数据。调整后，按遥控器上的“确定”键存储数据	全部调整完毕，按遥控器上的“TV/AV”键1次即可退出调整模式

（续）

机心/系列	进入调整模式	项目选择和调整	退出调整模式
MC-49C 单片机心	按维修遥控器上的“IN-START”键可进入维修模式	按遥控器上的“频道＋/－”键选择调整项目，按“音量＋/－”键改变调整数据。按“OK”键对调整后的数据进行保存	调整完毕后，按“AV”或“关机”键退出调整状态，返回正常收看状态
MC-8AA 单片机心	在电视机正常收视状态下，先按电视机上的“OK”键，接着按遥控器上的“OK”键（也可按专用遥控器上的“SVC”键3s），电视机进入维修模式	在维修模式下，按遥控器上的“黄色”键（也可按专用遥控器上的“频道＋/－”键），选择光栅调整菜单或功能设定调整菜单。在光栅调整菜单下，按遥控器上的“PSM（红色）”键，进入白平衡调整菜单。进入模拟项目调整菜单和功能设定菜单后，按“频道＋/－”键选择要调整的项目；按电视机上或遥控器上的“音量＋/－”键改变所选项目数据，再按“OK”键存储数据	调整完毕，按“AV”键即可退出维修模式
MC-8CA、 MC-8CB 单片机心	在电视机正常工作状态下，先按电视机上的“音量”键、接着按遥控器上的“OK”键5s以上，即可进入维修模式。进入维修模式后，按遥控器上的“黄色”键，如果没有“黄色”键，可按随机遥控器上的“Q. VIEW”键，选择光栅调整菜单，在光栅调整模式下，按电视机上的“红色”键（PSM）或随机配备遥控器上的“Q. VIEW”键，选择白平衡调整菜单，菜单上显示调整项目与数据。 在维修模式下，按电视机上的“黄色”键随机配备遥控器上的“Q. VIEW”键，选择音响调整菜单，菜单上显示调整项目与数据。 更换存储器后，需要重新设定功能参数，电视机才能进入正常工作状态。在电视机开机后，先按电视机上的“音量－”键，接着按遥控器上的“OK”键，电视机进入维修模式。 进入维修模式后，再按遥控器上的“黄色”键或随机配备遥控器上的“Q. VIEW”键，选择“选择－1”、“选择－2”、“选择－3”菜单。按“PR＋/PR－”键选择调整项目，按电视机或遥控器上的“音量＋/－”键改变所选项目数据，然后按“OK”键存储数据。调整完毕，按遥控器上的“关机”键，进入待机状态即可退出功能选择状态	进入光栅调整模式后，按“PR＋/PR－”键选择调整项目，菜单中：H-S为水平中心调整、VS为场中心调整、VL为场线性调整、VA为场幅度调整、SC为场S形失真校正、EW为水平幅度调整、EP为枕形失真校正、EC为边角失真校正、ET为梯形失真校正、PR6频道号码为6、N50HZ是场频为50Hz。按电视机或遥控器上的“音量＋/－”键改变所选项目数据，然后按“OK”键存储数据。再选择和调整另一个项目，直到全部符合要求为止。 进入白平衡调整模式后，菜单中AGC为RF AGC调整、RG为红色激励调整、GG为绿色激励调整、GB为蓝色激励调整、Y-DELAY为亮度延迟调整、PR6为频道号码为6、N50HZ为场频为50Hz。按“PR＋/PR-”键选择调整项目，按电视机或遥控器上的“音量＋/－”键改变所选项目数据，再按“OK”键存储数据。再选择和调整另一个项目，直到白平衡符合要求为止。 进入音响调整模式后，菜单中FP为立体声前置放大调整、NP为NICAM前置放大调整、SP为音频前置放大调整、SV为音量调整、MAX VOL为最大音量调整。按“PR＋/PR－”键选择调整项目，按“音量＋/－”键改变所选项目数据，调整后，按“OK”键存储数据	调整完毕，按遥控器上的“关机”键或“TV/AV”键，即可退出维修模式

（续）

机心/系列	进入调整模式	项目选择和调整	退出调整模式
MC-51A 机心	正常工作状态下，先按电视机上的“OK”键，接着按遥控器上的“黄色”键，即可进入维修模式，屏幕上显示调整项目和数据。正常工作状态下，先按电视机上的“OK”键，接着同时按遥控器上的“黄色”键 2 次，即可进入功能设定模式，屏幕上显示调整项目和数据	进入维修模式后，按“频道 +/-”键选择要调整的项目，按“音量 +/-”键改变所选项目数据。在调整功能设定项目时，如果功能表没有错误，千万不要随便调整功能的数据，以免造成人为故障	调整完毕，遥控关机，即可退出维修模式
MC-51B 机心	在电视机正常工作状态下，按遥控器上的“SVC”键 3s，即可进入维修模式。如果遥控器上无“SVC”键，可同时按电视机上的“MENU”键、“音量 -”键和“频道 +”键，也可进入维修模式	进入维修模式后，遥控器上的按键功能有所改变，按相应的按键选择调整项目，按电视机或遥控器上的“音量 +/-”键改变所选项目数据。再按“OK”键存储数据	调整完毕，按遥控器上的“关机”键，进入待机状态即可退出维修模式
MC-61A 机心	正常工作状态下，同时按电视机上的“OK”键、“音量 -”键和“频道 +”键以及遥控器上的“黄色”键 1 次，即可进入光栅调整模式；同时按电视机上的“OK”键、“音量 -”键和“频道 +”键以及遥控器上的“黄色”键 2 次，即可进入白平衡调整状态，屏幕上显示调整项目与数据	进入光栅和白平衡调整模式后，屏幕上显示调整项目与数据。进入光栅调整状态后，按“频道 +/-”键选择调整项目，按“音量 +/-”键改变所选项目数据，调整后按“OK”键存储数据。 该机心有 4 : 3、SPECTACLE、WIDE、ZOOM1、ZOOM2 五种屏幕显示模式，应输入相应的信号，分别进行调整	调整完毕，按遥控器上的“关机”键，进入待机状态即可退出白平衡调整模式
MC-71A、MC-71B 机心	在电视机正常工作状态下，先按电视机上的“OK”键、接着按遥控器上的“OK”键，即可进入光栅调整模式，屏幕上显示光栅调整项目与数据的菜单。在光栅调整模式下，按遥控器上的“黄色”键，即可进入白平衡调整模式，屏幕上显示白平衡项目和数据的菜单	进入光栅调整模式后，按“频道 +/-”键选择调整项目，按“音量 +/-”键改变所选项目数据，调整后按“OK”键存储数据。 进入白平衡调整模式后，为了配合暗平衡的调整，按维修专用遥控器上的“MIX”键，可关闭场扫描，呈一条水平亮线，调整后，按遥控器上的“SWAP”键恢复场扫描。进行白平衡调整时，按“频道 +/-”键选择调整项目，按“音量 +/-”键改变所选项目数据，调整后按“OK”键存储数据	调整完毕，按遥控器上的“关机”键或“TV/AV”键，即可退出光栅调整或白平衡调整模式

（续）

机心/系列	进入调整模式	项目选择和调整	退出调整模式
MC-74A 单片机心	在电视机正常工作状态下，先按电视机上的“OK”键、接着按遥控器上的“OK”键，即可进入光栅调整状态。 在维修模式下，按电视机上的“黄色”键，选择白平衡调整菜单，菜单上显示调整项目与数据。 在维修模式下，按电视机上的“黄色”键，选择音响调整菜单。 在维修模式下，按电视机上的“黄色”键，选择 AGC 调整菜单	进入光栅调整模式后，按“PR+/PR-”键选择调整项目，按“音量+/-”键改变所选项目数据，然后按“OK”键存储数据。 进入白平衡调整模式后，为了配合按平衡的调整，按维修专用遥控器上的“MIX”键，可关闭场扫描，呈一条水平亮线，调整后，按遥控器上的“SWAP”键恢复场扫描。进行白平衡调整时，按“PR+/PR-”键选择调整项目，按“音量+/-”键改变所选项目数据，再按“OK”键存储数据	调整完毕，按遥控器上的“关机”键，即可退出维修模式
MC-84A 机心	在电视机正常工作状态下，先按电视机上的“OK”键、接着按遥控器上的“OK”键，1s 后即可进入维修模式	按“频道+/-”键选择调整项目，按电视机或遥控器上的“音量+/-”键改变所选项目数据，然后按“OK”键存储数据	调整完毕，按遥控器上的“TV/AV”键，即可退出维修模式
MC-991A 单片机心	正常工作状态下，先按电视机上的“OK”键，接着按遥控器上的“OK”键，即可进入维修模式。按遥控器上的“黄色”键（如果遥控器上无“黄色”键，则按遥控器上的“SVC”键），或使用“频道-”键选择光栅调整菜单。 在光栅调整模式下，按电视机上的“红色”键（PSM），可选择和进入白平衡调整菜单	进入光栅调整模式后，按“频道+/-”键选择调整项目，菜单中：H-S 为水平中心调整、VS 为场中心调整、VL 为场线性调整、VA 为场幅度调整、SC 为场 S 形失真校正、EW 为水平幅度调整、EP 为枕形失真校正、EC 为边角失真校正、ET 为梯形失真校正。按电视机或遥控器上的“音量+/-”键改变所选项目数据，然后按“OK”键存储数据。 进入白平衡调整模式后，按“PR+/PR-”键选择调整项目，按电视机或遥控器上的“音量+/-”键改变所选项目数据，再按“OK”键存储数据	调整完毕，按遥控器上的“关机”键或“TV/AV”键，即可退出维修模式
MC-991A 单片机心	更换存储器后，需要重新设定功能参数，电视机才能进入正常工作状态。在电视机开机后，先按电视机上的“音量”键，接着按遥控器上的“OK”键，电视机进入维修模式	再按遥控器上的“黄色”键，选择“选择-1”、“选择-2”、“选择-3”菜单。用遥控器上的“0~9”数字键输入正确的数据	调整完毕，按遥控器上的“关机”键，即可退出维修模式
MC-993A 机心	在开机状态下，同时按住电视机上“OK”键和遥控器的“OK”键，1s 后即可进入维修模式	按遥控器上的“黄色”键选择调整页面，没有“黄色”键，按“频道-”键下面的那个按键进行选择。按遥控器的“频道+/-”键选择调整项目，按“音量+/-”键改变调整数据	调整完后，按“AV”键退出维修模式

（续）

机心/系列	进入调整模式	项目选择和调整	退出调整模式
MC-994A 机心	同时按住电视机上“OK”键和遥控器的“OK”键，1s 后即可进入维修模式	按遥控器上的“黄色”键，选择调整页面，没有“黄色”键，按“频道 -”键下面的那个按键进行选择。按遥控器的“频道 +/-”键选择调整项目，按“音量 +/-”键改变调整数据，按“OK”键对调整后的数据进行保存	调整完后，按“AV”键退出维修模式，返回正常收看状态

2.6 飞利浦彩电总线调整方法

2.6.1 飞利浦平板彩电总线调整方法

机心/系列	进入调整模式	项目选择和调整	退出调整模式
32HFL2200 和 TR3246D 液晶机型	在 TV 状态下，按“MENU”键和数字“1、9、9、9”键，即可进入维修模式	按“频道 +/-”键选择调整项目，按“音量 +/-”键调整项目数据	调整后，遥控关机退出维修模式
TPS1.1A LA 液晶机心	正常工作模式下，按“MENU”键，进入 OSD 菜单，按遥控器上的数字“0、6、2、5、9、6”键和“MENU”键，此时屏幕底部显示 F3 目录，选中 F3 目录，然后按“右”键即可进入维修模式	按数字键可选择维修模式下的调整项目。在按数字键改变调整项目前，先取消先前的功能，按数字键，然后按“OK”键，模拟量调整项目数据按“左/右”键调整数据	调整后，遥控关机即可退出维修模式
TPS1.2A LA 液晶机心	正常工作模式下，按“MENU”键，进入 OSD 菜单，按遥控器上的数字“0、6、2、5、9、6”键和“MENU”键，此时屏幕底部显示 F3 目录，选中 F3 目录，然后按“右”键即可进入维修模式	按数字键可选择维修模式下的调整项目。在按数字键改变调整项目前，先取消先前的功能，按数字键，然后按“OK”键，模拟量调整项目数据按“左/右”键调整数据	调整后，遥控关机即可退出维修模式
TPT1.2A LA 液晶机心	1. 彩电输入信号，按住“音量 +/-”键的同时，打开电源开关，再次关机，彩电自动进入维修模式；2. 按遥控器上的数字“0、6、2、5、9、6”键，然后按“MEUN”键，选择进入维修模式菜单	进入维修模式后，屏幕上显示维修模式调整菜单，按“频道 +/-”键或“上/下方向”键选择调整项目，按“音量 +/-”键或“左/右方向”键调整所选项目数据	调整后，遥控关机即可退出维修模式
32HFL2200、42HFL2300 液晶机型	在 TV 状态下，先将音量调整到 0，按“MENU”键和数字“1、9、9、9”键，即可进入工厂模式	进入维修模式后，屏幕上显示工厂调整菜单，按“频道 +/-”键或“上/下方向”键选择调整项目，按“音量 +/-”键或“左/右方向”键调整所选项目数据	调整后，遥控关机即可退出维修模式

（续）

机心/系列	进入调整模式	项目选择和调整	退出调整模式
L04A AA/AB 或 L04HA AA 机心	按遥控器上的数字“0、6、2、5、9、6”键后，紧接着按“OSD 屏显”键一次，即可进入维修模式	按“频道 +/-”键或“上/下方向”键选择调整项目，按“音量 +/-”键或“左/右方向”键调整所选项目数据	调整后，遥控关机即可退出维修模式
新型液晶机型	使用时间查看方法：开机，按遥控上的数字“1、2、3、6、5、4”键和“屏显”键，不必理会选台画面。按任意一个数字键，进入工程菜单	工程菜单的上面第一行就是使用时间，采用十进制显示	要退出工程菜单，遥控关机即可
7321 系列液晶机型	使用时间查看方法：电视机在开机的情形下，持续按数字“2、6、9、5、8、6”键和“MENU”键，进入工程菜单	工程菜单上面第一行的 5 个数字就是开机时间显示	要退出工程菜单，遥控关机即可
等离子机型	在电视机正常收视状态下，依次按下用户遥控器数字“0、6、2、5、9、6”键，再按“OSD”键，便可进入维修模式	进入维修模式后，在屏幕上显示调整主菜单，并在最上部显示电视机的工作时间和软件版本。按“频道 +/-”键或“上/下”方向键选择主菜单的名称，按“左”键进入子菜单。按“频道 +/-”键或“上/下方向”键选择调整项目，按“音量 +/-”键或“左/右方向”键调整所选项目数据	调整后，遥控关机即可退出维修模式

2.6.2 飞利浦数码、高清彩电总线调整方法

机心/系列	进入调整模式	项目选择和调整	退出调整模式
GFL2.00AA 宽屏机心	使用专用遥控器 RC7150 进行调整，打开电视机电源开关，按遥控器调整键“ALIGN”，进入维修密码状态，按数字键输入密码“3、1、4、0”，然后按“OK”键。按专用遥控器 RC7150 默认键“DEFAULT”，即进入维修模式。电视机进入维修模式后，调谐频率和模拟量设定等自动进入默认状态。按专用遥控器 RC7150 销售人员键“DEALER”，即进入销售人员状态（DEALER MODE）。在销售人员状态下可以根据顾客需要改变电视机的某些设置。 瞬间短路位于小信号电路板 SSP 上的维修端子“ALIGNMENT MODE”，即进入维修模式	进入维修模式后，屏幕上显示主菜单，上部显示软件版本和电视机工作时间、故障自检代码、产生故障的组件，下边显示子菜单名称。 按遥控器上的“上/下方向”键选择要调整的子菜单，按遥控器上的“左/右方向”键进入子菜单，进入子菜单后，按遥控器上的“上/下方向”键选择要调整的项目；按遥控器上的“左/右方向”键改变所选项目数据，调整后，在子菜单中，按“OK”键返回主菜单，再按“OK”键将调整后的数据存储。 该机心图文电视电路组件可以产生测试图案，在几个菜单中可调出测试图案，可通过激活测试图开关项目 TESE PATTERN ON/OFF，调出机内测试图案，供调整相关项目时使用	调整后，关闭主电源开关的方法退出维修模式，然后重新开机时，电视机使用调整后的数据

（续）

机心/系列	进入调整模式	项目选择和调整	退出调整模式
FL2G 宽屏机心	将小信号电路板上的维修状态端子（SERVICE MODE）S27 和 S26 短路，即可进入维修模式，屏幕上显示维修菜单	按遥控器上的“上/下方向”键选择要调整的子菜单，按遥控器上的“左/右方向”键进入子菜单，进入子菜单后，按遥控器上的“上/下方向”键选择要调整的项目；按遥控器上的“左/右方向”键改变所选项目数据，调整后，在子菜单中，按“OK”键返回主菜单，再按“OK”键将调整后的数据存储	调整完毕，遥控关机进入待机状态，即可退出维修模式
FL1.0 机心	开机后，将小信号电路板上的 S23 和 S24 端子瞬间短接一下，即可进入维修模式，屏幕上显示维修菜单	进入维修模式后，屏幕上显示总调整菜单，按遥控器上的“a、b、c、d”键选择菜单中的调整项目，按“频道 +/-”键调整数据	调整完毕，按“Ppstore”键存储数据并退出维修模式
A8.0A 单片机心	维修模式分为 SDM 默认模式、SAM 调整模式。SDM 默认模式主要用于测试。由于该模式下电视机的工作状态是特定的，故其测试结果可作为维修时的“标准”；SAM 维修调整模式是通常的总线调整模式。 进入 SDM 默认模式的方法是：开机前，切断电视机电源，拆开电视机的外壳，短路电视机主板上的测试点 9040 和 9041 后，再开机即进入 SDM 默认模式，此时屏幕显示 SDM 和主菜单。SDM 默认模式下，电视机自动调谐在 475.25MHz 频率上，音量开度为 25%，图像的各项控制设置于 50%；定时器、睡眠定时器、无信号关机功能、童锁和宾馆状态及 5V 保护功能均被关闭。 进入 SAM 调整模式的方法是：一是在电视机处于 SDM 默认模式下，按遥控器上的“MENU”键，可将屏显切换到 SAM 维修调整模式的调整菜单；二是在 SDM 模式下，同时按下电视机上的“音量加”键和“音量 -”键，即可进入 SAM 维修调整模式，屏幕上显示 SAM 字符和调整主菜单	进入 SDM 维修默认模式后，可进行预置工作状态和一些特殊功能的操作，按遥控器上的“菜单”键可进入主菜单，按遥控器上的“→”键进入相应的子菜单，再按遥控器上的“→”键、“←”键选择调整项目，按“↑”键、“↓”键调整所选项目的数据，按“菜单”键可返回主菜单。 进入 SAM 维修调整模式后，屏幕上显示电视机版本号和子菜单名称，子菜单名称有错误码、选择码、重装默认值、擦除错误码、选择项、调整项。按“菜单”（MENU）键可进行各菜单之间的转换，可按遥控器上的“→”键进入相应的子菜单，再按遥控器上的“→”键、“←”键选择调整项目，按“↑”键、“↓”键调整所选项目的数据。 OPTIONS 选项数据设置方法：选择项目用“↑/↓”键，改变数据值用“→/←”键。设置数据时 ON 表示有此功能，OFF 表示无此功能。重新设置的选项数据存储方法是选择“STORE（存储）”项，然后按“→”键	调整完毕，按遥控器上的“待机”键关机，即退出 SDM 和 SAM 模式。若用主电源开关关机后再开机，电视机则回到 SDM 和 SAM 模式

（续）

机心/系列	进入调整模式	项目选择和调整	退出调整模式
A10A 单片机心	有 SDM（维修默认模式）和 SAM（维修调整模式）两种维修模式。 进入 SDM 维修默认模式有三种方法：一是依次按遥控器上的数字键“0、6、2、5、9、6”和“MENU”键，即可进入 SDM 维修默认模式；二是在开机前，用导线短路主电路板上的测试点 9261 和 9362，开机后断开短路线，也可进入 SDM 维修默认模式；三是电视机在正常工作状态或在 SAM 模式下时，使用维修专用 DST 型遥控器，按“DEFAULT”键，也可进入 SDM 维修默认模式。进入 SDM 维修默认模式后，屏幕上显示主菜单，屏幕的右上角显示“SDM”字符。 进入 SAM 维修调整模式有三种方法：一是电视机在正常运行或在 SDM 模式下时使用 DST 遥控器，按“ALLGN（调整）”键，进入 SAM 维修调整模式；二是在 SDM 模式下，同时按下电视机上的“音量 +”键和“音量 -”键，即可进入 SAM 维修调整模式；三是依次按下用户遥控器上的“0、6、2、5、9、6、OSD”键，也可进入 SAM 维修调整模式。进入 SAM 维修调整模式后，屏幕上显示主菜单，屏幕的右上角显示“SAM“字符	进入维修 SDM 默认模式后，可进行预置工作状态和一些特殊功能的操作，按遥控器上的“菜单”键可进入主菜单，按遥控器上的“→”键进入相应的子菜单，再按遥控器上的“→”键、“←”键选择调整项目，按“↑”键、“↓”键调整所选项目的数据，按“菜单”键可返回主菜单。 进入维修 SAM 调整模式后，屏幕上显示电视机版本号、故障代码和 OPTION 等子菜单，可按遥控器上的“→”键进入相应的子菜单，再按遥控器上的“→”键、“←”键选择调整项目，按“↑”键、“↓”键调整所选项目的数据。按 DST 遥控器上的“INDEX”键可查看软件版本和故障代码信息，按“菜单”键返回主菜单	调整完毕，按 DST 遥控器上的“EXIT”键或按用户遥控器的“待机”键遥控关机，即可退出 SDM 维修默认模式和 SAM 维修调整模式。若在 SDM 模式直接切断主电源开关，则下次开机仍将自动进入 SDM 模式；若在 SAM 模式下用主电源开关关机，再开机则回到 SAM 模式
G8 机心	断开电视机的电源，拆开电视机的外壳，按电视机上部键盘电路板上的维修状态开关，屏幕上显示字符“SERVICE”字符和维修菜单	进入维修模式后，按用遥控器上的“上/下方向”键选择子菜单，按“左/右方向”键进入子菜单；在子菜单中，按“上/下方向”键选择调整项目，按“左/右方向”键改变项目数据。调整后按“OK”键返回主菜单，再按“OK”键退出维修模式，数据被存储	调整完毕，遥控关机进入待命状态，即可退出维修模式

（续）

机心/系列	进入调整模式	项目选择和调整	退出调整模式
G8AA 机心	先打开电视机外壳，然后开机，按操作面板上的“测试”键，即可进入维修模式，屏幕上显示主菜单，上部显示“SERVICE”字样。总调整菜单中显示子菜单名称	进入主菜单后，按遥控器上的“上/下方向”键选择要调整的子菜单，按遥控器上的“左/右方向”键进入子菜单，其子菜单的显示与飞利浦 G8 机心的子菜单相同，参见 G8 机心的子菜单的显示；进入子菜单后，按遥控器上的“上/下方向”键选择要调整的项目。遥控器上的“左/右方向”键改变所选项目数据，调整后，按“OK”键将调整后的数据存储	调整完毕，遥控关机进入待机状态，即可退出维修模式
G88A 机心	先打开电视机外壳，然后开机，按操作面板上的“测试”键，即可进入维修模式，屏幕上显示主菜单，上部显示“S”字样。屏幕上显示 4 个子菜单的名称：ALIGN NORMAL 为冷色调调整子菜单，ANIGN NORMAL 为正常色调调整子菜单，ALIGN WARM 为暖色调调整子菜单，SETTINGS 为设定子菜单	进入主菜单后，按遥控器上的“上/下方向”键选择要调整的子菜单，按遥控器上的“左/右方向”键进入子菜单；进入子菜单后，按遥控器上的“上/下方向”键选择要调整的项目。按遥控器上的“左/右方向”键改变所选项目数据，调整后，按“OK”键将调整后的数据存储	调整完毕，遥控关机进入待机状态，即可退出维修模式（不能用关闭主电源开关的方法退出调整模式，否则当再次开机时，电视机仍处于维修模式）
L7.3/L7.3A 单片机心	该机心有 SDM 维修默认模式和 SAM 维修调整模式两种模式。 进入 SDM 维修默认模式有 2 种方法：一是先关机，将测试点 M24 和 M25 短接，再开机即可进入维修默认 SDM 功能设定模式；二是在开机状态下，按 RC7150 型遥控器上的“DE-FAULT”键，也可进入功能设定模式。屏幕上显示功能设定菜单。 进入 SAM 维修调整模式有 2 种方法：一是先关机，将测试点 M28 和 M29 短接，再开机即可进入维修调整 SAM 模式；二是在开机状态下，按 RC7150 型遥控器上的“ALIGN”键，也可进入 SAM 维修调整模式，屏幕上显示调整主菜单	进入 SDM 或 SAM 主菜单后，按遥控器上的“上/下方向”键选择要调整的子菜单，按遥控器上的“左/右方向”键进入子菜单；进入子菜单后，按遥控器上的“上/下方向”键选择要调整的项目。遥控器上的“左/右方向”键改变所选项目数据，调整后，按“OK”键将调整后的数据存储	调整完毕，遥控关机进入待机状态，即可退出 SDM 维修默认模式和 SAM 维修调整模式

（续）

机心/系列	进入调整模式	项目选择和调整	退出调整模式
L9.1、L9.1A 单片机心	设置有SDM维修默认模式、SAM维修调整模式。 进入与退出SDM维修默认模式有三种方法：一是使用用户遥控器顺序按数字键“0、6、2、5、9、6”，然后按“MENU”键；二是使用维修专用遥控器RC7150，按“DEFAULT”键（此时无论电视机处于正常收视状态或SAM模式该命令均能生效）；三是开机前用导线短路主板上的测试点9261和9262，用主电源开关开机，开机后断开9261和9262之间的短路线。 进入SAM维修调整模式方法有四种：一是使用用户遥控器依次输入数字“0、6、2、9、6”后，再按“OSD”键；二是使用维修专用遥控器RC7150，按“ALIGN”键；三是在SDM维修默认模式下，同时按下电视机控制面板上的“频道-”和“音量-”键；四是短路电路板上的维修引脚M28和M29后，用主电源开关开机，开机后将短接装置移开	在SDM模式下，按下遥控器上的“MENU”键，将进入正常的用户菜单，对TV时钟、存储、亮度、色度、对比度等项目进行调整，再按“MENU”键，将回到最后的SDM模式。 进入SAM维修调整模式，屏幕上显示主菜单。主菜单项包括AKB、VSD、TUNER（高频调谐器）、WHITE-TONE（白平衡）、GEOMETRY（几何失真）和SOUND（伴音）等子菜单。可按菜单“↑/↓”键选择子菜单；按菜单“→”键进入所选项目的子菜单；进入子菜单后，按菜单“↑/↓”键或“频道+/-”键选择调整项目，按菜单“→/←”键或“音量+/-”键调整所选项目的数据值。所调整项目的数据值在退出子菜单时自动存储	退出SDM模式的方法：使用用户遥控器将电视机关机进入待机状态，或按维修专用遥控器（RC7150）上的“EXIT”键（同时清除故障代码）。电视机处于SDM模式时，若使用主电源开关关机，在下次用主电源开关开机时，电视机将仍处于SDM模式（不会清除故障代码）
L9.2单片机心	L9.2机心设有SDM维修默认模式、SAM维修调整模式两种维修模式。进入SDM维修默认模式有三种方法：一是使用用户遥控器依次按数字键“0、6、2、5、9、6”，然后按“MENU”键，便可进入SDM维修默认模式；二是使用维修专用遥控器（RC7150）上的“DEFAULT”键，无论电视机处于正常收视状态或SAM模式均可进入SDM维修默认模式；三是断电情况下将A7电路板上的测试点0228和0224短路后，用主电源开关开机，开机后再将0228和0224之间的短接线断开，也可进入SDM维修默认模式。 进入SAM维修调整模式有四种方法：一是使用用户遥控器，依次按下数字键“0、6、2、5、9、6”，再按“OSD”键，便可进入SAM维修调整模式；二是使用维修专用遥控器（RC7150），按“ALIGN”键，即可进入SAM维修调整模式；三是在SDM维修默认模式下，同时按下本机控制面板上的“频道-”和“音量-”两键也可进入SAM维修调整模式；四是在断电的情况下，将A7电路板上的测试点0225和0226短路后，用主电源开关开机，开机后移开短接线，也可进入SAM维修调整模式	SDM维修默认模式下电视机的工作状态。电视机进入SDM模式后，对于PAL/SECAM制式射频接收频率为475.25MHz，对NTSC制式则为61.25MHz（3频道）；音量设置为最大值的25%；其他的图像和伴音控制为最大值的50%；电视机的预置关机时间、蓝屏幕、自动关机、酒店状态、童锁或父母锁定、频道跳跃、个人预置自动存储和自动用户功能暂时停止，其他的控制操作不受影响。 进入SDM维修默认模式后，按遥控器上的“MENU”键，将进入正常的用户菜单，对TV时钟、存储、亮度、色度、对比度等项目进行调整，再按“MENU”键，将回到最后的SDM模式。 进入SAM维修调整模式下，按用户遥控器上的菜单键“MENU”可进入正常用户菜单，进行锁定、设定、亮度、色度和对比度等项目的调整，再按一次“MENU”键，将返回SAM模式。按“OSD”键，屏幕仅在顶部显示“SAM”；按维修专用遥控器（RC7150）上的“DEFAULT”键可从SAM模式进入SDM模式。在SAM维修调整模式下，按遥控器上的菜单键“MENU”选择子菜单，进入子菜单后，按菜单“↑/↓”键选择调整项目，所选的项目将加亮显示，按“→/←”键调整所选项目的数据	退出SDM维修默认模式的方法：按用户遥控器上的“待机”键遥控关机，或按维修专用遥控器（RC7150）上的“EXIT”键，均可退出SDM维修默认模式，同时清除故障代码。 退出SAM维修调整模式的方法：按用户遥控器上的“待机”键遥控关机，或按维修专用遥控器（RC7150）上的“EXIT”键，均可退出SAM维修调整模式，并清除故障代码。 若电视机处于SDM或SAM模式时使用主电源开关关机，在下次用主电源开关开机时，电视机仍会处于SDM或SAM模式

（续）

机心/系列	进入调整模式	项目选择和调整	退出调整模式
MD1.0A 单片机心	有两种方法：一是在关机状态下将电路板上的测试点“1S42”和“1S43”短接，再开机即可进入维修模式；二是在开机状态下，按RC7150型遥控器上的“ALIGN”键，也可进入维修模式，屏幕上显示调整菜单	进入主菜单后，按遥控器上的“上/下方向”键选择要调整的子菜单，按遥控器上的“左/右方向”键进入子菜单；进入子菜单后，按遥控器上的“上/下方向”键选择要调整的项目，按遥控器上的“左/右方向”键改变所选项目数据，调整后，按“OK”键将调整后的数据存储。功能设置项目有4项选项码	调整完毕，遥控关机进入待机状态，即可退出维修模式
MD1.1A 单片机心	进入维修模式有两种方法：一是短路小信号电路板上的“1S42”和“1S43”测试点（SERVICE）；二是使用维修专业遥控器“RC7150”，按遥控器上的“ALIGN”键，即可进入维修模式，屏幕上显示主菜单	进入维修模式后，按“上/下方向”键移动光标选择调整项目；按“左/右方向”键改变项目数据。其调整项目与MD1.0A机心相同，功能设置项目有2项选项码	调整完毕，按遥控器上的“待机”键退出维修模式
PV4.0、PV4.0AA 单片机心	先关掉电视机电源，将电路板上的测试点M25对地短接，再开机即可进入维修模式，屏幕上显示调整主菜单，上部显示S字样，下部显示子菜单的名称	进入主菜单后，按遥控器上的“上/下方向”键选择要调整的子菜单，按遥控器上的“左/右方向”键进入子菜单；进入子菜单后，按遥控器上的“上/下方向”键选择要调整的项目，按遥控器上的“左/右方向”键改变所选项目数据，调整后，按“OK”键将调整后的数据存储	调整完毕，按遥控器上的“待机”键退出维修模式
SAA、SBB 单片机心	在电视机断电的状态下，首先用一导线将测试点M28和M29短路，然后开启电源，电视机即进入维修模式	进入维修模式后，取下短路线，按遥控器上的“音量+/-”键，可以选择“ADR”或“DATA”，按遥控器上的数字键“0～9”或“频道+/-”键，改变“ADR”或“DATA”的地址和数据，数据调整后，按“STORE”键存储	调整完毕，按遥控器上的“关机”键，让电视机处于待机模式，便可退出维修模式
ANUBIS-S 机心	该机心具有默认模式和维修模式两种模式，开机后，瞬间短接一下主电路板上的两个维修默认状态脚M28和M29，屏幕上显示字符S，表明进入默认模式。 在M28和M29没有被短路的情况下，控制电视机进入待机状态，然后关机即可退出默认模式。 开机后，瞬间短接一下主电路板上的两个维修默认状态脚M31和M32，即可进入维修模式	在默认模式下，用户模拟量除音量被设置在1/4位置外，其余设置在1/2。电路图上的电压和波形均是在默认模式下测得的。 在维修模式下，可进行如下调整：1. 显示CPU软件号码及版本号；2. 设置所有软件调整项目：按“CONRTOL-/+”键，可依次选择菜单中的ADR（地址）和DATA（数据），选中的项目变亮；按“PROG-/+”键，改变所选项目的地址或数据值；按数字“0～9”键，可直接键入地址或数据的值；按“STORE”键，可将重新调整过的地址或数据存入E^2PROM中	调整完毕，按遥控器上的“待机”键，控制电视机进入待机状态，便可退出维修模式

（续）

机心/系列	进入调整模式	项目选择和调整	退出调整模式
SK1.0A-CA 超级机心	先将电视机的音量调整为0，然后同时按“音量 -”键和“i +”按键，即可进入维修模式	进入维修模式后，屏幕上显示CPU版本等信息，按“上/下”或“频道 +/-”键可进入外围菜单。按“菜单”键可进入主核心菜单。在主核心菜单下，按数字“6”键可返回外围菜单；按数字“7、8、9”键后，可进入核心菜单，进入某个菜单后，按“上/下”或“频道 +/-”键选择调整项目，按“左/右”或“音量 +/-”键调整项目数据	调整完毕，按遥控器上的“待机”键，便可退出维修模式

2.7 日立彩电总线调整方法

2.7.1 日立平板彩电总线调整方法

机心/系列	进入调整模式	项目选择和调整	退出调整模式
LCD 液晶机型	电视机处于待机状态，按住“TV/AV”切换键和“频道 -”键，再按住“开机”键开机，并保持按住5s后，再放手，即可进入维修模式	进入维修模式后，按“频道 +/-”键或“上/下方向”键选择调整项目，按“音量 +/-”键或“左/右方向”键调整项目数据	调整完毕，按“待机”键，便可退出维修模式
9500/9570/9580 系列	打开电视机，断定电视在待机状态（就是休眠模式）。同时按下电视机上的“菜单”和“开关机”两个按键不动，直到屏幕上出现维修模式的菜单	当屏幕中心涌现菜单后，按遥控器上的“上”方向键，直到第594号。这时后面的数字就是使用时间	直接按遥控器上的“MENU”键就可以退出维修模式
液晶和等离子机型	将电源开关打开，机器处于待机状态，按住电视机上的“TV/VIDEO”键和“频道 -”键，同时按住副电源开关开机，按住5s后撒手，屏幕上显示工程菜单	日立的工程菜单很怪，只有编号、代码和数据，假如将“频道 -”键改成“频道 +”键，就是RESET，此时样机开机也能呈现语言选择。HITACHI 79 * * 系列面板使用时间	按遥控器上的“MENU”键，退出维修模式
PDP 等离子机型	打开电视机电源开关，让电视机处于待机状态，按住“TV/AV”切换键和“频道 -”键，再同时按住副电源开关进行开机，并保持按住5s后再放手，即可进入维修模式的调整菜单	进入维修模式后，按“频道 +/-”键或“上/下方向”键选择调整项目，按“音量 +/-”键或“左/右方向”键调整项目数据	调整完毕，按“待机”键或切断电视机主电源，便可退出维修模式

2.7.2 日立数码、高清彩电总线调整方法

机心/系列	进入调整模式	项目选择和调整	退出调整模式
A3P 龙影机心	开机后，按遥控器上的“MENU”键和“ENTER”键，即可进入维修模式	进入维修模式后，选择 PICTURE，进入图像调整模式，屏幕上显示调整图标和状态，按遥控器上的“上/下方向”键选择调整项目，按“左/右方向”键移动光标，改变项目电平的大小。 按遥控器上的数字“9”键两次，进入 PAL 相位调整 PHASE 模式；按遥控器上的“9”和“8”键，进入副亮度调整项目 SUB 模式；按遥控器上的“9”和“7”键，进入光束平衡调整项目 SHOOT 模式；进入各调整项目后，按“左/右方向”键移动光标，改变项目电平大小	调整完毕，按“MENU”键，便可退出维修模式
S6 机心	先关断电视机电源，然后同时按电视机上的“TV/AV”切换键和主电源开关，电视机便可进入维修模式，屏幕显示调整项目代号和相关数据	进入维修模式后，按遥控器上的“上/下方向”键选择要调整的项目，按遥控器上的“左/右方向”键改变所选项目数据。调整后，按“ENTER”键存储新调整的数据	调整完毕，按“MENU”键或切断电视机主电源，便可退出维修模式
V1 机心	先关断电视机电源，然后同时按电视机上的“TV/VIDEO”键和主电源开关，电视机便可进入维修模式，屏幕显示调整项目代码和数据	进入维修模式后，按遥控器上的“上/下方向”键选择要调整的项目，按遥控器上的“左/右方向”键改变所选项目数据。调整后，按“ENTER”键存储新调整的数据	调整完毕，按“待机”键或切断电视机主电源，便可退出维修模式
V1-F 机心	先按电视机电源开关，关断电视机电源，然后同时按电视机上的“AV/TV”切换键和主电源开关，电视机便可进入维修模式，屏幕显示调整项目代码和数据	进入维修模式后，按遥控器上的“上/下方向”键，选择要调整的项目，按遥控器上的“左/右方向”键改变所选项目数据。调整后，按“ENTER”键存储新调整的数据	调整完毕，按“待机”键或切断电视机主电源，便可退出维修模式

2.8 三洋彩电总线调整方法

2.8.1 三洋平板彩电总线调整方法

机心/系列	进入调整模式	项目选择和调整	退出调整模式
UH9L 液晶机心	按遥控器上的菜单“MENU”键，再依次按数字“1、1、4、7”键，便进入了维修模式，屏幕上显示维修菜单	进入工厂模式后，按遥控器上的“上/下”键或直接按数字键选择项目，按“左/右”键对选定的项目数据进行调整	调整完毕，按下“菜单”按钮退出维修模式

（续）

机心/系列	进入调整模式	项目选择和调整	退出调整模式
PDP-42W5CT 等离子机型	按电视机控制面板上的“MENU”键，同时按遥控器上的“呼出”键，松开后按遥控器上的“静音”键，便进入了维修模式	进入维修模式后，按遥控器上的“上/下”键移动光标选择项目，按“左/右”键对选定的项目数据进行调整	调整完毕，按“电源”键退出并保存存储器中的数据

2.8.2 三洋数码、高清彩电总线调整方法

机心/系列	进入调整模式	项目选择和调整	退出调整模式
A8 帝王机心	在正常收视状态下，按电视机上的“MENU”键，再按遥控器上的“→”、“←”、“N”键，便可进入维修模式	在维修模式下，按遥控器上“频道+/-”键，可选择调整项目；选中项目后，按遥控器上“音量+/-”键，可调整该项目的数据	按遥控器上的“ON/OFF”键，进入待机状态可退出维修模式
A6 单片机心	该机心有一种类似密码的特殊功能设置，能够实现最大音量限制、禁止/允许自动搜索记忆、开机处于AV状态、中、英文字符显示选择等功能。更换存储器或CPU后，应对特殊功能进行重新设定。同时按住电视机上的“F”键和遥控器上的“S”键，屏幕上显示“项目-1、设定-1”，表示进入特殊功能设置模式	进入特殊功能设置模式后，按“F”键可选择项目-1、项目-2、项目-3；按“音量+/-”键可轮换显示“设定-0”、“设定-1”	设置完毕，按遥控器上的“S”键，即可退出特殊功能设定模式
A3 单片机心	该机型的CPU具有加密的特殊功能。更换CPU之后，需按一定的方法对CPU进行解密，才能进入正常工作。否则电视机无光栅，显示XVCR1. XI等字符，遥控和本机多数功能键失效，电视机无法工作。 更换CPU后，打开电视机，按遥控器右上角的特殊功能键“S”不松手，当屏幕上显示“SP-”字符时，表示进入解密模式	屏幕上显示“SP-”字符时，松开“S”键，按数字键“0、0”或“0、1”（按“0、0”，开机处于待命状态，按“0、1”，开机直接进入开机状态）；然后再按“记忆”键	调整后，按“记忆”键存储后，自动退出解密模式
GC3-A21 单片机心	在电视机正常收视状态下，先按住电视机上面板上的“MENU”菜单键不放，再按遥控器上的数字键“2”，即可进入维修S调整模式。按住电视机上面板上的“MENU”菜单键不放，再按遥控器上的数字键“1”，即可进入工厂“D”调整模式	按遥控器上的“定时”键和“静音”键选择调整项目，按“音量+/-”键调整所选项目数据。 按住电视机上的“MENU”菜单键不放，再按遥控器上的数字键“2”和“3”，可设定各种模拟量，按遥控器上的“显示”键后，可设定音量锁定、选台锁定、蓝屏幕控制、AV开机等	调整完毕，按一下遥控器上的“MENU”菜单键即可退出维修模式，调整后的数据自动存储

（续）

机心/系列	进入调整模式	项目选择和调整	退出调整模式
FC2A 单片机心	按电视机上的“MENU”菜单键，同时按遥控器上的数字“1”键，即可进入维修模式	进入维修模式后，屏幕上显示调整菜单，按遥控器上的“频道+/-”键或“静音”键、定时键选择调整项目，按“音量+/-”键改变项目数据，按AV/TV键返回到上级菜单	调整完毕，按电视机或遥控器上的“MENU”键，即可退出维修模式
FC4 单片机心	在电视机正常收视状态下，按住电视机控制面板上的“MENU”键，并同时按住遥控器上的数字“1”键，即可进入维修模式	进入维修模式后，按遥控器上的“静音”键向下翻页，按遥控器上的“定时关机”键向上翻页，选择调整菜单和调整项目，按“音量+/-”键调整所选项目的数据	调整完毕，按遥控器上的“MENU”键即可退出维修模式
FC4C、FC5A、FC5D、FC6A、FC7AR、FC7BR、单片机心	按电视机上的“MENU”菜单键，同时按遥控器上的数字“1”键，即可进入维修模式	进入维修模式后，屏幕上显示调整菜单，按遥控器上的“静音”键、“定时”键或“频道+/-”键选择调整项目，按“音量+/-”键改变项目数据	调整完毕，按遥控器上的“MENU”键或“召回”键，再按“POWER”键关机退出维修模式
GA2B、GA2C、单片机心	按电视机上的“MENU”菜单键，同时按遥控器上的数字“1”键，即可进入维修模式	进入维修模式后，屏幕上显示调整菜单，按遥控器上的“频道+/-”键选择调整项目，按“定时”键可向上选择数据项目号，按“音量+/-”键改变项目数据	调整完毕，按遥控器上的“MENU”键，退出维修模式
GA3B、GA3E、GC2A、GA2A、单片机心	按电视机上的“MENU”菜单键，同时按遥控器上的数字“1”键，即可进入维修模式	进入维修模式后，屏幕上显示调整菜单，按遥控器上的“频道+/-”键选择调整项目，按“音量+/-”键改变项目数据；按“TV/AV”键可返回上一级菜单	调整完毕，按遥控器上的“MENU”键，退出维修模式
F系列	在电视机正常开机状态下，先按住电视机面板上的“MENU”菜单键不放，然后再按用户遥控器上的数字“1”键．即可进入维修模式，屏幕上显示序号为“01”调整选项及其数据	进入维修模式后，按遥控器上的“静音”键和“定时”键可向下或向上选择调整项目，按“音量+/-”键改变所选项目数据。 其他功能的设定方法：正常开机后，先按住本机面板上的“MENU”键不放，后按遥控器上的数字键“0”或“3”，即可进入模拟量的设定状态，对图像的色度、亮度、对比度、色调、锐度等项目进行调整	调整完毕，直接关机或遥控关机均可退出维修模式

2.9 三星彩电总线调整方法

2.9.1 三星平板、背投彩电总线调整方法

机心/系列	进入调整模式	项目选择和调整	退出调整模式
GBD26KS、GBD32KS、GBD40KS 液晶机心	使用用户遥控器，遥控关机，依次按遥控器上的“信息”键、“MENU”键、“静音”键、“开机”键，即可进入维修模式	进入维修模式后，按“MENU”键进入调整菜单，用遥控器“上/下”键移动光标选择项目，用“左/右”键对选定的项目数据进行调整，按“确定”键保存数据	调整后，按下电源按钮，退出维修模式，并存储数据
GBP32SEN、GBP37SEN、GBP40SEN、GBP46SEN 液晶机心	使用用户遥控器，依次按遥控器上的“关机”键、“信息”键、“MENU”键、“静音”键、“开机”键，即可进入维修模式；使用工厂遥控器，打开画面→显示→工厂	进入维修模式有效按键：电源、向上箭头、向下箭头、向右箭头、向左箭头、菜单、确定、数字0~9；功能控制键：电源、频道+、频道-、音量+、音量-、菜单、电视/视频（确定）	调整后，按下电源按钮，退出维修模式，并存储数据
GCR26ASA、GCR32CCN、GCR32TSA、GCR37ASA、GCR37CCN 液晶机心	使用用户遥控器，待机状态下，依次按遥控器上的“信息”键、“MENU”键、“静音”键、“开机”键，即可进入维修模式；使用工厂遥控器，打开画面→显示→工厂	进入维修模式有效按键：电源、向上箭头、向下箭头、向右箭头、向左箭头、菜单、确定、数字0~9；功能控制键：电源、CH+、CH-、VOL+、VOL-、菜单、电视/视频（确定）	调整后，按下电源按钮，退出维修模式，并存储数据
GML32KE、GML40KE、GML46KE、GMN32KS、GMN40KS 液晶机心	使用用户遥控器，遥控关机，依次按遥控器上的“信息”键、“MENU”键、“静音”键、“开机”键，即可进入维修模式；使用工厂遥控器，打开画面→显示→工厂	进入维修模式有效按键：电源、向上箭头、向下箭头、向右箭头、向左箭头、菜单、确定、数字0~9；功能控制键：电源、频道+、频道-、音量+、音量-、菜单、电视/视频（确定）	调整后，按下电源按钮，退出维修模式，并存储数据
GJA32SSA、GJA37SSA、GJA40SSA、GJA46ASA 液晶机心	使用用户遥控器，依次按遥控器上的“关机”键、“信息”键、“MENU”键、“静音”键、“开机”键，即可进入维修模式；使用工厂遥控器，打开画面→显示→工厂模式	进入维修模式，屏幕上显示总线调整菜单，按遥控器上的“上/下”键或“频道+/-”键移动光标选择项目，按“左/右”键或“音量+/-”键对选定的项目数据进行调整	调整后，按“POWER”键关机后再开机，退出维修模式
GNM32ASA、GNM40ASA、GNM46ASA 液晶机心	使用用户遥控器，遥控关机，依次按遥控器上的“信息”键、“MENU”键、“静音”键、“开机”键，即可进入维修模式；使用工厂遥控器，打开画面→显示→工厂	进入维修模式有效按键：电源、向上箭头、向下箭头、向右箭头、向左箭头、菜单、确定、数字0~9；功能控制键：电源、频道+、频道-、音量+、音量-、菜单、电视/视频（确定）	调整后，按下电源按钮，退出维修模式，并存储数据

（续）

机心/系列	进入调整模式	项目选择和调整	退出调整模式
LCD-37CA5 液晶机型	打开电视机，按住电视机上的“菜单”键，保持按住“MENU”键不放，同时按遥控器上的数字“1”键，然后同时放开两键，屏幕上显示维修菜单	按遥控器上的“上/下”键移动光标选择项目，按“左/右”键对选定的项目数据进行调整	调整后，按下电源按钮，退出维修模式，并存储数据
LA40M61B XXTT 液晶机型	使用用户遥控器，遥控关机，依次按遥控器上的“信息”键、“菜单”键、“静音”键、“开机”键，即可进入维修模式；使用工厂遥控器，打开画面→显示→工厂	进入维修模式后，按“菜单”键进入调整菜单，按遥控器上的“上/下”键移动光标选择项目，按“左/右”键对选定的项目数据进行调整，或按数字键输入数据，按确定键保存数据	调整后，按下电源按钮，退出维修模式，并存储数据
液晶机型	在电视机正常接收状态下，依次按遥控器上的“显示”键、“项目”键、“静音”键、“电源”键，即可进入维修模式，屏幕上显示调整项目和数据，屏幕上的第一行显示使用时间“PANEL ON TIME：147H”	进入维修模式主菜单后，使用“频道 +/-”和“音量 +/-”键移动光标，选择和进入子菜单，进入子菜单后，使用“频道 +/-”和“音量 +/-”键选择调整项目，改变所选项目的数据	调整完毕，按压“POWER OFF”键，即可退出维修模式，调整后的数据自动存储
N66A 液晶机心	使用用户遥控器，在待机状态下，依次按遥控器上的“信息”键、“菜单”键、“静音”键、“开机”键，即可进入维修模式；使用工厂遥控器，打开画面→显示→工厂	进入维修模式有效按键：电源、向上箭头、向下箭头、向右箭头、向左箭头、菜单、确定、数字0~9；功能控制键：电源、频道 +、频道 -、音量 +、音量 -、菜单、电视/视频（确定）	调整完毕，按“POWER OFF”键，即可退出维修模式
N98A、N98B 液晶机心	关机并设置为待机模式，依次按遥控器上的“信息”键、“菜单”键、“静音”键、“开机”键，即可进入维修模式，这可能需要20s时间	进入维修模式后，用遥控器“上/下”键移动光标选择项目，用“左/右”键对选定的项目数据进行调整	调整后，按下电源按钮，退出维修模式，并存储数据
GFM40KSA、 GFM46KSA 液晶机心	采用用户遥控器，依次按遥控器上的“POWER OFF”（遥控关机）键、“INFO（信息）”键、“MENU”菜单键、“MENU”菜单键、“POWER ON”键开机，即可进入维修模式；采用工厂遥控器，按遥控器上的“PICTURE ON”键、“DISPLAY”键、“FACTORY”键，可进入工厂模式	进入维修模式有效按键：电源、向上箭头、向下箭头、向右箭头、向左箭头、菜单、确定、数字0~9；功能控制键：电源、频道 +、频道 -、音量 +、音量 -、菜单、电视/视频（确定）	调整后，按“POWER”键，退出维修模式
D62B 等离子机型	关闭电源，设置为待机模式，按顺序按遥控器上的“信息”键、“菜单”键、“静音”键、“开机”键键或“静音”键、“1”键、“8”键、“2”键、“电源”键，打开电视机，即可进入维修模式	进入维修模式后，屏幕上显示主菜单，按“频道 +/-”键或“上/下方向”键选择调整项目，按“音量 +/-”键或“左/右方向”键调整项目数据	关机，退出维修模式

（续）

机心/系列	进入调整模式	项目选择和调整	退出调整模式
PS42A350 P1XXZ 等离子机型	待机模式下，依次按遥控器上的"信息"键、"菜单"键、"静音"键、"开机"键，即可进入维修模式；在维修模式下，按"显示"键与数字"3"快捷键便可进入老化模式	进入维修模式后，按遥控器上的"上/下"键移动光标选择项目，按"左/右"键对选定的项目数据进行调整，按"MENU"键将修改内容存入存储器	调整后，按"关机"键，退出维修模式
PS-42P4H1、PS-50P4H1 等离子机型	打开电源开关，使彩电进入待机模式，依次按遥控器上的"INFO"键、"MENU"键、"MUTE"键、"POWER ON"键，即可进入模式	进入维修模式后，按"频道+/-"键或"上/下方向"键选择调整项目，按"音量+/-"键或"左/右方向"键调整项目数据	关机，退出维修模式
PS-42P2SDX 等离子机型	打开电源开关，使彩电进入待机模式，依次按遥控器上的"MUTE"、"1"、"8"、"2"、"POWER"键，即可进入维修模式	进入维修模式后，按"频道+/-"键或"上/下方向"键选择调整项目，按"音量+/-"键或"左/右方向"键调整项目数据	关机，退出维修模式
PS-42A350 P1XXZ 等离子机型	顺序按用户遥控器上的"信息"键、"MENU"键、"静音"键、"开机"键即可进入总线调试状态，在维修模式下按"显示器"与"3"快捷键便可进入老化维修模式	进入维修模式后，按遥控器上的"上/下"及"左/右"方向键选择调整项目及调整维修数据，按"菜单"键将修改内容存入 E^2PROM，并返回上一级模式	调整完毕，按关机键即可退出
PS-42S5HP 等离子机型	使用用户遥控器，首先将电视机设置为待机模式，依次按遥控器上的"关机"键、"静音"键和数字键"1、8、6"后，按"开机"键。便进入了维修模式	进入维修模式后，按遥控器上的"上/下"键移动光标选择项目，按"左/右"键对选定的项目数据进行调整	调整完毕，按下"电源"按钮退出并保存存储器中数据
F33A 等离子机心	使用用户遥控器，依次按下遥控器上的"关机"键、"信息"键、"MENU"键、"静音"键、"开机"键，击键间隔不到3s，便进入维修模式。 使用用户遥控器，依次按"开机"键、"信息"键、"工厂"键，击键间隔不到3s，便进入工厂模式	进入维修模式或工厂模式后，按遥控器上的"上/下"键移动光标选择项目，按"左/右"键对选定的项目数据进行调整。调整后，按"菜单"键存储数据，并返回上一级菜单，使用数字"0～9"键，可选择频道，使用"来源"键，可进行切换AV模式	调整完毕，遥控关机后再开机，即可退出维修模式
J60A 背投机心	在电视机待机状态下，依次按遥控器上的"显示"键、"MENU"键、"静音"键、"开机"键，即可进入维修模式	进入维修模式主菜单后，按"上/下"键移动光标选择调整项目，按"左/右"键改变所选项目的数据	调整完毕，遥控关机，即可退出维修模式

（续）

机心/系列	进入调整模式	项目选择和调整	退出调整模式
J60B（P）背投机心	依次按遥控器上的“关机”、“信息”、“MENU”、“静音”、“开机”键，即可进入维修模式	进入维修模式主菜单后，按“上/下”键移动光标，选择调整项目，按“左/右”键改变所选项目的数据	调整完毕，遥控关机，即可退出维修模式
P22A（N）背投机心	进入信息浏览屏幕显示状态，依次按下遥控器上的方向键“↑”、“←”、“→”、“↑”、“↓”，按住各个按键2～3s，即可进入维修模式	进入维修模式主菜单后，按“上/下”键移动光标，选择菜单和调整项目，按“左/右”键进入菜单或改变所选项目的数据	调整完毕，遥控关机，即可退出维修模式
SPT51A 背投机心	在电视机正常接收状态下，在5s内，快速依次按遥控器上的“PICTURE OFF”键、“SLEEP”键、“P. STD”键、“MUTE”键和“PICTURE. ON”键，即可进入维修模式，屏幕上显示主菜单	进入维修模式主菜单后，按“频道+/-”和“音量+/-”键移动光标，选择和进入子菜单，进入子菜单后，按“频道+/-”和“音量+/-”键选择调整项目，改变所选项目的数据。 选择TEST PATTERN测试图，可启动机内测试信号：红场信号、绿场信号、蓝场信号、白场信号，供图像和光栅调整采用	调整后，遥控关机或按“工厂”键即可退出维修模式，调整后的数据自动存储
SPT52A 背投机心	在电视机正常接收状态下，依次按遥控器上的“PICTURE OFF”键、“DISPLAY”键、“P. STD”键、“MUTE”键和“PICTURE. ON”键，即可进入维修模式，屏幕上显示调整项目和数据	进入维修模式主菜单后，按“频道+/-”和“音量+/-”键移动光标，选择和进入子菜单，进入子菜单后，按“频道+/-”和“音量+/-”键选择调整项目，改变所选项目的数据。 选择TEST PATTERN测试图，可启动机内测试信号：红场信号、绿场信号、蓝场信号、白场信号，供图像和光栅调整采用	调整完毕，按“POWER OFF”键，即可退出维修模式，调整后的数据自动存储

2.9.2 三星数码、高清彩电总线调整方法

机心/系列	进入调整模式	项目选择和调整	退出调整模式
KS1A、KS1A（P）、KS2A（P）、KS9A机心	开机后，依次顺序按遥控器上的“STAND-BY”（待机）键、“DISPLAY”（显示）键、“MENU”（菜单）键、“MUTE”（静音）键、“POWER ON”（电源接通）键，即可进入维修模式	进入维修模式后，屏幕上显示工厂菜单，按“频道+/-”键选择调整项目，按“音量+/-”键调整所选项目数据值的大小	调整完毕后，按遥控器上的“STAND-BY”（待机）键遥控关机即可退出维修模式，调整后的自动存储

（续）

机心/系列	进入调整模式	项目选择和调整	退出调整模式
KS2A、KS3A、KS7A 机心	开机后，依次顺序按遥控器上的“PICTURE OFF”（图像关断）键、“DISPLAY”（显示）键、“MENU”（菜单）键、“MUTE”（静音）键、“POWER ON”（电源接通）键，即可进入维修模式	进入维修模式后，屏幕上显示工厂菜单，按“频道+/-”键选择调整项目，按“音量+/-”键调整所选项目数据值的大小	调整完毕后，按遥控器上的“PICTURE OFF”（图像关断）键遥控关机即可退出维修模式，调整后的自动存储
S56A（P）机心	开机后，依次按遥控器上的“PICTURE OFF”（图像关断）键、“DISPLAY”（显示）键、“MENU”（菜单）键、“MUTE”（静音）键、“PICTURE ON”（图像接通）键，即可进入维修模式	屏幕上显示 ADJUST 主调整菜单振荡子菜单名称和项目，按“频道+/-”键选择调整项目，按“音量+/-”键调整所选项目数据值的大小	调整完毕后，用遥控器关机，即可退出维修模式，调整后的数据自动存储
SCT57B 机心	依次按遥控器上的“STAND-BY”（待机）键、“DISPLAY”（显示）键、“P-STD”（图像标准）键、“MUTE”（静音）键、“POWER ON”（电源接通）键，即可进入维修模式	进入维修模式后，屏幕上显示 4 个调整菜单。按“频道+/-”键选择调整模式，按“音量+”键进入所选调整模式；按“频道+/-”键选择调整项目，按“音量+/-”键调整所选项目的数据	调整完毕，按遥控器“STAND-BY”（待机）键遥控关机，即可退出维修模式，并自动存储调整数据
SCT57C 机心	按遥控器上的“STAND-BY”（待机）键、“DISPLAY”（显示）键、“P-STD”（图像标准）键、“MUTE”（静音）键、“POWER ON”（电源接通）键，电视机即可进入维修模式	屏幕上显示 4 个调整菜单。按“频道+/-”键选择调整菜单，按“音量+”键进入所选调整菜单；按“频道+/-”键选择调整项目，按“音量+/-”键调整所选项目的数据	调整完毕后，用遥控器关机，即可自动存储调整数据并退出维修模式
S15、S15AT 单片机心	在电视机正常接收状态下，依次按遥控器上的“STAND BY”键、“DISPL AY”键、“P. STD”键、“MUTE”键和“POWER. ON”键，屏幕显示主菜单，表示已进入维修模式	进入维修模式主菜单后，按“频道+/-”和“音量+/-”键移动光标，选择调整项目，按“音量+/-”键调整所选的项目数据。 在维修模式下，可对可选二进制码进行设定，该机心的可选二进制码项目和参考数据为 BYETO：15 和 BYTE1：58。由于可选二进制码决定电视机的功能，一般不可随意调整	调整完毕，按压“POWER OFF”键，即可退出维修模式，调整后的数据自动存储
S51A 单片机心	在电视机正常接收状态下，依次按遥控器上的“STAND BY”键、“DISPLAY”键、“MENU”键、“MUTE”键和“POWER. ON”键，屏幕显示主菜单，表示已进入维修模式	进入维修模式后，按遥控器上的“频道+/-”键移动光标选择调整项目，按遥控器上的“音量+/-”键调整所选项目的数据	调整后，遥控关机或按“工厂”键即可退出维修模式，调整后的数据自动存储

（续）

机心/系列	进入调整模式	项目选择和调整	退出调整模式
S53单片机心	在电视机正常接收状态下，依次按遥控器上的“PICTURE OFF”红色键、“DISPLAY”键、“MENU”键、“MUTE”键和“PICTURE. ON”红色键，即可进入维修模式	进入维修模式后，屏幕显示主菜单或功能选择菜单，按遥控器上的“频道+/-”键和“音量+/-”键移动光标选择调整项目，调整所选项目数据。对于光栅等调整项目，需分别调整PAL、NTSC、SECAM制式彩色系统	调整后，遥控关机或按“工厂”键即可退出维修模式，调整后的数据自动存储
SCT11、SCT11C单片机心	在电视机正常收视状态下，按电视机键盘上的“HIDDEN”键或依次按遥控器上的“STAND BY”键、“P. STD”键、“HELP”键、“SLEEP”键和“POWER ON”键，屏幕显示主菜单，表示已进入维修模式	进入维修模式主菜单后，按“频道+/-”和“音量+/-”键移动光标，选择调整项目，按“音量+/-”键调整所选项目的数据	调整完毕，按“POWER OFF”键即可退出维修模式，调整后的数据自动存储
SCT12A单片机心 SCT12B单片机心	有两种方法进入维修模式：一是使用用户遥控器，在电视机待机的状态下，依次按遥控器上的“P. STD”键、“HELP”键、“SLEEP”键、和“POWER ON”键，屏幕显示主菜单，表示已进入维修模式；二是使用工厂调试专用遥控器，按“FACTORY”工厂模式键，也可进入维修模式	进入维修模式主菜单后，按“频道+/-”和“音量+/-”键移动光标，选择调整项目，按“音量+/-”键调整所选项目的数据。对于光栅失真的项目，对于PAL制式，应在PAL制式50Hz场频下进行调整；对于NTSC制式，应在和NTSC制式60Hz场频下进行调整。 进入维修密码调整状态后，选择选项状态“OPTION-BYTE（选项数据）”，可对选项数据进行调整。在调整选项数据时，可能要输入数字0~9或字母A~F，输入时使用遥控器进行操作，此时遥控器操作键被重新定义。另外在调整选项数据的字节0时，不要输入80~BF范围的数字，否则会损坏存储器IC902	调整完毕，按“POWER OFF”键即可退出维修模式，调整后的数据自动存储
SCT13B单片机心	使用用户遥控器，在电视机待机的状态下，依次按遥控器上的“P. STD”键、“HELP”键、“SLEEP”键和“POWER ON”键，屏幕显示主菜单，表示已进入维修模式	进入维修模式主菜单后，有ADJUSTMENT（调整）、TEST PATTERM（测试图形）、OPTION BYTES（选型数据）、TESET（复位）4种模式，可根据内容需要进行调整。按“频道+/-”和“音量+/-”键移动光标，选择调整项目，按“音量+/-”键调整所选项目的数据	调整完毕，按“POWER OFF”键，即可退出维修模式，调整后的数据自动存储

（续）

机心/系列	进入调整模式	项目选择和调整	退出调整模式
SCT51A 机心（天外天系列）	在电视机正常接收状态下，依次按遥控器上的“PICTURE OFF”键、“SLEEP”键、“P. STD”键、“MUTE”键和“PICTURE ON”键，即可进入维修模式，屏幕上显示主菜单	进入维修模式主菜单后，屏幕上显示子菜单名称，按“频道+/-”和“音量+/-”键移动光标，选择调整菜单和调整项目，按“音量+/-”键改变项目数据	调整完毕，按“POWER OFF”键，即可退出维修模式，调整后的数据自动存储
SCT52A 机心（名品天外天系列）	在电视机正常接收状态下，依次按遥控器上的“POWER OFF”键、“SLEEP”键、“P. STD”键、“MUTE”键和“POWER ON”键，即可进入维修模式，屏幕上显示主菜单与 SCT51A 机心的主菜单相同	进入维修模式主菜单后，屏幕上显示子菜单名称，按“频道+/-”和“音量+/-”键移动光标，选择调整菜单和调整项目，按“音量+/-”键改变项目数据	调整完毕，按“POWER OFF”键即可退出维修模式，调整后的数据自动存储
SCT53A 机心	在电视机正常接收状态下，依次按遥控器上的“PICTURE OFF”键、“DISPLAY”键、“P. STD”键、“MUTE”键和“PICTURE ON”键，即可进入维修模式，屏幕上显示主菜单	进入维修模式主菜单后，屏幕上显示子菜单名称，按“频道+/-”和“音量+/-”键移动光标，选择调整菜单和调整项目，按“音量+/-”键改变项目数据	调整完毕，按“POWER OFF”键即可退出维修模式，调整后的数据自动存储
SCT55A 机心	在电视机正常接收状态下，依次按遥控器上的“PICTURE OFF”键、“DISPLAY”键、“P. STD”键、“MUTE”键和“PICTURE ON”键，即可进入维修模式，屏幕上显示调整项目和数据	进入维修模式主菜单后，按“频道+/-”和“音量+/-”键移动光标，选择和进入子菜单，进入子菜单后，按“频道+/-”和“音量+/-”键选择调整项目，改变所选项目的数据。 选择 TEST PATTERN（测试图），可启动机内测试信号：红场信号、绿场信号、蓝场信号、白场信号，供图像和光栅调整采用。 PAL 和 NTSC 制式的光栅几何失真项目，应分别进行调整。对于 PAL 制式，应在 50Hz 的场频下进行调整；对于 NTSC 制式，应在 60Hz 的场频下进行调整	调整完毕，按“POWER OFF”键即可退出维修模式，调整后的数据自动存储
KCT51A 机心	在电视机正常接收状态下，依次按遥控器上的“POWER OFF”键、“SLEEP”键、“P. STD”键、“MUTE”键和“POWER ON”键，即可进入维修模式，屏幕上显示主菜单与 SCT51A 机心的主菜单相同	进入维修模式主菜单后，屏幕上显示子菜单名称，按“频道+/-”和“音量+/-”键移动光标，选择调整菜单和调整项目，按“音量+/-”键改变项目数据	调整完毕，按“POWER OFF”键即可退出维修模式，调整后的数据自动存储

（续）

机心/系列	进入调整模式	项目选择和调整	退出调整模式
77/88 系列	在电视机待机状态下，依次按遥控器上的“P. STD”键、“HELP”键、“SLEEP”键和“POWER. ON”键，即可进入维修模式，屏幕上显示调整项目和数据	进入维修模式主菜单后，按“频道+/-”和“音量+/-”键移动光标，选择和进入子菜单，进入子菜单后，按“频道+/-”和“音量+/-”键选择调整项目，改变所选项目的数据。 选择 TEST PATTERN（测试图），可启动机内测试信号：红场信号、绿场信号、蓝场信号、白场信号，供图像和光栅调整采用。 PAL 和 NTSC 制式的光栅几何失真项目，应分别进行调整。对于 PAL 制式，应在 50Hz 的场频下进行调整；对于 NTSC 制式，应在 60Hz 的场频下进行调整	调整完毕，按“POWER OFF”键即可退出维修模式，调整后的数据自动存储

第3章　进口数码、高清彩电维修技法速查

进口数码、高清彩电的控制系统采用I^2C总线控制技术，主控电路微处理器和被控集成电路之间采用双向信息传输，可提供以下方便快捷的维修新技法。

一是存储器初始化。当存储器数据调乱或更换新的存储器时，通过存储器初始化，可将厂家初始数据一次写入存储器，为存储器数据调整提供快捷、适用的解决方法。

二是故障自检显示信息速查。微处理器可根据被控电路的应答信号和总线系统的通信情况，对被控电路进行检查，当被控电路应答信号不正常或总线系统传输发生故障时，微处理器会做出被控电路发生故障的判断，并将检测结果存储到存储器中，并进行故障自检信息的显示，向用户和维修人员提供故障自检信息，为快速查询故障部位提供方便。

三是加密、解密方法速查。进口彩电多设有童锁模式和旅馆模式（酒店模式），部分机心和系列彩电还设有通用密码或万能密码，防止小孩或顾客将电视机调乱。要想恢复电视机正常调整功能，必须掌握解锁密码，退出童锁模式和旅馆模式（酒店模式）。

本章将进口数码、高清彩电的存储器初始化方法、故障自检方法、自检信息含义、童锁或旅馆模式（酒店模式）解锁密码收集到一起，供维修人员参考。同一机心不同机型的维修技法往往相同，可借鉴和采用，有关各品牌、机心的电路配置和同类机型，请参见本书的第1章进口彩电机心机型与电路配置速查。

3.1　存储器初始化方法速查

在I^2C总线彩电中，存储器除要存储节目预选数据（波段和调谐电压）及音量、亮度、对比度、色度等一些与普通遥控彩电相同的常规数据外，还要存储各种被控电路的调整数据及电路状态数据，如：副亮度、副色度、副对比度、副音量、场幅、场线性、场中心、行幅、行中心、枕校、白平衡、AGC等调整数据和画中画、丽音、逐行扫描等功能设定数据，少则十几项，多则一百多项。每次开机时，CPU都要从存储器中调出这些数据，通过I^2C总线送往各被控电路，电视机才能正常工作。如果存储器发生故障，轻者数据出错，被控电路工作状态改变，重者整机不能工作，甚至出现千奇百怪的故障现象。

在I^2C彩电中，更换的市售新存储器多为空存储器，里面没有任何数据，电视机仍然不能工作。需要将电路设置状态数据和调整数据重新写入存储器中，这一数据写入过程叫初始化。

1. 存储器初始化的方法

对存储器进行初始化操作有自动初始化、半自动初始化和手动初始化三种形式：

1）自动初始化：采用这种初始化方式的彩电，在微处理器内部的ROM（只读存储器）中存有各被控电路的标准数据，更换新的存储器（E^2PROM）后，开机后，微处理器发现存储器是空的，将会从微处理器的ROM中调出数据，自动写入存储器中，不需要进行特殊的初始化操作。

2）半自动初始化：采用这种初始化方式的彩电，在微处理器内部的ROM（只读存储器）中，也存有各被控电路标准数据，但要输入密码进入维修调整模式后，按规定按下本

机或遥控器上相应按键，执行规定的操作后，才能将微处理器内部 ROM 中的数据写入存储器中。

3）手动初始化：需按照厂家供给的 I^2C 总线系统调整资料，输入密码进入维修模式后，将各调整项目数据逐条写入新更换的存储器中，这种方法与总线调整方法相同。

2. 存储器初始化注意事项

进行初始化操作时，应注意以下几点：

1）未更换存储器时不要随意进行初始化操作，特别是自动初始化操作。以免把存储器中的正确数据搞乱，使电视机不能正常工作。

2）养成在调整前记录原始数据的习惯。更换存储器前设法调出本机原始数据，如无法调出，可参照机心、型号相同彩电的数据或收集到本机的 I^2C 总线调整资料。以便调整或初始化后某项功能不正常时参照恢复。

3）更换存储器后，应首先了解本机是否需要初始化。如果开机后声、光、图和各项操作均正常，那么本机属于自动初始化或更换的是厂家已存入数据的存储器，不再需要初始化。如果需要初始化，应掌握本机初始化的方法，准备好相关资料，再进行初始化。

4）初始化后，如果声、光、图某些方面不佳，可进入维修模式，对相关的项目进行个别调整。如果一切正常，则不需另外进行调整，以免调乱，特别是有关功能设定的项目，只能按照正确数据输入，不能随意更改，否则可能功能丢失，严重的会引起死机和意想不到的故障。

5）本篇介绍的进口彩电存储器初始化的方法，多数是半自动初始化方法，少数为手动初始化方法，本篇未提供初始化方法的彩电，多数属手动初始化方法，可参照其总线调整方法，进入维修模式，根据厂家提供的调整项目数据，逐条将数据调整到标准值。

6）由于采用 I^2C 控制技术的彩电，其功能设置数据也存储在存储器中，少数机型厂家又没有提供初始化方法，造成少数彩电更换空存储器后，无法进入开机或维修模式，不能进行初始化和总线调整，这种彩电只能更换厂家已存入标准数据的存储器或将厂家的标准数据写入空白存储器后更换。

为了满足上门维修总线彩电进行存储器初始化的需要，本章广泛搜集了进口彩电的存储器初始化方法，供维修总线彩电时参考。有关各品牌、机心的电路配置和同类机型，请参见本书的第 1 章进口彩电机心机型与电路配置速查。由于多数彩电进行存储器初始化时，需要首先进入维修模式，有关各品牌、机心进入维修模式的方法，请参见本书的第 2 章进口彩电总线调整方法速查。

3.1.1 松下数码、高清彩电存储器初始化方法

松下数码、高清彩电，大多具有存储器初始化功能，当存储器数据出错或更换新存储器时，可通过存储器初始化，将厂家初始数据一次性写入存储器，松下数码、高清彩电的存储器初始化方法见表 3-1。

表 3-1 松下数码、高清彩电存储器初始化方法

机心/系列	存储器初始化方法
E2 机心背投 E3 机心背投	当更换空白存储器 24LC08BIPA22 时或总线系统软件数据出错无法调整时，可对存储器进行初始化操作。其存储器初始化操作方法如下：

（续）

机心/系列	存储器初始化方法
E2 机心背投 E3 机心背投	将微处理器 IC1213 的 3 脚外部的测试点 TPA14 对地短路，然后开启电视机电源，使电视机进入正常工作状态，即可实现对存储器 24LC08BIPA22 的初始化，将微处理器中的原始数据写入空白存储器中 初始化的同时，电视机进入维修调整模式，如果电视机的光栅、图像、伴音未达到正常状态，可在断开 TPA14 对地的短路线后，按遥控器上的数字“1”或“2”键，选择调整菜单；进入调整菜单后，按遥控器上的数字“3”或“4”键选择调整菜单对应的项目，按遥控器上的“音量 +/-”键对所选项目数据进行适当调整；调整后按“0”数字键存储调整后的数据。调整后，关掉背投影彩色电视机电源，然后开机便退出维修调试模式
M16M 机心 M16S 机心 M16MV3 机心	当更换空白存储器时或总线系统软件数据出错无法调整时，可对数据进行初始化操作。其存储器初始化操作方法如下： 电视机设置为 AV 方式，并接收 NTSC4.43MHz 信号。将一个电阻器（44.2kΩ）连接到 E 板插接件 E4 的插头 2 和 4 端，此时图像将处于白色状态。按遥控器上的“PICTURE MENU”（图像菜单）键，选择“PICTURE1”（图像 1）菜单。按遥控器上的“P”键，从彩电中选择“CONTRAST”（对比度），将数据调整到 47，然后按“N”键。根据 PICTURE1（图像 1）的电平调整步骤，调整 PICTURE2（图像 2）和 PICTURE3（图像 3）菜单下的数据 按“SOUND MENU”（声音菜单）键，选择 SOUND MENU2（声音菜单 2），并按“S”键，从菜单中选择 BASS（低音），将数据调整到 46，再选择 TREBLE（高音），将其数据调整到 50，按“N”键。按“SOUND MENU”（声音菜单）键，选择 SOUND MENU3（声音菜单 3），按上述步骤将 BASS（低音）和 TREBLE（高音）数据调整到 27，按“N”键。3 个机心的上述项目数据略有不同，请参阅总线调整资料 同时按遥控器上的“定时关机”键和电视机上的“音量 -”键，将调整后的数据存储，并进入故障自检状态，显示“SELF CHEK”。检查自检结果后，按任何操作键均可退出自检状态
M17 机心 M17V 机心 M17W 机心 M18 机心 M18M 机心	更换存储器后，先断开电视机电源，用导线把 TPA14（微处理器 IC1213 的 3 脚）与地连接起来。打开电视机，进入行业模式，电视机自动对存储器 IC1211 进行初始化。在不断电的情况下，拆出 TPA14 与地的短接线。拆出短路线后，电视机自动进入维修模式，用遥控器上的数字“1、2”键选择调整项目，对项目数据进行检查，对错误的数据进行适当的调整。检查和调整完毕，关机退出初始化模式 M18M 机心在调整时需注意的是：在项目调整时不能同时按遥控器上的“显示”键和电视机上的“AV/TV”键，否则将使电视机进入 IKD 状态，各个调整项目失控，这时应马上关掉电视机电源，重新操作
M18W 机心	更换存储器后，打开电视机，进入正常收看状态。先将电视机“音量 -”到 0，按遥控器上的“定时开关”键 1 次，屏幕上出现定时关机显示；再同时按遥控器上的“字符显示”键和电视机上的“音量 -”键，首先进入维修模式，并进入 CHK1 菜单下。同时按遥控器上的“静音”键和电视机操作面板上的“音量 -”键，电视机进入存储数据编辑状态。此时屏幕上地址号和该地址对应的数据。按遥控器上的“3 和 4”键选择地址，地址在 000 ~ 7FF（16 进制）范围内变化，按“音量 +/-”键调整数据 所有数据调整完毕，按遥控器上的 1 或 2 键，退出初始化模式，回到 CHK1 菜单
M19 机心	更换存储器后：让电视机先进入工作状态，同时按遥控器上的“定时开关”键和电视机上的“音量 -”键，电视机便进入自检状态。进入故障自检模式，微处理器自动对存储器进行初始化。按任意键退出自检模式，便完成了对存储器的初始化

（续）

机心/系列	存储器初始化方法
MD2 机心	当更换空白存储器时或总线系统软件数据出错无法调整时，可对存储器进行初始化操作。其存储器初始化操作方法如下： 在断电的情况下，更换空白存储器 24LC16BIPA24 或 TVRJ214 后，首先重新输入地址号为 301，其数据应设定为 4B（16 进制）。否则电视机无法正常工作，其步骤如下： 进入维修调整模式，在 CHK1 菜单下，同时按遥控器上的“静音”键和电视机上的“音量 -”键，电视机进入初始化状态。按遥控器上的“上/下方向”键选择地址，用遥控器上的“音量 +/-”键调整数据，调整后，按遥控器上的“0”键存储新数据。也可用“上下左右方向”键进行选项和数据调整。调整完毕，按数字键“1”或“2”退出初始化模式，恢复 CHK1 模式
MD2L 机心	IC1211（TVRJ234）是控制系统存储器，内部存储整个电视机大量功能设置数据和调整数据，当更换 IC1211 存储器后，需进行存储器初始化操作，将微处理器中的初始数据复制到存储器中。方法是： 首先同时按下遥控器上的“定时关机”键和电视机上的“音量减”键，即可进入故障自检状态，不改变任何数据，然后退出自检状态，即可完成存储器初始化。初始化后，如果发现个别项目状态不正常，特别是白平衡调整项目异常，应进入维修调整模式，对不正常的项目进行调整

3.1.2 东芝数码、高清彩电存储器初始化方法

东芝数码、高清彩电，大多具有存储器初始化功能，当存储器数据出错或更换新存储器时，可通过存储器初始化，将厂家初始数据一次性写入存储器，东芝数码、高清彩电的存储器初始化方法见表 3-2。

表 3-2 东芝数码、高清彩电存储器初始化方法

机心/系列	存储器初始化方法
F0DS 机心 F5SS 机心 F5DW 机心 F7SS 机心 F8LP 机心 F8SS 机心 F9DS 机心 F9SS 机心	当更换存储器后，需对存储器进行初始化。初始化过程如下： 按遥控器上的“静音”键 1 次，电视机屏幕上出现静音字符，接着同时按压遥控器上的“静音”键和电视机操作面板上的“MENU”键，机器进入调整模式，屏幕的右上角出现“S”字符。在维修调整模式下，同时按压遥控器上的字符显示“CALL”键和电视机操作面板上的“MENU”键，即可进入工厂设计模式，此时屏幕右上角显示“D”字符 在电视机处于调整模式下，同时按压遥控器上的字符重呼键“CALL”和电视机操作面板上的“频道 +”键，即可实现存储器初始化。将微处理器中的初始数据复制到存储器中。初始化后，检查各个调整项目是否正常，若有必要时，需进入维修模式，对不正常的项目进行个别调整
C5SS2 机心 C7SS 机心 C8SS 机心 D1SS 机心 D7E 机心 D8SS 机心 D7ES 机心 N6/N9 机心	当更换存储器后，需对存储器进行初始化。初始化过程如下： 按遥控器上的“静音”键 1 次，屏幕上显示静音符号，接着同时按遥控器上的“静音”键和电视机面板上的“MENU”菜单键，即可进入维修调整“S”模式，屏幕右上角显示“S”字符。在维修模式下，同时按遥控器上的“CALL”键和电视机面板上的“MENU”键，电视机进入工厂设计“D”模式。屏幕右上角显示“D”字符 在维修模式下，同时按遥控器上的“字符显示”键（CALL）和电视机上的“频道 +”键。微处理器自动对存储器进行初始化，将微处理器中的数据传送并存储到存储器中

（续）

机心/系列	存储器初始化方法
S3ES 机心	当更换存储器后，需对存储器进行初始化。初始化过程如下： 开机后，同时按遥控器上的“F”键和“TV/ AV 转换”键；然后松开“F”键和“TV/AV 转换”键，迅速依次按遥控器上的数字键“1、0、4、8”，在屏幕的右上角显示字符“M”，表示已进入维修模式 在维修模式下，同时按遥控器上的“字符显示”键（CALL）和电视机上的“频道 +”键。微处理器自动对存储器进行初始化
S5E 机心 S5ES 机心 S5S 机心 S6E 机心 S6ES 机心 S6SS 机心 S7E 机心 S7ES 机心 S7S 机心 S8ES 机心 S8S 机心	当更换存储器后，需对存储器进行初始化。初始化过程如下： 在电视机正常收视状态下，按遥控器上的“静音”键 1 次，屏幕上显示静音符号，再按“静音”键屏幕上的静音符号消失，保持按住“静音”键不放，同时电视机上的“MENU”菜单键，即可进入维修调整“S”模式，屏幕右上角显示“S”字符。在维修模式下，同时按遥控器上的“CALL”键和电视机上的“MENU”键，电视机进入工厂设计 D 模式。屏幕右上角显示“D”字符 进入维修模式后，同时按遥控器上的“字符显示”键（CALL）和电视机上控制面板上的“频道 +”键，微处理器会自动对存储器 QA02 进行初始化，将微处理器中的数据传送并存储到存储器中

3.1.3 索尼数码、高清彩电存储器初始化方法

索尼数码、高清彩电，大多具有存储器初始化功能，当存储器数据出错或更换新存储器时，可通过存储器初始化，将厂家初始数据一次性写入存储器，索尼数码、高清彩电的存储器初始化方法见表 3-3。

表 3-3 索尼数码、高清彩电存储器初始化方法

机心/系列	存储器初始化方法
AG-1 机心 AG-3 机心 BG-1L 机心 BG-1F 机心 BG-3R 机心 BG-1S 机心 BG-2S 机心 BG-3S 机心 G3F 机心 G1 机心	更换存储器后，按遥控器上的“待机”键使整机进入待命状态，再依次按遥控器上的“DISPLAY”键、数字“5”键、“音量 +”键及“POWER 待机”键，并且在 1s 内完成，即可重新开机并进入维修调整模式 进入维修模式后，按遥控器上的数字“5”键 1 次，将电视机设定初始数据，这时屏幕上显示“INITIAL”初始化的字符，接着按数字“0”键，将初始数据存入存储器中。然后调出每个项目，检查是否正常，对需要调整的项目进行个别调整，并将调整后的数据存入存储器中 在维修模式下，按遥控器上的数字“7”键 1 次，把所有数据全部恢复为存储器中的数值，此时屏幕上显示“READ”字符，接着按数字“0”键，把数据写入 在维修模式下，按遥控器上的数字“8”键 1 次，使所有数据变为标准数据，接着按数字“0”键，把数据写入 在维修模式下，按遥控器上的数字“2”键 1 次，将场频 50Hz 的调整数据写入场频 60Hz 存储单元，此时屏幕上显示 COPY 字符，接着按数字“0”键，把数据写入 在维修模式下，按遥控器上的数字“9”键执行行频 H-FRE 自动调整功能
FA1A 机心 GA2A 机心 GA2B 机心 GA3A 机心	在更换存储器集成电路后，需对存储器进行初始化操作。具体方法是： 按住电视机面板上的“TV/AV”切换键并持续 2s 以上，当屏幕上显示清除记忆画面时，快速按电视机面板上的“菜单”键，当屏幕上显示数字“1”时，表示完成了存储器的初始化操作

（续）

机心/系列	存储器初始化方法
RG-1 机心 RG-3 机心 RX1 机心	更换存储器后，按遥控器上的“待机”键使整机进入待命状态，再依次按遥控器上的“DISPLAY”键、数字“5”键、“音量+”键及“POWER 待机”键，并且在 1s 内完成，即可重新开机并进入维修调整模式 进入维修模式，然后按遥控器上的数字“5”键，给电视机设定初始值，此时屏幕上显示“INITIAL”，接着按数字“0”键，把数据写入，即可完成存储器初始化 按遥控器上的数字“7”键，所有数据全部置为存储器中的数值，此时屏幕上显示“READ”，接着按数字“0”键，把数据写入；按数字“8”键使所有数据变为标准数据，接着按数字“0”键，把数据写入；按数字“2”键将场频 50Hz 的调整数据写入场频 60Hz 存储单元，此时屏幕上显示“COPY”，接着按数字“0”键，把数据写入
RG-2 机心 SCC-N70T 机心	更换存储器 1 或存储器 2 后，按遥控器上的“待机”键使整机进入待命状态，再依次按遥控器上的“DISPLAY”键、数字“5”键、“音量+”键及“POWER 待机”键，并且在 1s 内完成，即可重新开机并进入维修调整模式 首先进入维修调整模式；然后依次按遥控器上的数字键“8”、“0”对存储器 1 或存储器 2 进行初始化。初始化后，检查电视机的图像、光栅、伴音、会聚是否正常，对不正常的相应数据，进入总线调整模式，进行适当的调整，并将调整后的数据写入存储器中

3.1.4 夏普数码、高清彩电存储器初始化方法

夏普数码、高清彩电，大多具有存储器初始化功能，当存储器数据出错或更换新存储器时，可通过存储器初始化，将厂家初始数据一次性写入存储器，夏普数码、高清彩电的存储器初始化方法见表 3-4。

表 3-4 夏普数码、高清彩电存储器初始化方法

机心/系列	存储器初始化方法
SP-41 机心	更换存储器后，先拆开电视机后壳，把主电路板上的维修开关 S1006 置于维修位置，通电让电视机进入工作状态，电视机便进入维修模式 进入维修模式后，用一支 10kΩ 的电阻跨接在 TP1001CI（IC1001）的 35 脚与电源 +B 之间，即可自动调整存储器的初始值
SP-43M 机心	当更换存储器后，关掉电视机开关，将维修开关 S1001 置于维修位置，接通电视机电源开关，即可自动执行存储器初始化操作。初始化后，应检查光栅、图像、伴音质量。必要时进入维修模式，对相关项目数据进行适当调整
SP-53M 机心	当更换存储器后，关掉电视机开关，将维修开关 S401 置于维修位置，接通电视机电源开关，即可自动执行存储器初始化操作。初始化后，应检查光栅、图像、伴音质量。必要时进入维修模式，对相关项目数据进行适当调整 将 S401 拨回到正常位置，退出维修模式
WP-30 机心	更换存储器后，关断电视机主电源，把主电路板上的维修开关 S1001 置于维修模式位置。接通电视机电源，让电视机处于工作状态，即可进入维修模式。进入维修调整模式后，按遥控器上的“超重低音”U-BASS 键 1s 以上，即可实现对存储器的初始化 初始化完毕，把维修开关 S1001 拨回到正常位置，便可退出维修模式和初始化
PAL-A 机心	当更换存储器后，必须对存储器进行初始化。方法是：改变调试点 TP1001（IC1001 的 15 脚）的电平，由高电平改为低电平，即可进行存储器的初始化操作

3.1.5 LG 数码、高清彩电存储器初始化方法

LG 数码、高清彩电，具有存储器初始化功能，当存储器数据出错或更换新存储器时，可通过存储器初始化，将厂家初始数据一次性写入存储器，LG 数码、高清彩电的存储器初始化方法见表 3-5。

表 3-5 LG 数码、高清彩电存储器初始化方法

机心/系列	存储器初始化方法
MC-991A 机心	当更换存储器后，需进入功能设置模式，设定功能项目的数据，方能正常工作。方法是 先按电视机面板上的“音量”键，再按遥控器上的“OK”键，进入功能设置模式。按遥控器上的黄色按键或 SVC 按键，选择“选择 1、选择 2、选择 3”菜单，按照调整菜单数据，按“数字”键设置项目数据，设置后按“OK”键存储数据。设置完毕，遥控关机退出设置模式
MC-8CA /MC-8CB 机心	当更换存储器后，需进入功能设置模式，设定功能项目的数据，方能正常工作。方法是：先按电视机面板上的“音量”键，再按遥控器上的“OK”键，进入功能设置模式。按遥控器上的“黄色”按键或“Q. VIEW”按键，选择“选择 1、选择 2、选择 3”菜单，按照调整菜单数据，按“数字”键设置项目数据，设置后按“OK”键存储数据。设置完毕，遥控关机退出设置模式

3.1.6 飞利浦数码、高清彩电存储器初始化方法

飞利浦 ANUBIS 机心数码彩电，大多具有存储器初始化功能，当存储器数据出错或更换新存储器时，可通过存储器初始化，将厂家初始数据一次性写入存储器，飞利浦数码彩电的存储器初始化方法见表 3-6。

表 3-6 飞利浦数码、高清彩电存储器初始化方法

机心/系列	存储器初始化方法
ANUBIS 机心	开机瞬间短接一下位于主板上的维修状态脚 M31 和 M32，先进入维修模式。按遥控器上的“CONTROL +/-”键选择调整项目，按“PROG +/-”键改变数据，把 IP 数据（工厂预置的回中数据）存入相应的地址中 调整输入数据，按 STORE 键后，遥控关机，退出维修模式

3.2 故障自检显示信息速查

由于总线彩电主控电路微处理器和被控电路之间采用双向信息传输，微处理器可根据被控电路的应答信号和总线系统的通信情况，对被控电路进行检查，当被控电路应答信号不正常或总线系统传输发生故障时，微处理器会做出被控电路发生故障的判断，并将检测结果存储到存储器中，并进行故障自检信息的显示，向用户和维修人员提供保护信息。常见的保护显示方式主要有两种：一种是 LED 发光二极管显示；另一种是通过屏幕显示故障自检信息，索尼、菲利普等机型还具有指示灯和屏幕的双重保护显示方式。

检修总线彩电时，可充分利用 I^2C 总线系统的自检信息显示功能，根据自检信息提供的线索，弄清楚自检信息的内容，对所提示的故障部位或故障电路进行检修，是 I^2C 总线彩电检修的一种特殊优惠条件。本篇搜集了进口彩电故障自检显示信息，供维修保护电路时参考。

3.2.1 松下数码、高清彩电故障自检显示

松下采用总线控制技术的系列彩电，总线系统检测到被控电路发生故障时，采取以屏显方式报告自检信息。

1. 松下 E1W 机心背投彩电故障自检显示

松下 E1W 机心背投彩电具有故障自检显示功能，故障自检显示的方法是：正常电视收看状态下，按遥控器上的“定时关机”键和背投控制面板上的“音量 -”键，即可进入故障自检状态。进入故障自检状态后，频道号码自动回到 1，屏幕上显示自检相关信息如图 3-1 所示，供维修时参考，屏幕上主要显示以下三种信息：

屏幕的左侧以代号方式显示自检信息。集成电路的代号代表的集成电路如下：NVM：存储器 IC1211，WG：德国立体声解码电路 IC2201，NI：NICAM 解码电路 IC2002，PIP：画中画处理电路，AV：AV/TV 转换电路 IC3001，EXD1：主画面彩色和伴音处理电路，EXD2：副画面耳机电路。集成电路后部显示自检结果，显示 OK 表示正常，显示 NG 表示不正常。

屏幕的下部以彩条的形式显示保护自检信息。显示黑色或黄色彩条表示电视机工作正常；显示其他颜色彩条，表示电视机曾经发生过电流、欠电压故障。

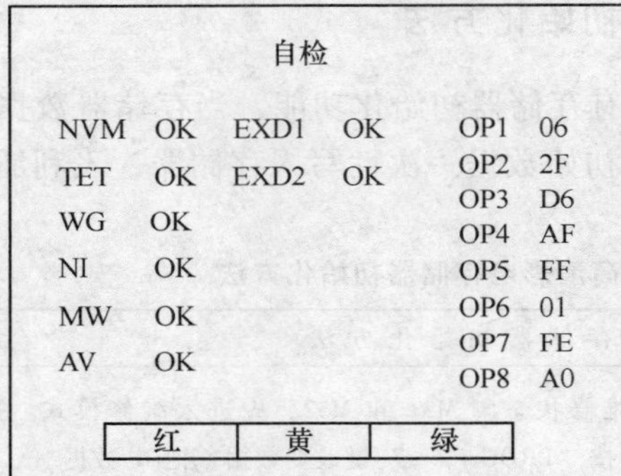

图 3-1 松下 E1W 机心自检显示

在故障自检状态下，按遥控器上的任意键即退出故障自检状态。

2. 松下 E2 机心背投彩电故障自检显示

松下 E2 机心背投彩电具有故障自检显示功能，故障自检显示的方法是：正常电视收看状态下，按遥控器上的“定时关机”键和背投控制面板上的“音量 -”键，即可进入故障自检状态。进入故障自检状态后，频道号码自动回到 1，屏幕上显示自检相关信息，供维修时参考，屏幕上显示的故障自检相关信息如图 3-2 所示，主要显示以下三种信息：

屏幕的左侧以代号方式显示自检信息。集成电路的代号代表的集成电路如下：

NVM：存储器 IC1211，WG：德国立体声解码电路 IC2102，NI：NICAM 解码电路 IC2001，PIP：画中画处理电路，AV：AV/TV 转换电路 IC3001，EXD1：主画面处理电路 IC1806，EXD2：副画面处理电路，IC1210，TNR1：主调谐器，TNR2：副调谐器。集成电路后部显示自检结果，显示 OK 表示正常，显示 NG 表示不正常。

屏幕的下部以彩条的形式显示保护自检信息。显示黑色或黄色彩条表示电视机工作正常；显示其他颜色彩条，表示电视机曾经发生过电流、欠电压故障。

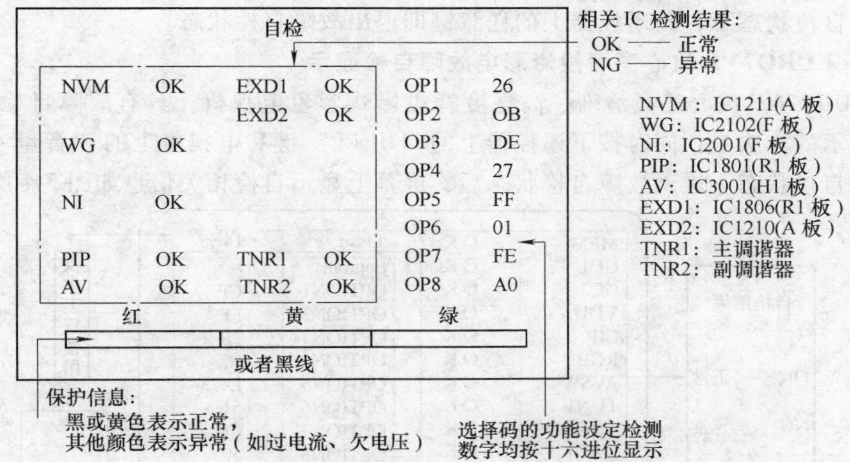

图 3-2 松下 E2 机心自检显示

在故障自检状态下，按遥控器上的任意键即退出故障自检状态。

3. 松下 E3 机心背投彩电故障自检显示

松下 E3 机心背投彩电具有故障自检显示功能，故障自检显示的方法是：正常电视收看状态下，按遥控器上的"定时关机"键和背投控制面板上的"音量－"键，即可进入故障自检状态。进入故障自检状态后，频道号码自动回到 1，屏幕上显示自检相关信息如图 3-3 所示，供维修时参考，屏幕上主要显示以下三种信息：

屏幕的左侧以代号方式显示自检信息。集成电路的代号代表的集成电路如下：NVM：存储器 IC1211，WG/NI：德国立体声和 NICAM 解码电路 IC2001，VCJ：主画面处理电路 IC601，PIP：画中画处理电路 IC1605，AV：AV/TV 转换电路 IC3001，VCJ2：副画面处理电路 IC0601，Y/C：梳状滤波器 Y/C 分离电路 IC5501，TNR1：主调谐器 TNR001，TNR2：副调谐器 TNR002。集成电路后部显示自检结果，显示"OK"表示正常，显示"NG"表示不正常。

屏幕的下部以彩条的形式显示保护自检信息。显示黑色或黄色彩条表示电视机工作正常；显示其他颜色彩条，表示电视机曾经发生过电流、欠电压故障。

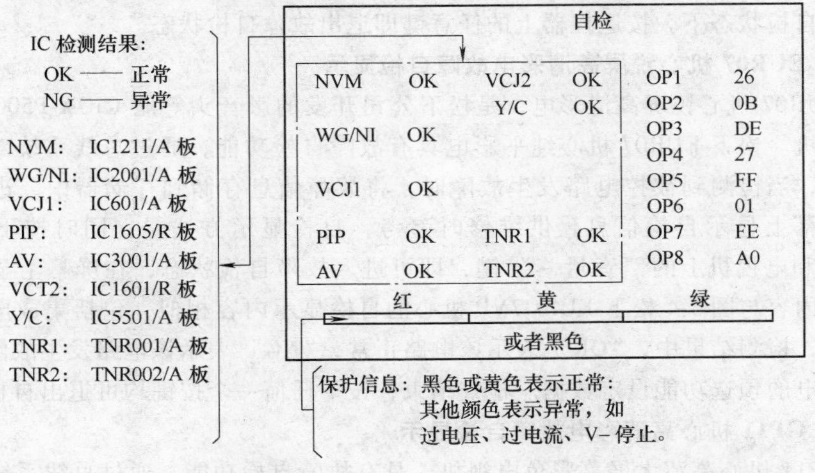

图 3-3 松下 E3 机心自检显示

在故障自检状态下，按遥控器上的任意键即退出故障自检状态。

4. 松下 EURO7VP 机心高清投影彩电故障自检显示

松下 EURO7VP 机心是高清晰、高亮度背投影式彩色电视机，具有故障自检显示功能，故障自检显示的方法是：同时按下遥控器上的“HELP”键和电视机上的“音量 -”键，即可进入故障自检状态。进入故障自检状态后，屏幕上显示自检相关信息如图 3-4 所示。

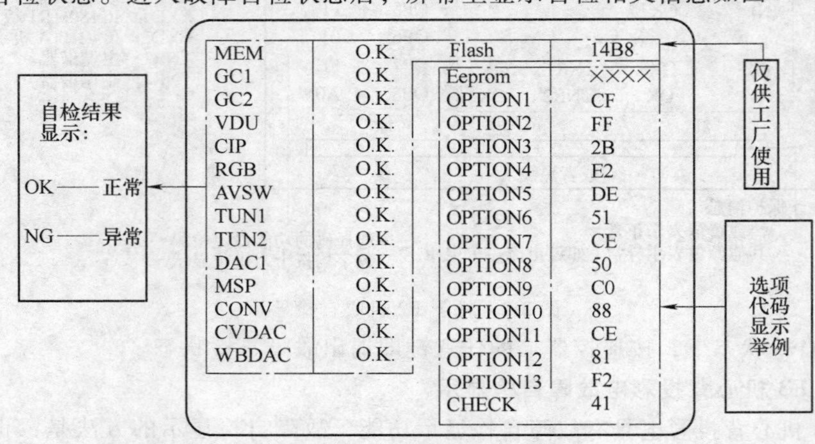

图 3-4 松下 EURO 7VP 机心自检显示

屏幕的左侧以代号方式显示自检信息。集成电路的代号代表的集成电路如下：MEM：IC1104 存储器（A 板），GC1：IC1301 主核心 IC（DG 板），GC2：IC1304 副核心 IC（DG 板），VDU：IC1305 视频处理（DG 板），CIP：IC1303 处理 CIP（DG 板），RGB：IC1315 处理 RGB（A 板），AVSW：IC3001AV/TV 开关（A 板），TUNI：TNR001 主调谐器（A 板），TUN2：TNR002 副调谐器（A 板），DAC1：IC1253 处理 DAC（A 板），MSP：IC2001 立体声解码（A 板）CONV：IC7107 汇聚 DAC（A 板），CVDAC：IC7121 汇聚 DAC 控制（A 板），WBDAC：IC7702 白平衡（A 板）。集成电路后部显示自检结果，显示“OK”表示正常，显示“NG”表示不正常，无该集成电路配置时也显示“—”。

屏幕的下部以彩条的形式显示保护自检信息。显示黑色或黄色彩条表示电视机工作正常；显示其他颜色彩条表示电视机发生过电流或电压失常故障。

在故障自检状态下，按遥控器上的任意键即退出故障自检状态。

5. 松下 EUR07 机心锐屏高清彩电故障自检显示

松下 EUR07 机心锐屏高清彩电，是松下公司开发的影音头等舱 GIGA-P500 锐屏系列新型彩色电视机。松下 EUR07 机心纯平彩电具有故障自检功能，通过总线系统对被控电路进行状态检测，当检测到被控电路发生故障时，将故障信息存储到存储器中，进入自检模式后，可在屏幕上显示自检信息，供维修时参考，自检显示方法是：同时按下遥控器上的“HELP”键和电视机上的“音量 -”键，即可进入故障自检状态，在屏幕上显示故障自检信息，显示内容与图 3-4 松下 EURO7VP 机心的自检显示内容相似，包括集成电路功能符号和检测结果，检测结果中，“OK”表示该电路正常，“NG”表示该电路发生故障。屏幕的右侧显示该彩电的预选功能设定数据。检查结束，按下任何一个按键均可退出自检模式。

6. 松下 GP11 机心高清彩电故障自检显示

松下 GP11 机心高清大屏幕彩色电视机，具有故障自检功能，通过总线系统对被控电路进行状态检测，当检测到被控电路发生故障时，将故障信息存储到存储器中，进入自检模式后，可在屏幕上显示自检信息，供维修时参考，其自检显示的方法是：正常电视收看状态下，按遥控器上的“定时关机”键和电视机控制面板上的“音量－”键，即可进入故障自检状态。

进入故障自检状态后，屏幕上显示自检相关信息如图 3-5 所示，屏幕的左侧以代号方式显示自检信息。集成电路的代号代表的集成电路如下：MEM：存储器（DG 板），AVSW2：AV/TV 开关 2（A 板），GC3FM：主核心 IC（DG 板），TUN1：TNR001 主调谐器（A 板），GC3FS：副核心 IC1（DG 板），TUN2：TNR002 副调谐器（A 板），GC31：副核心 IC2（DG 板），DAC1：D/AC 转换 1（A 板），EFC：75Hz 场频变换（A 板），DAC2：D/AC 转换 2（A 板），AVSW1：AV/TV 开关 1（A 板），MSP：立体声解调（A 板）。集成电路后部显示自检结果，显示“OK”表示正常，显示“NG”表示不正常，无该集成电路配置时也显示“—”。

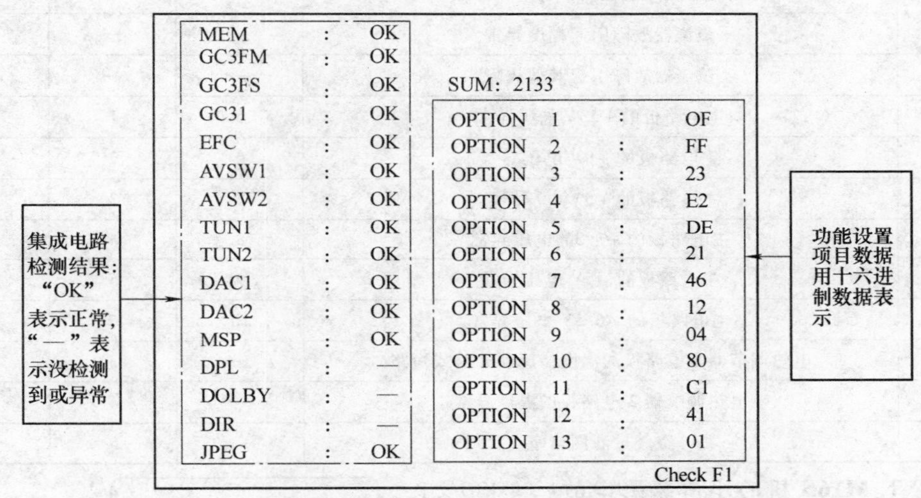

图 3-5　松下 GP11 机心自检显示

屏幕的下部以彩条的形式显示保护自检信息。显示黑色或黄色彩条表示电视机工作正常；显示其他颜色彩条表示电视机发生过电流或电压失常故障。

在故障自检状态下，按遥控器上的任意键即退出故障自检状态。

7. 松下 TC-50LC10D 液晶彩电故障自检显示

松下 TC-50LC10D 为松下公司开发生产的宽屏幕液晶彩色电视机。具有故障自检信息显示和总线系统的调整功能。通过总线系统对被控电路进行状态检测，当检测到被控电路发生故障时，投影管停止工作，以面板上的电源指示灯、温度指示灯、投影指示灯闪烁的方式显示故障信息，供维修时参考。各指示灯每 5s 内闪烁的次数代表的故障部位如表 3-1 所示，表中“—”表示不闪烁。当发生两个或多个故障时，面板上的指示灯按照表 3-7 所示交替闪烁。关闭电视机后，故障信息自动清除，不再显示。

8. 松下 M16M 机心大屏幕彩电故障自检显示

松下 M16M 机心总线系统具有故障自检功能，通过总线系统对被控电路进行状态检测，当检测到被控电路发生故障时，将故障信息存储到存储器中，进入自检模式后，可在屏幕上显示自检信息，供维修时参考，其自检显示的方法是：同时按遥控器上的“定时关机”键和电视机上的“音量－”键，即可进入故障自检状态，屏幕上显示自检结果如图 3-6 所示。

屏幕左侧显示的是对电路的检查结果，“OK”为正常，“—”为不正常；屏幕右侧显示电路设置选项码。

表 3-7 松下 TC-50LC10D 面板指示灯闪烁代表的故障部位

故障编号	故障部位	每5s内闪烁的次数		
		电源指示灯	温度指示灯	投影指示灯
1	冷却风扇1、2、3停止运行	1	—	—
2	投影管盖打开	2	—	—
3	电热调节器1电路板的温度传感器开路或短路	—	1	—
4	电热调节器1电路板的温度异常	—	2	—
5	镇流器故障引起投影管异常	—	—	1
6	镇流器故障引起投影管电压异常	—	—	2
7	镇流器故障引起幅度异常	—	—	3
8	镇流器故障引起其他故障	—	—	4
9	主电路板的+33V电压异常	5	1	1
10	主电路板的+9V电压异常	6	2	2
11	主电路板的+5V电压异常	7	3	3
12	主电路板的+3.3V电压异常	8	4	4
13	主电路板的-5V电压异常	9	5	5
14	主电路板的+6.5V电压异常	10	6	6
15	电热调节器2电路板的温度传感器开路或短路	—	3	—
16	电热调节器2电路板的温度异常	—	4	—
17	空气过滤网堵塞	—	5	—

9. 松下 M16S 机心小屏幕彩电故障自检显示

松下 M16S 机心总线系统具有故障自检功能，通过总线系统对被控电路进行状态检测，当检测到被控电路发生故障时，将故障信息存储到存储器中，进入自检模式后，可在屏幕上显示自检信息，供维修时参考，其自检显示的方法是：同时按遥控器上的“定时关机”键和电视机上的“音量-”键，即可进入故障自检状态，屏幕上显示自检结果与图3-6的 M16M 机心相似。屏幕左侧显示的是对电路的检查结果，“OK”为正常，“—”为不正常；屏幕右侧显示电路设置选项码。

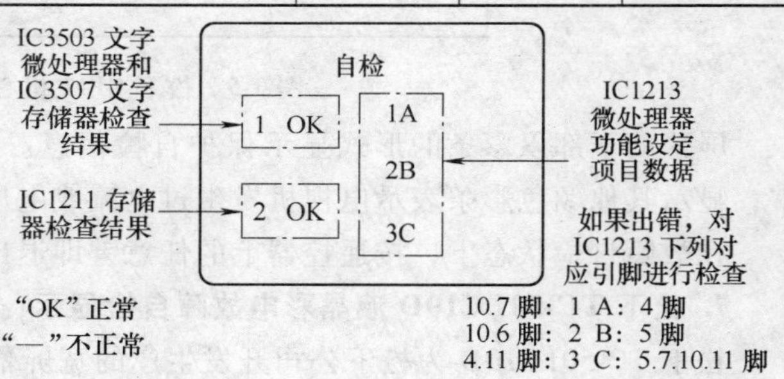

图 3-6 松下 M16M 机心自检显示

10. 松下 M16MV3 机心大屏幕彩电故障自检显示

松下 M16MV3 机心总线系统具有故障自检功能，通过总线系统对被控电路进行状态检测，当检测到被控电路发生故障时，将故障信息存储到存储器中，进入自检模式后，可在屏幕上显示自检信息，供维修时参考，其自检显示的方法是：同时按遥控器上的“定时关机”键和电视机上的“音量-”键，即可进入故障自检状态，屏幕上显示自检结果如图3-7所示。屏幕左侧显示的是对电路的检查结果，“OK”为正常，“—”为不正常；屏幕右侧显示电路设置选项码。

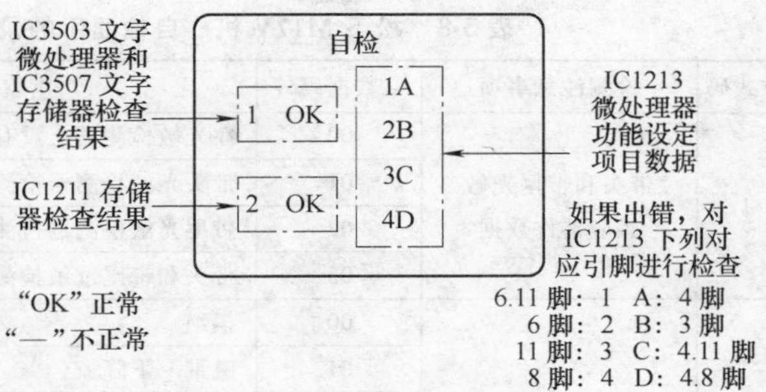

图 3-7 松下 M16MV3 机心自检显示

11. 松下 M17 机心大屏幕彩电故障自检显示

松下 M17 机心总线系统具有故障自检功能，通过总线系统对被控电路进行状态检测，当检测到被控电路发生故障时，将故障信息存储到存储器中，进入自检模式后，可在屏幕上显示自检信息，供维修时参考，其自检显示的方法是：同时按遥控器上的“定时关机”键和电视机上的“音量－”键，即可进入故障自检状态，屏幕上显示自检结果如图 3-8 所示。屏幕左侧显示的是对电路的检查结果，“OK”为正常，“—”为不正常；屏幕右侧显示电路设置选项码。

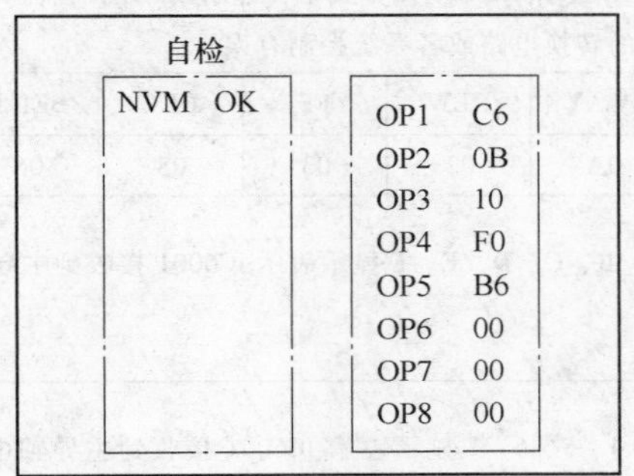

图 3-8 松下 M17 机心自检显示

按任何键，便可退出自检状态。

12. 松下 M17V 机心录像机彩电故障自检显示

松下 M17V 机心总线系统具有故障自检功能，通过总线系统对被控电路进行状态检测，当检测到被控电路发生故障时，将故障信息存储到存储器中，进入自检模式后，可在屏幕上显示自检信息，供维修时参考，其自检显示的方法是：先将音量减小到 0，再同时按遥控器上的“定时关机”键和电视机上的“音量－”键，即可进入故障自检状态，屏幕上显示自检结果如图 3-9 所示。屏幕左侧显示的是对电路的检查结果，“OK”为正常，“—”为不正常；屏幕右侧显示功能设置选项数据，屏幕的下部显示录像机维修信息，用数字形式表示，按遥控器上的“向下方向”键，可依次查看其他维修信息，其录像机维修方式码对应的内容见表 3-8 所示，维修信息码代表的内容见表 3-9 所示。

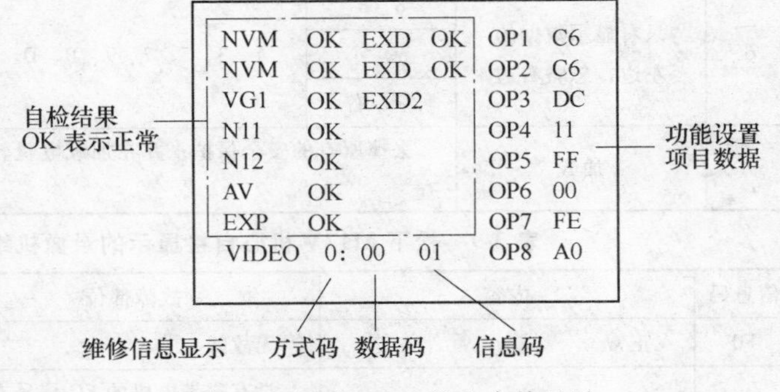

图 3-9 松下 M17V 机心自检显示

按任何“数字”键，便可退出自检状态。

表 3-8　松下 M17V 机心自检显示的录像机维修方式码对应的内容

<table>
<tr><th>方式码</th><th>检测注意事项</th><th>数据码</th><th colspan="7">显示内容说明</th></tr>
<tr><td rowspan="4">1</td><td rowspan="4">带头和带尾光敏感应器件数据</td><td>00</td><td colspan="7">在光敏检测器上没有检测到光</td></tr>
<tr><td>01</td><td colspan="7">带头光敏检测器检测到磁带的开头位置</td></tr>
<tr><td>02</td><td colspan="7">带尾光敏检测器检测到磁带的结束位置</td></tr>
<tr><td>03</td><td colspan="7">带头和带尾过敏检测器都检测到光</td></tr>
<tr><td rowspan="8">2</td><td rowspan="8">机械位置数据</td><td>00</td><td colspan="7">拒绝</td></tr>
<tr><td>01</td><td colspan="7">磁带－下降</td></tr>
<tr><td>02</td><td colspan="7">REVIEW</td></tr>
<tr><td>03</td><td colspan="7">MID 在加载的尾部</td></tr>
<tr><td>04</td><td colspan="7">PLAY、REC、STILL/PAUSE、CUE、FND、SLOW、STOP3</td></tr>
<tr><td>05</td><td colspan="7">STOP2</td></tr>
<tr><td>06</td><td colspan="7">FF、REW</td></tr>
<tr><td>07</td><td colspan="7">中间位置</td></tr>
<tr><td>3</td><td>机械运转完成前可忽略显示的数据</td><td>00 或 4A</td><td colspan="7">除了在 CUE 或者 REV 工作方式下，显示 4A 外，任何为 00 的显示都说明工作方式的转换电路或者系统控制有误</td></tr>
<tr><td rowspan="2">4</td><td rowspan="2">在操作按健按下时显示相关信息</td><td>按健</td><td>STOP</td><td>PLAY</td><td>REW</td><td>FF</td><td>REC</td><td>SEILL</td><td>STOP</td></tr>
<tr><td>显示</td><td>00</td><td>0A</td><td>02</td><td>03</td><td>08</td><td>06</td><td>01</td></tr>
<tr><td rowspan="3">5</td><td>只看显示数据的左边，忽略右边</td><td>8 8
↑ ↑
左 右</td><td colspan="7">8、9、A、B、C、D、E、F 显示表示 IC6001 接收到主导轴电机的 PLAY 指令</td></tr>
<tr><td>只看显示数据的右边，忽略左边</td><td>8 8
↑ ↑
左 右</td><td colspan="7">1、2、3、4、5、6、7 显示表示 IC6001 接收到主导轴电机的 CUE、FF 指令</td></tr>
<tr><td>只看显示数据的右边，忽略左边</td><td>8 8
↑ ↑
左 右</td><td colspan="7">8、9、A、B、C、D、E、F 显示表示 IC6001 接收到主导轴电机的 REW 指令</td></tr>
<tr><td>6</td><td>只看显示数据的左边，忽略右边</td><td>8 8
↑ ↑
左 右</td><td colspan="7">1、3、5、7、9、B、D、F 显示表示 IC6001 接收到磁鼓电机的 ON 指令</td></tr>
<tr><td>7</td><td>加载</td><td colspan="8">去掉所有的安全保护，并在加载电机转动的情况下，对加载相位和加载位置进行检查</td></tr>
</table>

表 3-9　松下 M17V 机心自检显示的录像机维修信息码代表的内容

<table>
<tr><th>信息码</th><th>内容</th><th>故障部位</th><th>检查位置</th></tr>
<tr><td>F0</td><td>正常</td><td>无故障</td><td>不需检查</td></tr>
<tr><td>F1</td><td>磁鼓电机不转</td><td>没有磁带电机的 FG 信号或者没有磁鼓电机的启动信号</td><td>IC6001 的 92、74 脚电压和信号</td></tr>
<tr><td>F2</td><td>主导轴电机不转</td><td>在快进、导带或者重放/录像时，主导轴电机不转</td><td rowspan="2">IC6001 的 57、91、110 脚的电压，57 脚电压对应反转、停止、正转状态时的电压为：5V、2V、0V。91 脚正常时的工作电压为 2.6V 左右。110 脚电压反转状态电压为 5V</td></tr>
<tr><td>F5</td><td>在卸载时主导轴电机不转</td><td>在卸载时主导轴电机不转</td></tr>
</table>

（续）

信息码	内容	故障部位	检查位置
F3	加载电机不转	除了 F4 或者 F6 工作方式	IC2201 的 2 脚在加载、卸载、停止状态电压为：8V 或 12V、0V、0V
F4	不能加载	在卸载期间，加载电机不转	
F6	不能弹出磁带	在弹出磁带时，加载电机不转	IC2201 的 2 脚在加载、卸载、停止状态电压为：0V、6.8V 或 12V、0V

13. 松下 M17W 机心宽屏幕彩电故障自检显示

松下 M17W 机心总线系统具有故障自检功能，通过总线系统对被控电路进行状态检测，当检测到被控电路发生故障时，将故障信息存储到存储器中，进入自检模式后，可在屏幕上显示自检信息，供维修时参考，其自检显示的方法是：电视机正常收视状态下。同时按压电视机操作面板上的“音量 -”键和遥控器上的“定时关机”键，电视机进入自检状态。进入自检状态后，屏幕的显示自检结果如图 3-10 所示。

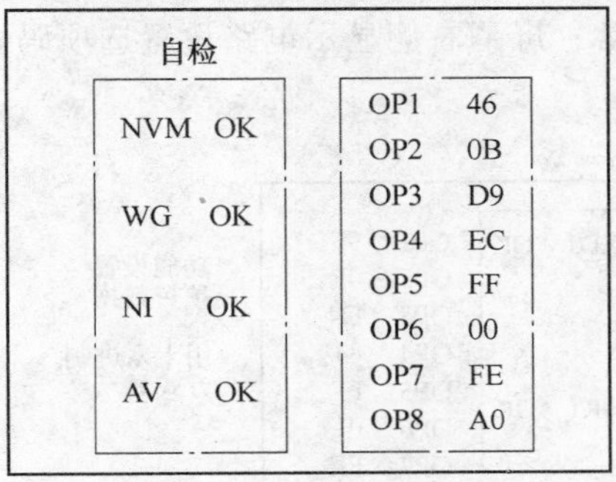

自检

NVM　OK
WG　OK
NI　OK
AV　OK

OP1　46
OP2　0B
OP3　D9
OP4　EC
OP5　FF
OP6　00
OP7　FE
OP8　A0

显示说明：
左边点画线框内显示受控 IC 检测结果
NVM：存储器　　WG：德国立体声
NI：NICAM 解码　　AV：AV/TV 切换
检测结果　OK：正常，—：失常
右侧点画线框内显示十六进制设置数据
机型不同，设置数据不同

图 3-10　松下 M17W 机心自检显示

屏幕左侧显示的是对电路的检查结果，“OK”为正常，“—”为不正常；屏幕右侧显示功能设置选项数据。当进入自检状态后，屏幕显示“NVM OK”，其意思为存储器正常。但当存储器出现故障，造成每次都要用遥控器上的“遥控关机”键（或电视机上的“频道 +/-”键）启动机器。若在此时进入自检状态，屏幕仍会显示“NVM OK”字符。所以该项目仅仅只能作为一种参考，如果一味地坚持“NVM OK”就认为存储器一定正常，那么在维修时就有可能走弯路。

在自检状态下，按压任意键可退出自检模式。

14. 松下 M18 机心大屏幕彩电故障自检显示

松下 M18 机心总线系统具有故障自检功能，通过总线系统对被控电路进行状态检测，当检测到被控电路发生故障时，将故障信息存储到存储器中，进入自检模式后，可在屏幕上显示自检信息，供维修时参考，其自检显示的方法是：同时按遥控器上的“定时关机”键和电视机上的“音量 -”键，即可进入故障自检状态，屏幕上显示自检结果如图 3-11 所示。屏幕左侧显示的是对电路的检查结果，“OK”为正常，“—”为不正常；屏幕右侧显示电路设置选项码。

按任何键，便可退出自检状态。

15. 松下 M18M 机心画王系列彩电故障自检显示

松下 M18M 机心总线系统具有故障自检功能，通过总线系统对被控电路进行状态检测，当检测到被控电路发生故障时，将故障信息存储到存储器中，进入自检模式后，可在屏幕上

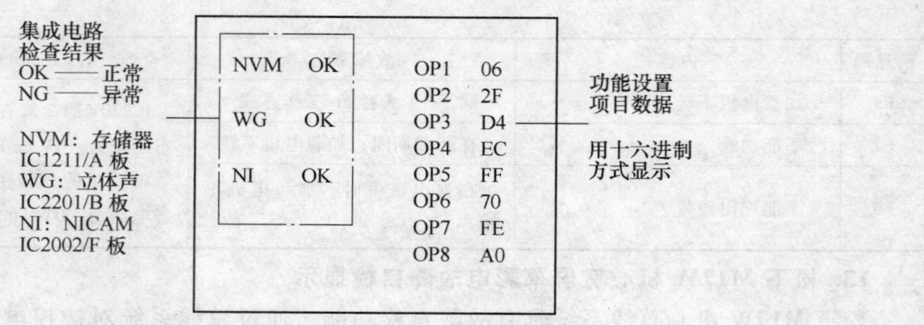

图 3-11 松下 M18 机心自检显示

显示自检信息，供维修时参考，其自检显示的方法是：同时按遥控器上的“定时关机”键和电视机上的“音量 -”键，即可进入故障自检状态，屏幕上显示自检结果，普通机型的自检显示如图 3-12 所示，画中画机型的自检显示如图 3-13 所示。屏幕左侧显示的是对电路的检查结果，“OK”为正常，“—”为不正常；屏幕右侧显示电路设置选项码。

按任何键，便可退出自检状态。

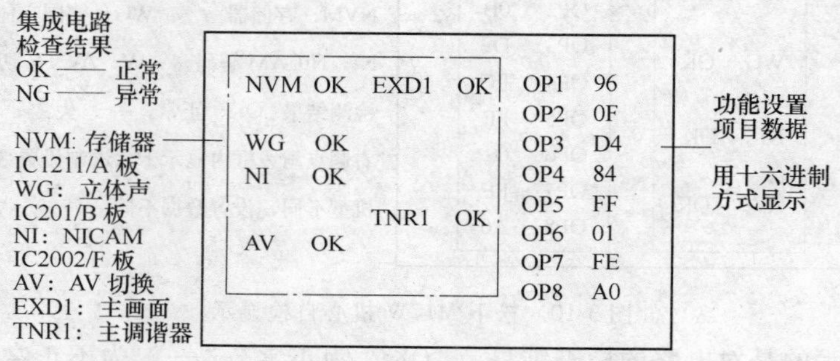

图 3-12 松下 M18M 机心自检显示

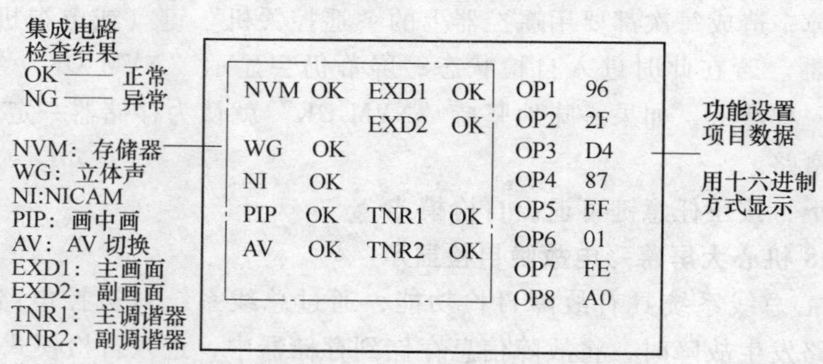

图 3-13 松下 M18M 机心画中画机型自检显示

16. 松下 M18W 机心宽屏幕画中画彩电故障自检显示

松下 M18W 机心总线系统具有故障自检功能，通过总线系统对被控电路进行状态检测，当检测到被控电路发生故障时，将故障信息存储到存储器中，进入自检模式后，可在屏幕上显示自检信息，供维修时参考，其自检显示的方法是：电视机正常收视状态下。同时按压电视机操作面板上的“音量 -”键和遥控器上的“定时关机”键，电视机进入自检状态。进入自检状态后，屏幕的显示自检结果，频道显示为 1，且屏幕自动切换到 4:3 方式。

当进入自检状态后，屏幕显示故障自检结果如图 3-14 所示，屏幕的左侧显示集成电路代号：NVM 代表存储器；WG 代表德国立体声；NI 代表丽音解码器；PIP 代表画中画处理集成电路；AV 代表 AV 切换开关集成块；EXD1 代表副画面的彩色和伴音制式；EXD2 代表副耳机信号放大处理集成电路；集成电路后面是自检结果：字符显示“OK”代表正常，若字符显示“NG”代表该部分电路不正常。底部显示线的信息为：红线代表电压不正常，黄线为关机，绿线为保持，黑线代表工作正常。

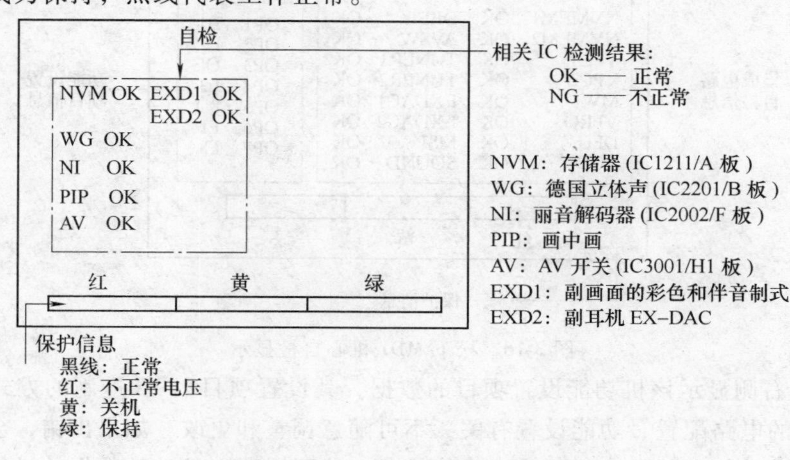

图 3-14　松下 M18W 机心自检显示

在自检状态下，按压任意键可退出自检模式。

17. 松下 M19 机心画中画彩电故障自检显示

松下 M19 机心总线系统具有故障自检功能，通过总线系统对被控电路进行状态检测，当检测到被控电路发生故障时，将故障信息存储到存储器中，进入自检模式后，可在屏幕上显示自检信息，供维修时参考，其自检显示的方法是：同时按遥控器上的“定时开关”键和电视机上的“音量 -”键，电视机便进入自检状态。自检结果显示在屏幕上，见图 3-15 所示，频道号码自动回到 1。屏幕的左侧显示集成电路代号，集成电路后面是自检结果：字符显示“OK”代表正常，若字符显示“NG”代表该部分电路不正常。底部显示线的信息为：黑色和黄色表示正常，其他颜色表示异常，电视机曾经发生过电流、过电压故障。

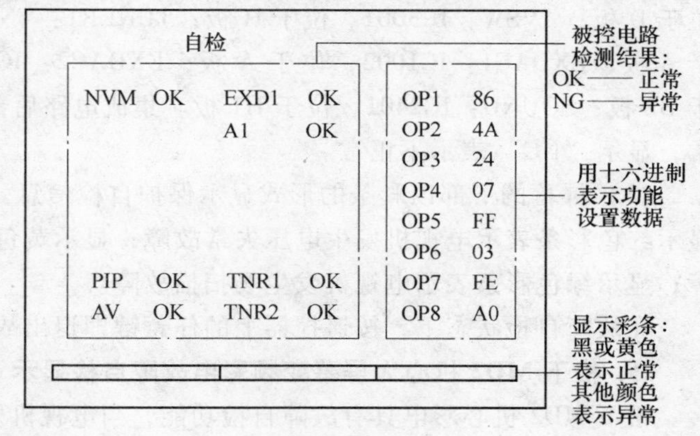

图 3-15　松下 M19 机心自检显示

按电视机或遥控器上的任何键，便可退出自检状态。

18. 松下 MD1 机心双视窗彩电故障自检显示

松下 MD1 机心彩电具有故障自检功能，当电视机发生故障时，如果屏幕显示功能正常，可进入故障自检状态，在屏幕上显示故障自检信息，供维修时参考，其进入故障自检显示状态的方法：正常电视收看状态下，按遥控器上的“定时关机”键和电视机控制面板上的“音量 -”键，即可进入故障自检状态。进入故障自检状态后，频道号码自动回到 1，并自动进入 4:3 扫描状态。屏幕上显示自检相关信息，如图 3-16 所示，供维修时参考，屏幕上主要显示以下三种信息：

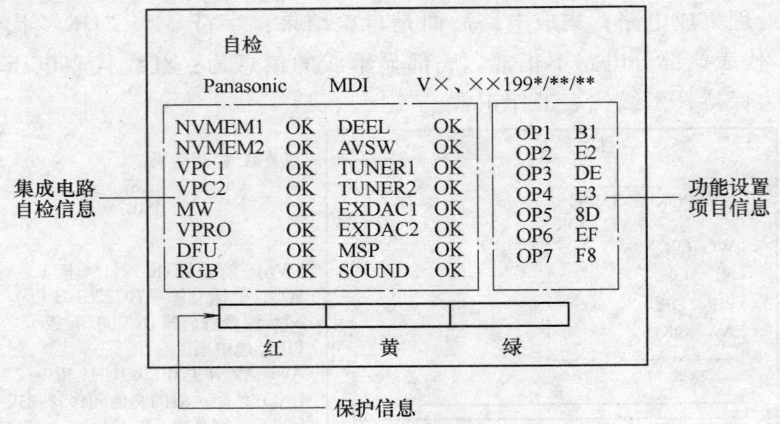

图 3-16 松下 MD1 机心自检显示

（1）屏幕右侧显示该机功能设置项目的数据，其设置项目以 16 进制的方式显示设置数据，与电视机的电路配置、功能设置有关，不可随意调整和更改。如果出错，会引起电视机功能丢失或引发其他奇特故障，需进入维修模式，按照屏幕上显示的数据，进行恢复。

（2）屏幕的左侧以代号方式显示自检信息。集成电路的代号代表的集成电路如下：NVMEM1：MEMORY1 IC，位于 M 板；NVMEM2：MEMORY2 IC，位于 M 板；VPC1：IC1312，位于 DG 板；VPC2：IC1311，位于 DG 板；MW：IC1309，位于 DG 板；V. PRO：IC1305，位于 DG 板；DFU：IC1314，位于 DG 板；RGB：IC603，位于 A 板；DEFL：IC401，位于 D 板；AVSW：IC3001，位于 H 板；TUNER1：TNR1，位于 A 板；TUNER2：TNR2，位于 A 板；EXDAC1：IC1002，位于 A 板；EXDAC2：IC1001，位于 A 板；MSP：IC2001，位于 B2 板；SOUND：IC2401，位于 H1 板。集成电路后部显示自检结果，显示“OK”表示正常，显示“NG”表示不正常。

（3）屏幕的下部以彩条的形式显示保护自检信息。显示黑色彩条表示电视机工作正常；显示红色彩条表示电视机发生电压失常故障；显示黄色彩条表示电视机发生过电流、过载故障；显示绿色彩条表示电视机发生场扫描故障。

在故障自检状态下，按遥控器上的任意键即退出故障自检状态。

19. 松下 MD2 机心大屏幕变频彩电故障自检显示

松下 MD2 机心彩电具有故障自检功能，当电视机发生故障时，如果屏幕显示功能正常，可进入故障自检状态，在屏幕上显示故障自检信息，供维修时参考，其进入故障自检显示状态的方法是：正常电视收看状态下，按遥控器上的“定时关机”键和电视机控制面板上的“音量 -”键，即可进入故障自检状态。进入故障自检状态后，屏幕上显示自检相关信息，如图 3-17 所示，供维修时参考，屏幕上主要显示以下三种信息：

（1）屏幕右侧显示该机功能设置项目的数据，其设置项目以 16 进制的方式显示设置数据，与电视机的电路配置、功能设置有关，不可随意调整和更改。如果出错，会引起电视机功能丢失或引发其他奇特故障，需进入维修模式，按照屏幕上显示的数据，进行恢复。

（2）屏幕的左侧以代号方式显示自检信息，集成电路后部显示自检结果，显示“OK”表示正常，显示“NG”表示不正常。

（3）屏幕的下部以彩条的形式显示保护自检信息。显示黑色或黄色彩条表示电视机工作正常；显示其他颜色彩条表示电视机发生过电流或电压失常故障。

在故障自检状态下，按遥控器上的任意键即退出故障自检状态。

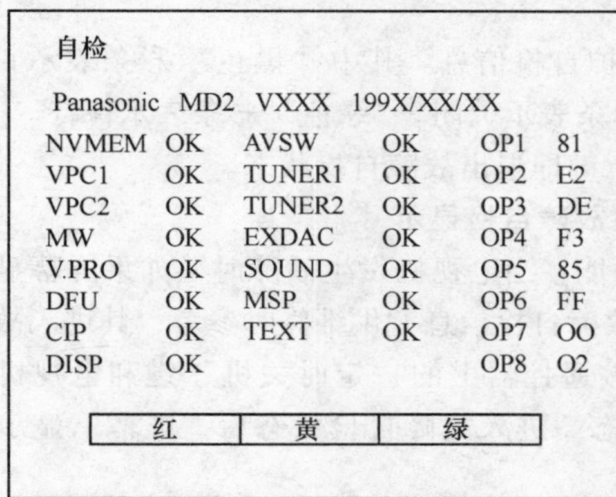

显示说明：

左侧显示集成电路检测结果
NVMEM：IC1002 VPC1：IC1301
VPC2：IC1302 MW：IC1304
V.PRO：IC1307 DFU：IC1308
CIP：IC1306 DISP：IC1309
AVSW：IC3001 TUNER1：主调谐器
TUNER2：副调谐器 EXDAC：IC1001
SOUND：IC2401 MSP：IC2001
TEXT：IC3501
检测结果：
OK——正常 NG——失常

下部以彩条显示保护信息
黑色和黄色：正常
其他颜色：过电流、过电压失常

右部显示十六进制设置数据

图 3-17 松下 MD2 机心自检显示

20. 松下 MD2L 机心锐屏画中画彩电

松下 MD2L 机心画中画彩电，具有故障自检功能，通过总线系统对被控电路进行状态检测，当检测到被控电路发生故障时，将故障信息存储到存储器中，进入自检模式后，可在屏幕上显示自检信息，供维修时参考，其进入故障自检显示状态的方法是：正常电视收看状态下，同时按下遥控器上的“定时关机”（OFF TIMER）键和电视机上的“音量 -”键，即可进入故障自检状态，进入故障自检状态后，电视机自动切换到全屏幕显示状态，并将频道置于 1 频道位置，在屏幕上显示如图 3-18 所示的故障自检信息，频道号码自动回到 1，屏幕上主要显示以下三种信息：

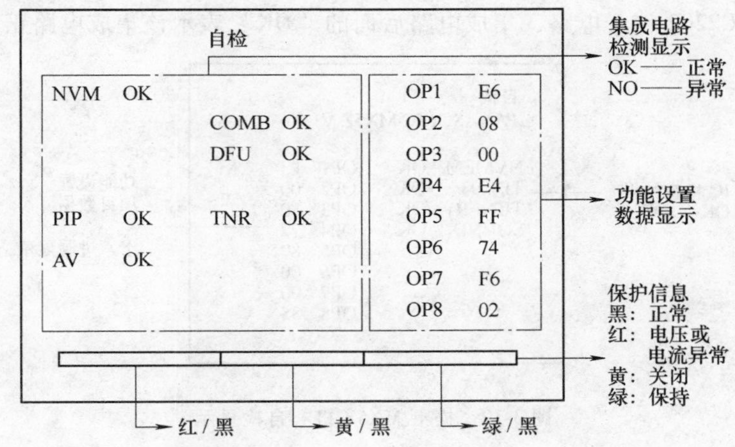

图 3-18 松下 MD2L 机心自检显示

（1）屏幕右侧显示该机功能设置项目的数据，该数据按 16 进制显示，与电视机的电路配置、功能设置有关，不可随意调整和更改。如果出错，会引起电视机功能丢失或引发其他奇特故障，需进入维修模式，按照屏幕上显示的数据，进行恢复。

（2）屏幕的左侧以代号方式显示自检信息。集成电路的代号代表的集成电路如下：

NVM：存储器 IC1211（TVRJ234），COMB：数字梳状滤波器 IC5501（MN82361），PIP：画中画处理电路 IC1605（MN8232A），DFU：图像数字处理 IC1301（FL1003），TNR：调谐器，AV：AV/TV 切换 IC3001（CXA2069Q）。集成电路后部显示自检结果，显示“OK”表示正常，显示“NG”表示不正常。

（3）屏幕的下部以彩条的形式显示保护自检信息。其中“黑色”彩条表示正常，“红色”彩条表示电压或电流异常，“黄色”彩条表示关闭，“绿色”彩条表示保持。

在故障自检状态下，按遥控器上的任意键即退出故障自检状态。

21. 松下 MD3AN 机心大屏幕变频彩电故障自检显示

松下 MD3AN 机心彩电具有故障自检功能，当电视机发生故障时，如果屏幕显示功能正常，可进入故障自检状态，在屏幕上显示故障自检信息，供维修时参考，其进入故障自检显示状态的方法是：正常电视收看状态下，按遥控器上的“定时关机”键和电视机控制面板上的“音量 -”键，即可进入故障自检状态。进入故障自检状态后，屏幕上显示自检相关信息，屏幕上主要显示以下信息：

屏幕最上部显示的“JH9-000”是微处理器零件号，TIME 后部为开机时间，显示的“POWER：111”代表电源保护电路的动作次数，显示 00 表示无保护动作；显示“BUS CONT：CXA2189Q（90H）”，说明检测到 CXA2189Q 发生故障，如果显示“OK”代表总线系统功能正常；显示“BLOCK UV V1 V2 V3 V4 V5 PC BM”是功能电路的符号，显示符号字符为绿色表示工作正常，显示的字符为红色时，说明该字符代表的电路发生故障。

22. 松下 MX5Z 机心超级单片彩电故障自检显示

松下 MX5Z 机心超级单片彩电具有故障自检显示功能，按电视机上的“音量 -”键，同时按遥控器上的“定时关机”键，即可进入自检模式，屏幕上显示自检结果如图 3-19 所示：屏幕右侧显示模式选项 OPT1 ~ OPT8 的设置数据，屏幕左侧显示被检测的集成电路名称和自检结果：NVMEM 为 IC1103 存储器，TDA93 为 IC601 的 UOC，TUNER1 为 TNR001 调谐器，SOUND 为 IC2202 伴音电路，集成电路后面的“OK”表示该集成电路正常。

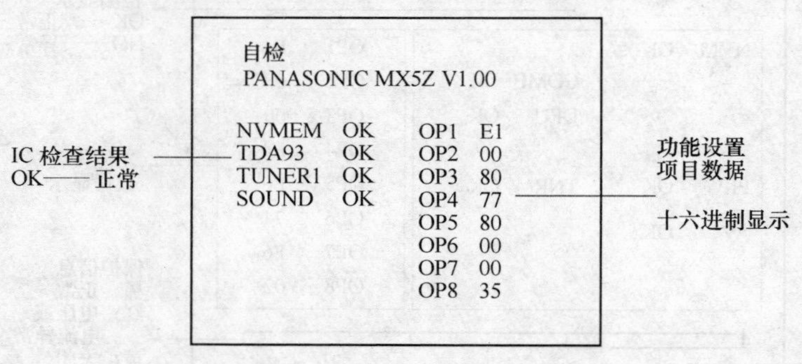

图 3-19 松下 MX5Z 机心自检显示

3.2.2 东芝数码、高清彩电故障自检显示

东芝采用总线控制技术的系列彩电，总线系统检测到被控电路发生故障时，采取指示灯闪烁的方式提示该机发生故障，一般当电源指示灯以 0.5s 的间隔闪烁时，表示保护电路动作，当电源指示灯以 1s 的间隔闪烁时，表示总线电路故障。可以正常开机时，还以屏幕显示的方式报告自检信息的。

1. 东芝 F2DB 机心大屏幕彩电故障自检显示

东芝 F2DB 机心具有故障自检显示功能。要进入屏幕自检显示，必须先进入维修模式，然后再进入屏幕自检显示。进入维修模式的方法是：同时按住遥控器上的“F”键和“AV”键，接着依次按遥控器上的数字键“1、0、4、8”，屏幕的右上方显示绿色的“M”字符，表示已经进入维修模式。在维修模式下，同时按遥控器上的“F”和数字键“4”，即可故障自检状态，F2DB 机心屏幕上显示如附图 3-20 所示的自检信息，以绿色背景字符显示的电路单元表示正常，以红色背景字符显示的单元电路表示不正常，以黄色背景字符显示的单元电路表示该电路在本机型上没采用。F91SB、F3SS 机心屏幕显示与其相似。

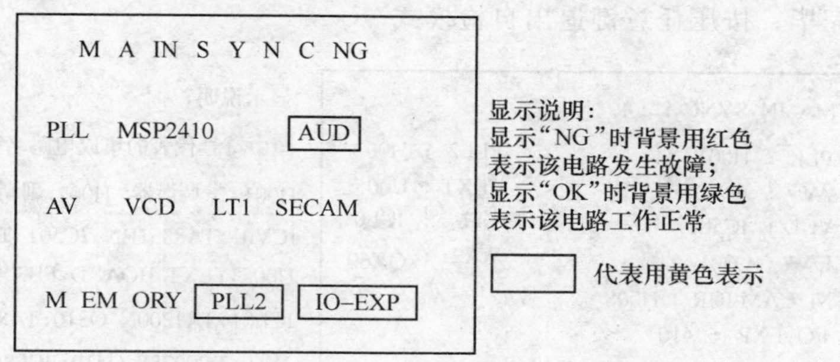

图 3-20 东芝 F2DB 机心故障自检显示

2. 东芝 F3SS 机心画中画彩电故障自检显示

东芝 F3SS 机心画中画彩电具有故障自检显示功能，需先进入维修模式，方能显示自检信息，方法是：在电视机正常收视状态下，同时按遥控器上的“F”键和“AV 切换”控制键，接着依次按遥控器上的数字键“1、0、4、8”，屏幕右上角出现绿色的字符“M”，表示已进入维修模式。在维修模式下，同时按遥控器上的“F”键和数字“4”键，则进入故障自检状态，屏幕上显示自检信息如图 3-21。

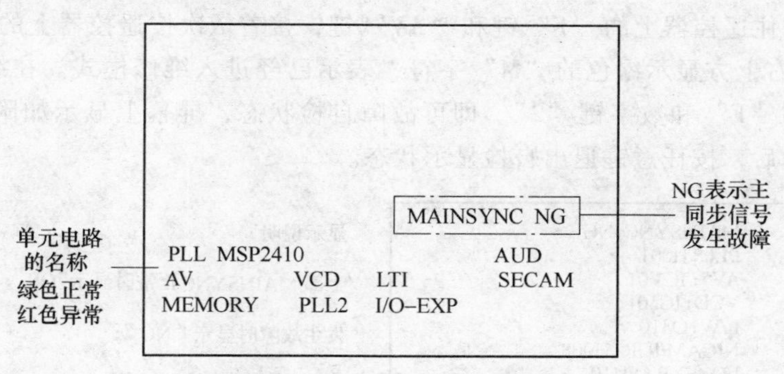

图 3-21 东芝 F3SS 机心自检显示

图中用英文显示单元电路的名称，字符的颜色为绿色，表示该电路正常，字符的颜色为红色表示该电路发生故障，字符的颜色为黄色，表示该电路没有使用；MAIN SYNC 主同步信号的显示，如果单元后面显示“NG”，则表示该同步发生故障。查阅信息完毕，按压任意键退出自检模式。

同时按遥控器上的“F”键和“CALL”键，进入自动循环检测状态，对总线上的集成电路进行自动循环检查。

3. 东芝 F3SS 机心宽屏幕彩电故障自检显示

东芝 F3SS 机心宽屏幕彩电具有故障自检显示功能。需先进入维修模式，方能显示自检信息，方法是：在电视机正常收视状态下，同时按遥控器上的“F”键和“AV 切换”控制键，接着依次按遥控器上的数字键“1、0、4、8”，屏幕右上角出现绿色的字符“M”，表示已进入维修模式。在维修模式下，同时按遥控器上的“F”和数字键“4”，即可故障自检状态，显示如附图 3-22 所示的自检信息。

以绿色背景字符显示的电路单元表示正常，以红色背景字符显示的单元电路表示不正常，以黄色背景字符显示的单元电路表示该电路在本机型上没采用。

查阅信息完毕，按压任意键退出自检模式。

```
MA IN SYNC : OK
PLL  : H001                  PLL2  : H002
AV   : ICV01                 TEXT : U005
VCD : IC501                  LT1   : ICL01
E/W : Q301                   WA2   : QX60
NI CAM/IGR : H008
I/O–EXP  : 410
SECAM: ICM01    XRAY  : 00
M EM ORY: ICA07   LVP  : 00
```

显示说明：

图中符号代表的集成电路名称

H001：主调谐器　H002：副调谐器

ICV01：TA8851BN　IC501：TA8857N

U005：TEXT BOARD FB3017

ICL01：TA1200N　Q310：TA8859P

QX60：TC9078F　Q410：PCF858574AP

ICM01：TA8765N　ICA07：NM24C08N

图 3-22　东芝 F3SS 机心宽屏彩电自检显示

4. 东芝 F3SSR 机心宽屏幕画中画彩电故障自检显示

东芝 F3SSR 机心，代表机型：28DW4UE、28DW4UC、32DW4UH、32DW4UE、32DW4UH、32DEW4UC 等，具有故障自检显示功能。

进入屏幕自检显示，必须先进入维修模式，然后再进入屏幕自检显示。进入维修模式的方法是：同时按住遥控器上的“F”键和“AV”键，接着依次按遥控器上的数字键“1、0、4、8”，屏幕的右上方显示绿色的“M”字符，表示已经进入维修模式。在维修模式下，同时按遥控器上的“F”和数字键“2”，即可故障自检状态，屏幕上显示如附图 3-23 所示的自检信息，显示后，按任意键退出自检显示状态。

```
MAINSYNC:NG
PLL:H001
AV  :ICV01
VCD:IC501
E/W:Q310
NICAM/IGR:H008
I/O–EXP:Q410
SECAM:ICM01      XRAY:08
MEMORY:ICA07   LVP  :00
COMPS:           SUB :QY60
EXP2:IC604       EXP3:QP44
```

显示说明：

上部 MAINSYNC 正常时显示“OK”；

发生故障时显示“NG”；

功能电路正常时用绿色显示；

发生故障时用红色显示

图 3-23　东芝 F3SSR 机心自检显示

屏幕上部“MAINSYNC”为主同步信号检查，之后显示“NG”时表示不正常，显示“OK”时表示正常；下部为功能电路检测结果，功能电路不正常时字符用红色表示，功能电路正常时字符用绿色表示。字符代表的功能电路如下：

H001 代表主调谐器，ICV01 代表 TA8851BN，IC501 代表 TA885TN，Q301 代表 TA8859P，H008 代表 IGR 和 NICAM 解码电路，Q401 代表 PCF8574AP，ICM01 代表 TA8765N，ICA07 代表 NM24C08N 等；具有画中画等复杂功能的机型，自检显示时还有：H002 代表副调谐器，U005 代表 TEXT BOARD PB3017，ICL01 代表 TA1200N 等。

在自检状态下，按压任意键可退出自检模式。

5. 东芝 F5SS 机心画中画或背投彩电故障自检显示

东芝 F5SS 机心具有故障自检显示功能，进入屏幕自检显示，必须先进入维修模式，然后再进入屏幕自检显示。方法是：在正常工作状态下，按遥控器上的“静音”键一次，然后同时按遥控器上的“静音”键和电视机上的“MENU”键，右上角显示“S”字符，表示已经进入维修模式。在维修模式下，按压遥控器上的数字键“9”，即可进入自检状态。进入自检状态后的屏幕显示自检结果，如图 3-24 所示，其显示的内容如下：

自检
NO.23905293
POWER:00
BUS LINE:OK
BUS CONT:OK
BLOCK: UV V1 V2
QV01 QV015

显示说明：
NO.23905293 微处理器号
POW ER:00 保护代号 0:正常，非0:失常
BUS LINE:OK 总线情况 OK:正常，
SDA1–GND:SDA与地短路
SCL1–GND:SCL与地短路
SCL1–SDA1:SCL与SDA短路
BUS CONT:OK 总线控制状况 OK:正常，
QXXX NG:该件失常
BLOCK:UV V1 V2 接收状态 UV:电视，
V1:视频1，V2:视频2

图 3-24 东芝 F5SS 机心自检显示

上部显示的“NO. 23905 * * *”代表微处理器 QA01 的零件号，显示的“POWER: 0”代表保护电路动作的次数，若该项目不为 0 而是为其他数字，说明保护电路有动作，机器有故障。当保护电路检测指示不为 0 时，可以按压遥控器上的“CALL”键和电视机操作面板上的“频道 -”键，可以消除保护电路检测指示，使其变为 0。

显示的“BUSLINE：OK”代表总线功能正常，当该项目显示“SDA1-GND”代表 SDA 对地短接；当项目显示“SCL1-GND”代表 SCL 对地短接；“SCL1-SDAI”代表 SCL 与 SDA 线短接。

“BUS CONT：OK”代表总线控制的相关电路工作正常，当该项目显示“Q000 NG”，说明该编号的元件可能损坏。“Q000”代表某一零件编号。

“BLOCK：UV、V1、V2”意味电视接收视频输入 1、2。当该项目为绿色显示时，说明调谐中放、TV/AV 转换电路工作正常；当该项目为红色显示时，说明微处理器判别无视频信号，故障可能在 QVO1 及视频输入的相关电路上。

调整完毕，遥控关机即可退出自检和调整模式。

6. 东芝 F5DW 机心宽屏幕背投彩电故障自检显示

东芝 F5DW 机心具有故障自检显示功能，在屏幕上显示自检信息，供维修人员参考。进入屏幕自检显示，必须先进入维修模式，然后再进入屏幕自检显示。方法是：在正常工作状态下，按遥控器上的“静音”键一次，然后同时按遥控器上的“静音”键和电视机上的“MENU”键，右上角显示“S”字符，表示已经进入维修模式。进入调整模式后，按遥控器上的数字键“9”，电视机进入故障自检模式。屏幕显示自检内容如图 3-25 所示。

自检	显示说明：
	SELF CHE CK
SN 2390××××	SN 2390××××　微处理器号
TIME:000001	TIME:000001　开机次数
POWER:000	POWER:000　过电流保护次数
SUB LINE:OK	SUB LINE:OK 总线OK:正常;NG:失常
BUS CONT:OK	BUS CONT:OK被控电路 OK:正常;NG:失常
ITT BUS:OK	ITT BUS:OK　ITT 电路OK:正常;NG:失常
SYNC:UV1 UV2 V1 V2 V3	SYNC:UV1 UV2 V1 V2 V3　绿色:正常
BLOCK:A/VSW Y/C W/D Q501	BLOCK:A/VSW Y/C W/D Q501

图 3-25　东芝 F5DW 机心自检显示

屏幕最上部显示微处理器的软件版本和开机的次数，下部显示的“POWER 0”代表电源保护电路的动作次数，显示“000”表示无保护动作；“BUS LINE OK”代表总线系统功能正常，当显示 SDA1-GND 时表示 SDA 数据线对地短路，显示“SCL1-GND”时表示 SCL 时钟线对地短路，显示“SCL1-SDA1”时，表示 SCL 时钟线与 SDA 数据线短路；“BUS CONT OK”时表示总线系统被控电路正常，当显示“Q00 NG”时，表示该编号元件发生故障；ITT BUS 后面显示“OK”表示该电路正常，显示“NG”表示该电路异常；显示“SYNC UV1 UV2 V1 V2”字符为绿色，表示电视接收 1/电视接收 2/视频输入 1 和视频输入 2 工作正常，显示的“SYNC UV1 UV2 V1 V2”字符为红色时，说明该字符代表的电路发生故障，显示 BLOCK A/VSW Y/C W/D Q501 的字符为绿色，表示 AV/TV 切换、Y/C 输入、W/D 切换和 Q501 工作正常，显示红色表示该电路发生故障。

当显示的保护检测指示不为 0 时，查看自检显示后，可以按压遥控器上的“CALL”键和电视机控制面板上的“频道 -”键，可以清除保护检测数据，使其变为 0。

7. 东芝 F7SS 机心画中画彩电故障自检显示

东芝 F7SS 机心画中画彩电具有故障自检显示功能，需先进入维修模式，方能显示故障自检信息，方法是：在电视机正常收视状态下，先按遥控器上的“静音”键 1 次，屏幕上显示静音符号；再按“静音”键 1 次，屏幕上的静音符号消失，保持按住“静音”键不放，同时按电视机面板上的“MENU”键，即可进入维修调整“S”模式，屏幕右上角显示“S”字符。在维修调整“S”模式下，同时按遥控器上的“CALL”键和电视机面板上的“MENU”键，电视机进入工厂功能设定“D”模式。屏幕右上角显示“D”字符。在调整模式下，按遥控器上的数字键“9”，便进入故障自检显示模式。屏幕上显示自检结果，供维修人员参考。

屏幕最上部显示的“2390＊＊＊”是微处理器的软件版本，因机型设置而不同；下部显示的“POWER 00”代表电源保护电路的动作次数，显示“00”表示无保护动作；显示的“BUS LINE OK”代表总线系统功能正常，当显示“SDA1-GND”时表示 SDA 数据线对地短路，显示“SCL1-GND”时表示 SCL 时钟线对地短路，显示“SCL1-SDA1”时，表示 SCL 时钟线与 SDA 数据线短路；显示的“BUS CONT OK”时表示总线系统被控电路正常，当显示“Q＊＊ NG”时，表示该编号元件发生故障；显示“BLOCK UV V1 V2 QA01 QA01S”表示电视接/视频输入 1/视频输入 2/信号处理电路检测结果，字符为绿色表示正常，字符为红色时说明该字符代表的电路发生故障。

如果因字符电路发生故障，无法显示自检信息时，电视机以电源指示灯闪烁的方式，显示自检信息，当电源指示灯以 0.5s 间隔闪烁时，表示保护电路动作；当电源指示灯以 1s 的间隔闪烁时，表示总线电路发生故障。

8. 东芝 F8LP 机心液晶式背投彩电故障自检显示

东芝 F8LP 机心液晶投影电视机，具有故障自检显示功能，需首先进入维修模式，方能调出自检信息。方法是：在正常工作状态下，按遥控器上的“静音”键一次，然后同时按遥控器上的“静音”键和电视机上的“MENU”键，右上角显示“S”字符，表示已经进入维修模式。在维修模式下，同时按遥控器上的数字键“9”，即可故障自检状态，屏幕上显示如图 3-26 所示的自检信息。

屏幕最上部显示微处理器的软件版本、开机的次数和灯泡的工作时间及其更换率，下部显示的“BUS LINE OK”代表总线系统功能正常，当显示“SDA1-GND”时表示 SDA 数据线对地短路，显示“SCL1-GND”时表示 SCL 时钟线对地短路，显示“SCL1-SDA1”时，表示 SCL 时钟线与 SDA 数据线短路；显示的“BUS CONT OK”时表示总线系统被控电路正常，当显示“Q00 NG”时，表示该编号元件发生故障；显示的“BLOCK UV V1 V2”代表电视接收/视频输入 1 和视频输入 2 检测结果，字符为绿色表示工作正常，字符为红色时说明该字符代表的电路发生故障。

SELF CHECK

2390XXXX
TIME :000000
LAMP :0000 00
SUB LINE : OK
BUS CONT: OK
BLOCK :UV V1 V2 QV01

显示说明：

2390XXXX	微处理器号
TIME：000000	开机时间
LAMP：0000 00	灯泡工作时间和更换率
SUB LINE：OK	总线状态 OK：正常，NG：失常
BUS CONT：OK	控制电路 OK：正常，NG：失常
BLOCK：UV V1 V2 QV01	接收状况 绿色：正常，红色：失常

图 3-26 东芝 F8LP 机心自检显示

9. 东芝 F91SB 机心大屏幕彩电故障自检显示

东芝 F91SB 机心具有故障自检显示功能。要进入屏幕自检显示，必须先进入维修模式，然后再进入屏幕自检显示。方法是：同时按住遥控器上的“F”键和“AV”键，接着依次按遥控器上的数字键 1、0、4、8，屏幕的右上方显示绿色的“M”字符，表示已经进入维修模式。在维修模式下，同时按遥控器上的“F”和数字键“4”，即可故障自检状态，屏幕上显示自检信息。

其显示的信息与图 3-20 的东芝 F2DB 机心故障自检显示内容相似，以绿色背景字符显示的电路单元表示正常，以红色背景字符显示的单元电路表示不正常，以黄色背景字符显示的单元电路表示该电路在本机型上没采用。

10. 东芝 C5SS2 机心大屏幕彩电

东芝 C5SS2 机心大屏幕彩电具有故障自检显示功能。要进入屏幕自检显示，必须先进入维修模式，然后再进入屏幕自检显示。方法是：在电视机正常收视状态下，按遥控器上的“静音”键 1 次，屏幕上显示静音符号，接着同时按遥控器上的“静音”键和电视机面板上的“MENU”键，即可进入维修调整“S”模式，屏幕右上角显示“S”字符。在维修模式下，同时按遥控器上的“CALL”键和电视机面板上的“MENU”键，电视机进入工厂设计“D”模式。屏幕右上角显示“D”字符。在维修模式下，按遥控器上的数字键“9”，便进入故障自检显示模式。屏幕上显示自检结果，供维修人员参考。

屏幕最上部显示微处理器的软件版本，显示的“POWER 0”代表电源保护电路的动作次数，显示“0”表示无保护动作；“BUSLINE OK”代表总线系统功能正常，当显示“SDA1-GND”时表示SDA数据线对地短路，显示“SCL1-GND”时表示SCL时钟线对地短路，显示“SCL1-SDA1”时，表示SCL时钟线与SDA数据线短路；“BUS CONT OK”时表示总线系统被控电路正常，当显示“Q00 NG”时，表示该编号元件发生故障；显示“BLOCK UV V1 V2”字符为绿色，表示电视接收/视频输入1和视频输入2工作正常，显示的“BLOCK UV V1 V2”字符为红色时，说明该字符代表的电路发生故障。

当显示的保护检测指示不为“0”时，查看自检显示后，可以按压遥控器上的“CALL”键和电视机控制面板上的“频道－”键，可以清除保护检测数据，使其变为0。

11. 东芝D1SS机心大屏幕彩电

东芝D1SS机心大屏幕彩电具有故障自检显示功能。要进入屏幕自检显示，必须先进入维修模式，然后再进入屏幕自检显示。方法是：在电视机正常收视状态下，按遥控器上的“静音”键1次，接着同时按遥控器上的“静音”键和电视机上的“MENU”键，即可进入维修调整“S”模式，屏幕右上角显示“S”字符。在维修模式下，同时按遥控器上的“静音”键（或者“CALL”键）和电视机上的“MENU”键，电视机进入工厂设计“D”模式。屏幕右上角显示“D”字符。在维修模式下，按遥控器上的数字键“9”，便进入故障自检显示模式，对总线系统的被控电路工作状态进行检测，将检测结果显示到屏幕上，如图3-27所示，供维修人员参考。

屏幕最上部显示QA01的软件版本，显示的“POWER 00”代表电源保护电路的动作次数，显示“00”表示无保护动作；显示“BUS LINE OK”代表总线系统功能正常，当显示“SDA1-GND”时表示SDA数据线对地短路，显示“SCL1-GND”时表示SCL时钟线对地短路，显示“SCL1-SDA1”时，表示SCL时钟线与SDA数据线短路；显示的“BUS CONT OK”时表示总线系统被控电路正常，当显示“Q00 NG”时，表示该编号元件发生故障；显示“BLOCK UV V1 V2 QV1 QV01”是功能电路的符号，显示符号字符为绿色，表示电视接收/视频输入1/视频输入2和QV1/QV01工作正常，显示的字符为红色时，说明该字符代表的电路发生故障。

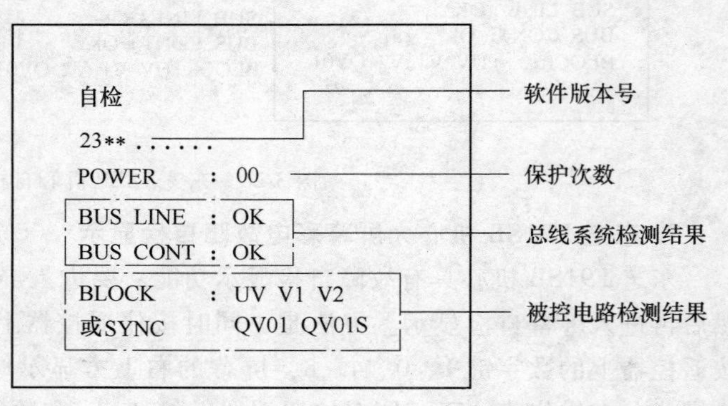

图3-27 东芝D1SS机心自检显示

当显示的保护检测指示不为0时，查看自检显示后，可以按压遥控器上的“字符显示”（CALL）键和电视机控制面板上的“频道－”（CHANNEL－）键，可以清除保护检测数据，使其变为0。

12. 东芝S6E机心总线彩电故障自检显示

东芝S6E机心背投彩电，有两种故障显示方式，一是通过屏幕显示自检信息；二是通过指示灯闪烁的方式显示自检信息。屏幕显示的自检信息，需先进入维修模式，方能显示自检信息，方法是：在电视机正常收视状态下，按遥控器上的“静音”键1次，屏幕上显示静音符号，再按“静音”键屏幕上的静音符号消失，保持按住“静音”键不放，同时电视机上的“MENU菜单”键，即可进入维修调整“S”模式，屏幕右上角显示“S”字符。在维修模式下，同时按遥控器上的“CALL”键和电视机上的“MENU”键，电视机进入工厂设计“D”模式。屏幕右上角显示“D”字符。维修模式下，按遥控器上的数字“9”键，便进入故障自检显示模式，对总线系统的被控电路工作状态进行检测，将检测结果显示到屏幕上，如图3-28所示，供维修人员参考。

屏幕最上部显示的“2390＊＊＊＊”是微处理器QA01的零件号，显示的“POWER：00”代表电源保护电路的动作次数，显示“00”表示无保护动作，显示“BUS LINE：OK”代表总线系统功能正常，若显示“SDA1-GND”时表示SDA数据线对地短路，显示“SCL1-GND”时表示SCL时钟线对地短路，显示“SCL1-SDA1”时，表示SCL时钟线与SDA数据线短路；显示的“BUS CONT OK”时表示总线系统被控电路正常，当显示“Q00 NG”时，表示该编号元件发生故障，显示“BLOCK UV V1 V2 QV1 QV01”是功能电路的符号，显示符号字符为绿色，表示电视接收/视频输入1/视频输入2和QV1/QV01工作正常，显示符号字符为红色时，说明该字符代表的电路发生故障。

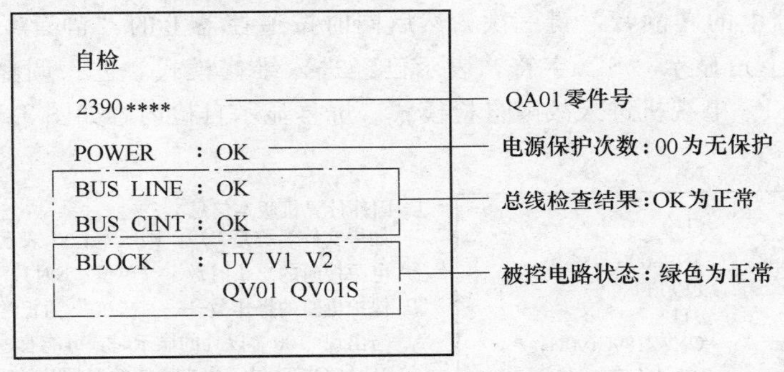

图3-28 东芝S6E机心自检显示

当显示的保护检测指示不为0时，查看自检显示后，可以按压遥控器上的“字符显示”（CALL）键和电视机控制面板上的“频道－”（CHANNEL－）键，可以清除保护检测数据，使其变为0。

13. 东芝C00P和S6PJ机心背投彩电故障自检显示

东芝C00P和S6PJ机心背投彩电，可通过屏幕显示的自检信息，需先进入维修模式，方能显示自检信息，方法是：在电视机正常收视状态下，按遥控器上的“静音”键1次，屏幕上显示静音符号，保持按住“静音”键不放，同时电视机上的“MENU”键，即可进入维修调整“S”模式，屏幕右上角显示“S”字符。维修模式下，按遥控器上的数字“9”键，便进入故障自检显示模式，对总线系统的被控电路工作状态进行检测，将检测结果显示到屏幕上，S6PJ机心背投彩电自检屏显如图3-29所示，C00P机心与其基本相同，供维修人员参考。

屏幕最上部显示的“2390＊＊＊＊”是微处理器QA01的零件号，TIME后部为开机时间，显示的“POWER：00”代表电源保护电路的动作次数，显示“00”表示无保护动作；显示“BUS CONT：OK”代表总线系统功能正常，显示“BLOCK UV V1 V2 V3”是功能电路的符号，显示符号字符为绿色表示工作正常，显示符号字符为红色时，说明该字符代表的

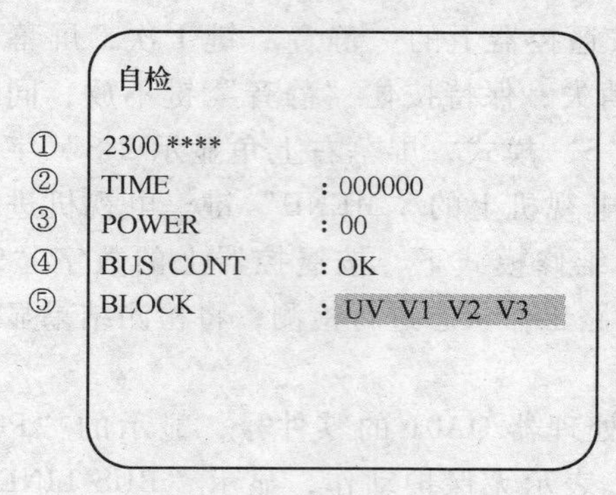

① 计算机的部件号(QA01)
② 电源接通的总小时数。(单位:小时)
③ 保护电路的操作数——"00"为正常。
当出现"00"以外的显示时,可能有过电流,
电流部件可能被损坏。
④ BUS CONT——"OK"为正常。
当显示"Q 0000(绿色:OK,红色:NG)"时,
该号码的装置可能被损坏。
⑤ BLOCK 接收模式 UV V1 V2 V3
绿色: 正常
红色:无视频信号的判断。在信号输入时,
一直显示红色,则故障在于包括QV01
的输入信号线上。

图 3-29 东芝 S6PJ 机心自检显示

电路发生故障。

14. 东芝 JH9UC 机心高清彩电故障自检显示

东芝 JH9UC 机心具有故障自检显示功能,在屏幕上显示自检信息,供维修人员参考。进入屏幕自检显示,必须先进入维修模式,然后再进入屏幕自检显示。方法是:在正常工作状态下,按遥控器上的"静音"键一次,然后同时按遥控器上的"静音"键和电视机上的"MENU"键,右上角显示"S"字符,表示已经进入维修模式。进入调整模式后,按遥控器上的数字键"9",电视机进入故障自检模式。屏幕显示自检内容如图 3-30 所示。

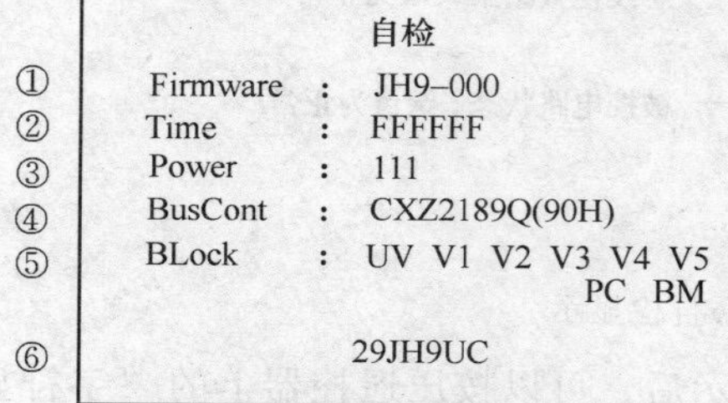

① 固件计算机版本信息
如果文件名称是 JH9,则版本1.00 表示[JH9_100]。
② 电源接通的总小时数。(单位:小时)
③ 保护电路的操作数—— "00"为正常。
当出现"00"以外的显示时,可能有过电流部件损坏
④ BUS CONT:显示出半导体的型号时,该半导体有故障
显示"OK"时表示正常状态。
⑤ BLOCK接收模式 UV V1 V2 V3 V4 V5 PC BM
绿色字符表示正常,红色表示发生故障

图 3-30 东芝 JH9UC 机心自检显示

屏幕最上部显示微处理器的软件版本和开机的次数,下部显示的"POWER 111"代表电源保护电路的动作次数,显示"000"表示无保护动作,"BUS CONT"表示总线系统被控电路状态,当显示集成电路型号时,表示该编号元件发生故障;显示"OK"表示电路正常;BLOCK 显示"UV V1 V2 V3 V4 V5 PC BM"为信号输入电路,字符为绿色,表示输入工作正常,字符为红色时,说明该字符代表的电路发生故障。

15. 东芝其他机心故障自检显示

东芝其他机心也具有故障自检显示功能。已知具有屏幕自检显示功能的机心有:东芝 F0DS 机心,F9DS 机心,F8SS 机心,F9SS 机心,S3ES 机心、S5E 机心、S5ES 机心、S5S 机心、S6SS 机心,S7E 机心,S7ES 机心,S7S 机心,S8ES 机心,S8S 机心,C7SS 机心,C8SS 机心,D7E 机心,D7ES 机心,D7SS 机心,D8SS 机心,N6/N9 等系列彩电。

上述机心要进入屏幕自检显示,必须先进入维修模式,然后再进入屏幕自检显示。不过上述机心进入维修模式的方法相同:在电视机能正常开机时,按遥控器上的"静音键"1

次，接着同时按遥控器上的“静音键”和电视机上的“MENU”键，即可进入维修模式。多数机心进入维修模式后，按下遥控器上的数字“9”键，便可进入屏幕自检显示状态。屏幕上显示自检信息，其显示方式与上述东芝彩电的显示方式基本相同。

3.2.3 索尼数码、高清彩电故障自检显示

索尼采用总线控制技术的系列彩电，当总线系统检测到故障时，就会进入保护状态，当总线系统发生故障时，往往还伴有继电器的“嗒嗒”吸合声，同时采用指示灯闪烁的方式报告故障信息。指示灯闪烁的次数表示发生故障的电路和部位，如果两个以上集成电路同时出现故障，则首先显示闪烁次数小的电路。当电视机能够正常开机后，有的机型还具有屏幕自检显示功能，按照该机的密码，依次按遥控器上的几个按键，即可进入故障自检显示状态。检修时，应索取该机的有关资料，弄清楚指示灯闪烁和屏幕自检显示的内容，有针对性地进行维修。

1. 索尼 BG-1L 机心画中画彩电故障自检显示

索尼 BG-1L 机心具有故障自检显示功能，通过总线系统对被控电路进行状态检测，当总线上的集成电路发生故障时，采用指示灯闪烁方式显示故障电路，其指示灯显示的故障代码见表 3-10。

表 3-10 索尼 BG-1L 机心指示灯闪烁次数表示的故障位置

指示灯闪烁次数	1	2	3	6
故障电路	E^2PROM 存储器 IC003	TVAV 开关 IC1201 （CXA1855S）	IC104 （CXA2050S）	环绕声处理电路 IC206 （TDA8424）

2. 索尼 BG-1S 机心总线彩电故障自检显示

索尼 BG-1S 机心具有故障自检显示功能，通过总线系统对被控电路进行状态检测，当总线上的集成电路发生故障时，采用指示灯闪烁方式显示故障电路，其指示灯显示的故障代码见表 3-11。

表 3-11 索尼 BG-1S 机心指示灯闪烁次数表示的故障位置

指示灯闪烁次数	1	3	6
故障电路	E^2PROM 存储器 IC003 （CAT24C04P）	主亮度/色度电路 IC300 （TDA8375A）	音频处理电路 IC201 （TDA8424）

3. 索尼 BG-2S 机心总线彩电故障自检显示

索尼 BG-2S 机心具有故障自检显示功能，通过总线系统对被控电路进行状态检测，当总线上的集成电路发生故障时，采用指示灯闪烁方式显示故障电路，其指示灯显示的故障代码见表 3-12。

表 3-12 索尼 BG-2S 机心指示灯闪烁次数表示的故障位置

指示灯闪烁次数	1	3	6
故障电路	E^2PROM 存储器 IC003 （CAP08522A）	主亮度/色度电路 IC300 （TDA8375A）	音频处理电路 IC201 （TDA7438）

4. 索尼 BG-3S 机心画中画彩电故障自检显示

索尼 BG-3S 机心具有故障自检显示功能，通过总线系统对被控电路进行状态检测，当总线上的集成电路发生故障时，采用指示灯闪烁和屏幕自检显示两种方式显示故障电路，其指示灯显示和屏幕显示的故障代码见表 3-13。不能开机时，可参考指示灯显示的故障信息。

当电视机可以启动工作时，可通过屏幕自检显示获取故障信息，方法是：首先让电视机处于待机状态，接着顺序按压遥控器上的“DISPLAY”、“5”、“音量 –”、“POWER”键，进入故障自检显示模式，屏幕上显示如附图 3-31 所示的故障自检信息。要清除故障自诊断显示记录，在故障自检显示状态下，按遥控器上的“8”、“0”键；要退出自检显示状态，按“POWER”键进入待机状态或关掉主电源开关均可。

自诊断

002： 000
003： 000
004： 000
005： 001

101： 000

显示说明：

检测项目：检测结果

号码“0”表示没有检测到故障；

号码“1”表示已经检测到故障

图 3-31 索尼 BG-3S 机心自检显示

表 3-13 索尼 BG-3S 机心指示灯闪烁和屏幕显示的故障位置

电源指示灯闪烁次数	诊断项目	屏幕显示代码	可能发生的部位
不亮	电源没有接通	*	1. 电源线没有接上 2. F4601 保险丝熔断
闪烁 2 次	+B 过电流、+B 过电压、场扫描、行扫描	002：000 或 002：001 ~ 255 003：000 或 003：001 ~ 255 004：000 或 004：001 ~ 255	1. 行输出管 Q511 短路 2. IC701 故障 3. IC50 故障 4. –13V 电压未提供
闪烁 5 次	ABL 电路	005：000 或 005：001 ~ 255	1. 显像管故障 2. 视频输出 IC701 故障 3. IC301 故障 4. A 板与 C 板接触不良 5. G2 调整不当
不闪烁	微处理器复位	101：000 或 101：001 ~ 255	1. 显像管放电 2. 静电放电 3. 外部噪声

5. 索尼 G3F 机心画中画彩电故障自检显示

索尼 G3F 机心具有故障自检显示的功能，当总线上的集成电路发生故障时，微处理器通过总线系统，接收不到故障电路正确的应答信号，判断该集成电路发生故障。采用指示灯闪烁显示故障电路，发光二极管按点亮 60ms、熄灭 600ms 的规律闪烁，其指示灯闪烁次数代表的故障电路见表 3-14。

表 3-14　索尼 G3F 机心指示灯闪烁次数表示的故障位置

指示灯闪烁次数	1	2	3
故障电路	存储器 IC001（CXP8402/85224A）	TVAV 开关 IC201（CXA1545AS）	主亮度/色度电路 IC301（TDA9154）
指示灯闪烁次数	4	5	6
故障电路	RGB 开关与行扫描 IC304（CXA1587S）	数字偏转电路 IC561（CXD2018Q）	环绕声处理电路 IC202（TA8776N）

6. 索尼 AG-3 机心画中画彩电故障自检显示

索尼 AG-3 机心总线系统具有故障自检功能，通过总线系统对被控电路进行状态检测，当检测到被控电路发生故障时，将故障信息存储到存储器中，对有故障的集成电路以指示灯闪烁和屏幕自检显示两种方式显示故障电路，其指示灯显示和屏幕显示的故障代码见表 3-15。不能开机时，可参考指示灯显示的故障信息。具有屏幕显示功能时，可提供屏幕显示自检信息，其进入和退出屏幕自检显示、清除自检记录的方法与 BG-3S 机心相同。

表 3-15　索尼 AG-3 机心指示灯闪烁和屏幕显示的故障位置

诊断项目	指示灯闪烁次数	屏幕自检显示	故障部位	故障现象
电源未接通	不亮		F1601 熔断器断或电源未接上	三无
音频电路	7	007：000 或 007：001～255	IC1203 \ IC1204 故障	无伴音
微处理器复位	*	101：000 或 101：001～255	显像管放电或静电放电 外部噪声干扰	自动关机 然后开机
+B 过电流（OCP）	2	002：000 或 002：001～255	行输出管 Q6807 行线性校正 Q6810	无光栅 无垂直扫描 场幅度过小 高压过高或 无光栅
+B 过电压（OVP）	3	003：000 或 003：001～255	PH6002 故障 10.5V 无输出（D 板）	
场扫描	4	004：000 或 004：001～255	IC6800 故障 D6818 \ D6817 \ D6824 \ D6852 \ D6851 故障	
行扫描	6	106：000 或 106：001～255	C6831 开路	
ABL 电路	5	005：000 或 005：001～255	显像管故障或 G2 调整不当 视频输出 IC9001 \ IC9002 \ IC9003 \ IC4301 故障	无光栅 光栅过亮

7. 索尼 ES 机心背投彩电故障自检显示

索尼背投 ES 机心，代表机型：贵祥 KP-ES43MG、KP-ES48MG、KP-ES61MG 系列背投彩电。采用指示灯闪烁方式显示故障电路，其指示灯显示和屏幕显示的故障代码见表 3-16。

表 3-16 索尼 ES 机心背投彩电红色指示灯故障自检信息

指示灯闪烁次数	保护原因	指示灯闪烁次数	保护原因
2	+B135V 过电流保护	5	行输出过电压保护
3	+B135V 过电压保护	6	行偏转异常保护
4	场偏转异常保护	7	音频功放异常保护

3.2.4 夏普数码、高清彩电故障自检显示

夏普 SS-1、SP-42M、SP-71、SP-90 机心采用总线控制技术，当总线系统检测到被控电路发生故障时，采取保护措施，同时采用指示灯闪烁的方式报告自检信息。

1. 夏普 SS-1 机心总线彩电故障自检显示

夏普 SS-1 机心具有故障自检显示功能，通过总线系统对被控电路进行状态检测，当被控电路发生故障时，微处理器的 30 脚控制指示灯闪烁发光，其闪烁次数代表的故障集成电路见表 3-17。

表 3-17 夏普 SS-1 机心指示灯故障显示次数与故障电路

指示灯闪烁次数	对应的故障电路
2	E^2PROM 存储器 IC1002（S24C04A）
3	视频处理电路 IC201（TDA8375）
4	音频处理电路 IC302（TDA7429S）
5	丽音处理电路 IC2302（SAA7283）
6	IGR 处理电路 IC2302（TDA9840）仅 29RN5
7	图文处理电路 IC1802（SAA5249）仅 29RN5
8	PSI 处理电路 IC401（TDA4671）
12	PLL 调谐器 TU201（ST6HD64）

2. 夏普 SP-42M 机心总线彩电故障自检显示

夏普 SP-42M 机心具有故障自检显示功能，通过总线系统对被控电路进行状态检测，当总线控制系统被控集成电路出现故障时，微处理器控制电源指示灯以闪烁的方式显示故障自检信息，其指示灯闪烁次数与故障部位见表 3-18。

表 3-18 夏普 SP-42M 机心故障自检指示灯闪烁次数与故障部位

指示灯闪烁次数	2	3	4	5	6	7
故障部位	IC1002 IX2448CEN1	IC401 TA8777AN	IC2851 IX2508CE	IC2401 TA8889P	IC502 TA8859BP	IC1302 UPC1853C

3. 夏普 SP-71 机心画中画彩电故障自检显示

夏普 SP-71 机心具有故障自检功能，当与总线系统相连接的被控电路的某一元件出现故障时，IX3081 CE 的 43 脚便会发出总线故障驱动信号，使得电源指示灯 D1201 发光二极管做周期性的闪烁动作，以闪烁次数的方式显示故障元件。由电源指示灯 D1201 闪烁次数代表可能损坏的元件，指示灯闪烁次数与故障部位见表 3-19。

表 3-19 夏普 SP-71 机心故障自检指示灯闪烁次数与故障部位

指示灯闪烁次数	2	3	4	5	6	7	8
故障部位	IC1002 IX2287CE0	IC451 TA1218AN	IC801 IX2915CE	IC901	IC1502 TA8859BP	IC303 TA8776N	IC2302
指示灯闪烁次数	9	10	11	12	13	14	15
故障部位	IC2303	IC1802	TU201 调谐器	TU101 调谐器	IC4900 TDA9141	IC4901 SDA9288X	IC5461 TC9090AN

4. 夏普 SP-90 机心画中画彩电故障自检显示

夏普 SP-90 机心具有故障自检功能，当与总线系统相连接的被控电路的某一元件出现故障时，微处理器 IX3285CEN4 的 18 脚便会发出总线故障驱动信号，使得 D1202 内部红色发光二极管做周期性的闪烁动作，以闪烁次数的方式显示故障元件。其闪烁的次数与可能损坏的元件的对应关系见表 3-20。

表 3-20 夏普 SP-90 机心画中画彩电 D1202 闪烁次数代表的损坏元件

闪烁次数	2	3	4	5	6	7	9
故障元件	IC1001 M24C08B	IC451 CXA2609Q	IC2801 IX3323CE	IC2901 TA1229N	IC1500 TA1241AN	IC5461 TC9090AN	IC2300 MSP3410D
闪烁次数	10	11	12	13	14	15	
故障元件	IC1802 IX2451CE	TU201 副调谐器	TU101 主调谐器	IC4902 TDA9141	IC4901 SAB9083	IC2302 AN7397K	

3.2.5 菲利浦数码、高清彩电故障自检显示

菲利浦系列总线彩电，具有故障自检显示功能，不能开机时用指示灯闪烁方式提供自检信息，能正常开机后，需进入维修调整模式，通过屏幕显示提供自检信息。

1. 菲利浦 G88AA 机心画中画彩电故障自检显示

G88AA 机心具有故障自检显示功能，当被控电路发生故障时，采用指示灯闪烁方式和屏幕自检显示提供故障自检信息，当能正常开机时，打开电视机后盖，按下操作面板上的测试键，电视机即可进入维修调整状态，屏幕上显示主调整菜单，如附图 3-32 所示。上部为副菜单名称，最下部的“ERR XX XX XX XX XX”为微处理器记录的发生故障的电路代码，其中“XX”为故障代码的数字，代表发生故障的集成电路，第一个“XX”为最后一次检测到的故障代码，最后一个“XX”为第一次检测到的故障代码，最多可记录最近发生的 5 个故障代码。G88AA 机心指示灯闪烁次数和屏幕上显示的故障代码意义相同见表 3-21。查阅故障显示或调整后，按遥控器上的“待机键”，可清除故障记录并退出维修调整模

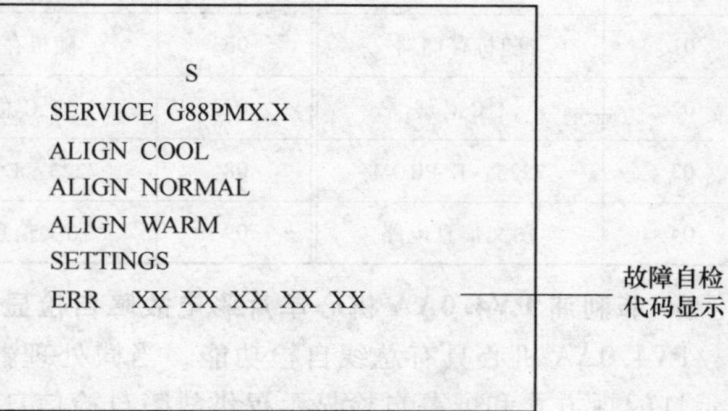

图 3-32 飞利浦 G88AA 机心自检显示

式。

表 3-21 菲利浦 G88AA 机心故障自检代码与故障元件

故障代码	故障元件	故障代码	故障元件	故障代码	故障元件
00	无故障	06	7700：PCF8574	12	调谐器
01	随机存储器	07	7679：PCF8574	13	SAA1300
02	I^2C 总线	08	7300：SAA7282	14	副调谐器
03	7223：E^2PROM	09	7551：TDA4681	15	7403：TEA6414
04	图文信息电路	10	TDA8415	16	7800：CF70200
05	画中画：SDA9088	11	TDA8425		

2. 菲利浦 G8AA 机心总线彩电故障自检显示

G8AA 机心具有总线自检功能，当被控电路发生故障时，采用指示灯闪烁方式和屏幕自检显示提供故障自检信息。当能正常开机时，打开电视机后盖，按下操作面板上的测试键，电视机即可进入维修调整状态，屏幕上显示主调整菜单，如附图 3-33 所示。主菜单中的“DIAGNOSE”为故障代码查询子菜单名称，进入该子菜单，即可显示“ERR XX XX XX XX XX”微处理器记录的发生故障的电路代码，其中第一个“XX”表示最后一次检测到的故障代码，最后一个“XX”表示第一次检测到的故障代码。如果不能进入开机状态，有的机型还以指示灯闪烁的次数报告故障部位，其指示灯闪烁的次数报告的故障部位与故障代码表示的故障部位相同。G8AA 机心指示灯闪烁次数和屏幕上显示的故障代码见表 3-22。

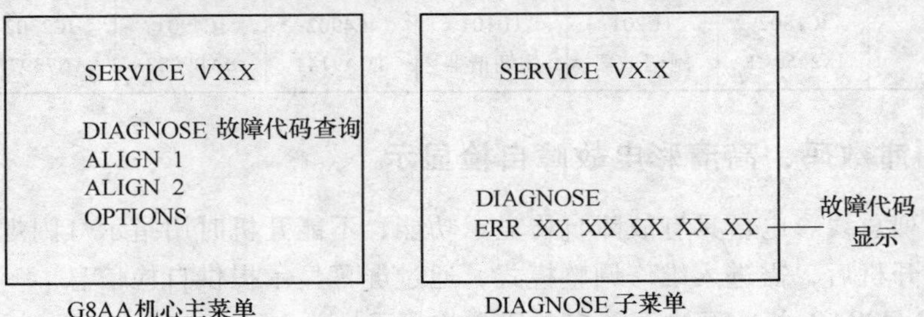

图 3-33 飞利浦 G8AA 机心自检显示

表 3-22 菲利浦 G8AA 机心故障自检显示代码与故障元件

故障代码	故障元件	故障代码	故障元件	故障代码	故障元件
00	无故障	05	无故障	10	TDA8415
01	随机存储器	06	随机存储器	11	TDA8425
02	I^2C 总线	07	I^2C 总线	12	调谐器
03	7223：E^2PROM	08	7223：E^2PROM		
04	图文信息电路	09	图文信息电路		

3. 菲利浦 PV4. 0AA 机心单片彩电故障自检显示

PV4. 0AA 机心具有总线自检功能，当微处理器检查到被控集成电路发生故障时，采用指示灯闪烁方式和屏幕自检显示提供故障自检信息。当电视机能正常开机时，打开电视机后盖，断开电视机电源，把 M25 测试点对地短路，接着打开电视机电源，电视机即可进入维修调整状态，屏幕上显示如图 3-34 所示的主调整菜单。主菜单下部显示的“ERR XX XX XX XX XX”为微处理器 7600 记录的发生故障的电路代码，其中第一个“XX”表示最后一次检测到的故障代码，最后一个“XX”表示第一次检测到的故障代码。PV4. 0AA 机心指示灯闪烁次数和屏幕上显示的故障代码代表的故障部位相同，见表 3-23。

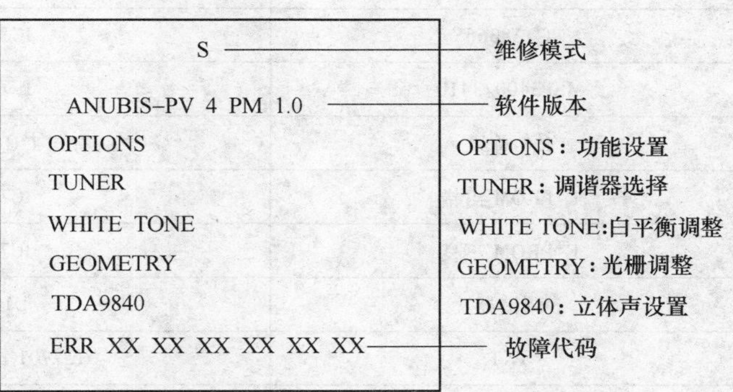

图 3-34　飞利浦 PV4. 0AA 机心主菜单

表 3-23　菲利浦 PV4. 0AA 机心故障代码与故障元件

故障代码	故障元件	故障代码	故障元件
00	无故障	06	E^2PROM 出错
01	I^2C 总线出错	07	NICAM 解码
02	E^2PROM 设置出错	08	图文处理电路
03	主信号处理	09	未用
04	立体声解码	10	音频处理电路
05	内部 RAM 数据出错		

4. 菲利浦 MD1. 1A 机心画中画彩电故障自检显示

MD1. 1A 机心具有总线自检功能，当微处理器检查到被控集成电路发生故障时，采用指示灯闪烁方式和屏幕自检显示提供故障自检信息。当电视机能正常开机时，打开电视机后盖，短路小信号电路板上的“1S43”和“1S42”测试点（SERVICE），电视机即可进入维修调整状态；也可使用专用维修遥控器“RC7150”，按遥控器上的“ALIGN”键，也可进入维修状态。屏幕上显示图 3-35 所示的主调整菜单，主菜单上部显示的“ER XX XX XX XX XX”，为微处理器记录的发生故障的电路代码，其中第一个“XX”表示最后一次检测到的故障代码，最后一个“XX”表示第一次检测到的故障代码。MD1. 1A 机心指示灯闪烁

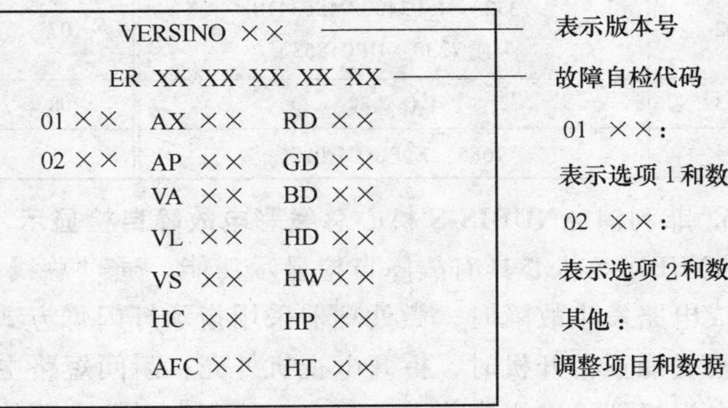

图 3-35　飞利浦 MD1. 1A 机心菜单

次数和屏幕上显示的故障代码见表3-24。

表3-24 菲利浦MD1.1A机心故障自检代码与故障元件

故障代码	故障内容	可能故障元件
0	无故障	
1	TDA8366	IC7199
2	MSP3400/3410	IC7363
3	I^2C 总线	所有与 I^2C 有关的元件
4	E^2PROM 出错	IC7685
5	E^2PROM 不良	IC7685
6	调谐器	U1000
7	TXT	IC7701 或 IC7702
8	超宽立体声处理	TDA9170（IC7210）
9	伴音处理	IC7328

5. 菲利浦MD1.0A机心画中画彩电故障自检显示

MD1.0A机心具有总线自检功能，当微处理器检查到被控集成电路发生故障时，采用指示灯闪烁方式和屏幕自检显示提供故障自检信息。当电视机能正常开机时，打开电视机后盖，短路小信号电路板上的“1S43”和“1S42”测试点（SERVICE），电视机即可进入维修调整状态；也可使用专用维修遥控器“RC7150”，按遥控器上的“ALIGN”键，也可进入维修状态。屏幕上显示主调整菜单，主菜单与图3-33的G8AA菜单类似，主菜单中的“DIAGNOSE”为故障代码查询子菜单名称，进入该子菜单，即可显示“ERR XX XX XX XX XX”微处理器记录的发生故障的电路代码，其中第一个“XX”表示最后一次检测到的故障代码，最后一个“XX”表示第一次检测到的故障代码。MD1.0A机心指示灯闪烁次数和屏幕上显示的故障代码见表3-25。

表3-25 菲利浦MD1.0A机心故障代码与故障元件

故障代码	故障元件	故障代码	故障元件
00	无故障	05	7685：E^2PROM 不良
01	7119：TDA8366	06	1000：调谐器
02	7353：MSP3400/MSP3410 或7238：UPC1853	07	7710或7702：TXT
03	I^2C 总线	08	7210：TDA9170
04	7685：E^2PROM 出错		

6. 菲利浦ANUBIS-S机心总线彩电故障自检显示

ANUBIS-S机心具有故障自检显示功能，通过总线系统对被控集成电路进行检测，当被控集成电路发生故障时，微处理器采用指示灯闪烁方式和屏幕自检显示提供故障自检信息。当电视机能正常开机时，拆开电视机外壳，瞬间短路主电路板上的“M31”和“M32”测试点，电视机即可进入维修调整状态，屏幕上显示主调整菜单，显示微处理器记录的发生故障的电路代码。ANUBIS-S机心指示灯闪烁次数和屏幕上显示的故障代码代表的故障部位相同，见表 3-26。

表 3-26　菲利浦 ANUBIS-S 机心故障代码与故障元件

故障代码	故障元件	故障代码	故障元件
00	无故障	05	内部 RAM 错误 IC7600
01	未使用	06	存储器 IC7710
02	存储器数据出错	07	丽音解码 IC7045
03	广播调谐 TDA8442	08	未使用
04	双载波立体声解码 IC7880		

7. 飞利浦 L7.3 机心单片彩电故障自检显示

L7.3 机心具有总线自检功能，当微处理器检测到被控电路发生故障时，采用指示灯闪烁方式和屏幕自检显示提供故障自检信息。当电视机能正常开机时，拆开电视机外壳，瞬间短路主电路板上的“M24”和“M25”测试点，电视机即可进入维修默认 SDM 状态，屏幕上显示绿色字符“S”和红色主菜单，菜单上报告微处理器检测到的故障代码，如图 3-36 所示，在主菜单上显示为“ERR X X X X X”，L7.3 机心指示灯闪烁次数和屏幕上显示的故障代码见表 3-27。

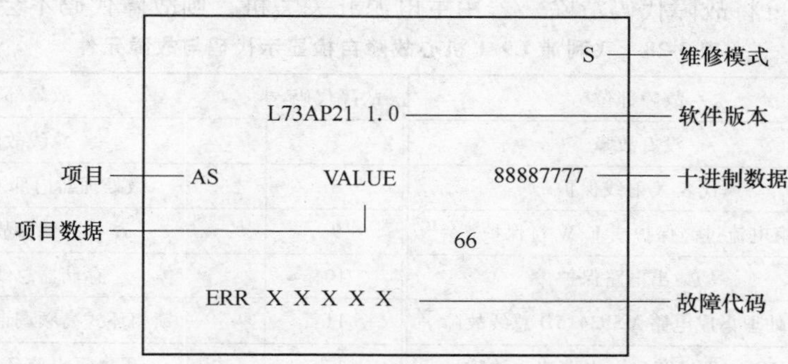

图 3-36　飞利浦 L7.3A 机心 SDM 状态菜单

表 3-27　菲利浦 L7.3 机心故障代码与故障元件

故障代码	故障元件	故障代码	故障元件
00	无故障	04	MSP3410、TDA9850、TDA9860
01	内部随机存储器故障	05	TDA8375
02	一般总线故障	06	ST24C04
03	存储器设置故障	07	调谐器

8. 飞利浦 L9.1 机心单片彩电故障自检显示

飞利浦 L9.1 机心具有总线自检功能，需进入 SDM 维修默认模式，方能显示自检故障代码。进入 SDM 维修默认模式有三种方法：一是使用用户遥控器顺序按数字键“0、6、2、5、9、6”，然后按“MENU”键；二是使用维修专用遥控器 RC7150，按“DEFAULT”键（此时无论电视机处于正常收视状态或 SAM 模式该命令均能生效）；三是开机前用导线短路主板上的测试点 9261 和 9262，用主电源开关开机，开机后断开 9261 和 9262 之间的短路线，均可进入 SDM 模式。

在 SDM 维修默认模式下，按遥控器上的“OSD”键可显示故障代码；在主菜单上显示为“ERR X X X X X”，如图 3-37 所示，位置最左边的故障代码，为最新监测到的故障代码，其故障自检显示代码与故障元件见表 3-28。该机心还可通过指示灯闪烁的方式显示故障代码。电视机在 SDM 维修默认模式下，若故障代码寄存器中含有故障代码，则 LED 闪烁的次数等于最新的故障代码数字；若使用维修专用遥控器可将故障代码缓冲区中的全部故障代码读出：依次按维修专用遥控器“DIAGNOSE”键、欲读取的故障代码缓冲区位置的“数字”键（其取值范围从最新产生的代码 1 最早产生的代码 6）、“OK”键。指示灯闪烁显示的故障代码与屏幕上显示的故障代码的含义相同。

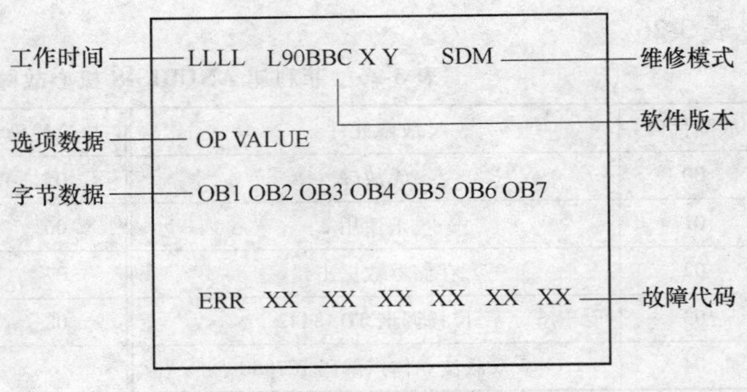

图 3-37 飞利浦 L9. 1A 机心 SDM 主菜单

故障代码的清除：在 SDM 维修默认模式或 SAM 维修调整模式，使用用户遥控器关机；使用 SDT 型维修专用遥控器 RC7150 上的“EXIT”键或依次按下“DIAGNOSE”、“9”、“9”、“OK”，均可将故障代码清除。若用主电源开关关机，则故障代码不会消除。

表 3-28 飞利浦 L9. 1 机心故障自检显示代码与故障元件

故障代码	故障部位	故障代码	故障部位
0	没有故障	7	总线故障
1	代表 X 射线保护	8	微处理器内部 RAM 故障
2	束电流过高保护或 E/W 行保护	9	存储器故障
3	场输出电路保护	10	存储器总线故障
4	伴音处理集成电路 MSP3415D 总线故障	11	锁相环式高频调谐器总线故障
5	BIMOS（TDA8844）电路启动故障	12	黑电平电流环路不稳定
6	BIMOS（TDA8844）电路总线故障		

9. 飞利浦 L9. 2 机心单片彩电故障自检显示

飞利浦 L9. 2 机心具有总线自检功能，先进入 SDM 维修默认状态，有三种方法：一是使用用户遥控器依次按数字键“0、6、2、5、9、6”，然后按“MENU”键，便可进入 SDM 维修默认模式；二是使用维修专用遥控器（RC7150）上的“DEFAULT”键，无论电视机处于正常收视状态或 SAM 模式均可进入 SDM 维修默认模式；三是断电情况下将 A7 电路板上的测试点 0228 和 0224 短路后，用主电源开关开机，开机后再将 0228 和 0224 之间的短接线断开，也可进入 SDM 维修默认模式。

在 SDM 维修默认模式下，按遥控器上的“OSD”键可显示故障代码；在主菜单上显示为“ERR X X X X X”，见图 3-38，位置最左边的故障代码，为最新检测到的故障代

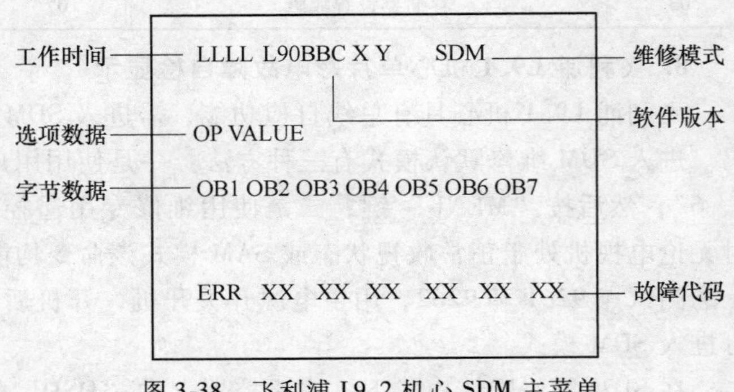

图 3-38 飞利浦 L9. 2 机心 SDM 主菜单

码，其故障自检显示代码与故障元件见表3-29。该机心还可通过指示灯闪烁的方式显示故障代码。电视机在SDM维修默认模式下，若故障代码寄存器中含有故障代码，则以LED指示灯闪烁的次数显示最新的故障代码数字；若使用维修专用遥控器可将故障代码缓冲区中的全部故障代码读出：依次按维修专用遥控器“DIAGNOSE”键、欲读取的故障代码缓冲区位置的“数字”键（其取值范围从最新故障代码1的到最早的故障代码6）、“OK”键。指示灯闪烁显示的故障代码与屏幕上显示的故障代码的含义相同。

故障代码的清除：在SDM或SAM模式用遥控器将电视机关机进入待机状态，使用DST遥控器（RC7150），按“EXIT”键或依次按下“DIAGNOSE”、“9”、“9”、“OK”键，均可将故障代码清除。

表3-29　飞利浦L9.1机心故障自检显示代码与故障元件

故障代码	故障部位	故障代码	故障部位
0	没有故障	7	总线SCL或SDA短路、开路
1	代表X射线保护	8	微处理器（7600）内部RAM短路
2	束电流过高保护或E/W行保护	9	PROM存储器故障
3	场输出电路保护	10	PROM存储器总线故障
4	伴音处理集成电路MSP3415D总线故障	11	锁相环式高频调谐器总线故障
5	IC7250 TDA884×电路启动故障	12	黑电平电流环路不稳定
6	IC7250 TDA884×电路总线故障		

10. 菲利浦G8机心总线彩电故障自检显示

G8机心具有故障自检显示的功能，通过总线系统对被控电路进行状态检测，当被控电路发生故障时，采用指示灯闪烁方式和屏幕自检显示提供故障自检信息。当电视机能正常开机时，拆开电视机的外壳，按电路板上的维修开关，电视机即可进入维修状态，屏幕上显示图3-39所示的主菜单，进入ALICN1菜单中的“DIAGNOSE”代码搜寻项目，即可显示故障代码。G8机心指示灯闪烁次数和屏幕上显示的故障代码见表3-30。

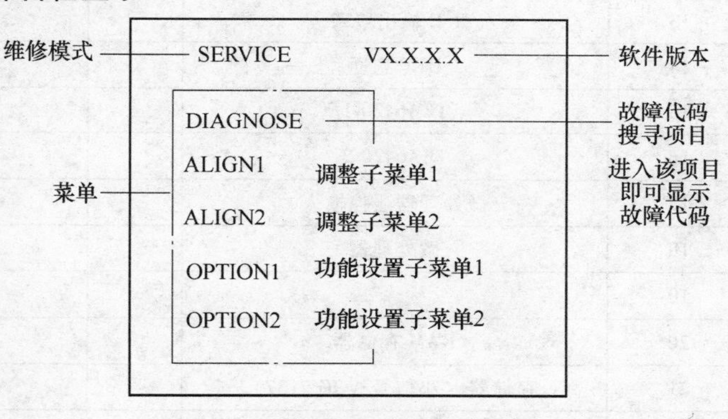

图3-39　飞利浦G8机心主菜单

表3-30　菲利浦G8机心故障代码与故障元件

故障代码	故障部位	故障代码	故障部位
0	无故障	7	A/V　PCF8574
1	内部RAM	8	存储器X24C02
2	I^2C总线故障	9	TDA468/TDA4670
3	存储器X24C02	10	TDA8415
4	图文电视CPU	11	TDA8425
5	SDA9088	12	高频调谐器
6	丽音PCF8574		

11. 菲利浦 FL2G 机心宽屏幕彩电故障自检显示

FL2G 机心 16:9 宽屏幕彩电具有故障自检显示的功能，通过总线系统对被控电路进行状态检测，当微处理器检测到被控电路发生故障时，以 7 支发光二极管的不同发光组合显示自检信息，FL2G 机心指示灯组合显示的故障代码见表 3-31。

表 3-31　菲利浦 FL2G3 机心故障代码与故障元件

故障代码	故障电路	CPU 电路板上的 LED 发光组合						
		6041	6043	6045	6047	6049	6051	6053
01								×
02	PCF8574 信号源						×	
03	数字扫描电路 PROSCAN BOX						×	×
04	SAA9042（数字扫描 OSD 电路）					×		
05	SDA9088（PIP 板 IC7725）					×		×
06						×	×	
07	TDA8425（小信号板 IC7680）					×	×	×
08	TDA4670（小信号板 IC7324）				×			
09	TDA4681（小信号板 IC7324）				×			×
10					×		×	
11	调谐器（小信号板上）				×		×	×
12	ST24C024（小信号板 IC7137）				×	×		
13	I^2C 输出堵塞				×	×		×
14	HEF 选通				×	×	×	
15	TEA6420-1				×	×	×	×
16	TEA6420-2			×				
17	微处理器遥控输入			×				×
18	微处理器			×			×	
19				×			×	×
20	RAM 存储器			×		×		
21	存储器（小信号板 IC 7137）			×		×		×
22	TDA8444			×		×	×	
23	PCF8574			×		×	×	×
24	RAM 存储器（小信号板）			×	×			
25	UP80C652			×	×			×
26	TDA9150（帧电路板）			×	×		×	
27	时钟 RAM 存储器（小信号板）			×	×		×	×
28				×	×	×		
29				×	×	×		×
30				×	×	×	×	
31	PCF8574（杜比板上）			×	×	×	×	×
32	I^2C 总线堵塞		×					

（续）

故障代码	故障电路	CPU 电路板上的 LED 发光组合						
		6041	6043	6045	6047	6049	6051	6053
33	PCF8574（小信号板视频选择）		×				×	×
34	PCF8574（PIP 板）		×				×	
35	PCF8574（全景板）		×					×
57	插座电路电源		×	×	×			×
58	杜比电路板		×	×	×		×	
59	视频信号处理电源		×	×	×		×	×
60	5V 电源		×	×	×	×		
61	12V 电源		×	×	×	×		×
62	直流保护		×	×	×	×	×	
63	软件保护		×	×	×	×	×	×

12. 飞利浦 GFL2.00AA 机心宽屏幕彩电故障自检显示

飞利浦 GFL2.00AA 机心宽屏幕彩电具有总线自检功能，当总线控制系统发生故障时，在进入调整模式时，屏幕上显示的菜单上报告 CPU 检测到的故障代码。在主菜单上显示为：DIAGNOSE（错误代码查寻），在进入错误代码查寻子菜单后，显示为“ERR X X X X X”，其中第一个“X”表示最后一次检测到的故障代码，最后一个“X”表示第一次检测到的故障代码。

13. 飞利浦 A10A 机心大屏幕故障自检显示

飞利浦 A10A 机心具有故障自检显示功能，当某些电路发生故障时，微处理器用故障代码的方式显示故障部位，供维修人员参考。

该机心故障自检显示方式有两种：一是在电视机屏幕显示基本正常的情况下用屏幕显示故障代码，需先进入 SAM 模式方能显示故障自检信息，进入 SAM 维修调整模式有三种方法。一是电视机在正常运行或在 SDM 模式下时使用 DST 遥控器，按“ALLGN（调整）”键，进入 SAM 维修调整模式；二是在 SDM 模式下，同时按下电视机上的“音量 +”键和“音量 -”键，即可进入 SAM 维修调整模式；三是依次按下用户遥控器上的“0”、“6”、“2”、“5”、“9”、“6”、“OSD”键，也可进入 SAM 维修调整模式。进入 SAM 维修调整模式后，屏幕上显示如图 3-40 所示的主菜单，屏幕的右上角显示“SAM”字符。进入 SAM 模式后在

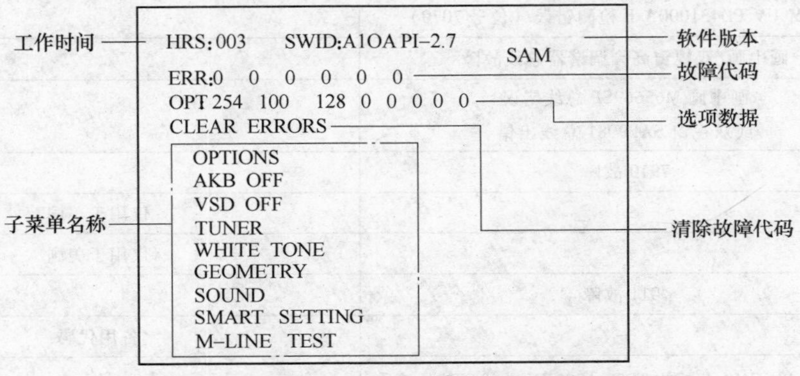

图 3-40 飞利浦 A10A 机心 SAM 模式屏幕显示

主菜单上显示“ERR：0000000”，直接用数字的方式显示故障代码，其故障代码代表的故障元件和部位见表 3-32。二是在无屏幕显示时用 LED 指示灯显示故障代码，用 LED 指示灯闪烁次数或闪烁长短代表故障代码值，当故障代码小于 10 时，LED 指承灯闪烁次数直接等于故障代码数值；故障代码值大于等于 10 时按如下方法显示：750ms 长闪代表 10 位为 1，停顿 1500ms 后，闪烁个位数值；LED 持续亮 3s，代表故障代码单元显示完成，再次重新开始显示，其故障代码的含义与屏幕显示相同。

故障代码的清除。一般情况下，存储器中的故障代码单元内含有自上次清除故障代码后所有检测到的故障代码，新检测到的故障其代码显示在故障代码的最左边。

表 3-32　飞利浦 A10 机心大屏幕彩电故障代码代表的故障元件和部位

故障代码	故障部位	说明
0	无故障	
1	X 射线保护电路、东西枕校保护电路或显像管束电流保护电路故障	LED 指示灯间断地闪亮，每次闪亮 1 次
2	电场保护 VFB 故障	LED 指示灯间断地闪亮，每次闪亮 2 次
3	—	备用代码
4	+5V 电源故障保护引起	LED 指示灯间断地闪亮，每次闪亮 4 次
5	—	备用代码
6	总线错误，如 SCL 和 SDA 之间短路，SCL 或 SDA 对地短路，SCL 或 SDA 开路等	
7	束电流环（BC-LOOP）不稳定	
8	BOCMA 集成电路 TDA88×× 与 CPU 总线之间不能通信	
9	BOCAM 集成电路 TDA88××8V 电源有故障	
10	存储器总线故障	
11	存储器与微处理器之间不能相互识别或存储器被置为缺省值	
12	微处理器（7064）内部 RAM 故障	
13	主高频调谐器 UV13××总线故障	
14	伴音处理电路总线故障	
15	SRAM UV PD431000A-B 检测错误（位号 7070）	
16	画中画/双视窗高频调谐器总线故障	
17	画中画 M65669SP 总线错误或双视窗 SAB9081 总线出错	
18	7910 故障	
19	—	仅用于美国
20	—	仅用于美国
21	7011 故障	
22	—	备用代码
23	第二个 BOCMA 集成电路 TDA888XX 总线通信故障	

14. 飞利浦 A8.0A 机心大屏幕彩电故障自检显示

飞利浦 A8.0A 机心具有故障自检显示功能，当某些电路发生故障时，微处理器用故障代码的方式显示故障部位，供维修人员参考。该机心故障自检显示方式有两种：一是在电视机屏幕显示基本正常的情况下用屏幕显示故障代码，需先进入 SAM 模式方能显示故障自检信息，进入 SAM 调整模式的方法是：一是在电视机处于 SDM 默认模式下，按遥控器上的“MENU”键，可将屏显切换到 SAM 维修调整模式的调整菜单；二是在 SDM 模式下，同时按下电视机上的“音量+”键和“音量-”键，即可进入 SAM 维修调整模式，屏幕上显示 SAM 字符和调整主菜单，如图 3-41所示。在 SDM 模式下显示的字符为“ERR XX XX XX XX”为故障代码，其中最左侧的故障代码是最后检测到的故障代码；二是在无屏幕显示时用 LED 指示灯显示故障代码，用 LED 指示灯闪烁次数或闪烁长短代表故障代码值。该机心故障代码所代表的故障部位见表 3-33。

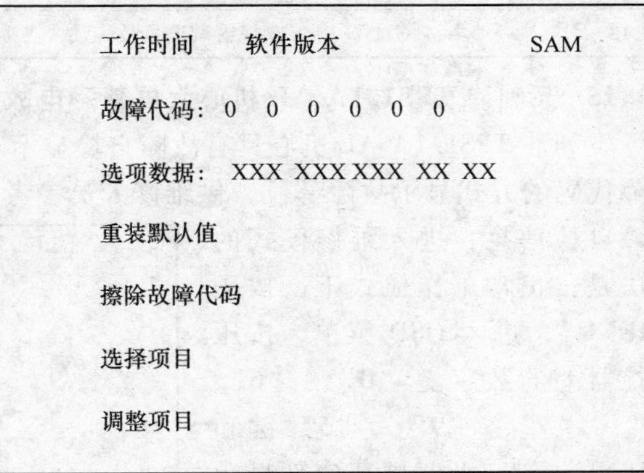

图 3-41　飞利浦 A8.0A 机心 SAM 模式屏幕显示

故障代码的消除方法是：首先选“清除故障代码”项，再按“右”键确认，最后遥控关机，即可清除故障代码。

表 3-33　飞利浦 A8.0A 机心大屏幕彩电故障代码代表的故障元件和部位

故障代码	故障部位	说明
0	没检测到故障	CPU 没有检测到故障
1	X 射线保护、枕校保护、场保护等保护电路动作	LED 间断地闪亮，每回闪亮 1 次
2	由束电流保护、亮屏且有回扫线引进的过电流保护	LED 间断地闪亮，每回闪亮 2 次
3	—	备用代码
4	故障由 +5V 保护引起	LED 间断地闪亮，每回闪亮 4 次
5	IC7150（TDA8844）损坏或无电源	
6	IC7150（TDA8844）损坏或无电源	
7	SCL 和 SDA 之间短路、SCL 或 SDA 对地短路、SCL 或 SDA 开路等	
8	微处理器错误	
9	屏显集成电路 PCA8516 故障	
10	存储器故障	
11	CPU 与存储器之间相互不能识别	
12	YUV 集成电路 TDA9178A 无响应	
13	—	备用代码
14	伴音处理集成电路 MSP3410 无响应	
15	—	备用代码
16	调谐器故障	

（续）

故障代码	故障部位	说明
17	画中画集成电路 MC4446×有故障	
18	双视窗调谐器故障	

15. 飞利浦 TPS1.1A AL 机心大屏幕彩电故障自检显示

飞利浦 TPS1.1A AL 机心具有故障自检显示功能，当某些电路发生故障时，微处理器用故障代码的方式显示故障部位，供维修人员参考。查询故障代码需先进入维修模式方能显示故障自检信息，进入维修模式的方法是：正常工作模式下，按压“MENU”，进入 OSD 菜单，按压遥控器上的数字键“0”、“6”、“2”、“5”、“9”、“6”键和“MENU”键，此时屏幕底部显示 F3 目录，选中 F3 目录，然后按右键即可进入工厂维修模式菜单。在维修模式下，同时按下“MENU”键和数字“1”、“2”、“3”、“6”、“5”、“4”键，即可在屏幕上显示如图 3-42 所示的菜单，其含义见表 3-34。如果进入故障代码菜单时，故障代码显示“0X01”，说明 DDR 帧存储器有故障；如果故障代码显示 0X02，说明 I^2C 总线有故障；如果故障代码显示“0X03”，说明高频调谐器有故障；如果故障代码显示“0X04”，说明解码电路有故障。

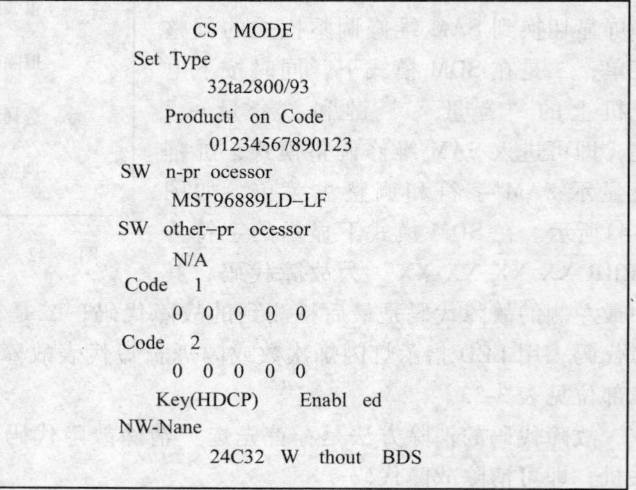

图 3-42 飞利浦 TPS1.1A LA 机心自检显示

表 3-34 飞利浦 TPS1.1A LA 机心故障代码含义

CSM 模式项目	内 容	备 注
1：Set Type（电视机型号）	32TA2800/93	项目名称
2：Production code（产品码）	01234567890123	14 位数字产品代码（串码）
3：SW-naming main-processor（软件命名及主处理器）	MST96889LD-LF	Mstar/Trident 的软件命名
4：Code 1（代码 1）	00000	E^2PROM 存储器中记录的 5 个最新故障
5：Code 2（代码 2）	00000	E^2PROM 存储器中记录的 5 个最先出现的故障
6：Key（HDCP 密钥）	Enabled（已启用）	HDMI 接口信息，说明 HDCP 密钥是否有效
7：NVM-naming（存储器命名）	24C32-Without-BDS	每种显示类型的内容

3.3 通用密码和童锁与旅馆模式解密方法速查

很多新型总线彩电，设有童锁模式和旅馆模式或酒店模式，部分机心和系列彩电，还设有通用密码或万能密码。

童锁模式：主要对儿童收看电视进行限制，一是对儿童的收看时间进行限制；二是对儿童的操作进行限制，防止将电视机调乱；三是对收看的频道进行限制，防止收看儿童不宜的节目。进入童锁状态后，电视机和遥控器上的部分按键失效，不能进行节目搜索预置，不能进行 AV/TV 切换，不能进行节目选择切换或部分频道被限制，有的甚至不让收看，无图像、无伴音。

旅馆或酒店模式：主要对旅客收看电视进行限制，一是对旅客收看的音量进行限制，防止影响其他旅客休息；二是对旅客的操作进行限制，防止将电视机调乱；三是对收看的频道进行限制。在该模式下，最大音量被限制在设定前的水平，除“频道 +/-”键外，其他功能键失效。

童锁模式和旅馆模式的进入和退出，都是由家长和店主进行操作，为了防止儿童和旅客破解，大多采用密码的方式设置，其设置方法和密码都有厂家进行设计，部分密码可由用户进行修改，如果忘记了设置童锁模式和旅馆模式的设置方法和设置密码，一是无法进入童锁模式和旅馆模式；二是进入童锁模式或旅馆模式后，无法退出，给收看电视造成障碍。

通用密码：有的电视机设有通用密码、万能密码、总线密码等，本书统称为通用密码。设有通用密码的电视机，当需要进入维修调整模式或重要调整菜单，进入或退出童锁模式、旅馆模式时，往往要求输入通用密码。

在总线彩电维修中，经常遇到误入童锁模式和旅馆模式的故障，造成电视机收看功能被限制，无法进行正常收看。一是用户设置童锁模式和旅馆模式后，忘记了密码，无法退出童锁模式和旅馆模式；二是由于随意乱按遥控器按键，恰巧与童锁模式或旅馆模式的方法巧合，误入童锁模式或旅馆模式。为了使用维修需要，本书将常见电视机的进入和退出童锁模式、旅馆模式的方法和通用密码汇集成表，供维修时参考。

由于采用相同的微处理器和被控电路的彩色电视机，其通用密码和童锁与旅馆模式的解密方法有可能相同，要了解其他相同机心、采用相同电路更多机型的通用密码和童锁与旅馆模式的解密方法，或了解具有通用密码和童锁与旅馆模式彩电的电路配置，请参见本书的第 1 章进口彩电机心机型与电路配置速查。

3.3.1 松下数码、高清彩电童锁和旅馆模式解密方法

松下数码、高清彩电部分机心机型设有童锁功能、旅馆模式，松下数码、高清彩电的童锁功能、旅馆模式的设定和解除方法见表 3-35。

表 3-35 松下数码、高清彩电童锁和旅馆模式解密方法

机心/系列	密码类型	通用密码或童锁与旅馆模式解密方法
E2 倍频机心	旅馆密码	松下以 TC-34P200G 为代表采用 E2 机心的数字倍频彩电，具有旅馆模式，其进入与退出旅馆模式的方法如下： 首先按下“定时关机”（或 SETUP）键，然后同时按下遥控器上的“呼出”键和电视机上的“频道 +”键，即可进入旅馆模式。在该模式下，最大音量被限制在设定前的水平，除“频道 +/-”键外，其他功能键失效。要退出旅馆模式，同时按下电视机上的“音量 -”键和遥控器上的“定时关机”键，到达自检状态，按任意键即可退出旅馆模式

（续）

机心/系列	密码类型	通用密码或童锁与旅馆模式解密方法
EUR07纯平机心	旅馆密码	松下以TC-34P500G、TC-34P200G、TC-29P500GTC、29P200G为代表采用EUR07机心的纯平面系列彩电，具有旅馆模式功能，其目的是在旅馆中使用时，对最大音量和其他功能实施限制，避免顾客使用时影响其他顾客休息或误将电视机功能调乱 进入旅馆模式方法：先按遥控器上的“SETUP”设定键，设定为“定时关机”方式，同时按遥控器上的屏幕“显示”键和电视机上的“频道+”键，即可进入旅馆模式。在旅馆模式下，“频道+/-”键可正常使用，最大音量被限制在进入旅馆模式前的电平上，其他功能不起作用 退出旅馆模式方法：同时按下遥控器上的“HELP”键和电视机上的“音量-”键，先进入故障自检状态，按遥控器上的任意按键退出自检状态，也同时退出了旅馆模式
GP11机心	旅馆密码	松下以TC-34P888D为代表采用GP11机心的大屏幕彩色电视机，具有旅馆模式功能，其目的是在旅馆中使用时，对最大音量和其他功能实施限制，避免顾客使用时影响其他顾客休息或误将电视机功能调乱 进入旅馆模式的方法是：按遥控器上的主菜单（MENU），设定为非自动关机状态，同时按遥控器上的“屏幕显示”键和电视机上的“频道+”键，即可进入旅馆模式。在旅馆模式下，“频道+/-”键可正常使用，最大音量被限制在进入旅馆模式前的电平上，其他功能不起作用 退出旅馆模式的方法是：应先进入故障自检状态，按遥控器上的任意按键退出自检状态，也同时退出了旅馆模式
M19机心	旅馆密码	松下以TC-29GF95R、TC-29GF92G、TC-29GF92R、TC-29GF90R、TC-29GF95G为代表采用M19机心的彩电，具有旅馆模式功能，其目的是在旅馆中使用时，对最大音量和其他功能实施限制，避免顾客使用时影响其他顾客休息或误将电视机功能调乱 进入旅馆模式方法：首先按下“定时关机”（或“SETUP”）键，然后同时按下遥控器上的“呼出”键和电视机上的“频道+”键，即可进入旅馆模式；在该模式下，最大音量被限制在设定前的水平，除“频道+/-”键外，其他功能键失效 要退出旅馆模式，同时按下电视机上的“音量-”键和遥控器上的“定时关机”键，到达自检状态，按任意键即可退出旅馆模式
MD3AN机心	旅馆密码	松下以TC-29P750G为代表采用MD3AN机心的彩电，具有旅馆模式功能，其目的是防止顾客改变电视机的预约数据，误将电视机功能调乱 进入旅馆模式方法：首先按下“定时关机”键，然后同时按下遥控器上的“呼出”键和电视机上的“频道+”键，即可进入旅馆模式；在该模式下，最大音量被限制在设定前的水平，除“频道+/-”键外，其他功能键失效 要退出旅馆模式，先进入自检模式，自检完成后，按遥控器上的任意按键退出自检模式，即可退出旅馆模式
MX-2A机心	童锁密码	松下以TC-2950R、TC-2550R、TC-2552G/R为代表采用MX-2A机心的彩电，具有童锁功能。误入童锁状态后，图像正常，伴音偏小，除AV键、频道+/-键和数字键外，其他按键失效 由于手中无该机的调整资料，经过试验，发现按电视机面板上的“音量-”键将音量调整为0，再按面板上的“音量-”键和遥控器上的“音量+”键约2s，即可排除故障，面板和遥控器上的按键恢复正常

（续）

机心/系列	密码类型	通用密码或童锁与旅馆模式解密方法
MX-3 机心	旅馆密码	松下以 TC-2110、TC-2140、TC-2150、TC-2160 为代表采用 MX-3 机心的彩电，设有旅馆模式。误入旅馆状态后，伴音最大音量被限制，除节目选择和音量调整有效外，其他功能键均失效 退出旅馆状态方法：同时按住电视机上的“音量 -”键和遥控器上的“定时关机”键，退出旅馆模式；也可同时按住电视机上的“音量 -”键和遥控器上的“屏幕显示”键，屏幕上出现白光栅后，再按一下“N”键，退出旅馆模式
MX-3A 机心	旅馆密码	松下以 TC-2148、TC-2158、TC-2168、TC-2198 为代表采用 MX-3A 机心的彩电，具有旅馆模式功能，其目的是在旅馆中使用时，对最大音量和其他功能实施限制，避免顾客使用时影响其他顾客休息或误将电视机功能调乱 进入旅馆模式的方法是：同时按遥控器上的“定时关机”键和电视机上的“频道 +”键，即可进入旅馆模式。在旅馆模式下，“频道 +/-”键可正常使用，最大音量被限制在进入旅馆模式前的电平上，节目设置功能不起作用 退出旅馆模式的方法是：同时按遥控器上的“定时关机”键和电视机上的“频道 -”键，即可退出旅馆模式
MX-4 机心	旅馆密码	松下以 TC-2197R、TC-2555R、TC-2555R5、TC-2566RS、TC-2598、TC-2598S、TC-2955R、TC-2966RS、TC-2998 为代表采用 MX-4 机心的彩电，具有旅馆模式功能，其目的是在旅馆中使用时，对最大音量和其他功能实施限制，避免顾客使用时影响其他顾客休息或误将电视机功能调乱 进入旅馆模式的方法是：同时按遥控器上的“定时关机”键和电视机上的“频道 +”键，即可进入旅馆模式。在旅馆模式下，“频道 +/-”键可正常使用，最大音量被限制在进入旅馆模式前的电平上，节目设置功能不起作用 退出旅馆模式的方法是：同时按遥控器上的“定时关机”键和电视机上的“频道 -”键，即可退出旅馆模式
MX5Z 机心	旅馆密码	松下以 TC-21P40R 为代表采用 MX5Z 机心的超级单片系列彩电，设有旅馆模式功能，其目的是在旅馆中使用时，对最大音量和其他功能实施限制，避免顾客使用时影响其他顾客休息或误将电视机功能调乱 进入旅馆模式：按遥控器上的“定时关机”键，进入定时关机模式，同时按遥控器上的“呼出”键和电视机上的“频道 +”键，即可进入旅馆模式。在旅馆模式中，音量最大值被限制在设定前的水平，除“频道 +/-”键正常使用外，其他功能键均不起作用 退出旅馆模式：同时按遥控器上的“定时关机”键和电视机上的“音量 -”键，即可退出旅馆模式，进入正常收视状态

3.3.2 飞利浦数码、高清彩电通用密码和旅馆模式解密方法

飞利浦数码、高清彩电部分机心机型设有通用密码、旅馆密码，飞利浦数码、高清彩电的通用密码、旅馆模式的设定和解除方法见表 3-36。

表 3-36 飞利浦数码、高清彩电通用密码和旅馆模式解密方法

机心/系列	密码类型	通用密码或童锁与旅馆模式解密方法
A10 机心大屏幕	通用密码	飞利浦以 29RF50（29PT6011）、29RF68CM（29PT6001/93R）、34RF90（34PT6251/93R）、34RF90LX（34PT6251/93S）为代表采用 A10 机心的大屏幕彩电，设有通用密码，其通用密码是：062596，输入通用密码可进入维修模式 依次按遥控器上的数字“0”、“6”、“2”、“5”、“9”、“6”键输入密码后，按“MENU”键，可进入 SDM 维修默认模式；按遥控器上的数字键“0”、“6”、“2”、“5”、“9”、“6”输入密码后按“OSD”键，可进入 SAM 维修调整模式
ANUBIS-S 单片机心	旅馆密码	飞利浦以 14GX8558、14PT235A、20GXl050、20GXl350、21PT137A、21PT138A、25GX1880、25GX1881、29GX1892、29GX1893、为代表小信号处理电路采用 TDA8362 或者 TDA8361 的系列彩电，设有两种旅馆模式，避免在旅馆使用时，由于顾客的随意操作，影响其他顾客休息 旅馆模式 1：该模式下，设置菜单、搜索选台、存储 PP 功能失效。在待机状态下，按“频道 +/-”键将开机，并进入 1 号节目位置，而不是进入关机前的位置。设置方法是：将电视机选在 38 号节目位置上，同时按下电视机上的“STORE”键和“频道 -”键 3s 以上，即可进入旅馆模式 1。将电视机选在 38 号节目位置上，同时按电视机上的“频道 +”键和“音量 -”键 3s 以上．即可退出旅馆模式 1 旅馆模式 2：除具有旅馆模式 1 功能外，节目号 30～49 的节目被消隐，用来收听广播。设置方法是：将电视机调到 37 号节目位置上，同时按电视机上的“STORE”键和“PROGRAM -”键 3s 以上，即可进入旅馆模式 2。将电视机调到 37 号节目位置上，同时按电视机上的“频道 +”和“音量 -”键 3s 以上，即可退出旅馆模式 2
GFL2. 00AA 机心宽屏幕	通用密码	飞利浦以 32PW967A、32PW927A、32PW977A、28PW777A、28PW777B 为代表采用 GFL2. 00AA 机心的宽屏幕彩电，设有通用密码，其通用密码是：3140，输入通用密码可进入维修模式 使用专用遥控器 RC7150 进行调整，打开电视机电源开关，按遥控器调整键“ALIGN”，进入维修密码状态，按数字“3”、“1”、“4”、“0”键输入密码，然后按“OK”键，即进入维修默认模式
L7. 3 单片机心	旅馆密码	飞利浦以 25PT4623、25PT4673、29PT4180/93R（29E8）、29PT4423、29PT4423/93R、29PT442A/93（29S8）为代表采用 L7. 3 机心的单片系列彩电，设旅馆模式，该模式下，设置菜单、搜索选台、存储 PP 功能失效。避免在旅馆使用时，由于顾客的随意操作，影响其他顾客休息 进入旅馆模式：打开电视机电源，按“频道 +/-”键将开机，并进入 38 号节目位置，将电视机选在 38 号节目位置上，同时按下电视机上的“音量 +/-”键和遥控器上的 OSD“字符显示”键 3s 以上，即可进入旅馆模式，从 HOTEL CHANNEL X 到 BLANK FROM X 的部分频道节目被消隐 退出旅馆模式的方法与进入旅馆模式的方法相同，电视机屏幕上显示 HOTEL MODE OFF 字符
L9. 1 单片机心	通用密码	飞利浦以 21RF95LX、21PT3932/93S、25PT3532/93R（25SE）29PT4223/93（29A6Ⅱ）、29PT3532/93R（29SE）为代表采用 L9. 1 机心的单片系列彩电，设有通用密码，其通用密码是：062596，输入通用密码可进入维修模式 使用用户遥控器，顺序按数字“0”、“6”、“2”、“5”、“9”、“6”键输入密码，然后按“MENU”键进入 SDM 维修默认模式；顺序按数字“0”、“6”、“2”、“9”、“6”键输入密码后，再按“OSD”键；进入 SAM 维修调整模式

（续）

机心/系列	密码类型	通用密码或童锁与旅馆模式解密方法
L9.2单片机心	通用密码	飞利浦以14RA01、14TA01、20RA01、20TA01、21RA01、21SA01、37TA1474、37TB1254、51TA1274、51TA1474为代表采用L9.2机心的单片系列彩电，设有通用密码，其通用密码是：062596，输入通用密码可进入维修模式 使用用户遥控器依次按数字“0”、“6”、“2”、“5”、“9”、“6”键输入密码，然后按“MENU”键，便可进入SDM维修默认模式；依次按下数字“0”、“6”、“2”、“5”、“9”、“6”键输入密码，再按“OSD”键，可进入SAM维修调整模式
PV4.0/PV4.0AA单片机心	旅馆密码	飞利浦以14PT233A、14PT238A、21MMTV、21PT231A、21PT232A、25PT449A、25POT462A、25PT463A、25PT468A、25PT468A/57R、25PT548A/93S为代表采用PV4.0或PV4.0AA机心的单片系列彩电，设有旅馆模式，避免在旅馆使用时，由于顾客的随意操作，影响其他顾客休息。该模式下还具有黑屏幕功能，只能听电视伴音 进入旅馆模式：打开电视机电源，将电视机调整到38号频道位置，在1s内依次按遥控器上的图像菜单键“PICTURE MENU”和功能菜单键“FEATURE MENU”，即可进入旅馆模式，屏幕上的显示旅馆设置菜单 进入旅馆功能后，有三种功能：关闭全部调整菜单；显示旅馆模式菜单；设置当前音量为最大音量 在旅馆模式菜单中，可设置黑屏幕功能，设置方法是：先选择要实现黑屏幕频道，选择菜单中的“黑屏状态”项目名称，并选择“确认”；再选择菜单中的“存储”项目，并按“OK”键，此时屏幕上将显示“STORED”。选择菜单中的“RESET”复位项目，并选择确认，此时所有频道均设置为黑屏幕状态。设置完毕，用主电源开关关机或遥控关机，均可关闭旅馆模式菜单 退出旅馆模式的方法：将电视机调整到38号频道位置，在1s内依次按遥控器上的图像菜单键“PICTURE MENU”和屏幕显示键“OSD”，即可退出旅馆模式

3.3.3 LG数码、高清彩电通用密码和旅馆模式解密方法

LG数码、高清彩电部分机心机型设有通用密码、旅馆密码，LG数码、高清彩电的通用密码、旅馆模式的设定和解除方法见表3-37。

表3-37 LG数码、高清彩电通用密码和旅馆模式解密方法

机心/系列	密码类型	通用密码或童锁与旅馆模式解密方法
MC-8AA机心	旅馆密码	LG以MC-8AA机心CF-21G24LG、CF-21G22、CF-21G24为代表采用MC-8AA机心的彩电，设有旅馆模式设置功能，需进入维修模式进行设置 在电视机正常收视状态下，先按电视机上的“OK”键，接着按遥控器上的“OK”键（也可按专用遥控器上的“SVC”键3s），电视机进入维修模式。进入维修模式后，选择“HOTEL”旅馆模式设置项目，对旅馆模式进行设置，数据为0时关闭旅馆模式，数据为1时启动旅馆模式

（续）

机心/系列	密码类型	通用密码或童锁与旅馆模式解密方法
MC-022A 超级单片	旅馆密码	LG 以 CT-25K90V、CT-25M60VE、CT-29K90V、CT-29M60VE、RT-29FB30V、CT-29FA50VE 为代表的采用 MC-022A 机心的超级单片彩电，设有旅馆模式设置功能，需进入维修模式进行设置 正常收视状态下，电视机面板上采用 4 个按键的机型，按住面板上的“音量”键，采用 6 个按键的机型，按面板上的“确定”键，同时按住遥控器的“确定”键，持续 6～10s，即可进入维修模式，屏幕上显示调整菜单。进入维修模式后，选择“HOTEL”旅馆模式设置项目，对旅馆模式进行设置，数据为 0 时关闭旅馆模式，数据为 1 时启动旅馆模式
PDP 等离子	通用密码	LG PDP 等离子彩色电视机，设有通用密码，其通用密码是：0000，输入通用密码可进入维修模式 在电视机正常收视状态下，同时按住电视机控制面板上和遥控器上的“MENU”键 3s，即可进入维修模式的调整菜单，其初始密码为：0000。如果不能进入维修模式的调整菜单，可拨打客服电话：4008199999，查询你的电视机串号，他们会帮助您查

3.3.4 汤姆逊和三洋数码、高清彩电旅馆模式解密方法

汤姆逊和三洋数码、高清彩电部分机心机型设有旅馆密码，汤姆逊和三洋数码、高清彩电的旅馆模式的设定和解除方法见表 3-38。

表 3-38 汤姆逊和三洋数码、高清彩电旅馆模式解密方法

品牌 机心/系列	密码类型	通用密码或童锁与旅馆模式解密方法
汤姆讯 55MT52	旅馆密码	汤姆讯 55MT52 彩电，设有旅馆模式。误入旅馆状态后，最大音量只能调到正常时的 1/4 左右，但图像正常 退出旅馆模式方法：将电视机进入待机状态，切断电视机电源；按主电源开关，同时按遥控器上的“待机”键不放，直到电视机开机，屏幕上显示“设置”菜单，按遥控器上的“黄色”键选择“扬声器”设置项目，按“音量＋”键调大音量设置即可
三洋 LA7680 单片机心	旅馆密码	三洋 CK2128 系列单片彩电，具有旅馆模式。进入旅馆模式后，不能进行搜索选台，音量调整不能调到最大 首先进入 TV 状态，然后按住遥控器上的“S”键大约 4s 时间，即可进入功能设置模式，屏幕上显示“SP--”。用遥控器上的数字键输入“31”，屏幕上显示“SP31”，再按一下小门里的“M”键存储，即可进入旅馆模式；要退出旅馆模式，输入“30”，屏幕上显示“SP30”，再按一下小门里的“M”键存储，即可退出旅馆模式，搜索和音量调整恢复正常

第4章　进口液晶、等离子彩电维修技法速查

维修进口液晶、等离子彩电，有很多技法和技巧，本章将液晶、等离子彩电维修技巧和秘籍搜索到一起，提供以下内容，供读者参考。

一是故障自检显示信息速查和等离子屏自检方法速查。厂家在设计时，液晶、等离子彩电控制系统往往设有自检功能，通过自检可判断故障部位，为维修提供方便。液晶、等离子彩电的自检功能主要有：显示屏自检和故障代码显示两种方式，显示屏自检主要对屏或屏上组件进行检查，故障代码显示主要对主板相关组件进行检查。

二是电源板单独工作的方法速查。维修同行们维修电源板故障时，往往将电源板从主机上拆下来单独维修，摸索出电源板单独工作的方法；就是模拟主板、逻辑板发出的控制信号强制打开电源，使电源板单独工作，判断电源板是否有故障，同时对电源板的维修也极其方便。

三是松下屏保护电路维修方法速查。对液晶、等离子彩电保护电路进行剖析后，维修行家摸索出的解除保护的方法，为判断保护原因，查找引起保护的故障部件提供方便。

同一机心不同机型的维修技法往往相同，可借鉴和采用，有关各品牌机心的电路配置和同类机型，请参见本书的第1章进口彩电机心机型与电路配置速查。

4.1　故障自检显示信息速查

液晶、等离子彩电总线主控电路微处理器和被控电路之间采用双向信息传输，微处理器可根据被控电路的应答信号和总线系统的通信情况，对被控电路进行检查，当被控电路应答信号不正常或总线系统传输发生故障时，微处理器会做出被控电路发生故障的判断，并将检测结果存储到存储器中。当电视机发生故障或进入保护状态时，部分等离子彩电进入特定的维修模式后，可通过指示灯显示故障信息，如果屏幕显示正常，可进入自检状态，通过屏幕进行故障自检信息的显示，向用户和维修人员提供保护信息。

常见的自检信息显示方式主要有两种：一种是LED发光二极管显示故障代码；另一种是通过屏幕显示自检信息，有的机型还具有指示灯和屏幕的双重保护显示方式。其中LED发光二极管显示有通过闪烁次数显示和颜色改变显示两种方式，屏幕显示有通过集成电路名称颜色改变显示和字符显示两种方式，字符显示：集成电路正常显示“OK”，不正常显示“NG”。由于各个厂家和品牌采用的控制系统不同，自检方法和故障代码显示方法、显示内容也不相同，常见的国内外等离子彩电故障代码如下。

4.1.1　松下液晶、等离子彩电故障自检信息速查

1. 松下LH33机心液晶彩电故障自检显示

松下LH33机心TC-20LB30G等液晶彩电具有故障自检显示功能，在维修时，当类似于开机一次次失败或无音视频等现象无法确认时，自检功能可以用来确定以及缩小故障线路范围。方法是：同时按下遥控器上的定时关机键和电视机上的“音量－”键，即可进入自检

模式，屏幕上显示自检结果如图 4-1 所示：屏幕右侧显示模式选项 OPTION1 ~ OPTION13 的设置数据，屏幕左侧显示被检测的集成电路名称和自检结果，集成电路功能见表 4-1，后面的“OK”表示该集成电路正常，如果显示“NG”表示该电路不正常。

自检之后，按频道选择等按键时，返回正常观看屏幕。

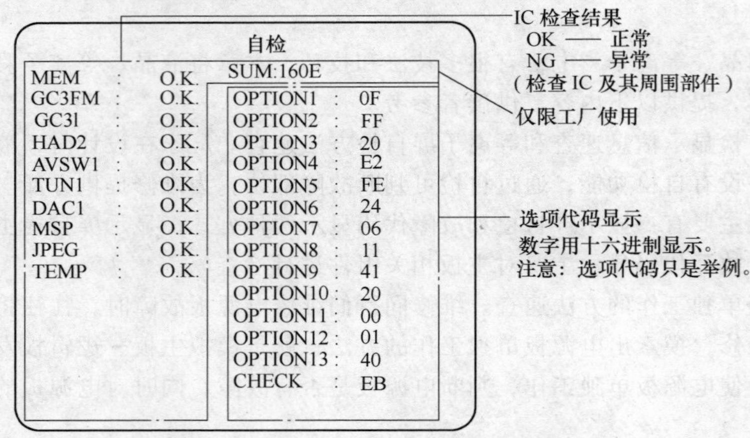

图 4-1　松下 LH33 液晶机心自检显示

表 4-1　松下 LH33 机心自检显示集成电路功能

显示代码	集成电路编号	集成电路功能	所在电路板
MEM	IC1002	存储器	A-板
G03FM	IC4017	主共用核心 IC	DG-扳
G031	IC4003	共用核心 IC	DG-板
HAD2	IC4001	屏显 RGB 转换	DG-板
AVSW1	IC3001	AV 切换	A-板
TUN1	TU101	调谐器	B-板
DAC1	IC1106	DAC 控制 IC	DG-板
MSP	IC2501	立体声解码器	A-板
JPEG	IC6513	照片浏览器	JG-板
TEMP	IC810	温度传感器	A-板

2. 松下 LH41 液晶机心故障代码含义

松下 LH41 液晶机心的 TC-26LX500D、TC-32LX500D、TC-26LX50D、TC-32LX50D 等液晶彩电，具有故障自检功能，自检后以指示灯闪烁次数显示故障代码，其故障代码的含义见表 4-2。

表 4-2　松下 LH-41 液晶机心指示灯闪烁故障代码含义

次数	故障码内容	检测电路板
1	逆变器报警	LCD 组件 P 板
3	1. AP 板 BT 30V 和 PC 5V 线电压短路 2. H 板 MSP 8V，MSP 5V 和 SUB 9V 电压短路	AP 板或 H 板
5	MAIN 9V 线电压短路	AP 板
8	SUB 5V 线电压短路	AP 板

3. 松下 LH50 液晶机心故障自检显示

松下 LH50 机心 TC-32LX600D 等液晶彩电具有故障自检显示功能，用于自动检查电视机总线和十六进制码。方法是：按电视机上的“音量 -”键，同时按遥控器上的“MENU”键，即可进入自检模式，屏幕上显示自检结果如图 4-2 所示：屏幕右侧显示模式选项 OPTION1 ~ OPTION13 的设置数据，屏幕左侧显示被检测的集成电路名称和自检结果，集成电路功能见表 4-3，后面的“OK”表示该集成电路正常，如果显示“NG”表示该电路不正常。

自检之后，关闭电视机，复位到 JPEG 浏览器电路。

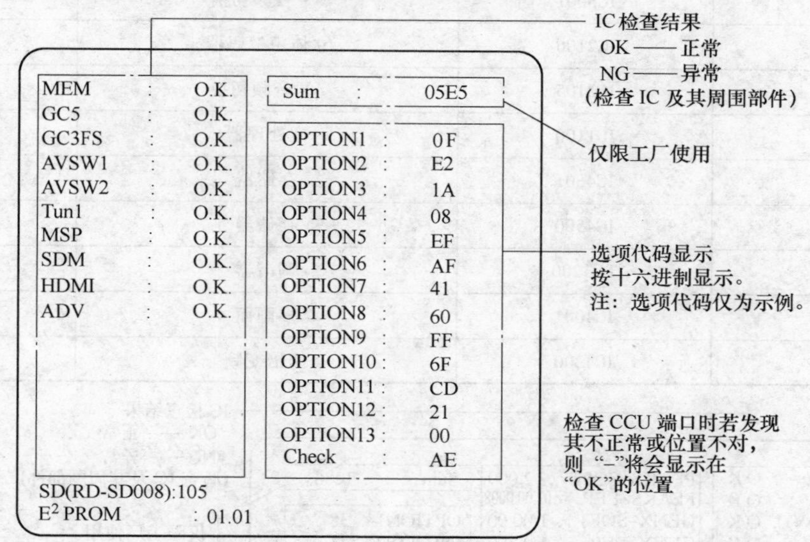

图 4-2　松下 LH50 液晶机心自检显示

表 4-3　松下 LH50 液晶机心自检显示集成电路功能

显示代码	集成电路编号	集成电路功能	所在电路板
MEM	IC1102	存储器	DG 板
G05	IC4037	共用核心处理器	DG 板
G03FS	IC4020	副共用核心	DG 板
AVSW1	IC3005	AV 视频切换	H 板
AVSW2	IC2105	AV 音频切换	H 板
Tun1	TU3201	调谐器	H 板
MSP	IC2106	立体声解码器	H 板
SDM	SD 模块	MPEG4/照片浏览器、SD 录像	SD 模块
HDMI	IC4026	HDMI I/F 接收器	DG 板
ADV	IC4019	A-D 转换器	DG 板

4. 松下 LH64 机心液晶彩电故障自检显示

松下 LH64 机心 TC-32LX700D 等液晶彩电具有故障自检显示功能，用于自动检查电视机总线和十六进制码。方法是：按电视机上的“音量 -”键，同时按遥控器上的“MENU”键，即可进入自检模式，屏幕上显示自检结果如图 4-3 所示：屏幕右侧显示模式选项 OPTION1 ~ OPTION3 的设置数据，屏幕左侧显示被检测的集成电路名称和自检结果，集成电路功能见表 4-4，后面的“OK”表示该集成电路正常，如果显示“NG”表示该电路不正常。

自检之后，关闭电视机，所有节目频道，频道描述数据以及其他用户自定义的设置将被擦除，返回工厂设定。

表 4-4　松下 LH64 液晶机心自检显示集成电路功能

显示代码	集成电路编号	集成电路功能	所在电路板
ADV	IC4510	A-D 转换	DG 板
VSW	IC3001	AV 视频切换	H 板
ADAV	IC2106	立体声解码器	H 板
ASW	IC2105	AV 音频切换	H 板
GENX	IC1100	微处理器	DG 板
MEM1	IC4501	存储器	DG 板
MEM2	IC4500	存储器	DG 板
TUN1	TU3200	调谐器	H 板
GC3FS	IC4001	多画面	DG 板
HQ1L	IC4200	两倍变频	DG 板

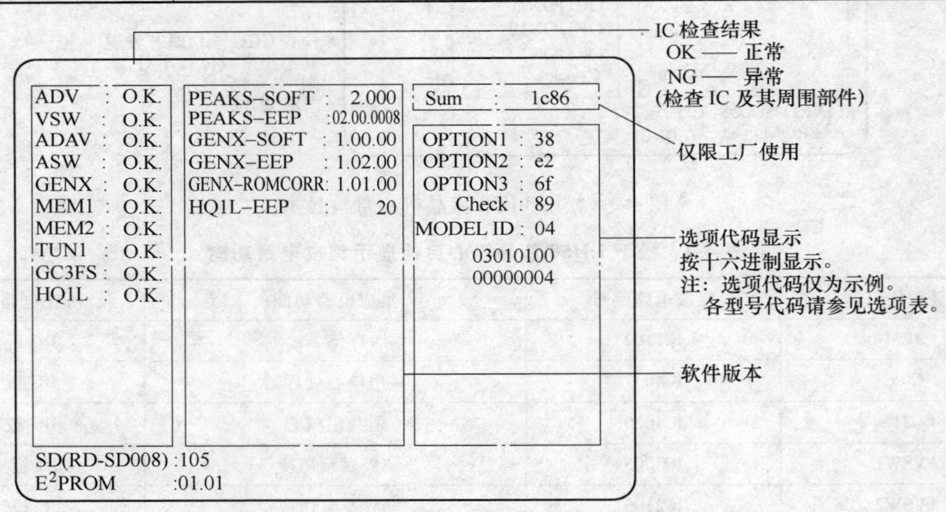

图 4-3　松下 LH64 液晶机心自检显示

5. 松下 GLP2N 机心液晶彩电故障自检显示

松下 GLP2N 机心 TC-20LA5G 等液晶彩电具有故障自检显示功能，在维修时，当类似于开机一次次失败或无音视频等现象无法确认时，自检功能可以用来确定以及缩小故障线路范围。方法是：同时按下遥控器上的定时关机键和电视机上的“音量 -”键，即可进入自检模式，屏幕上显示自检结果如图 4-4 所示，屏幕右侧显示模式选项 OPTION1 ~ OPTION13 的设置数据，屏幕左侧显示被检测的集成电路名称和自检结果，集成电路功能见表 4-5，后面的“OK”表示该集成电路正常，如果显示“NG”表示该电路不正常。

本机有异常情况发生时，保护电路动作进入待机状态，此时，电视机面板上的电源指示灯以闪烁的方式表示故障位置，其显示的故障代码含义见表 4-6。

自检之后，按频道选择等按键时，返回正常观看屏幕。

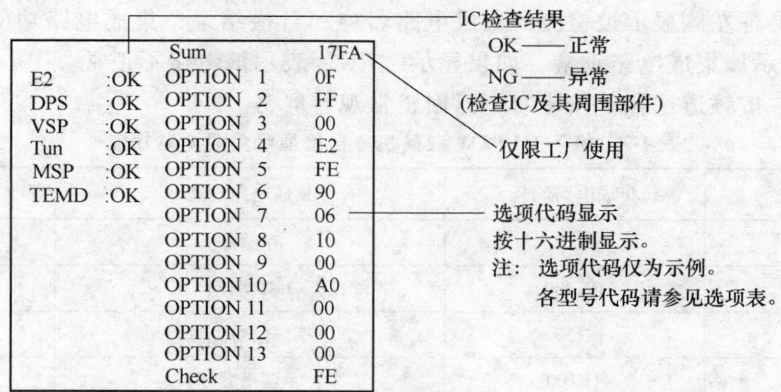

图 4-4　松下 GLP2N 机心自检显示

表 4-5　松下 GLP2N 液晶机心自检显示集成电路功能

显示代码	集成电路编号	集成电路功能	所在电路板
E2	IC1101	存储器	A-板
DPS	IC1700	LCD 驱动	A-板
VSP	IC1500	视频信号处理	A-板
Tun	TU100	调谐器	A-板
MSP	IC2501	多制式声音处理器	A-板
TEMP	IC1110	温度传感器	A-板

表 4-6　松下 GLP2N 液晶机心指示灯闪烁故障代码含义

次数	故障码内容	检测电路板
1	主 +5V 故障	IC1100（MCU）第 15 脚；SOS：低电平；正常：高电平
3	+24V，主 5V 或音频 +9V 过电压	IC1100（MCU）第 31 脚；SOS：低电平；正常：高电平

6. 松下 GLP2W 机心液晶彩电故障自检显示

松下 GLP2W 机心 TC-23LX50D 等液晶彩电具有故障自检显示功能，在维修时，当类似于开机一次次失败或无音视频等现象无法确认时，自检功能可以用来确定以及缩小故障线路范围。方法是：同时按下遥控器上的“MENU”键和电视机上的“音量 -”键，即可进入自

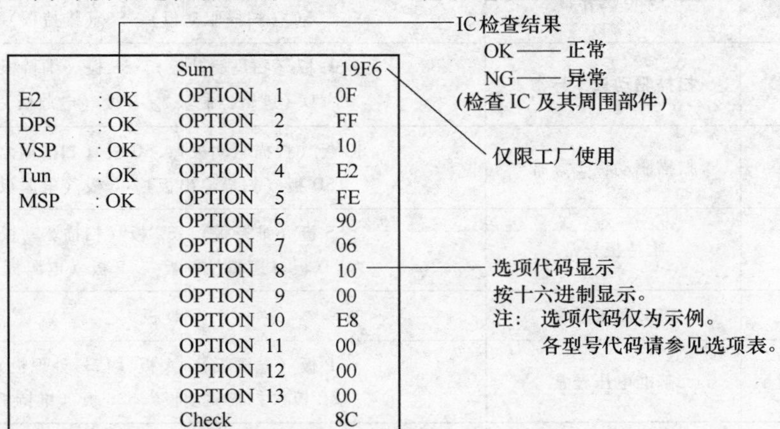

图 4-5　松下 GLP2W 液晶机心自检显示

检模式，屏幕上显示自检结果如图4-5所示，屏幕右侧显示模式选项OPTION1～OPTION13的设置数据，屏幕左侧显示被检测的集成电路名称和自检结果，集成电路功能见表4-7，后面的“OK”表示该集成电路正常，如果显示“NG”表示该电路不正常。

自检之后，按频道选择等按键时，返回正常观看屏幕。

表4-7 松下GLP2W液晶机心自检显示集成电路功能

显示代码	集成电路编号	集成电路功能	所在电路板
E2	IC1101	存储器	A-板
DPS	IC1700	LCD驱动	A-板
VSP	IC1500	视频信号处理	A-板
Tun	TU100	调谐器	A-板
MSP	IC2501	多制式声音处理器	A-板

7. 松下TH-42PX75U等离子彩电故障代码

松下TH-42PX75U等离子彩电选择一个电视频道，按电视机的“音量－”键，同时按遥控器“OK”键3s以上，即可进入自检模式。屏幕上显示自检后各电路检测结果的画面。若电路无故障，自检可以通过，各电路显示“OK”；若电路有故障，则自检不能通过，并提示故障部位。如果发生显示故障无法通过等离子屏显示自检信息时，通过电源指示灯闪烁显示故障代码，其故障代码含义见表4-8。

表4-8 松下TH-42PX75U等离子彩电故障码含义

指示灯闪烁次数（每3s闪烁1次）	故障内容	故障部位
1	STB5V检测超时	A板（信号处理板）
2	15V电压异常	P板（电源板），D板（逻辑控制板），A板（信号处理板），SC（扫描驱动板），SS（维持板）
3	3.3V电压异常	D板（逻辑控制板）
4	电源供电异常	P板（电源板），D板（逻辑控制板）
5	5V电压异常	D板（逻辑控制板），P板（电源板），C1、C2板（寻址板）、SC（扫描驱动板），SS（维持板）
6	扫描驱动板1异常	SC板（扫描驱动板），SS板（维持板），D（逻辑控制板），P板（电源板）
7	扫描驱动板2异常	SC板（扫描驱动板），SU板（扫描输出板），SD板（扫描输出板），P板（电源板）
8	维持板异常	SS板（维持板），SC板（扫描驱动板），D板（逻辑控制板），P板（电源板）
9	PDP面板异常	D板
10	基准电压异常	P板（电源板），A板（信号处理板），SC板（扫描驱动板），SS板（维持板）
12	音频电压异常	扬声器，A板（信号处理板）

8. 松下 GP6DA 机心 TH-42PA20C 等离子彩电故障代码

松下 GP6DA 机心 TH-42PA20C 等离子彩电，具有故障自检功能，自检后提供指示灯闪烁的方式显示故障代码，其故障代码含义见表 4-9。

表 4-9 松下 GP6DA 机心 TH-42PA20C 等离子彩电故障码含义

LED 电源指示灯闪烁次数	故障部位
1 次	主电源
2 次	扫描驱动器 1
3 次	3. 3VSOS
4 次	5VSOS
7 次	扫描驱动器 2
9 次	维持驱动器

9. 松下 GP6DA 机心 TH-42PA30C 等离子彩电故障代码

松下 GP6DA 机心 TH-42PA30C 等离子彩电，具有故障自检功能，自检后提供指示灯闪烁的方式显示故障代码，其故障代码含义见表 4-10。

表 4-10 松下 GP6DA 机心 TH-42PA30C 等离子彩电故障码含义

LED 电源指示灯闪烁次数	故障部位
2 次	数据驱动器 1
3 次	3. 3VSOS
4 次	5VSOS
5 次	电源 SOS
7 次	扫描驱动器 2
9 次	维持驱动器
12 次	PA 印制电路板基准电压（15V、12V、9V、5V、2. 5V）

10. 松下 GP7D 机心 TH-42PA40C 等离子彩电故障代码

松下 GP7D 机心 TH-42PA40C 等离子彩电，具有故障自检功能，自检后提供指示灯闪烁的方式显示故障代码，其故障代码含义见表 4-11。

表 4-11 松下 GP7D 机心 TH-42PA40C 等离子彩电故障码含义

LED 电源指示灯闪烁次数	故障部位
2 次	数据驱动器 1
3 次	3. 3VSOS
4 次	5VSOS
5 次	电源 SOS
7 次	扫描驱动器 2
9 次	维持驱动器

11. 松下 TH-42PA50C 等离子彩电故障代码

松下 TH-42PA50C 等离子彩电，具有故障自检功能，自检后提供指示灯闪烁的方式显示故障代码，其故障代码含义见表 4-12。

表 4-12 松下 TH-42PA50C 等离子彩电故障码含义

LED 电源指示灯闪烁次数	故障部位
1 次	无定点检查点
2 次	数据驱动器 1
3 次	3. 3VSOS
4 次	5VSOS
5 次	电源 SOS
7 次	扫描驱动器 2
9 次	维持驱动器
10 次	调谐器 SOS
12 次	声音 SOS

12. 松下 TH-42PA60C 等离子彩电故障代码

松下 TH-42PA60C 等离子彩电，具有故障自检功能，自检后提供指示灯闪烁的方式显示故障代码，其故障代码含义见表 4-13。

表 4-13 松下 TH-42PA60C 等离子彩电故障码含义

LED 电源指示灯闪烁次数	故障部位
1 次	无定点检查点
2 次	数据驱动器 1（+15V 保护 D 板）
3 次	3. 3VSOSD 板
4 次	5VSOS 电源
5 次	电源 SOS5VD 板
6 次	SC 板
7 次	SC 板
8 次	SS 板
9 次	维持驱动器显示屏
10 次	调谐器 SOSPA 板
12 次	声音 SOS

13. 松下 TH-42PV30C、TH-50PV30C 等离子彩电故障代码

松下 TH-42PV30C、TH-50PV30C 等离子彩电，具有故障自检功能，自检后提供指示灯

闪烁的方式显示故障代码，其故障代码含义见表4-14。

表4-14　松下TH-42PV30C、TH-50PV30C等离子彩电故障码含义

LED电源指示灯闪烁次数	故障部位
1次	无定点检查点
2次	数据驱动器1
3次	3.3VSOS
4次	5VSOS
5次	电源SOS
7次	扫描驱动器2
9次	维持驱动器
12次	TU组件电源PA板（15V、12V、9V、5V、2.5V）
13次	风扇SOS

14. 松下TH-42PW4CH等离子彩电故障代码

松下TH-42PW4CH等离子彩电，具有故障自检功能，自检后提供指示灯闪烁的方式显示故障代码，其故障代码含义见表4-15。

表4-15　松下TH-42PW4CH等离子彩电故障码含义

LED电源指示灯闪烁次数	故障部位
2次	SC板、SS板、C板
3次	D板3.3V电源
4次	VSUS、VBK、VDA、+15V、AUDIO±15V、+5V、+13.5V

15. 松下TH-42PW5CH、TH-42PWD5C等离子彩电故障代码

松下TH-42PW5CH、TH-42PWD5C等离子彩电，具有故障自检功能，自检后提供指示灯闪烁的方式显示故障代码，其故障代码含义见表4-16。

表4-16　松下TH-42PW5CH、TH-42PWD5C等离子彩电故障码含义

LED电源指示灯闪烁次数	故障部位
2次	SC板、SS板、C板
3次	D板3.3V电源
4次	P板IC508保护电路
6次	风扇电路、风扇、P10的3脚

16. 松下TH-42PW6CH等离子彩电故障代码

松下TH-42PW6CH等离子彩电，具有故障自检功能，自检后提供指示灯闪烁的方式显示故障代码，其故障代码含义见表4-17。

表 4-17 松下 TH-42PW6CH 等离子彩电故障码含义

LED 电源指示灯闪烁次数	故障部位
1 次	主电源 micom
2 次	扫描驱动器 1
3 次	3. 3VSOS
4 次	5VSOS
6 次	电源电路 STR6668M 或电阻 R9947（4. 7kΩ）、R9972（10kΩ）
7 次	扫描驱动器 2
9 次	维持驱动器

17. 松下 TH-50PHDSCK 等离子彩电故障代码

松下 TH-50PHDSCK 等离子彩电，具有故障自检功能，自检后提供指示灯闪烁的方式显示故障代码，其故障代码含义见表 4-18。

表 4-18 松下 TH-50PHDSCK 等离子彩电故障码含义

LED 电源指示灯闪烁次数	故障部位
2 次	扫描驱动器 1（SC 能量恢复电路）
3 次	3. 3VSOSP 板
4 次	5VSOSD 板
5 次	电源 SOSP 板
6 次	风扇
7 次	扫描驱动器 2（SC 浮置电压区域）
9 次	维持驱动器（SS 能量恢复电路）

18. 松下 TH-50PHW6CH 等离子彩电故障代码

松下 TH-50PHW6CH 等离子彩电，具有故障自检功能，自检后提供指示灯闪烁的方式显示故障代码，其故障代码含义见表 4-19。

表 4-19 松下 TH-50PHW6CH 等离子彩电故障码含义

LED 电源指示灯闪烁次数	故障部位
2 次	数据驱动器
3 次	3. 3VSOS
4 次	电源 SOS
5 次	5VSOS
6 次	风扇
7 次	扫描驱动器
9 次	维持驱动器

19. 松下 TH-50PV500C、TH-50PV5500C 等离子彩电故障代码

松下 TH-50PV500C、TH-50PV5500C 等离子彩电，具有故障自检功能，自检后提供指示灯闪烁的方式显示故障代码，其故障代码含义见表 4-20。

表 4-20　松下 TH-50PV500C、TH-50PV5500C 等离子彩电故障码含义

LED 电源指示灯闪烁次数	故障现象	故障部位
1 次	I^2C 总线传输出错	相关电路板
2 次	12V 电源异常	D 板、P 板的 12V-SOS
3 次	3.3V 电源异常	D 板的 3.3V-SOS
4 次	电源电路异常	P 板、PV 板的 SOS
5 次	5V 电源异常	D 板、P 板的 5V-SOS
6 次	扫描驱动异常	SC 板的能量回收和电压形成电路-SOS
7 次	数据驱动异常	SS 板的数据能量回收和数据驱动-SOS
8 次	维持驱动异常	SS 板的能量回收电路-SOS
9 次	软件版本出错	D 板、DG 板的软件版本错误
10 次	TU 组件电路异常	PA 板的 15V、12V、9V、5V、2.5V
11 次	风扇电路异常	PB 板、风扇-SOS
12 次	伴音电路异常	H 板、PB 板、Z 板的伴音 SOS、喇叭

20. 松下 GPH10DA 机心 TH-50PV70C 等离子彩电故障代码

松下 GPH10DA 机心 TH-50PV70C 等离子彩电，具有故障自检功能，自检后提供指示灯闪烁的方式显示故障代码，其故障代码含义见表 4-21。

表 4-21　松下 GPH10DA 机心 TH-50PV70C 等离子彩电故障码含义

LED 电源指示灯闪烁次数	故障部位
1 次	无定点检查点
2 次	15VSOSP 板
3 次	3.3VSOSD 板
4 次	电源 SOSP 板
5 次	5VSOSP 板、D 板
6 次	驱动器 SOS1（SC 能量恢复电路）SU 板、SD 板、SC 板
7 次	驱动器 SOS2（SC 浮置电压区域）SU 板、SD 板、SC 板
8 次	驱动器 SOS3（SS 能量恢复电路）SS 板
9 次	配置 SOS
10 次	副 5VSOS、主 3.3VSOS、DTV9VSOS、调谐器电源 SOS、PA 板、H 板、DG 板
12 次	声音 SOS、P 板、H 板
13 次	IC8001、DG 板

21. 松下 70/700 和 80/800 系列等离子彩电故障代码

松下 70/700 和 80/800 系列等离子彩电具有自检显示功能，进入自检模式的方法是：

仅自检显示：进入 TV 接收屏幕，然后按住主机上的“－/V”键的同时，按下遥控器上的确定键 3s 以上。

自检显示和恢复出厂设置：进入 TV 接收屏幕，然后按住主机上的“－/V”键的同时，

按下遥控器上的菜单键 3s 以上。

进入自检模式后，屏幕上显示的自检信息如图 4-6 所示，屏幕的左侧以代号方式显示自检信息。集成电路后部显示自检结果，显示“OK”表示正常，显示“NG”表示不正常。如果显示“NG”，请根据表 4-22 对相关部件进行检查维修。

退出自检状态的方法是拔下市电输入电源插头。

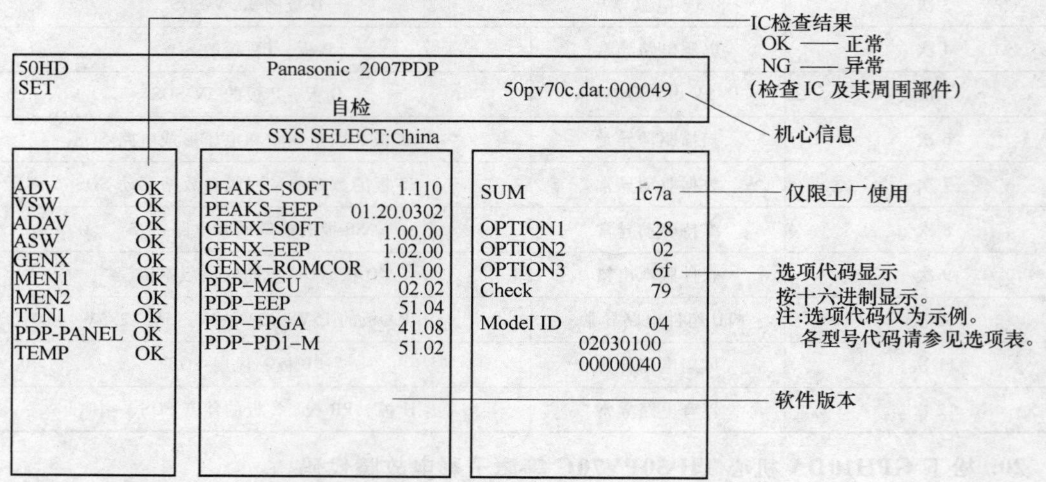

图 4-6 松下 700 和 800 系列等离子彩电自检显示

表 4-22 松下 70/700 和 80/800 系列等离子彩电集成电路功能

显示代码	集成电路编号	集成电路功能	所在电路板
ADV	IC4510	AD/HDMI	DG 板
VSW	IC3001	视频开关	H 板
ADAV	IC2106	声音处理器	H 板
ASW	IC3101	音频开关	H 板
GEN	IC1100	GenX（STB MCU）	DG 板
MEM1	IC1101	E^2PROM（GenX）	DG 板
MEM2	IC8601	E^2PROM（PeakS）	DG 板
TUN1	TU3200	调谐器	H 板
PDP. PANEL	IC9003	MICOM	D 板
TEMP	IC4800	Temp 传感器	DG 板

22. 松下 PDP 系列等离子彩电故障代码

松下 PDP 系列等离子彩电具有自检显示功能，进入自检模式的方法根据机型的不同，有以下两种方法：

1）按电视机面板上的减键或下降键的同时，按遥控器上的“定时关机”键或“HELP”键或“MENU”键，即可进入自检显示状态。退出自检状态的方法是：按遥控器上的任意键（70 系列除外）。

2）安装电视机面板上的“音量 +/-”键，同时在 1s 内快速按遥控器上的“状态”键，即可进入 CAT 计算机辅助检定模式，屏幕上显示 CAT 模式菜单如图 4-7 所示，根据自检结果，对相关电路进行维修。退出 CAT 模式自检模式的方法是：进入 ID 模式，关闭电视机电源。

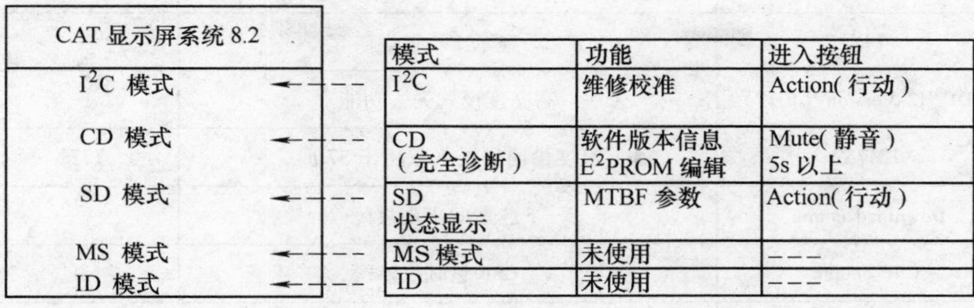

图 4-7　松下 PDP 系列等离子彩电自检显示

4.1.2　索尼液晶彩电童锁密码解密

索尼 KLV-32R421A 液晶彩电童锁密码

索尼 KLV-32R421A 液晶彩电具有童锁功能，当遗失解锁密码时，选择“亲子锁”设定里的“PIN 代码”设定，然后按数字键“9999”输入通用密码即可。

4.1.3　飞利浦液晶、等离子彩电故障代码

1. 飞利浦 32PFL1335/T3 液晶彩电解锁密码

飞利浦 32PFL1335/T3 液晶彩电具有童锁功能，当忘记解锁密码时，选择童锁→更改密码，按数字键“3448”输入新密码，覆盖现有密码即可。

2. 飞利浦 FM24AB 机心等离子彩电故障代码

飞利浦 FM24AB 机心等离子彩电，具有故障自检功能，自检后提供指示灯闪烁的方式显示故障代码，其故障代码含义见表 4-23。

表 4-23　飞利浦 FM24AB 机心等离子彩电故障码含义

故障代号	故障器件名称	描　述	器件号	器件位置
1	TEA6422D	音频开关	7798	SC13
2	MSP3451G	音频处理	7812	SC14
3	PCF8574-SCAV10	I/O 扩展	7540	SC8
4	PCF8591	AD-DA 扩展	7530	SC8
5	FS6377	时钟发生器	7570	SC9
6	PCR574-PSU	I/O 扩展	7370	P3
7	24C16 OTC	OTC 存储器	7430	SC7
8	24C16 PW	PW 存储器	7580	SC9
9	SAA7118	视频解码	7225	SC5
10	AD9887	ADC 转换器/TMDS 接收器	7170	SC4
11	SDA9400	去隔行处理	7280	SC5
12	EP1 K30QC	EPLD 处理	7656	SC11

（续）

故障代号	故障器件名称	描　　述	器件号	器件位置
13	PDP	显示 I^2C 错误	—	—
14	PDP H2-Version（FHP）	高亮度模式失去功能	—	—
15	LM75A	温度检测错误（仅用于 37in）	7372	P3
20	Download comm.	下载期间出现故障	—	—
21	CSP comm.	CSP 超时故障	—	—
30	PDP	显示 HW 故障	—	—
31	PDP	显示警告（如未连接好或 PSU 未检测到等）	—	—
40	Temperature alarm	超温检测		
70	V-S overvohage	V-S、V-a、+3V3、+5V 过电压检测	7341	P3
71	V-S undervohage	V-S 欠电压检测	7308A/B	P3
72	V-a undervohage	V-a 欠电压检测	7308C/D	P3
73	+5V undervoltage	+5V 欠电压检测	7330A/B	P3
74	+3V3 undervohage	+3V3 欠电压检测	7330C/D	P3
75	DC-PROT	音频功放保护	7362	P3
76	TEMP-PSU	PSU 过温	7366A	P3

4.1.4　日立等离子彩电故障代码

日立 42PMA400C 等离子彩电故障代码

日立 42PMA400C 等离子彩电具有故障自检功能，调出自检信息的方法是：按住电视机上的“SIZE”键打开副电源，持续按住 5s 后，无论是否有故障，均进入自检模式。从内存中读取故障记录，以屏幕显示（OSD）和发光二极管的闪烁表示检查内容。故障记录及自检结果如图 4-8 所示。故障记录的错误代码从最新号码开始最多显示 5 个，超过 5 个时替换掉旧号码显示。自检结果以“OK”或“NG”表示。（但是，无 VIDEO 基板时，H31、H32、H34、H35、H36 表示为“ - ”）如果显示“NG”，请根据表 4-24 对相关部件进行检查维修。

操作“MENU”键等解除自检模式。

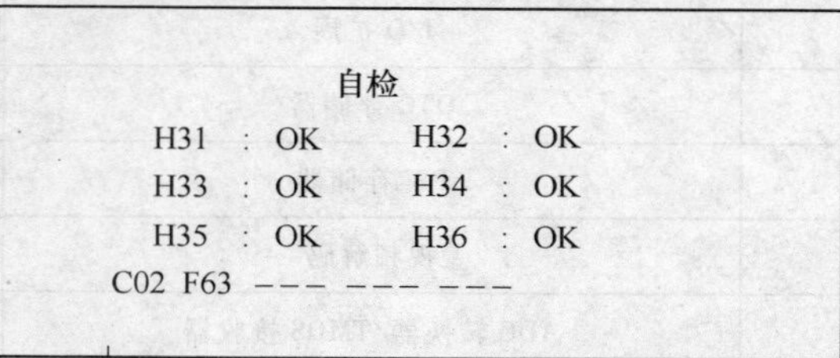

图 4-8　日立 42PMA400C 等离子彩电自检显示

表 4-24 日立 42PMA400C 等离子彩电自检内容含义

检查项目（错误内容）	错误代码显示	发光二极管闪烁次数	记录保存	自检对象	电路号码	对象 IC 单元等	对象基板名
风扇停止异常	C02	1	0	—	—	—	电源或信号板组件
同步分离 IC（主）异常	H31	—	—	0	1605	TA1370FG	信号板组件
同步分离 IC（副）异常	H32	—	—	0	1607	TA1370FG	
同步分离 IC（RGB）异常	H33	—	—	0	1503	TA1370FG	
色解调 IC 异常	H34	—	—	0	1505B	TB1274AF	
3 次 YC 分离 IC 异常	H35	—	—	0	iL01	uPD64083	
3 次 YC 分离 IC 异常	H36	—	—	0	1301	TC90A69F	
I^2C-BUS 闭锁异常	F63	—	0	—	—	有自动复位处理	

4.2 等离子屏自检方法速查

等离子屏上组件与屏构成一个整体，等离子显示屏采用特定的方法，启动逻辑板的相关程序，点亮显示屏并显示逻辑板存储器中预设的图像内容，如白场信号、测试信号。点亮显示屏的方法通常叫作“自检”。

当等离子彩电发生黑屏、黑带或花屏等图形异常故障时，为了区分是信号板（也称主板或视频信号处理板）还是屏上组件（逻辑板与等离子屏）发生故障，使用自检的方法可缩小故障范围，将故障锁定在自制组件或屏组件上，若“自检”后等离子彩电显示正常，可判断等离子显示屏及屏上组件正常，故障在信号板上；反之，说明故障在屏或屏上组件上。

对某个故障现象可能由几个组件同时失效引起时，可根据各个组件故障率大小和供电及信号先后顺序，先检查故障率大的和供电组件，再检查故障率小的或信号处理组件，以便提高故障判断速度。如果自检后判断故障在屏或屏上组件上，可依次检修电源板→扫描板→维持板→逻辑板→扫描缓冲板→寻址板；如果自检后判断故障在信号板上，可依次检修副电源板→主板→TV 板。

不同型号的等离子彩电，其等离子屏自检方法和故障代码显示也不相同，为了适应读者维修等离子彩电的需要，本节将国内常见的等离子屏自检方法和故障代码显示搜集整理编排在一起，供维修时参考。

4.2.1 三星屏自检方法

三星等离子显示屏实现“自检”的思路是将 AC220V 接在屏电源板上，将电源板上 PS-ON 或 Relay 信号短路到地（模拟信号处理板发出二次开机指令），再短接逻辑板相关插座或拨动开关（实现逻辑板内接/外接信号切换）。若屏或屏上组件正常，将在屏幕上出现白光栅或测试信号。三星屏控制方式差别不大，其自检方法也只是插座位号有些差异。三星屏自检时需将自制组件连接线断开，只留屏上组件，下面将目前主流机型使用的三星屏自检方法及步骤介绍如下。

1. 三星 S42AX-YD01 屏自检方法

第一步：将电源板上插座 CN8007 的 3 脚（GND）与 4 脚（Relay）短接；

第二步：将逻辑板上插座 CN2072 的 3、4 脚短接；

第三步：接通 AC220V 电压，屏幕显示正常的白场信号，说明屏和屏上组件正常。

2. 三星 S42AX-YD02 屏自检方法

第一步：将电源板上插座 CN8003 的 8 脚（PS-ON）与 9（GND）脚短接；

第二步：将逻辑板上插座 CN2072 的 3、4 脚短接；

第三步：接通 AC220V 电压，屏幕显示正常的白场信号，说明屏和屏上组件正常。

3. 三星 S42AX-YD03 屏自检方法

第一步：将电源板上插座 CN803 的 3 脚（GND）与 4 脚（PS-ON）脚短接；

第二步：把逻辑板上插座 CN2013（水平方向）3、4 脚短接；

第三步：接通 AC220V 电压，屏幕显示正常的白场信号，说明屏和屏上组件正常。

4. 三星 S42AX-YD05 屏自检方法

第一步：将电源板上插座 CN8003 的 3 脚（GND）与 4 脚（PS-ON）脚短接；

第二步：把逻辑板上插座 CN2007（水平方向）3、4 脚短接；

第三步：接通 AC220V 电压，屏幕显示正常的白屏→红屏→绿屏→蓝屏→红渐变→绿渐变→蓝渐变→黑白渐变→黑白斜条共 9 种模式，说明屏和屏上组件正常。

5. 三星 S42AX-YD09 屏自检方法

第一步：把主板的使用连接线断开；

第二步：把电源板上 CN801 的 2 脚（PS-ON）与 3 脚（GND）短接；

第三步：把逻辑板上 CN2007 的 3、4 脚短接；

第四步：通电后屏幕出现自检测试画面。

6. 三星 S42AX-YD10 屏自检方法 1

第一步：将电源板上插座 CN8002 的 4 脚（Relay-S）和 5 脚（GND）短接；

第二步：把逻辑板上插座 CN2001 的 3、4 脚短接；

第三步：接通 AC220V 电压，屏幕显示正常的白场→红场→蓝场→绿场，随后是红场→蓝场→绿场从上往下滚动，接着又从右往左滚动，说明屏和屏上组件正常。

7. 三星 S42AX-YD10 屏自检方法 2

第一步：将电源板上插座 CN8003 的 4 脚（PS-ON）和 3 脚（GND）短接；

第二步：把逻辑板上插座 CN2007 的 1、2 脚或 3、4 脚短接；

第三步：接通 AC220V 电压，屏幕显示正常的白场→红场→蓝场→绿场，随后是红场→蓝场→绿场从上往下滚动，接着又从右往左滚动，说明屏和屏上组件正常。

8. 三星 S42AX-YD11 屏自检方法

第一步：将电源板上插座 CN801 的 1 脚（PS-ON）和 4 脚（GND-5VSTB）短接；

第二步：把逻辑板上 F2000 旁边的插座 CN2007 的 3、4 脚短接；

第三步：接通 AC220V 电压，屏幕显示正常的白场→红场→蓝场→绿场，随后是红场→蓝场→绿场从上往下滚动，接着又从右往左滚动，说明屏和屏上组件正常。

9. 三星 S42AX-YD12 屏自检方法

第一步：将电源板上插座 CN801 的 1 脚（PS-ON）和 5 脚（GND）短接；

第二步：把逻辑板上的插座 CN2007 的短接；

第三步：接通 AC220V 电压，屏幕显示正常的白场→红场→蓝场→绿场，随后是红场→

蓝场→绿场从上往下滚动，接着又从右往左滚动，说明屏和屏上组件正常。

10. 三星 S42AX-YD13 屏自检方法

第一步：将电源板上插座 CN801 的 1 脚（PS-ON）和 4 脚（GND）短接；

第二步：把逻辑板上的插座 CN2007 的全部引脚短接在一起；

第三步：断开主板使用连接排线，接通 AC220V 电压，屏幕显示正常的白场→红场→蓝场→绿场，随后是红场→蓝场→绿场从上往下滚动，接着又从右往左滚动，说明屏和屏上组件正常。

11. 三星 S42AX-YD15 屏自检方法

第一步：将电源板上 CN801 的 1、5 脚短接；

第二步：将逻辑板的 CN2007 的 3、4 脚短接；

第三步：将主板上所有连接排线断开，通电后屏幕出现自检测试画面。

12. 三星 S42SD-YD04（V2）屏自检方法

第一步：将电源板上插座 CN802 的 3 脚（RTN）与 4 脚（PS-ON）短接；

第二步：将逻辑板上拨动开关 SW2001 由原状态 1、2、4 上，3 下状态，拨为 1、3 上，2、4 下；

第三步：断开主板使用连接排线，接通 AC220V 电压，屏幕显示白场信号，说明屏和屏上组件正常。

13. 三星 S42SD-YD05（V3）屏自检方法

第一步：将电源板上插座 JP8005 短接；

第二步：将逻辑板上拨动开关 SW2001 由原 1、2、4 上，3 下状态，拨为 1、3 上，2、4 下；

第三步：断开主板使用连接排线，接通 AC220V 电压，屏幕显示白场信号，说明屏和屏上组件正常。

14. 三星 S42SD-YD07（V4）屏自检方法

第一步：将电源板上插座 CN8007 的 3 脚（GND）与 4 脚（Relay）短接；

第二步：将逻辑板上插座 CN2034 的 3、4 脚短接；

第三步：接通 AC220V 电压，屏幕显示白场信号，说明屏和屏上组件正常。

15. 三星 S42SD-YD09（V5）屏自检方法 1

第一步：将电源板上插座 CN8003 的 3 脚（CND）与 4 脚（PS-ON）短接；

第二步：将逻辑板上插座 CN2034 的 3、4 脚短接；

第三步：接通 AC220V 电压，屏幕显示白场信号，说明屏和屏上组件正常。

16. 三星 S42SD-YD09（V5）屏自检方法 2

第一步：将逻辑板插座 CN2001 的 3、4 脚两跳线短路（水平方向）；

第二步：将电源板的 CN8003 的 8、9 脚短路（PS-ON 脚对地脚短路）；

第三步：断开主板与 PDP 面板的连接线；

第四步：通电后应出现全白场，否则，说明 PDP 显示屏或驱动电路有故障。

17. 三星 S50FH-YD03 屏自检方法

第一步：将电源板上插座 CN801 的 1 脚（PS-ON）和 4 脚（GND-5VSTB）短接；

第二步：把逻辑板上的插座 CN2008 的引脚短接；

第三步：接通 AC220V 电压，屏幕显示正常，说明屏和屏上组件正常，否则为等离子屏或屏组件有故障。

18. 三星 S50HW-YD01 屏自检方法

第一步：将电源板上插座 CN8003 的 3 脚（GND）与 4 脚（PSSON）短接；

第二步：将逻辑板上插座 CN2012 短接；

第三步：接通 AC220V 电压，屏幕显示白场信号，说明屏和屏上组件正常。

19. 三星 S50HW-YD02（W2）屏自检方法

第一步：将电源板上插座 CN8003 的 3 脚（GND）与 4 脚（PS-ON）短接；

第二步：将逻辑板上插座 CN2007 的 3、4 脚短接；

第三步：接通 AC220V 电压，屏幕显示 7 个滚动画面（如红场、蓝场等），说明屏和屏上组件正常。

20. 三星 S50HW-YD09 屏自检方法

第一步：将电源板上 CN8003 的 3、4 脚短接；4 脚（PS-ON）与地短接；

第二步：将逻辑板上 CN2007 的 3、4 脚短接；VS-ON 与 D5V 短接；

第三步：将主板上使用连接排线断开，接通 AC220V 电压，屏幕显示测试画面。

21. 三星 S50HW-YD11 屏自检方法

第一步：将电源板上插座 CN801 的 1 脚（PS-ON）和 4 脚（GND-STBY）短接；

第二步：把逻辑板上 F2000 旁边的插座 CN2007（或无位号）的 3、4 脚短接；

第三步：接通 AC220V 电压，屏幕显示正常的白场→红场→蓝场→绿场，随后是红场→蓝场→绿场从上往下滚动，接着又从右往左滚动，说明屏和屏上组件正常。

22. 三星 S50HW-YD13 屏自检方法

第一步：将电源板上插座 CN801 的 1 脚（PS-ON）和 4 脚（GND）短接；

第二步：把逻辑板上的插座 CN2007 的全部引脚短接在一起；

第三步：接通 AC220V 电压，屏幕显示正常的白场→红场→蓝场→绿场，随后是红场→蓝场→绿场从上往下滚动，接着又从右往左滚动，说明屏和屏上组件正常。

23. 三星 S50HW-YD14 屏自检方法

第一步：将电源板上插座 CN801 的 1 脚（PS-ON）和 4 脚（GND）短接；

第二步：把逻辑板上的插座 CN2007 的全部引脚短接在一起；

第三步：接通 AC220V 电压，屏幕显示正常的白场→红场→蓝场→绿场，随后是红场→蓝场→绿场从上往下滚动，接着又从右往左滚动，说明屏和屏上组件正常。

24. 三星 S50HW-YD15 屏自检方法

第一步：将 PS-ON 接地；

第二步：将 VS-ON 接 D5V；

第三步：更改逻辑板上的跳线；

第四步：接通 AC220V 电压，屏幕显示正常的测试信号。

25. 三星 S50HW-XD03 屏自检方法

第一步：将电源板上插座 CN9004 的 3 脚（GND）与 4 脚（PS-ON）短接；

第二步：将逻辑板上拨动开关由原 1、3 上，2、4、5、6 下状态，拨为自检模式 1、2、3、4、5 上，6 下；

第三步：接通 AC220V 电压，屏幕显示 7 个滚动画面（如红场、蓝场等），说明屏和屏上组件正常。

26. 三星 S50HW-XD02 屏自检方法

第一步：把主板到逻辑板的连接线断开；

第二步：将逻辑板上的拨动开关设置为 1、4、5 上，2、4、6 下；正常状态为 2、4 上，1、3、5、6 下；

第三步：通电二次开机即可实现自检。

27. 三星 S50HW-XD03 屏自检方法

第一步：把主板到逻辑板的连接线断开；

第二步：将逻辑板上的拨动开关设置为 1、2、3、4、5 上，6 下；正常状态为 1、3 上；2、4、5、6 下；

第三步：通电二次开机即可实现自检。

4.2.2 LG 屏自检方法

LG 等离子显示屏实现“自检”的思路是将 AC220V 接在屏电源板上，LG 等离子显示屏电源一般将电源板与主板连接控制线断开即可实现开机。实现逻辑板上的内/外接信号在屏上显示。自检方法一般有几种方式：

1）取消电阻，如 LG-PDP42V7 屏取消逻辑板上电阻 R407；

2）接某电阻旁边小孔，如 PDP32FIY031 屏短接逻辑板上电阻 R117、R118 旁边的小孔；

3）短接插座，如 PDP60X7 * * * * 屏短接逻辑板插座 P201 的 1、2 脚。

自检时取消信号处理板，将逻辑板上 RA17、R118 旁边的小孔短接，接通电源开机，若屏及屏上组件正常，即可实现点亮显示屏，出现测试画面。虽然不同型号的 LG 屏电路、结构有些差异，但自检基本方法是相同的，下面将 LG 各显示屏自检方法及步骤介绍如下。

1. LG-32 英寸显示屏自检方法

适用屏型号：PDP32F10000、PDP32GIT001、PDP32F1T031、PDP32FIX031、PDP32FIY031、PDP32FIX374、PDP32F1T374、PDP32F2 * * * * 等。

第一步：拔掉屏与主板上所有连接插座；

第二步：将逻辑板上 R117、R118 旁边两小孔短接或断开 R118；

第三步：接通 AC220V 电压，屏幕显示 16 种滚动测试画面（如红场、蓝场等），说明屏和屏上组件正常。

2. PDP42 V7 屏自检方法

PDP42V7 屏使用了两种电源板：一种有 SUB 模块；一种没使用 SUB 模块。自检时第一步（打开电源）的方法不同。

第一步：方法一是将电源板上的 SUB 模块上的 SW601 的 AUTO 端与中间 1 的两个针短接；方法二是将电源板上的开关 SW601 拨到 AUTO 端；

第二步：将逻辑板上的电阻 R407 取掉；

第三步：把 AC220V 直接接在电源板插座 CN101 上，通电后用本机或遥控开机键开机，屏幕上应能显示滚动测试画面白光栅、红光栅、彩条等 56 个检测画面，说明屏和屏上组件正常。否则，说明 PDP 显示屏或驱动电路有故障。

3. PDP42S1 屏自检方法

第一步：将电源板与主板连接线断开（该屏将控制信号断开即可开机，不需要短接），接通 AC220V 电源，电源板每组电压都应有正常的输出；

第二步：将逻辑板上 R117、R118 旁两测试孔短接；

第三步：将 AC220V 直接接在交流输入插座 SC101 上；若屏和屏上组件正常，应显示测试画面。

4. PDP42G1T001 （PDP42G1＊＊＊） 屏自检方法

第一步：将电源板与主板连接线断开（该屏将控制信号断开即可开机，不需要短接）；

第二步：将逻辑板上 R211、R241 旁两测试孔短接；

第三步：将 AC220V 直接接在交流输入插座 SC101 上；若屏和屏上组件正常，应显示测试画面。

5. PDP 42G1T245 屏自检方法 1

第一步：将电源板与主板连接线断开（该屏将控制信号断开即可开机，不需要短接）；

第二步：将逻辑板上 R211、R241 旁两测试孔短接；

第三步：将 AC220V 直接接在交流输入插座 SC101 上，若屏和屏上组件正常，应显示测试画面。

6. LG 42G1T245 屏自检方法 2

第一步：将电源板插座 P8813 的 RL-ON 与 5V 脚短接；

第二步：将逻辑板上 R211、R241 旁两测试孔短接；

第三步：接通 AC220V 电源，若屏和屏上组件正常，应显示测试画面。

7. PDP50GI＊＊＊屏自检方法

第一步：将电源板与主板连接线断开（该屏将控制信号断开即可开机。不需要短接）；

第二步：将逻辑板上 R211、R241 旁两测试孔短接；

第三步：将 AC220V 直接接在交流输入插座 SC101 上，若屏和屏上组件正常，应显示测试画面。

8. PDP60X7＊＊＊＊屏自检方法

第一步：将电源板插座 P800 的 3 脚（5VSB）、5 脚（VS-ON）短接；

第二步：将逻辑板插座 P201 的 1、2 脚短接；

第三步：接通 AC220V 电源，若屏和屏上组件正常，应显示测试画面。

9. PDP50X29546 （PDP20X2＊＊＊） 屏自检方法

第一步：将电源板与主板连接线断开（该屏将控制信号断开即可开机，不需要短接）；

第二步：将逻辑板插座 PV4 的 1、2 脚或 3、4 脚短接；

第三步：接通 AC220V 电源，若屏和屏上组件正常，应显示测试画面。

10. PDP50X3＊＊＊屏自检方法

第一步：将电源板与主板连接线断开（该屏将控制信号断开即可开机，不需要短接）；

第二步：将逻辑板插座 P1 的 1、2 脚短接；

第三步：接通 AC220V 电源，若屏和屏上组件正常，应显示测试画面。

11. LG3 32 英寸等离子屏自检方法

第一步：首先断开插座 P14 和 LVDS 插座；

第二步：用一只 10kΩ 电阻一端截止插座 P814 的 13 脚，另一端接在 P14 插座的 3、4 脚；

第三步：把电阻 R117、R118 旁边的两孔连接；

第四步：接通 AC220V 电源；若屏和屏上组件正常，应显示红屏、绿屏、蓝屏等测试信号；

第五步：自检后恢复上述改动。

4.2.3 松下屏自检方法

松下屏自检需专用遥控接板和遥控器，自检方法是断开所有自制组件，将专用遥控接板插头连接在逻辑（D）板或寻址（C2）板相应插座上，再用专用遥控器按相关按键就可点亮显示屏。出现测试画面，若该屏或屏上组件有故障，可通过观察遥控接收板上指示灯闪烁次数判断故障部位。

由于只有极少数厂家有松下屏自检所需专用遥控接板和遥控器，该方法仅作参考。在没有专用松下屏自检工装的情况下，可断开所有自制组件，接通 AC220V，若屏或屏上组件正常，屏幕上会显示暗光栅。在判断不开机、黑屏等故障时也可用此方法。

1. 松下 TH-42PX75U 屏自检方法

第一步：进入工厂模式，进入方法参见本书相关章节；

第二步：选择测试图案项，拆下信号处理板去往逻辑控制板的 A5 连接器；

第三步：若出现白屏，说明是 A 板故障；若故障不变，说明是 D 板有故障，这是因为白屏发生器设置在 D 板中。

2. 松下 M7 屏自检方法

使用松下公司的专用遥控接收板和遥控器，专用遥控板接在 C2 板插座 C24 上。

第一步：按专用遥控器上的“POWER”键开机；

第二步：连续按遥控器上的向上键 1 次，按显示键 3 次；

第三步：屏幕上呈现白色光栅。

故障检测：若电视机有故障，此时遥控板上的指示灯闪烁，显示故障代码，闪烁次数与对应故障板见表 4-25。

表 4-25　松下 M7 屏自检代码含义

指示灯闪烁次数	故障内容	电路板测试点
1	通信错误（DG-D）. STBY5V 下降	D，P Board
2	15V 在线异常	D，P Board（15V SOS）
3	3.3V 在线异常	D Board（3.3V SOS）
4	电源供电异常	P Board（Power SOS）
5	5V 在线异常	D，P Board（5V SOS）
6	扫描驱动 1 异常	SC Board（SC 板能量回收电路）
7	扫描驱动 2 异常	SC，SU，SO Board（SC 驱动形成电路）
8	维持驱动异常	SS Board（SS 板能量回收电路）
9	屏状态异常	D Board（屏状态检测）
10	输出电压异常	SC，SS，D
11	风局（未用）	
12	伴音电源异常（未用）	
13	通信错误（未用）	松下主板

3. 松下等离子屏常用自检方法

第一步：将主板和逻辑板的连接线断开；

第二步：通电测量屏电源输出电压，正常时输出电压正常，屏上有微弱暗光；

第三步：如果屏电源输出电压异常或屏上无微光，则是显示屏或屏上组件故障。

4.2.4 虹欧屏自检方法

1. 虹欧 PM50HD-1000 屏自检方法一

第一步：逻辑板上开关 U4 的 1、2 脚拨到 ON 位置，3、4.5 拨到 OFF 位置；

第二步：电源板上插座 CN803 的 1 脚（5VVSB）与 3 脚（PM-ON）短接；

第三步：逻辑板接外部信号时开关 U4 的 1、2、3、4、5 都要拨到 OFF 位置；

第四步：接通 AC220V 电源；若屏和屏上组件正常，应显示测试白屏画面。

2. 虹欧 PM50HD-1000 屏自检方法二

第一步：逻辑板上开关 U4 的 1、2、3 脚拨到 ON 位置，4、5 拨到 OFF 位置；

第二步：电源板上插座 CN803 的 1 脚（5VVSB）与 3 脚（PM-ON）短接；

第三步：接通 AC220V 电源；若屏和屏上组件正常，应显示测试红、绿、蓝交替出现画面；

第四步：要固定一种显示颜色时，当该颜色出现时马上把 U4 的 3 脚也拨到 OFF 位置。

3. 虹欧 PM50HD-2000 屏自检方法

第一步：将电源板上插座 CN802 的 PS-ON 与地短接；

第二步：将逻辑板上自检开关 1、2 脚短接；

第三步：接通 AC220V 电源；若屏和屏上组件正常，应显示全白场；

第四步：若将第 3 脚上下两个引脚短接，接通电源后显示白、红等循环信号。

4. 虹欧 PM50HD-2111 屏自检方法

第一步：将逻辑板插座位号 U4 短接；

第二步：将电源板的 CN802 的最右侧下端的 1 脚和 3 脚短接；

第三步：接通 AC220V 电源；若屏和屏上组件正常，应显示测试信号。

5. 虹欧 PM42HD2000 屏自检方法

第一步：将电源板上插座 CN802 的 PS-ON 与地短接；

第二步：将逻辑板上自检开关 1、2 脚短接；

第三步：接通 AC220V 电源；若屏和屏上组件正常，应显示全白场；

第四步：若将第 3 脚上下两个引脚短接，接通电源后显示白、红等循环信号。

6. 虹欧 PM50H3000 屏自检方法

第一步：将电源板上的 PS-ON 接地，变为低电平；将 VS-ON 接 5V-VSB，变为高电平；

第二步：逻辑板短接测试的 4 个插孔；

第三步：接通 AC220V 电源；若屏和屏上组件正常，应显示测试信号。

4.2.5 日立屏自检方法

日立 42PMA400C 等离子屏自检方法

第一步：打开主电源，关闭副电源；

第二步：在按住 INPUT SELECT 的同时打开副电源，并持续按住 5s；

第三步：进入自检中的状态，正常时以 8 种单色反复显示，发光二极管以绿色点亮；

第四步：自检发现错误时，显示黑色画面，发光二极管以红色闪烁次数表示故障的最新错误代码，代码的含义见表 4-26；

第五步：自检结束，关闭主电源或副电源。

表 4-26　日立 42PMA400C 等离子屏红灯闪烁次数故障码含义

指示灯闪烁次数	异常检出对象位置	红灯闪烁次数
1	Logic 基板	1 次
2	Xsus 基板	2 次
3	Ysus 基板，SDM	3 次
4	Xsus 基板，Ysus 基板，SDM，电源基板	4 次
5	Abus 基板，ADM. 电源基板	5 次
6	ADM 稳定（ADM1-7）	6 次
7	ADM 稳定（ADM8）	7 次
8	模块内全基板（Logic，Xsus，Ysus，SDM，Abus，ADM，电源）	8 次

4.3　电源板单独工作的方法速查

等离子电源需在主板、逻辑板的控制下按时序控制进行工作，在实际维修中，电源板单独工作的方法就是模拟主板、逻辑板发出的控制信号强制打开电源，使其正常工作，从而输出正常的工作电压。电源板单独工作的方法可判断电源板是否有故障，同时对电源板的维修也极其方便。

4.3.1　三星屏电源板单独工作的方法

三星屏电源板要正常工作需两种控制信号：一是主板发出的 PS-ON 或 Relay 信号，该信号一般是低电平打开电源板上的低电压，高电平为待机状态；二是逻辑板发出 VS-ON 信号，该信号是逻辑板接收到电源板的工作电压（3.3V 或 5V）后，逻辑板上 MCU 主动发出的 VS-ON 控制信号，为三星屏组成的等离子彩电电源控制方框图，由该图可知：AC220V 送入电源板，产生待机 5V 电压经主板插座脚为信号处理板 CPU 供电，CPU 开始工作，整机处于待机状态，二次开机后，主板产生 PS-ON（低电平）信号输出至电源板，打开电源板的低电压产生电路，产生 3.3V、5V、12V 等低电压，其中，产生的 3.3V 或 5V 送至逻辑板，逻辑板上 CPU 开始工作，自动产生 VS-ON（高电平）信号至电源板，电源板输出 VS、Vscan、Ve、Vset 等电压，整机开始正常工作。在这个需要严格时序控制的开机过程中，“电源板单独工作”就是模拟主板给出的开机 PS-ON 信号和逻辑板发出的 VS-ON 信号，实现方式一般是将 PS-ON 短接到地，VS-ON 接 5V 或 3.3V 电压。

根据三星屏电源控制方式，下面将主流等离子彩电使用三星屏电源板的单独工作方法及步骤介绍如下。

1. 三星 S42AX-YD01 屏电源板单独工作的方法

第一步：将电源板上插座 CN8007 的 3 脚（GND）与 4 脚（Relay）短接（模拟主板送

来的 PS-ON 低电平)；

第二步：将电源板上的 CN8008 的 1（VSB）与 2（VS-ON）脚短接（模拟逻辑板送来的 VS-ON，高电平)；

第三步：接通 AC220V 电压，每组电压都应有正常的输出。

2. 三星 S42AX-YD02 屏电源板单独工作的方法

第一步：将电源板上插座 CN8003 的 8 脚（PS-ON）与 9 脚（GND）短接；

第二步：将电源板上的 CN8002 的 1 脚（DSV）与 2 脚（VS-ON）短接；

第三步：接通 AC220V 电压，每组电压都应有正常的输出。

3. 三星 S42AX-YD03 屏电源板单独工作的方法

第一步：将电源板上插座 CN803 的 3 脚（GND）与 4 脚（PS-ON）脚短接；

第二步：将电源板上的 CN8002 的 4 脚（VS-ON）与 6 脚（D5V）短接；

第三步：接通 AC220V 电压，每组电压都应有正常的输出。

4. 三星 S42AX-YD05 屏电源板单独工作的方法

第一步：将电源板上插座 CN8003 的 3 脚（GND）与 4 脚（PS-ON）脚短接；

第二步：将电源板上的 CN8002 的 2 脚（VS-ON）与 9 脚（DSV）短接；

第三步：接通 AC220V 电压，每组电压都应有正常的输出。

5. 三星 S42AX-YD09 屏电源板单独工作的方法

第一步：将电源板上 CN801 的 1 脚（PS-ON）与 3 脚（GND）短接；

第二步：将 VS-ON 与 5.3V 短接；

第三步：接通 AC220V 电压，每组电压都应有正常的输出。

6. 三星 S42AX-YD10 屏电源板单独工作的方法

第一步：将电源板上插座 CN8002 的 4 脚（Relay-S）和 5 脚（GND）短接；

第二步：将电源板上插座 CN8002 的 2 脚（VS-ON）和 6 脚（5V）短接；

第三步：接通 AC220V 电压，每组电压都应有正常的输出。

7. 三星 S42AX-YD11 屏电源板单独工作的方法

第一步：将电源板上插座 CN801 的 1 脚（PS-ON）和 4 脚（GND-5VSTB）短接；

第二步：将电源板上插座 CN802 的 6 脚（VS-ON）和 1 脚（5.3V）短接；

第三步：接通 AC220V 电压，每组电压都应有正常的输出。

8. 三星 S42AX-YD12 屏电源板单独工作的方法

第一步：将电源板上插座 PS-ON 与地短接；

第二步：将 VS-ON 与 D5.3V 短接；

第三步：接通 AC220V 电压，每组电压都应有正常的输出。

9. 三星 S42AX-YD13 屏电源板单独工作的方法

第一步：将电源板上插座 PS-ON 与地短接；

第二步：将 VS-ON 与 D5.3V 短接；

第三步：接通 AC220V 电压，每组电压都应有正常的输出。

10. 三星 S42AX-YD15 屏电源板单独工作的方法

第一步：将电源板上插座 PS-ON 与地短接；

第二步：将 VS-ON 与 D5.3V 短接；

第三步：接通 AC220V 电压，每组电压都应有正常的输出。

11. 三星 S42SD-YD04（V2）屏电源板单独工作的方法

第一步：将电源板上插座 CN802 的 3 脚（RTN）与 4 脚（PS-ON）短接；

第二步：将电源板 CN803 的 2 脚（VS-ON）与 4 脚（D5V）短接；

第三步：接通 AC220V 电压，每组电压都应有正常的输出。

12. 三星 S42SD-YD05（V3）屏电源板单独工作的方法

第一步：将电源板上插座 JP8005 短接；

第二步：将电源板上插座 JP8002 短接；

第三步：接通 AC220V 电压，每组电压都应有正常的输出。

13. 三星 S42SD-YD07（V4）屏电源板单独工作的方法

第一步：将电源板上插座 CN8007 的 3 脚（GND）与 4 脚（Relay）短接；

第二步：将插座 CN8008 的 10 脚（VSB）、9 脚（VS-ON）短接；

第三步：接通 AC220V 电压，每组电压都应有正常的输出。

14. 三星 S42SD-YD09（V5）屏电源板单独工作的方法

第一步：将电源板上插座 CN8003 的 3 脚（GND）与 4 脚（PS-ON）短接；

第二步：将电源板上插座 CN8002 的 1 脚（D5V）与 2 脚（VS-ON）短接；

第三步：接通 AC220V 电压，每组电压都应有正常的输出。

15. 三星 S50HW-YD01 屏电源板单独工作的方法

第一步：将电源板上插座 CN8003 的 3 脚（GND）与 4 脚（PS-ON）短接；

第二步：将电源板上的待机 5V 电压接到 VS-ON 脚；

第三步：接通 AC220V 电压，每组电压都应有正常的输出。

16. 三星 S50HW-YD02（W2）屏电源板单独工作的方法

第一步：将电源板上插座 CN8003 的 3 脚（GND）与 4 脚（PS-ON）短接；

第二步：将电源板上的 CN8002 的 1 脚（D5V）与 2 脚（VS-ON）短接；

第三步：接通 AC220V 电压，每组电压都应有正常的输出。

17. 三星 S50HW-YD09 屏电源板单独工作的方法

第一步：将电源板上插座 CN8003 的 3 脚（GND）与 4 脚（PS-ON）短接；

第二步：将电源板上的 CN8002 的 1 脚（D5V）与 2 脚（VS-ON）短接；

第三步：接通 AC220V 电压，每组电压都应有正常的输出。

18. 三星 S50HW-YD11 屏电源板单独工作的方法

第一步：将电源板上插座 CN801 的 1 脚（VS-ON）和 4 脚（GND-5VSTB）短接；

第二步：将电源板上插座 CN802 的 8 脚（VS-ON）和 1 脚（5.3V）短接；

第三步：接通 AC220V 电压，每组电压都应有正常的输出。

19. 三星 S50HW-YD13 屏电源板单独工作的方法

第一步：将电源板上插座 VS-ON 与地短接；

第二步：将电源板上插座 PS-ON 与 D5V 短接；

第三步：接通 AC220V 电压，每组电压都应有正常的输出。

20. 三星 S50HW-YD15 屏电源板单独工作的方法

第一步：将电源板上插座 VS-ON 与地短接；

第二步：将电源板上插座 PS-ON 与 D5V 短接；

第三步：接通 AC220V 电压，每组电压都应有正常的输出。

21. 三星 S50HW-XD02 屏电源板单独工作的方法

第一步：将电源板上插座 VS-ON 与地短接；

第二步：将电源板上插座 PS-ON 与 D5V 短接；

第三步：接通 AC220V 电压，每组电压都应有正常的输出。

22. 三星 S50HW-XD03 屏电源板单独工作的方法

第一步：将电源板上插座 CN9004 的 3 脚（GND）与 4 脚（PS-ON）短接；

第二步：将电源板上插座 CN8008 的 2 脚（VS-ON）与 6 脚（D5V）短接；

第三步：接通 AC220V 电压，每组电压都应有正常的输出。

4.3.2 LG 屏电源板单独工作的方法

使用 LG 屏等离子彩电在电源接通后，由电源板产生待机 5V 电压至主板，主板 CPU 开始工作，整机处于待机状态。当主板 CPU 接收到二次开机指令（按遥控器或本机按键上的开机键），CPU 发出二次开机指令（高电平 Standby）至电源板，打开电源板上低电压，随后主板将再输出 VSON 信号（高电平）至电源板，控制电源板上高电压形成电路工作，产生 VS、Vda 等高电压输出至扫描板、维持板、地址驱动板，整机开始正常工作。

根据使用 LG 屏等离子彩电控制方式，要实现 LG 电源单独工作，可模拟主板发出的控制信号，由于 LG 屏是高电平开机，所以，大多数 LG 屏电源板可只加 AC220V 电压，断开其所有连接线，接上假负载（部分屏必须接假负载，否则不能打开电源），就可实现正常工作。下面将主流彩电使用的 LG 屏电源板单独工作方法按步骤介绍如下。

1. LG-32 英寸等离子屏电源板单独工作的方法

适用屏型号：PDP32F10000、PDP32G1T001、PDP32F1T031、PDP32F1X031、PDP32F1Y031、PDP32F1X374、PDP32F1T374、PDP32F2＊＊＊＊等。

注：PDP32F10000 是电源板与维持板做在一起。

第一步：将电源板与其他电路板的连接线断开（该屏将控制信号断开即可开机，不需要短接）；

第二步：接通 AC220V 电源，电源板每组电压都应有正常的输出。

2. LG-V7 屏电源板单独工作的方法

第一步：①具有 SUB 模块的电源板将电源板上的 SUB 模块上的 SW601 的 AUTO 端与中间的两个针短接；②无 SUB 模块的电源板是将电源板上的开关 SW601 拨到 AUTO 端；将输出电压 5VCRTL 与地接假负载（可用 10Ω/5W 的电阻）；

第二步：接通 AC220V 电压，每组电压都应有正常的输出。

注：LG-V7 屏使用两种电源，两种电源板电路不同，但输出电压一样，两种电源可以相互代换。

3. LG-PDP42S1 屏电源板单独工作的方法

第一步：将电源板与其他板连接线断开（该屏将控制信号断开即可开机，不需要短接）；

第二步：接通 AC220V 电源，电源板每组电压都应有正常的输出。

4. LG-PDP60X7＊＊＊＊屏电源板单独工作的方法

第一步：将电源板插座 P800 的 3 脚（5VSB）、5 脚（VS-ON）短接；

第二步：将电源板输出电压 VS 与地（可在插座 PS12 处短接）接假负载（灯泡）；若不

接假负载，该电源不会正常工作。

第三步：接通 AC220V 电压，每组电压都应有正常的输出。

5. PDP42G1T001（PDP42G1＊＊＊）屏电源板单独工作的方法

第一步：将电源板与其他电路板连接线断开（该屏将控制信号断开即可开机，不需要短接）；

第二步：接通 AC220V 电压，每组电压都应有正常的输出。

6. PDP42G1T245 屏电源板单独工作的方法

第一步：将电源板与其他板连接线断开（该屏将控制信号断开即可开机，不需要短接）；

第二步：接通 AC220V 电压，每组电压都应有正常的输出。

7. PDP50G1＊＊＊屏电源板单独工作的方法

第一步：将电源板与其他板连接线断开（该屏将控制信号断开即可开机，不需要短接）；

第二步：接通 AC220V 电压，每组电压都应有正常的输出。

4.3.3 松下屏电源板单独工作的方法

使用松下屏的等离子彩电在电源接通后，由电源板产生待机 5V 电压至主板，信号处理板 CPU 开始工作，整机处于待机状态，当信号处理板上 CPU 接收到二次开机指令（按遥控器或本机按键上的开机键）时，信号处理板发出一个高电平到逻辑板。逻辑板发出开机指令到电源板，同时，部分松下屏电源还要输出 12V 电压到维持（SS）板上，经维持板插座短接后再从逻辑板反馈回 STB-PS（12V 电压）给电源板，电源板要接收到这两种正常的控制信号才能开始正常工作。松下屏电源板单独工作方法是根据控制方式实现的，各显示屏电源板单独工作实现方法如下。

1. 松下 MD-37H11 屏电源板单独工作方法

第一步：将电源板插座 P9 接 AC220V 电压；

第二步：将电源板插座 P12 的 8、10 脚短接；

第三步：将电源板插座 P25 的 9 脚与 11 脚短接；

第四步：将电源组件 P11 或 P2 插座上接假负载（150~200W 的灯泡）；

第五步：接通 AC220V 电压，每组电压都应有正常的输出。

2. 松下 MD-42M7 屏电源板单独工作方法

第一步：将电源板插座 P27 的 2、4 脚短接；

第二步：将电源板插座 P12 的 4、5 脚短接；

第三步：接通 AC220V 电压，每组电压都应有正常的输出。

3. 松下 MD-42M8 屏电源板单独工作方法

第一步：将电源板插座 P25 的 10、17 脚短接；

第二步：将电源板插座 P12 的 4、5 脚短接；

第三步：接通 AC220V 电压，每组电压都应有正常的输出。

4. 松下 MD-42S9NJ（C）B 屏使用 TMP7434 电源板单独工作方法

第一步：将电源板插座 P25 的 10、17 脚短接；

第二步：将电源板插座 P12 的 10 脚对地短接；

第三步：接通 AC220V 电压，每组电压都应有正常的输出。

5. 松下 MD-42W10CCB 屏使用 TMP7447 电源板单独工作方法

第一步：将电源板插座 P25 的 9、11 脚短接；

第二步：接通 AC220V 电压，每组电压都应有正常的输出。

6. 松下 MD-50H10CJB 屏使用 TMP7733 电源板单独工作方法

第一步：将电源板插座 P9 接 AC220V 电压；

第二步：将电源板插座 P25 的 9、11 脚短接。

第三步：接通 AC220V 电压，每组电压都应有正常的输出。

7. 松下 MD-50H11CJB（MD37-H11CJB）屏电源板单独工作方法

第一步：把 P12 的 8、10 脚短接；

第二步：把 P25 的 9、11 脚短接；

第三步：把 P11 或 P2 插座接上 150～200W 的灯泡（不接可能会误保护）；

第四步：接通 AC220V 电压，每组电压都应有正常的输出。

8. 松下 MD-50H11 屏电源板单独工作方法

第一步：将 P12 的 8、10 脚短接（模拟 SS 板的插座 SS34 的短接线）；

第二步：将 P25 的 9、11 脚短接（模拟逻辑板发出的电压打开信号）；

第三步：将电源组件 P11 或 P2 插座上接 150～200W 的灯泡（一定要接灯泡，不接有可能引起误保护）；

第四步：接通 AC220V 电压，每组电压都应有正常的输出。

9. 松下 MD-50F11 屏电源板单独工作方法

第一步：将 P12 的 8、10 脚短接（模拟 SS 板的插座 SS34 的短接线）；

第二步：将 P25 的 9、11 脚短接（模拟逻辑板发出的电压打开信号）；

第三步：将电源组件 P11 或 P2 插座上接假负载（150～200W 的灯泡）；

第四步：将电源组件的插座 P9 上直接加上 AC 220V，每组电压都应有正常的输出。

注：松下屏有主（NPX704MG-1）、副（NPX704MG-1）两块电源板，单独工作时应将两块板连接在一起。

10. 松下 MD50-H12 屏电源板单独工作方法

第一步：断开电源板上所有接口连接线；

第二步：短接插座 P34 的 1、3 脚；

第三步：短接 P25R 9、11 脚；

第四步：在插座 P2 两脚间接一个 60～100W 灯泡作为假负载；

第五步：接通 AC220V 电压，每组电压都应有正常的输出。

11. 松下 MD-6SF9NJA 屏电源板单独工作方法

该机有主副两块电源块，单独工作时将两电源板需连接在一起。

第一步：将电源板插座 P9 接 AC220V 电压；

第二步：将电源板插座 P12 的 8、10 脚短接；

第三步：将电源板插座 P25 的 10 脚与 13、17 脚短接；

第四步：接通 AC220V 电压，每组电压都应有正常的输出。

12. 松下 42H10 屏电源板单独工作方法

第一步：将电源板上的 P25 的 9、11 脚短接；

第二步：接通 AC220V 电压，每组电压都应有正常的输出。

13. 松下 S9 屏电源板单独工作方法

第一步：将电源板上的 P15 的 17、10 脚短接；

第二步：把电源板上的 P12 的 10 脚对地短路，

第三步：在 VS 输出端接 100W 灯泡；

第四步：接通 AC220V 电压，每组电压都应有正常的输出。

4.3.4 虹欧屏电源板单独工作的方法

虹欧屏 PM50HD-1000 屏电源板单独工作的方法

第一步：将插座 CN803 的 1、3 脚短接；

第二步：将插座 CN802 的 2、3 脚短接；

第三步：加电测试 VS-207V，VVA-57V，VG-15V，B5V，D5V 是否正常。

4.4 松下屏保护电路维修方法速查

松下屏扫描板（SC）、维持板（SS）、寻址板（C1/C2）都有保护电路，这些保护检测信号通过扫描板、维持板、寻址板与逻辑板（D）的连接线将检测信号送至逻辑板，逻辑板检测到保护信号后输出开/待机控制信号使整机回到待机状态，一般的松下屏对扫描板（SC）有两路检测保护，维持板（SS）、寻址板（C1/C2）各有一路，因此，松下屏表现的绝大多数故障现象都是开机保护，保护后整机处于待机状态，很难找出故障组件，检修时在不得已的情况下可断开各组件的保护点来判断故障是否在该组件。由于寻址板（C1/C2）3Z作在低电压状态，保护检测点引脚是由排线与逻辑板（D）相连接，因此故障率低，且较难断开，使用去保护方法意义不大，因此，下面只对扫描板（SC）和维持板（SS）去保护方法进行介绍。

4.4.1 扫描板（SC）去保护的方法

断开松下屏扫描板（SC）可判断故障在扫描板（SC）、扫描缓冲板（SU）、扫描缓冲板（SD）及显示屏上，要准确判定该故障在哪一块组件上需按以下方法作进一步判断。

1. 松下 MD-42M7 屏去保护的方法

断开扫描板上插座 SC20 的 SOS1 的 11 脚和 SOS2 的 12 脚。

2. 松下 MD-42M8 屏去保护的方法

断开扫描板上插座 SC20 的 SOS1 的 11 脚和 SOS2 的 12 脚。

3. 松下 MD-42S9NJ（C）B 屏去保护的方法

断开扫描板上插座 SC20 的 SOS1 的 11 脚和 SOS2 的 12 脚。

4. 松下 MD-42W10CCB 屏去保护的方法

断开扫描板上插座 SC20 的 SOS1 的 15 脚和 SOS2 的 16 脚。

注：MD-42W10CCB 扫描板的连接线没法单独断开，需断开元件，15 脚对应的元件是 D480、D862、D872、D826，断的时候要同时取掉，16 脚对应的是 D585，正常应该是低电平。

5. 松下 MD-50H10NJB 屏去保护的方法

断开扫描板上插座 SC20 的 SOS1 的 15 脚和 SOS2 的 16 脚。

注：MD-50H10NJB 板的连接线没法单独断开，需断开元件，15 脚对应的元件是 D480、D862、D872、D826，断的时候要同时取掉，16 脚对应的是 D585、D499，正常应该是低电平。

4.4.2 维持板（SS）去保护的方法

松下屏上维持板（SS）的检测保护信号是通过寻址板（C2）返回到逻辑板，检修时可断开寻址板（C2）与维持板（SS）连接线上的保护检测脚就可去保护，若断开后不保护，可判断故障在维持板（SS）或显示屏上。

1. 松下 MD-42M7 屏去保护的方法

断开维持板插座 SS23 上 9 脚，可判断出故障在维持板（SS），还是显示屏上，该脚高电平时保护。

2. 松下 MD-42M8 屏去保护的方法

断开维持板插座 SS23 的 9 脚，可判断出故障在维持板（SS），还是显示屏上，该脚高电平保护。

3. 松下 MD-42S9NJ（C）B 屏去保护的方法

断开维持板把 SS23 的 8 脚，可判断出故障在维持板（SS），还是显示屏上。

4. 松下 MD-42W10CCB 屏去保护的方法

断开维持板插座 SS23 的 8 脚，可判断出故障在维持板（SS），还是显示屏上。

5. 松下 MD-50H10NJB 屏去保护的方法

断开维持板插座 SS33 的 8 脚，可判断出故障在维持板（SS），还是显示屏上。

4.4.3 其他电路板去保护的方法

1. 松下 M7 屏断开保护电路方法

Y 板：将 SC20 插座（Y 板）上的 S0S1 的 11 脚和 S0S2 的 12 脚断开；

Z 板：将 SS23 插座上的 9 脚断开，该脚高电平时保护。

2. 松下 M8 屏断开保护电路的方法

Y 板：将 Y 板上 SC20 的 11、12 脚断开；

Z 板：将 Z 板上的 SC23 的 9 脚断开，高电平保护。

3. 松下 S9 屏断开保护的方法

Y 板：将 Y 板上的 SC20 的 11、12 脚断开；

Z 板：将 Z 板上的 SC23 的 8 脚断开；

注：电源板的保护测试脚 P25 的 16 脚，高电平保护。

4. 松下 42H10 屏断开保护电路方法

Y 板：将 Y 板上的 SC20 的 15、16 脚断开；

Z 板：将 Z 板上的 SS23 的 8 脚断开。

5. 松下 50H10 屏断开保护电路的方法

Y 板的插座采用的是软排线，无法断开插座上的排线，只有断开对应的元件。

断开 Y 板 SC20 的 15 脚对应的元件是 D480、D862，需要同时将这两个元件断开；16 脚对应的元件是 D585、D499，高电平保护，正常工作应该是低电平。

6. 松下 MD50-F11 屏断开保护电路方法

SS（X）板去保护：断开 X 板上的插座 SS33 与 C3 板的连接线；

SC（Y）板去保护：断开 SC20 与逻辑板的连接线；

SU/SD（Y 缓冲）板去保护：将插座 SC42R 的 1 脚与 TP59 测试点短接。可分去掉一块板，测试另一块板好坏，屏幕相应上或下部会出现光栅；

C1/C2/C3 板去保护：将 Q061 取消即可。也可分别断开 C11、C21、C22 连接线来判断，注意不可同时断开。

7. 松下 MD50-H11CJB（MD37-H11CJB）屏断开保护电路方法

SC（Y）板去保护：断开插座 SC20 与逻辑板的边接线，能电测各电压正常，不保护了，确定故障在 SC、SD、SU 板；

SD（上 Y 缓冲板）板去保护：短接 SC 板 SC42 的 1 脚与 TP59 测试点；

SU（下 Y 缓冲板）板去保护：短接 SC 板 SC42 的 1 脚与 TP59 测试点；

注：检测时也可反向操作，先判断 SD、SU 板，还保护一般就是 SC 板问题。

SS（X）板去保护：断开 SS23 插座与逻辑板的连接线，若不停机就是 SS 板故障。若还保护，就测试 C1、C2、C3 板；

C1、C2、C3（地址寻址板）板去保护：断开逻辑板左下角电阻 R370。

8. 松下 MD50-H12 屏断开保护电路方法

SC（Y）板去保护：将 SC 板上 TPSOS06、TPSOS07 两个测试点分别短接到地；

SD/SU 板去保护：将 SC50 插座两脚短接，不保护可判断 SD 或 SU 板坏。两个板子可分别断开试机；

SS（X）板去保护：断开 SS23 与 C3 板之间的连接线（或断开 SS23 的 5 脚），能出现屏幕光暗显显就是 SS 板坏。若还保护就恢复 SS23 接线，再断开与屏的 FPC 软排线，不保护了就是屏坏。

4.4.4 松下 MD50H11CJB 屏开机保护或停机速查流程

松下 MD50H11CJB 屏在 2009 年大量使用，MD50H11CJB 屏本身的保护电路就比以前使用的其他型号松下屏的保护电路多，但是维修中常见的故障还是自动停机或开机就保护的现象，在上门维修中很难确定故障部位，对维备件的准确申领和维修速度提高有一定的困难，下面就 MD50H11CJB 屏生产的 PDP 彩电，出现自动停机或开机就保护的故障部位准确判定方法和顺序进行讲解。

第一步：是否长虹自制主板引起停机或开机就保护的判定

1）断开长虹自制主板与屏的所有连线，观察 Z 板指示灯 D253Y 板指示灯 D583 是否亮。

2）在屏电源组件 LSEP1260 的交流输入插座 P9 上直接加上 AC 220V，马上就听见两次继电器动作的声音，并观察 Y 板（SC）上指示灯 D583，Z 板（SS）上指示灯 D253 是否亮。

3）如果 Y 板（SC）上指示灯 D583，Z 板（SS）上指示灯 D253 亮并且超过 5s 也没有听到第三次继电器动作的声音（听见第三次继电器动作的声音就是保护停机），观察屏有微亮且长时间不停机说明屏组件正常，不开机或自动停机是长虹自制主板引起的，如果取消了自制主板还是要保护就排除了自制主板引起的故障，再按下面步骤检测。

注：有条件进入屏自检状态在白场或彩条状态下长时间烧机不停机可进一步确定故障在长虹自制主板。

第二步：是否屏电源组件引起停机或开机就保护的判定

1）取下电源组件 LSEP1260 后，把 P12 的 8、10 脚短接（模拟 SS 板的插座 SS34 的短接线）。

2）把 LSEP1260 电源组件 P25 的 9、11 脚短接（模拟逻辑板的发出的电压打开信号）。

3）在 LSEP1260 电源组件 P11 或 P2 插座上接 150W 或 200W 的灯泡，一定要接灯泡，不接有可能引起误保护。

4）在 LSEP1260 电源组件的插座 P9 上直接加上 AC 220V，如果电源组件正常，就能听到继电器动作声音，并且 P11 或 P2 插座上所接 150W 或 200W 的灯泡会点亮。

按以上方法单独测试电源组件加电就保护，说明 LSEP1260 电源组件不正常需要更换，如果灯泡点亮了且测试 P11 或 P2 插座输出的 VSUS 电压在 185V 左右，P12 插座的 1、2、3、脚输出的 VAD 电压 75V，P12 的 4 脚输出的 15V 电压等都正常，且长时间观察都不停机，就排除了电源组件引起的停机或开机就保护故障，再按下面第三步检测。

第三步：是否是 Y 板（SC）驱动或 SD/SU 扫描板引起的停机或开机就保护的判定

1）首先断开 Y（SC）板插座 SC20 与逻辑板连接的扁平排线。

按第二步的 4 小步，在 LSEP1260 电源组件的插座 P9 上直接加上 AC 220V 且能听到二次继电器动作的声音，同时观察 Z 板（SS）上指示灯 D253 亮并超过 5s 也没有听到第三次继电器动作的声音（听见第三次继电器的动作的声就是保护停机），测试电源板输出的 VSUS 电压一直保持在 185V 不变，就说明停机故障是 Y 板（SC）或 Y 扫描板 SD/SU 引起的，由于 Y（SC）驱动和 Y 扫描 SD/SU 有三个板，一般不会同时损坏，所以就要分别进行判定是哪一块板引起的停机。

注：如果断开 Y 板插座 SC20 与逻辑板连接的扁平排线，上电后还是要保护停机就恢复 Y 板插座 SC20 与逻辑板连接的匾平排线，直接按（第四步）测试 Z 板（SS）。

2）分别取下 SU 板、SD 板扫描上下板的 FPC 与屏的连接，加电看看是否停机保护。分别取消 FPC，断开 SD/SU 板上 FPC 与屏的连线后还是要保护停机，说明屏 Y 扫描电极没有问题，就进入下一步的判定，如果取消某一 FPC 就不再停机，就是屏电极有短路就要换屏（当然这种现象很少）。

3）确定屏电极正常后，就按下图短接 Y（SC）板插座 SC42 的 1、3 脚（或 1 脚和 TP59 测试点短接）。取下 SU 扫描板进行故障判定。

注：由于 SU 板与 Y（SC）板之间有保护取样信号，我们在没有故障的屏上取下 SU 板，或断开 SU 板与 Y（SC）板之间的任一插件都会保护停机所以要短接插座 SC42 的 1、3 脚。

装回 Y（SC）板 SD 板（SU 板不安装），在屏电源组件 LSEP1260 的交流输入插座 P9 上直接加上 AC 220V，Y 板（SC）上指示灯 D583，Z 板（SS）上指示灯 D253 点亮和屏的下半部分微亮且长时间不停机说明不开机或自动停机是 SU 扫描板引起的，如果取消 SU 板扫描板还是要保护，就排除 SU 板扫描板引起的故障。

4）确定 SU 板扫描板正常后，就按下图短接 Y（SC）板插座 SC42 的 1、3 脚，2、9 脚，取下 SD 扫描板进行故障判定。

注：由于 SD 板与 Y（SC）板之间也有保护取样信号，我们在没有故障的屏上取下 SD 板，或断开 SD 板与 Y（SC）板之间的任一插件都会保护停机，所以还要短接，2、9 脚。

装回 Y（SC）板 SU 板（SD 板不按装），在屏电源组件 LSEP1260 的交流输入插座 P9 上直接加上 AC 220V，Y 板（SC）上指示灯 D583，Z 板（SS）上指示灯 D253 点亮和屏的上半部分微亮且长时间不停机说明不开机或自动停机是SD扫描板引起的，如果取消SD板扫描板还是要保护，就排除SD板扫描板引起的故障。取消了SD板试机机按照第三大步的1234小步逐一测试还是要自动停机，那么故障板就确定是Y（SC）扫描驱动板引起的，直接更换Y（SC）板故障排除。

第四步：是否是Z（SS）板引起的自动停机或开机就保护判定

1）断开Z（SS）板插座SS23与逻辑板连接排线，在屏电源组件LSEP1260的交流输入插座P9上直接加上AC 220V，听见两次继电器的动作的声，并观察Y板（SC）上指示灯D583，Z板（SS）上指示灯D253是否亮。

2）如果Y板（SC）上指示灯D583，Z板（SS）上指示灯D253亮，超过5s也没有听到第三次继电器动作的声音（听见第三次继电器动作的声音就是保护停机），且长时间不停机说明不开机或自动停机是Z（SS）板引起的，直接更换Z（SS）板故障排除。

注：如果断开Z（SS）板插座SS23与逻辑板连接排线，上电后还是要保护停机就恢复Z（SS）板插座SS23排线，直接按（第五步）测试地址板C1/C2/C3板。

第五步：是否是地址板C1/C2/C3引起的自动停机或开机就保护判定

1）断开逻辑板左下角电阻R370，这样就取消逻辑板对地址板C1/C2/C3的5V电压的检测。

2）取消地址板C1与逻辑板C2板的连接线如下。

3）在屏电源组件LSEP1260的交流输入插座P9上直接加上AC 220V，听见两次继电器动作的声音，超过5s也没有听到第三次继电器动作的声音（听见第三次继电器动作的声音就是保护停机），且地址板C2、C3控制的部分屏以有微亮，说明C1板有故障，恢复C1板的连接线，逐一取下与C1板链接的TCP线加电试机，当断开某一个TCP就不保护停机，就是该TCP坏了引起的保护停机故障，需要换屏。如果取消地址板C1与逻辑板C2板的连接线加电后还是要保护，就排除C1板引起的停机或保护的故障。

4）确定C1板正常后就逐一取下与C2、C3板链接的TCP线加电试机，当断开某一个TCP就不保护停机，就是该TCP坏了引起的保护停机故障，需要换屏。

第六步：是否是逻辑板引起的自动停机或开机就保护判定

1）断开Y（SC）板插座SC20与逻辑板连接的匾平排线。

2）断开Z（SS）板插座SS23与逻辑板连接排线。

3）断开逻辑板左下角电阻R370。在屏电源组件LSEP1260的交流输入插座P9上直接加上AC 220V，就听见两次继电器动作的声音，且超过5s也没有听到第三次继电器动作的声音（听见第三次继电器动作的声音就是保护停机），如果取消了1）、2）、3）还是要保护就是逻辑板引起的故障。

第 5 章　进口彩电易发故障维修速查

5.1 松下彩电易发故障维修

5.1.1 松下平板、背投彩电易发故障维修

机型或机心	故障现象	故障维修
37LX700 液晶机型	开机后正常，10min 后自动关机断电，面板上的红灯熄灭	出现故障后。因为面板上的红灯熄灭，可知是待机电源不良或是 CPU 不工作。因为面板上的红灯是由待机电源供电，由 CPU 控制发光的。在出现故障时。实测插座 P3 的 12 脚 STBY 7V 为 0V，由此判定故障在电源板，且在待机开关电源。检测待机开关电源 IC851 没有工作，测 IC851 的 7 脚有 300V 电压，经反复检查，发现是 1 脚的 D857 正反向电阻变小为 140Ω。换新后，开机正常
37LX700 液晶机型	不开机，红灯闪 7 下	加电时电源继电器可以吸合，几秒后保护，测电源板各组电压，发现待机电压 STBY 7V 正常，主电源没有 24V 电压，测量主开关电源 IC830 的 1 脚有 300V，4 脚有 20V 启动电压，静态测量 IC830 外围没有发现短路现象，怀疑 IC830 损坏，更换 IC830 后开机正常
37LX700 液晶机型	待机状态下 LED 灯不亮，不能开机	维修时，发现拔下电源插头约 5min 后，再插上电源插头又正常。出现故障时，检测发现 STBY 7V 没有输出，T880 次级没有电压输出，查 T880 次级负载没有短路现象，此时，测量 IC851 的各脚电压为：1 脚：0V；2 脚：0V；3 脚：10V；4 脚：0V；5 脚：5.7V；7 脚：300V。分析上述电压值，发现 IC851 的 5 脚电压偏低 0.3V，查 5 脚外接元件，发现 C850 轻微漏电。把 C850 拆下用万用表 R×10 挡检测，发现漏电电阻在 100kΩ 左右。而且漏电不稳定，有时严重，有时漏电变轻，更换该电容后，开机正常
37LX700 液晶机型	不开机，面板 LED 灯不亮	指示灯不亮，确定故障在待机开关电源，检查发现 IC851 损坏，而根据该电源的常见故障可知，IC851 损坏的原因是 7 脚外接的尖峰吸收电路 R、C 数值不恰当，R873、R886 阻值太大，尖峰吸收太弱造成。R873 原来的阻值是 470Ω，将其改为 4.7Ω；R886 原值是 100kΩ，改小为 12kΩ。经上述改动后，尖峰吸收电路工作良好。可以很好地保护 IC851 内的开关管。故障彻底排除
TC-32LX80C 液晶机型	不开机，指示灯不亮	测量开关电源副电源输出端测试点 TP7006 的 5V 电压仅为 3V，脱开 P6 插头再测还是 3V；副电源由厚膜电路 IC7000、变压器 T7000、稳压 IC7001、光耦合器 PC7000 组成。判断故障在稳压控制电路，用 KA431 代替 IC7001，用 PC817 代替 PC7000 后，5V 电压恢复正常
KP-42PA20C 等离子机型	间歇性黑屏幕及行不同步	冷机图像正常，热机后黑屏、行失步，判断故障在视频信号处理电路，元器件热稳定性差，与图像数字处理和控制系统的 DG 板有关。先检查 DG 板的供电，查 PA2 插座 11、13 脚的 3.3V 供电只有 2.4V，该电压由 PA 板的 IC7504 产生，测量其 1 脚输入端的 12V 电压正常，但 2 脚输出电压不足，测量 IC7504 及其外部电路元件，发现 2 脚外部的二极管 D7515 正向电压增大，正常时正向电压为 0.18V，而 D7515 正向电压上升到 1.8V，更换 D7515 后，故障排除

（续）

机型或机心	故障现象	故 障 维 修
KP-T42PA60C 等离子机型	黑屏幕，在暗处可隐约看到图像，伴音正常	判断故障在图像处理电路或显示屏电路，多为电路板或连接线接触不良。拆机，带上防静电手套，用手轻按各个电路板上的连接插座，无图像时轻按集成电路，当按到 THC63LVD103 时，图像出现，对其补焊后故障排除
KP-T42PA60C 等离子机型	开机三无，指示灯闪烁 6 次	查阅有关资料得知，指示灯闪烁 6 次表示 SC 电路板故障。对 SC 电路板进行检查。拔下 SC20 插件；通电测量 VD6585 正极为高电平，检查 VT6581 处于截止状态。测量 IC6581 的 6 脚上的 7.5V 左右的电压上升为 9V 左右。断电，检查 6 脚相关元件，发现 39kΩ 的贴片电阻 R6583 电阻值变小。更换后故障排除。提示：R6582 也是一只 39kΩ 的贴片电阻器，其阻值变小后，也会造成上述故障
KP-T42PA60C 等离子机型	开机三无，指示灯闪烁 7 次	查阅有关资料得知，指示灯闪烁 7 次表示 SC 电路板故障。对 SC 电路板进行检查。拔下 SC20 插件，通电测量发现测试点 SOS7 处为高电平，说明故障是保护电路动作引起。SOS7 与保护检测二极管 VD6480、VD6862、VD6872、VD6826、6VD6760 相连，只要测量各二极管的正极电压是否为高电平，就可判断是哪一检测电路引起保护。检测发现 VD6826 二极管的正极电压为高电平，测量 VT6824 的 b 极为低电平，VD6825 截止，其负极电压偏低。对与 VD6825 二极管负极有关器件进行检查，结果发现 47kΩ 的贴片电阻 R6837 阻值变小。用普通 47kΩ 电阻换上后，故障排除
TC-51P700G 等离子机型	开机后 R517、R518 冒烟	断开高压线仍然冒烟，断开聚焦线不再冒烟，判断高压包 T551 局部损坏，更换 T551 后故障排除
TH-42PA4 等离子机型（GPTD 机心）	无图像	首先进行遥控操作，检查屏幕上是否有字符显示，如果显示正常，则检查 IC9601 和 IC9601 的 PC、复合/分量/RGB 信号是否正常。如果屏幕上无字符显示，显示异常检查 SC 板和 D 板，无显示检查 SS 板
TH-42PA40C 等离子机型（GP7D 机心）	开机后指示灯不亮	判断故障在待机电源电路。首先检查熔断器 F900、F901 是否熔断，如果熔断说明电源板由严重短路故障，首先排除电容器或厚膜电路的严重短路故障。如果熔断器完好，检查待机副电源，检查 LED 电源是否打开，检查 PF 印制电路板、P 印制电路板是否正常，若 PF、P 印制电路板正常，电源板无 AC220V 电源，则检查 AC 电源线或电源是否有问题
TH-42PA50C 等离子机型	不开机，红色指示灯闪烁	首先开机观察，开机后等离子显示屏亮一下变为黑屏，红色指示灯闪 6 次，根据该彩电的故障代码，红色指示灯闪 6 次障可能出在 SC 板上。检测 SC 板上的电源供电，发现 VSUS 电压偏低，正常值应为 178V。关机后拔掉 SC 板的 SC2 插座、SS 板上的 SS11 插座，再次开机检测电源板上的 VSUS 电压依旧，检查电源板上 VSUS 供电。实际维修中，当 VSUS 的采样电路、IC509 的 AC-DC 变换器和 CPU 管理电路有问题，均会引起此类故障发生
TH-42PA60C 等离子机型	开机后出现保护状态，电源指示灯闪 8 次保护	根据该彩电的故障代码，电源指示灯闪 8 次，故障可能出在 SS 板上。在保护前检测 SS 板上 D6255 电压，若 D6255 正极有高电平，说明 SS 板的保护电路动作，此时观察发光二极管 D6253 在保护前能发光，说明被检测电压未丢失，此时断开 D6255 解除保护观察故障现象。断开 D6255 开机有图像，检测 IC6251 相关脚电压，其 2 脚电压为 5V，5 脚电压 10V，8 脚电压为 15V 均正常，但其 6 脚电压失常，正常应为 7V 左右，检查 6 脚外围取样电路 R6252、R6253、R6254 等，发现 R6252 阻值变大，更换 R6252 后，故障排除

（续）

机型或机心	故障现象	故 障 维 修
TH-42PH11CK 等离子机型	不开机，指示灯不亮	检查熔断器 F401（8A）烧断，压敏电阻 ZN4402 炸裂，检查待机副电源供电熔断器 F403 也烧断，测量副电源厚膜电路 IC409（MIP3E3）的 5 脚与 1 脚内部开关管击穿，估计是市电升高所致。全部更换上述损坏熔断器和厚膜电路后试机，故障排除
TH-42PV700C 等离子机型	不能开机，电源红色指示灯闪 7 次	根据该彩电的故障代码，电源指示灯闪 7 次障可能出在 SC、SU、SD、P 板上。检修时，首先检查 SC20、SC42、SC46 插排是否有问题，若拔下 SC20 插排能开机，重插后拔下 SC42、SC46 后开机图像上半部正常，则故障可能出在 SD 板上，此时可对 SD 板上元器件进行检测。实际维修中，因等离子显示屏在热机时短路，使 SD 板上 IC6955、IC6956 烧坏而导致此类故障较常见
TH-42PW4CZ 等离子机型	不能开机	首先检查 P 板未见异常，重新接插后故障依旧。更换 SS 板后，故障排除，检查 IC410 及其外部电路 D411、D416。发现 D416 不良，更换后故障排除
TH-42PW5CH 等离子机型（GP5D 机心）	开机后保护停机，红色指示灯闪 2 次	首先试拔掉 D20、D21 插座后，开机不再保护，说明问题出在 SC 板上，此时检查 SC 板上的晶体管、场效应晶体管、二极管等器件。发现 SC 板上场效应晶体管 Q6527（2SK2993）击穿，更换 2SK2993 故障排除
TH-42PW5CH 等离子机型（GP5D 机心）	屏幕上出现上、下有时显半边现象	一般为插座 SC41、SC42、SC43、SC44 接触不良所致，此时用触点润滑剂清洗，并拔插 SD、SU 电路板多次即可。另外，当电视图像出现偏黄色时，可检查 IC9003 是否存在不良现象
TH-42PW5CH 等离子机型	图像偏黄，伴音正常	多为集成电路 IC9003 不良，更换后故障排除
TH-42PW5CH 等离子机型	上下有时显示半个图像	插座 SC41、SC42、SC43 接触不良，用触点润滑剂清洗，并插拔 SD、SU 电路板多次，即可排除
TH-42PW5CZ 等离子机型	不能开机，指示灯也不亮	应重点检查开关电源，首先检查 P3 接插件是否正常，再检查 F900 和 P 板电路，最后检查 IC502 是否正常工作。出现不能开机故障时，应重点检查 R6465、Q6511、Q6512、D6501、IC6408、IC6406 等元器件。实际检修中，不开机故障多为 IC502 不良，更换后故障排除
TH-42PW6CH /PA20C 等离子机型	部分机子出现开机保护	电源指示灯闪烁 7 次，根据故障代码含义，一是电源集成电路 STR-6668M 不良；二是追加电阻 4.7k 的 R9947 和 10k 的 R9972
TH-42PWD 等离子机型（GP4D 机心）	无图像，屏幕上有字符显示	观察显示屏字符显示正常，更换不同是输入信号试之。如果输入混合信号无图像，检查 IC3001 输入信号，无输入信号检测 HY/HZ 电路板；如果输入 RGB 信号无图像，检查 J/HX 电路板；如果输入 PC/分量信号无图像，则检查 D 电路板
TH-42PWD 等离子机型（GP4D 机心）	无图像，屏幕上无字符显示	显示屏无字符显示，检查 SC 板 LED 显示是否正常，不正常检查 SC 电路板，正常则检查 SS 电路板 LED 显示是否正常，不正常检查 SS 电路板，正常检查 D 电路板
TH-42PWD4 等离子机型（GP4D 机心）	红色 LED 指示灯闪烁，不能正常工作	首先卸下 P6 电路板，若故障消失，则检查 P6 印制电路板；若闪烁停止，但仍不能正常工作，卸下连接端子 P6 恢复正常，检查 P1 电路板和 J/D 电路板。本例更换 P1 板后，故障排除

（续）

机型或机心	故障现象	故障维修
TH-42PWD4 等离子机型（GP4D 机心）	红色 LED 指示灯闪烁，不能正常工作	首先卸下 P6 电路板故障依旧，再卸下 P7 电路板故障消失，则故障在 P7 电路板；若卸下 P7 电路板闪烁停止，但仍不能正常工作，则卸下连接端子 P1、P2 看是否能恢复正常。若能恢复正常，则检查 P1 印制电路板；若不能恢复正常，则检查 SS/SC 印制电路板
TH-42PWD4 等离子机型（GP4D 机心）	开机后电源指示灯不亮	首先检查 F 电路板是否正常，若异常，则检查熔断器 F900、F901 是否熔断，如果熔断首先排除短路击穿故障；若熔断器正常，但无交流电源输入，则检查抗干扰电路和市电整流滤波电路开路故障；市电交流输入组成，检查 P1 电路板
TH-42PZ80C 等离子机型	不开机，指示灯闪烁 9 次	检查各个插排未见异常，开机瞬间测量 P 板输出电压瞬间正常，再次开机测量 P25 的 11 脚电压开机瞬间为 3.2V 正常，然后变为 0V，判断 D 板故障引起保护电路启动。检查 D 板元器件，用热风机吹 IC9300 时故障出现，补焊 IC9300，故障排除
TH-50PV70C 等离子机型（GPH10DA 机心）	开机后 LED 指示灯不亮	首先检测 P 电路板输出电压是否正常，无待机输出电压，则检测熔断器 F201、F301、F601、F602、F603 是否有问题，熔断器烧断，检查排除相应的负载电路短路击穿故障；熔断器未断，检查 P 的交流输入是否正常，无交流电压输入，检查抗干扰电路和整流滤波电路开路故障，输入电压正常，检查 P 电路板
TH-50PV70C 等离子机型（GPH10DA 机心）	无图像，屏幕上有字符显示	观察显示屏字符显示正常，更换不同是输入信号试之。如果输入混合信号无图像，检查视频信号切换集成电路输入信号，无输入信号检测 TV 接收电路和 AV 输入信号；如果输入 PC/分量信号无图像，则检查 HD-MII/F 接收器和 HDMI 端子
TH-50PV70C 等离子机型（GPH10DA 机心）	无图像，屏幕上无字符显示	显示屏无字符显示，首先检查 SC 板 LED 显示是否正常，不正常检查 SC 电路板，正常则检查 D 电路板；检查 SS 电路板 LED 显示是否正常，不正常检查 SS 电路板，正常检查 D 电路板
TC-51P280G 背投机型（E3 机心）	刚开机时收看正常，20min 左右自动关机	观察监测微处理器 6 脚中断口的电压，在自动关机的瞬间有高电平跳变现象，由此判断中断口 6 脚外部保护检测电路故障。先断开 +B 140V 电压负载，接灯泡作假负载，开机不再发生自动关机故障；去掉假负载，在 140V 回流串联电流表检测负载电流正常；测量束电流过电流保护的 ABL 电位有下落现象，检查相关的 C560、Q563，发现 Q563（2SA1310）漏电，更换 Q563 后，收看数小时未再发生自动关机故障，故障彻底排除
TC-51P280G 背投机型（E3 机心）	刚开机时收看正常，20～30min 左右自动关机	监测微处理器 6 脚中断口的电压，在自动关机的瞬间有高电平跳变现象，由此判断中断口 6 脚外部保护检测电路故障。判断故障在高压过电压检测、束电流过电流检测电路元件热稳定性变差，用电烙铁对该电路的元件进行加热试验，当加热 D1583 时，电视机立即进入保护状态，判断 D1583 稳压值不稳定，更换 D1583 后，收看数小时未再发生自动关机故障，故障彻底排除
TC-51P280G 背投机型（E3 机心）	开机三无，电源双色指示灯闪烁，且伴有继电器吸合与释放的声音	由此判断由开机状态转入待机保护状态。监测微处理器 6 脚电压有高电平跳变，判断中断口 6 脚外部保护检测电路故障。采用解除保护的方法，逐个断开微处理器 6 脚外接保护检测电路的连接二极管，进行一次开机试验。当断开 D7030 与微处理器 6 脚的连接时，开机不再保护，怀疑是会聚电路发生短路漏电故障所引发的保护。检查 IC7001、IC7002 会聚厚膜电路，发现 IC7001 内部短路，更换 IC7001 后，恢复保护电路，开机不再出现保护现象，故障排除

（续）

机型或机心	故障现象	故障维修
TC-47WG25G 宽屏背投机型 （E1W 机心）	开机后进入保护状态	将 Q856 的 b 极与地短接解除保护。断开行输出供电，接假负载测量 +B 电压为 140V 正常，判断故障在 Q856 的 b 极外接保护检测电路；去掉假负载，恢复行扫描电路，再次通电发现光栅暗淡，同时 140V 电压下降，估计时行扫描电路发生故障，特别是行输出变压器局部短路，电流增加，引起 140V 电压降低。更换行输出变压器后，光栅亮度恢复正常，恢复保护电路以外未再发生保护故障
TC-47WG25G 宽屏背投机型 （E1W 机心）	开机三无	观察故障现象，开机的瞬间有高压建立的声音，测量开关电源输出的 140V 电压，表针摆动后降为 0V，测量保护执行电路 Q856 的 b 极电压为 0.7V，判断保护电路启动。电阻测量开关电源各路输出的对地电阻，未见异常，测量稳压电路元件，发现光耦合器 D807 的 1、2 脚在路电阻，正反向均为 0，拆下测量仍然如此，说明 D807 内部损坏，更换 D807 后故障排除
TC-43P18G 背投机型 （E3 机心）	开机三无，电源指示绿灯点亮后立即熄灭，红灯闪烁，且伴有继电器吸合与释放的声音	判断电视机由开机状态转入待机保护状态。先断开电源一次回路的保护元件，当断开由稳压管 D820、D821 和光耦合器 D819 以及 R816 ~ R818 组成的交流电源整流过电压保护电路的 R817 时，保护状态解除，电视机正常工作，此时测量 300V 电压为 298V 正常，判断时交流电源整流过电压保护电路元件变质，引发误保护。检查该电路元件参数，发现 R818 的阻值由正常时的 3.3k 增大到 25k 左右，且不稳定，造成 R818 上端分得的电压增加，将 D820、D821 稳压管击穿，引发误保护。更换 R818 后，故障排除
TC-43P280G 背投机型 （E3 机心）	开机三无，双色指示灯闪烁，继电器发出吸合和释放的声音	按“POWER”键二次开机，再次出现指示灯闪烁和继电器吸合与释放的声音，测量开关电源输出电压上下波动，测量微处理器 IC1213 的 6 脚电压出现高电平，判断是微处理器中断口保护电路进入保护状态。断开 +B 输出负载电路，接假负载后开机，测量 +B 电压恢复正常，并且不再出现保护现象，分析是 +B 负载电路发生短路漏电故障。重点检测行输出电路，未见明显短路故障；采用逐路断开 +B 负载电路的方法，进行开机试验，当断开行推动电路的供电时，开机不再保护。对行推动电路 Q590 进行检测，其 c 极与 e 极之间存在 1kΩ 左右的漏电电阻。更换 Q590 后，故障排除
TC-43P280G 背投机型 （E3 机心）	开机三无，双色指示灯闪烁，继电器发出吸合和释放的声音	测量开关电源输出电压上下波动，测量微处理器 IC1213 的 6 脚电压出现高电平，判断是微处理器中断口保护电路进入保护状态。断开 +B 输出负载电路，接假负载后开机，仍然出现保护现象。采用逐个解除中断口保护的方法，断开微处理器 6 脚外部各路检测电路的隔离二极管，并进行开机试验。当断开 D7030 与微处理器的 6 脚连接后，开机不再保护，怀疑是汇聚电路发生短路漏电故障。检测 IC7001、IC7002 汇聚功率放大电路，发现 IC7001 内部短路。更换 IC7001，恢复保护电路，开机不再出现保护现象，故排除
TC-43P280G 背投机型 （E3 机心）	刚开机时收看正常，20 ~ 30min 后，自动关机	关机的瞬间测量微处理器 6 脚电压，瞬间出现高电平，判断是微处理器中断口出现保护现象。分析是元件热稳定性差，工作一段时间受热后，引起过电流故障，造成保护电路启动。检测行输出和汇聚电路电流，未见增长现象；判断故障在高压保护电路和束电流保护电路中，用电烙铁加热高压保护电路和束电流保护电路元件，当加热 D1583 时，电视机立即进入保护状态，判断 D1583 稳压值变小，更换 D1583 后，自动关机故障排除

（续）

机型或机心	故障现象	故障维修
TC-43P280G 背投机型（E3 机心）	开机后三无，红、绿指示灯闪烁，继电器发出吸合和释放的响声，按开/关键，上述现象重复发生	测量微处理器 6 脚电压，有正跳变高电平，判断与微处理器中断口 6 脚相连接的保护检测电路故障 测量 STBY12V 电压正常，主电源市电整流滤波电路的电压为 305V，排除这两个过电压保护电路启动的可能。断开主电源 + B 的负载，接上 150W 灯泡作假负载，开机保护状态解除，由此判断故障在 140V 负载电路中。逐一断开 VM 输出和 DF 输出电路的 140V 供电，仍出现自动关机保护故障，确定保护来自行输出和行推动电路中，经过检查，发生行推动管软击穿，更换后，故障排除
TC-43P280G 背投机型（E3 机心）	开机后三无，红、绿指示灯闪烁，继电器发出吸合和释放的响声，按开/关键，上述现象重复发生	测量微处理器 6 脚电压，有正跳变高电平，判断与微处理器中断口 6 脚相连接的保护检测电路故障 测量 STBY12V 电压正常，主电源市电整流滤波电路的电压为 303V 正常，排除这两个过电压保护电路启动的可能。断开主电源 + B 的负载电路，也相当于同时取消了 + B 过电流保护、高压过电压保护和束电流过电流保护功能，微处理器中断口的保护功能只剩下 + B 140V 过电压保护，+8V 和 23V 失压保护，±23V 过电流保护电路这三项保护功能。断开 ±23V 的供电，开机电视机不再保护，判断故障在会聚功放电路中，检测会聚电路的滤波电容和 IC7001、IC7002，发现 IC7002 失效，换上会聚功放厚膜电路 IC7002 后，恢复电路开机，故障排除
TC-43GF85G 背投机型（E2 机心）	通电后电源指示灯为黄色，按下电源开关后，指示灯由黄色变为红色，红灯熄灭绿灯亮一下然后熄灭变为红色	测量 + B 电压，开机瞬间有 140V 电压，然后 RL801 断开，测量保护电路 Q856 开机的瞬间有突然上升的 0.5V 电压逐个断开与 Q856 相连接的故障检测电路，当断开 D451 后，开机不再保护，但光栅出现一条水平亮线，更换 IC451 恢复保护电路后，故障依旧。再次对保护电路进行检查，还是断开 D451 后开机出现一条水平亮线，再次对场输出电路进行检查，发现场输出电容 C454 附近电路板有电解液流出，电阻 R454、R482 有烧焦的痕迹，造成 C454 漏电将 R454、R482 烧焦，致使场输出电压增高，引起保护。更换 C454、R454、R482 后，再开机光栅恢复正常，不再发生保护，故障排除
51GF85H 背投机型（E2 机心）	通电后电源指示灯为黄色，按下电源开关后，指示灯由黄色变为红色，红灯熄灭绿灯亮一下然后熄灭变为红色	初步判断进入保护状态。测量 + B 电压，开机瞬间有 140V 电压，然后 RL801 断开，+ B 变为 0 个；测量各路保护执行电路触发电压和微处理器 6 脚中断口电压，发现 Q856 开机的瞬间有突然上升的 0.5V 电压同时微处理器 6 脚为高电平，判断是与 Q856 的 b 极有关故障检测电路引起的保护。逐个断开与 Q856 相连接的故障检测电路，当断开 D451 后，开机不再保护，但光栅出现一条水平亮线，判断是场扫描电路故障，检测发现 IC451 的输出端 2 脚与电源端 3 脚内部击穿，更换后故障排除
51GF85H 背投机型（E2 机心）	多数时间能正常收看，偶尔发生自动关机故障，指示灯由绿色变为红色	测量 + B 电压，开机瞬间有 140V 电压，然后变为 0；测量微处理器 6 脚为高电平保护。断开微处理器 6 脚外围的行输出过电压检测电路 D553 时，开机退出保护，且光、声、图均正常，判断是行过电压保护电路故障，引起误保护。对行过电压检测电路进行检查，其电阻分压电路未见异常，测量稳压管 D554 的稳压值也在正常范围内，最后检查 C555、C567 分压电路，发现 C555 表面有裂纹，拆下 C555 测量，有 50k 左右的不稳定漏电电阻，造成分压值不稳定，引起误保护。更换 C555 后，恢复保护电路不再发生自动关机故障

（续）

机型或机心	故障现象	故 障 维 修
51GF85H 背投机型 （E2 机心）	开机指示灯均依次发出橙→红→绿光后转为一直闪烁发红光，整机三无	二次开机瞬间机内有继电器吸合、释放发出的动作声。推断保护电路起控所致。开机测微处理器 IC1213 的 6 脚电压，发现在开机瞬间有瞬时跳变电压输入，分别焊脱 D862、D553 引脚，发现当焊脱 D553 后，微处理器 IC1213 的 6 脚电压恒为 0V，据此判断行输出电路过电压保护，引起行输出电路过电压保护的因素之一是主开关电源 140V 输出端电压过高，开机瞬间确有 150V 以上的直流电压输出，检测主开关电源稳压控制电路，发现光耦合器 D807 内部光敏二极管已漏电损坏。更换 D807 后，恢复原电路，开机试之，整机工作恢复正常，故障排除

5.1.2 松下数码、高清彩电易发故障维修

机型或机心	故障现象	故 障 维 修
25V40R 机型 （MX-3 机心）	图像正常声音小，“MENU”键、“音量 +/-”键失效，但“频道 +/-”键和“AV”键正常	误入维修状态所致。先进入维修状态，再退出即可将故障排除。方法是：同时按下遥控器上“定时关机”键和本机控制板上“频道 +”键时，便可进入维修状态。此时，如果同时按遥控器上“定时关机”键和“音量-”键，又可退出维修状态
29P20R 机型	收台时行场不同步，不存台	原因是 AV 板上 R3041 与 R3042 损坏。这两个电阻损坏后，同步信号无法输入到 TB1237 的同步端。这两只电阻的位置比较隐蔽，AV 板上有一条黑线直接焊到高频头外壳上，把 AV 板上这条黑线焊点附近的胶去掉即可发现这 2 只电阻
43P860D 机型 （GP1 机心）	有伴音，黑屏幕	刚开机图像正常，约 10min 后屏幕上出现黑色横条干扰，再过 3min 变成黑屏幕。判断故障在图像处理电路，检查 DG 视频处理电路的插座 A44 的 26、27、28 脚 R\G\B 三基色输出电压为 1.5V，且无视频信号输出。测量 A44 的 11、59 脚主视频信号输入正常，69 脚副视频信号也正常，判断故障在 DG 盒内部。对 DG 盒内部视频处理电路 IC1309 进行检查，7、9、11 脚无视频输出，测量 IC1309 的 19 脚行消隐脉冲，正常时应为 3.3VP-P，发生黑屏幕时变成 2.8V 直流电压；顺着 19 脚检查，发现 Q1310 不良，更换 Q1310 后，故障排除
M16、M17、M19 机心	三无	拆除 110V 交流倍压电路、晶闸管 AC05D 及相关电路
TC-2110、 TC-2140 等机型 （MX-3 机心）	伴音最大音量被限制，除节目选择和音量调整有效外，其他功能键均失效	同时按住电视机面板上的“音量 -”键和遥控器上的“定时关机”键，退出旅馆模式。也可同时按住电视机面板上的“音量 -”和遥控器上的“屏幕显示”键，屏幕上出现白光栅后，再按一下“N”键，退出旅馆模式即可恢复正常
TC-2148 机型 （MX-3A 机心）	“频道 + -”键可正常使用，最大音量被限制在进入旅馆模式前的电平上，节目设置功能不起作用	进入旅馆模式所致。松下以 TC-2148、TC-2158、TC-2168、TC-2198 为代表采用 MX-3A 机心的彩电，具有旅馆模式功能，其目的是在旅馆中使用时，对最大音量和其他功能实施限制，避免顾客使用时影响其他顾客休息或误将电视机功能调乱。进入旅馆模式的方法是：同时按遥控器上的“定时关机”键和电视机上的“频道 +”键，即可进入旅馆模式。在旅馆模式下，“节目 +/-”键可正常使用，最大音量被限制在进入旅馆模式前的电平上，节目设置功能不起作用 退出旅馆模式的方法是：同时按遥控器上的“定时关机”键和电视机上的“节目 -”键，即可退出旅馆模式

（续）

机型或机心	故障现象	故 障 维 修
TC-2160 机型（MX-3 机心）	三无	R802 或 R803 开路
TC-2160 机型（MX-3 机心）	三无，D835 击穿	更换 C805、C825 和 D835
TC-2160 机型（MX-3 机心）	图像淡，对比度失控	R525 开路（TC-2140、TC-2148 型机为 R526）
TC-2173 机型（M15 机心）	开机时待命指示灯不亮，无光栅、无伴音	经检查发现熔断器熔断，R841 断路，整流桥 D833 一臂击穿。全换新后，再开机，300V 正常，指示灯仍不亮，但声、光、图良好，只是不能用遥控器关机。检查开关机电路和副电源，发现是待命指示灯 D813 开路损坏。该管损坏不但本身不发光，还使 +5V 副电源中断，Q811 截止，因而不能待命关机。换上新管后，故障排除
TC-2185 机型（M15L 机心）	开机后吱吱响。Q834 击穿	更换电源 IC（STK50213）
TC-2185 机型（M15L 机心）	有光，选台不存	D1128、D1129 和 D1130 中某元件损坏
TC-2185 机型（M15L 机心）	伴音小，有杂音	更换 C209
TC-2185 机型（M15 机心）	收看中突然光、声全无，机内发出“唧唧”叫声，约数秒钟后叫声消失	直观检查，发现电源部分有多处裂纹，将所有裂纹补焊后，开机测 +B 电压为 +113V 电压正常且稳定，约 1min +B 电压突然下跌至 52V 左右并波动，开关变压器 T801“唧唧”叫声随即出现。断开行负载电路，并接一只 60W 灯泡试机，发现开机瞬间 +B 电压有一个快速上冲现象，停机瞬间 +B 电压也有一个上冲现象，分析认为，这种上冲现象预示着 +B 电压过高。于是在 +B 输出端接一只 R2M 保护二极管，并断开行逆程脉冲输入电路中 R805 一端后，断开过电压保护管 Q834（TFD312M），在手不离开电源开关的情况下通电试机，图声出现，试接入行逆程脉冲，+B 电压立即出现上冲现象，立即关机，表明开关电源存在过电压现象。查遍 IC801 外围元件均无异常，判断 STR50213 可能性能不良，将其更换后长时间试机故障排除
TC-2186CWDDV 机型（M15 机心）	开机后无光无声，待机指示灯不亮，机内有“吱吱”叫声	测 +B 电压 +113V 基本正常，说明开关电源无问题。测 R536（56Ω）、R519（6.8kΩ/2W）上端电压约为 0.95V；表明保护电路已动作而保护。断开 R536 一端短时试机，发现有光栅但行幅缩小；测 D522（MA4108）负端电压由正常值 9.0V 上升至 11.5V 左右，分析是因行逆程电压过高。致使其保护电路动作。关机后重点检查 C538、C539、C540、C509、C511、C516、C518 等逆程电容，是 C511（0.0082μF/1.25kV）失容，导致行逆程时间变短，使逆程电压升高，保护电路动作而保护所致
TC-2188 机型（C150 机心）	一条水平亮线	若场 IC 及供电正常，则多为维修开关漏电，拆除该开关并连线即可

（续）

机型或机心	故障现象	故 障 维 修
TC-2188 机型（C150 机心）	开机三无，进入保护状态	采用解除保护的方法，断开行输出供电，接假负载测量 + B 电压仍然为 0V；将保护执行电路 Q827 的 b 极与 e 极短接解除保护，开关电源发出吱吱叫声，仍无电压输出。判断开关电源负载短路，电阻测量电源各路输出端对地电阻，发现 46V 输出端对地电阻为 0，检查该整流滤波电路，发现滤波电容 C817 击穿，致使 D837 导通，将 D825 正极的电压短路，进入保护状态。更换 C817 后，故障排除
TC-2188 机型（C150 机心）	有时能正常收看，有时发生自动关机故障	正常收看时测量开关电源各路的输出电压正常，发生关机故障时测量电源输出电压为 0。采用解除保护的方法，断开行输出供电，接假负载开机测量 + B 电压为 115V 正常；去掉假负载，恢复行扫描电路，声、光、图均正常。判断故障在 Q805 的 b 极外接的保护检测电路；测量保护电路 Q805 的 b 极电压，光栅正常时为 0，光栅较亮时，突然变为 0.7V，判断是行过电流保护或过电压保护检测电路元件发生参数改变，引起误保护。逐个断开两个检测电路与 Q805 的 b 极连接，当断开行过电压检测电路的 D522 时，Q805 的 b 极电压不再上升，拆下 D522 测量其稳压值不稳定，用电烙铁加热时，在 9～11V 之间改变，引起行过电压保护电路误保护。更换 D522 后，恢复保护电路，未再发生自动关机故障
TC-2188 机型（C150 机心）	开机三无，进入保护状态	测量保护执行电路电压时，发现 Q827 的 b 极有触发电压，判断保护电路启动，看来引起保护在 Q805 的 c 极之后至 Q827 之间的电路中，逐个断开 Q805 的 c 极的失压保护电路 D830、D831，开机故障依旧，怀疑光耦合器 D811 故障，拆下测量其 1、2 脚开路，更换 D811 后，开机瞬间再次发生保护，测量 D811 的 12 脚再次击穿，看来在 D811 的 1、2 之间有高压存在，检测 1 脚外部元件，发现 + B 失压检测电路的 D830 漏电，将 + B 电压加到 D811 的 1 脚引起击穿，更换 D811 和 D830 后，电视机恢复正常
TC-2197R 机型（MX-4 机心）	“频道 +／-” 键可正常使用，最大音量被限制在进入旅馆模式前的电平上，节目设置功能不起作用	进入旅馆模式所致。松下以 TC-2197R、TC-2555R、TC-2555R5、TC-2566RS、TC-2598、TC-2598S、TC-2955R、TC-2966RS、TC-2998 为代表采用 MX-4 机心的彩电，具有旅馆模式功能，其目的是在旅馆中使用时，对最大音量和其他功能实施限制，避免顾客使用时影响其他顾客休息或误将电视机功能调乱。进入旅馆模式的方法是：同时按遥控器上的“定时关机”键和电视机上的“频道 +”键，即可进入旅馆模式。在旅馆模式下，“频道 +／-”键可正常使用，最大音量被限制在进入旅馆模式前的电平上，节目设置功能不起作用 退出旅馆模式的方法是：同时按遥控器上的“定时关机”键和电视机上的“节目 -”键，即可退出旅馆模式
TC-21L3R 机型（MX-1A 机心）	一条水平亮线，关小亮度或对比度能满屏	R525（137kΩ）开路

（续）

机型或机心	故障现象	故障维修
TC-21P40R 机型（MX5Z 机心）	音量最大值被限制在设定前的水平，除“节目+/-”键正常使用外，其他功能键均不起作用	进入旅馆模式所致。松下以 TC-21P40R 为代表采用 MX5Z 机心的超级单片系列彩电，设有旅馆模式功能，其目的是在旅馆中使用时，对最大音量和其他功能实施限制，避免顾客使用时影响其他顾客休息或误将电视机功能调乱 进入旅馆模式：按遥控器上的“定时关机”键，进入定时关机模式，同时按遥控器上的“呼出”键和电视机上的“频道+”键，即可进入旅馆模式。在旅馆模式中，音量最大值被限制在设定前的水平，除“频道+/-”键正常使用外，其他功能键均不起作用 退出旅馆模式：同时按遥控器上的“定时关机”键和电视机上的“音量-”键，即可退出旅馆模式，进入正常收视状态
TC-2552G 机型	无伴音，按“音量+”键时，屏幕上有显示	测量 IC2303 集成电路各引脚上的工作电压基本正常。测量 IC2302 集成电路 7、16 脚电压在手动或遥控音量时，可在 0~33V 之间改变。IC2302 集成电路内部损坏，更换新件后，故障排除
TC-2588 机型（C150 机心）	开机后进入保护状态	采用解除保护的方法，将 Q805 的 b 极与地短接。断开行输出供电，接假负载测量+B 电压为 115V 正常，判断故障在 Q805 的 b 极外接的保护检测电路；去掉假负载，恢复行扫描电路，再次通电发现光栅为一条水平亮线，判断故障在场输出电路中，检修更换场输出电路后，开机光栅和图像恢复正常，但断开 Q805 的 b 极与地之间的短路线，恢复保护功能后，开机电视机仍然保护，判断保护检测电路元件故障，引起误保护。对 Q805 的 b 极保护检测电路进行检查，发现场过电流保护电路的取样电阻 R476 阻值变大，由正常时的 1.2Ω 增大到 5.0Ω，估计是场输出电路发生故障时将其烧焦，阻值变大引起了误保护。更换 R476 后，开机不再保护，故障排除
TC-2588 机型（C150 机心）	开机三无，进入保护状态	测量开关电源各路的输出电压为 0，电阻测量电源各路输出端和行输出、场输出电路无明显的短路和漏电现象；采用解除保护的方法，断开行输出供电，接假负载测量+B 电压为 115V 正常，判断故障在 Q805 的 b 极外接保护检测电路；去掉假负载，恢复行扫描电路，再次通电发现光栅暗淡。+B 电压下降到 80V 左右，测量 R834、R835 的电压降到 1.2V，判断是行扫描有电路漏电故障，造成行输出电流增大。拔下偏转线圈插头，行电流仍居高不下，断定故障在行输出变压器。更换行输出变压器 T501 后，行电流恢复正常值，电源输出的+B 电压变为正常值
TC-2592、TC-2552 机型（MX-2 机心）	屏幕上部光栅正常、下部无光栅，伴音正常	按主电路板上的维修开关 S1011，进入维修状态，调出调整项目，查看数据，发现 HC 水平中心位置的数据为“06”，按“音量+/-”键将其调整为正常值“11”。将 VCO 压控振荡频率的数据由“03”调整为正常值“16”后，遥控关机，退出维修状态即可
TC-25P22G 机型（MX-8 机心）	开机后进入保护状态	测模拟晶闸管 Q502 的 b 极电压为 0.7V，说明 Q501 进入了保护状态。测得+B 电压先为 70~80V，后降为 20V 左右。测量 Q502 的 b 极电压仍为 0.7V 保护状态，测量稳压控制电路未见异常。分析可能是 IC801（STRF6656 电源模块）有问题，更换 IC801，断开 J108 拔掉行校正板，开机灯亮，测+B 电压为 140V 正常，判断原 IC801 损坏。更换后，故障排除

（续）

机型或机心	故障现象	故 障 维 修
TC-25P22G 机型（MX-8 机心）	开机后进入保护状态	测量 +B 电压为低电平 20V，遥控开机的瞬间有上升的趋势，并有行启动高压建立的声音。测量模拟晶闸管 Q502 的 b 极为高电平 0.7V，判断保护电路电启动。先开行过电流保护电路的 R753，开机故障依旧；再断开 +B 过电压保护电路的 R756 时，开机不再保护，且光栅和图像正常，测量 +B 电压为 140V 正常，判断 +B 过电压保护电路元件变质引起误保护。对该电路的元件参数进行检测，由于该电路分压电阻阻值较大，拆下测量，发现 R532 阻值变大，更换 R532 后，故障彻底排除
TC-25V30R 机型（M16 机心）	开机收看正常，遥控关机后仍有光栅，但无图像无伴音	判断是开关机控制电路故障。对开关机控制电路进行检查，发现在进行开关机控制时，开关机控制电路中的 Q841 和光耦合器 D841 的 1、2 脚也有相应的电压变化，但 D841 的 3、4 脚却无电压变化，由此判断 D841 内部开路，使关机信号中断，虽然微处理器发出关机待命的信号并切断了图像和伴音的控制，造成无图像无伴音，但开关电源未接到关机信号，仍输出电压，致使行扫描仍坚持工作，仍有光栅。更换 D841 后，故障排除
TC-25V30R 机型（M16 机心）	开机三无，指示灯亮	开机的瞬间有高压建立的声音，然后三无，测量 Q841 的 b 极和模拟晶闸管 Q554 的 b 极有 0.7V 电压，确定是保护电路启动。采用电压测量的方法检修。开机的瞬间测量各路故障检测电路的测试点电压，判断故障在场输出电路中。对场输出电路进行检测，发现场输出电路 IC451（LA7838）内部短路，更换 IC451 后，开机不再保护
TC-25V40RQ 机型	无伴音但图像正常	测量 IC2302 的 16 脚电压在按遥控器音量按键时有变化。用一只 1μF/50V 电容器跨接在 IC2306 的 7 脚与 IC2303 的 2 脚，有失控的伴音。检查相关电路，IC2302 集成电路本身损坏，更换新的配件后，故障排除
TC-25V40RQ 机型	开机三无，电源指示灯也不亮	检查交流进线熔断器熔断，且管内发黑，说明电路中有短路故障。测量 IC801 的 1～3 脚之间正、反向电阻均为 0Ω。经查 IC802、R807、VT804、VD824、R814、R826、VD803 均已损坏，更换新件后，故障排除
TC-25V40R 机型	伴音小，按“音量+”键时显示仅能增大到“5”，但可减小至“0”	测量微处理器 MN152810 的供电电压基本正常。测量 MN152810 的 16 脚上的电压仅在 0～0.4V 间变化。断开 MN152810 的 16 脚与外电路的连接，测量与的 16 分离的电路上的 11V 电压正常。经查存储器 24C01A 本身损坏，更换一块新的配件后，故障排除
TC-25V40R 机型（MX-2A 机心）	开机有高压后 X 射线保护	更换 C452 并清洗附近线路板
TC-28GW25G 16:9 宽屏机型	开机后无任何反应，指示灯也不亮	测量桥堆 VD801 输出端电压为 0V，微处理器 IC1213 的 33 脚（POWER）电压为 0V，重复按下“POWER”键，监测 IC1213 的 33 脚电压，表头指针无跳变。由此说明故障原因为微处理器 IC1213 没有执行“ON”键闭合指令。再测 IC1213 的 22 脚 Vcc 电压为 +5V，54 脚 RST 电压为 0.2V，62、63 脚电压分别为 2.1V、2.0V，主时钟频率 6.0MHz。由于 54 脚无正常 5.0V 复位电压，再测复位电路 IC1212 的 2 脚输入电压为 +5V，查 1 脚输出电路元件良好，判定为 IC1212 内部损坏。更换同规格的复位芯片 IC1212 后，故障排除

（续）

机型或机心	故障现象	故 障 维 修
TC-28GW25G 16:9 宽屏机型	开机后，无光栅无伴音，指示灯也不亮	该故障一般发生在电源及相关电路。检查熔断器 F801 熔断，电源厚膜电路 STR-M6529 的 1、2 脚内 V-MOS 开关管击穿，2 脚源极过电流取样电阻器 R809 烧坏。更换新品后，开机后一切正常，但用调压器将交流输入电压降到 150V 时，电源厚膜电路 IC801 温度升高，过流取样电阻也发热。测量 STR-M6529 的 1 脚直流电压约 160V，检查交流整流滤波方式转换电路中的 VT854 截止、VT853 也截止。再测齐纳二极管 VD815 负端电压只有 3.2V，而它的击穿电压为 12.1V。由此说明交流整流滤波方式转换电路还有故障。经进一步检查 VD815 负偏压整流滤波和分压电路中的 VD814、C824、R823、R824 等相关元件，果然发现滤波电容器 C824 内部漏电。更换同规格的电容器 C824 后，故障排除
TC-28GW25G 16:9 宽屏机型	无光栅、无图像、无伴音，但指示灯亮	按下开关 S801，机前两只红色发光管显示无变化，继电器 RL801 吸合常开触点闭合锁住。焊开电源厚膜电路 IC801（STR-M6529）的 5 脚电路，另外引入 +15V 直流电压加至该脚，电源仍不能振荡工作。先后脱开 4 脚外围电阻器 R811、R846，故障不变。检查 STR-M6529 的 1、2 脚开关管漏源电路、T801 的 P2～P1 绕组均一切正常。在焊开 5 脚另引入 +15V 工作电源之后，能够影响振荡器振荡工作的因素，除 4 脚所接的过电流和过电压保护支路之外，7 脚外围的 VD824 和 CS15 漏电击穿，也会通过其内触发器作用强制刚刚启振的振荡器电路停振。脱开 7 脚电路，试机电源进入正常工作。查 VD824、C815，发现电容器 C815 内部漏电。更换同规格的电容器 C815 后，故障排除
TC-28GW25G 16:9 宽屏机型	开机后，屏幕上无光栅与图像，扬声器中也无伴音	测微处理器芯片 IC1213 的 22 脚 Vcc 电压 +5V，54 脚 RST 电压为 0.2V，由此可知 54 脚 RST 电压 5V 的复位电路不正常。进一步检测复位芯片 IC1212 的 2 脚输入电压为 +5V，查 1 脚输出电路元件良好，经仔细检测为复位芯片 IC1212 内部不良。更换同型号的集成电路 IC1212 后，故障排除
TC-28W12G 大野画王机型	开机后光栅正常，无图像、无伴音	问题一般出在微处理器控制、RFAGG 及调谐电路。先按下预置选台键，屏幕显示节目号和频段指示字符，但节目号不翻转，无图像。测量高频头 TN001 的 9、8、7 脚电压分别为 0.1V、4.7V、4.8V 标准值。搜索选台时，用示波表观察 CS、DATA、CLOCK 信号波形，其中 DATA 和 CLOCK 波形正常，片选信号 CS 却一直处于“低电平”。再测 9 脚在路电阻值为 6.2kΩ（正常），IC1213 的 35 脚外接电阻器 R1122 良好，进一步检测发现 9 脚外接 VD1103 内部不良。更换同规格的二极管 VD1103 后，电视机图像与伴音均恢复正常，故障排除
TC-28W12G 大野画王机型	自动搜台时，收不到信号，无图像、无伴音	检查 RFAGG 电压正常；波段切换电压正常；BT 调谐电压在 0～30V 范围内变化正常，但 TN001 的 1 脚无 38MHz 图像中频信号输出 打开频率合成调谐器 TN001 屏蔽盖，在自动搜索过程中用示波表观察 TDA8330T 的 15、16 脚 38MHz 图像中频信号波形正常，但发现 13、14 脚无图像中频信号输出，判定为 TDA8330T 内部不良。更换新的 TDA8330T 集成电路后，电视机信号接收正常，故障排除

（续）

机型或机心	故障现象	故 障 维 修
TC-28W12G 大野画王机型	自动搜索过程中调谐速度一直很快，信号一闪而过，不能锁定	故障一般发生在微处理器控制电路及调谐系统。微处理器 IC1213 的 10 脚输入 AFC 信号，IC1213 的 7 脚输入电视识别信号（即同步脉冲），IC902 的 1 脚输入幅度正常的视频信号且 4 脚振荡信号与电视信号行频严格同步，9 脚会输出完整的同步脉冲，送到 IC1213。测 IC2902 的 1 脚电压为 7.1V 正常，监视自动搜索屏幕出现清晰画面瞬间 1 脚馈入视频信号幅度正常，但 9 脚无负向跳变低电平出现。测 4 脚振荡器只有 1.2V，正常值为 6.8V。检查 4 脚外接定时电容器 C913、C914，发现 C914 内部漏电。更换同规格的电容器 C914 后，电视机工作恢复正常，故障排除
TC-28WG12G 机型	开机后，屏幕上的光栅呈一条水平亮线	测视频电子开关 MN4066B（ID454）的 12 脚控制端为 0V 低电平。由原理可知，正常工作时 12 脚为 11.7V 高电平，其内电子开关接通，场推动放大器 XBA15218M（IC445）的 7 脚输出的场频锯齿波信号经视频电子开关 MN4066B 的 11、10 脚选通送往场输出级 LA7845 的 5 脚进行功率放大后提供给场偏转线圈，驱动电子束完成垂直扫描。显然故障出在状态切换控制电路 状态切换控制电路由 MN1874033T2J 的 46 脚（WIDF3 切换信号输出）、R456、11455、VT462 等组成，经仔细检查该电路，发现 R456 内部损坏。更换同规格的电阻 R456 后，电视机光栅恢复正常，故障排除
TC-28WG12G 机型（M17W 机心）	光栅和图像正常，环绕立体声效果差	将音量减小到 0。按遥控器上的定时关机键，同时按遥控器上的“RF-CALL”键和电视机上的“音量 -”键，进入维修状态。按遥控器上的数字“3”、“4”键，选择 CHK1 中 EFFECT 项目，其项目数据错误，用“音量 +/-”键调整其数据为正确值，使立体声效果达到最佳后立体声恢复正常
TC-28WG25C 机型	收看时，突然听到机内“啪嗒”一声，声光全无，但红色待机灯亮	测量 IC1213 集成电路的供电电压基本正常。按下电源开关时，测量 IC1213 的 33 脚始终为 0V，54 脚电压也为 0V，正常时复位后应为 5V。经查 IC1212 集成电路本身损坏，更换一块新的配件后，故障排除
TC-2950RZ 机型（TC-M20 机心）	开机三无，电源指示灯不亮	测量 +B 和电源输出电压均为 0V，判断故障在开关电源初级电路中。电阻测量开关电源初级电路，发现熔断器烧断，厚膜电路 IC802 内部大功率开关管击穿，更换熔断器和 IC802 后，开机仍然三无。再次检查开关电源初级电路，发现 2 脚外部的 R810 阻值由正常时的 0.22Ω 增大到 1.2Ω 以上，且不稳定。估计是 IC802 击穿时，过大的电流将 R810 烧焦且阻值增大，引起 IC802 内部过电流保护电路动作。更换 R810 后，故障彻底排除
TC-2950R 机型	开机后，屏幕上无光栅与图像，扬声器中也无伴音	测主电源各组直流输出为零。测电源厚膜集成电路 IC802 的 1 脚电压约 300V，在 9 脚引入 8V 直流电压，电源仍不能进入振荡工作。用示波器测 IC802 的 5 脚振荡方波幅度正常，说明 STR-S6709 内小信号电路和 6、7、8 脚外围电路工作基本正常 再测 IC802 的 3 脚，发现振荡信号幅度为零，判断故障出在 5~3 脚之间振荡信号传输通道。经检查 R807、L841、C812、T1、VD831、C848 等相关元件，发现开关管 VTI 内部不良。更换一只新的 VT1 后，电视机图像与伴音均恢复正常，故障排除

（续）

机型或机心	故障现象	故 障 维 修
TC-2950R 机型	开机后呈三无状态，指示灯也不亮	检查电源熔断器熔断、电源厚膜集成电路 IC802 的 1、2 脚开关管 VT1 的 c、e 极击穿。更换熔断器 F801 后，脱开 1C802 的 1、3 脚，断开机内厚膜电路 IC802 的 9 脚供电，另引入 +8V 直流稳压电源，开机用示波器测试钳位二极管 VD831 负端方波振荡信号正常，说明电源厚膜集成电路 STR-S6709 内包括振荡器在内的小信号处理电路工作正常。检测电源二次回路负载基本正常，用一只塑封大功率管 2SC4706 接在开关管 VT1 位置，接好 IC802 的 9 脚机内供电，将交流电压调节到 120V 开机，电源振荡工作。调节交流输入电压，监视电源各组直流输出电压随交流电压变化而变化，说明电源脉宽调制电路失控 进一步检查 IC802 的 7 脚外围误差取样放大器 IC803、光耦合器 IC803、R837、R826、C840，结果发现光耦合器 IC803 内部损坏。更换同规格的光耦合器 IC803 后，故障排除
TC-2950R 机型	市电低于 130V 时，电视机出现自动关机又自动开机现象	该机功耗 215W，交流输入电压为 220V 时，流过开关管 VT1 的 c 极电流小于 1A。交流电压下降到 130V，VT1 的 c 极电流增大到 1.8A，厚膜集成电路发热严重，而限流电阻器 R809 十分靠近 STR-S6709 散热片，1.8A 整机电流流过 R809 的功耗极大，更加重了电源厚膜集成电路的负担。检修时，当出现自动关机后触摸限流电阻器 R809 温升不高，排除浪涌电流限制电路异常的问题。再进一步检查开关管 VT1 及 IC802 的 8 脚外围延迟导通保护电路，发现取样电阻器 R825 内部失效。更换同规格的电阻器 R825 后，故障排除
TC-2950R 机型	图像正常，但 TV 和 AV 状态时均无伴音	从伴音功放集成电路 IC2303 的 2、5 脚注入信号有声音，说明功放正常。再从 IC2302 的 1、3、20、22 脚分别注入信号均无声，按“音量 +/−”键，测 IC1102（CPU）的 16 脚电压能在 0～5V 之间变化，测 IC2302 的 16 脚电压也随之变化，证明伴音控制电路正常。用一只 6.8μF 无极性电容器接在 IC2302 的 3、9 脚之间，伴音恢复正常，判定为 IC2302 内部损坏。更换同型号的集成电路 IC2302 后，扬声器中的伴音恢复正常，故障排除
TC-2950R 机型	开机后，可以听到机内有响声，但无光栅、无图像、无伴音，电源指示灯不亮	测量 +B 的 142V 电压在 60～70V 之间波动，15V 电压在 2.5～3V 之间波动。断电测量开关电源 15V 的一路由 VD890、C816 和 VD812、C820 组成的串联整流滤波电路中的各个元件，未发现有明显的异常 对稳压取样比较电路中的有关元器件进行检查，结果发现电阻器 R833 的一只引脚呈虚脱焊状态。加锡将 R833 电阻开路的引脚焊牢固后，通电试机，电视机恢复正常，故障排除
TC-2950R 机型（MX-2A 机心）	图像正常，伴音偏小，除“AV”键、“节目 +/−”键和数字键外，其他按键失效	进入童锁状态所致。松下以 TC-2950R、TC-2550R、TC-2552G/R 为代表采用 MX-2A 机心的彩电，具有童锁功能。误入童锁状态后，图像正常，伴音偏小，除“AV”键、“频道 +/−”键和数字键外，其他按键失效 由于手中无该机的调整资料，经过试验，发现按电视机面板上的“音量 −”键将音量调整为 0，再按面板上的“音量 −”键和遥控器上的“音量 +”键约 2s，即可排除故障，面板和遥控器上的按键恢复正常

（续）

机型或机心	故障现象	故 障 维 修
TC-2950R 机型（TC-M20 机心）	开机三无，电源指示灯亮后熄灭	初步判断该机进入保护状态，采用解除保护法检修，将 Q805 的 b 极与 e 极短路解除保护，开机观察故障现象，屏幕上出现一条水平亮线，测量场输出过电流保护 Q451 的 c 极输出高电平，判断场输出电路损坏引起保护电路启动。检修更换场输出电路 IC451，恢复保护电路后，开机仍保护。再次对场电路进行检查，发现场过电流保护电路的取样电阻 R476 阻值变大，由正常时的 1.2Ω 增大到 3.8Ω，估计是场输出电路发生故障时将其烧焦，阻值变大引起了误保护。更换 R476 后，开机不再保护，故障排除
TC-2952G 机型（TC-M20 机心）	开机三无，电源指示灯亮后熄灭	初步判断该机进入保护状态，将 Q805 的 b 极与 e 极短路解除保护，开机观察故障现象，声、光、图均正常，判断是保护电路元件变质引起的误保护。考虑到稳压管的稳压值在路无法测量，拆下 +B 过电压保护电路的 10V 稳压管 D831（MA4100H），用 R×1k 挡测量其反向电阻时，其反向电阻不是无穷大，判断 D831 反向漏电，引起过电压保护电路启动，造成误保护。由于本地购不到 MA4100H，用一支 9V 稳压管替换 D831，考虑到 9V 稳压管低于 MA4100H 的稳压值 10V，可能会引起过电压保护电路误启动，试将分压电路的 R851 由正常时的 10k 减小到 9.1k。通电试机，未再保护，故障彻底排除
TC-2966RS 机型	图像正常，但伴音关不死，音量调至最小还有声音	开机后，按“静音”键也有声音，按“音量 +/-”键数字变化正常。检查 IC2301 及外围元件，测 IC2301 的 18 电压异常，查其外接元件，发现电容器 C2319（47μF/35V）内部失效。更换同规格的电容器 C2319（47μF/35V）后，伴音控制功能恢复正常，故障排除
TC-2988 机型	开机后红色指示灯亮，但不能二次启动，无光栅、无伴音	测 +B 140V 电压在 70～80V 之间摆动。断开行负载，接入假负载，140V 电压正常且稳定，说明故障在行输出以后的交流回路。试断开行偏转线圈一端，开机后出现垂直亮线，仔细检查行输出电路相关元件，发现行偏转线圈局部短路。更换同规格的行偏转线圈后，电视机的工作恢复正常，故障排除
TC-29GF10R 机型	正常收看的过程中，光栅突然变成一条水平亮线	将亮度调到最小，通电测量 IC601（TA8880N）64 脚输出的场扫描脉冲正常，顺着该信号再测量接插件 A3 的 4 脚、扫描板接插件 D3 的 4 脚、接插件 D9 的 3 脚、立式安装的场扫描电路板的接插件 X3 的 3 脚上的场扫描脉冲均正常。由此说明，问题出在场扫描电路板上 拆下场扫描板，测量板上 IC701（TA8859AP）各引脚电压，除 8 脚（场激励脉冲信号输出端）上的 0.8V 电压为 0V 异常外，其他各引脚上的电压均基本正常，其中 9 脚（SDA）与 10 脚（SCL）总线的电压均在 4.5V 左右微动，总线传输基本正常。测量 IC452（LA7833S）各引脚上的电压，2、4、5、7 脚电压均不对。但更换 IC452 后故障依然存在，怀疑 IC701 损坏。更换一块新的 TA8859AP 集成电路后，通电试机，屏幕上的光栅出现，但场幅度有一些不足。进入总线调整状态，对“50Hz-V-HEIGHT”（50Hz 场幅）项目的数据进行适当的调整后，光栅的幅度恢复正常，故障排除

（续）

机型或机心	故障现象	故 障 维 修
TC-29GF10R 机型	开机后无光栅、无伴音，电源指示灯也不亮	指示灯不亮，检查为其供电的副电源。首先查熔断器 F801 完好，通电后用万用表测插件 D7 的 3、4 脚有 220V 交流电压，再测滤波电容器 C850 两端电压也正常。进一步检测发现 VT850 的 e 极电压为 0V，正常应为 10V 左右，经仔细检查发现电阻器 R862 内部断路。更换同规格的金属膜电阻器 R862 后，电视机的图像与伴音均恢复正常常，故障排除
TC-29GF10R 机型	待机指示灯 LED1004 发绿光，遥控开机无光栅、无伴音	测 VT850 的 e 极有 53V 电压，正常；测三端稳压块 IC1214 的 1 脚只有 4.6V 电压，正常应为 10.5V；IC1214 的 2 脚只有 2V 电压，正常应为 5V，且 VT850 表面发烫，但焊下检查 VT850 未损坏，显然是 VT850 负载过重。当整机全部工作、开关电源送来 +12V 电压时，待机指示灯 LED1004 才发绿光，否则绿色发光二极管因无电源不会发光。查其发光电压来自 VT850 的 c 极的 10.5V 电压，经 R1018 使绿色发光二极管亮。仔细检查，发现开关二极管 VD835 内部损坏。更换同规格的二极管 VD835 后，故障排除
TC-29GF10R 机型	开机后无光栅、无图像、无伴音，但待机指示灯可以点亮	先测接插件 D7 的 1、2 脚间直流电压为 0V，说明整流滤波电路未工作，判断开关继电器 RL801 处于复位状态。测 VT852 的 b 极电压为 0V，测微处理器 IC1213 的 33 脚电压在二次开机瞬间有瞬时跳变电压，说明遥控电路能输出二次开机高电平指令，故障可能为综合保护电路元件不良引起了误启动所致。测 VD857 阳极引脚电压为 0.5V 正常，排除遥控电源过电压及 VD857 不良因素；再测 VT857 的 b、c、e 极电压依次为 4.7V、4.5V、4.8V，正常时应分别为 4.5V、0V、4.8V，由此分析推断 VT857 的 c、e 极间严重漏电。更换同型号的晶体管 VT857 后，故障排除
TC-29GF12G 机型（M17 机心）	收台无图像	中放 IC 的 5V 或 12V 供电线路霉断
TC-29GF15R 机型	收看十几分钟图像变差，伴音也有改变但不明显	测量射频分配器 12V 电源支路的总电流约为 102mA 左右。断电，对射频分配器 12V 电源支路中的有关元器件和电路进行检查，发现 R24 电阻焊点接触不良。加锡将 R24 电阻接触不良的焊点重新焊一遍使其牢固后，故障排除。提示：射频分配器的 12V 电源不稳定，也会引起本例故障
TC-29GF15R 机型	电源指示灯亮，遥控开机无反应	测量 VT850 管的 c 极电压约为 53V 左右。测量 IC1214 集成电路 1 脚上的 10.5V 电压只有约 4.5V 左右，2 脚上的 5V 电压只有约 2V 左右。经查 VD835 二极管击穿短路，更换一只新的同规格的配件后，故障排除
TC-29GF15R 机型	子画面正常，主画面信号弱、噪波多	测量 ENPE787 分配器输出的子画面信号基本正常，而主画面信号异常。对 ENPE787 分配器的供电电压进行检查，结果发现，ENPE787 分配器的 12V 进线电阻的一只引脚呈虚脱焊。加锡将 ENPE787 分配器的 12V 进线电阻虚脱焊的引脚焊牢固后，故障排除
TC-29GF15R 机型	无光、无声，电源指示及待机指示灯均不亮，遥控、手控均失灵	测量进入机内的交流市电正常，整流滤波后的约 300V 直流电压也无问题。测量 T802 开关变压器一次侧有 AC40V 电压输出，但测量 C850 电容器两端电压为 0V。经查 R864 电阻开路，更换一只同规格的配件后，故障排除。提示：C850 电容器本身不良也会引起本例故障

（续）

机型或机心	故障现象	故 障 维 修
TC-29GF15R 机型（M17 机心）	每次开机，频道号总是“1”，且音量处于最大位置	存储器损坏。进入自检状态。自检结果显示在屏幕上，“NVM NG”、“WG OK”、“NI OK”。前面为元件代号，后面为自检结果“NG”表示异常，“OK”表示正常，“NVM NG”表示存储器异常，按任意键，便可退出自检状态。自检显示的提示，更换一支相同型号的 24C04AIPA21 存储器后，故障排除
TC-29GF20R 机型（M17 机心）	开机三无，红色指示灯亮，连续按 S1001，绿色指示灯闪烁，机内发出“哒、哒”继电器吸合声	开机后的现象，说明副电源工作正常，继电器不能稳定在吸合状态可能是保护电路启动或微处理器电路损坏，使电视机总是在待机状态。绿色指示灯能亮，说明微处理器已发出开机指令，故障应为保护电路保护。测微处理器（IC1213）的 6 脚电压，已为高电平（5V），确实已进入保护状态。断开行逆程脉冲过电压保护的检测电路（断开 D553），开机后图像、声音都出现了。但图像很亮，行幅变窄，迅速关机。查行逆程脉冲为什么电压过高，后来发现有一个行逆程电容已经失效，更换失效的行逆程电容，电视机工作一切正常
TC-29GF20R 机型（M17 机心）	接收不到弱电视信号，接收强电视信号时，出现雪花干扰。	将音量减小到 0，按遥控器上的“定时关机”键，同时按遥控器上的“显示”键和电视机上的“音量 -”键，进入维修状态。按遥控器上的数字“2”键，选择 CHK2 及 RF AGC 项目，其项目数据为“80”，与资料中的数据不符，用“音量 -”键将其减小为“66”后，接收功能恢复正常
TC-29GF30R 机型	图像左高右低，观看宽银幕图像时，底线向上凹陷，上部不明	通电开机，进入总线调整模式，按操作程序对枕形失真校正的数据进行调整，不能使故障消除。对枕形失真校正电路中的有关元器件与电路进行检查，发现 R731 电阻值改变。更换一只新的同阻值的金属模电阻换上后，故障排除
TC-29GF30R 机型	开机后，红色指示灯可以点亮，但不能正常启动	测微处理器 +5V 供电正常，复位电路也正常。再检查电源二次开机控制电路，发现晶体管 VT850 内部击穿。更换同型号的晶体管 VT850（2SA1535）后，电视机工作恢复正常，故障排除
TC-29GF30R 机型	开机三无指示灯为杏黄色	按下电源开关，指示灯变为红色，用遥控器开机，有 KA801 继电器吸合与释放的动作声，但整机三无。断电，测量 IC801 的 2 脚对地电阻很大，正常值应为 0.1Ω。检查相关电路，R809 ~ R811 烧坏、IC801 损坏，更换新的配件后，故障排除
TC-29GF30R 机型	开机三无指示灯为杏黄色	按下电源开关，指示灯呈周期性闪动，遥控器开机，无 KA801 继电器吸合与释放的动作声，整机三无。测量 +140V 输出电压一会儿消失，一会儿又正常，反复变化，断开行输出级的供电后，电源工作正常。经查行输出变压器损坏，更换一只新的配件后，故障排除
TC-29GF30R 机型（M18 机心）	该机雷击后不能二次开机，更换微处理器后，不能接收 VL 和 VH 波段信号	功能设置“OP4”的项目数据出错。进入维修模式。检查项目数据，发现“OP4”的项目数据由正常时的“EC”变为“84”，按遥控器上的“音量 +／-”键将恢复为正确数据“EC”后，退出维修模式，搜索时 VL 和 VH 波段恢复正常
TC-29GF35G 机型	刚开机主画面有类似行不同步的杂波，工作一段时间后恢复正常	在 AV 状态将测试信号从 AV 端注入，测得 IC601 的 60 脚、IC5501 的 20 脚波形异常，但 IC5501 的 25 脚波形正常。测量 IC5501 集成电路的供电电压基本正常。检查 IC5501 集成电路本身损坏，更换新的配件后，故障排除，提示：IC601 的 60 脚外围的有关元器件异常时，也会引起本例故障

（续）

机型或机心	故障现象	故 障 维 修
TC-29GF35G 机型（M18 机心）	通电后电源指示灯为黄色，按下电源开关后，指示灯由黄色变为红色，熄灭后绿灯不亮	先测量大滤波电容 C818 正极的 300V 电压，开机瞬间有大约 320V 的突升电压，然后继电器 RL801 断开降为 0V，由此判断是市电整流自动切换电路故障，在 220V 市电情况下，误入倍压整流状态，引起过压保护电路启动。开机的瞬间，测量 D819 发光二极管的正极电压，有突升电压，进一步判断是市电整流电路故障。对市电整流电路检查，发现倍压，全波整流自动切换电路 Q801 短路，将 Q801 拆除，改为全波整流后，故障排除
TC-29GF35G 机型（M18 机心）	按下电源开关后，指示灯由黄色变为红色，熄灭后绿灯不亮	开机瞬间测量各路保护执行电路触发电压和微处理器 6 脚电压，发现 Q856 的 b 极有触发电压；逐个断开 Q856 的 b 极外部故障检测电路开机试之，当断开行过电流检测电路的 D551 时，开机不再保护，有伴音声、无图像，光栅过亮，显像管束电流过大引起行电流增大，造成行过电流保护。检查视频放大电路，三个的 c 极电压由正常时的 150～200V 变为 60V 左右，均偏低，测量视频放大供给电压仅 70V 左右。对视频放大供电电路进行检修，发现滤波电容器 C564（33μF/250V）容量已接近 0，更换 C564 后，开机光栅恢复正常，显示正常图像。恢复保护电路也不再保护，故障彻底排除
TC-29GF35G 机型（M18 机心）	通电后电源指示灯为黄色，按下电源开关后，指示灯由黄色变为红色，红灯熄灭绿灯亮一下然后熄灭变为红色	初步判断进入保护状态。测量各路保护执行电路触发电压和微处理器中断口电压，发现 Q856 开机的瞬间有突然上升的 0.5V 电压，同时微处理器 6 脚为高电平，判断是与 Q856 的 b 极有关故障检测电路引起的保护。逐个断开与 Q856 相连接的故障检测电路，当断开 D451 后，开机不再保护，但光栅出现一条水平亮线，判断是场扫描电路故障，引起保护。对场扫描输出电路进行检测，发现 IC451 的输出端 2 脚与电源端 3 脚内部击穿。更换 IC451 恢复保护电路后，故障排除
TC-29GF70R 机型	开机后无任何反应，电源指示灯也不亮	先检查电源部分，断电后在路测量有关二极管和稳压管，发现 VD819（MA4110M）反向电阻值变小，且电阻值不稳定，判定其内部损坏。更换同规格的二极管 VD819 后，电视机图像与声音均恢复正常，故障排除
TC-29GF70R 机型	伴音正常，但图像枕形失真，行幅变大	开机后，先调出总线，调整 PA 和 HW 项作用不大，但总线控制的数字变化正常，说明微处理器控制电路正常。再检查枕形失真校正电路，发现 VT712 内部开路，VT711（2S564. AQR）内部软击穿。更换同规格的晶体管 VT712、VT711 后，电视机的光栅及图像均恢复正常，故障排除
TC-29GF70R 机型	按电源开关后，电视机不能正常启动	检查开关电源变压器 T801 一次绕组 6 脚外接的 VT801（2SC4581）内部击穿。因为该管为快速晶体管，如购不到原管，可用 2SC24834 代换。更换一只新的 VT801 装上以后，电视机图像与声音均恢复正常，故障排除
TC-29GF80R、TC-29GF85R 机型（M18M 机心）	无彩色，黑白图像正常，屏幕字符由中文改为英文，且不能进入 AV 状态。进入用户状态调整彩电。原来存在的屏显语种选择和彩色制式选择项目丢失，无法更改	同时按面板上的“音量 -”键和遥控器上的“定时关机”键，进入自检状态，发现多个功能设置项目数据出错。查阅相关资料，进入维修状态，选择 CHK1 菜单，将功能设置项目数据修改为：OP1-96、OP2-OF、OP3-04、OP4-84、OP5-FF、OP6-01、OP7-FE、OP8-A0 后，退出维修状态即 1 恢复

（续）

机型或机心	故障现象	故 障 维 修
TC-29GF80R、TC-29GF85R 机型（M18M 机心）	无图像呈黑屏，但有字符显示	进入维修状态，选择 CHK1 菜单的 OP4 选项，将其数据由“84”改为正确数据“87”，后退出维修状态，电视机恢复正常
TC-29GF85G、TC-33GF85G 机型	开机 8min 左右自动保护，红色指示灯隔 5s 闪一下	关断电源重新开机，听到继电器吸合一下，随即断开不工作，红色指示灯隔 5s 闪一下，处于保护状态。+B 140V 正常，关机 5min 后再开机。又可以开机，过几分钟又自动保护关机。引起保护的原因是开机时 CPU 的 +5V 供电已升至 7V 左右，导致 CPU（MN1874876T5H）工作失常，故障通常是 CPU 旁边的 IC1212 的 5 脚（+5V）与 1 脚跨接的一只二极管 D1108 短路，将其更换或拆掉不用即可
TC-29GF85G 机型	屏幕下部无光栅，上部有很稀的回扫线，光栅枕形失真	问题可能出在场扫描或扫描校正电路。先检查场输出电路正常，测扫描校正电路 IC701（TA8859P），发现其多数引脚电压都与正常值不符，检查 IC701 外围电路无元件损坏，判定为其内部损坏。更换同规格 IC701（TA8859P）后，图像及光栅均恢复正常，故障排除
TC-29GF85G 机型	绿色指示灯不亮，无光栅、无图像、无伴音	故障出在开关电源电路。检查开关电源电路，发现保护稳压管 VD823 内部击穿短路。更换一只新的稳压二极管 VD823（MA2240）后，电视机图像与声音均恢复正常，故障排除
TC-29GF85G 机型	开机后无光栅、无图像、无伴音，绿色指示灯也不亮，电视机不启动	观察发现二次开机后 RL801 继电器不吸合，测控制电路 VT852 的 b 极在二次开机瞬间有 0.7V 启动电压，经检查发现 VT852 内部不良。更换 VT852 后，RL801 仍不吸合，再测 RL801 两端电压偏低，进一步检查，发现二极管 VD871 内部损坏。更换同规格的 VT852、VD871 后，通电试机，故障排除
TC-29GF85G 机型	无光栅、无伴音，二次开机后也不能启动	测继电器控制管 VT852 的 b 极瞬间有 0.7V 启动电压，RL801 瞬间能吸合。在路测 VT852 各极电压，发现 c 极电压异常，检查外围元件正常，判定为 VT852 内部不良。更换同型号的晶体管 VT852（C1815）后，电视机图像与声音均恢复正常，故障排除
TC-29GF85G 机型	开机后子画面无图像，但主画面图、声一切正常	先按画中画“频道 +/-”键，子画面黑框有变化，但是无图像，更换子画面高频调谐器故障不变，说明问题出在子画面中放盒内，更换一只新中放盒后故障排除。考虑到更换画中画中放盒不经济，打开中放盒检查，发现里面的 IC101（M52760SP）有关引脚电压异常，且表面发热，判断其内部不良。更换同型号的集成电路 IC101 芯片后，子画面图像恢复正常，故障排除
TC-29GF85G 机型	屏幕上有一条 10cm 宽的横暗带	测场输出集成电路 IC451 的 6 脚供电压只有 26V，正常值应为 30V，查其供电电路相关元件，断电后检查行输出变压器 8 脚外接电阻器 R570，发现其内部电阻值变大。更换同规格的金属模电阻器 R570（1Ω/1W）后，光栅恢复正常，故障排除
TC-29GF85G 机型	接收 TV 状态时屏幕上有图像，但扬声器中无伴音	从画中画中放盒 5 脚引出信号到伴音功放电路 2 脚有声音，再从主画面中放盒 5 脚引出信号到伴音功放电路 2 脚无声，但更换主画面中放盒后故障不变，说明问题可能出在控制存储电路。在电视机进入自检状态后，TV 有声，但关机后重开又无声，判断存储器 24CL08 内部不良。更换存储器 24CL08 芯片并初始化，并对相关项目进行调整后，伴音恢复正常，故障排除

（续）

机型或机心	故障现象	故 障 维 修
TC-29GF85G 机型	开机后收不到电视信号，屏幕上雪花点少	测主画面高频调谐器各脚电压，发现 9V 供电电压偏低，仅为 6.8V。断开高频调谐器 9V 供电，9V 电压恢复正常，判定为主画面高频调谐器内部损坏。更换同规格的主画面高频调谐器后，电视机接收功能恢复正常，故障排除
TC-29GF85K 机型（M18M 机心）	黑屏	A 板与 H 板总线连线霉断
TC-29GF85R 机型	伴音基本正常，但图像上下方向出现压缩	测场激励信号处理集成电路 IC701（TA8889）各脚电压与正常时不符，检查外围元件无损坏，判定为 IC701 内部性能不良。更换同型号的集成电路 IC701（TA8889）后，电视机图像恢复正常，故障排除
TC-29GF85R 机型（M18M 机心）	开机有高压后保护	Q590 漏电
TC-29GF85R 机型（M18M 机心）	黑屏	R842 阻值变大
TC-29GF85R 机型（M18M 机心）	跑台，选台不存	D002、D003 漏电
TC-29GF95G 机型	开机后满屏回扫线，白光栅但无图像，也无伴音	检查末级视放及相关电路。测显像管三枪阴极无电压，测尾座板 L3 的 1、3 脚分别为 210V 和 140V，正常。测 L1 的 7 脚为 12V 电压，测 AV 板 H1 的 14 脚无电压，但大板上 A4 的 14 脚 12V 电压正常。经仔细检查，发现 AV 板 H1 的 14 脚脱焊。加锡将 AV 板 H1 的 14 脚补焊后，图像与声音均恢复正常，故障排除
TC-29GF95G 机型（M19 机心）	通电后电源指示灯为黄色，按下电源开关后，指示灯由黄色变为红色，熄灭后绿灯不亮	判断故障在主开关电源或保护电路中。采用测量关键点电压，判断故障范围，先测量大滤波电容 C818 正极的 300V 电压，开机瞬间有大约 320V 的突升电压，然后继电器 RL801 断开降为 0V，由此判断是市电整流自动切换电路故障，在 220V 市电情况下，误入倍压整流状态，引起过电压保护电路启动。开机的瞬间，测量 D819 发光二极管的正极电压，有 1V 左右的突升电压，进一步判断是市电整流电路故障。对市电整流电路检查，发现倍压，全波整流自动切换电路 IC895（STR83145LF55）内部短路，将该电路拆除，改为全波整流后，故障排除
TC-29GF95G 机型（M19 机心）	通电后电源指示灯为黄色，按下电源开关后，指示灯由黄色变为红色，熄灭后绿灯亮一下然后熄灭变为红色	初步判断进入保护状态。测量各路保护执行电路触发电压和微处理器中断口电压，发现 Q856 开机的瞬间有突然上升的 0.5V 电压，同时微处理器中断口为高电平，判断是与 Q856 的 b 极有关故障检测电路引起的保护。逐个断开与 Q856 相连接的故障检测电路，当断开 D590 后，开机不再保护，但光栅暗淡幅度不足，测量行过电流检测电路 D590 负极的电压为高电平，测量行输出电流，高达 1A 左右，判断是行电流过大，引起行过电流保护。检查行输出电路，更换行输出变压器后，恢复保护电路，不再发生保护，故障排除

（续）

机型或机心	故障现象	故 障 维 修
TC-29GF95G 机型（M19 机心）	通电后电源指示灯为黄色，按下电源开关后，指示灯由黄色变为红色，熄灭后绿灯亮一下然后熄灭变为红色	测量各路保护执行电路触发电压和微处理器中断口电压，发现 D819、Q856、Q858 无触发电压，只是微处理器中断口为高电平，判断是微处理器中断口外围故障检测电路引起的保护。采用从故障检测电路解除保护的方法进行检修，断开行输出过电压检测电路 D553 时，开机仍然保护；当断开低压失压检测电路的 D862 后，开机不再保护，但无图无声。检测低压电路，发现是 12V 电路发生开路故障，造成 12V 电压失压，引起保护。修复 12V 稳压电路后，恢复保护电路不再保护
TC-29GF95R 机型（M19 机心）	最大音量被限制在设定前的水平，除“频道 +/-”键外，其他功能键失效	进入旅馆模式所致。松下以 TC-29GF95R、TC-29GF92G、TC-29GF92R、TC-29GF90R、TC-29GF95G 为代表采用 M19 机心的彩电，具有旅馆模式功能，其目的是在旅馆中使用时，对最大音量和其他功能实施限制，避免顾客使用时影响其他顾客休息或误将电视机功能调乱 进入旅馆模式方法：首先按下“定时关机”（或“SETUP”）键，然后同时按下遥控器上的“呼出”键和电视机上的“频道 +”键，即可进入旅馆模式；在该模式下，最大音量被限制在设定前的水平，除“频道 +/-”键外，其他功能键失效 要退出旅馆模式，同时按下电视机上的“音量 -”键和遥控器上的“定时关机”键，到达自检状态，按任意键即可退出旅馆模式
TC-29P100G 机型（MD2 宽屏机心）	开机三无，指示灯不亮	测量 C876、C814 两端无 300V 电压，测量熔断器 F802 已经烧断，说明开关电源存在严重短路故障。经过电阻测量，整流全桥 D803 内部一支二极管短路，更换 D803 和 F802 后，开机 F802 再次烧断，说明开关电源还有短路元件，经过仔细检测，发现厚膜电路 IC802 的 1 脚对地电阻为 0，说明内部场效应晶体管击穿。从松下维修部购得一支 IC802 后装机，电视机终于恢复正常
TC-29P100G 机型（MD2 宽屏机心）	开机三无，红绿指示灯闪烁	指示灯闪烁，测量微处理器 IC1101 的 7 脚为高电平，判断微处理器进入保护状态。将微处理器 IC1101 的 7 脚对地短路，开机光栅呈现一条水平亮线，判断场输出电路故障，引起微处理器进入保护状态。检测场输出电路 IC451，内部严重击穿。购得一支 LA7845 更换 IC451 后，光栅恢复正常，恢复微处理器保护电路，也不再发生保护故障
TC-29P100G 机型（MD2 宽屏机心）	开机三无，指示灯不亮	测量熔断器 F802 熔断，副电源整流二极管 D844 击穿，更换 F802 和 D844 后，开机仍然三无。检测 C876 两端的 300V 电压正常，检测 IC802 的 5 脚无启动电压，检察 5 脚外部的启动电路，发现稳压管 D812 击穿，启动电路的 R807 烧断。更换启动电路的 R807、D812 后，开机主开关电源工作，电视机恢复正常
TC-29P200G 机型（EUR07 纯平机心）	开机三无，指示灯亮，二次开机有继电器的吸合声	测量保护电路隔离二极管 D869、D867 的负极电压，发现 D869 的负极为低电平，判断是场输出正电源失压引起的保护。对场输出正电源整流滤波电路进行检测，发现保险电阻 R861 烧断，场输出电路 IC451 的 7 脚与多脚之间短路漏电，造成电流剧增，将保险电阻 R861 烧断，引起失压保护。更换 IC451（LA7876N）和 R861 后，故障排除

（续）

机型或机心	故障现象	故 障 维 修
TC-29P40R 机型（MC1 机心）	开机后三无	测微处理器的保护 10 脚电压为 0.2V（低电平），测量 Q502 的 b 极电压为 0.7V，说明保护电路动作，用解除保护的方法判断故障范围。逐个断开 Q502 的 b 极各路保护检测电路的连接，每断开一路连接，进行一次开机试验。当断开 D457 后，重新开机试验，保护解除。检查 C461、场偏转线圈 V. DY 等无异常，怀疑场块 IC451 不良，更换 IC451 后故障排除
TC-29P40R 机型（MC1 机心）	正常收看过程中出现无规律关机现象	自动关机后，测微处理器的 10 脚为低电平，说明保护电路动作。用解除保护的方法判断故障范围。逐个断开 Q502 的 b 极各路保护检测电路的连接，每断开一路连接，进行一次开机试验。当断开 D752 后，重新开机，保护电路不再动作。检查发现 C752 开路失效。更换后故障排除。C750、C752、C533、C534、C501 等电容起延迟触发作用，可防止浪涌电流或干扰脉冲引起保护电路误动作，增强抗干扰能力。若这些电容失效，可能会造成不定时关机故障
TC-29P42G 机型（MC1 机心）	在收看过程中出现不定时关机，正常时的光、图、声、色均正常	检查微处理器的 10 脚电压为 0.1V，说明保护电路动作。用解除保护的方法判断故障范围。逐个断开 Q502 的 b 极各路保护检测电路的连接，每断开一路连接，进行一次开机试验。断开 D530 后保护动作解除，说明故障在 X 射线保护电路。检查有关元件未见异常，最后怀疑稳压管 D530 性能变差。取下 D530 用绝缘电阻表（俗称摇表）接在 D530 两端测其稳压值，其标称值为 10.4V，实测为 9.8V，证明 D530 性能不良。用一只良品 MA4104J 更换后，故障排除
TC-29P500G 机型（EUR07 纯平机心）	多数时间能正常收看，当换台时偶尔发生自动关机故障	解除保护后不再自动关机，且声光图均正常，判断是保护电路元件参数改变引起的误保护。测量 +B 过电流检测电路的隔离二极管 D859 正极电压时，为高电平，由此判断是 +B 过电流检测电路引起的误保护。对 +B 过电流检测电路元件进行检测，发现过电流取样电阻 R867 表面有烧焦的痕迹，拆下测量其阻值，由正常时的 2.2Ω 增加到 3Ω 左右，且不稳定。更换 R867 后，故障排除
TC-29V1R 机型（M16M 机心）	图像行场不同步	D611 漏电
TC-29V2H 机型	开机后光栅及伴音正常，但屏幕上无图像	该故障在图像中放及视频解码电路。用示波器测中频解调后的信号输出端，B 板上的 TP1315 有视频信号波形，正常；测 C 板上的音频、视频控制集成电路 IC3001 的 22 脚视频信号输入端，有视频信号波形输入，也正常；测全电视信号的缓冲放大管 VT3019 的 b 极，也有视频信号，但 e 极却无信号。测 VT3019（2SC2458）各极工作电压，b 极为 11V 左右，偏高；c 极为 11.5V 左右，正常；e 极为 0V，不正常。焊下该管检测，发现其内部开路。更换同规格的晶体管 VT3019 后，通电试机，电视机图像恢复正常，故障排除
TC-29V30H 机型	按电源开关后，待机指示灯可以点亮，但无光栅、无图像、无伴音	检修待机控制及保护电路，测 VT841 的 b 极电压为 0.7V，测 D1 插件 5 脚电压为 0V，说明 IC1213（MN1870032）工作正常，故障应在保护电路。该机开关电源设有多路保护电路，逐个断开检测。首先脱开 VT551（2SD1556）的 c 极及 VT806 的 c 极，接通电源，故障不变；再脱开 R821 接通电源，发现电源可以启动工作，有光栅，但无伴音，说明故障出在音频功放电路上。检查发现 VD2303 内部损坏。更换同规格的稳压二极管 VD2303（MA1360，36V 稳压二极管）后，故障排除

（续）

机型或机心	故障现象	故障维修
TC-29V30H 机型	开机后无光栅、无图像、无伴音，待机指示灯也不亮	检查发现 F801 完好，测量整流滤波输出的 300V 电压正常。测 IC803（AN78M05LB）的 3 脚输出电压为 0V，说明故障是在待机所需 5.0V 的开关电源电路。测量 VD886、VD819、VT881 等元件均正常，判断故障是在电源启动电路或反馈电路上。经进一步检查，发现启动电阻器 R881 内部开路。更换同规格的金属模 R881 后，故障排除
TC-29V30RA 机型	通电开机后呈三无状态	测 VT554 的 b 极为高电位。监测该点电位，分别断开 R829、R836、R856、R832、R833、R577 等进行判断。当断开 R577 时该点电位变为 0V，同时发现屏幕出现一条水平亮线，说明是场输出级保护电路动作。进一步检查 VT557、R577、R578、R570、VD552 等相关元件，发现 Ⅵ 557 内部击穿。更换同型号的晶体管 VT557 后，电视机的光栅及图像均恢复正常，故障排除
TC-29V30RA 机型	开机后伴音基本正常，但屏幕上的图像无彩色	用示波表测 IC601 的 20 脚有正常的波形输入。测 IC601 的 10、11、21 脚电压，可以随着制式选择而变化。测 IC601 的 22 脚电压为 5.9V，正常应为 8.2V。经仔细检查为 IC601 外接滤波电容 C603 内部损坏。更换同规格的电容器 C603（0.056μF），屏幕上图像的彩色恢复正常，故障排除
TC-29V30R 机型	开机后无光栅、无图像、无伴音，红色指示灯亮	开机后面板指示灯亮，说明副开关电源工作正常。问题可能出在电源及保护电路。检查 IC841 的 1、2 脚电压只有约 0.35V，说明保护电路未动作。仔细检查保护电路相关元件，测 IC841 的 3、4 脚电阻值，正、反向均为零，说明其内部损坏。因为 IC841 内部击穿后，破坏了主开关电源自激振荡条件，使电源停振，导致电视机三无。更换同规格的 IC841 后，故障排除
TC-29V30R 机型	开机后电源指示灯不亮，无光栅、无图像、无伴音	检查发现交流保险电阻 R809 开路，桥堆 VD801 短路。经检查发现电源开关管 VT801、VT803 以及 VD844（5.6V）稳压管也均已损坏。用新的同规格的配件更换所有损坏的元件后，通电试机，电视机的工作恢复了正常，故障排除 提示：由于该电路是靠 VS812 的导通与截止来实现桥式整流输出和半波倍压的输出，以达到适应 110V 或 220V 市电的目的。为防止 VS812 误导通造成电源过电压损坏。把 VS812 拆除，使其工作在 220V 市电全波整流状态
TC-29V30R 机型	开机后伴音及行幅均基本正常，但图像枕形失真	先微调校正电位器 R731、R732，调节 R732 时图像失真有变化，而调节 R731 时图像失真无变化，由此判断故障在放大管 VT711 的 b 极外接 R730 及其以前的场频抛物波电压形成电路中。分别检测 VT701、VT702、VT712 各引脚直流电压均正常。用示波器检测 VT712 的 c 极有场频抛物波电压输出，判断枕校电位器 R731 或 R730 开路损坏。分别拆下 R731、R730 检测，发现 R731 内部不良。更换同规格的 R731，重新调整后，屏幕上图像枕形失真现象消失，故障排除
TC-29V30R 机型	伴音正常，图像有枕形失真现象	分别检测枕形失真校正电路 VT753、VT754 各引脚电压，均正常。再用示波器测 VT753 的 b 极，发现无场频锯齿波波形，测 VT752 的 b 极，仍无锯齿波电压。进而测 VT751 的 e 极，有幅值约 5.3V（峰峰值）的场频锯齿波电压，进一步检查相关元件，发现电容器 C789 内部失效。更换同规格的电容器 C789（10μF/16V）后，通电试机，图像及字符显示恢复正常，故障排除

（续）

机型或机心	故障现象	故障维修
TC-29V30R 机型	开机后伴音正常，屏幕上的图像在上下方向枕形失真	先分别调节 R744、L790，观察图像失真有无变化。若有变化，则应反复、细心校准 R744、L790，并检查 R785、R745、C799 是否变化；若无变化，则检查 R744、R785 是否开路，C799 是否漏电短路，T790 是否性能不良。该机经检查为电阻器 R77。内部开路。更换同规格的金属膜电阻器 R774 后，图像上下方向失真现象消失，故障排除
TC-29V30R 机型	开机后伴音正常，但图像左右方向枕形失真，行幅也缩小	测 C715 两端有无 24V 直流电压，若无 24V 电压，则检查插排 X11 的 4 脚是否脱焊，R740、VD710、C715 是否不良；若有 24V 电压，则脱开 R784，观察行幅是否恢复正常。若行幅恢复正常，则检查 VT754、VT753 是否损坏；若行幅仍无变化，则检查 R711、R732、VT710、VT711、VT715 是否不良，L754、C758、C765、C760、R760 性能是否损坏。该机经检查为 VT753 内部损坏。更换同型号的晶体管 VT753 后，电视机的图像与光栅均恢复正常，故障排除
TC-29V30R 机型	伴音基本正常，但屏幕上的图像呈梯形失真	先调节校正电位器 R797，观察图像梯形失真无变化。恢复 R797 至原位置，检测 VT759 各引脚电压，发现 VT759 的 b 极为 0V，正常时应为 6.2V 左右。再分别检测 R797 两固定端直流电压为 6.4V、6.3V，均正常，判定 R797 内部损坏。更换同规格的 R797 并适当进行微调，使图像左右无失真现象后，故障排除
TC-29V30R 机型	工作时突然机内冒烟，光栅及伴音均同时消失	检查发现滤波电容器 C926、行输出管 VT402、电容器 C923 均已损坏。将 C923、C926 及 VT402 拆下后，接一只 60W 灯泡做假负载，开机发现电源输出电压接近 200V（正常为 145V），且不稳定。随着开机时间的延长，输出电压可慢慢降至 160V 左右，由此断定问题为电源部分电压不稳，且输出电压太高造成。该机为自激式并联型开关稳压电源。检查振荡电路和稳压电路元器件，发现电容器 C910 内部失效。用同规格的配件更换损坏的 C923、C926、VT402、C910 后，电视机图像与声音均恢复正常，故障排除
TC-29V30R 机型	伴音基本正常，但屏幕光栅四角失真	先检测 C796 两端 24V 工作电源是否正常，若不正常，则查 R778 是否开路，VD796 是否击穿或开路，C796 是否漏电或短路。若正常，再用示波器测 VT753 的 b 极场频峰值校正电压波形是否正常。若校正波形正常，则检查 VT753、VT754 各引脚直流电压是否正常。若无校正波形，则测 VT752 的 b 极有无场频锯齿波电压。若有锯齿波电压，则检查 VT752 及其直流偏置电路是否开路，C795 是否漏电失效；若无锯齿波电压，则检查 VT750、VT751 及其偏置电路元件 R761 是否开路损坏，实测 VT752 的 b 极无场频锯齿波电压，经查为 VT750 内部损坏。更换同型号的晶体管 VT750 后，光栅及图像均恢复正常，故障排除
TC-29V30R 机型	开机后呈三无状态，指示灯也不亮	检查交流进线熔断器未断。通电后测 C808 两端电压 280V 正常，VT801 的 c 极电压为 280V，测 b 极为 -1.9V 也正常，说明整机电源工作正常。考虑到指示灯未亮，应重点检查 +5V 电路，测稳压集成电路 IC803 的 5 脚 5V 电压正常，测主板 Q3 插件 3 脚有 5V 电压，测 R 电路板 3 脚却无 5V 电压，经仔细检查发现为片状连接排断裂。重新将片状连接排断裂处接通、使 +5V 电压正常以后，通电试机，电视机工作恢复正常，故障排除

（续）

机型或机心	故障现象	故障维修
TC-29V30R 机型	本机键控失灵、遥控失效	这种故障是该类机型的通病，主要是由于按键盒在使用过程中的频繁弹出与推进，长时间使用以后，使按键盒与主电路板连接的数据线断裂引起的。采用 DVD 影碟机上使用的数据线裁剪成所需要根数后，代换该机上的这根数据线焊上后（但应注意两头的接触面均应为正向），通电开机，故障排除
TC-29V30R 机型（M16MV3 机心）	伴音声小，失真	副电源上的 C885 失效
TC-29V30R 机型（M16 机心）	开机三无，指示灯亮，遥控不能开机	开机的瞬间有高压建立的声音，然后三无，测量 Q841 的 b 极和模拟晶闸管 Q554 的 b 极有 0.7V 电压，确定是保护电路启动。断开 Q554 的 b 极后再开机，开关电源输出电压正常，说明是保护电路误启动引起的故障。测量各路故障检测电路，过电压、欠电压保护电路分压电阻 R868 有开焊的现象，致使 R868 上端电压升高，过电压检测电路启动，误入保护状态发生三无。补焊 R868 后，开关机恢复正常
TC-29V30R 机型（M16 机心）	开机三无，指示灯不亮	该机指示灯不亮，说明副电源故障。直观检查发现熔断器 F801 烧黑且熔断，电阻测量市电整流滤波电路和主、副开关电源元件，均未见可疑元件；检查倍压直流控制电路，发现 Q813 击穿，测量市电电压为 224V，正常，怀疑 V813 击穿是由于交流输入电压自动切换电路故障，误工作于倍压整流状态所致。干脆焊下开关管 Q812 解除倍压直流方式，再更换 Q813 和 F801 后，通电后仍无 300V 电压，再次检查市电输入电路，发现 R808、R809 开路，更换后故障排除
TC-29V30X 机型	图像与伴音均基本正常，但屏幕上无字符显示	故障发生在字符显示及控制电路。用示波器观察 VT1215、VT1218 的 b 极及 c 极的脉冲波形正常。用万用表测 1C1213 的 39 脚电压为 4.1V，55 脚电压为 4.7V，比 +5V 电源电压偏低，说明行、场脉冲输入正常。再测量 IC1213 的 41 ~ 44 脚平均电压都在 0V 以上，经检查为 IC1213 外围晶振 X1210 内部失效。更换同规格的晶振 X1210 后，屏幕上的字符显示恢复正常，故障排除
TC-29V30X 机型	开机后屏幕上的图像基本正常，但扬声器中无伴音	从 AV 输入信号也无伴音，说明问题可能出在伴音信号处理及功放电路。测量功放集成电路 IC2301（TA8200AH）的工作电压及静态工作点均正常，用示波器测量环绕声处理集成电路 IC2401（uPC1891ACY）的 8、9 脚有信号输入，而 2、3 脚无信号输出。经进一步检查其外围电路无元件损坏，判定为 IC2401 内部损坏。更换同型号的集成电路 IC2401 后，通电试机，伴音恢复正常，故障排除
TC-29V30 机型	开机后待机指示灯亮，无光栅、无图像、无伴音	开机观察面板红色指示灯亮，说明副电源工作正常，应检查电源负载或保护电路。经仔细检查开关管正常，光耦合器 ICD841 正常，但发现电容器 C804 内部失效。更换同规格的电容器 C804 后，通电试机，光栅及图像恢复正常，故障排除
TC-29V30 机型	通电开机后呈三无状态，但待机指示灯亮	检查电源开关管 VT801、光耦合器 ICD841、电容器 C804 均正常，检测保护电路晶闸管 VS821 内部击穿，致使 140V 输出对地保护电路动作，造成电视机无光、无图、无声现象出现。更换同规格的晶闸管 VS821 后，电视机图像与声音均恢复正常，故障排除

（续）

机型或机心	故障现象	故障维修
TC-29V30机型	开机后图图像与伴音均正常，但关机后屏幕中央有一亮点，过数十分钟后才渐渐消失	该故障一般发生在消亮点电路。该机消亮点电路工作原理是：当手动关机或遥控关机瞬间，12V电压突然中断，C361上充电电压经VT331放电而使VT331饱和导通，其c极电流经VD334～VD336分别流入三基色激励电路，使其导通电流剧增，迫使显像管三枪阴极电位下降，电子束快速泄放，从而消除关机瞬间屏幕中心区出现亮点。仔细检查该电路中的VT331、VD332、C361等相关元件，发现电容器C361内部不良。更换同规格的电容器C361（470μF/16V）后，故障排除
TC-29V40RQ机型（TC-M20机心）	开机三无，电源指示灯亮后熄灭	测量+B电压开机的瞬间上升到30V后又降到0V，初步判断保护电路动作。采用解除保护的方法检修，将Q805的b极与e极短路解除保护，开机观察故障现象，光栅暗淡，R835、R834冒烟，测量Q831的c极输出高电平，进一步说明行输出电路存在交流短路故障。拔掉偏转线圈，开机故障依旧，判断行输出变压器短路损坏，更换一个行输出变压器，恢复保护电路后，开机不再保护，故障排除
TC-32W100G宽屏机型	开机后，面板上的绿色指示灯可以点亮，但屏幕上无光栅	故障在视放或行输出电路。测行视放输出管c极电压正常，测尾座板三个阴板无电压，灯丝也不亮。测行输出管b极电压正常。断电后检查行输出管的在路电阻，发现其b、c极断路，经进一步检查，发现行输出管c极虚焊。加锡将行输出管c极虚焊的引脚重新补焊牢固后，故障排除
TC-32W100G宽屏机型	开机后TV状态屏幕上的图像基本正常，但扬声器中无伴音	从AV输入信号伴音正常，判断问题可能出在中放电路。测中放板上的IC2001的36脚电压为0V，且24、25脚电压为0V，检查36脚外围元件，发现电容器C2021内部击穿。更换同规格电容器C2021（0.1μF）后，扬声器中的伴音恢复正常，故障排除
TC-32WG2宽屏机型	开机后伴音基本正常，但图像在垂直方向线性不良	影响垂直扫描线性的元件有TA8859P的15脚场频锯齿波形成电路中的C770（容量变小）、R791（电阻值增大）和LA7845的2～5脚交流负反馈支路中的R462不良。先用示波器观察TA8859P的15脚场频锯齿波信号不正常，2脚输出的场频抛物波也不正常。经进一步检查该电路相关元件，发现电阻器R462内部不良。更换同规格的金属膜电阻器R462后，图像场线性恢复正常，故障排除
TC-32WG25G宽屏机型	开机后伴音及图像均基本正常，但屏幕顶部出现回扫线	故障在变焦垂直消隐脉冲形成电路。先选择变焦放大与4:3普通模式进行观察，结果4:3普通模式时图像顶部无回扫线。由电路原理可知，R666、R667、R668组成基准电压形成电路，产生UREF1、UREF2两个基准电压分别送到IC6602的3脚正相输入端和6脚反相输入端。IC452的2脚输出的场频锯齿波电压在R460并联R461上转换成场频锯齿波电压，经R663进行幅度调整后送到IC6602的2脚反相输入端和5脚正相输入端。当锯齿波信号幅度6脚基准电压为UREF2时，7脚输出图像底部变焦逆程扫描消隐信号；当锯齿波信号幅度低于3脚基准电压UREF1时，1脚输出执行变焦模式图像顶部逆程扫描消隐信号。两路脉冲经VD6663、VD6664和VD6665、VD6666隔离叠加合成完整的变焦垂直消隐脉冲波形。因此，合成波形中缺一种信号，就要引起图像顶部和底部出现回扫亮线。用示波表观察IC6602的7脚波形正常，但8脚无输出，再测3脚UREF1正常，说明双运算放大器IC6602内部不良。更换同型号运算放大电路IC6602后，电视机图像与声音均恢复正常，故障排除

（续）

机型或机心	故障现象	故 障 维 修
TC-32WG25G 宽屏机型	进行自动搜台时，搜到的电台信号锁不住	问题可能出在 AFC 控制电路。自动搜台时微处理器 IC1213 的 7 脚能检测到完整的同步信号，判断故障在 AFC 控制电路。图像中放 AN5179NK 内中频鉴相后输出的 AFC 电压呈“S”形曲线特性，其中心电压与 AFC 的静态电压相吻合。IC1213 的 10 脚 AFC 中心电压值为 2.5V。在自动搜索过程中监视 IC1213 的 10 脚电压，检查 IC1213 的 10 脚在自动搜索过程中 AFC 电压动态变化范围，由正常 1.8～4.9V 缩小到 0.5～2.2V，分析其原因，一是图像中放 IC101 的 13、14 脚外接 90°移相网络失谐，令鉴相“S”形曲性畸变；二是 12 脚 AFC 电压分压电路异常；B-A 电路板 AFC 信号传输通道不良。焊开 IC101 的 12 脚，测得 AFC 分压电阻 R118、R119 公共点电压为 2.5V；拔出 B-A 电路板之间接插件 BZ/A25，发现其内外部氧化，导致其接触不良。更换同规格的接插件后，故障排除
TC-32WG25G 宽屏机型	开机接图像信号时，图像对比度很弱，有时还无彩色	故障可能出在 RFAGC 控制电路。测调谐器 TN001 的 13 脚静态电压为 3.8V，动态电压为 1.3V，IC1213 的 25 脚电压为 0.9V，图像中放 IC101 的 15 脚 RFAGC 电压太低。由于 RFAGC 延迟量是通过 IC1213 的总线进行软件调整的，因此应对 CHK2 项中的第 1 子项 RFAGC1 和 CHK2 中第 2 子项 PIP 调谐器 RFAGC2 进行调整，故障依旧，说明为 IC1213 的 25 脚内 RFAGC 控制电路损坏。更换同型号的 IC1213 后，经重新调整，电视机恢复正常，故障排除
TC-32WG25G 宽屏机型	伴音基本正常，但屏幕上的光栅四周出现失真	故障一般发生在枕形失真校正电路，且大多是由于场频抛物波两端斜率变化大使中心位置变化平缓而造成的。一是观察分相放大器 VT714 的 c 极与 e 极上一对场频锯齿波信号是否满足相等、相反、相同“三相”条件；二是观察 VT715 的 b 极校正信号波形在一场周期内是否具有两个幅度相等的峰值脉冲。检查结果满足“三相”条件，但 VT715 的 b 极校正信号只有扫描起始部分峰值，而扫描结束（前）部分峰值丢失，经检查为枕校电路 VT22 内部断路。更换同规格的二极管 VT22 后，光栅及图像均恢复正常，故障排除
TC-32WG25G 宽屏机型	屏幕上无光栅，但扬声器中的伴音基本正常	问题可能出在视放及显像管相关电路。测显像管三个阴极电压为 190V，正常值为 150V，说明显像管三极截止。测尾座板上 L1 插座 R、G、B 电压偏低，该电压从 IC601（TA1215）输出。再测 TA1215 的 4 脚电压仅为 1.5V，正常值应为 4.7V，检查 4 脚外围元器件，发现稳压二极管 VD501 内部不良。更换同规格的稳压二极管 VD501 后，光栅及图像均恢复正常，故障排除
TC-33GF85G 机型	主画面无图像且满屏雪花点，子画面正常	故障可能出在主画面亮度通道。检测亮度信号处理电路 TA1215 相关引脚电压异常，检查外围电路无异常，判定为其内部损坏。更换一块新的同型号的集成电路 TA1215 后，主画面图、声恢复正常，故障排除
TC-33GF85R 机型	开机后无光栅、无图像、无伴音，待机指示灯亮	故障在电源或负载电路。断开行负载，接入假负载，检测电源一切正常，经仔细检查负载电路，发现行输出管内部击穿，电阻器 R721（68Ω/1W）开路。用新的同规格的配件更换损坏的行输出管及电阻器 R721 后，电视机图像与声音均恢复正常，故障排除

（续）

机型或机心	故障现象	故障维修
TC-33GF85 机型	遥控功能失灵，图像与伴音均正常	打开遥控器，用万用表测 3V 电压已输入 IC1 的 10 脚，X1 无明显损坏，测 IC1 的 14 脚始终为 0V，判断为复位电路 VT2 内部不良。更换一只新的同型号的配件 VT2 后，遥控功能恢复正常，故障排除。
TC-33GF85 机型	TV 接收信号无图像、无伴音，但 AV 输入信号图、声均正常	问题可能出在调谐器上。用万用表测调谐器 BM 端有 9V 电压输入，BPL 端有 5V 电压输入，而 BTL 无 30V 调谐电压（只有 6V 左右）。断开跳线 JS19，测 CD12 上也无 50V 电压，检测 VD005、VD006 正常。焊开 C072 后，30V 电压恢复正常，经检查发现电容器 C072 内部损坏。更换一只新的同规格的电容器 C072 后，电视机的工作恢复正常，故障排除
TC-33GF85 机型	子画面图、声基本正常，但主画面图像不清晰，且彩色也不稳	故障在主画面高频调谐器及图像中放电路。测主画面高频头各脚电压无明显差异。进行维修模式自检，以判断故障所在。首先，进入 CHK2 模式，调出 RFAGC1（主画面），原机设置为“49”，调其数字在 01～27 之间变化，主画面无明显变化，而 RFAGC2 设置为 44。从天线接收到的信号经分离器 TNR003（ENPE788）分成两路进入主、副高频头。检查发现 TNR003 内部部分元件表面有黑斑现象。经进一步仔细检查发现分离器插口脱焊，加锡将分离器插口脱焊的部位重新补焊牢固后，主画面信号恢复正常，故障排除
TC-33GF85 机型	开机后伴音正常，但屏幕上的图像无彩色	问题可能出在色信号处理电路。用示波器测 IC3001 的 35 脚有全电视信号输出。测 IC601 的 40、41 脚有 R-Y、B-Y 色差信号输出，49 脚有 4.43MHz 的色度信号。测 IC601 的 37、38 脚无色差信号输入，显然为 IC603（TA8772）或其外围元件损坏。进一步检测 IC603 各脚电压与正常值相差很大，检查外围元件正常，判定为 IC603 内部损坏。更换一块新的同型号的集成电路 IC603（TA8772）后，图像彩色恢复正常，故障排除
TC-33GF85 机型	伴音基本正常，但屏幕上呈水平一条亮线	检修场扫描电路。场振荡信号是由 IC601 的 8 脚外接的 530kHz 振荡信号，经 IC601 内部计数分频后获得。场激励信号从 IC601 的 60 脚输出，送至 1C701 的 13 脚。信号在 IC701 内部完成场幅、场线性及抛物波整形后从其 18 脚输出，再送至 IC451 场输出电路。测 IC451 的 6 脚电压为 0V。IC451 的 6 脚电压是由行输出变压器 T501 的 5、8 脚感生电压经 VD556 整流、C582 滤波、R575 限流后获得的（30.7V），测 T501 的 5、8 脚电压正常，在线测 R570 已开路，场输出集成电路 IC451 内部损坏。用新的同规格的配件更换损坏的 IC451（LA7833）及 R570 后，光栅及图像均恢复正常，故障排除
TC-33GF85 机型	开机后，无光栅、无图像、无伴音	检修电源及负载电路。测 C850 有 46V 的工作电压，测 IC801 的 1 脚电压为 0V，再测整流桥 VD801 输出端电压为 0V，判断为 VD801 开路。拆下 VD801 用数字万用表检测时，发现其内部四只二极管正反向电阻虽均正常，但更换 VD801 开机后整机恢复正常，因此判断 VD801 内部确已损坏，故障排除
TC-33P100G 机型（MD2 宽屏机心）	开机三无，红绿指示灯闪烁	指示灯闪烁，是微处理器保护电路启动，同时继电器 RL801 发出“哒哒”响声。测量微处理器 IC1101 的 7 脚为高电平，进一步判断微处理器进入保护状态。先断开行输出电路，在 +B 输出端接 100W 灯泡作假负载，开机不再保护，+140V 电压正常。将微处理器 IC1101 的 7 脚对地短路，恢复行输出电路，开机 +B 电压下降到 100V 左右，光栅暗淡，测量 +B 过电流保护电路，Q806 的 c 极电压为高电平，说明行输出过电流保护电路启动。测量行输出电流在 1A 左右，怀疑行输出变压器 T551 局部短路，更换行输出变压器 T551 后，+B 电压、光栅亮度恢复正常，恢复保护电路也不再保护

（续）

机型或机心	故障现象	故障维修
TC-33V2H 机型	开机后图像及伴音均基本正常，但无环绕声功能	故障一般发生在环绕声信号处理及控制电路。测 IC1213 的 45 脚的电压升高。该电压经 VT2409 缓冲及 VT2408 倒相，使 IC2401 的 13 脚电压下降。但测 13 脚电压无任何变化，说明其环绕声控制电路 IC2401 及外围元件存在故障。经仔细检查发现电容器 C247 内部不良。更换一只新的同规格的电容器 C247 后，环绕声功能恢复正常，故障排除
TC-33V2H 机型	开机后无图像、无伴音，但光栅有雪花点及噪波	故障发生在高频调谐及微处理器控制电路。先用螺钉旋具金属杆碰触天线插孔，屏幕出现噪波，说明故障出在微处理器控制电路。检查频段译码电路 IC1202 的引脚电压，3、4 脚均为高电平，经 IC1202 译码后，其 1、2、7 脚为 0V 低电平输出，使调谐器 VHF. L、VHF. H、HUF 三个频段均不正常，引起无图像无伴音故障。而 IC202 的 3、4 脚电平由 IC1213 的 28、29 脚提供。经仔细检查外围相关元件无异常，判定为 IC1213 内部损坏。更换同型号 IC1213 后，故障排除
TC-33V30HA 机型	开机后，无光栅、无图像、无伴音	检查熔断器 F801 完好。测量整流滤波输出的 300V 电压基本正常，测量 IC803（AN78M05LB）的 3 脚输出电压为 0V。进一步检查待机所需的 5V 开关电路，测 VD886、VD819 均正常，怀疑问题在启动电路或反馈电路上。经仔细检查该电路，果然发现启动电阻器 R882 内部断路。更换同规格的金属膜电阻器 R882 后，故障排除
TC-33V30H 机型	开机后电源指示灯不亮，无光栅、无图像、无伴音	开机后熔断器熔断，测整流滤波电路 +282V 直流电压输出端对地电阻值为 0Ω，说明电源电路有元件短路。检查开关管 VT801 的 c-e 结击穿，分析 VT801 击穿的原因，进一步检查稳压控制电路中的 IC801、VD812、VT802、C804 等相关元件，发现 VD812 内部不良。用新的同规格的配件更换 VT801、VD812 后，故障排除
TC-33V30XE 机型	开机后无光栅、无图像、无伴音，但待机指示灯亮	测量 VT851 的 b 极电压为 0V，说明故障为主开关电源启动电路不良。经仔细检查该电路的 R886、R894 相关元件，发现启动电阻 R886 内部值改变。更换一只新的同规格的金属膜电阻器 R886 后，电视机图像与声音均恢复正常，故障排除
TC-34P200G 机型（E2 倍频机心）	最大音量被限制在设定前的水平，除“频道 +/-”键外，其他功能键失效	进入旅馆模式所致。松下以 TC-34P200G 为代表采用 E2 机心的数字倍频彩电，具有旅馆模式，其进入与退出旅馆模式的方法如下：首先按下“定时关机”（或 SETUP）键，然后同时按下遥控器上的“呼出”键和电视机上的“频道 +”键，即可进入旅馆模式；在该模式下，最大音量被限制在设定前的水平，除“频道 +/-”键外，其他功能键失效。要退出旅馆模式，同时按下电视机上的“音量 -”键和遥控器上的“定时关机”键，到达自检状态，按任意键即可退出旅馆模式
TC-34P200G 机型（EUR07 纯平机心）	有时正常收看，有时自动关机，有时不能开机	不能开机时，采用测量 Q854 各路保护电路隔离二极管电压的方法确定故障范围，测量 D594 正极电压为高电平，由此判断时是 AFC 过电压检测电路引起的保护。对 AFC 过电压检测电路元件 D595、R594 进行测量未见异常，代换 D595 后故障依旧，检查 AFC 电压电容器分压电路 C556、C572、C555 未见漏电现象，逐个拆下测量容量，发现 C555 容量不稳定，时大时小，由正常时的 8200PF 减小为 4000～8000pF 之间。当 C555 容量减小时，引起分得的 AFC 电压升高，将 D595 击穿，通过 D594 向 Q854 提供高电平，引起保护电路动作。更换 C555 后，故障排除

（续）

机型或机心	故障现象	故障维修
TC-34P500G 机型（EUR07 纯平机心）	“频道+/-”键可正常使用，最大音量被限制在进入旅馆模式前的电平上，其他功能不起作用	进入了旅馆模式所致。松下以 TC-34P500G、TC-34P200G、TC-29P500GTC、TC-29P200G 为代表采用 EUR07 机心的纯平面系列彩电，具有旅馆模式功能，其目的是在旅馆中使用时，对最大音量和其他功能实施限制，避免顾客使用时影响其他顾客休息或误将电视机功能调乱 进入旅馆模式方法：先按遥控器上的“SETUP”设定键，设定为“定时关机”方式，同时按遥控器上的屏幕“显示”键和电视机上的“频道+”键，即可进入旅馆模式。在旅馆模式下，“频道+/-”键可正常使用，最大音量被限制在进入旅馆模式前的电平上，其他功能不起作用 退出旅馆模式方法：同时按下遥控器上的“HELP”键和电视机上的“音量-”键，先进入故障自检状态，按遥控器上的任意按键退出自检状态，也同时退出了旅馆模式
TC-34P500G 机型（EUR07 纯平机心）	开机三无，指示灯亮，二次开机有继电器的吸合声	怀疑是保护电路启动。采用测量各路保护电路隔离二极管电压的方法确定故障范围，当测量+B 过电流检测电路的隔离二极管 D859 正极电压时，为高电平，由此判断时是+B 过电流检测电路引起的保护。断开 D859，解除+B 过电流保护的方法，开机测量+B 电压偏低，由正常时的 144V 降到 100V 左右，光栅缩小亮度降低，测量行输出级电流在 1A 左右，行输出管发热严重。测量行输出电路的对地电阻在正常范围内，估计是行输出变压器或行偏转线圈存在局部断路故障，造成+B 输出过电流保护。更换行输出变压器后，+B 电压和光栅恢复正常，恢复保护电路 D859 也不再保护，故障排除
TC-34P850G 机型	光栅枕形失真收缩后自动关机，待机指示灯连续闪烁	故障出现时待机指示灯每隔 2s 左右连续闪 3 次，且一直闪烁不停。初步判断故障可能与枕形失真校正电路或行扫描电路有关。通电开机，将显像管帘栅极电压调到最低，此时整机不再保护，屏幕上出现了满屏枕形回扫线。对枕形失真校正电路与行扫描电路有关的元器件进行检查，结果发现失真校正与行扫描输出电路之间有一条连接铜箔引线断裂。将连接铜箔引线断裂处用导线连接通后，通电长时间试机，电视机恢复了正常工作，故障排除
TC-34P888D 机型（GP11 机心）	“频道+/-”键可正常使用，最大音量被限制在进入旅馆模式前的电平上，其他功能不起作用	进入旅馆模式所致。松下以 TC-34P888D 为代表采用 GP11 机心的大屏幕彩色电视机，具有旅馆模式功能，其目的是在旅馆中使用时，对最大音量和其他功能实施限制，避免顾客使用时影响其他顾客休息或误将电视机功能调乱 进入旅馆模式的方法是：按遥控器上的主菜单（MENU），设定为非自动关机状态，同时按遥控器上的“屏幕显示”键和电视机上的“频道+”键，即可进入旅馆模式。在旅馆模式下，“频道+/-”键可正常使用，最大音量被限制在进入旅馆模式前的电平上，其他功能不起作用 退出旅馆模式的方法是：应先进入故障自检状态，按遥控器上的任意按键退出自检状态，也同时退出了旅馆模式
TC-AV29C 机型	无光栅、无图像、无伴音，指示灯能随控制信号亮灭	测整流滤波后的+285V 电压正常，测开关电源+16V、+20V、+27.5V及+113V 电压均正常，判断问题可能出在行扫描电路。测行输出管 V501 的 c 极电压为 113V，而正常应为 105V，说明行输出管没有工作。测行推动管 VT502 的 c、b 极电压分别为 105V 和 0.1V，而正常应为 80V 和 0.8V，说明 VT502 的 b 极行激励脉冲输入不正常，测量 IC601（TA8653N）的 39 脚电压在 3.8～4.2V 之间摆动，正常应为 2.0V，测 40 脚供电端电压也在 3.8～4.2V 之间摆动，正常应为 9V。怀疑 12V 供电电压不足，但测得 R548 另一端输入电压为 12V 正常，而 R548 两端电压差高达 7.5V。焊下电阻器 R548 检测，发现其内部电阻值变大。更换同规格的金属膜电阻器 R548（100Ω/1W）后，故障排除

（续）

机型或机心	故障现象	故障维修
TC-AV29C 机型	开机工作数分钟后伴音就会自动消失，但图像基本正常	检查电源及伴音功放电路。测伴音功放电路 LA4280 的供电电压，刚开机时为正常 +24V，但随着开机时间的延长，下降至 2V 左右，拔下接插件 S94，测其 1、2 脚间的电压，状况依旧，怀疑故障出在 T881 开关变压器二次伴音电源输出绕组间所接元件中，测 VT810 的 e 极电压为 +28.5V 正常，测 +16V 控制电路正常，再进一步检查电路相关元件，发现 VT811 内部性能不良。更换同型号晶体管 VT811～2SC4685）后，故障排除
TC-AV29XR 机型	开机工作约 2min，图像、光栅及伴音均自动消失	问题可能出在电源及保护电路。待故障出现时，测主开关电源电路各路输出电压，均为零，说明保护电路已启控。用一只 50Ω/100W 电阻器做假负载接于 S84 的 1 脚与地端，开机，迅速测其 +B 为 +113V，但过 2min 左右，电压就变为 0V，说明故障在电源本身。经逐步检查，发现 +12V 三端稳压器 IC802 内部热稳定变差。更换同型号的三端稳压电路 IC802（LA7812）后，故障排除
TC-D25C 机型	无光、无声，开机瞬间待机指示灯闪亮	测量 IC1102 集成电路 6 脚上的电压为 4.5V 左右。测量 IC802 的 1 脚上的约 17V 电压为 0V，测量 T801 开关变压器 S1、S2 端交流电压为 20.5V 左右。经查 R802 开路、IC801 的 1、2 脚间击穿短路，更换新件后，故障排除
TC-D25C 机型	无光、无声，开机瞬间指示灯闪亮后又熄灭，且机内有“吱吱”声	测量 VT502 管 c 极上的 110V 电压基本正常。测量 IC601 集成电路 42 脚上的电压约为 1.4V 左右，检查相关电路，发现 C509 电容器损坏，更换一只新的同规格的配件后，故障排除
TC-M25C 机型	刚开机满屏网纹，无图像，伴音也失真，几分钟后网纹消失，图、声也恢复正常	测量 IC101（AN5138NK）17～19 脚电压在刚开机时为 7.5V、7.7V、4.8V，均偏高，几分钟图像与声音正常时，这些电压也恢复正常。断电，对 IC101 集成电路外围的有关元器件进行检查，未发现有明显的损坏现象。怀疑 IC101 集成电路本身损坏，更换一块新的 AN5138NK 后，故障排除
TC-M25C 机型	工作一段时间后跑台，且每次开机均需重新进行调整	在跑台时，测量高频调谐器 BT 端电压也波动，断开 BT 端时，该电压仍然波动。测量 IC1102 的 1 脚电压为 5V，2 脚电压为-36V，正常值为-30V。VT1108 管的 c-e 极之间击穿短路，更换一只新的配件后，故障排除
TC-M25C 机型	开机无反应	在路检查行输出管 VT501（2SD1175）击穿短路。检查发现行推动变压器 T502 的 S1 引脚有虚脱焊现象。加锡将 T502 的四个引脚全部重焊一遍后，故障排除
TC-M25C 机型	开机三无	拔下 S85 后，测量主机的 +113V、+25V、+12V、+5V 电压均正常，但插上 S85 后开关电源即停振。对场输出电路中的有关元器件和电路进行检查，发现 R841 的电阻值由 1Ω 变大为 3.5Ω 左右。更换一只新的 1Ω 电阻后，故障排除
TC-M25 机型（M15M 机心）	图像上有窗帘状横波纹干扰	D1124 漏电
TX29GF10R 机型（M17 机心）	开机三无，红色指示灯亮，连续按 S1001，绿色指示灯闪烁，机内发出“哒、哒”的继电器吸合声	故障为保护电路启动。开机瞬间微处理器集成块 IC1213 的 6 脚电压为低电平 0V，说明不是微处理器启动了保护电路。断开检测电路的 D832，退出了保护状态，主电源有电压输出。查 140V 检测电路，发现稳压管 D832 严重漏电，正、负极间正反测电阻值都为 3kΩ。更换此稳压管，电视机工作正常

5.2 东芝彩电易发故障维修

5.2.1 东芝平板、背投彩电易发故障维修

机型或机心	故障现象	故障维修
32A15 液晶机型	遥控失灵	测试遥控器正常，判断故障在电视机内部。测量遥控接收头的对地电阻，发现2脚电源供电与1脚接地之间电阻为0，拔下主板和遥控板的连线，测量2脚对地电阻仍为0，拆下接收头测量，接收头的2与1脚电阻恢复正常，检查遥控板电路元件，发现电容器C714内部击穿短路，更换C714后，遥控功能恢复正常
W32L67C 液晶机型	工作一段时间后，图像突然静止或黑屏并出现几条垂直彩线，伴音也消失，操作功能均失效	检查电源板输出插件上的背光灯24V电压，选台调谐33V电压，音视频处理电路使用的+1.8V电压、+3.3V电压、+5V电压，以及伴音功放电路使用的22V电压均在正常值范围内。测量存储器IC3（24LC64）5脚SDA端与6脚SCL端上的电压值为3V左右，初步判断存储器电路无问题。测量与微处理器连接的Y2（S27MHz）石英晶体振荡器两端的电压值分别为2V和1V，但测量型号为S14.318MHz的Y1石英晶体振荡器两端的电压值分别为1V和0V，显然不正常。怀疑Y1石英晶体振荡器本身不良。更换同规格的配件后，故障排除
42WL58C 液晶机型	开机时继电器吸合和释放几次后停止，指示灯不亮	测量5V电压正常，测量接收头电源供电仅为3V左右，测量副电源输出的25V和5.1V电压正常，检查主电源输出电压，只有在继电器吸合时才有电压输出，检查主电源厚膜电路外部元件未见异常，更换厚膜电路STR-W6765后，故障排除
43AGUC、 50AGUC 背投机型	红色指示灯闪烁，整机三无，不能二次开机	指示灯闪烁，是HIC-1026A保护的标志，开机的瞬间测量HIC-1026A的10脚电压为低电平，进一步确定是HIC-1026A引起的保护。断开+B负载电路，接100W灯泡作假负载，测量+B电压正常，且不再出现保护，判断是+B负载电路故障引起HIC-1026A保护电路启动。断开10脚外部的R862，解除HIC-1026A保护，开机不再出现保护现象，测量HIC-1026A的1、2脚电压低于0.3V，不是过电流保护电路启动；测量HIC-1026A的13脚电压，由正常时的低电平变为高电平7V以上，由此判断是行输出过电压保护电路启动。检查可能引起行输出过电压的行逆程电容器，发现Q404的c极并联的逆程电容器C444失效，造成行输出电压升高，引起HIC-1026A保护电路启动。更换一只8200pF的电容器，恢复保护电路后，开机不再保护，故障排除
44G9UXC 液晶机型 （FOLCD机心）	无光栅与图像，无伴音，电源指示灯不亮	直观检查发现FU801熔断器已经熔断，且管内发黑，说明电源电路中存在有严重的短路元器件。对开关电源电路中的VD801（RBV606）整流桥堆，整流滤波方式控制集成电路过电压保护双向二极管VD899，电容器C801、C802、C812、C811，IC820（STR83145A），VT822，VT823，VT821等有关元器件进行检查，结果发现IC820已经击穿短路。更换新的STR83145A型厚膜电路与一只T4AL/250V的熔断器后，通电试机，故障排除

（续）

机型或机心	故障现象	故障维修
44G9UXC 液晶机型（FOLCD 机心）	无光栅与图像，无伴音，电源指示灯不亮	直观检查发现 Z860 保险元件已经开路，说明开关电源电路中有严重的短路元器件存在。对开关电源电路中的 IC801（STR-Z4202A）厚膜电路，R867、R861 等元器件进行检查，结果发现 IC801（STR-Z4202A）损坏，R867 电阻开路。R867 是一只 100kΩ 的电阻；IC801 的型号为 STR-Z4202A，是一块开关电源厚膜电路；Z860 的型号为 PRF25005491，是一只保险元件，更换损坏的元器件后，通电试机，故障排除
44G9UXC 液晶机型（FOLCD 机心）	无光栅与图像，无伴音，电源指示灯不亮	直观检查发现 Z890 保险元件已经开路，说明开关电源 +18V 电源支路中有严重的短路元器件存在。对开关电源 +18V 电源支路中的有关元器件进行检查，结果发现 VT847 晶体管已经损坏。VT847 晶体管的型号为 2SC3852，更换一只新的同型号的晶体管后，故障排除
44G9UXC 液晶机型（FOLCD 机心）	无光栅与图像，无伴音，电源指示灯不亮	直观检查交流电源进线熔断器 FU801，开关电源一次电路的保险元件 Z860，+18V 电源支路保险元件 Z890 均正常，说明开关电源 +18V 电源支路中没有严重的短路元器件存在。测量开关电源输出的 +18V、+56V 与 +30V 电压均基本正常。但检查 IC840 集成电路 5 脚输出的 5V 电压为 0V，4 脚也无复位信号输出，怀疑该集成电路本身损坏。IC840 的型号为 L78MR05，是一块可以输出 +5V 电压与复位电压的多功能集成电路，更换一块新的同规格的集成电路后，故障排除
44G9UXC 液晶机型（FOLCD 机心）	无图像，无伴音，电源指示灯亮	测量液晶驱动电路所需的 +12V 的电压值只有约 5V，-2V 电压值只有约 -1V，+18V 电压值只有约 8.5V，+30V 电压值只有约 14.5V，+50V 电压值只有约 25.5V，由此判断故障出在电源电路的稳压控制电路上。测量 VT843 管 c 极上的 8V 电压值为 0V，b 极上的 0V 电压值也不正常，说明该管的 c 极与 e 极之间已经击穿短路。VT843 管的型号为 2SC1740S，更换 VT843 后，故障排除
50AGUC 背投机型（AG 系列）	开机后三无	接上市电电源后，绿色指示灯点亮，两只继电器吸合，测量 Q801 的 1 脚电压为 292V 正常。用示波器观察 11 脚的锯齿波脉冲正常，但 10 脚无激励脉冲输出，说明振荡器电路起振，但串联 LC 回路没有振荡工作。检查 Q801 的 15 脚的自动升压元件 R809、D811、C820、D822 完好，再检查 14 脚的 L804、T862 的 4-5 主绕组和 C828，发现谐振电容 C828 一端开焊，焊牢后，开机故障排除
50AGUC 背投机型（AG 系列）	开机后三无	合上 S801，机前红灯闪烁，闪烁时间还不到 1s，L870 开路，接上 150W 白炽灯，开机绿灯亮，说明故障原因是 Z801 的 16 脚保护中心激活。测量绿灯点亮状态时 +B 电压为 120V，复原电路开机监视 Z801 的 13 脚出现正跳变电压、幅度大于 VREF = 6.2V，而 Z801 的 1 脚、2 脚电位差约 0.3V，判断行过电流保护电路启动。查行输出管 Q404 的 c 极并联的逆程电容，发现 CA44 漏电。更换 CA44（8200pF/1.5kV）电容，故障排除
50AGUC 背投机型（AG 系列）	开机后光栅水平幅度不稳定	为了使光栅的尺寸不受高压变化影响，背投影彩色电视机都设有光栅垂直幅度补偿校正和水平幅度补偿校正电路。在 +B 120V 稳定正常的前提下，光栅水平幅度不稳定的原因就在补偿校正电路。监视画面水平幅度变化时，+B 120V 电压稳定不变，鉴于画面垂直幅度稳定，故四运放 Q304 的 13 脚之前的高压取样电路工作正常。检查后续 Q304 运放、Q400 以及饱和型电流互感器 T400 等，找出 T400 一次侧 EHT 信号耦合电阻 R418 失效。更换 R418（100k）电阻，故障排除

（续）

机型或机心	故障现象	故 障 维 修
50AGUC 背投机型（AG系列）	开机后三色光栅失聚	从背投电视红、蓝、绿三原色光束汇聚原理分析，故障发生在供电控制电路。测量会聚功放的16V和32V供电，32V电压为0V，查Q763、Q774和Q775全部截止；又测Q774的b极和e极电压，发现b极电压接近0V，查b极偏置R7601、R7602和Q776，查出自偏置晶体管Q776击穿。换上新管，故障排除
61N9UXC 背投机型（S8SS机心）	开机后三无，但电源指示灯在开机瞬间发一下绿光后转为恒发红光且有继电器吸合声	判断厚膜块Z801保护电路起控。先焊脱Z801的16脚复合保护输出端，瞬间开机，发现声、光、图均正常出现，据此判断故障元器件肯定在各过电流、过电压保护监控电路中。重新焊好16脚，故障依旧，从而排除主电源+B过电压保护，因此再焊脱Z801的14脚外接D370，断开场输出过电流保护电路的控制，开机故障依旧。由此判断故障元器件可能在主电源+B输出端过电流保护监控电路或Z801内部保护功能执行电路中。关机后拆下Z801脚外接电阻R479，断开+B输出端过电流保护电路的控制，再开机进入正常收视状态，据此判断行输出过电流保护电路启动。断电后拆下R470、R471测试，查出R470阻值已由标称值0.56Ω变大至1.5Ω。更换R470后恢复原电路，开机试机，整机工作恢复正常，故障排除
61N9UXC 背投机型（S8SS机心）	指示灯亮，整机出现三无现象，不能二次开机	指示灯亮，说明开关电源已起振，测量开关电源输出电压为65V左右。关掉总电源开关，再次开机时+B电压有上升的趋势，有行扫描工作的声音，然后+B电压又降到65V，判断故障是Z801内部保护电路启动所致。为了区分故障范围，采用解除保护的方法，逐个断开各路故障检测电路的触发电压。当断开Z801的14脚外部的D370时，开机不再保护，但屏幕上出现一条水平亮线。对场输出电路IC301（TA8427K）行检测，集成电路内部短路，引起场输出过电流保护。更换场输出电路IC301，恢复保护电路后，开机不再保护，故障排除
61N9UXC 背投机型（S8SS机心）	指示灯亮，整机出现三无现象，不能二次开机	逐个断开故障检测电路的触发电压，当断开Z801的2脚外部行过电流检测电路的R471时，开机不再保护，但出现暗淡的光栅和扭曲的图像，判断行输出电路出现短路漏电故障，引起过电流保护。检测行输出电路的对地电阻正常，怀疑是行输出变压器T461内部绕组或高压产生电路发生短路故障。更换行输出变压器T461后，恢复保护电路开机不再保护，出现正常的光栅和图像，故障排除
61N9UXC 背投机型（S8SS机心）	开机无光栅，数秒后自动关机保护	加电后，发现继电器SR80不吸合。试断开L884，在C880正极对地接上假负载开机试验，发现继电器SR80吸合，说明故障出在DEF板内行/场输出电路。该电路有多种保护电路。测量发现Z801损坏。更换同型号Z801后，故障排除。检修此类故障时，最好先解除保护，再检修。其方法是：焊下R327一端，则取消了场输出过电流的保护；断开D315。则取消了200V供电欠压保护等等。但取消保护的时间不能太长
61N9UXC 背投机型（S8SS机心）	开机后继电器不吸合	开机瞬间，实测ZS01的16脚电压为低电平，SR801不吸合。取下熔断器F809，在其两端接入130Ω/5W的电阻作假负载，加电后，能正常开机。说明故障是由行输出级过电流所致。检查行电路，采用降压法进行检查，恢复行振荡电路电源（即将D431焊回原电路）。再将F809取去。用一只68～130Ω线绕电阻接在F809位置（在过电流保护电路不动作的前提下尽量选用较小阻值，以加速暴露故障点），使行推动级、行输出级处于限流降压状态，为了保护投影管。可将插头P903拔下，同时将Z450通过CRT三级超高压引线也拔下。迅速短时间开机。手摸行输出变压器T461、Z450及T400，发现T461发热严重，判断为行输出变压器损坏。更换同型号变压器后，故障排除

（续）

机型或机心	故障现象	故 障 维 修
AG 系列背投机型	绿色指示灯亮、无光栅、有伴音	无光栅故障在投影管供电电路和行、场扫描电路中，也可能是场输出失常保护电路启动。测量 Q51052 脚电压果然为高电平。将 52 脚外部的 D3402 断开，解除 Q510 内部保护电路，开机屏幕上出现一条暗淡的水平亮线，由此判断场输出电路 IC301 发生故障。测量 IC301 各脚电压，发现 6 脚的 +16V 电压偏低。检查 +16V 供电电源，发现滤波电感 L303 烧焦，阻值变大，造成 +16V 电压偏低，场输出电路工作失常，引起 Q510 保护。更换 L303，恢复保护电路后，开机不再出现保护现象
AG 系列背投机型	有图像和光栅，但三色明显不重合	判断故障在红、绿、蓝会聚电路中。检查会聚电路，发现无 +32V 电源，而 +32V 电源电路输出电压正常，判断是会聚过电流保护电路启动，切断了会聚电路的供电。检测会聚电路，测量 Q774 发射结电压为 0V，说明 Q774 截止，进一步确定是会聚保护电路启动。检测会聚功放电路，无明显短路故障，检测 Q774 的偏置电源 +16V 和偏置电阻 R7601、R7602 正常，测量 Q774 的 b 极对地电阻为 0Ω，说明 Q774 的 b 极对地有短路故障，检测 Q774 的 b 极对地元件，发现 Q776 击穿。将其更换后，开机不再保护，三色不重合故障也同时排除

5.2.2　东芝数码、高清彩电易发故障维修

机型或机心	故障现象	故 障 维 修
2125XH 机型	收看中，自动关机	自动关机后有轻微的“吱吱”声，测 TA8759 的 40 脚 9.2V，39 脚 0V，换晶体无果，怀疑 X 射线保护启动，测 52 脚电压为 1.3V，说明确属 X 射线保护。仔细查看电路发现该脚其实只是对 +B 实行过电流、过电压保护，通过 Q841 从 +B 取样。经查为 Q841 轻微漏电，更换 Q841 后，故障排除
2125XH 机型	开机后伴音正常，黑屏幕，无图像	调高加速极电压有蓝屏出现，查 TA8659 的 55 脚电压很低，正常时为 6V，顺着线路查原来接维修开关，但是开关又是好的，最后查出原来是板子有断线——铜膜线太细，将 55 脚的输入电阻 R214 直接接到维修开关的最后一脚，开机故障排除
2150XHC 机型（S5E 机心）	不定时地无规律跑台	高频调谐器（型号为 EC931X1 7D02BCHINA）中两只标有 270 字样（27Ω）的并排贴片电阻开焊
2150XH 机型（S5E 机心）	指示灯亮，开机 +B 电压升高后降为 50～70V 左右	此故障为保护电路启动。检查 Q819 的 b 极电压为 0.7V 电压，说明是保护电路已发生动作。采取从保护检测电路解除保护的方法，先脱开 D470 进行开机试验，可正常开机，但光栅暗淡，停机手摸行管 Q404 和行输出变压器 T461 均发热严重，判断行输出变压器局部短路，行输出电流增大，引起过电流保护，更换 T461 后，故障排除
2150XH 机型（S5E 机心）	开机后指示灯亮，进入保护状态	此故障为开关电源始终处于待机状态。先测 Q840 的 5 脚输出的 +5V 电压正常，再检查 QA01 的开关机控制 7 脚电压为 5V 高电平，说明微处理器已经发出开机指令，故障在待机控制电路。对待机控制电路 Q830、Q843 进行检测，Q843 的 b 极为高电平，此时 Q843 的 c 极也为高电平，判断 Q843 损坏失效。更换 Q843 后，开机恢复正常

（续）

机型或机心	故障现象	故障维修
2518KTV 机型	无光、无声，电源指示灯不亮	测量 C831 电容器两端的 + B 电压为 0V。测量 VT823 管 c 极电压为 280V 左右，b 极上的 0.3V 电压约为 0.1V。检查相关电路，发现 R868 电阻开路，更换一只同规格新的电阻装上后，故障排除
2518KTV 机型	有时无光、无声，有时行不同步	测量 IC501 集成电路 38 脚上的 6V 电压基本正常。用示波器测量 IC501 集成电路 38 脚无行逆程脉冲信号波形。检查相关电路，发现 VD402 二极管性能不良，更换同型号二极管后，故障排除
2518KTV 机型	无光、无声，电源指示灯亮，机内继电器有吸合声	测量 C831 电容器两端 + B 输出电压基本正常。测量 IC1501 集成电路 40 脚上的 9V 电压为 0V。测量 VT870 管 c 极电压为 24V，b 极电压为 10.2V，e 极电压为 0V。检查相关电路，VT870 管本身损坏，更换一只新的同规格的配件后，故障排除
2518KTV 机型	无光、无声，电源指示灯不亮	测量开关电源各输出端输出的电压均为 0V。断电，测量 VT404 与 IC670 均击穿。更换新件后，开关电源输出的电压偏低。检查相关电路，按下 VD824 二极管的正向电阻值变大，更换新件后，故障排除
2550XP 机型	开机三无，电源指示灯微亮，不开机	测量开关电源输出的主 + B 电压 + 125V 下降为约 30V，音频电路使用的 + 19V 电压下降为 5V 左右。测量 L78MR05 集成电路 5 脚输出的电压为 3V 左右。测量电源厚膜电路 HIC1016 本身损坏，更换新的同规格的配件后，故障排除
2550XP 机型（S5ES 机心）	红色指示灯亮，整机三无	测量微处理器 + 5V 电压正常，测量 + B 输出电压为正常值的二分之一，测量 Q403 的 e 极无电压输出，判断是保护电路启动。测量 QA01 微处理器的待机控制端 7 脚均有高电平输出，但 Z801 的 16 脚始终为低电平 0V。采用解除保护的方法，断开 Z801 的 16 脚，屏幕上出现一条水平亮线，判断故障在场扫描电路中。重点检测易发故障的场输出及其保护检测电路，发现场输出过电流检测电路的取样电阻 R343 内部断路，阻值变为无穷大，但检查场输出 Q301（TA8427K）无严重短路故障，1Ω/1W 电阻更换后，故障排除
25D2XC 机型	不开机，指示灯亮	指示灯亮，说明电源工作正常。检查为行管 Q404（2SD2553）短路，行电路限流熔断器 F470（0.8A）损坏，更换后图像出现，但屏幕上下左右均有 2mm 不到边，检查为逆程电容 C444（1.8KV5100P）容量减退所致，更换后，故障排除
2806XH 机型	每次开机一段时间后，就会不定时地出现光栅亮度慢慢的暗下去，过约 1～2min 后，又自动慢慢地亮起来。当出现故障时，图像、彩色、声音均正常	当光栅亮度开始慢慢地变暗时，光栅的几何尺寸、接收电视节目的台标位置没有出现变化和位移，并且彩色、声音一直正常，通过观察，发现亮度异常变化的光暗变化量相当于将亮度控制按键从亮向暗递减至最小，故障部位应该在亮度或视放电路部分。监测电源部分输出电压 + B，当故障出现时没有变化，再监测视放 + 180V 电压，当故障出现时电压下跌，说明故障在视放供电部分。查视放电压 + 180V 是由行输出变压器的 3 脚输出后经 D406 整流，R443 限流，再经 C447 滤波后供给。检测 D406、R443 均正常，C447 电解 10μF/400V 外壳正常，拆下发现有一引脚内边有不明显的锈蚀现象，试更换一个新的 10μF/400V 电解电容后，开机故障不再出现
2806XH 机型	开机伴音图像都正常，10min 左右屏幕变黑，过几分钟后又恢复正常	开机检查亮度变化时各组电压不变，检查 ABL 电路无故障，当检查视放板时，发现在黑屏时 180V 电压有轻微波动，因为 180V 电压出自高压包，检查输出的整流管电阻都正常，当检查到 C447（400V/10μF）电容时，发现引脚锈蚀，代换后正常，故障排除

（续）

机型或机心	故障现象	故　障　维　修
2840XH 机型（S3ES 机心）	有时能正常收看，有时更换节目或收看一段时间后，自动关机	能正常收看一段时间，且声、光、图正常，可能是保护电路误动作。自动关机时测量保护执行元件晶闸管控制极电压为 0.7V，进一步确定是进入保护状态。采用解除保护的方法，逐个断开隔离二极管 D472、D474、D490 试之，当断开行过电流保护电路隔离二极管 D472 后，开机不再保护。拆除熔断器 F803，串入电流表，测量行输出级电流正常。判断是行过电流检测电路元件变质引起的误保护，检测行过电流保护电路元件，发现取样电阻 R470 一端焊点烧焦，产生接触电阻，造成取样电阻阻值增加，引起误保护。将 R470 焊好后，不再出现自动关机故障
2840XH 机型（S3ES 机心）	不能二次开机，指示灯亮	由于该机的副电源取自主电源，指示灯亮，说明开关电源有电压输出。观察开机时的故障现象，开机的瞬间有高压建立的声音，然后消失。测量保护电路晶闸管 D471 的控制极电压由开机时的 0V 变为 0.7V，判断保护电路启动。采用解除保护的方法，逐个断开隔离二极管 D472、D474、D490 试之，当断开行过电压保护电路稳压管 D474 后，开机不再保护，声、光、图均正常，测量行输出的 14V 电压为 14.8V，在正常范围内，判断是过电压保护电路元件变质引起的误保护。拆下 D474 检测，无漏电现象，测量其稳压值由正常时的 16V，降到 14.5V 左右，造成过电压保护电路误保护。更换 D474，恢复保护电路，开机不再保护
2840XH 机型（S3ES 机心）	开机面板红色指示灯亮，时常出现用遥控器无法开机的现象	测量开关电源输出电压，不开机时开关电源输出电压降到二分之一左右，按压待机键时，微处理器的 31 脚有开机高电平变化，测量晶闸管 D471 的控制极电压为 0.7V，判断保护电路启动。采取解除保护的方法，逐个断开 D471 控制极外接的保护电路，当断开行过电压保护电路的 D474 后，开机恢复正常。检查 D474 检测电路元件，发现滤波电容 C449 容量不足，更换后故障排除
2840XP/XH、2540XP 机型（S3ES 机心）	光栅和伴音正常，有图像，但主画面图像无彩色，小画面彩色正常	VM0 和 VM1 的项目数据出错。进入维修状态，调出相关项目检查数据是否与原始数据相符。发现第 32 项方式选择 VM0 的数据为“63”，而正常值为“00”；第 33 项方式选择 VM1 的数据为“08”，最大值为“02”。将上述两项数据更正后，主画面彩色恢复正常
28DW4UC 机型	黑屏幕、无图像，有字符显示	该机集 16:9 画面、图文电视、画中画、12 画面、定时电视录像等功能于一身。按遥控器和面板按键没有用，此时不关机，慢慢地就出现行不同步的画面，同时声音出现，然后图像恢复正常，此时遥控和面板按键都恢复正常，说明基本电路正常。根据维修经验，进口彩电容易发生虚焊故障，补焊大电路板可疑开焊元件后，开机故障还是一样，再将几个屏蔽盒拆下，用热风枪加焊后再装回，开机故障彻底排除
28W3DH 机型（F3SSR 机心）	开机后整机无光栅、无伴音，但电源指示灯亮	测得晶闸管 D471 阳极电压为 0.8V，据此判断扫描系统保护电路已启控。测得 +B 输出端电压为 90V 左右，且极不稳定。由保护电路原理可知，当扫描系统保护电路启控后，整机处于待机保护状态，此时 +B 输出端电压应约为 70V，此时实测为 90V 左右，说明待机状态下稳压控制电路工作异常，其原因有：光耦合器 IC826 初级发光二极管击穿或开路、次级光电管开路，Q824、Q832 性能不良或损坏，Q824 及 Q826 工作电源形成电路不良。断电后分别检测 Q826、Q824、Q822 在路电阻，发现均正常。脱开 D821，开机测得 Q824 的 b 极、e 极、c 极电压依次为 -3.5V、-4.7V、4.7V，而正常时应依次为 -15.1V、-15.5V、-6.2V，显然 Q824工作不正常，怀疑 Q824 的 e 极工作电源形成电路中的 R841、D824、C851 不良。关机后，分别拆下这 3 只元器件检测，发现电容 C851 已严重漏电。更换此电容后，开机测得 +B 输出端电压为正常值 125V，按下遥控器上“待机”键，再测 +B 输出端电压为 68V，正常

（续）

机型或机心	故障现象	故 障 维 修
28W3DH 机型（F3SSR 机心）	开机后整机无光栅、无伴音，但电源指示灯发光正常，按压二次开机键和节目调节键均无效	开机检测 +B 输出端电压，结果为 60V，检测待机控制管 Q836 的 c 极电压，结果为 4.8V，据此可排除扫描系统保护电路启控。脱开 Q839 与 Q828 的 c 极，开机测得 +B 电压仍为 60V，据此可排除待机控制电路不良，断定故障是电源系统保护电路中元器件不良引起电源振荡电路处于低频间歇振荡状态所致。关机后，重新焊好 Q828、Q839 的 c 极，再分别脱开 R837、Q821 的 c 极及 Q825 的 c 极，断开电源系统欠电压、过电压及过电流保护电路的控制，再开机检测 +B 电压，发现当脱开 R827 后 +B 电压恢复至 125V，且整机有正常的图像、光栅、伴音，据此判断故障是电源欠电压保护电路不良引起误启控。测 Q832 的 b 极电位为 -1.8V，过低（正常时约为 0.7V），怀疑电阻 R868 已变值。再拆下 R868 检测，其阻值已变为 1MΩ。用 270kΩ/1W 电阻更换 R868 后，恢复原电路，试机工作恢复正常
28W3DH 机型（F3SSR 机心）	开机工作 3～5min 后自动关机，关机前图像、光栅、声音均无异常，关机后电源指示灯发光正常	自动关机时，检测晶闸管 D471 阳极电压，结果为 0.6V，据此断定保护电路启控。分别检测 +B 输出端与 10V 电压输出端电压，结果为 68V、4.8V，均正常，从而可排除 10V 输出端负载电路短路。在保护电路 C470 上端监测电压，发现在自动关机时该电压恒为 0V，从而排除 +B 负载过渡保护启控。依次脱开 D870、R482，开机检测 +B 电压，发现当脱开 R482，断开显像管阳极高压过高保护电路后，+B 电压一直正常，且整机能正常工作，据此判断故障在显像管阳极高压保护电路中。检测 IC482 的 8 脚电压，结果为 8.2V 正常，检测 Q484 的 b 极、e 极、c 极电压，结果分别为 3.8V、4.2V、4.1V，显然 Q484 已导通。由于 Q484 的 b 极接有 6.2V 稳压管 D484，因此由 Q484 的 b 极电压为 3.8V，可判断稳压管 D484 不良。更换 D484 后，试机，故障排除
28W3DH 机型（F3SSR 机心）	经常出现无规律自动关机，关机后电源指示灯发光正常，且需在断电后方可再开机，但工作一段时间后又出现自动关机；有时一开机就出现待机保护	在自动关机时，检测晶闸管 D471 阳极电压为 0.7V，据此判断故障是某路原因引起扫描系统保护电路启控。脱开 D870，断开 +B 过电压保护电路，并在 +B 输出端监测 +B 电压，试机工作几分钟又出现自动关机，但关机瞬间主电压便由 125V 降至 70V，据此可排除 +B 过电压保护，断定故障出在行输出电路中。重新焊好 D870，再脱开 D474，断开 +B 负载过电流保护电路，在保护电路 C470 上端监测电压，再开机，发现整机工作几分钟后有约 15V 的跳变电压，同时 R470 两端有约 0.7V 电压，据此说明行输出电路有瞬时过电流。此时观察发现图像、光栅、伴音均正常，怀疑是 +B 负载过电流保护电路中限流取样电阻 R470 性能不良。拆下 R470 检测未见异常，怀疑是行输出电路中退耦电容 C483 失效。拆下 C483 检测，发现其确已失效，更换此电容后，恢复电路，试机，工作恢复正常
2909XH 机型	光栅过亮，图像上有回扫线	显像管阴极电压，发现三个阴极的电压均为 0，调亮度控制该电压无任何变化，分析是阴极供电电路或视频放大输出电路有故障。测视放输出管 VT505、VT508、VT511 的 c 极电压均为 0，进一步检查，发现电容 C447（10μF/400V）内部损坏。更换一只新的同规格的电容 C447 后，光栅及图像恢复正常，故障排除

（续）

机型或机心	故障现象	故　障　维　修
2909 机型	电源指示灯亮，无光栅、无伴音	测量行电路没有+125V电压，测量电源+B输出端有+125V电压输出，测量行管电阻时发现已短路，使行电路供电熔断器F470（1A/250V）熔断，测量行电路没有发现异常的现象，测量逆程电容与各回路无损坏的情况下，更换行管（原型号为C5335用C5339代）熔断器F470（原型号为1A/250V用0.5A两只并联代替），开机故障排除
2918KTV 机型	伴音基本正常，但屏幕上的图像不清晰	测量显像管聚焦极电压，发现该电压明显地波动，且比正常值低很多，正常应为500V。检查聚焦电位器和连接导线等均正常。检查显像管电路，发现显像管管座印制电路板上积满灰尘，将管座取下，发现管座上有较多的绿色氧化物，估计其内部已漏电。更换同规格的显像管管座装上后，通电试机，屏幕上的图像清晰，故障排除
2929DH/DXH 机型	子画面彩色及字符显示均不正常	问题出在子画面色度控制及信号处理电路。测IC46（AN5612）三基色信号输出7、8、9脚电压均为2.3V正常，三色差信号钳位滤波端11、13、14脚电压也均高于9.0V，由此说明IC46内彩色矩阵电路功能正常。测IC46的16脚直流电压，仅能随子画面色度调节操作在1.2~3.4V之间摆动，有彩色出现时仅能在1.6~4.4V之间变化，而正常时变化范围应为2.2~8.7V。该脚为色饱和度调节控制端，其控制电压来自CPU的功能扩展电路IIC画面数字信号译码μPD6325C的14脚，经VT74射随放大器注入。监测μPD6325C的14脚电压变化正常，而VT74的b极电压变化不明显，检查其偏置电路，发现滤波电容器C154内部不良。更换同规格的电容器C154（1μF）后，电视机子画面彩色及字符显示均恢复正常，故障排除
2929DH/DXH 机型	光栅时亮时暗，图像幅度时大时小	测+B电压刚开机时为125V，故障出现时仅在90~105V之间摆动。再测VT823各极电压，发现c极为+300V，b极为0.3V。VT823的b极连接有启动保护、过电压保护、恒流源控制及稳压控制电路等多个单元，当以上任何单元电路出现问题时都有可能导致其b极电压不稳定。检修时，先断开稳压系统中的R842，发现+B电压在110~125V之间摆动，脱开VT822的c极，故障不变。恢复稳压电路后再脱开VT821和VD821，也无效果，估计问题出在恒流源控制电路。经仔细检查恒流源控制电路中的VD821、VT820、RS22、C820等相关元件，结果发现VT820内部不良。更换同规格的VT820后，故障排除
2929KTP-2 机型	无光栅无图像，无伴音，红色电源指示灯不亮	直观检查发现FU802熔断器已经熔断，说明开关电源电路中有短路元器件存在，测量开关管VT823（2SC4706）已经击穿短路。暂时不接开关管，通电测量C809电容器两端的约300V的整流滤波电压为0V。断电，测量R882电阻已经开路。更换一只新的4.7Ω/5W的电阻焊在R882电阻的位置后，通电测量C809电容器两端的约300V的整流滤波电压恢复正常。为了防止电路中仍有隐患存在，又对开关管周围的元器件进行检查，结果发现晶体管VT（Q）825（2SC1815Y）也已经击穿。更换上述查出的损坏元器件后，故障排除
2929KTP-Ⅱ 机型	屏幕上无光栅与图像，扬声器中也无伴音	测量+B输出电压为125V，正常，测IC501（TA8783N）的40脚上的电压也正常。测量IC501的39脚电压为0V，正常时应为2.1V。判定为IC501内部不良。更换相同规格的IC501集成电路装上后，故障排除

（续）

机型或机心	故障现象	故障维修
2929KTP-Ⅱ机型	无光栅、无图像，扬声器中也无伴音	开机后显像管灯丝已经点亮，说明问题一般出在末级视放电路或IC501上。测量IC501的41、42、43脚电压均正常。进一步检测IC501的工作电压也正常，但发现10、11脚的时钟振荡数据异常，检查外接晶振内部失效。更换同规格的晶振装上后，故障排除
2938XP机型	无屏显字符，无画中画，灵敏度极差	开机查射频分配器HD01无12V电源，顺线路查至画中画板，发现四端稳压ICP69（PQ12RF1）虚焊，焊好后测HD01供电正常，接上天线能正常接收信号，但仍无画中画，无屏显字符，反复检查仍不得要领，后用示波器测CPU行场逆程脉冲，发现无行脉冲，顺线路查至行脉冲倒相管QB03（2SC1815N），各极电压正常，但c极无行脉冲输出，测b极仅有约0.18V行脉冲，一直查到FBT第10脚，此处行脉冲约150V_{p-p}，与图纸吻合，经一个4.7kΩ电阻串5600pF电容，然后对地接12V稳压管作保护，电容后的脉冲经电阻RB03（22k），RB02（3.3k）分压进入QB03的B极，查以上各电阻、电容、稳压管均未见异常，RB03前有约1.5V_{p-p}行脉冲，但分压后QB03B极仅0.18V_{p-p}，明显不能进入导通状态，试把RB03（22k）换为2.6kΩ，c极出现幅度约5V倒相后的行脉冲，此时按遥控器，屏显字符及画中画均恢复正常
2950XHC机型马来西亚产	初次行管D2253击穿损坏，更换后一到二个月再次击穿短路，屡损行管	详细检修电源、行振荡、行校正无误，甚至更换行逆程电容后仍然烧行管，烧的时间间隔越来越短，往往是不定期的一开机就损坏行管，更换行管后，连续观察一星期内不出问题，交给顾客后一个月后，顾客在开机时行管再次损坏。对照电路图仔细检修发现，行推动管供电电阻的阻值偏小为2.4kΩ，此电阻一端是接+B 140V的，而图纸上的标称阻值是5.6kΩ，把电路板上的此供电电阻，按图纸更换为5.6kΩ/2W后，未再发生击穿行管现象，故障测得排除，行推动管供电电阻的阻值偏小，是此批机型的通病
2950XHE机型（S5ES机心）	指示灯亮后闪烁，整机三无	指示灯亮，说明开关电源已起振，指示灯闪烁，是该机心次级保护电路启动的特征。测量+B输出电压为正常值的二分之一，测量微处理器的待机控制端7脚外部Q830的b极电压为0V，判断是Z801保护电路启动。采取断开Z801的16脚与待机控制电路Q830的b极连接，解除保护观察故障现象。电视机光栅暗淡，+B电压低于125V，测量+B过电流保护电路取样电阻R470两端电压为0.7V，高于正常值0.3V，由此判断行输出电路发生短路故障，引起+B过电流保护电路启动。测量行输出电路对地电阻达8k以上正常，判断行输出变压器内部发生短路故障，更换行输出变压器，恢复保护短路，开机不再保护，故障彻底排除
2950XHE机型（S5ES机心）	指示灯亮后闪烁，整机三无	指示灯闪烁，是该机心次级保护电路启动的特征。测量+B输出电压为正常值的二分之一，测量微处理器的待机控制端7脚外部Q830的b极电压为0V，判断是Z801保护电路启动。采取断开Z801的16脚与待机控制电路Q830的b极连接，解除保护观察故障现象。电视机出现一条水平亮线，判断故障在场扫描电路中。重点检测易发故障的场输出电路，发现场输出电路Q301（TA8427K）严重短路，造成场输出过电流保护电路启动。更换场输出电路，恢复保护电路后，开机不再保护，电视机恢复正常

（续）

机型或机心	故障现象	故障维修
2950XHE 机型（S5ES 机心）	指示灯亮后闪烁，整机三无	指示灯闪烁，是该机心次级保护电路启动的特征。测量 +B 输出电压为正常值的二分之一，测量微处理器的待机控制端 7 脚外部 Q830 的 b 极电压为 0V，判断是 Z801 保护电路启动。采取断开 Z801 的 16 脚与待机控制电路 Q830 的 b 极连接，解除保护观察故障现象。通电试机，电视机声、光、图均正常，收看数小时未见异常，由此判断是保护电路引起的误保护。检测 Z801 外部的保护检测电路，发现场输出过电流保护电路的检测晶体管 Q340 内部击穿短路。用 2SA1015 更换 Q340，恢复保护电路后，故障排除
2955DE 机型	无光栅、无伴音，但待机指示灯可以点亮	先按下遥控“POWER”键，待机红灯熄灭，绿色指示灯点亮，但仍无图、无声、无光。测开关变压器二次回路两组直流输出为 +125V 和 +19V。再在保护模块 H1C1016 的 14 脚人为加入 1.5V 直流电压，观察机前绿灯不闪烁，H1C1016 的 14 脚为场输出级过电流保护检测输入，该脚启控动作电压约 1V，人为加上 1.5V 电压后没有启控，说明故障点出在 H1C1016 内部复合保护中心电路，更换模块 H1C1016 后，故障排除
2955DE 机型	无光栅、无图像、无伴音，且待机指示灯也不亮	测电源厚膜电路 STR-Z3302 的 1 脚电压为 296V，再用示波器测其 7 脚定时电容 C862 上无正常的锯齿波脉冲信号。断开 L863、L864，在 STR-Z3302 的 12 脚直接引入 +16.8V 直流电压，再观察 7 脚振荡波形建立。判断问题出在电源厚膜电路 12 脚的电源启动电阻，或外围 16.8V 串联稳压电路。检查 STR-Z3302 的 12 脚外围启动电阻 R861，发现其内部开路。更换同规格的金属膜电阻 R861（22kΩ）后，通电试机，图、声恢复正常，故障排除
2955DE 机型	指示灯可以点亮，但无光栅、无图像、无伴音	按下遥控“POWER”键，待机指示灯熄灭，绿色工作指示灯点亮，但仍呈三无状态。在绿色指示灯点亮时测微处理器 IC01 的 7 脚电压为 +5V，8 脚电压为 6.2V。从 H1C1016 内部结构来看，9 脚电压即 VT3 的 b 极偏置电压为 0.6V 时该管应导通，其 c 极电压即 8 脚电压才会下降至 ON 状态时的 0V，这样 VZD2、VT2 和 VT4 才能全部截止使电视机进入正常工作。由此可以判断故障出在 H1C1016 内部 VT3 电路。H1C1016 的 8、9、17 脚是 VT3 的 c 极、b 极和 e 极，用万用表 R×100Ω 挡测 H1C1016 的 9～17 脚之间正、反向电阻均为 4.7kΩ，说明其内部 VT3 已开路。用一只 2SD1819 型晶体管将其 b、c、e 极分别焊在 H1C1016 的 8、9、17 脚焊点上，开机故障排除
2955XHC 机型（S5ES 机心）	开机三无，指示灯不亮	指示灯不亮，故障主要在开关电源初级电路。测量开关电源无电压输出，测量 C810 两端无 300V 电压，测量电源熔断器正常，但限流电阻 R812 烧断，检测可能引起 R812 过电流烧断的整流滤波元件，发现整流全桥 D801 内部两个二极管击穿。更换 R812 和 D801 后，通电试机，电源熔断器闪光后熔断，看来电源初级电路还有短路元件。仔细检测开关电源初级电路元件，发现保护元件 Z860 已经烧断，厚膜电路 Q801 的 1 脚与 18 脚内部推挽管上臂 VT1 严重短路，造成电流过大将熔断器和 Z860 烧断。用 STR-Z3302 更换 Q801，用 0.6Ω/1W 电阻替代 Z860 后，通电试机，故障排除

（续）

机型或机心	故障现象	故障维修
2955XHC 机型（S5ES 机心）	指示灯亮后即灭，整机三无	指示灯亮，说明开关电源已起振，亮后即灭，很可能是 Q801 进入保护状态所致。测量 Q801 的 11 脚和 14 脚保护检测端电压，其中 11 脚的电压低于正常值 1.3V，判断市电欠电压保护电路启动，引起 Q801 进入保护停机状态。检测 Q873、Q874、D871 欠电压保护电路，发现 R877 分压电阻开路，造成 D871 负极无电压而阻断，致使欠电压保护电路误动作，Q801 进入保护状态。用一支 220k 电阻更换 R877 后，开机不再保护，电视机恢复正常
2955XHE 机型（S5ES 机心）	指示灯亮后即灭，整机三无	指示灯亮，说明开关电源已起振，亮后即灭，很可能是 Q801 进入保护状态所致。开机的瞬间测量 Q801 的 11 脚和 14 脚保护检测端电压，其中 14 脚的电压高于正常值 0.3V，判断初级过电压保护电路启动，引起 Q801 进入保护停机状态。检测 Q801 的 14 脚外部过电压保护检测电路元件，未见异常；检测可能引起过电压保护的稳压电路，发现光耦合器 Q862 内部发生开路故障，造成稳压环路中断，Q801 失去控制，输出电压升高，引起初级过电压保护电路动作。更换光耦合器 Q862 后，开机不再保护，故障排除
2960HX 机型	红、绿指示灯闪动，电视无光栅、无伴音	在线测行管正常，开机 + B 电压 125V 随着红绿指示灯闪动，即 125V 到 80V 之间变化，脱开行管后，接上 60W 灯泡作假负载，125V 输出稳定，问题在行以后部分。经代换行变后无效，测行电流开机瞬间电流大于 400mA，是行过电流引起，查行变负载，灯丝供电进而 180V 输出正常，27V 也无明显短路，但测量 27V 处（D408 负极）电流高达 500mA 以上，证明场有过电流，判断场输出电路 TA8427 损坏漏电，换一只 TA8427 场块后，电视光栅恢复，图像良好；但伴音一直听不清，并“嗡嗡”叫，手模 TV/AV 转换块（TA1219）特别烫，更换 TA1219，故障排除
2960XHC 机型	无光栅、无图像、无伴音，面板上黄绿指示灯交替交烁	测主电压正常，观察显像管灯丝不亮，说明行输出电路未工作。测 IC501 的 4 脚有 2V 行推动电压输出，测行推动晶体管 VT402 的 b 极电压只有 0.2V，经仔细检查发现 VT402 的 b 极电阻 R411 内部断路。更换一只金属膜电阻 R411 后，电视机图像与伴音均恢复正常，故障排除
2960XP 机型	开机后即自动关机，电源指示灯也不亮	先断开行输出负载，接入 60W 灯泡，开机时灯泡亮一下立即熄灭，指示灯同时熄灭，检查开关电源各路输出均无电压。再进一步检测电源厚膜电路 STR-ZA302，发现有关引脚间阻值与正常值相比差异很大，判定其内部损坏。更换新的电源厚膜电路 STR-Z4302 后，故障排除
2960XP 机型	伴音正常，但图像呈黄色，光栅无蓝底	该故障一般发生在末级视放电路。测量显像管 R、G、B 枪阴极电压，B 枪电压偏高。测连接器 P902 的 16 脚（B）、17 脚（G）、18 脚（R），16 脚电压也偏高。经检查，连接 B 枪的电阻 R903 内部开路。更换金属膜电阻器 R903 后，故障排除
2960XP 机型	伴音基本正常，屏幕上的图像颜色偏红	问题一般出在末级视放电路。先调整白平衡无效，测三只视放管 c 极电压，发现 R 枪 VT901 的 c 极电压为 140V，正常值为 160V。经仔细检查发现电感器 L902 内部断路。更换新的电感器 L902 后，故障排除
2960XP 机型	屏幕上无雪花噪点，也收不到任何电视信号	该机 AV 输入信号正常，说明问题在中放以前的电路，先用遥控器调出总线自检，第 4 项不显示 OK 而显示 H002，说明中放盒内有故障。拆下中放盒观察，发现里面有十多只 100Ω 的贴片电阻，其中有多只损坏。更换损坏的贴片电阻后，电视机工作恢复正常，故障排除

（续）

机型或机心	故障现象	故 障 维 修
2979UH 机型	主画面正常，但子画面无图像、无伴音	故障发生在子画面信号处理电路。先测量 IC01 的 34、32 脚输出电压正常，再测量 IC18（TA8795AF）的 43、44、45 脚输出电压也正常。但测 IC（LA7442）的 56、57、58 脚无输出。检查 IC33 的 56、57、58 脚电压均为 5V，正常时应分别为 4.4V、4.2V、3.9V，查其外围元件无损坏，判定为 IC33（LC7442）内部不良。更换一块新的 IC33（LC7442）后，电视机的子画面图、声均恢复正常，故障排除
2979XPI 机型	开机，呈蓝屏，无图像、无伴音	该机是第五代火箭炮机型，属于 F3SS 机心。进行搜台，灰屏，无雪花点，但小画面正常。先查分支器，将其拆下，撬开外壳，把它重焊一遍。装回，开机，故障依旧。交换主、副高频头信号线，还是不行。故障可能在中放板上。拆下中放盒，仔细焊过一遍，装回，试机故障排除
2979XP 机型	主画面与画中画上均有严重的网纹干扰	该故障一般为主、副图像信号分配器有问题。检查发现信号分配器的两根引线与主线路板间呈虚脱焊现象。加锡将上述的虚脱焊部位重新补焊固定后，通电试机，画面上干扰消失，故障排除
2979XP 机型	伴音基本正常，但图像无亮度信号	该故障一般发生在亮度信号处理及控制电路。用示波器测量 VT03 的 e 极输出的亮度信号波形正常。而 IC501（TA8775N）的 35 脚无亮度信号。测量 CTL 板的 C09 及 C08 脚均有亮度信号。再测量 CTL 板的 L5 及 L2 脚，发现 L5 脚有波形而 L2 脚无波形。检查 L11、L10 引脚的串行时钟及数据信号均正常。再测 IC01（TA1200N）的 17 脚输出波形正常，而 VT02 的 e 极无波形输出。经检查为 VT02 内部不良。更换同型号的晶体管 VT02 后，通电试机，电视机图像亮度恢复正常，故障排除
2979XP 机型	电源指示灯亮，但屏幕上无光栅	观察显像管灯丝已亮，测显像管加速极电压正常，说明行扫描输出电路工作正常，无光栅是由于显像管三枪截止所致。进一步检测发现 P410 的 16、17 脚无电压。P410 的 16 脚电压是由开关电源变压器 T803 的 10 脚提供，经仔细检查发现供电二极管 VD862 内部开路。更换同型号的二极管 VD862 后，故障排除
2980DE 机型（F5SS 机心）	指示灯亮，整机三无，不能二次开机	指示灯亮，说明开关电源已起振，测量开关电源输出电压为 65V 左右。关掉总电源开关，再次开机时 + B 电压有上升的趋势和行扫描工作的声音，然后又降到 65V。判断是 Z801 内部保护电路启动所致。为了区分故障范围，采用解除保护的方法，逐个断开各路故障检测电路的触发电压。当断开 Z801 的 14 脚外部的 D370 时，开机不再保护，但屏幕上出现一条水平亮线。对场输出电路 IC301（TA8427K）进行检测，集成电路内部短路，引起场输出过电流保护。更换场输出电路 IC301，恢复保护电路后，开机不再保护，故障排除
2980DE 机型（F5SS 机心）	指示灯亮，整机三无，不能二次开机	判断是 Z801 内部保护电路启动所致。逐个断开故障检测电路的触发电压，当断开 Z801 的 2 脚外部行过电流检测电路的 R471 时，开机不再保护，但出现暗淡的光栅和扭曲的图像，判断行输出电路出现短路漏电故障，引起过电流保护。检测行输出电路的对地电阻正常，怀疑是行输出变压器 T461 内部绕组或高压产生电路发生短路故障，更换行输出变压器 T461 后，恢复保护电路开机不再保护，出现正常的光栅和图像

（续）

机型或机心	故障现象	故障维修
2980DH 机型	数分钟后图像行幅变窄，亮度下降，伴音基本正常	待电视机故障出现时，迅速断电用手摸行输出管 VT404、行输出变压器 T401，温升正常；检查过电流取样电阻 R470、熔断器 F470 均正常，再在 L805 与地之间并一只 100W 的白炽灯，用万用表监测 +B 电压，开机一段时间后，电源 +115V 开始下降，灯泡逐渐变暗，应重点检查开关稳压控制电路。依次断开误差取样比较输出电压中的 R827、误差放大器输出端的 R880、光耦合器输出端的 R815。发现在断开 R827 后，+115V 电压不再下降。经仔细检查发现稳压集成电路 Z801 内部不良。更换新的 Z801（HIC1015）后，故障排除
2988PM 机型	开机后呈三无状态	测电源厚膜电路 STR-S6709 的 2 脚电压为 0，断开 L813，在 STR-S6709 的 9 脚另引入 +8V 直流电压，观察 STR-S6709 的 5 脚方波输出正常。恢复 L813，再观察 STR-S6709 的 3 脚也无方波脉冲输出，说明故障在 STR-S6709 的 5～3 脚间的信号传输通道。依次检查 L813、R816、C816、VD808 及电源厚膜电路 STR-S6709 的内部开关管，发现 VD808 内部损坏。更换同型号的二极管 VD808 后，故障排除
2988UXC 机型	无光栅、无伴音，红色指示灯可以点亮	测主电压正常，测 IC501（TA1222AN）的 22 脚（DEF）无 9V 电压，测 VT430 的 c 极无电压，测与 VT430 的 c 极连接的熔断电阻器 R432 输入端有电压，查 R432 内部开路。更换新的熔断电阻器 R432 后，电视机图像与伴音均恢复正常，故障排除
2988UXC 机型	无光栅、无图像也无雪花点，但伴音基本正常	该故障一般发生在 TV/AV 转换及中放电路。检查中放盒视频信号输出端，正常。进一步检查 TV 和 AV 转换电路时，发现该电路 IC01（TA1218N）的 5 脚（ATV）外接的电容器 C02 内部不良。更换新的 C02（10μF/16V）后，电视机图像与伴音均恢复正常，故障排除
2988UXC 机型	开机数分钟后会自动关机保护，红灯变为绿灯	观察停机前屏幕为带回扫线的绿光栅。问题可能出在末级视放电路。测 IC501（TA1222AN）的 12 脚无 5V 电压，该电压由 VT830 提供，经仔细检查发现 VT830 引脚脱焊。加锡将 VT830 脱焊的引脚重新补焊后，电视机图像与伴音均恢复正常，故障排除
2988XP 机型	主画面无图像，也无噪波点；子画面及字符显示正常	主、子画面交换后，主画面仍无图像显示，但 AV 输入时主画面图像正常，该故障可能发生在主画面中放电路。该机主画面中放电路 H002（MVCM41B）是一个模块，打开 H002 模块进行检查，感觉 IC101（BA7356S）温升略偏高，测 IC101 的 5 脚电压为 3.8V，正常应为 8.6V 左右，由此判定为 IC101 内部不良。更换 IC101（BA7356S）集成电路后，电视机主画面图像恢复正常，故障排除
2988XP 机型	有电源启动声，但随后再无反应，无光栅、无伴音	测量 VT826 上二极管电压抖动了一下瞬间变为 0V，说明电源厚膜电路 HIC1016（STR-S6709）处于保护状态，故障可能在次级稳压电路部分，否则 HIC1016 处于保护，VT826 上二极管有 1V 左右电压，主电源输出电压在 60V 以上。经仔细检查为 HIC1016 内部的稳压电路损坏。HIC1016 厚膜市场极难买到，只得考虑利用代换品。悬空 HIC1016 的 1、3、5 脚，用 SE125 的 1、2、3 脚分别接入 HIC1016 的 1、3 脚外围和地脚。接入 AC220V 开机，主输出 125V 电压稳定，遥控关机，主电压输出 65V，故障排除
2988XP 机型	无光栅、无图像、无伴音，电源指示灯也不亮	测量电源厚膜电路 STR-S6709 的 9 脚电压在 6.5～7V 之间抖动，检查 3 路供电电路无异常，再测厚膜电路的其他脚电压，发现 5 脚驱动电流输出脚电压也在 0.25～0.4V 快速抖动，正常时有 0.7V 的驱动电压，经仔细检查电源厚膜电路 5 脚到 3 脚的外围元件，发现电阻 R816 内部断路。更换金属膜电阻 R81 后，故障排除

（续）

机型或机心	故障现象	故障维修
2988XP 机型	无光栅与图像，扬声器中也无伴音	检测电源厚膜电路 STR-S6709 内开关管正常，次级各路负载无明显短路现象，但发现其 2 脚外接稳压管 VD809 内部击穿，换新后，再在 C884 两端接上 60W 灯泡假负载，开机无输出。测电源厚膜电路 9 脚启动电压 15V，正常应为 8V 左右。关机后，进一步检测 STR-S6709 内部各引脚阻值异常，判定为其内部损坏。更换新的电源厚膜集成路 STR-S6709 后，故障排除
2988XP 机型	无光栅、无伴音，电源指示灯也不亮	测 300V 正常。关机后先对 300V 进行滤波电容放电，然后检测电源厚膜电路 IC801（STR-S6709）的 1、2、3 脚电阻值均正常。再用万用表 R ×10Ω 挡，黑笔接 IC801 的 8 脚，红笔接 IC801 的 9 脚，测 IC801 的 8、9 脚正反向电阻异常（正常时正测为 260Ω 左右，反测表针不动）。检查外围电路无异常，判断 IC801 内部损坏。更换新的集成电路 IC801 装上后，故障排除
2989XP 机型	屏幕上无光栅，但关机瞬间屏幕有亮光	问题可能出在亮度信号通道。测显像管加速极电压正常，测显像管三枪阴极电压偏高，说明显像管三枪截止。再进一步检查亮度通道，顺着 Y 信号检查到音频/视频转换电路 IC01，发现 C09、R11、VD19、VT01 均已损坏。更换所有损坏的元件后，电视机光栅及图像均恢复正常，故障排除
2989XP 机型	伴音正常，屏幕中间有一条水平亮带，且有杂音干扰	测高频调谐器 7 脚 5V 电压有 6.5V，检查 VT830 的 c 极 +5V 供电电压正常，其 b 极为 7.6V，显然偏高。经进一步检查，发现 VT830 的 b 极上接有一只稳压管 VD892，焊下 VD892 检测，发现其内部损坏。更换 VD892（5.6V 稳压管）后，故障排除
2989XP 机型	有声音，无图像	此故障应在行场扫描电路，高压电路，视放电路。开机测量视放板三极电压，灯丝电压，加速极电压均正常。试调高加速级电压，屏幕出现一条水平亮线，此故障应在场扫描电路。测量场块 Q301（LA7846N）各脚电压发现 7 脚无 27V 供电电压，断电测量 7 脚对地阻值无短路，此 27V 电压由高压包 6 脚输出，经限流电阻 R327（2W/3.3Ω）、整流管 D302（EU2A）、通过电阻 R370（1W/0.82R）输往 Q301 的 7 脚，检查发现为 D302 损坏，更换后故障排除
2999UXC 机型	光栅与图像均基本正常，但无伴音输出	该机 AV 输入信号也无伴音，判断故障发生在伴音信号处理或伴音供电电路。测量 C863 两端的 +30V、C864 两端的 +36V 电压均为 0V，说明伴音供电电路不良。分别断开 +30V、+36V 两组负载，再测上述两组电压仍为 0V，对伴音电源进行检查。测 C869 两端 +30V 电压正常，说明主开关电源已为伴音电源提供了驱动电压。该电压用来驱动继电器吸合，在继电器吸合后，AC220V 电压才对伴音电源供电。伴音电源的主要元件是厚膜电路 IC803（STR-F6653），经测 IC803 第 3 脚 +300V 电压正常，第 4 脚启动电压为 +12V，也正常。检查 IC803 外围元件未见异常，故断定厚膜电路 IC803 本身内部损坏。更换新的集成电路 IC803 后，扬声器中的伴音恢复正常，故障排除
2999UXC 机型（F7SS 机心）	开机 5～20min 之间不定时无声，只有“嗒嗒”的数码声	网上资料都说是中放组件（MVCS45）有问题，因为丽音也在里边，只能买组件更换，但元件价格太贵。决定维修该中放组件，故障出现时用手按住该中放组件的基板就能有声，过会又出现故障，应该是接触不良的问题，将组件的焊点都补焊一遍，故障依旧，估计是过孔的问题，结果检查是丽音块 MSP-3410D-PS-B4 底下的两个有用的过孔问题，于是用导线修复连接过孔，安装后试机，故障排除

（续）

机型或机心	故障现象	故障维修
29G3SHC 机型（S8ES 高清机心）	开机三无，指示灯不亮	指示灯不亮，故障主要在开关电源初级电路。测量开关电源无电压输出，测量 C810 两端 300V 电压正常，测量 Q801 的 1 脚却无 300V 的电压。检测 1 脚外部的保护元件 Z860 已经烧断，估计 Q801 存在短路故障。测量 Q801 各脚对地电阻，发现 1 脚与 14 脚之间，造成 Z860 烧断，开关电源无电压输出。用 STR-Z4267 更换 Q801，用 0.3Ω/0.5W 电阻替代 Z860 后，通电试机，故障排除
29G3SHC 机型（S8ES 高清机心）	指示灯亮后即灭，整机三无	指示灯亮，说明开关电源已起振，亮后即灭，很可能是 Q801 进入保护状态所致。测量 Q801 的 10、11 脚保护检测端电压，其中 11 脚过电流保护输入端电压开机的瞬间达 0.4V 以上，判断是过电流保护电路启动。重点检测开关电源次级 125V（+B）负载行输出和 19V 负载伴音功放电路，未发现明显短路故障，采取断开行输出和伴音功放电路（125V 断开 F470，19V 断开 R889），接假负载的方法，试机开关电源仍无电压输出，看来故障在开关电源内部。检测开关电源初级电路元件正常，检测开关电源次级的整流滤波电路，发现 +B 整流二极管 D884 漏电，造成 Q801 电流过大，引起 Q801 过电流保护。更换 D884，恢复保护电路后，试机不再保护，电视机恢复正常
29G3SHC 机型（S8ES 高清机心）	指示灯亮后闪烁，整机三无	指示灯闪烁，是该机心次级保护电路启动的特征。开机的瞬间，测量 +B 输出电压，超过 125V，判断是过电压保护电路启动。为了进一步确定故障范围，断开 F407 行输出电路，接 100W 灯泡做假负载，开机测量开关电源输出电压，+B 电压在待机时为 65V 正常，而遥控开机瞬间突升为 130V 左右，进一步确定过电压保护电路启动，说明稳压环路存在开路失控的故障。根据该电源原理，开关机电路与取样电路并联，待机时电压正常，说明待机电路和光耦合器至 Q801 稳压环路正常，故障在取样电路。检查 HIC1016 的 1 脚外围取样电阻 R472 正常，怀疑 HIC1016 内部取样误差放大电路损坏，更换 HIC1016 后，输出电压恢复正常，去掉假负载，恢复行输出电路，故障排除
29G6UXC 机型	主画面有时出现花屏、马赛克现象，有时出现淡绿无回扫线，有时图像压缩到下部约 1/4 处，小画面始终黑屏	查三块大板并无明显开焊，还是重点补焊了行场及电源部分。又摘下副高频头发现中放 IC（BA7357S）大部分引脚都有明显的细裂纹（此机型通病），仔细补焊。摘下中频盒检查，情况比副高频头好得多，基本没有开焊。但查出中放 IC（TA1267F）的 7 脚外接电容 C151（22μF/16V）容量全无（也为此机通病），但外观却根本看不出。更换后以上故障现象一扫而光，反复震动主板故障未再出现，故障彻底排除
29N6DC 机型（D9SS 机心）	开机后图像行场不同步，或场幅窄，绿灯闪烁	开/关机控制管 QB30（2SC1740S）损坏。由于 QB30 损坏，CPU 的 POWER 端 7 脚电压异常，CPU 内部电路动作，输出保护信号，从而出现绿灯闪烁现象
29X8M 机型	光栅呈一条水平亮线	测量场扫描输出集成电路 IC203（AN5521）各引脚上的电压基本正常。断电，检查场输出电容器 C316 也无漏电或失效现象。检测场负反馈电容器 C317 不良，更换新的同规格的配件后，故障排除
29XE1C	VL 频段收不到节目	查高频头第（5）脚（L/HSW 端）在切换时 5V 电压慢慢升高，而 CPU（10）脚 SW 端电压切换却非常快，顺着高频头 L/HSW 端检查，发现其滤波电容 C121 引脚周围贴着一块胶布固定一引线，撕下胶布发现胶布周围有打火现象，且线路板已烧焦发黑，使印制电路板 C121 引脚与邻近的一条连线漏电。将胶布撕掉并清洗漏电的印制电路板，故障排除

（续）

机型或机心	故障现象	故 障 维 修
32DW5UC 机型	主画面无伴音，图像基本正常	其故障原因：一是主画面中频处理电路 H002 的输出音频信号 12、14 脚到 AV 控制器 6、5 脚之间电路异常，AV 控制器对主画面音频信号的切换电路异常，二是扬声器开关电路 IC156 对 AV 控制器输出主画面伴音信号的切换不正常 该机音频信号由 H002 的 14、12 脚（左、右声道）输出，进入 IC01 的 5、6 脚后，经切换从 IC01 的 37、35 脚输出（AV-L、AV-R）去扬声器开关（SPKSW）电路 IC156 的 5、6 脚；同时，来自 AV 控制器 IC01 的 1、2 脚的画中画音频信号（PIP-L、PIP-R）也输入到 IC156 的 3、13 脚。这两路音频信号在音频处理 IC01 的 15 脚输出状态信号的控制下，经 IC156 切换，由其 4、14 脚输出，分别经 CS154、CS155 耦合，VT153、VT154 缓冲，接插件 P511、IC02 的 41、42 脚（SW-L、SW-R）加到音频处理 IC01 的 30、26 脚。实现在音频信号主—次、次—主的转换。输入 IC156 的音频信号（AV-L、AV-R）中，含有 AV 接口电路的信号或该机伴音信号，将该机置 AV2 接收接口信号状态时，伴音正常，说明音频输出电路、音频功放电路均正常 检修时，用一个耳机分别接于 H002 的 24、26 脚与地之间，能听到轻微的主画面伴音音频信号，说明 H002 输出正常。检查 AV 控制的 6、5 脚焊接良好，并有轻微伴音音频信号，由此判定为 AV 控制器 IC01 内部损坏。更换新的 IC01（TA1218N）集成电路后，主画面伴音恢复正常，故障排除
32DW5UC 机型	图像上有噪波干扰，伴音也不清晰	经检查中频处理电路 H002 中各电路均正常。怀疑声表面滤波器到调谐器之间的信号电路中某元件性能严重下降。为了确定是调谐器还是声表面滤波器有问题。先将声表面滤波器换新，然后开机故障消失。说明是声表面滤波器的性能下降造成该故障。更换同规格的声表面滤波器后，故障排除
32DW5UE 机型	光栅基本正常，但无图像、无伴音	检查中频处理电路 H002 的供电电路，其 +9V（4、27 脚）、+5V（8、11 脚）均正常，说明其公共部分电源正常。因其供电电路正常，而在 H002 中供电电路有两部分。一是 4 脚 +9V 用于 H002 内部视频信号处理的电源；二是 27 脚 +9V 是 H002 音频解码电路的电源，这两组电源都用于模拟电路中。伴音、视频信号同时出现故障的电路只能是 H002 内部中频处理电路 TDA9808T、声表面滤波器、调谐器电路不良所致 经检查 TDA9808T 各个引脚的电压值也正常，检查声表面滤波器也正常，检查 H002 与调谐器的连接线时发现 H002 的 2 脚（中频信号输入端）与印制电路板间电路已经脱焊。加锡将 H002 的 2 脚脱焊电路重新补焊后，故障排除
32DW5UE 机型	待机指示灯不亮，无光栅无图像无伴音	检查熔断器 F801 已开路，说明该电路的后级有严重短路现象。检查整流滤波电路无异常，消磁电阻器 R808 三脚间的电阻值正常，采用分割法，首先断开整流滤波电路，更换熔断器后再开机，熔断器再次熔断。代换 VD801 后，故障不变，判断为消磁线圈轻微短路。由于每次开机时消磁电路首先工作，对显像管进行消磁工作，所以消磁线圈短路后将烧断熔断器使电源不能工作。更换新的同规格的消磁线圈后，故障排除

（续）

机型或机心	故障现象	故障维修
32DW5UE 机型	红色指示灯亮，电视机不能在开机与待命之间进行转换	测 +125V 输出端电压变 0V。断开 F470，从电源输出端接假负载测 +125V输出正常，检查行扫描电路直流电阻，没有发现明显的短路故障，恢复 F470。把场扫描的供电电路 R370 从电路上取下，开机测 +125V恢复，说明造成电源 Z801 保护的原因是场扫描电路负载过电流所致。当 +27V 输出负载场输出电流过大时，R370 上压降增加很多，经 R372 使 VT370 发射结正偏而导通，e 极电压经 e-c 结使 VD370 反向导通，VD371 导通，使 Z801 的 14 脚内 VT6 导通，+5V 经 R9、R10、VT6 使 VT5 导通。Z801 的 16 脚将输出低电平的控制脉冲加到 VT30 的 b 极，使 VT30 因的 b 极低电平而截止，e 极输出低电平到 Z801 的 9 脚，使 VT3 截止、VT4 导通，12 脚输出低电平到 VT430 的 b 极，使行扫描电路的电源断开，于是电源处于故障下的待命状态。检查场扫描输出电路外围元件无异常时，判定为 IC301 内部损坏。更换新的集成电路 IC301（TA8427K）后，故障排除
32DW5UE 机型	屏幕右半区域光栅正常，但无图像	该故障一般发生在双屏/画中画信号处理电路。检修时，可先去掉画中画部分电路，此时检查主画面接收是否正常。如果正常，说明主板的控制信号 VD、HD、12C、+5V、+9V 正常，该故障出在该机双屏/画中画电路中。当出现无画中画或双屏/画中画（DUAL）显示不正常时，应检查 IC48 的工作是否正常。当检查到 IC48 时，发现其开关引脚相互间完全处于击穿短路状态，说明 IC48 内部控制已失去作用，画中画信号不能输出，从而导致了该故障出现。更换同型号的集成电路 IC48 后，电视机屏幕右半区域图、声恢复正常，故障排除
32DW5UE 机型	光栅与图像均基本正常，但扬声器中伴音失真	先检查伴音功放电路，将音频功放集成电路 IC610 的 9 脚从电路板上断开，测 +26V 供电电压只有 +18V，说明 +26V 输出电源有问题。检查 +26V 电源电路时，发现滤波电容器 C889 内部严重漏电。更换同规格的电容器 C889 后，扬声器中的伴音恢复正常，故障排除
32DW5UE 机型	接收 NTSC 制信号图像正常，接收 PAL 制信号时，图像无彩色	该机说明色解码电路 IC501 的 13 脚色度信号正常，问题应出在 IC501 的色解码电路或 PAL/NTSC 识别电路。检查 IC501 的 8 脚 PAL 制 4.43MHz 副载波振荡元件 X503、C519、C507 正常。检查 7 脚的 PAL 制 1H 延时电路控制开关信号（此信号输出到 IC02 的 24、25 脚作为模式控制开关信号，该脚在正常 PAL 制时为 0.5V，当为 0.2V 低电平时，IC501 输出的 Q/V、I/U 信号是 NTSC 制色差信号）切换电平正常，说明 IC501 内对 PAL 制的识别或解码电路有问题。IC501 是总线控制及制式识别的新型元件，内部信号或解码电路的开关转换、色度信号的解码均采用总线控制，其外电路较为简单，经检查外围电路无异常，判断为 IC501 内部不良。更换集成电路 IC501 后，故障排除
32DW5UH 机型	开机后无任何反应，指示灯也不亮	检查发现熔断器 F801 熔断。更换熔断器后，静态检测电源输入的直流电阻约为 28Ω，说明整流滤波电源无短路。但开机后 F801 又熔断，关机后再用电阻法测量电源厚膜电路 STR-S6709 的 1、2 脚的电阻为 0Ω，检查 C817 无异常，判断为电源厚膜电路内部开关管击穿损坏。更换新的电源厚膜电路 STR-S6709 后，故障排除

（续）

机型或机心	故障现象	故 障 维 修
32DW5UH 机型	屏幕上呈一条水平亮线	该现象说明主板输入的 VD 脉冲或宽幅处理电路输出的 VP 激励脉冲中有一个不正常或都不正常。用示波器测接插件 PX02 的 2 脚（VD-IN）信号和 8 脚（VP-OUT）信号波形时，发现接插件 PX02 的 8 脚波形异常。检查 IC01 的 57 脚输出的 VP 信号正常。由原理可知，IC01 的 57 脚到接插件 PX02 的 2 脚间只有 RX85 相连接。检查 RX85 发现已经开路。更换一只新的同规格的 RX85，装上后，故障排除 本例的这种现象出现在双屏幕状态时，由于宽幅处理电路处理的图像是主图像，检修此类故障时，就不能按一般机型水平亮线故障的检修方法。如果将宽幅处理的压缩屏幕看成是正常屏幕状态，那么标准 16:9 屏幕就可以看成是一个特殊情况。该电路中的信号 I、Q、Y 是主画面信号，只有在双屏戏剧模式下，宽幅处理（WAC）电路才工作。否则本电路只负责对主画面信号的开机切换
32DW5UH 机型	P/N 制信号图像无彩色，SECAM 制图像清晰度下降	该故障一般发生在数字动态梳状滤波器 QZ01 和 TA1222AN 内 P/N 色度信号调解电路。经开机检测，数字动态梳状滤波器无损坏，说明故障出在集成电路 TA1222AN 内部或其外围电路。用示波器检测 TA1222AN 的 2 脚无沙堡脉冲信号，但检测 25 脚输入的行逆程脉冲波形幅度符合标准，由此判定 TA1222AN 芯片内部损坏。更换一块新的集成电路 TA1222AN 芯片后，P/N 制图像彩色恢复正常，S 制信号图像清晰自然，故障排除
32DW5UH 机型	接收 SECAM 制信号时，图像无彩色	该故障一般发生在 SECAM 解码器 TA8765N 电路。测量 TA8765N 的 5 脚电压 0.1V，22 脚电压 0V。22 脚为 SECAM 制式识别滤波端，在内部制式识别电路完成 S 制识别后，该脚电压上升到 4.3V，同时从 5 脚输出 5.4V 高电平识别结果信号，向 TA1222AN 的 3 脚 SECAM 接口提出 S 制解码请求。由于更换外围所有相关元件均无效，因此判断解码器本身损坏。更换一块新的 SECAM 制解码器集成电路 TA8765N 后，图像彩色恢复正常，故障排除
32DW5UH 机型	图像背景偏黄色，伴音及其他功能基本正常	该机为白平衡失调，由于该机末极基色驱动板上没有亮、暗平衡调整电位器，白平衡只能启用遥控器由 CPU 通过 I^2C 总线输入软件设置参数在 TA1222AN 内部完成 （1）按遥控器上图像控制键将正常画面对比度调到 40 位置，亮度调到 20 位置 （2）让电视机进入“S”（维修）模式，按“AV”键调出白平衡调整机内测试信号图案。按频道（CH）调整键选择调整项目 RCUTOFF、GCUTOFF、BCUTOFF，并使用“音量 +/-”键将其对应数据分别调至 32，又按频道选择键调整项目 GDTIVE、BDTIVE，使用音量键将对应数据调至 20 （3）按电视机上“VIDEO”键，调整行回扫变压器 T461 下部帘栅电压电位器，使屏幕上微微可见一条扫描线，例如蓝色（按“VIDEO”键，可在水平一条亮线与正常图案之间转换） （4）按“VIDEO”键接通垂直扫描，使用频道升或降键选择另外两种基色的暗平衡调整项目，如 RCUTOFF、GCUTOFF，再按下“VIDEO”键，屏幕只有水平一条亮线，按“音量 +/-”键改变其调整数据，使三条基色扫描线都以相同电平出现在屏幕，即叠加合成一条纯白的水平扫描线 （5）按“VIDEO”键，接通垂直扫描，按“AV”键看电视机内白平衡调整测试信号图案，检查亮区是否为纯白色 （6）调整完毕后，按遥控器上“POWER”键，电视机退出内测试方式进入正常待机，再按“POWER”键，电视机进入正常状态

（续）

机型或机心	故障现象	故障维修
32P8H 机型	无光栅、无图像、无伴音，待机指示灯也不亮	测 +B 电压为 +145V，正常，测行输出管 VT404 的 c 极电压也为 +145V左右。测行振荡集成电路 IC501 的 39 脚直流工作电压仅为 0.9V，而正常时应为 1.7V，测其电源供电端 40 脚也只有 5.2V，正常时应为 9V。由原理分析可知，该电压是由电源电路中的 VT815 提供的，经检查 VT815，发现其内部不良。更换同规格的 VT815 后，故障排除
32P8H 机型	光栅太亮，图像行幅变窄，伴音基本正常	产生该故障原因可能有以下两方面，行逆程电容或 S 校正电容容量变小；电源电压过高。测主电压为 +158V，正常应为 +145V，说明故障是电源供电过高造成的。检查开关电源稳压控制电路，先调节 R851，电压有变化，但不能调到正常值，再调节 R852，发现有时起作用，说明 R852 内部接触不良。更换同规格的电位器 R852 并重新调整，使输出电压为 +145V 后，故障排除
32W4DUC 机型	无光栅、无图像、无伴音，待机指示灯也不亮	检查交流熔断器及滤波电容器 C809 完好，测开关管 VT823 无异常。测 C809 两端电压为 +295V 左右，正常。测 VT823 的 b、e 极电压，发现 b 极电压为 +0.5V，而 c 极为 0V，正常应为 +295V 左右。经进一步检查电源启动电路，发现启动电阻 R828 内部开路。更换同规格的金属膜电阻器 R828 后，故障排除
32W4UC 机型	按电源开关后电视机不能启动，但待机指示灯可以点亮	脱开 VT838 的 c 极，用万用表测量 C831 两端电压为 +60V，正常应为 +125V。测 VT836 的 b 极电压为 4.8V，正常应为 4.2V。说明故障在微处理器控制电路。微处理器 IC01 要正常工作，必须具备三个条件，其中之一是 IC01 的 64、63 脚电压为 5V，而实测 63 脚电压为 0V。进一步检查其供电电路，发现 IC835 的 4 脚电压也为 0V，正常时为 4.8V，判断 IC835 内部损坏。更换同规格的集成电路 IC835（L78MR05FAS）后，故障排除
32W4UC 机型	电源指示灯亮，但不能二次启动	测待机状态和工作状态时 +B 电压均为 +60V，二次开机后测得 VT836 的 c 极电压为 0V，VT828、VT839、VT825 截止，因此判断问题出在稳压控制电路。测 VT822、VT824 电压值与正常值有差异，由待机状态变到二次开机后，+B 电压无明显变化，判断为 IC826、VT827 及其外围元件异常引起。经仔细检查发现 VT827 内部不良。更换同规格的晶体管 VT827 后，故障排除
32W4UC 机型	开机后无任何反应，电源指示灯也不亮	测行输出管 c 极对地正向电阻为 3.5kΩ 以上，反向电阻为 16kΩ 以上，说明行负载无明显短路。检查电源电路，测整流 +300V 电压正常，启动电阻正常，进一步检查 VD826、VT825、VD823 等相关元件，发现 VD826、VT825 内部损坏。更换同规格的 VD826、VT825 后，故障排除
32W4UC 机型	无光栅、无图像、无伴音	测滤波电容器 C809 两端电压为 +300V，正常，而 +B 输出端无 +125V电源输出，判断为开关电源停振。测开关管 VT823 的 c 极电压 300V 正常，而 b 极无电压，怀疑开关管的启动电阻 R828 不良。经检查果然为 R828 内部开路。更换同规格的金属膜电阻 R828 后，故障排除
32WD4UE 机型	无光栅、无图像、无伴音，待机指示灯也不亮	检查熔断器未损坏。机内也无明显烧焦元件，通电后，用万用表测开关稳压电源 +125V 端输出仅为 +5V 左右，测 VT823 的 c 极有 +300V 直流电压，分析可能是保护电路动作所致。经检查发现 VD471 导通，说明负载过载保护电路动作。仔细检查行输出电路，发现 S 校正电容器 C423 内部击穿。更换同规格的 S 校正电容器 C423 后，故障排除

（续）

机型或机心	故障现象	故障维修
32WD4UE 机型	开机后无光栅、无图像、无伴音，待机指示灯也不亮	检查发现 F802 熔断、VT823 损坏。分析故障原因应在脉宽调制稳压系统。经进一步检查该电路相关元件，发现 VT825、VT822 均已损坏。更换新的同规格的 VT825、VT822 以及 F802、VT823 等元件后，电视机的图像与伴音均恢复正常，故障排除
3350DC 机型	图像正常，看半个小时左右突然无声	出现故障时，首先触发功放集成电路 TA8256H 的 2 与 4 音频信号输入脚，喇叭有声音输出，说明功放电路无故障，接着检查 AV 转换电路 TA1219N，此集成块 3、4 脚为电视音频信号输入，31、33 为输出脚，短接 3、33 脚和 4、31 脚仍无声音，此时只剩下中放组件 MVCM41C，检查中放组件外围及各路电压未见异常，判断为中放组件不良，更换后正常伴音恢复正常，故障排除
3429KKTP 机型	主画面正常，但子画面图像出现“百叶窗”现象	PAL-B/G 制的色度信号在解调后的两个色差分量 U 和 V 输入到加法器时，在幅度上必须相等，若不相等，则会造成彩色爬行，即“百叶窗”现象。该电路由 IC18 的 28 脚输出的色度信号经 CP185、RP73，输入到延时调整电路 XP03（由 RP215、CP56、LP08、XP03、LP32、CP57、RP78、RP76 等组成）进行延时处理，最后由 CP58 耦合至 IC18 的 30 脚。检查相关元件，发现 RP215 内部接触不良，使延时前的信号和延时后返回的信号在幅度和相位上有差异，故造成彩色爬行。更换同规格的电位器 RP215 并重新调整后，子画面图像彩色恢复正常，故障排除
3429KTP 机型	无图像、无伴音，屏幕上字符显示正常	测量 IC501 的 41、42、43 脚电压均为 1.7V，正常时应为 3.7V 左右。测量 IC501 的 10、11 脚电压为 0.3V、4.6V，正常时应为 4.5V、4.6V。测量微处理器 IC01 的 53 脚电压也为 0.3V，正常时应为 4.5V。经检查为 5V 稳压二极管 VD32 内部击穿。更换一只新的同规格的稳压二极管 VD32 后，故障排除
3429KTP 机型	无光栅、无图像、无伴音，电源指示灯也不亮	首先检查 F801 是否正常，若 F801 烧毁，说明电源有严重的短路故障。重点检查 VD801、C809、R890、VT823 等器件，测 VT823 的 c 极对地直流电阻，若电阻很小或为 0Ω，说明 VT823 内部击穿。更换 VT823 和 F801 后，可开机测 VT823 的 c 极 +400V 是否正常，但电源待机指示灯不亮，说明电源没有启动，检查 VT823、VT828、R826、C820 正常。再检查 R828、VT822，发现 R828 开路，VT822 内部击穿。更换同规格的 R828、VT822 后，故障排除
3429KTP 机型	图像与伴音基本正常，但屏幕上无字符显示	用示波器测量 IC01 的 47、48 脚输出的行、场逆程脉冲，发现 47 脚有行逆程脉冲输入，测量 48 脚电压为 0.9V，正常应为 4.6V。查相关晶体管 VT802（2SC1815），发现其内部短路。更换同规格的晶体管 VT802 后，字符显示恢复正常，故障排除
3429KTP 机型	图像与伴音基本正常，但屏幕上无字符显示	测微处理器相关引脚上的电压，发现其 48 脚电压为 0.8V，正常时应为 4.6V。检查其外围元件 R42、VT802 等相关元件，发现 R42 内部不良。更换同规格的电阻器 R42 后，屏幕上的字符显示恢复正常，故障排除
3429KTP 机型	屏幕中间呈一条水平亮线	测场输出集成电路 IC301（TA8427K）的 6 脚 27V 工作电压只有 9V。检查 27V 供电电路有关元件，发现电阻 R327（4.3Ω/1W）已开路，更换 R327 后，再测 IC301 的 6 脚电压仍为 0V。检查外围电路无异常，判定为 IC301 内部损坏。更换新的同规格的 IC301、R327 后，故障排除

（续）

机型或机心	故障现象	故 障 维 修
3429KTP 机型	屏幕呈全红色，满屏回扫线	测 VT505 的 c 极电压只有 20V，正常为 155V，说明 VT505 有问题，造成红色激励及红色阴极电流过大，使屏幕发红。焊下该管检测，果然发现其内部损坏。更换同型号的晶体管 VT505 后，故障排除
3429KTP 机型	接收 PAL 制式信号图像不清晰，噪波大	该机的 IC18 对制式有自动识别功能，识别控制信号由 IC18 的 38 脚（M2）输出，接收 PAL 制式 38 脚应输出高电平去控制 VT14 导通，即 VT14 的 b 极为高电平 4.9V。测 VT14 的 b 极电位为 4.9V 正常，检查 VD01、VD02 和带通滤波器中元件均正常，说明 PAL 制式识别电路有故障。当表笔碰到 CP129 时，出现短暂的清晰图像，判定为 CP192 内部损坏。更换同规格的 CP192 后，电视机图像清晰度恢复正常，故障排除
3429KTP 机型	主画面正常，但无画中画显示	经开机检查，画中画显示控制电路正常，而导致无画中画显示故障原因：一是画中画显示通信的数据丢失；二是 AV 控制器不能将其 36 脚所输入的画中画视频信号进行处理；三是总线向调谐器传输的调谐数据丢失；四是视频检波、视频输出电路、VT02 有问题；五是调谐电压没有加上；六是 AV 接口上有插头未拔下来，使系统处在 AV 工作状态。检查上述电路，发现 IC46 的 +9V 稳压电路中 IC70 输入端电压为 +12V 正常，但输出电压却为 0V，由此判断 IC70 内部不良，更换 IC70（TA79L09）后，画中画功能恢复正常，故障排除
3429KTP 机型	伴音正常，图像上有许多白色细线条干扰	该故障一般是由于交流整流输出滤波电容器 C809 的高频滤波特性不良引起的，经检查果然为电容器 C809 内部不良。更换同规格的电容器 C809 后，电视机的图像恢复正常，故障排除
3429KTP 机型	伴音正常，图像出现周期性抖动现象	该故障可能发生在场扫描电路。用示波器测 IC301（TA8427K）的 2 脚波形，发现波形随画面变动。再测 IC302（TA8859）的 13 脚波形，发现也跟着变化，而电阻 R320 另一端（因一端与 IC302 的 13 脚连脚）波形稳定不变化。经仔细检查发现 3.0V 稳压二极管 VD304 内部损坏。更换同规格的稳压二极管 VD304 后，故障排除
3429KTP 机型	伴音基本正常，子画面图像亮度失控	该故障一般发生在画中画亮度控制及调整电路。画中画亮度控制和调整是在系统“PIP-DAC”信号作用下，由 IC28 接收 DATA 数据线上的数据，通过译码、D-A 变换后，输出模拟电压进行的。其具体流程是由 IC28 的 12 脚输出模拟电压去控制 VT55 状态。改变画中画图像亮度，测 IC28 的 12 脚是否有变化。如无变化，则为“PIP-DAC”控制信号丢失或数据线上无数据输入。改变画中画图像亮度，测 VT55 的 e 极电压为 +12V 不变，说明 VT55 内部不良。更换同型号的晶体管 VT55 后，电视机画中画亮度控制恢复正常，故障排除
3429KTP 机型	伴音基本正常，但屏幕上的图像亮度极暗	先将天线拔下，不加任何信号时光栅还是太暗，说明显像管电路有问题。经检查到显像管的供电电路时，发现加速极电压只有 155V，且极不稳定，检查加速极电路相关元件，发现电容器 C902 内部严重漏电。更换同规格的电容器 C902（8200pF/1.25kV）后，图像亮度恢复正常，故障排除
3429KTP 机型	伴音正常，但图像对比度太强，调节对比度不起作用	该故障可能出在扫描速度调制电路。先将扫描速度调制电路的输入接插件 P702B 从电路上拔下后，故障消失，证明判断正确。经仔细检查扫描速度调制电路，控制部分均正常，驱动级 VT711、VTT12 的直流工作电压也正常，检查其相关元件 C719、C720 时，发现 C720 内部严重漏电。更换同规格的电容器 C720 后，图像对比度调整功能恢复正常，故障排除

（续）

机型或机心	故障现象	故 障 维 修
3429KTP 机型	开机后即自动停机，处于待机状态	测 +120V 电压为 0V，电源处于保护状态。将 FS03 断开，接上 100W 灯泡做假负载，开机测 +120V 电压基本正常，说明行输出电路有严重的短路故障而使保护电路动作。分别断开 R416（行驱动电路的供电）、R494（行输出电路的供电），当断开 R494 时，+120V 马上恢复正常，说明行输出级有短路故障。经仔细检查，发现过电压保护电路 VD442、R494 均已损坏。更换同规格的 VD442、R494 后，故障排除
3429KTP 机型	开机后，机内“咕”的一声处于待机状态，无光栅、无伴音	测 +120V 电压为 0V。断开 F803，接上 100W 灯泡做假负载，开机测 +120V 电压恢复正常，说明行输出电路有严重的短路故障。检查行输出电路的过电流保护电路。分别断开 R416（行驱动电路的供电）、R494（行输出电路的供电），该机当断开 R494 时，+120V 立即恢复正常，说明行输出级内部短路。经检查 VD442、VT480、R494 等相关元件无损坏，但检测发现行输出变压器内部短路。更换同规格的行输出变压器后，故障排除
3429KTP 机型	伴音正常，图像暗，调不亮	测量 IC101 集成电路 15、2 脚上的亮度信号基本正常。测量 IC501 集成电路 57 脚上的 5.7V 电压下降到 1.4V 左右。检查 C205 电容器严重漏电，更换新的同规格的配件后，故障排除
3429KTP 机型	图像对比度太强，调节无效	测量 IC501 集成电路 59 脚上的对比度控制电压正常。拔下 P702B 后，故障现象消失，测量 VT711、Ⅵ712 管各极电压无问题。检查相关电路，发现 C720 电容器严重漏电，更换新的同规格的配件后，故障排除
3429KTP 机型	伴音正常，但无图像	测量 VT115 的 e 极上只有杂波干扰信号而无正常波形。测量 IC101 集成电路 11 脚和 VT115 管各极电压均正常。检查相关电路，发现 Z101 失效损坏，更换新的同规格的配件后，故障排除
3429KTP 机型	伴音时有时无	测量伴音功放电路的工作电压基本正常，碰触功放信号输入端有较强的干扰声。用手碰触 CG30 时，伴音可以出现。检查发现 CG30 的一只引脚虚脱焊。加锡将 CG30 虚脱焊的引脚焊牢固后，故障排除
3429KTP 机型	无画中画显示	测量 IC01 的 6 脚由高电平 4.9V 变为 0.2V。7 脚由低电平变为高电平。测量 IC46 输入电压为 5V，但输出电压为 0V。检查相关电路，QP70 本身损坏，更换新的同规格的配件后，故障排除
3429KTP 机型	屏幕呈水平一条亮线	测量 IC301 的 4 脚上的 0.9V 电压只有约 0.3V。测量 IC302 的 8 脚电压为 0.3V，13 脚电压为 0.2V。检查相关电路，发现 VD304 二极管击穿短路，更换新的配件后，故障排除
3429KTP 机型	图像上出现白色细线条干扰	测量交流进线的 220V 市电电压正常稳定。测量 C809 电容器两端的电压也无问题。检查相关电路，C809 电容器的高频特性不良，更换新的配件后，故障排除
3429KTP 机型	图像为全红色，有较粗的回扫线	测量视频电路输入端输入的视频信号基本正常。测量 VT505 管 c 极上的 155V 电压下降为 20V 左右。检查相关电路，VT505 管损坏，更换新的同规格的配件后，故障排除
3429KTP 机型	每次开机均需重新调谐选台	测量 IC07 集成电路 8 脚电压为 5V，检查 LA05 未损坏。测量存储器 IC05 的供电电压基本正常，怀疑 IC05 本身损坏。更换一块新的存储器 IC05 后，故障排除

（续）

机型或机心	故障现象	故 障 维 修
3429KTP 机型	图像暗，调不亮	测量显像管加速极电压只有 150V 左右，且不稳定。对显像管加速极供电电路中的有关元器件与电路进行检查，发现 C902 电容器漏电。更换一只新的同规格的 C920 电容器后，故障排除
3429KTP 机型（F2DB/P 机心）	画面亮度增加，并变得刺眼后自动关机	根据画面亮度增加的故障现象，判断显像管阳极高压增加，引发阳极过电压保护。造成显像管阳极高压升高，一是开关电源输出 +B 电压升高；二是行逆程电容器发生失效、开路故障。先对 +B 电压进行检测，稳定正常；检查行逆程电容器，发现有变黄的现象，更换行逆程电容器后，亮度增加和自动关机现象未再出现，故障排除
34G3SHC 机型（S8ES 高清机心）	指示灯亮后闪烁，整机三无	指示灯亮，说明开关电源已起振，指示灯闪烁，是该机心次级保护电路启动的特征。开机的瞬间，测量 +B 输出电压，接近正常值，判断不是过电压保护；采取断开 Z801 的 16 脚与待机控制电路 Q830 的 b 极连接，解除保护观察故障现象。电视机出现一条水平亮线，判断故障在场扫描电路中。重点检测易发故障的场输出电路，发现场输出电路 Q301 严重短路，造成场输出过电流保护电路启动。更换场输出电路，恢复保护电路后，开机不再保护，电视机恢复正常
34G3SHC 机型（S8ES 高清机心）	刚开机时可收看正常，数分钟后自动关机，指示灯闪烁	指示灯闪烁，是次级保护电路启动。开机的瞬间，测量 +B 输出电压，接近正常值，判断不是过电压保护；采取断开 Z801 的 16 脚与待机控制电路 Q830 的 b 极连接，解除保护观察故障现象。电视机声、光、图均正常，测量 Z801 的 14 脚电压为高电平，判断是保护电路引起的误保护。断开 14 脚外部的 D340，14 脚电压仍为高电平，由此判断故障在 Z801 的 +B 过电流、过电压保护电路。测量 +B 过电流保护电路外部元件，发现过电流取样电阻 R470 阻值变大，由正常时的 0.56Ω 增大到 1.0Ω 左右，且表面烧焦，阻值时大时小。刚开机时 R470 阻值较小，可正常收看，数分钟后，由于 R470 发热阻值增大，引起过电流保护电路误保护。更换 R470，恢复保护电路后，开机不再保护，电视机恢复正常
34G6UXC 机型	无光栅、无图像、无伴音，电源指示灯闪烁	在开机的瞬间，测量开关电源电路 +B 电压输出端的 +125V 电压基本正常。断电后，断开 IC801 的 16 脚与外电路的连接，通电开机后电视机不再保护，可以正常工作，说明故障时保护电路动作引起的。怀疑为场扫描保护电路异常再次断电后，对场扫描保护电路中的有关元器件和电路进行检查，结果发现 VT340 管击穿电路。VT340 管的型号为 2SA1015，用一只国产 CG1015 装上后，故障排除
34N6UXC 机型	无光栅、无图像、无伴音，但红绿指示灯会交替闪烁	测显像管灯丝电压、加速极电压均正常，说明行输出电路已工作，测显像管尾座板 M902 脚无 9V 电压，R、G、B 视放管 b 极也无电压，说明 CRT 三枪处于截止状态。检查供电调整管 VT402 无 9V 电压输出，测 VT830、VT831、VT832 无 +5V－3、+5V－2、+9V－2 电压输出，而各输入端有 +8V 和 +12V 电压输入。由电路原理可知，各输出电压都由 VT420 的 e 极输出的电压控制，检查 VT420 的 b 极无电压，测连接器 BB06 的 13 脚有电压，经仔细检查发现电阻 R425 内部断路。更换金属膜电阻 R425（2.7kΩ/0.5W）后，故障排除
34P8DH 机型	开机后无光栅、无图像、无伴音，电源指示灯不亮	检查发现熔断器 F80，熔断，说明开关电源电路中有元件短路。测开关管 VT804 的 c 极对地电阻，发现正反向阻值均很小，经查 VT804 内部击穿，进一步测量 IC807（TE-A5170）各脚对地电阻值均不正常，查其外围电路无异常，判定为 IC807 内部损坏。更换新的同规格的 F801、VT804 及 IC807 后，故障排除

（续）

机型或机心	故障现象	故 障 维 修
34P8DS 机型	遭雷击后突然光栅、伴音均消失	测电源开关 S801 端无 AC220V 电压，经检查为熔断器 F801 熔断。更换 F801 后，开机拔下 P813 插件，通电开机，F801 又被熔断，由此怀疑过电压保护电路有问题。插上 P813 插件，断开过电压保护电路。在 AC220V 进线输入端加接一调压器，开机后，将调压器的交流电压由 80V 逐渐升高，当调压器的电压升高到 180V 左右时，整机工作正常。由此说明，故障是由过电压保护电路损坏引起的，应重点检查这部分电路。检查过电压保护电路中的 VD804、C817、VD804 等相关元件，发现稳压二极管 VD804 内部不良。更换同型号的稳压二极管 VD804 后，故障排除
34P8DS 机型	开机无光栅、无图像，扬声器中也无伴音	用万用表电阻挡 R×1kΩ，黑表笔接地、红表笔接行输出管 c 极，测其对地电阻为 5kΩ 正常，说明故障在开关稳压电源电路。检查电源电路，测开关管 VT804 的 c 极电压为 300V，说明整流滤波电路正常。b 极电压为 0V 异常，开关管的 b 极电压是由 IC803（TEA2164）的 14 脚直接送出，测 IC803 的 14 脚无电压输出，经检查为 IC803 内部损坏。更换新的集成电路 IC803（TEA2164）后，故障排除
35DW4UC 机型（F3SSR 机心）	红色指示灯亮，屏幕上出现瞬间闪光后，无光栅、无图像、无伴音	观察发现在通电开机的瞬间交流电源控制继电器吸合，约几秒钟吸合一次，吸合时屏幕上出现闪光，不久继电器释放，屏幕上再次闪动，最终变为三无。测量开关电源的 +18V、+16V、+25V、+125V 各组供电输出电压均正常，但发现 +125V 电压会随着继电器吸合与释放，瞬间下降为约 55V，然后又上升为 +125V。测量行输出变压器提供的场输出的 +27V 电压值上升为约 29V，视放电路的 +200V 的电压值上升为 205V 左右，也在正常值范围内。测量场输出集成电路 IC301（TA8427K）各引脚电压时，发现该电路没有工作，测量 IC301（TIA8427K）4 脚无场激励脉冲信号输入，测量 IC302（TA8859P）8 脚也无场脉冲信号输出。对微处理器 IC01（CXP85460-102）的供电的 5V 电压、复位后的 5V 电压进行测量均正常，时钟振荡波形也无问题，测量 IC01 的 55 脚（总线 SCL 端）上的电压值为 4.5V（正常约为 3.5V），但 53 脚（总线 SDA 端）上的 3.5V 电压值下降为约 0.3V，显然相差较多。采用逐一断开连接在 IC01 的 53 脚（总线 SDA 端）上的各路总线负载，当断开 ICU005 组件的总线 SDA 端时，总线 SDA 端上的 0.3V 电压上升为 3.5V 左右，总线 SCL 端电压下降为约 3.5V，判断 IC005 组件内部电路不良。测量 IC005 组件供电端上的 5V 电压下降为 1.5V 左右，在测量四端稳压集成电路 PQ12RF11 的 1 脚电压时，发现该集成电路的 3 脚、1 脚焊点上均有一圈细微裂纹。加锡将 PQ12RF11 各引脚重焊一遍后，故障排除
F2DB/F3SS/S3ES/S3SS 等机心	图像和伴音正常，但主画面图像无彩色，小画面彩色正常	进入维修状态，调出相关项目检查数据。发现第 32 项方式选择 VMO 的数据为“63”，而正常值为“00”。第 33 项方式选择 VM1 的数据为“08”，正常值为“02”，将上述两项数据更正后，机器恢复正常

5.3 索尼彩电易发故障维修

5.3.1 索尼平板、背投彩电易发故障维修

机型或机心	故障现象	故障维修
KDE-P42MRX1D 液晶机型	不能开机，有继电器反复跳动声	检测继电器控制电路，发现 Q6001（2SD2114K）的 b 极电压时有时无，很不稳定。检查相关电路，发现 SET6.5V 过电压保护电路的稳压管 D6026 不良，致使保护电路模拟晶闸管 Q6005、Q6006 导通，保护电路启动。用 6.8V 稳压管代换 D6026 后，故障排除
KDE-P42MRX1D 液晶机型	不能开机，指示灯不良	检查 STBY5V 开关电源未工作。检查熔断器未熔断，但限流电阻 R6016（4.7Ω）烧断，检查其他电路元件未见异常，更换 R6016 后，电视机恢复正常，但几天后 R6016 再次烧断，检查相关电路，发现 IC6003（MIP2C2）击穿，它是在 PH6003、IC6004 的稳压环路控制下工作的，将 IC6003、IC6004、PH6003 全部更换后故障排除
KDE-P42MRX1D 液晶机型	黑屏幕，指示灯亮，但有时正常	判断上屏电压接触不良，经检查相关连接器，未见异常。测量电源无 200V 电压输出，检查 200V 开关电源器件未见异常，检查 IC1802（UPC339G2-E2）的各脚电压，发现 2 脚输出电压约 5.8V 高电平，判断 200V 或 70V 负载过电流保护启动。反复检查相关电路，发现 IC1802 的 4 脚外接 C1802 漏电，用 0.001μF 电容器代换后，故障排除
KDL-52Z4500 液晶机型	不开机，指示灯闪亮	仔细观察电源板和高压板，无烧坏、炸裂、变色、脱焊器件，测量大功率器件正反向电阻正常；通电测量副电源有 3.3V、5V 电压输出，主电源输出电压为 0，正准备继续检查，发现电源板背面有打火声并且冒出烟来。断电检查冒烟部位是 PFC 电路热地端和电源控制电路 IC6100（CXD9841P）的 18 脚输出端走线之间打火，检查 18 脚外电路 R6124 未安装，看来该机未采用 18 脚功能，将打火部位处理后，故障排除
KLV-S40A10E 液晶机型	不开机，但电源指示灯亮	检查开关电源电路的 D6904、D6903 的输出电压及其 C6436 正极的 PRI-VCC 电压，发现 R6304（10Ω）限流电阻烧断，进一步检查发现 C6312（100μF/50V）漏电，更换 R6304、C6312 后，故障排除
KLV-S40A10E 液晶机型	不开机，指示灯暗亮	检查副电源输出的 STBY5V 电压正常，而变换后输出的 STBY3.3V 电压和 STBY2.5V 电压低于正常值，检查相关电路发现 IC1000（S-1111B33MC-NYSTFG）严重漏电，换新后故障排除
KLV-S40A10E 液晶机型	待机保护，指示灯亮	检查失压保护检测电路 R6056 两端电压，仅为 0.3V，正常时为高电平，A 点与各个电压检测二极管的正极相连接，被检测电压正常时二极管截止，A 点电压为高电平；实测各路被检测电压正常，判断保护电路本身故障，测量 A 点相关电路，发现稳压管 D6018 击穿，更换后故障排除
ES61MG 背投机型（ES 机心）	开机三无，指示灯亮、灭正常，同时伴有继电器的吸放声	接通电源，红色指示灯点亮，按“POWER”键二次开机，有继电器的吸合声，数秒钟后红色指示灯闪烁，继电器发出释放的声音。观察红色指示灯闪烁的次数为 2 次，查阅指示灯闪烁提示的信息，判断是 +B 135V 过电流保护电路启动，微处理器执行待机保护。断开 +B 135V 供电，串联电流表，测量 +B 负载电流，在正常范围内，怀疑是 +B 135V 过电流检测电路元件变质引起的误保护。对 +B 135V 过电流保护电路元件进行检测，发现过电流取样电阻 R6314 烧焦，阻值由正常时的 0.47Ω 增大到 0.8Ω 左右，且不稳定，致使正常的 +B 电流在 R6314 上的电压降增加，引起 +B 135V 过电流保护电路误保护。更换 R6314 后，开机不再保护

（续）

机型或机心	故障现象	故障维修
ES61MG 背投机型 （ES机心）	有时开机正常收看，有时中途停机，有时不能开机	不能开机时，按“POWER”键二次开机，有继电器的吸合声，数秒钟后红色指示灯闪烁。观察红色指示灯闪烁的次数为4次，查阅指示灯闪烁提示的信息，是场输出异常保护电路启动，微处理器执行待机保护。重点检测场输出电路IC5302，在路测量未见异常，怀疑场输出电路开焊，造成场输出电路工作不稳定，引起保护电路动作。将IC5302引脚全部补焊一遍，未再出现自动关机和不能开机故障
ES61MG 背投机型 （ES机心）	开机三无，指示灯发生亮、灭正常，同时伴有继电器的吸放声	按“POWER”键二次开机，有继电器的吸合声，数秒钟后红色指示灯闪烁。观察红色指示灯闪烁的次数为7次，查阅指示灯闪烁提示的信息，是音频功放电路引起的保护，微处理器执行待机保护。为区分是副音频功放电路保护，还是主音频功放电路保护，采用开机的瞬间测量IC002的57脚外部隔离二极管D1202、D1201两端电压的方法，区分故障范围。发现开机的瞬间D1201有正向偏置电压，同时继电器RY1101、RY1102发出吸放的声音，判断是主功放电路IC1101工作异常，引起保护。检查测量主功放电路，发现左声道功放电路输出端4脚与地漏电，引起保护电路动作。更换一支TDA7265后，开机不再保护
ES61MG 背投机型 （ES机心）	无声、无图像、无光栅	接通电源开关S3104，机前红绿管不亮，查F6001完好，测IC6302的4脚没有7.0V电压，说明副开关电源未能振荡供电。测Q6100漏极电压187V，又查栅极启动电阻R6104和正反馈回路中的R6108、C6106，发现反馈电阻R6108失效。更换R6108（2.2kΩ）电阻，故障排除
ES61MG 背投机型 （ES机心）	无声、无图像、无光栅	接通电源开关S3104，红管亮，无继电器吸合声，按“POWER”键无效；测STBY+5V欠电压检测电路中Q6304的c极电压，电压为4.9V，表明故障在IC002控制的电源开/关方式转换电路。在按下“POWER”键时监视IC002的62脚电压为0V，查41脚电源电压为5.0V正常、9脚为4.8V、12脚主时钟为20MHz；进一步查IC002的49脚SCL1和47脚SDA1上挂接的IC004与IC006，查出47脚SDA1线上拉电阻R062失效。更换R062（4.7kΩ）电阻，故障排除
ES61MG 背投机型 （ES机心）	伴音正常但无光栅	伴音正常表明主开关电源振荡工作并提供了相关直流电压。无光栅的主要原因是行扫描电路未进入工作（排除短路过电流）或投影管供电电路工作异常，但观察投影管灯丝点亮，排除此原因。测量聚焦盒上帘栅极G2电压仅几十伏，但聚焦极电压正常，由于微处理器并未执行交流关机（红管闪烁），因此可以将故障定位在G2控制后级电路。查Q5706、Q5707、Q5710、Q5711，查出Q5707的b极电容器C5721漏电。更换C5721，故障排除
KP-EF48MG 背投机型	光栅与图像均正常，但只有一个扬声器中有伴音	采用AV工作方式输入DVD影碟机的音频信号，两只扬声器中的声音均正常。由此判断，故障出在IC2002集成电路之前的音频电路中。将电视机置于空频道处，把IC2002的8、10脚分别与VT2008、VT2009的b极接通，输入AV音频信号，仍然为一个扬声器有声音。对IC2002与IC2003之间的缓冲放大器电路与元器件进行检查，结果发现观察屏幕上有字符显示，说明IC4301（CXA2100AQ）集成电路的工作也没有问题，检查VT2008的e极电阻器R2090的一只引脚呈虚脱焊现象。加锡将R2090虚焊引脚焊牢后，通电试机，两只扬声器中的伴音均正常，故障排除

（续）

机型或机心	故障现象	故 障 维 修
KP-1020CH背投机型	工作中突然无光栅与图像，扬声器中无伴音现象	开机后，测量开关电源 +B 端输出的电压较低，断开 +B 电压的负载，连接上一只假负载，测量 +B 电压恢复正常，说明开关电源的工作基本正常。断电，对 +B 电压的负载和行输出电路进行检查，结果发现行输出管 VT902 已经击穿短路。行输出管 VT902 的型号为 2SC1942，更换一只参数相近的 D1942 型晶体管后，通电试机故障排除
KP-7222PSEG背投机型	开机后有显示，但不久就会自动关机，无法正常收看	在故障出现时，测量开关电源 +B 端输出的 +135V 电压基本正常，说明开关电源电路无问题。测量行振荡电路 IC501（CX557A）8 脚上的供电电压正常，但 20 脚上的电压为 0V。将 IC501（CX557A）8 脚上的供电电压加到 20 脚上时，屏幕上出现了数字显示，说明故障是由于保护电路误动作引起的。对行负载电路进行检查，采用逐一断开各支路的方法进行查找，结果发现 R904 与 R905 的电阻值变大。更换同规格电阻 R904 与 R905 后，故障排除
KP-EF41MG2背投机型	无光栅、无图像，也无伴音，但红色指示灯闪烁	在通电开机的瞬间，测量开关电源 +B 端输出的 +13V 电压为 85V 左右，然后迅速下降为 0V，断开行输出管 VT502 的 b 极后，在 +B 电源输出端连接上一只假负载，测量 +B 电压仍然为 85V 左右，然后迅速下降为 0V，在开机瞬间，测量 IC501（MPC339C）3 脚电压约为 13V 左右，4 脚上的 6.2V 电压上升为 10V 左右，检查发现 R581 电阻器开路。R581 是一只 47kΩ 的电阻器，更换同规格的金属膜电阻器后，通电试机，电视机恢复正常工作，故障排除
KP-EF41MG背投机型（RG-2 机心）	无图像、无伴音、无光栅	开机按 ON/OFF 键，待机指示管不亮，查 F6001 完好、但副电源输入回路保险电阻 R6085 熔断，说明故障原因是副电源存在短路。查 D6008 和 136009 良好，测量 IC5001 的 5 脚和 1 脚正、反向电阻只有 10Ω 左右，表明内部 MOSFET 功率管击穿。换下 IC6001，故障排除
KP-EF41MG背投机型（RG-2 机心）	无图像、无伴音、无光栅	开机按电源“ON/OFF”键，机前红色发光管能点亮和熄灭。待机红色发光管能点亮，说明副开关电源已振荡供电，待机红管能进行点亮和熄灭状态转换，说明主控微处理器 IC1003 得到电源、RESET 复位信号和 4MHz 主时钟支持，已投入工作并且执行了遥控键入操作指令，故障出在 ON/OFF 转换控制电路或者主开关电源电路。在红色发光管点亮时测 IC1003 的 24 脚为低电平，在红色发光管熄灭时测得 IC1003 的 24 脚为高电平；对应 ON 方式测 Q6009 的 c 极电压为 0V，这样将故障定位在 ON/OFF 电路。检查 Q6010、IC6005 和 Q6009，发现 IC6005 原边发光二极管 2 脚的限流电阻 R6054 变质失效。换上新的 1k 标称值电阻，故障排除
KP-EF48MG背投机型	光栅与图像均正常，扬声器中也有伴音，使用 BBE 功能时不起作用	采用遥控器上的“MENU”键与上、下、左、右方向按键对“BBE”方式进行选择，然后测量 IC2208 的 16 脚上的电压为 0V，说明模式切换开关处于“BBEOFF”方式。测量 IC2201 的 10 脚电压约为 8V，VT2206 管 c 极上的电压约为 12V，检查发现 R2277 电阻器的一只引脚呈虚脱焊现象。加锡将 R2277 电阻器虚脱焊的引脚重焊一遍使其牢固后，通电试机，BBE 功能恢复正常，故障排除

（续）

机型或机心	故障现象	故 障 维 修
KP-EF48MG背投机型	光栅与图像均正常，扬声器中也有伴音，但伴音严重失真	采用AV工作方式输入影碟机的音频信号后，扬声器中的声音基本正常，不会产生失真，由此判断故障可能部位与FS调谐器组件TU101中的VCO和数字音频解调器IC2003电路有关。将副FS调谐器组件TU2301输出的第二伴音中频信号SIF加到VT103管的b极，两只扬声器中的伴音不会失真。判断TU101内的中放部分的LC振荡组件不良。将TU101内的中放部分LC振荡组件换成新的配件后，通电试机，伴音不再失真，故障排除
KP-EF48MG背投机型	光栅与图像均正常，但扬声器中无伴音	采用AV工作方式输入影碟机的音频信号后，扬声器中的声音基本正常。将TU2301输出的第二伴音中频信号加到VT103管的b极，两只扬声器中均无伴音。判断问题应出在VT103管到IC2003集成电路之间的伴音通道电路中。从天线插孔输入NTSC-M制的射频信号，扬声器中的伴音基本正常。测量放大电路中VT102管b极上的1.8V电压下降为0.5V左右，检查发现C118去耦电容器出现漏电。更换同规格的电容器装上后，扬声器中的伴音恢复正常，故障排除
KP-EF48MG背投机型	光栅与图像均正常，伴音时有时无	采用AV工作方式输入影碟机的音频信号后，扬声器中仍然有时无声音，采用耳机收听时仍然如此。采用两只10pF的电解电容器跨接在IC2002的3与4脚、13与15脚后，伴音的工作一直稳定，说明问题出在IC2002集成电路本身。对IC2002集成电路及其外围的有关元器件进行检查，结果发现IC2002的接地线引脚8脚呈虚脱焊现象。加锡将IC2002集成电路虚脱焊的8脚重新焊一遍使其牢固后，通电试机，故障排除
KP-EF48MG背投机型	光栅与图像均正常，一只扬声器中的伴音较轻且还失真	采用AV工作方式输入影碟机的音频信号后，故障依然存在，但采用耳机收听到的伴音，音量基本正常，不会产生失真，测量IC1602的1、3脚上的电压基本正常，检查集成电路6、8脚输入端耦合电容器未发现有异常，但测量IC1602的1、3脚在路电阻相差较大，检查发现继电器KA（RY）1602触点接触不良。更换同规格的继电器换上后，通电试机，两个扬声器的伴音均正常，故障排除
KP-EF48MG背投机型	光栅与图像均正常，关机时扬声器有冲击噪声	通电开机，按下遥控器上的“MUTE”键后，扬声器中的伴音可以消失，说明静音控制电路基本正常。对关机静音控制电路由VT1610、C1635、VD1619、VT1611等元器件进行检查，发现VD1619二极管失效。更换同型号新的二极管装上后，关机时扬声器中的冲击噪声不再出现，故障排除
KP-EF48MG背投机型	光栅与图像均正常，但扬声器中没有伴音	采用AV工作方式输入影碟机的音频信号，结果，两只扬声器中的声音均正常。将副FS调谐器TU2301输出的SIF第二伴音中频信号引导VT103管的b极，伴音恢复正常（设置于PIP方式）。断电，拆开FS调谐器TU101，对其内部的伴音中频通道电路中有关元器件与电路进行检查，结果发现预中放管损坏。更换同规格新的预中放管，通电试机，伴音恢复正常，故障排除
KP-EF48MG背投机型	光栅与图像均正常，两只扬声器均没有伴音	采用AV工作方式输入影碟机的音频信号，结果，两只扬声器中仍然没有声音，但采用耳机收听到的声音正常，怀疑IC1602不良。测量IC1602的1与3脚上的电压为0V，4脚电压约为21.5V，检查发现R1620电阻器的一只引脚呈虚焊现象。加锡将R1620虚焊的引脚重新焊牢后，通电试机，伴音恢复正常，故障排除

（续）

机型或机心	故障现象	故障维修
KP-EF48MG背投机型	有图像，扬声器中有伴音，但耳机中无伴音	在耳机插头插入或拔出耳机插座时，测量VT3201的c极上的电压均为3V左右，而正常在耳机插头插入插座时，由于VT3201饱和导通，其c极上的电压应约为0.1V。断电，对VT3201及其外围的有关元器件进行检查，结果发现R3208电阻器的一只引脚呈虚焊现象。加锡，将R3208虚焊的引脚焊牢后，通电试机，耳机中的伴音恢复正常，故障排除
KP-EF48MG背投机型	光栅与图像均正常，扬声器中有伴音，但伴音的BBE效果变差	通电开机，在BBEON方式用遥控器对音频清晰度进行调整，同时监测着IC2208集成电路1脚（音效控制端）上的约6V电压只有3.5V左右。对与IC2208集成电路1脚控制电压有关的元器件和电路进行检查，结果发现IC2001集成电路7脚外接的分压电阻器R2299变质。更换同规格的电阻器装上后，通电试机，伴音的BBE效果明显，故障排除
KP-EF48MG背投机型	光栅与图像均正常，但扬声器中无伴音	采用AV工作方式输入DVD影碟机的音频信号，结果两只扬声器中也无声音。插入耳机，听到的电视伴音正常。判断故障部位可能与功放集成电路IC1602、静音控制电路、功放保护电路有关。测量IC1602的1、3脚电压为0V，4脚（MUTE端）电压为22.5V，说明电路处于静音状态。测量IC1003的5脚（MUTE端）电压为0V，VT1605处于截止状态，但测量VT1602管的b极电压为0V，VT1604处于导通状态。测量IC1602的1、3脚输出端继电器KA1601、KA1602闭合的触头已经断开，检查发现连接在VT1617的e极与b极之间的电阻器R1633已经开路。更换同规格电阻后，扬声器中的伴音恢复正常，故障排除
KP-EF48MG背投机型	光栅与图像均正常，但伴音无环绕声效果	通电开机，选择三种环绕模式，测量IC2202的9、10脚上始终均为0V的低电平。分析IC2202的9、10脚上始终为0V的低电平，这两种电平组合后的含义为“SOUNDOFF”，也就是环绕模式始终处于关闭状态。由此怀疑数据DAC集成电路CXA1315M损坏。更换CXA1315M集成电路后，通电试机，伴音环绕声效果明显，故障排除
KP-EF48MG背投机型（RG-2机心）	无图像、无伴音、无光栅	开机按电源ON/OFF键，红色管能够在点亮和熄灭状态转换；红色管熄灭时测得Q6009的c极没有14.5V电压，测Q6010的b极电压为0.7V，IC6005的4脚电压为13.8V，Q6009的e极电压为14.5V，显然电源控制管Q6009 b-e极偏压为0.7V，达到导通条件，焊下Q6009，测得其b-e极正反向电阻相同。换上PNP型晶体管，故障排除
KP-EF48MG背投机型（RG-2机心）	无图像、无伴音、无光栅	开机后按电源ON/OFF键，红色发光管自动点亮和熄灭，在ON方式测Q6009的c极电压为14.5V，说明故障在主开关电源电路。用示波器检测IC6004的9脚、10脚没有矩形方波脉冲，但5脚的锯齿波信号正常，测量IC6004的3脚电压已达3.7V，再测2脚基准电压为3.2V，正常为4.5V。查IC6004的14脚基准电压为5.1V，查2脚分压电阻R6048和R6047，发现R6049由标称值4.7k增大到20k以上。换上4.7k电阻，故障排除
KP-EF48MG背投机型（RG-2机心）	无图像、无伴音、无光栅	开机测得Q6009的c极电压为14.5V，用示波器检测IC6004的9脚、10脚没有矩形方波脉冲，但5脚锯齿波振荡脉冲信号正常，查IC6004的3脚电压为0V，初步判断故障出在欠电压保护或过电压保护电路。测量Q6002的c极电压为13.8V，显然欠电压保护电路没有参与工作；又测IC6002的1脚电压为0.2V，这一值正是过电压保护起控对应电压，但测得主电源整流滤波直流电压294V，说明交流过电压保护电路误控。又测IC6002的2脚反相输入端电压为4.0V，正常；但3脚同相输入端电压约2.9V，正常应为4.5V。查分压电路中的R6011、R6012和C6056，发现R6012一端接触不良。重新焊牢R6012，故障排除

（续）

机型或机心	故障现象	故 障 维 修
KP-EF61MG 背投机型	无光栅、无图像、无伴音，面板上的指示灯闪烁	通电开机，测量开关电源输出的各组电压均基本正常；在通电开机的瞬间测量行输出级无电压输出，说明行扫描电路没有工作。怀疑问题出在总线被控电路中。该机 I^2C 总线上连接有 10 个被控电路，但只有 CXA2050S（行/场与亮/色信号处理集成电路）与 M24C08FM6T（E^2PROM存储器）异常时会引起开机后自动关机保护。经检查发现 M24C08FM6T 存储器的供电引脚呈虚脱焊现象。加锡将 M24C08FM6T 存储器虚脱焊的供电引脚重焊一遍使其牢固后，通电试机，故障排除
KP-EF61MG 背投机型（RG-2 机心）	无图像、无伴音、无光栅	开机测量 Q6009 的 c 极电压、发现表头指针跳变到 14.5V，随即回落到 0V，这说明主电源的二次负载保护支路起控，强制机心进入保护待机状态。将 Q504 c-e 极短接，将 G2 电压下拉成低电平使投影管三枪截止，再断开 +B（135V）行负载，在 L6008 与地端接上 200W 灯泡，保护待机方式解除，表明过电流短路出在行推动、行输出、扫描速度输出级。拆去假负载、恢复原供电，先断开 VM 输出级的 135V 供电，开机声、光、图出现，查 VM 输出管 Q1431、Q1432、C1433，发现 Q1432 管击穿。换上 PNP 中功率管，故障排除
KP-EF61MG 背投机型（RG-2 机心）	无图像、无伴音、无光栅	检查结果属于二次负载保护支路动作，电视机进入 OFF 保护待机方式。将 Q504 c-e 极短接，接上假负载代替 135V 供电负载，结果故障依然，表明故障部位不在行推动、VM 输出以及行输出级关连电路。断开场输出级 ±15V 供电，主开关电源恢复正常供电，将故障定位在场输出级。检查 IC1501 的 3 脚场偏转异常保护电路中的 Q1501、D1503、C1524 及相关元件，发现 C1524 已无充放电能力。换上新的耦合电容，故障排除
KP-EF61MG 背投机型（RG-2 机心）	有图像、无伴音	有图像、无伴音故障部位有 3 处：供电通道、声频信号输入通道（包括静音控制）和声频输出级异常保护电路。声频供电的 ±22.8V 电压不平衡，同样会引起声频输出级的保护电路动作。仔细倾听两只扬声器，没有丝毫电流噪声，在开关机瞬间可听到两只继电器的吸合、释放声，因此声频输出级保护电路已经激活。再测量声频功放 IC1602 的 1 脚和 3 脚电位同为 0V，说明功放级基本正常，故障出在 IC1602 的 0、3 脚外围的保护电路。查保护电路中的 Q1615、Q1616 和 Q1617，发现 Q1616 的 c-e 极漏电。清洗两极间灰尘和污垢后，故障排除
KP-EF61MG 背投机型（RG-2 机心）	有时能正常开机收看，有时开机困难	发生开机可能故障时，开机的瞬间有高压建立的声音，然后出现三无现象，测量模拟晶闸管 Q6011 的 b 极有 0.7V 电压，确定是保护电路启动。采用解除保护的方法检修，将模拟晶闸管 Q6011 的 b 极对地短路，再开机正常，且多次进行开机试验，未再发生开机困难现象，判断故障在模拟晶闸管电路中。对模拟晶闸管电路进行检测，晶体管和电阻均正常，使检修陷入困境。后来仔细检查，发现电容器 C6041 附近电路板漏液，拆下 C6041 测量，已经无容量。该电容器在电路中起抗干扰的作用，无容量后，引起模拟晶闸管电路受开机脉冲干扰而误保护。更换 C6041，故障排除
KP-ES48MG1 背投机型	主、副画面均无图像有伴音	通电开机，采用 AV 工作方式输入 DVD 影碟机的信号，故障现象与上述相同。测量 IC8302（CXA2069Q）集成电路 44、41 脚上输出的主、副画面的视频信号基本正常，说明 AV 切换电路的工作无问题。观察屏幕上有字符显示，说明 IC4301（CXA2100AQ）集成电路的工作也无问题，检查发现 FL904 组件开路损坏。更换新的 FL904 组件后，通电试机，主、副画面上的图像均恢复正常，故障排除

（续）

机型或机心	故障现象	故 障 维 修
KP-ES48MG1 背投机型	主画面与副画面上均无图像，扬声器中也无伴音	主、副画面同时出现异常，说明问题出在这两部分电路的共用通道。测量提供给主、副高频调谐器与中频组件的 +5V 与 +9V 电压基本正常，但测量 +33V 电压为 0V，对 +33V 电压产生电路中的有关元器件与电路进行检查，结果发现 R5101（33kΩ/3W）电阻器的一只引脚呈虚脱焊现象。加锡将 R5101 引脚焊固后，通电试机，故障排除
KP-ES48MG1 背投机型	有伴音，但图像场不同步	该机行 AFC 电路采用行同步信号，而场分频电路采用场同步信号。出现行同步而场不同步，说明 16FH 行频振荡电路产生的 16FH 行频信号频率基本正常，故障可能出在 IC4301（CXA2100AQ）集成电路组成的电路中。通电开机，测量 IC4301（CXA2100AQ）集成电路有关引脚上的供电电压基本正常，但测量 IC4301 的 60 脚上无场同步信号输入。对 IC4301 的 60 脚外接的有关元器件和电路进行检查，发现隔离电阻器 R2827（220Q）的一只引脚呈虚脱焊现象。加锡将隔离电阻器 R2827（220Ω）虚焊的引脚焊牢后，通电试机，故障排除
KP-ES61MG1 背投机型	开机后，屏幕上无光栅与图像，扬声器中也无伴音	在开机的瞬间能听到电源控制继电器吸合与释放的声音，由此判断保护电路动作。测量开关电源 +B 的 +135V 输出端与地线之间的电阻，正常时该电阻值应大于 3kΩ，实测则小于 3kΩ，怀疑 +135V 输出端负载电路有漏电或短路现象存在。拆下 R6317 电阻器的任一引脚，然后通电开机，电视机可以恢复正常，说明问题出在过电流保护电路。断电，对过电流保护电路中有关元器件和电路进行检查，结果发现晶体管 VT6303 有漏电现象存在。更换同型号的晶体管后，通电试机，故障排除 提示：如果 R6311 电阻器开路，VD6318 二极管漏电、R6318 电阻变值等，也会引起上述故障
KP-ES63MG1 背投机型	屏幕上无光栅与图像，扬声器中无伴音，指示灯也不亮	经查交流电源熔断器已经熔断，由此说明电源电路中可能存在有短路故障存在，对抗干扰和整流滤波电路等进行检查，未见短路现象。断开行输出管 VT5104（2SC5143）的 b 极，更换一只新的同规格的熔断器后，通电试机，测量开关电源 +B 的 +135V 电压基本正常。将行输出管 VT5104 的 b 极重新连接好，用一电流表串联在行输出管的 c 极电路中，通电测量 c 极电流大于 1A，说明行输出电路中有漏电或短路现象存在。断电，对行输出电路中的有关元器件和电路进行检查，结果发现逆程电容器 C5119 已经击穿短路。更换同规格的、耐压大于 1.2kV 的逆程电容器后，通电试机，故障排除
KP-FW51M90A 背投机型	开机后有伴音，无光栅与图像，约 10s 会自动关机，伴音消失，红色指示灯闪烁	在通电开机的瞬间，可以听到主电源继电器吸合与断开的声音，且红色指示灯可以连续闪烁 10 次，查阅有关资料得知，闪烁 10 次表示的故障代码含义为高压（HV）进行了保护。断开 D 电路板 HVPROT（高压保护）端后，通电开机，故障依然出现，但发现红色指示灯仅闪烁 6 次。重新连接好 HVPROT（高压保护）端，测量高压保护与检测集成电路 IC8002（MCZ3001DB）8 脚在通电开机瞬间为 -120V 左右，而后自动保护时下降为 0V。怀疑 IC8002 集成电路本身损坏。更换一块新的 MCZ3001DB 后，通电长时间试机，电视机不再自动关机，故障排除

（续）

机型或机心	故障现象	故 障 维 修
KP-W41WH11 背投机型	无光栅与图像，但伴音正常	通电开机，测量电源板上接插件 CN693 的 2 脚上的 24V，CN6104 接插件 1 脚上的 +135V、5 脚上的 16.5V，接插件 CN6011 的 6 脚上的 7V 电压均无问题。直观检查发现投影管的灯丝不亮，测量行扫描电路板 E 板接插件 CN4009 的 3 脚上的 12V 电压只有约 8V。测量 A 电路板上的 IC1604（PQ12RF1）2 脚输出的 12V 电压只有约 8V，1 脚电压也约为 8V，检查发现限流电阻器 R1605 的电阻值变大为 18Ω 左右。限流电阻器 R1605 的电阻值为 4.7Ω/2W，更换同规格的配件后，通电试机，光栅恢复正常，故障排除
KP-W41WH11 背投机型	幕上半部无光栅、下半部图像垂直失真且边缘折叠	通电开机，测量场扫描输出电路 IC1401（STV9379）各引脚上的电压，发现其 5 脚上的 0.5V 电压上升到 1.2V。更换新的 STV9379 集成电路后，故障依然存在，测量 B 电路板上 IC805（CXD2018Q）2 脚（供电电压输入端）上的 5V 工作电压上升到约 8V。测量 IC1606（78L05）集成电路输入与输出端上的电压均为 8V，说明其内部可能已经击穿短路。由于一时无同型号的配件可换，更换一块新的国产 W7805 型三端固定稳压集成电路换上后，通电试机，故障排除
KP-W41 机型	图像色彩杂乱无章，伴音基本正常	通电开机，测量会聚电路板上会聚线圈回路的限流电阻已经烧毁，说明电路中有短路元器件存在。检查会聚功放集成电路 STK392-041 的供电引脚已经炸开损坏。为防止有隐患元器件，又对电路中有关元器件进行了检查，未发现有明显的异常。更换新的 STK392-041 型会聚功放集成电路后，通电试机，图像色彩恢复正常，故障排除
ES 背投机心	无声、无图像、无光栅	接通主开关 S3104，机前绿管亮且继电器吸合，测 IC6005 的 1 脚电压为 316V，3 脚电压为 3.8V、14 脚电压为 17.2V，但 6 脚看不到锯齿波脉冲波形。查 IC6005 的 6 脚电阻为标称值，电压为 3.6V，而 7 脚直流电压几乎为 0V，焊下定时电容 C6034 检测，已经失去容量。由于 7 脚电容容量减小，充电电压降低，而放电电路异常，C6034 上的电压无法泄放（只充电、不放电），7 脚电压会升高。更换 C6034（8200pF）电容，故障排除

5.3.2 索尼数码、高清彩电易发故障维修

机型或机心	故障现象	故 障 维 修
2585 机型	三无，前面板指示灯也不亮	查看熔断器没有熔断，测量厚膜集成电路 STR-S5491 的 1 脚有 300V 电压，3 脚有 10V 左右的电压，其他各脚基本为 0V，查资料得知 STR-S5491 的 3 脚是电源开关管的 b 极，现在 3 脚有 10V 左右的电压，说明 STR-S5491 内部开关管 b-e 结开路。因当地买不到此集成电路，于是用一华鑫电源模块代换 STR-S5491，把主电压调到 128V 上，接通行电路，故障排除
G1 机心	三无	该系列彩电中开关电源输出的 8V 电源的半桥整流管 Q609 极易损坏，这是因为 Q609 工作在大电流高温状态。Q609 损坏后易连带损坏电源管 Q601、Q602 及保险电阻 R606（0.11Ω/0.5W）。当 Q609 损坏后，可把 Q610 摘下换上，而 Q610 用两只快恢复二极管按半桥方式拧在一起代用

（续）

机型或机心	故障现象	故 障 维 修
KV-2565MT 机型（WG-2M 丽音机心）	开机后图像和伴音正常，5～20min 后自动关机	自动关机后，开关电源输出电压也正常，但行推动管的 c 极电压升为 140V，由此判断一是保护电路启动；二是 IC301 电路故障；此时测量 IC301 的 22 脚电压，已经由正常时的低电平变为高电平 4.8V，由此判断保护电路启动。重点检查行过电流检测保护电路，发现取样电阻 R340 变色，电阻变大，由正常时的 1Ω 变为 3Ω，行输出电流通过 R340 产生的电压降增加，检测保护电路导通，引起误保护，造成自动关机故障，更换 R340 后，故障排除
KV-25F1 机型	屏幕画面右移约 70mm	测量 IC2504 集成电路 5 脚电压升高。测量 VT2501 晶体管的 b 极电压约为 4V，正常值为 0V。经查 VD2524 二极管反向电阻值仅为 10kΩ，更换 VD2524 后，故障排除
KV-27VXIMT 机型	通电开机三无	在路检查行输出管 VT613 已经击穿短路。检查 F 电路板上的熔断器 FU601 已经熔断，检查行推动电路中与 C617 电容器并联的稳压二极管 RD5.1E 漏电。更换一只新的 RD5.1E 型稳压二极管后与同规格的行输出管、FU601 熔断器后，故障排除
KV-2900F 机型	电源指示灯不亮，无光栅也无伴音	检查熔断器 F601 完好，开机后检测电源厚膜电路 IC601（STR-S5941）的 1 脚有 295V 左右的脉动直流电压，但 +B（C653 两端）无电压输出，正常时应为 +135V。查 +B 输出电路中的保护电阻 PS655 未断，其负载也无短路之处。判断开关电源的启动电路有问题，分别检查启动电阻器 R602、正反馈支路 R611 和 C608 等，发现 C608 内部不良。更换同规格的电容器 C608 后，电视机图像与声音均恢复正常，故障排除
KV-2900F 机型	开机后即烧毁熔断器 F601，无光栅、无伴音	检查发现整流滤波元件 VD601、C608 正常，但电源厚膜电路 IC602（STR-S5941）内部开关管击穿。分别更换 F601（T5A）、IC602（STR-S5941）后开机，只见刚换的熔断器 F601 蓝光一闪又被烧断，且管内严重发黑，再查 IC602 也被损坏。根据电路分析和维修经验判断，此故障可能隐藏在正反馈支路元件中，仔细检查该电路 R611 及 C613 等相关元件，果然发现反馈电容器 C613（0.033μF）内部失效。更换同规格的电容器 C613 后，故障排除
KV-2900F 机型	开机后电源指示灯不亮，整机呈三无状态	测电源厚膜集成电路 IC602（STR-S5941）的 1 脚有 265V 左右整流电压，而测 5 路输出电压均为 0V，说明电源处于停振状态。再测 IC602 的 3 脚电压为 0V，正常应为 0.3V，说明 IC602 内部开关管无启动电平而截止，故电源不工作。关机后检查发现启动电阻器 R602 内部开路。更换同规格的金属膜电阻器 R602（470kΩ/1W）后，故障排除
KV-2900F 机型	有时出现三无故障，有时工作又正常	先观察该机在开机后出现三无现象时，待机指示灯不亮，说明不是微处理器出现故障，可能是开关稳压电源电路中出现间断性接触不良。测 IC602 各脚焊点对地正、反向在路电阻值，当测 1～3 脚时，发现 1、3 脚焊点上各有明显的一圈裂纹，加锡将上述有裂纹的焊点重新补焊后，故障排除
KV-2900F 机型	开机后有时图、声正常，有时不能开机，也无指示灯	待故障出现时，用万用表测电源厚膜集成电路 IC602（STR-S5941）的 1 脚有正常的 266V 电压，再测 IC602 的 3 脚也有正常的 0.3V 启动电平，说明启动电阻器 R602 正常。关机后检查其外围正反馈电路，发现 R611 内部损坏。更换同规格的金属膜电阻器 R611 后，电视机的工作恢复正常，故障排除

（续）

机型或机心	故障现象	故 障 维 修
KV-2900T机型	开机后即烧毁熔断器，无光栅、无伴音	检查发现桥堆VD601对臂两只二极管击穿。再检测R604未坏，证明IC602的开关管并未击穿，烧熔断器的原因是桥堆击穿形成的交流短路。二极管的损坏是因滤波电容器充电电流过大造成的。由于该机有充电限流电阻短路控制功能，如果VD604短路或VD609开路造成VT601、VD604一直导通，当电源开启瞬间，R601已被短路，高电压突然加到滤波电容器上，其充电电流可达几十安培，整流二极管在大电流冲击下会立即损坏。经进一步检查，发现VD603内部损坏。更换同规格的VD603后，故障排除
KV-2900T机型	按电源开关后既无光栅，也无伴音	检查发现熔断器F601熔断，滤波电容器C619击穿，C618漏电，IC601第2、3脚已直通，电源厚膜电路IC602第1、2脚也已击穿。更换上述元件后，接通电源，再一次烧毁上述元器件。从所烧的元器件判断，属进线电压自动转换系统的故障。由于在国内市电低至130V以下的情况极少见，进线电压自动转换电路一般不会动作。在不动作时击穿IC601内部的晶闸管有两种可能，一是取样电路故障；二是电源厚膜集成电路STR-80145内部自然损坏。经仔细检查，该机为取样电路C608内部失效而造成。用新的同规格的配件更换所有损坏元件后，电视机的工作恢复正常，故障排除
KV-2900T机型	开机后无光栅、无图像、无伴音	检查发现电源厚膜电路IC602（STR-S5941）内部已损坏，更换新品后，测各组输出电压均偏高，+135V输出端为+138V，且有时出现保护，不能开机。由原理可知，IC602的取样系统已集成在IC602内部，但装入电路时，每个产品仍有误差。为了减小误差，可在开机状态稍稍改变电阻器R631的电阻值。断开R631，输入电压最低；减小R631，输出电压升高。将R631电阻值增大至640kΩ左右，+135V电压恢复正常，故障排除
KV-2900T机型	工作一段时间后，光栅和伴音会突然消失	在故障出现时用万用表测量电容器C618两端对地电压为285V，基本正常；测电源厚膜电路IC602的1脚电压为0V。仔细检查相关元件，发现开关变压器T603的2脚脱焊。重新将脱焊的引脚补焊牢固后，故障排除
KV-2900T机型	有图像与伴音，但有时行幅会变窄	测电源电路的+135V电压异常，断开其负载，用一只200W灯泡作假负载，开机+135V电压稳定不变，说明故障不在电源电路。进一步检查行扫描电路，测行推动管VT805的c极电压，电视机正常时为+117V左右，当故障出现时下降到85V左右。经仔细检查行扫描电路相关元件，发现行推动变压器T801内部不良。更换同规格的行推动变压器T801后，故障排除
KV-2900T机型	时常会出现无规律的自动关机现象	故障可能发生在电源电路，且大多为某元件热稳定不良或接触不良所致。先用酒精棉球对电源厚膜电路IC602（STR-5594）进行冷却，故障不变。测电容器C618正端对地电压约285V，正常。测电源厚膜电路IC602的1脚电压为0V，测IC601集成电路3脚电压也为0V，正常应为32V，但有时又正常，说明该电路中有接触不良现象。经仔细检查，果然发现电容器C622内部性能不良。更换同规格的电容器C622后，故障排除

（续）

机型或机心	故障现象	故　障　维　修
KV-2900T机型	正常工作时会出现自动关机现象	问题可能出在电源及保护电路。待电视机故障出现时，用酒精棉球对电源厚膜集成电路IC601表面进行冷却，不能使故障排除，说明故障不是因元件热稳定性差引起的。测量电容器C618正极对地电压约285V，基本正常。再测电源厚膜电路IC602的1脚电压为0V。经仔细检查发现开关变压器T603的4脚虚焊。加锡将上述虚脱焊的引脚重新补焊牢固后，故障排除
KV-2900机型	不能启动，无光栅、无伴音，但指示灯点亮	测D电路板上IC503各脚电压，基本正常。测微处理器IC001的电源端1脚电压为0，正常时应为4.9V左右，说明电源控制电路工作异常。顺路检查发现保护电阻器PS653内部断路。更换一只新的同规格的电阻器PS653后，电视机的工作恢复了正常，故障排除
KV-2900机型	开机后无任何反应，指示灯也不亮	检查熔断器F601已熔断，对交流电压输入自动切换电路及主开关电源电路进行检查，整流桥堆VD601、电源厚膜电路STIR-S5941及STR-80145均无异常，但发现电源电路中C608内部损坏。更换同规格的电容器C608后，电视机图像与声音均恢复正常，故障排除
KV-2964MT机型	开机后无光栅、无伴音，但关机瞬间有光栅闪烁	问题一般出在电源及微处理器控制电路。测电源输出的135V、22V、12V、14V均正常，但显像管的灯丝不亮，测灯丝供电电源只有2.5V，测视放级电源电压仅有120V，低于正常值200V。用示波器观察行激励管VT801的b极上的波形，幅度不足，测IC301行振荡信号输入端27脚电压波形，其峰值电压也比正常的0.7V小，约0.5V，说明IC301（XA-1213S）工作不正常。测中央处理器IC002各脚电压，发现均偏低，尤其是42脚电源供电端电压仅为2.5V，正常应为5V。该5V电源电压是由IC001的5脚提供的，测IC001的1脚输入电压正常，而1脚输出端却只有2.5V，焊下检测发现IC001内部损坏。更换同型号的集成电路IC001后，故障排除
KV-2965MTJ机型（WG-2M丽音机心）	在开机瞬间，待机指示灯闪亮，但随着听到“沙”的一声，整机呈无光栅、无伴音状态	待机指示灯能闪亮，说明开关电源及微处理器控制基本正常。测行扫描输出级产生的+17V电压，它在开机瞬间正常，但很快消失为0V，然而此时开关电源输出+135V仍正常，这说明行扫描输出级在开机瞬间工作，后来又不工作了。检查扫描输出级过电流保护电路，断开过电流测电阻R340，抓住开机这一瞬间测出行扫描输出级电流正常。再查过电流保护电路本身，发现R336（100kΩ/0.25W）电阻开路，使Q312误导通，造成行扫描输出误保护。更换R336后，故障排除
KV-2965MT机型	伴音正常，但图像行幅不满，左右枕形失真	测IC821的6脚供电电压约26V，正常应为28V。再检查其输出路径，发现电阻器R834烧断，说明有较大的电流流过R834和IC821。检查IC821的5脚对地正、反向电阻值为0Ω。经进一步检查发现R834开路，判定IC821内部不良。用新的同规格的配件更换IC821、R834后，光栅及图像均恢复正常，故障排除
KV-2965MT机型	伴音基本正常，但图像四周拉长，行幅变大	该故障一般发生在枕形校正电路。测IC821的5脚电压仅1.8V左右，说明枕形校正电路虽有校正电压输出，但电压偏低。再用示波器测1C821的5脚波形无下凸抛物波输出，而检查C821左端有上凸抛物波，说明IC821输入正常。关机测IC821的5脚对地正、反向电阻值在110Ω左右。检查IC821的5脚外围元件发现VD821内部损坏。更换同规格的二极管VD821（1S1555）后，光栅及图像均恢复正常，故障排除

（续）

机型或机心	故障现象	故 障 维 修
KV-2965MT 机型（WG-2M 丽音机心）	接通交流电源后，整机无任何反应	测得 +135V 输出电压正常，测出行扫描输出管 Q802 的 b 极没有负压，这说明行扫描激励脉冲没有加到 Q802 的 b 极。接着测得行扫描推动管 Q801 的 b 极电压为 0.7V，c 极电压为 0.2V，这说明 Q801 始终处于饱和状态，判断可能是 Q801 工作在待机方式，继续测量到微处理器 IC002 的 41 脚确为 5.0V 待机方式，41 脚的高电位使 Q006、D803 导通，最终使 Q801 处于饱和导通状态。按遥控器上的待机控制键也不能使 IC002 的 41 脚电压转为 0V，低电平，再检测 IC002 的 31、32 脚时钟振荡与 33 脚的复位电压，均未见异常，最后更换微处理器 IC002 后，故障彻底排除
KV-2966M11 机型	通电开机三无	在路测量行输出管已经击穿短路。检查发现 C809 电容器有漏电现象。更换一只同型号新的电容器后，故障排除
KV-2966MI 机型（WG-2M 丽音机心）	有图像，无伴音	测量扬声器和功放电路正常，测量静音控制电路的 D1506 正极电压为高电平。对静音控制电路进行检测，发现 Q1505 的 b 极为 0V 低电平，其 c 极本应为高电平，但该机的 Q1505 的 c 极却为低电平 1.5V，由此判断 Q1505 内部漏电短路。拆下测量 Q1505 的 c 极与 e 极之间电阻，果然存在 1～1.5kΩ 左右的漏电电阻，造成 Q1506 误导通，引起静音电路动作，引发无声故障。由于 Q1505（DTC114E5）为带阻晶体管，无同型号晶体管更换，笔者试用常见的 C1815 代换，在 C1815 的 b 极与 e 极之间并联 47kΩ 电阻，b 极串联 10kΩ 电阻后，替换 DTC114E5，静音电路恢复正常，故障排除
KV-2966MI 机型（WG-2M 丽音机心）	待机时扬声器有轻微噪声	正常待机时，由于静音电路启动，扬声器中应无噪声出现，判断是静音电路故障。测量静音电路 Q1505 的 b 极电压待机和开机时始终为低电平 0V，而测量主板上与待机控制电路 Q006 的 c 极相连接的插接件 CN650 的 3 脚电压，随开、关机控制，在 3.8V 和 0V 之间变化，判断插接件 CN650 接触不良，仔细检查，发现 CN650 的 3 脚开焊，补焊后，Q1505 的 b 极电压恢复正常，待机时扬声器的噪声也同时消除
KV-2966MNT 机型	开机有图像但枕形失真，约 1min 后烧行输出管	测量行输出管击穿短路。检查 C807 开路，C810 不良。更换新的同规格的行输出管与电容器后，故障排除 提示：枕形失真校正电路中的元件 VT（Q802）、IC821、T822、L820、L821 异常时也会引起图像枕形失真故障
KV-2974MT 机型	开机后电源指示灯亮，无光栅、无伴音	测 135V、22V、12V、14V 各组直流输出电压均正常，但观察显像管灯丝却不亮，测视放级电源电压仅为 120V 左右，正常应为 200V，微处理器 IC002 的 42 脚 5V 供电电压只有 2.5V。IC002 的 42 脚电源电压是由 IC001（L78LR05Q）的 5 脚提供的，测 IC001 的 1 脚电压为 14V 正常，而 5 脚输出电压只有 2.5V，判定 IC001 内部不良。更换同型号的集成电路 IC001 后，电视机的工作恢复了正常，故障排除
KV-2974 机型	开机无光栅、无声，但电源指示灯亮	测量 135V、22V、12V、14V 电压均正常。测量视放电压仅为 120V，正常值为 200V。测量 IC002 的 42 脚上的 5V 电压仅为 2.5V 左右。测量 IC001 的 1 脚电压为 14V，而 5 脚电压只有 2.5V，正常值应为 5V。经查 IC001 集成电路本身损坏，更换一块新的同型号的集成电路装上后，故障排除
KV-3400DV2 机型	经常烧行输出管	测量提供给行输出电路的工作电源电压正常稳定，但发现行输出管已经击穿短路。检查行推动电路中的电阻器 R822 变质，更换一只新的同型号的行输出管与一只 1kΩ 的金属膜电阻器后，故障排除

（续）

机型或机心	故障现象	故 障 维 修
KV-34MH1 机型（G1 机心）	为三无，指示灯不亮	检查开关管 Q601、Q602 击穿，R606、R601 烧断。更换国产的 2SC4834 后，开机当即击穿损坏，并将 R601、R606 再次烧断。检查 IC601（STR80145A）的倍压和全桥整流切换电路，发现 IC601 的 2、3 脚内部击穿，考虑到我国普遍使用 220V 电源，又买不到 STR80145A，索性将 STR80145A 从电路板上拆出，让整流滤波电路始终工作于全桥整流状态。查到了损坏 Q601、Q602 的原因，再次用国产 2SC4834 代换电源开关管，开机电视机恢复正常，工作十几分钟后，开关管温度仍有些偏高，但与前次代换开关管的温度明显偏低。用户使用约一周后，再次损坏，此时正好用户托人在外地购到原装的 2SC4834，换上原装的 2SC4834 后，至今已使用二年，未再发生损坏故障
KV-AR29M80A 机型（BG-3R 机心）	呈三无，黄色待机指示灯亮	正常情况下，只有在使用唤醒定时功能后黄灯才会亮。现在开机就显示黄灯，可能是微处理器发出的错误信号。根据微处理器正常工作所需的三个基本条件检查，发现 IC002 的 2 脚电压只有 2.8V，明显低于正常值 4.9V，再测 IC001 的 11 脚为 0V。挑开 IC002 的 2 脚，发现电压回升到正常值，说明其 2 脚外围有短路现象。检查发现 C028 已短路，更换该电容后开机正常
KV-AR29M80A 机型（BG-3R 机心）	无光栅、无图像、无声音。待机指示灯闪两下	红灯闪两下是指行、场扫描电路出故障。检测行输出管的 c 极电压为 135V 正常，在开机时能听到高压起振声音，说明行扫描已工作，故障可能在场扫描部分。这时，检测行、场扫描保护执行 Q503 的 b 极为高电平，确认保护电路工作。采用解除保护的方法，将 Q503 的 b 极断开后，光栅出现一条水平亮线。说明 IC503 场扫描电路不正常。检查 IC503 各脚电压，发现 4 脚电压为 0V，正常时应有 -15V 直流电压。IC503 的 4 脚电压由行输出变压器 T503 的 7 脚感应电压经整流滤波后获得。在该电路中 R591 为限流电阻，因此应首先对其进行检查，结果发现 R591（0.47Ω）已开路，进一步检查 -15V 电路，未发现有短路现象。更换电阻 R591 后故障排除
KV-AR29M80A 机型（BG-3R 机心）	呈三无，待机指示灯闪两下	待机指示灯闪两下时，说明行或场扫描电路已保护。首先检测保护执行电路 Q503 的 b 极电压，结果为高电平。为分清是哪一路送来的保护电压，采用逐路解除 Q503 的 b 极保护检测电路的方法，先断开电阻 R600，再次开机测 Q503 的 b 极，此时 Q503 的 b 极为低电平，并且整机工作，图像也正常，看来行、场扫描都没问题，故障是行过电流保护电路自身故障。检测 Q604 的 c 极为高电平，而 e 极又比的 b 极高出 1V 左右的电压，则说明 Q604 处于饱和导通状态。检查 Q604 周边电路，发现 R657 开路，造成 Q604 的 e 极电压升高，引起误保护，更换该元件后故障排除
KV-AR34M80A 机型（BG-3R 机心）	呈三无，待机指示灯闪两下	待机指示灯闪两下，一是行扫描电路故障；二是 IC301 保护电路启动。首先检测保护执行电路 Q503 的 b 极电压为 0V，不是保护电路启动所致，故障在行扫描电路中，应重点检查行扫描电路。测量 IC301 与行扫描相关的引脚电压正常，测行输出管 Q511 的 c 极电压为 135V；顺势检查行推动管 Q506 的 c 极电压为 0V。再测 T501 的 1 脚为 135V，用电阻挡测 1~3 绕组已开路，此绕组正常阻值为 105Ω。偏大或偏小都会影响行管正常工作。更换 T501 后故障排除

（续）

机型或机心	故障现象	故 障 维 修
KV-E29MF1 机型	红色指示灯闪烁，无光栅、无伴音	开机后消磁继电器反复吸合，发出响声。测微处理器 IC001（CXP85340A-072S）供电及复位电压均正常，但发现 IC001 的 30、31 脚之间漏电，经仔细检查为电视机灰尘污物引起的。用无水酒精（含量 95%以上）对电路板进行清洁后，电视机恢复了正常，故障排除
KV-E29MF1 机型	经常烧坏电源厚膜集成电路	检测 R604 及 STR-S6709（IC601）均烧坏，更换后，开机电源仍不能启动，测 300V 电压正常，检查启动电路正常。进一步仔细观察，发现开关电源变压器 T601 下面印制电路板变黄，检测 T601 发现其内部损坏。更换同规格的开关变压器 T601 后，故障排除
KV-E29MF1 机型	进行自动搜台时，搜到的信号不能储存	测微处理器 IC001（CXP85340A-072S）的 28 脚，无 TV 同步信号，检查 VT031 的 c 极连接的 C053 和 C031，发现 C031 内部断路。更换同规格的电容器 C031 后，电视机的自动搜存功能恢复正常，故障排除
KV-E29MFH1 机型	屏幕有时为水平一条亮线，有时处于待机状态	让电视机处于待机状态，测 VT603 的 b 极电压为 0V，正常；测 VT602 的 b 极电压也为 0V，正常时应为 0.7V。焊下 VT603 检测，发现其内部击穿。更换一同型号的晶体管 VT603 后，故障排除
KV-E29MFH1 机型	开机后呈三无状态，但电源指示灯可以点亮	检查 F1690 熔断器完好。发现限流电阻器 R611 内部已开路；电源厚膜电路 IC601 内部的开关管击穿。进一步检查又发现稳压电路 VT600、VD601 等元件也均已击穿。更换 VT600、VD601、IC601 后，开机测量插件 4、6 脚电压确认为 300V 左右。再更换 R1611，故障排除
KV-E29 机型	主画面行不同步，伴音正常，但子画面一切正常	该故障一般发生在主画面行同步电路。IC104（CXA2050S）是行场扫描、亮度和色度处理电路。来自前级中放通道的全电视信号从 IC104 的 62 脚输入，经内部同步信号分离电路处理后，由 54 脚输出复合同步信号，再经 VT106 缓冲放大后，行同步信号从 IC104 的 53 脚输入，场同步信号从 IC104 的 52 脚输入。用示波器观察 IC104 的 53 脚无同步脉冲，而测 C147 右端的同步脉冲信号正常。经检查 C147 片状电容器一端断裂。更换同规格的电容器 C147 后，故障排除
KV-E29 机型	主画面图像倾斜呈条状，但伴音正常	测量 IC104 集成电路的供电电压基本正常。测量 IC104 的 53 脚无同步脉冲，但测量 C147 的输入的一端同步脉冲信号正常。判定 C147 片状电容器损坏，更换新的同规格的配件后，故障排除
KV-F25MF1 机型	开机声光全无，电源指示灯亮	反复按压电源开关，有时可以短时启动并出现一条水平亮线。测量 IC501 集成电路 1、5 脚电压异常。怀疑 IC501 集成电路本身内电路损坏，更换新的同型号的配件后，故障排除
KV-F25MF1 机型（G3F 机心）	开机进入保护状态，指示灯熄灭后又点亮	二次开机瞬间测量 IC001 的 10 脚和 43 脚电位时，发现 10 脚电位由 5.1V 高电位跳变为低电位，显然故障在场扫描电路或其保护电路。首先对场输出集成块 IC1501 的 5 脚电位进行测量，约为 -6V 左右，不为 0V，说明场扫描电路有故障。测 IC1501 各脚电压，发现 IC15012 脚 +15V 电压仅为 3V 左右，断开 2 脚，+15V 电压恢复正常，用万用表电阻挡测量 2 脚对地电阻，其正、反阻值几乎相等，约为 1kΩ 左右，说明 IC1501 已损坏，更换后试机一切正常
KV-F25 机型	伴音正常，但无光栅、无图像，对比度最大时勉强看到很淡的图像	测量 IC304 的 31 脚上的 1.6V 电压下降到 0.8V 左右。将插接件 CN101（1/2）5、1、3 脚分别与插接件 CN101（2/2）11、7、9 脚对应相连时，图像可以正常。经查 IC1407 集成电路输入端虚脱焊，加锡将虚脱焊处焊牢固后，故障排除

（续）

机型或机心	故障现象	故 障 维 修
KV-F29MF1J 机型	开机红灯闪亮一下后常亮，进入待机状态	测量 VT1504 管 c 极电压为 0V。测量 IC1501 的 5 脚电压为 3V（正常值为 0V），1 脚电压为 1.4V，4、2 脚上的 ±15V 电压正常；经查 IC1501 集成电路损坏，更换一块新的同型号的集成电路后，故障排除
KV-F29MF1 机型（G3F 机心）	开机后自动关机，指示灯闪烁 5 次	根据自动关机并伴有指示灯闪烁，判断是进入保护状态。采用追踪自检信息的方法检修，指示灯闪烁 5 次是几何失真校正电路故障。直接检查几何失真校正电路 IC561（CXD2018），其 26、31、35 脚电源电压正常，30、26 脚的总线电压也正常，检查其他各脚电压，发现 1、2、47、48 脚电压不正常，由于这几脚与放大电路 IC564（LM358PS-T1）的 5 ~ 8 脚相连接，检测 IC564，其他各脚也不正常，检查该电路外围元件，未见异常，判断 IC564 内部损坏。更换一只 LM358PS-T1，故障排除
KV-F29MF1 机型（G3F 机心）	开机进入保护状态，指示灯熄灭后又点亮	在判断为场扫描或其保护电路有故障后，进入详细检修。首先断开 D1504 和场偏转线圈，开机测 IC1501 的 5 脚电位为 0V，±15V 供电电压也正常，初步判断场扫描电路无异常。接上场偏转线圈试机（此时动作要快，如屏幕呈一条水平亮线，应及时关机），电视机一切正常，说明问题出在场保护电路自身。对晶体管 VQ1501、Q1502、Q1503，二极管 D1501、D1504、D1506 以及其他相关元件进行检查，发现 3.6V 稳压二极管 D1504 已经击穿，更换后故障排除
KV-F29MF1 机型（G3F 机心）	开机进入保护状态，指示灯熄灭后又点亮	开机测 IC001 的 43 脚和 IC304 的 9 脚为高电平，故障缩小在行扫描电路或其保护电路。用万用表电阻挡对行输出级进行检查，没有发现异常，初步排除行过电流问题。断开二极管 D1502，强迫 X 射线保护电路停止工作，开机后故障依旧，判断故障在行过电流保护电路自身。对其有关各元件进行详细检查，发现 R884（220kΩ）开路，更换后试机整机恢复正常。在行负载过电流保护电路误动作而造成三无现象时，其原因多为晶体管 Q803 击穿或二极管 D803 不良以及 R886 阻值变大等，而 R884 开路则较为少见
KV-F29MF1 机型（G3F 机心）	开机时后自动关机，指示灯闪烁 5 次	查阅有关资料得知，指示灯闪烁 5 次所代表的故障代码含义为几何失真校正电路故障。测量几何失真校正集成电路 IC561（CAD2018）26、31、35 脚上的供电正常，26、30 脚上的总线电压也无问题，但发现 1、2、47、48 脚上的电压异常。测量 IC564（LM358PS-T1）集成电路 5 ~ 8 脚上的电压也不正常，怀疑 IC564 集成电路本身损坏。更换新的 LM358PS-T1 型运算放大器后，通电开机，故障排除
KV-F29MF31 机型（G3F 机心）	开机后自动关机，指示灯闪烁 5 次	根据自动关机并伴有指示灯闪烁，判断是进入保护状态。采用追踪自检信息的方法检修，指示灯闪烁 5 次是几何失真校正电路故障。直接检查几何失真校正电路 IC561（CXD2018），其 26、31、35 脚电源电压正常，30、26 脚的总线电压也正常，检查 27 脚的复位电压为 4V，低于正常值 5V。检查 27 脚外部复位电路 R568、C546，发现 C546 严重漏电，更换 C546 后，27 脚电压恢复正常值 5V，开机不再保护，故障排除
KV-F29MH11 机型（G3F 机心）	开机进入保护状态	二次开机，测 IC001 的 43 脚电位由 0.2V 跳变为高电平，用万用表测量行电路中各元件没有明显直流短路现象，初步排除行过电流故障。测 D1506 正端电位为低电位，证实行扫描及其保护电路无异常，故障在 X 射线保护电路中。对 D824、D825、D1502 进行检查，发现 D1502 正、反向阻值仅为 300Ω 左右，更换后故障排除

（续）

机型或机心	故障现象	故障维修
KV-G25T1 机型（BG-1F 机心）	开机时收看正常，待机指示灯熄灭，收看一段时间后自动关机，待机指示灯点亮	测量开关电源输出电压，自动关机和开机时均为正常值。自动关机时测量四端受控稳压器 IC521 的 1 脚有 12V 电压输入，2 脚无 9V 电压输出，其控制端 4 脚由开机状态的 5V 变为 0V，由此判断自动关机是由微处理器 IC0001 执行待机所致。检查微处理器的电源、复位、晶振三个工作条件正常，测量 IC300（TDA8366N3D）的 50 脚电压达 2.5V 以上高电平，判断进入保护状态。逐个测量各路隔离二极管 D1504、D591 两端电压，发现 D591 两端有正向电压，判断行输出过电流保护电路引起的保护；断开 D591 解除保护，开机观察声、光、图均正常，对以 Q561 为核心的行输出过电流保护电路进行在路检测，发现过电流取样电阻 R858（1.2Ω/2W）有烧焦的痕迹，刚开机时阻值接近正常值 1.2Ω，随着开机时间的延长，电阻温度上升，R858 的阻值增大，电视机进入保护状态。引发自动关机原因是 R858 设计功率不足，容易发生烧焦阻值变大现象，造成保护电路误保护。用 1.2Ω/3W 更换 R858 后，故障排除
KV-G25T1 机型（BG-1F 机心）	遥控开机指示灯闪烁几下后常亮，三无	判断是保护电路启动所致。测量 IC300（TDA8366N3D）的 5 脚 X 射线保护脚电压，已经达到 2V 左右，确定保护电路启动。采用解除保护对地方法，断开场输出异常保护电路的 D1504，测量 IC300 的 5 脚电压不变；断开行输出过电流检测电路的 D591 时，开机 5 脚电压立即下降为 0V，声、光、图出现，此时测 +B 电压为 130V 正常，测量行输出电流也在正常范围内，估计是过电流保护电路误动作。在路测量 Q561 检测电路及其外部元件，未见异常，拆下可疑元件测量，发现其 Q561 的 c 极与 e 极漏电，用参数接近的国产 3CG80H 代换后，故障排除
KV-J25MF2 机型（BG-1L 机心）	开机图像和伴音正常，约 10min 后图像右移约 10cm，图像局部不稳定，几秒钟后自动关机，再次开机，重复上述现象	刚开机图像正常时，行电压从正常时的 135V 缓慢下降，直到待机状态的 25V，行电流正常。对行输出和电源电路相关元件进行检测，未见异常。对 IC104（CXA2050S）的引脚电压进行检查，发现 44 脚电压逐渐降低，测量保护电路的 Q1502 的 b 极外部二极管 D1505 的正极电压逐渐升高，致使电压翻转电路 Q1502 逐渐截止，保护执行电路逐渐导通，将 IC104（CXA2050S）的 44 脚电压逐渐拉低，使 AFC 电压减小直到消失，引起图像偏移和自动关机。由于检测时行输出电流正常，判断故障是行输出过电流保护检测电路元件变质，引起的保护电路慢启动故障。对相关元件进行检测，发现 R886 阻值变大且有变色现象，由正常时的 1.2Ω 变大到 2.8Ω，且不稳定，用电烙铁加热时，阻值逐渐变大。更换 R886 后，故障排除
KV-J29MF1 机型（BG-1L 机心）	开机的瞬间有高压建立的声音，一会自动关机	开机后自动关机前的瞬间，有时屏幕上呈现一条水平亮线，判断故障在场输出电路中，引起保护电路启动所致。测量场输出异常保护电路的 Q1501 的 c 极 e 点电压开机的瞬间为高电平，进一步确定是场输出电路未工作所致。测量场输出电路 IC1501 的 5 脚电压为 0V，测量 IC1501 的其他引脚电压多数不正确，更换 IC1501 后，不再发生自动关机故障
KV-K25MN11、KV-K25MH11 机型（G3F 机心）	无画中画功能，其余功能正常	在待机状态下，依次按遥控器上的 DISPLAY 5，“音量 +”、“POWER”键，进入维修调整状态，对设置项目数据进行检查。发现选项 OP0 和 EPL 项的数据与资料不符，将 OP0 项的数据调整为正常值“60”，EPL 项数据调整为“01”（ON）后，画中画功能恢复正常

（续）

机型或机心	故障现象	故 障 维 修
KV-K25 机型	收看中突然无光、无声，电源指示灯熄灭	测量 R611 两端电阻值较大。测量集成电路 STR81145 的 2、3 脚之间的电阻值为 0Ω。判定 STR81145 集成电路损坏，R611 电阻器开路，更换损坏的元件后，故障排除
KV-K29MF1 机型	每次开机后工作正常，但工作约 10~20min 左右图像与伴音会自动消失	在故障出现时测量开关电源 +B 端输出的 135V 电压基本正常，但测量 C614 电容器两端的 +15V 电压只有 8V 左右，明显偏低。用无水酒精（含量 95% 以上）对 +15V 电压支路中的有关元器件进行冷却，发现当冷却到 VD604 整流二极管时，图像与伴音恢复正常。更换同型号的快恢复二极管后，通电长时间试机，故障不再出现，故障排除
KV-K29MF1 机型	开机均呈三无状，3~6min 才启动工作	在故障出现时测量开关电源 +B 端输出的 135V 电压只有约 80V，明显偏低。采用电烙铁对开关电源电路中的有关元器件进行加热，当加热到 C602 电容器时，电视机可以启动工作，说明该电容器异常。更换同规格的电容器装上后，通电开机后，电视机随即就可启动工作，故障排除
KV-K29MF1 机型（G3F 机心）	开机后有几秒钟伴音、无光栅，然后关机，指示灯闪烁 1 次	根据自动关机并伴有指示灯闪烁，判断是进入保护状态。采用追踪自检信息的方法检修，查阅 G3F 机心指示灯闪烁次数表示的故障位置，发光管闪 1 次是存储器故障。对存储器 IC003 及其外围电路检测，发现存储器 8 脚的 5V 电源电压达 5.8V，且不稳定，存储器 5 脚无 DATA 数据电压。先排除 8 脚电源故障，发现 5V 稳压、复位电路 IC002（L78LR05）输出电压不稳定，更换 IC002 后 5V 电压恢复正常；再检查 IC003 的 5 脚外围电路，发现 D078 击穿，估计是 IC002 输出电压过高引起的，造成微处理器与存储器之间数据交换障碍。用 5.6V 稳压管代换 D078 后，开机不再保护
KV-K29MF1 机型（G3F 机心）	刚开机时有伴音、无光栅，而后自动关机	在电视机自动关机后，指示灯闪亮 1 次。查阅有关资料得知，指示灯闪烁 1 次所代表的故障代码含义为存储器电路故障。测量 IC003（CAT24C04P）存储器 8 脚上的 5V 电压上升为 6V 左右，且不稳定，测量 5 脚上无 DATA 数据电压。测量 IC002（L78LR05）输出端输出的电压约为 6V，也不稳定，怀疑 IC002 集成电路本身不良。更换同型号的 IC002 集成电路，故障排除
KV-K29MH11 机型	过程中突然声、光全无，但电源指示灯仍然点亮	检查发现行输出管 VT2591（C4927）内部击穿，过电流检测电阻 R886（1.2Ω/3W）烧坏。换上新件后开机，约 2s 后听见较响的"吱吱"声，立即关机，检查刚换上去的两个元件又已经损坏。检查行逆程电容器及行偏转线圈等均正常。在行输出级退耦电容器 C846（33μF/160V）前串一只 100Ω/50W 陶瓷电阻器，开机测得该电阻器上有约 30V 电压，此时有伴音，约 20s 后能见到较稀疏且边缘不整齐的扫描线，怀疑行振荡频率偏低。拆下 IC304（CXA1587S）的 15 脚所接的行振荡晶体 CF581，用万用表 RX10kQ 挡测其电阻值仅为 10kΩ，说明其内部已损坏。更换同规格的晶体振荡器 CF581 后，故障排除
KV-K29MH11 机型	开机后不久图像向右移出屏幕	问题可能出在总线控制及相关电路。待故障出现时，让电视机进入维修状态，行幅位移可调，说明该机数据传送、执行单元都基本正常，怀疑问题出现在 H-SHIFT 锁定环节系统。该电路由 IC304（CXA1587S）及外围电路组成，测 IC304 相关引脚电压基本正常，但用示波器测 8 脚平衡相位波形时，发现脉冲波形有跳跃迹象。检查 IC304 的 8 脚外围接有相位二极管 VD57、电阻器 R590、电容器 C588。发现电容器 C588 内部漏电。更换同规格的电容器 C588 后，故障排除

（续）

机型或机心	故障现象	故障维修
KV-K29MH1 机型	开机后待机指示灯亮，按“POWER”键，待机指示灯熄灭，十几秒后，待机指示灯又亮，呈三无状态	该故障一般出在电源及保护电路。按“POWER”键后，测 +B 电压由 26V 升至 135V，十几秒后又下降到 26V，此时待机指示灯亮。测量微处理器 CXP85224-006 的保护端 14 脚电压，开机后由 4.5V 跳变到 0V（保护状态）。测行输出管 VT2591（2SC4927）的 b 极无 -0.2V 电压，用示波器观察的 b 极无行激励波形，测推动管 VT2502 的 b 极亦无波形。此行激励信号通过 D 板的 CN0565 插头与 A 板插座 CN106 的 3 脚相连，由 IC304（CXA1587C）色度、行场扫描信号处理集成电路的 18 脚输出。测其 18 脚电压只有 1.5V，偏离正常值 2.9V，经检查发现稳压集成电路 IC683 内部损坏。更换同型号的稳压集成电路 IC683 后，电视机图像与声音均恢复正常，故障排除
KV-K29MH1 机型	突然无光、无声，电源指示灯亮	按遥控器任一键，电源指示灯闪烁几次后恢复常亮。检查 VT2591 晶体管击穿，R886 烧断。更换损坏的配件后，测量 135V 电源输出端电压为 133V，且伴有不规则的“吱、吱”声，经查 CF581 漏电，更换新的同规格的配件后，故障排除
KV-K29MH1 机型	待机灯亮，按“POWER”键，待机灯熄灭，十几秒后待机灯又亮，整机呈三无状态	测量 CX85224-006 的 10 脚开机时由 4.5V 跳变为 0V（保护状态）。测量 VT2591 的 b 极无 0.2V 电压。测量 IC301 的 10 脚上的 2.9V 电压只有 1.5V。测量 IC683 的 1 脚电压为 12V，输出电压仅为 5V，正常值为 9V。经查 C110 电容器性能变差，更换同规格新的电容器后，故障排除
KV-K29MN11 KV-K29MH11 KV-K29MN31 机型 （G3F 机心）	无画中画功能。其余功能正常	与画中画有关的设置项目数据出错。进入维修调整状态，对设置项目数据进行检查。发现选项 0 的项目名为 OP0，标准数据是※1，选项 2 的项目名为 OP1，标准数据是※2。而※的意思是根据彩电型号而定，而手中无此数据资料。找一台同型号的正常彩电，调出相应菜单，将二者的设置项目进行比较，正确数据是：OP0 是 21；OP1 是 05。将正确数据写入故障机型后，画中画功能恢复正常
KV-L34MF1 机型	开机后，从 TV 转换到 I、D/K 制时，屏幕变黑，无图像	试验 AV 输入信号正常，问题一般出在制式转换与中放盒 IF101 内。拆开中放盒用 R×1kΩ 挡，黑表笔接 IC01（MAB8461P. W220）的 3 脚，红表笔接 IC01 的 23 脚，测得阻值为 17kΩ，正常时应为 24kΩ，对换表笔测量为 8kΩ，正常时为 5.5kΩ，判定为 IC01 已内部损坏。更换同型号的集成电路 IC01 后，电视机的工作恢复了正常，故障排除
KV-L34MF1 机型	开关机后处于保护状态，无光栅、无伴音	测行推动管 VT2502 的 b 极先为正电压，然后为摆动的负电压。测行输出管 b 极无电压，测连接器 CN506 的 3 脚电压高达 8V，且不稳定，正常时 CN506 的 3 脚二次开机后为 1.5V，测 IC304 的 18 脚仍为 7V，由此判定为 IC304 内部不良。更换同型号的集成电路 IC304 后，故障排除
KV-L34MF1 机型	开机瞬间屏幕上有微弱光栅一闪即失，无光栅、无伴音	在开机瞬间测得主电源电压由 135V 迅速跌为 30V，说明 X 射线保护电路启控而使整机处于待机状态。检查关键点 CN506、CN106 的 1 脚为高电平 4V 左右，而正常工作时应为 0V，确为 X 射线保护电路启控。断开行脉冲过高保护元件 VD1502，开机观察故障不变；再断开电阻器 R860，开机监测，主电源正常，且图、声正常。关机后检查 VT803 及外围相关元件，发现电阻器 RR84 内部开路。更换同规格的金属膜电阻器 R884 后，故障排除

（续）

机型或机心	故障现象	故 障 维 修
KV-L34MF1 机型	开机后随即进入自动保护状态，无光栅、无伴音	测开关电源输出的各组电压均正常，测 CN106 的 1 端 X 射线保护端电压为 0V，可排除是 X 射线保护；自保时测 CN106 的 6 端电压为 0V，说明是场扫描电路异常引起自保。断开 R1514 解除自保，测 ±5V 电压为 0V；断开 L1501、L1503 仍为 0V，测 R853、R854、VD814、VD816 完好，查行输出管 VT2591 已开路。更新 VT2591 后测其 b 极为 0V，C 极电压为 135V，说明无行推动信号。测行推动管 VT2502 的 c 极电压为 135V，b 极电压为 0V，说明行推动级未工作，查 VT2502 已开路。换新 VT2502 后 b 极电压仍为 0V，检查 R2521、VT2525 正常，说明无行扫描激励信号。测 IC304 的 18 脚（行扫描激励信号输出）电压为 1.32V，而正常时应为 2V。测其余各脚电压，除 26 脚和 31 脚因显像管不发光而电压异常低外，其他脚电压均正常。试更换晶振 CF581 及 C591（AFC 电容器）均无效，判断为 IC304（CXA1587S）内行激励级发生故障所致。更换同型号的集成电路 CXA1587S 后，电视机的故障恢复正常，故障排除
KV-L34MF1 机型	开机后光栅正常，无图像、无伴音，AV 输入信号也如此	检查 AV 转换电路 IC201（CXA1545AS）损坏，更换 IC201 后，AV 图、声恢复正常，但 TV 状态光栅仍无雪花噪点。测中放盒和高频调谐器 9V 供电电压只有 7V。该电压由三端稳压器 IC682（NJM7809F）提供，经检测 IC682 输入端 12V 电压正常，而其输出端电压为 7V，判定 IC682 内部不良。更换同型号的三端固定稳压集成电路 IC682 后，故障排除
KV-L34MF1 机型	图像与伴音时有时无	测中放盒 AGC 电压不稳，怀疑中放盒有故障，但更换后故障不变。再测高频调谐器调谐电压，发现也不稳，重新搜台，调谐电压只能在 0 ~ 18V 之间变化，测丽音解调器 IC1102（TDA8205）稳压管电压，也只有 18V 左右。拆下 IC1102 一端，电压上升到 30V，由此判定 IC1102 内部不良。更换同型号的集成电路 IC1102 后，故障排除
KV-L34MF1 机型	工作不久图像漂移，伴音失真	测高频调谐器 VC 调谐电压，基本正常。再在图像变化时测中放盒 6 脚 AFT 电压在 2.5 ~4V 之间摆动，正常时为稳定的 3.5V。此时测高频调谐器 VC 调谐电压也有波动，怀疑高频调谐器有漏电现象，更换高频调谐器故障不变。进一步检查调谐电压控制电路，发现晶体管 VT109 的 C 极内部不良。更换一只新的同规格的晶体管 VT109 后，故障排除
KV-L34MF1 机型	伴音正常，但光栅及图像枕形失真	检修由 IC504（UPC939C）、VT2503（C4793）及 VT2505（C3311）等组成的枕校电路。其原理是：由 IC561（CXD20180）的 11 脚输出的场频锯齿波，经 CN106 的 7 脚输出下凹场频抛物波，并经 VT2505、VT2503 进一步放大后，再经 R2501、L2510、C2530（S 校正电容器）对行扫描电流幅度按场频锯齿波进行调制，从而校正光栅水平枕形失真。检查该电路相关元件，发现 VT2505 内部不良。更换同规格的晶体管 VT2505 后，光栅及图像均恢复了正常，故障排除
KV-L34MF1 机型	光栅及图像出现严重水平枕形失真	检修枕校电路，测 VT2503 的 c 极电压为 4.6V 且不断下跌，拆下该管检查正常，测枕校电路其他各点电压未见异常，怀疑 VT2503 内部软击穿。经代换法证明果然如此。更换同规格的晶体管 VT503 后，图像及光栅均恢复正常，故障排除

（续）

机型或机心	故障现象	故 障 维 修
KV-L34MF1 机型	TV 和 AV 状态时图像正常，但无伴音	测静噪管 VT205 的 b 极、VT209 的 b 极、VT210 的 b 极电压为高电平 4.2V。测微处理器 IC001 的 11 脚（MUTE）为低电平（正常）。断开 VD218，伴音出现。经检查发现该电路 VT604（2SA1309A）内部损坏。更换同规格的晶体管 VT604 后，扬声器中的伴音恢复了正常，故障排除
KV-L34MF1 机型	进行自动搜台时，自动搜台有信号，但台号不变	用示波器观察微处理器 IC001（CXP85224-006S）的 28 脚 TV 同步信号正常，波形幅度符合要求。进一步检查 IC002 的 42 脚外接 AFT 电路元件也正常，判断是 IC001 内部不良。更换同型号的集成电路 IC001 后，电视机自动搜存功能恢复正常，故障排除
KV-L34MF1 机型	自动搜台时图像一闪而过，不能存台	测微处理器 IC001 的 28 脚（TVSYNC）无 TV 同步信号。检查 TV 信号输出电路，发现 IC001 的 28 脚到 VT002 的 c、b 极接有电容器 C029（0.047μF），怀疑 C029 漏电。同一根导线从 VT002 的 c 极直接连接到 CPU 的 28 脚，电视机能存台，焊下 C929 用数字表检测果然内部漏电。更换同规格的电容器 C029 后，故障排除
KV-L34MF1 机型	出现严重的高压打火现象	该机行输出变压器输出的阳极高压没有像一般彩电那样直接连接到显像管高压嘴上，而是在中间加了一个组件。通电试机发现，正是此组件发出很响的高压打火声。用刀片切除装高压硅堆的塑料腔的一部分，直至露出腔内的金属部分，将硅堆的两端分别和高压包及阳极高压线直接焊接起来，清洗干净并作防潮处理后，用环氧树脂将其填满、密封起来，待干透后即可使用。该机经采用此办法处理后，故障排除
KV-L34MF1 机型	接收 VL 频段和 VH 频段时均无信号	测高频调谐器 VL 和 VH 在收台时无频段电压，检查微处理器 IC001 的 29 脚（UHF）、30 脚（VH）、31 脚（VL），在收台时 29 脚有电压输出，30、31 脚无电压输出。经仔细检查，发现 IC001 的 30、31 脚之间因污物而引起漏电。对上述的污物进行清洁后，故障排除
KV-L34MF1 机型	屏幕上有一亮一暗粗横白线干扰	检查场输出电路未见异常。再检查枕形失真控制电路 IC561（CXD2018Q），测供电脚和复位脚电压都正常，再进一步检查时发现 IC561 的 1 脚印制电路板断裂。加锡将断裂处补焊牢固后，故障排除
KV-L34MF1 机型	开机后即自动停机进入保护状态	先断开行输出变压器 T2502 负载，接入假负载，用万用表测主电压及各路输出电压均正常，说明故障不在电源电路。再检查行输出电路，测行输出管 VT2591 的 c 极电压正常，b 极无电压。进一步检查发现 VT2591 的 b 极供电电阻器 R2515 内部断路。更换同规格的电阻器 R2515（0.33Ω/2W）后，故障排除
KV-L34MF1 机型	开关后，指示灯亮后即暗，电视机处于保护状态	检查电源电路正常，判断问题在负载电路。先测场输出集成电路 IC1501，发现其 6 脚（V_{cc}）无电压，经检查发现印制电路板铜箔断裂开路。加锡将上述的断裂铜箔重新补焊牢固后，故障排除
KV-L34MF1 机型	开机后屏幕无光栅，但显像管的灯丝可以点亮	电视机关机时屏幕有闪光，说明开关电源及行扫描电路基本正常。问题可能出在视放输出电路。测显像管三枪阴极电压为 180V 左右，证明三枪截止。检查三枪阴极供电电阻器，发现 G 枪供电电阻器 RV13（1.5kΩ/0.5W）内部损坏。更换同规格的电阻器 R713 后，故障排除
KV-L34MF1 机型	三无，但开机瞬间屏幕上有微弱光栅一闪即消失	测量主电源 +135V 输出电压下降到 30V 左右。测量接插件 CN506、CN106 的 1 脚为 4V 的高电平。检查相关电路，发现 RS60 电阻器开路，更换同规格新的电阻器后，故障排除。接插件 CN506 与 CN106 接触不良发生率较高，应注意先对其进行检查

（续）

机型或机心	故障现象	故 障 维 修
KV-L34MF1 机型（G3F 机心）	开机进入保护状态，指示灯闪烁 5 次	该机为 G3F 机 L 系列彩电，被控电路和总线系统与 G3F 机心 F 系列基本相同。采用追踪自检信息的方法检修，指示灯闪烁 5 次是几何失真校正电路故障，检查几何失真校正电路 IC561。测量 IC561 各脚电压，发现复位端 27 脚由正常时 4.8V 变为 3V，使 IC561 内部总线解码器得不到正常复位信号而不能进工作状态。检查 27 脚外围元件，发现复位电容 C546 漏电，换之复位电压恢复正常，整机修复
KV-L34MF1 机型（G3F 机心）	开机时后自动关机，指示灯闪烁 5 次	查阅有关资料得知，指示灯闪烁 5 次所代表的故障代码含义为几何失真校正电路故障。通电开机，测量几何失真校正集成电路 IC561（CAD2018）27 脚（复位信号输入端）上的约 4.7V 电压下降为约 2.8V。对与 IC561（CAD2018）27 脚有关的电路元件进行检查，结果发现复位电容器 C546 有漏电现象存在。更换同规格的配件装上后，通电开机，IC561（CAD2018）27 脚上的复位电压上升为 4.7V 左右，电视机恢复正常，故障排除
KV-L34MN11 机型	指示灯可以点亮，但电视机处于待机状态	测 DN106 的 6 脚，在启动瞬间由 5V 变为 0V，说明该故障是由场保护造成的。检查场输出集成电路 LC1501 的 1 脚电压为 1V 异常。再测 IC561 的 1 脚为 0.5V，11 脚也为 0.5V，两脚电压均不正常。检查外围电路无故障，判定为 IC561 内部不良。更换同型号的集成电路 IC561（CXD22018Q）后，故障排除
KV-L34MN11 机型	开机后待机指示灯闪烁 5 次后熄灭，无光栅、无图像、无伴音	故障一般出在自动保护电路。该机 IC561（CXD22018Q）主要用于场扫描锯齿波产生和光栅几何失真校正。其工作异常时，会引起场扫描电路自动保护。测得 IC561 的 27 脚由正常值的 4.8V 变为 3.8V，27 脚是 IC561 内部的 I^2C 总线解码器的复位端，经查 27 脚外接复位电容器 C546 内部不良。更换同规格的电容器 C546 后，电视机图像与声音均恢复正常，故障排除
KV-L34MN11 机型	开机后无光栅、无图像、无伴音	检查熔断器正常，但限流电阻器 R1611 已开路；IC601 内部的开关管也已击穿；进一步检查稳压电路中的 VT600（2SD1640Q）、VD601 等元件，发现也均已损坏。用同规格的配件更换损坏的 VT600、VD601（7.5V 二极管）及 IC601 后，开机测量 N2607 插件的 4、6 脚电压为 300V，正常，再更换 R1611 后图、声恢复正常，故障排除
KV-L34MN11 机型	开机后无光栅、无图像、无伴音	检查保险电阻器 R2604 开路，更换新品后又烧断。R2604 损坏的原因一是负载过大；二是保护电路本身故障。检查由 VT2601、VD2603、R2604 组成的 +300V 电压输出过电流保护电路及相关元件，发现 R2605 内部不良。更换同规格的电阻器 R2605 后，电视机的工作恢复了正常，故障排除
KV-L34MN11 机型	无光栅、无图像、无伴音	测 +B 电压只有 25V，正常时应为 33V（待机状态）。测整流滤波输出的 7V 电压只有 4.8V，检查误差取样及稳压电路的元件均正常。短接 VT603 的 c 极和 e 极，并断开行输出管 VT2591 的 c 极，在 +B 输出端接上假负载，再通电，测量 +B 电压上升至 140V 正常值，且 7V 电压也恢复正常。重新接好 VT2591 的 c 极，再接通电源，发现光栅已正常，且能正常接收电视节目。此时按压待机键，发现能关机，但测量 +B 电压仍为 140V。把 VT603 的 c 极与 e 极短接线断开，发现整机能正常工作。但当将主电源开关关上后再接通时，又出现原来的现象。再次短接 VT603 的 c 极和 e 极，电视机又能正常工作。在按压待机键，同时测量 IC303（PQ1ZRF2）的 2 脚电压为 0V，经查为 IC305 内部损坏。更换同型号的集成电路 IC305 后，电视机图像与声音均恢复正常，故障排除

（续）

机型或机心	故障现象	故障维修
KV-L34MN11 机型	通电开机后呈三无状态	检查熔断器完好，测插座 CN2607 的 4、6 端有 +300V 输出电压，但 IC601 的 1 脚无电压。检查限流电阻器 R611 内部开路，测电源厚膜电路 IC601 的 1、2 脚间电阻值为 0Ω，说明 IC601 内部大功率开关管有短路性故障。将两只晶体管 BU508A 并接，将其 e、b、c 三脚用导线连接在厚膜电路的 1、2、3 脚，并固定在原散热片上，再将集成电路装回原位置，通电试机，故障排除
KV-LE29MF1 机型	图像场不同步，伴音正常	将彩色制式调在自动或 PAL 状态，图像场不同步，但伴音基本正常。将电视机彩色制式调在 N 制上，图像正常，只是无彩色，制式转换显示正常，说明微处理器 IC001 工作基本正常。测 IC001 的 4 脚（THR）电压波动不止，正常时 4 脚应无电压。顺电路往前检查，测数字梳状滤波器 IC301（SBX1856.01）的 2 脚（GOUT）、4 脚（YOUT）也无电压，再检查其供电电路，发现三端稳压器 IC302 内部不良。更换同型号的三端稳压集成电路 IC302（NJM78L12A）后，电视机图像与声音均恢复正常，故障排除
KV-LX34MF1 机型	开机后屏幕上为带回归线的绿光栅，且随即自动停机	开机观察，发现显像管尾部有紫色闪光。此故障为灯丝与阴极之间碰击打火，解决方法：断开显像管管座灯丝供电，采用悬浮供电法。即在行输出变压器磁心上绕两圈带绝缘皮铜线，铜线两线端分别接到 H1、H2 端，用万用表交流 10V 挡红笔接 H2 的 6 脚、黑笔接 H1 的 5 脚，测量有 5.7V 左右的电压即可
KV-LX34MF1 机型	开机后伴音基本正常，但图像枕形失真	检查光栅东西枕形失真校正电路。R2501、R2525、L2510 等相关元件均正常，再进一步检查 C2546、C2530 两电容器，发现 C2530 引脚脱焊。加锡将上述虚脱焊的引脚重新补焊后，屏幕上的图像恢复了正常，故障排除
KV-LX34MF1 机型	图像正常，但一会儿伴音消失，扬声器发出“咔咔”响声	从 IC203 的 2、4 脚注入信号有声音，从 IC206（TDA8424）的 9、13 脚注入信号也有声音，但从 IC206 的 1、3 脚注入信号无声音，检查外围电路无故障，说明 IC206 内部损坏。更换同型号的集成电路 IC206 后，扬声器中的伴音恢复正常，故障排除
KV-LX34MF1 机型	图像不清晰，对比度也不良，但伴音基本正常	检测图像中频信号处理集成电路 CXA20509 各脚电压，发现有的脚电压与正常值相差较大，经查其外围电路无异常，说明其内部不良。更换新的图像中放集成电路 CXA20509 后，屏幕上的图像恢复了正常，故障排除
KV-LX34MF1 机型	开机后即自动关机保护	该故障一般发生在场保护电路及场输出电路。用手摸场输出集成电路 TDA8172 很烫，判断 TDA8172 有故障。更换同型号集成电路 TDA8172 后，故障排除
KV-LX34T90 机型（BG-1L 机心）	行输出不工作	测量小信号处理电路 IC104（CXA2050S）的 42 脚行供电 9V 正常，但是 43 脚无行激励脉冲输出，测量 44 脚电压为低电平，由此判断 IC104 内部保护电路启动。测量电压翻转电路 Q1502 的 b 极为高电平 7V，进一步判断是保护电路启动，采用开机的瞬间测量检测电路电压的方法，D1501 的正极为 0V，D1507 的正极也为 0V，而 D1501 的正极为 7.5V，由此判断是场输出异常保护检测电路引起的保护。将 D1501 断开，测量场输出电路 IC1501 的各脚电压，均偏低不超过 1V，检查场输出电路的供电电路，行输出变压器 7、9 脚整流滤波后的 +15V 和 -15V 均为 0，行输出变压器的其他二次供电电压均为 0V，判断行输出电路未工作，对行输出行推动电流进行检测，发现行推动变压器一次侧有脉冲交流电压，而推动变压器二次侧的行输出管的 b 极无交流电压，仔细检查相关电路，发现行输出管 b 极铆钉与 b 极电阻 R2515 之间开焊，补焊后，行输出恢复正常，声光图出现，恢复保护电路，也不再发生保护故障

（续）

机型或机心	故障现象	故 障 维 修
KV-S29MH1 机型	开机后机内有“吱吱”跳火响声，收看时间越长响声越严重	通电开机后，直观检查发现“吱吱”跳火响声是从行输出变压器高压包的引出线处发出的。断电，对行输出变压器处的高压线进行检查，结果发现高压线与高压包的连接处有 4～5mm 的活动距离，看来这就是问题的所在。先将高压线的胶套拉出，压进高压线，注入 704 绝缘胶，再用塑料片塞实，推回胶套，等胶水干透后，通电试机，跳火现象消失，故障排除
KV-S29MH1 机型	开机后子画面正常，但主画面图像彩色异常，且不清晰	测 TU1101 主画面调谐器和 TU1102 小画面调谐器各脚供电电压均正常，试将 TU102 的 1 脚输入的中频信号引至主画面图像中放通道（AGC 亦一同引入），开机图像恢复正常，说明小画面调谐正常，主画面调谐器内电路有问题。拆开调谐器，测调谐器内的 VT1001、VT1002 两只高放管第二栅极电压仅 3V 左右，而正常值为 7V。进一步仔细观察，发现 R1008 内部烧坏。更换同规格的电阻器 R1008 后，主画面图像恢复了正常，故障排除
KV-S29MH1 机型	图像模糊不清，色调异常，对比度也较弱	该故障可能发生在高频调谐器或图像中放通道。测 TU1101 主画面调谐器和 TU1102 小画面调谐器各脚供电电压均正常，试将 TU1102 的 1 脚输入的中频信号引至主画面图像中放通道，开机恢复正常，说明小画面调谐正常，主画面调谐器内电路有故障。测主画面调谐器内的 IC1001 各脚电压无异常，测 VT1001、VT1002 两只高放管各极电压，发现 VT1001 栅级电压异常，焊下该管检查，其内部已开路。更换同规格的场效应晶体管 VT1001 后，电视机的图像恢复了正常，故障排除
KV-S29MH1 机型	伴音基本正常，但图像无彩色	先从 AV 输入 PAL 或 NTSC 的 4.43MHz 信号图像均无彩色，说明制式转换正常，输入 NTSC3.58MHz 信号图像也无彩色，说明问题在 B 板多制式彩色解码器 IC315（TDA4650）及其外围元件。开机后，用手触摸 IC315 的 21 脚外接的晶体管 X303 和可调电容器 CT303（30pF）时，发现彩色时有时无，焊下 CT303 测量，发现其内部严重漏电。更换同规格的可调电容器 CT303 后，图像彩色恢复了正常，故障排除
KV-S29MH1 机型	开机后呈三无状态，电源指示灯不亮	测 VT601、VT602（2SC4834）两只电源开关管各脚在路电阻时，发现两管 e 极处有炸裂痕迹，焊下检测两管均损坏。再查 R606（0.1Ω，1/2W）限流电阻器也呈开路状态。用同规格型的配件更换损坏的 VT601、VT602、R606 后，电视机图像与声音均恢复正常，故障排除
KV-S29MH1 机型	接收 L、H 频段节目基本正常，但接收 U 频段图像漂移	检查 U 段频电路中的输入和本振回路元件均正常，进一步检查高频调谐器本振回路，发现变容二极管 VD1012 内部漏电。更换同规格的变容二极管 VD1012 后，电视机的工作恢复了正常，故障排除
KV-S29MH1 机型	接收各频段节目时，图像均出现漂移现象	检查高频头电路中的输入和本振回路元件均未发现异常，根据检修经验，本振回路变容二极管性能变坏故障较为常见。但只是某频段图像漂移，而该机各频段图像均漂移，说明高频头内部不良。更换新的同规格的高频头装上后，电视机的工作恢复了正常，故障排除
KV-S29MH1 机型	图像色彩轮廓模糊不清，色调也不正常，黑白对比度较弱	测量 TU1101、TU1102 各引脚供电均正常。将 TU1102 的 1 脚信号引至主画面图像中放电路（AGC 也一同引入）。图像可恢复正常。测量 VT1001、VT1002 第二栅极电压仅为 3V，正常值为 7V 左右。经查相关电路，发现 R1008 电阻器开路，更换同规格的电阻换上后，通电试机，故障排除

（续）

机型或机心	故障现象	故 障 维 修
KV-S29MH1 机型	开机时，机内“啪”的一声，出现三无故障	用遥控器关机后未关电源开关就拔下插头，第二天将插头插入电源瞬间，机内“啪”的一声出现三无故障。测量开关电源输出端输出的电压均为0V。测量进入机内的交流220V市电电压基本正常。经查相关电路，发现VT601、VT602管炸裂，R606电阻器烧断，更换新的同规格的配件后，故障排除
KV-S29MH1 机型	图像与伴音基本正常，但图像亮度偏暗	测量IC304集成电路的供电电压基本正常。测量IC304的2脚上的4.7V电压下降为约2.7V。检查相关电路，发现VD303二极管反向电阻值变小，更换更换新的同规格的配件后，故障排除
KV-S29MH1 机型	U频段图像漂移，且高端漂移更严重	L、H频段工作正常，在U频段，测量供电电压基本正常。断电，对U频段与本振有关的元器件进行检查，发现VD1012管特性变劣。更换新的同规格的VD1012管后，故障排除
KV-S29MH1 机型（G1机心）	三无，指示灯不亮	检查出是电源开关管Q601、Q602击穿，保险电阻R606烧断。由于本地当时买不到2SC4834晶体管，用二支普通29寸彩电采用的大功率开关管2SC4706代替。更换R606、代换Q601、Q602后，开机后电源恢复正常，测量各路输出电压也都符合要求，图像、伴音和光栅均正常，以为彻底修复，交给用户使用。谁知用户观看半小时后，突然变为三无。经检查又是新代换的Q601、Q602击穿，估计是更换的开关管2SC4706功率不足，又采用功率更大的开关管2SC4111进行代换，手摸2SC4111的温度明显偏高；后来通过邮寄购得2SC4834原装开关管代换，电视机终于恢复正常
KV-S29MH1 机型（G1机心）	为三无，指示灯不亮	经检查是IC601（STR80145A）的倍压和全桥整流切换电路、开关管Q601、Q602均击穿，限流电阻R601、保险电阻R606烧断。拆出IC601，更换原装2SC4834和其他损坏元件后，开机电视机恢复正常，工作约1h后，开关管再次损坏。估计是过电流或过损耗造成的开关管损坏。检查可能造成过损耗损坏的电源反馈和激励电路，发现反馈电路中的R611、R612有接触不良的嫌疑，C617的容量减小，为了使Q601、Q602工作对称，将C617、C619同时更换，补焊R611、R612后，故障排除
KV-S29MH1 机型（G1机心）	三无，指示灯亮	检查副电源有输出电压，主电源无电压输出，继电器RY602不吸合。对开关机控制电路和保护电路进行检测，发现副电源保护电路的模拟晶闸管Q609的b极为0.7V，保护电路启动。采用解除保护的方法，将Q609的b极与e极短接，并检测副电源的输出电压。解除保护后，副电源+40V电压正常，看来是模拟开关管电路误触发，对Q609的b极过电压、欠电压保护检测电路元件进行检测，未发现明显变质元件。考虑到稳压管在路测量不准确，拆下稳压管D622、D623测量其稳压值，发现D622稳压值下降，由正常时的7.5V，下降到5~6V，且稳压值不稳定。更换D622后，故障排除

（续）

机型或机心	故障现象	故 障 维 修
KV-S29MH1 机型（G1 机心）	指示灯亮，时常发生自动关机故障	正常工作时，检查副电源和主电源输出电压均正常，自动关机时，继电器 RY602 释放，切断主电源脉冲电流。判断故障在待机控制和保护电路，对开关机控制电路和保护电路进行检测，发现主电源保护电路的 Q612 的 c 极为高电平，判断保护电路启动。采用解除保护的方法，将 D628 拆除。解除保护后，开机正常，但时常发生无图像故障，对开关电源输出电压进行检测，发现无图像时，主电源输出的 12V 电压消失，检查其整流滤波和稳压电路，发现三端稳压器 IC604 的 1 脚裂纹开焊，引起主电源保护电路启动，引发自动关机故障。将 IC604 焊好后，恢复保护电路，未再发生自动关机故障，故障彻底排除
KV-S34MH1、KV-S29MH1 机型（G1 机心）	收看 PAL 制节目一切正常，看 NTSC 制光碟时，屏幕边缘部分会聚不良，白竖线变为左右分开的红绿蓝竖条	进入维修状态，按“1、4”键选择项目，选出第 19 项，进行水平静会聚微调。按“2、0”键将 50 场（PAL 制）改为 60 场（NTSC 制）。按 3、6 键改变数据，将原来的 2C 改为 3A 时，图像四周的竖红绿蓝彩条并为竖白线。按“MUTE”键进入数据写入方式，按“0”键执行写入操作，按“7、0”键将调试后的数据存入存储器中，按“POWER”键进行待命状态，退出维修状态
KV-TF21M90 机型（BG-3S 机心）	无光栅、无图像、无声音，待机指示灯闪两下	指示灯闪烁两下是指行、场扫描电路出故障。检测行输出管 c 极电压 135V 正常，在开机时能听到高压起振声音，说明行扫描已工作，故障可能在场扫描部分。这时，检测行、场扫描保护执行 Q503 的 b 极为高电平，确认保护电路工作。采用解除保护的方法，将 Q503 的 b 极断开后，光栅出现一条水平亮线。说明 IC503 场扫描电路不正常。检查 IC503 各脚电压，发现 2 脚电压为 0V，正常时应有 +15V 直流电压。IC503 的 2 脚电压由行输出变压器 T503 的感应电压，经 D522、C556 整流滤波后获得。在该电路中 R593 为限流电阻，因此应首先对其进行检查，结果发现 R593 已烧焦开路，进一步检查 +15V 电路和场输出电路 IC503，发现 IC503 的 2 脚与 5 脚短路，引起保险电阻 R593 烧断。更换电阻 R593 和 IC503 后故障排除
KV-W28MH11 机型（AG-1 高清机心）	开机后整机无光栅、无图像、无伴音，指示灯不亮	首先检查熔断器 F1601，发现已明显烧断，并且管壳发黑，说明交流输入整流切换电路或主开关电源电路有短路之处。检查消磁电路，无异常，于是重点检查交流输入及整流切换电路，发现 C1624（1000μF/250V）已冒顶，外壳有电解液流出，说明已击穿短路。更换 C1624 后，故障排除
KV-W32MH11 机型（AG-1 高清机心）	开机后指示灯亮，机内无声响	指示灯亮，说明主机电源已将启动。测量开关电源输出 +B 电压为 60V 左右，遥控开机时，测量微处理器 IC003 的 11 脚和 12 脚开机控制端电压输出高电平 5V 后，又降到 0V，由此判断微处理器执行待机保护，测量微处理器的 37 脚电压，开机时果然为低电平。对微处理器 37 脚外部检测电路进行检测，发现 Q508 的 c 极开机的瞬间为高电平，怀疑场输出电路异常，采用解除保护的方法，断开 R525，开机不再保护，但屏幕上呈现一条水平亮线。对场输出电路进行检测，场输出电路 IC1551（STV9379）内部短路，更换后，故障排除

（续）

机型或机心	故障现象	故 障 维 修
KV-W32MH11 机型（AG-1 高清机心）	指示灯亮，整机三无	遥控开机，电源输出电压上升后又降到 60V 左右，测量微处理器的 37 脚电压为低电平 0.8V，判断微处理器执行待机保护。对微处理器 37 脚外部检测电路进行检测，发现 D502 的正极在开机的瞬间有高电平，判断行输出电路有短路故障。采用解除保护的方法，断开 D502，开机声、光、图出现，但光栅暗淡，测量 +B 电压下降到 100V 左右，且行输出管发热严重，怀疑行输出变压器局部短路，更换行输出变压器 T503 后，开机不再保护
KV-W34MN2 机型（AG-1 高清机心）	指示灯不亮，整机三无	开机指示灯不亮，判断故障在主电源。检查熔断器 F3601 完好，初步判断电源初级电路无严重过电流现象，测量 300V 电压正常，但开关电源无电压输出，说明开关电源未工作。测量开关管脉冲形成电路 IC601（MC33025P）的供电端 15 脚无启动电压，说明启动电阻 R1614 开路或 IC601 的 15 脚内外元件短路。测量 IC601 的 15 脚对地无明显短路现象，怀疑启动电阻 R1614 开路或阻值变大，焊下检查 R1614 阻值为无限大，用 68kΩ/3W 电阻更换后，故障排除
KV-XA29M80 机型（BG-3R 机心）	呈三无，待机指示灯亮	检查控制主电源市电输入的继电器 RY601 也没有吸合声。测 IC001 的 7 脚电压为 3.9V，说明开机控制电压已输出。再测 Q607 的 b 极为 0V，怀疑 IC001 的 7 脚外接电阻 R046（1kΩ）开路，经查电阻完好。重新查看电路图，发现 Q608 可以控制 Q607 的 b 极，测 Q608 的 b 极为高电平，再测 C649 两端电压高达 16V，正常应为 7V，原来副电源输出的电压过高导致保护动作，判断故障还是出在副电源部分。此电源电路中有一个限制 7V 电压升高的电路，即取样 6-5 绕组。由 D638 整流、C652 滤波产生的直流电压，击穿 D637 后加至 Q606 的 b 极，使 Q606 导通电阻减小，从而降低 Q605 的栅极电压。检测 Q606 的 b 极电压为 -0.1V。正常应为 0.55V，再测 D638 处也有 7.3V 的电压输出。怀疑 D638 至 Q606 的 b 极之间可能有元件损坏。用电阻挡检测该电路中元件，发现 R614（470Ω）贴片电阻开路。更换 R614，故障排除
KV-XA29M80 机型（BG-3R 机心）	三无，待机指示灯闪烁两下	首先检测保护执行电路 Q503 的 b 极电压为高电平 0.7V，保护电路启动所致。在开机瞬间测 +B 电压，指针刚升至 70V 左右便迅速跌落。+B 输出端对地阻值正常，Q511（行输出管）也没损坏。采用解除保护的方法，先断开 R615（+B 过电流检测电阻）的后级负载，接假负载，再断开 Q503 的 b 极解除保护，开机检测 +B 为 135V，电压正常。为了进一步确认，拆除假负载，将 R615 挑开并串入万用表测行电流，刚开机指针就超出了最大量程（500mA），说明 +B 负载有局部短路现象。由于刚开机时行输出变压器处会发出“吱吱”声，故怀疑行输出变压器 T503 绕组可能有短路，更换 T503 后故障排除

5.4 夏普彩电易发故障维修

5.4.1 夏普平板、背投彩电易发故障维修

机型或机心	故障现象	故 障 维 修
LCD42PX5 液晶机型	开机红灯亮遥控开机变为绿灯但无光无声	开机检查负电源提供的5V正常，按遥控开机按钮，指示灯能有红绿变化，主电源24V和其他电源无输出。24V电源采用STR-Z4579集成电路。检查电源板CN-3插座上1脚PS-ON为高电位开机3V左右，检查PFC电路输出的380V电压正常，测量主电源STR-Z4579外围电路元件未见异常，试更换STR-Z4579后，故障排除
XV-371P 投影机型	投影灯无法点亮。但绿色指示灯亮	开机后，灯泡无法点亮，但电源指示灯与灯泡指示灯均呈绿色，且可以保持开机状态不会停机。开机，测量C1706电容器两端的15V电压为0V，说明副电源电路没有启动工作。断电，对副电源电路中的有关元器件和电路进行检查，结果发现启动电阻器R1710（820kΩ1/2W）的一只引脚呈虚脱焊现象。加锡将电阻器R1710虚脱焊的引脚焊牢后，通电试机，液晶投影彩色电视机恢复正常，故障排除
XV-371P 投影机型	投影灯无法点亮，4次触发后进入自锁	电源指示灯与灯泡指示灯均呈红色，按压灯泡启动按键失效。开机后，在投影机进入自锁状态时关断电源开关再重新开机，自锁状态可以消除，按压灯泡启动按键，仔细静听可以听到有“嚓嚓”的高压打火声，由此判断触发高压已经产生，故障很可能是灯泡本身损坏引起的。断电，拆下灯架，检查发现灯心已经炸碎裂断，显然这就是问题的所在。更换新的同规格的灯泡装上后，通电试机，投影机的工作恢复正常，故障排除

5.4.2 夏普数码、高清彩电易发故障维修

机型或机心	故障现象	故 障 维 修
21D-CM机型 （SP-30机心）	二次开机后面板指示灯由红转绿，电视机无光、无声，片刻后又恢复为红色，自动关机	测量微处理器IC1001的33脚电压，在二次开机后即由0V逐渐上升，升至约3V时指示灯由绿色转为红色，电视机转为待机状态，判断是保护电路启动所致。测量保护电路Q603的c极电压，开机时由0V上升至约8V后，电视机出现保护关机。反复开、关电视机电源，逐一测量Q603的b极连接各二极管负端在开机瞬间的电压值，发现均高于Q603的b极电压，因此，可排除各保护支路引起Q603导通的可能。至此，只剩下唯一的可能，就是Q603的c极与e极漏电。拆下Q603测量未发现异常，将其更换后故障排除
21D-CM机型 （SP-30机心）	二次开机后面板指示灯由红转绿，片刻后又恢复为红色，自动关机	测量IC1001的33脚开机的瞬间为高电平，反复开机，抓住开机的瞬间，逐个测量33脚外接的检测隔离二极管电压，发现D505在开机的瞬间正极为高电平。判断是场输出电路IC501发生故障，引起保护电路启动。对IC501场输出电路进行检测，发现IC501多脚击穿短路，C506漏电，R510烧焦。全部更换后，故障排除

（续）

机型或机心	故障现象	故 障 维 修
21D-CM 机型（SP-30 机心）	二次开机后面板指示灯由红转绿，片刻后又恢复为红色，自动关机	测量 IC1001 的 33 脚开机的瞬间为高电平，反复开机，抓住开机的瞬间，逐个测量 33 脚外接的检测隔离二极管电压，发现 Q603 的 c 极在开机的瞬间正极为高电平。由于 Q603 的 b 极检测电路较多，且多为失压检测，解除保护后，不会造成故障扩大。采用逐个断开检测二极管的方法，解除保护进行开机试验，当断开 D304 时，开机不再保护，判断故障在 +B 或音频负载电路，对音频电路及其供电电路进行检查，发现保险电阻 FB305 烧断，伴音功放集成电路击穿，更换伴音功放集成电路和 FB305 后，电视机恢复正常
21FN1 机型（SP-41 机心）	开机后面板上的指示灯由红变绿。1～2s 后又转为红色，电视机处于待机状态	故障为保护电路起控。测微处理器的 33 脚电压为 5V，证实故障为自动保护关机，在开机的瞬间，自动关机之前，对其各保护支路监测的电压进行测量，测量结果为：C621 正端电压为 16V；Q1002 的 b 极 0V；D618 负端 18V；D503 负端 9V；D610 负端 6.3V；D301 负端 7.7V；D604 负端 6.3V；D605 负端 6.4V；D615 负端 3.4V。根据测量结果分析，D615 负端电压不正常，测量 D615 检测的视放 170V 供电电压，开机瞬间为 174V 基本正常，检查取样电路 R619 已开路，更换后故障排除
21FN1 机型（SP-41 机心）	在小音量状态下收看正常，音量开大后自动关机	监测微处理器的 33 脚电压故障出现时上升，说明保护关机。因故障的出现与音量大小密切相关，故监测 D301 负端电压，音量置最小时为 7.7V，将音量逐渐调大，该电压逐渐降低，降至约 4.3V 时自动关机。改测 IC301 的 3 脚电压；音量最小时为 14.5V，音量增大后电压明显下降至约 9V 时故障出现。测其供电电压为 15V，无明显变化。判断 R311 阻值增大，造成大音量时压降增大，从而引发保护电路起控。拆下 R311 测得其阻值已由原 1Ω 增大至 50Ω 左右，将其更换后，电视机工作正常
25N42-E2 机型	R 声道扬声器无伴音，但图像及 L 声道伴音基本正常	检查扬声器及其连接系统无异常。检查 IC301 外围电路，发现 C305 内部开路。更换 C305 后有声音，但声音很小。进一步检查，发现 R304 和 C304 也均已损坏。用同规格的配件更换损坏的 R304 和 C304 后，L 声道伴音恢复正常，故障排除
25N42-E2 机型	开机数秒钟后，自动停机保护	测 IC501 的 8 脚直流电压正常。用示波器测 IC501 的 2 脚无波形，检查 VT501（2SC3198）也正常。进一步检查发现集成电路 IC801 内部损坏，造成 VT502 截止，引起 X 射线保护电路动作，电视机自动停机保护。更换同型号的集成电路 IC801 后，故障排除
25N42-EC 机型	指示灯闪亮一下后变为红色，无光栅、无伴音	该故障可能发生在行振荡及保护电路。用示波器检测行振荡电路未启振，测行振荡电路 IC801 工作电压为 0V，正常应为 9V。仔细检查其供电电路，发现二极管 VD720 内部损坏。更换同规格的二极管 VD720 后，故障排除
25N42-EC 机型	开机后待机指示灯时亮时灭，无光栅、无伴音	测 +120V、+19V 电压正常，而 +15V 电压仅为 +7.6V。拔下插件 XA，再测 +15V 电压正常，说明 +15V 的负载电路有问题。进一步检查其供电电路相关元件 VD720 及 R740，发现 R740 由原来的 1Ω 变成 90Ω。更换同规格的电阻器 R740 后，故障排除
25W11-B1 机型（8P-MW2 机心）	接收 SECAM 制信号时图像色彩时隐时现，很不稳定	开机接收 TV 电视信号时无任何色彩，更换另一频道有色彩，但深浅变化不定。测色度/亮度处理电路 IC801 的 22、23、27 脚电压，均不正常。进一步检查 IC801 的外围电路元件无异常，判定 IC801 内部色信号处理电路损坏。更换同型号的集成电路 IC801 后，故障排除

（续）

机型或机心	故障现象	故障维修
25W11-B1 机型（8P-MW2 机心）	接收 SECAM 制信号时图像呈全红色，但伴音基本正常	让电视机接收 TV 电视信号时有淡红色，将色饱和度调小时还有颜色，检查白平衡调整情况良好。检查 VT2802 正常，检查 R2802 和 R2824 也无异常。再进一步检查 C2802、C2805 和 R2812，发现 C2802 内部不良。更换同规格的电容器 C2802 后，屏幕上图像的彩色恢复正常，故障排除
25W11-B1 机型（8P-MW2 机心）	接收 PAL 制信号时，图像颜色青色偏重	先检查白平衡调整良好。再检测 VT2801 及外围元件 R2801 和 R2823，发现 R2801 电阻值变大。更换同规格的电阻器 R2801 后，图像彩色恢复了正常，故障排除
25W11-B1 机型（8P-MW2 机心）	屏幕上的光栅呈水平一条亮线	测场扫描电路 IC550 的 7 脚电压正常，用示波器检查 IC801 的场扫描频率也正常。再检查 IC551 及供电电压控制电路，发现工作不正常。检查该电路 C601、VD501、S401 等相关元件，发现 C601 内部不良。更换同规格的电容器 C601 后，故障排除
25W11-B1 机型（8P-MW2 机心）	光栅呈一条水平亮线	测场扫描电路 1C550 的 7 脚电压正常。用示波器检查 IC801 的场扫描频率不正常，再检查 C563 和 C564，也无异常。进一步检查 IC551 外围电路 VT551、VT550、VT562 等相关元件，发现 VT551 内部损坏。更换同型号的晶体管 VT551 后，光栅及图像均恢复正常，故障排除
25W11-B1 机型（8P-MW2 机心）	无字符显示，但图像及伴音均基本正常	该故障一般发生在微处理器字符显示及控制电路。检查微处理器 IC1001 及其外围电路，开机后按摇控器“CALL”键，用示波器测 IC1001 的 24、26、27 脚无尖峰状脉冲波形，说明 IC1001 工作不正常。再测 22、23 脚无时钟振荡波形，说明时钟振荡产生电路有故障。仔细检查其外围 C1010、C1011、TH100、FB1001 等相关元件，发现 C1011 内部损坏。更换同规格的电容器 C1011 后，屏幕上的字符显示功能恢复正常，故障排除
25W11-B1 机型（8P-MW2 机心）	光栅基本正常，但无图像、无伴音	先检查高频调谐器 PIF、AGC 电路和 12V 电源。开机后先将电视机对比度及音量调整至最大时，噪波增大，但无伴音。测调谐器的 BL、BH、BU 电压均不正常。进一步检查 IC1201 的外围电路，发现 VT1202 内部短路。更换同型号的晶体管 VT1202 后，故障排除
25W11-B1 机型（8P-MW2 机心）	光栅基本正常，但无图像、无伴音	先将对比度、亮度及音量调整至最大时，噪波减弱，但伴音电平变化显著。检查中频部分的 12V 电压严重偏低。检查 IC601、R616、R610 均无异常。进一步检查 C608、VT602 等相关元件，发现 VT602 内部击穿。更换同型号的晶体管 VT602 后，电视机图像与声音均恢复正常，故障排除
25W11-B1 机型（8P-MW2 机心）	无光栅、无图像，也无伴音	检查 KA701 未接通，检查 F1701 已熔断，更换 F1701 开机后再次熔断。仔细检查电源集成电路 ICT01 的外围电路，发现 VT701 击穿，VD706 断路。用同规格的配件更换损坏的 VT701、VD706 后，故障排除
25W11-B1 机型（8P-MW2 机心）	开机后无光栅、无图像	开机后观察 KA701 能接通，但立即断开，用示波器检测行扫描电路不启振。测 C729 两端有直流电压 120V。测 VT656 及 VT657 的偏置电压均不正常。仔细检查该电路 C684、C686、C685、C656、C657、VT656 等相关元件，发现 C686 内部损坏。更换同规格的电容器 C686 后，屏幕上的光栅与图像均恢复正常，故障排除

（续）

机型或机心	故障现象	故 障 维 修
25W11-B1 机型（8P-MW2 机心）	开机后无光栅、无图像	开机后观察 KA701 及 KA1701 能接通，但立刻断开。用示波器检查行扫描电路不启振。测 C729 无 120V 直流电压，检查 FB711 和 FB712 无异常。进一步检查电源电路 C729、C730、C731 等相关元件，发现 C730 内部短路。更换同规格的电容器 C730 后，电视机图像与声音均恢复正常，故障排除
25W11-B1 机型（8P-MW2 机心）	开机后无光栅、无图像	开机观察发现 KA701 和 KA1701 均接通，用万用表检测显像管电压不正常。测量 IC801 的偏置电压，发现 IC801 的 61、63 脚电压仅为 4.2V，而正常应为 12V 左右。仔细检查 C821、CB23、VD807 等相关元件，发现 C821 内部不良。更换同规格的电容器 C821 后，屏幕上的光栅与图像均恢复正常，故障排除
25W11-B1 机型（8P-MW2 机心）	开机后“吱”的一声，呈三无状态	先短接继电器 KA701 的常开触点，图声均恢复正常，测微处理器 IC1001（IX1194CEN2）的 42 脚供电电压的 5V 正常，再测待机控制端 7 脚电压为 4.8V 也正常，说明 IC1001 正常，故障出在待机控制电路，测 VT1001 的 e 极电压为正常值 4.2V，VT1122 的 c 极电压为 0V，怀疑 KA701 线圈开路。经测其线圈电阻值正常，检查其常开触点也无明显异常，说明 KA701 也正常。再测 VD1126 的负端电压为 0V 不正常，表明电源没有送至 KA701 线圈，造成了 KA701 不能吸合。进一步检查 C1124、R1123、VD1126 等相关元件，发现 C1124 内部损坏。更换同规格的电容器 C1124 后，故障排除
25W11-B1 机型（8P-MW2 机心）	伴音基本正常，但屏幕上的图像无彩色	该机可接收 PAL、SECAM、NTSC4.43 及 NTSC3.58 四种制式的彩色电视信号。开机后按“SYS.TEM”键，屏幕显示字符，说明微处理器基本正常，应重点检查彩色制式逻辑变换器 IC802、IC801 及其外围元件。测微处理器 IC1001 的 2 脚为高电平，正常。将制式键置于“PAL”状态时，测 1C801 的 10、11、12 等三脚均为低电平，正常时应为“高”、“低”“高”三种状态。进一步仔细检查该电路相关元件，发现 IC802 内部损坏。更换同型号的集成电路 IC802 后，屏幕上图像的彩色恢复正常，故障排除
25W11-B1 机型（8P-MW2 机心）	开机有继电器吸、放的“嗒嗒”声，无光栅、无伴音	继电器产生吸、放的“嗒嗒”声原因有二，一是开关机控制电路发生故障；二是行输出电压过低使保护电路启动。检查行输出过低保护电路，Q1704 的 b 极有波动的 0.7V 正向电压，说明行输出电压过低保护启动。检查行输出电路的对地电阻，未见异常，检查行输出管、行推动管及外围元件也未见异常。测量开关电源输出电压和行扫描电路电压均偏低，断开行扫描电路，接假负载，切断行输出电压过低保护电路 Q1703，开机不再保护，测量开关电源输出的 +B 电压正常，说明故障在行输出电路。拆除假负载，恢复行扫描电路，测量行输出级电流高达 1.1A。考虑到造成行输出电压下降的主要原因是行输出变压器局部短路，试更换行输出变压器 T650 后，故障排除，恢复 Q1703 也不再保护
25W11-B1 机型（8P-MW2 机心）	开机三无，有继电器的“嗒嗒”响声	测量 Q1703 的 b 极为 0.7V，判断是进入保护状态。开机后进入保护状态的瞬间，测量 IC801 的 52 脚电压，有下降的现象，判断是由于 IC801 执行的保护。在确定开关电源输出电压正常，行输出电路无明显短路故障后，断开 Q1703，开机仍然三无，测量 IC801 的 52 脚电压为低电平，进入保护状态。逐个断开进入 52 脚的保护电路，当断开 Q399 的 c 极后，开机不再保护，出现光栅和图像，但无伴音，说明故障在 Q399 检测的伴音功放电路。检查功放电路 IC399 内部击穿短路，更换 IC399 恢复保护电路后，不再保护，但仍然无声，检查功放电路发现为功放电路供电的整流滤波电路烧断，修复后，故障排除

（续）

机型或机心	故障现象	故障维修
29AD1F 机型	开机后自动关机，电源输出电压上升后又降到正常值的四分之一左右，指示灯亮灭正常	开机后、自动关机前的瞬间，测量微处理器的 30 脚电压，为低电平 1V 左右，判断是微处理器中断口 30 脚外部故障检测电路引起的保护。采取逐个拆除检测二极管 D408、D520、D1712、D1608 的方法，开机后仍发生自动关机现象；测量 Q1605 的 b 极电压，开机的瞬间有零点几伏的上升电压，判断灯丝过电压保护电路启动。采取拆除 R1012 解除保护，接假负载测量开关电源输出电压的方法，开机测得 +B 电压正常，且图像和伴音正常，测量行输出电压也在正常范围内，判断是灯丝过电压保护电路元件变质引起的误保护。对该电路元件进行检测，未见异常，估计是稳压管 D1601 的稳压值改变，更换 D1601 后，恢复保护电路，不再发生自动关机故障
29AD1F 机型	开机后自动关机，电源输出电压上升后又降到正常值的四分之一左右，指示灯亮灭正常	开机后、自动关机前的瞬间，测量微处理器的 30 脚电压，为低电平 1V 左右，判断是微处理器中断口 30 脚外部故障检测电路引起的保护。采取逐个拆除检测二极管 D408、D520、D1712、D1608 的方法，开机观察故障现象；当拆除 D1712 时，开机不再自动关机，但无伴音，判断伴音功放电路或其电源供电电路发生故障。对伴音功放电路进行检查，发现伴音功放电路严重短路，保险电阻烧断，更换伴音功放电路后，伴音恢复正常，恢复保护电路，也不再发生自动关机故障
29AD1F 机型	开机后自动关机，指示灯亮灭正常	开机后、自动关机前的瞬间，测量微处理器的 30 脚电压，为低电平 4V 以上，判断不是微处理器中断口 30 脚外部故障检测电路引起的保护；但微处理器的开关机控制端 37 脚由开机高电平瞬间变为低电平，看来自动关机是由微处理器所为，测量 IC1001 的 2 脚无场逆程脉冲输入，对场输出电路进行检测，发现场输出电路损坏，更换后，故障排除
29AD1F 机型	开机后三无，指示灯亮一下后熄灭，开关电源无电压输出	指示灯亮一下，说明开关电源已经启动，估计是开关电源初级保护电路启动，重点检测初级保护电路的取样元件和相关的电压、电流。测量开关电源初级保护电路的相关元件，未见异常，估计是行输出电路电流过大，引起开关电源过电流保护电路启动。拆除 IC1001 的 30 脚 R1012，断开行输出电路，接假负载开机，测量开关电源输出电压正常，拆除假负载恢复行输出电路，开机立即自动关机，在开机的瞬间测量行输出电流，达 800mA 时，自动关机。由此判断行输出电路发生短路漏电故障，测量行输出管正常，怀疑行输出变压器 T1601 内部局部短路，更换 T1601 后，恢复保护电路，电视机恢复正常，故障排除
29A-FD5 机型（SP-90 机心）	无光栅与图像，无伴音，但红色电源指示灯亮	观察发现继电器吸合后又释放，同时电源指示灯由红变绿、由绿变红后闪烁，怀疑保护电路动作引起。开机的瞬间测量 IC1000（IX3285CEN4）微处理器 5 脚上的 0V 开机低电平变为高电平，说明保护电路已经启动。将保护电路中的 VT1005 晶体管的 c 极与地线短接，然后通电试机，屏幕上出现了光栅与图像，但伴音仍然没有，估计是伴音电路异常引起保护。测量伴音功放电路 IC1300 与 IC1301 的 +20V 电源正常，但 -20V 电压为 0V，检查发现 -20V 电压整流二极管开路，更换同型号的整流二极管后，-20V 电压恢复正常，故障排除

（续）

机型或机心	故障现象	故障维修
29A-FD5 机型（SP-90 机心）	开机后三无，电源指示灯为红色	按下电源开关后有继电器的吸合声并释放的声音，指示灯由红色变为绿色，然后又变为红色，但不闪烁。测量 IC1000 的 5 脚电压始终为低电平，看来不是 5 脚外围检测电路引起的保护。测量微处理器 IC1000 的供电、复位、晶振三个工作条件正常；检查微处理器的总线电压，IC1000 的 42 脚 SDA 和 45 脚 SCL 电压 4.8V 正常，经过 Q1004 和 Q1014 控制后的电压失常，造成总线数据无法传输，引起微处理器执行待机保护。检查 Q1004 和 Q1014 总线控制电路，Q1003 开路，更换 Q1003 后，总线电压恢复正常，开机不再出现保护现象
29A-FD8 机型（SP-90 机心）	无光栅与图像，无伴音，但电源指示灯会闪烁	观察发现电源控制继电器吸合后又断开，同时电源指示灯由红色变绿色、然后又由绿色变为红色连续闪烁两次，停止数秒钟后，重复上述闪烁。查阅有关资料，闪亮两次所代表的故障代码含义为 IC1001（M24C088）组成的存储器电路故障。测量 IC1001 集成电路 8 脚与 6 脚电压基本正常，但 5 脚上的约 4.5V 的数据 SDA 总线电压偏低。对与 IC1001 的 5 脚有关的连接线路进行检查，结果发现，5 脚焊点有一圈裂纹，估计此点呈接触不良。加锡将 IC1001 的 5 脚焊牢后，故障排除
29A-FD8 机型（SP-90 机心）	无光栅与图像，无伴音，但红色电源指示灯点亮	观察发现继电器吸合后又释放，同时电源指示灯由红色变绿色、由绿色变红色后不再闪烁。怀疑保护电路动作引起的。在开机的瞬间，测量 IC1000（IX3285CEM4）微处理器集成电路 5 脚上为开机 0V 低电平，说明保护电路没有启动。测量微处理器 IC1000 的 24 与 33 脚的供电、36 脚的复位以及 30 与 31 脚时钟振荡电路均无异常，42 脚上的 4.8V 的总线 SDA 电压、45 脚上的 4.8V 的总线 SCL 电压也无问题，检查 IC1000 微处理器的矩阵电路也无漏电或短路故障。测量 VT1004 与 VT1014 场效应晶体管输出的总线控制电压，检查发现 VT1003 管的 b 极引脚呈虚脱焊现象，加锡将 VT1003 管 b 极虚脱焊的引脚重新焊牢后，通电试机，故障排除
29A-FD8 机型（SP-90 机心）	开机有继电器的吸合并释放的声音，指示灯由红色变为绿色，然后又变为红色，三无	判断是由微处理器执行保护造成的。测量 IC1000 微处理器的 5 脚电压果然为高电平，开机的瞬间逐个检测二极管均为反偏截止，看来故障不在上述二极管检测电路。测量晶体管检测电路 Q1750、Q1302、Q1604 的 b 极电压，发现开机的瞬间 Q1604 的 b 极出现正向偏置电压，判断是灯丝过电压检测电路引起的保护。对该检测电路的元件进行在路检测，未见异常，考虑到稳压管 D1621 的特性无法在路检测，用一支 22V 稳压管代替 D1621 后，开机不再保护
29A-FD8 机型（SP-90 机心）	有时能正常开机，有时自动关机，有时开机三无	自动关机和开机三无时，测量 IC1000 微处理器的 5 脚电压为高电平，判断是 5 脚外围检测电路引起的保护。采取解除保护的方法，逐个断开 Q1005 的 b 极与外部的保护检测电路的连接的二极管 D616、D1765、D1764、D603、D604、D614、D609、D613、D4911、D4912、D4913、D1620 时，开机仍然保护，说明不是由上述保护检测电路引起的保护。当断开 R1762 与 Q1005 的 b 极连接时，开机不再保护，光栅和图像正常，但无伴音。检测伴音功放电路 IC1300/IC1301 对地电压，±20V 电源电压失常，无 -20V 电压。检测 -20V 整流滤波电路，发现整流二极管负极开焊，造成 -20V 电压丢失，致使保护检测电路 Q1750 导通，将 Q1005 的 b 极电压拉低而导通，向微处理器的 5 脚送入高电平，引起微处理器执行待机保护。将 -20V 整流管焊好并恢复保护电路后，开机故障排除，伴音也恢复正常

（续）

机型或机心	故障现象	故 障 维 修
29AN1 机型	无光栅、无图像、无伴音，待机指示灯也不亮	检查熔断器 F701 已烧断，检查 VD701 正常，FBT01 烧断，说明故障在整流滤波电路。进一步仔细检查发现 C703 内部击穿。用同规格的配件更换损坏的 FT01、FB701、C703 后，电视机图像与声音均恢复正常，故障排除
29AW1 机型	接收 SECAM 制信号伴音正常，但图像彩色不稳定	让电视机接收 PAL 电视信号有彩色，将彩色控制调到最小时色彩消失。测 IC2801 的 22、23、24 脚偏置电压，异常。进一步检查其外围电路元件一切正常，判定为 IC2801 内部不良。更换同型号的集成电路 IC2801 后，屏幕上图像的彩色恢复了正常，故障排除
29AW1 机型	接收 SECAM 制信号图像色彩异常，但伴音基本正常	先让电视机接收 TV 电视信号时无彩色，改变频道时有彩色出现，但是色彩不正常。测 IC2801 的 22、23、24 脚偏置电压，异常。进一步检查 22、23、24 脚的外围电路，发现 C2915 内部击穿，T2904 内部变质。用同规格的配件更换损坏的 C2915、T2904 后，屏幕上图像的彩色恢复了正常，故障排除
29AW1 机型	接收 SECAM 制信号伴音基本正常，但图像色彩暗淡	先让电视机接收 TV 电视信号时图像无色彩。用示波器观察 IC2801 的 18、62 脚波形异常。再检查两脚的外围元件，发现电容器 C2914 内部漏电。更换新的同规格的电容器 C2914 后，屏幕上图像的彩色恢复了正常，故障排除
29AW1 机型	伴音基本正常，但屏幕上有水平白亮线闪烁	测场扫描电路 IC501 的 8 脚电压，基本正常。用示波器观察 IC2801 的 31 脚波形异常。再测 IC2801 的偏置电压，发现其 36、37、38 脚电压均不正常。检查其外围元件，发现 R2616、C2611 均已损坏。用同规格的配件更换损坏的 RE616、C2611 后，屏幕上的图像恢复了正常，故障排除
29AW1 机型	屏幕上的光栅呈一条水平亮线	测场扫描集成电路 IC501 的 8 脚电压为 0V。检查 8 脚的相关元件，无异常。但查其供电电路时，发现电阻器 R616 内部开路。更换新的同规格的电阻器 R616 后，屏幕上的光栅恢复了正常，故障排除
29AW1 机型	光栅及图像均正常，但扬声器中无伴音	先检查扬声器及连线系统，均正常，调音量控制不起作用。再从伴音集成电路 IC301 的 2、3 脚输入音频信号，扬声器有伴音。进一步检查伴音 IC301 的外围电路元件无异常，判定 IC301 内部不良。更换同型号的集成电路 IC301 后，故障排除
29AW1 机型	光栅及图像基本正常，但扬声器中无伴音	先检查扬声器系统无异常。测 IC302 的偏置电压基本正常，从 IC302 的 2 脚输入音频信号，扬声器有声；而从 IC301 的 2、4 脚不能输入音频信号无伴音。检查 IC302 的外围元件无异常，判定为伴音集成电路 IC302 内部损坏。更换同型号的集成电路 IC302 后，故障排除
29AW1 机型	有光栅但无图像，扬声器中也无伴音	故障在图像中频电路、高频调谐器及 A/V 转换电路。开机后先将对比度、亮度都调到最大，无噪波显示。再用示波器观察 IC1401 的 21 脚波形异常。检查相关元件 L1424、L1402、CF1401 无异常。再进一步检查 VT1402 及其外围元件，发现 C1413、VT1402 均已不良。用同规格的配件更换损坏的 C1413、VT1402 后，电视机图像与声音均恢复正常，故障排除
29AW1 机型	有光栅但无图像，扬声器中也无伴音	故障在 AV/TV 转换及中频电路。将亮度、对比度调至最大，无噪波显示。测 IC1402 的偏置电压，不正常。检查其外围元件 C1421、C1418、R1445 均无异常，判定为 IC1402 内部不良。更换同型号的集成电路 IC1402 后，电视机图像与声音均恢复正常，故障排除

（续）

机型或机心	故障现象	故 障 维 修
29AW1 机型	有光栅，无图像无伴音	故障在 AV/TV 转换、高频调谐器或图像中频电路。将电视机对比度、亮度调至最大，显示噪波增大。用示波器观察调谐器的输出波形基本正常。再观察 IC2801 的 4、5、12、13 脚波形，不正常。经进一步检查发现中频电路 DL2831 内部性能变劣，T2901 内部断路。更换 T290、DL2831 后，图、声恢复正常，故障排除
29AW1 机型	无光栅、无图像，扬声器中也无伴音	故障原因一般出在电源或保护电路。检查 KA702 能接通，但随即又断开。测 C767 两端电压为 117V，基本正常。测 IC402 的 3 脚对地电压为 1.6V，正常值为 12V。测 IC402 的 1 脚电压为 14.1V，基本正常。检查 C406 内部已损坏，更换 C406，再查 IC402 的 3 脚电压仍偏低，判定为 IC402 内部不良。用同规格的配件更换损坏的 C406、IC402 后，故障排除
29AW1 机型	开机后无光栅、无图像	开机观察 KA702 能接通，但立刻断开。用示波器观察行振荡电路无输出波形。用万用表测 C767 两端电压为 122V，基本正常。检查 12V 电压整流滤波电路，发现整流二极管 VD731 内部损坏。更换同规格的二极管 VD731 后，电视机图像与声音均恢复正常，故障排除
29AW1 机型	无光栅、无图像、无伴音	开机观察 KA701 已断开，检查熔断器 F701 也已烧断。更换 F701 后，开机再次烧断。测电源厚膜电路 IC701 的外围电路一切正常，检查 IC701、IC704、VD713、VD723、VD709 等相关元件，发现二极管 VD713 内部不良。更换同规格的二极管 VD713 后，故障排除
29AW1 机型	开机后无光栅、无图像、无伴音	检查发现 KA701 已断开，熔断器 F701 也已烧断。更换 F701 再次烧断，测 IC701 的外围电路一切正常。检查 IC701、IC704、VD713 和 VD723 也无异常，进一步检查电源整流电路，发现整流堆 VD709 内部击穿。更换同规格的整流桥堆 VD709 后，故障排除
29AW1 机型	开机后无光栅、无图像、无伴音	检查 KA702 接通后又断开。测 C767 两端电压仅为 47V，检查该电路中的 C767、VD733、VD706 等相关元件均无异常。再测 VT702 和 VT704 各极电压均不正常。经进一步检查发现电容器 C714 漏电，VT702 内部开路。用同规格的配件更换损坏的 C714、VTT02 后，故障排除
29FN1 机型	无光栅、无伴音，待机指示灯闪烁不止	测主电源无输出，约 2s 后继电器 RY701 释放。测微处理器 22 脚开关机控制端电压由开机时的 5V 跌为 0V，33 脚保护输入端也由原来的 0V 上升为 5V，显然微处理器已自保。重点检查以 IC701（STR-6309）为主的电源电路。断开电源板与主板相连的插座（XA）后接上假负载，开机测主电源仍无输出，且红色待机灯闪烁，说明故障确在电源电路。短接继电器动接点，强制开启电源，测市电整流、滤波的 300V 电压正常，查启动电阻器 R706、R707 及反馈元件 C715、R708，发现 C715 内部不良。更换同规格的电容器 C715 后，故障排除
29FN1 机型（SP-42M 机心）	无光栅与图像，无伴音，电源指示灯会闪亮多次	观察发现电源指示灯由红变绿、由绿变红连续闪烁 7 次，停止数秒钟后，重复上述闪烁。查阅有关资料，闪亮 7 次所代表的故障代码含义为 IC1302（μPC1853C）电路故障。测量 IC1302 集成电路 15 脚上的约 11.5V 的工作电压只有约 4V，说明问题出在 IC1302 的供电电路上。对 IC1302 供电电路进行检查，结果发现 VD1310 二极管正极处的 12V 电压正常，但负极处的电压只有约 4V，怀疑 VD1310 二极管本身损坏。更换同型号的二极管后，故障排除

（续）

机型或机心	故障现象	故障维修
29FN1 机型（SP-42M 机心）	无光栅与图像，无伴音，电源指示灯亮而不闪	观察发现电源指示灯由红变绿、由绿变红后不再闪烁。怀疑故障是中断端口或总线系统异常引起的。开机的瞬间，测量 IC1001（IX2505CEN1）微处理器电路 33 脚上为 0V 开机低电平，说明保护电路并未启动。对 IC1001 微处理器的供电电路、复位电路以及时钟振荡电路进行检查未发现异常，测量其 42 脚与 43 脚上的 SCL、SDA 总线电压约为 4.5V，也无问题。将 VT1003 开关管的 c 极与 e 极短接，屏幕上出现了一条水平亮线，由此判断问题出在场扫描电路。对场扫描电路进行检查，发现 IC502（TA8859CP）集成电路的多个引脚电压与正常值不符，判断 IC502 本身损坏。更换新的 TA8859CP 型集成电路后，故障排除
29FN1 机型（SP-42M 机心）	开机后电源红色指示灯亮，但不会变为绿色，随后红色闪烁 6 次	电源指示灯不变绿，闪烁 6 次，是电源和行输出电路故障。开机测量电源无电压输出，测量电源开关管和行输出管无明显短路故障；对开关电源电路进行检测，市电整流滤波后的 300V 电压正常，判断故障在电源振荡电路。检查电源的启动电路 R707、R706，发现电阻 R706 阻值无限大，内部开路。更换一支 150kΩ 电阻后，开机故障排除，不再保护
29FN1 机型（SP-42M 机心）	换到有信号的频道可正常收看，换到无信号的频道或切换到 AV 状态，2s 后自动关机	在保护关机时，测量微处理器的电源、晶振、复位三个工作条件正常，测量 42 脚的 SCL 和 43 脚的 SDA 电压都在 5.0V 左右稳定不变，而正常时应在 4.6V 左右摆动，判断总线系统挂接的被控电路故障。逐个断开 SCL 和 SDA 上挂接的被控电路，并监测 SCL、SDA 电压。当断开 IC2851（IX2508 CE）小信号处理电路的 13 脚 SDA 和 14 脚 SCL 时，微处理器的 SCL 和 SDA 电压恢复正常。判断 IC2851 及其外部电路元件故障，更换 IC2851 无效，检查外部电路元件也未见异常，使检修陷入困境。后来仔细观察故障现象，有时在换台时，屏幕上瞬间出现行不同步的斜条图像，有时发出“吱”的一声，判断行振荡频率偏低，试更换 IC2851 外部行振荡电路的晶振后，换台时不再发出“吱”的叫声和斜条图像了，换到无信号台和 AV 状态，也不再发生自动关机故障
29FN1 机型（SP-42M 机心）	无光栅与图像，无伴音，电源指示灯闪亮	观察发现电源指示灯由红变绿、由绿变红连续闪烁两次后，停止数秒钟后，重复上述闪烁。查阅有关资料，闪亮两次所代表的故障代码含义为存储器 IC1002（IX2448CEN1）组成的电路故障。测量 IC1002 存储器电压基本正常，对 IC1002 其他引脚电压进行检查，未现异常，怀疑存储器本身损坏。更换新的 IC1002 后，通电开机，将维修开关 S1001 拨到维修模式位置，屏幕上就会有“SERVICE. MODE”字符显示，进入维修模式，对有关的总线数据进行适当调整后，电视机恢复正常，故障排除
29N21-D1 机型	光栅呈一条水平亮带，随即自动停机	先检查场输出集成电路 LA7838 及外围元件、场偏转线圈，均无明显短路故障。试用导线将 VT502 的 b 极接地，使场输出保护不起作用，开机，迅速测 LA7838 的 8 脚电源电压为 26.3V 正常，1 脚辅助电压 11.4V 正常，而 2 脚场脉冲输入端电压仅为 2.3V，正常值应为 4.3V。经仔细检查，发现外接电阻器 R504 内部阻值变大。更换同规格的电阻器 R504（22kΩ/0.5W）后，故障排除

（续）

机型或机心	故障现象	故障维修
29RD1 机型（SP-71 机心）	正常收看中，时常发生自动关机故障，指示灯由绿色变为红色	怀疑电源或行输出电路存在接触不良故障，可是将电源和行输出电路可能开焊的焊点补焊后，自动关机故障仍未能排除。后来在自动关机时测量微处理器的 23 脚电压为高电平，同时 17 脚电压为低电平，确定是微处理器执行保护所致。采用逐个断开 Q1010 外部检测电路的方法，进行开机试验，当断开 D1613 时，开机不再保护，出现正常的光栅和图像，判断是 ABL 电压过低检测电路引起微处理器执行保护。对 ABL 电路进行检测，发现 ABL 上偏流电阻 R1635 表面烧焦，阻值变大，由正常时的 560kΩ 增大到 800kΩ，且不稳定。引起 ABL 电压降低，保护电路启动。更换 R1635 恢复保护电路后，开机不再保护，故障排除
29RD1 机型（SP-71 机心）	有时能开机收看，有时自动关机，有时不能开机	不能开机时，按下电源开关后有继电器的吸合和高压建立的声音，指示灯由红色变为绿色，然后继电器释放，指示灯又变为红色。判断微处理器执行保护，测量微处理器的 23 脚电压由正常时的低电平变为高电平，17 脚由正常时的高电平变为低电平，确定是微处理器执行保护所致。断开 Q1010 外部所有失压检测二极管，均不能退出保护状态；当断开过电压检测电路 Q1606 的 c 极的 R1627 时，开机不再保护，且光栅、图像和伴音均正常，测量灯丝电压也在正常范围内，由此判断是灯丝过电压保护电路引起的误保护。检测灯丝过电压保护电路，分压电路 R1630 阻值变大，由正常时的 4.7kΩ 增大到 6kΩ 左右，更换 R1630 恢复 R1627 后，开机仍然保护，看来灯丝过电压保护电路还有变质元件，考虑到稳压管 D1607 的稳压值与保护启动关系密切，且在路无法测量，由于 D1607 稳压值的减小，提前导通引起 R1630 烧焦，致使保护电路误保护。更换一支 22V 稳压管代替 D1607 后，开机不再保护，故障彻底排除
29RD1 机型（SP-71 机心）	开机后三无，指示灯由红色变为绿色，然后又变为红色	测量微处理器的 23 脚电压为高电平，同时 17 脚电压为低电平，确定是微处理器执行保护所致。采用逐个断开 Q1010 外部检测电路，当断开 D1762 时，开机不再保护，出现正常的光栅和图像，但是无伴音，判断是 32V 整流滤波或负载电路发生故障，检测 32V 电源无电压，测量其整流滤波电路，发现整流二极管 D1750 的负极开焊，造成 32V 电压丢失，保护检测电路 D1762 导通，引起微处理器执行待机保护。将 D1750 的负极焊好并恢复保护电路后，开机仍然进入保护状态，看来伴音电路还有故障，检测伴音功放电路 IC1301（TA8256H），电源 9 脚与地线严重短路，更换伴音功放电路 TA8256H 后，开机不再保护，图像和伴音也恢复正常，故障彻底排除
29RE1 机型（SP-71 机心）	开机指示灯由红色变为绿色，然后又变为红色，但不闪烁，三无	开机有继电器的吸合声并释放的声音，判断保护电路启动。采取解除保护的方法，将 Q1010 的 c 极对地短路，解除微处理器 23 脚的保护，开机观察故障现象，图像正常，但无伴音。检测伴音功放电路 IC1301（TA8256H），9 脚无 32V 电源电压。检测 32V 整流滤波电路，发现整流二极管 D1750 的负极开焊，造成 32V 电压丢失，保护检测电路 D1762 导通，引起微处理器执行待机保护。将 D1750 的负极焊好并恢复保护电路后，开机故障排除，伴音也恢复正常

（续）

机型或机心	故障现象	故 障 维 修
29RE1 机型（SP-71 机心）	开机后三无，电源指示灯始终为红色	采取解除保护的方法，将 Q1010 的 c 极对地短路，解除微处理器 23 脚的保护，开机故障依旧。由此判断故障不在微处理器 23 脚保护检测电路。测量微处理器的工作条件和总线电压，也在正常范围内。最后，怀疑是场输出损坏保护电路启动，检测场输出电路 IC1501 各脚的对地电阻，发现 2 脚输出端和 3 脚电源端，均对地短路，更换场输出电路 IC1501 后，开机仍然保护；对场输出 IC1501 的各脚电压进行检测，发现 3 脚和 6 脚均无供给电压。对 27V 场输出电路电源供给电路进行检测，发现行输出变压器 T1601 的 7 脚外部保险电阻 R1650 在场输出电路发生短路故障烧断。更换 R1650 恢复保护和开关机电路后，开机光栅恢复正常，故障彻底排除
29RE1 机型（SP-71 机心）	开机后三无，电源指示灯由红色变为绿色，然后又变为红色，但不闪烁	采取解除保护的方法，将 Q1010 的 c 极对地短路，解除微处理器 23 脚的保护，开机故障依旧。测量微处理器的工作条件正常，检查微处理器的总线电压，IC1001 的 22 脚 SDA 和 21 脚 SCL 电压 4.8V 正常，经过 Q1018 控制后的 SCL 电压也正常，但经过 Q1015 控制后的 SDA 电压明显偏低，造成总线数据无法传输，引起微处理器执行待机保护。断开 Q1015 的 D 极外部电路，D 极电压仍不正常，怀疑 Q1015 损坏，更换 Q1015 后，SDA 电压恢复正常，开机不再出现保护现象
29S11-A1 机型	屏幕亮度逐渐增大，画面偏红色	查屏幕亮度逐渐增大，画面偏红色，随后画面变大变淡，最后“呲”地一声自动关机，伴音正常。检查视放输出级中各元件的外表面，发现红色视放管 VT850 的 c 极负载电阻器 RB65 有过载痕迹。焊下红视放管 VT850 进行检查，发现其 c 极与 e 极之间严重漏电，且随着温度（用烙铁对其表面加温）的升高而发生变化。更换同规格的晶体管 VT850（2SC2068）后，故障排除
29S11-A1 机型	图像正常，但无伴音，调整音量键时，屏幕显示正常	开机后，用螺钉旋具金属头碰触 IC351 的 6 脚，扬声器发出“喀喀”声，说明伴音功放电路工作正常。测 IC351 的 3 脚电压为 0.6V 左右，而 IC351 的 2 脚上的 11.5V 电源电压基本正常，说明故障是因 IC351 的 3 脚电压过低所致。将音量显示从 D63 级连续改变，同时监测着微处理器 IC1001 的 36 脚电压随音量显示变化而变化，由此判断 IC1001 的音量控制电路基本正常。分别检查 VD1022、C1018、R359、R358、VT350、R356、C362 等相关元件，发现电容 C362 内部严重漏电。更换同规格的电容器 C362（10μF/16V）后，扬声器中的伴音恢复了正常，故障排除
29S11 机型	无光栅、无伴音，12V 指示灯始终发光	LED1102 的 12V 指示灯始终发光，说明电源系统工作全部正常。检查显像管及基色激励电路均正常，再检查 IC801 及外围电路，发现 IC801 内部损坏。更换同型号的集成电路 IC801 后，故障排除
29S11 机型	无光栅、无伴音，但待机指示灯亮	观察开机后 KA750 继电器的触点能瞬间接通。说明微处理器的待机控制电路是正常的，故障原因可能发生在副开关电源电路本身，应重点检查 VDT10、VD713 组成的整流电路及 IC702 开关电源电路。经检查 VD710、VD713 内部击穿。更换同规格的 VD710、VD713 后，故障排除
29S11 机型	无光栅、无伴音，12V 指示灯始终不发光	观察 LED1102（双色管）中的 12V 指示灯始终不发光，而 LED1102 中的待机指示灯始终发光，继电器 KA750 始终不闭合。重点检查微处理器 IC1001 的 42 脚的供电电压及 7 脚是否输出高电平，并检查待机控制管 VT1018、VT751 等元件是否损坏。检查发现待机控制管 VT1018 内部不良。更换一同型号的晶体管 VT1018 后，故障排除

（续）

机型或机心	故障现象	故障维修
29S11 机型	无光栅、无伴音，继电器 RY701 不能瞬间接通	待机指示灯 LED1102 在开机时呈一灭一亮状态，继电器 KA750 能瞬间接通，而继电器 KA701 不能瞬间接通，故障可能发生在电源开关控制电路。经查继电器 KA701 正常，控制管 VT702 损坏。更换同型号的晶体管 VT702 后，故障排除
29S11 机型	无光栅、无伴音，待机灯时亮时灭	查开机后无光栅、无伴音，LED1102 待机指示灯在开机时时亮时灭，继电器 KA750 和 KA701 的触点均能瞬间接通，判断微处理器电源、待机控制电路、副开关电源电路、KA701 继电器均是正常的。测主开关电源如有 120V 瞬间电压输出，应检查行扫描输出电路。若行扫描电路也能瞬间工作（B 端逆程脉冲正常），则应检查 VT752、VT753、VD753、C683 等待机控制辅助元件。该机经检查为待机控制电路 VT753 内部不良。更换同规格晶体管 VT753 后，故障排除
29S21-A1 机型	伴音音量太小，但屏幕上的图像基本正常	先检查扬声器系统正常。再调音量控制时，噪声电平不变。测 IC351 的 3 脚电压随音量调整而变化。测 VT1351 各极电压无异常。测 IC1301 和 IC1450 的偏置电压，发现 IC1301 偏置电压异常。检查其外围元件良好，判定为 IC1301 内部损坏。更换同型号的集成电路 IC1301 后，伴音恢复正常，故障排除
29S21-A1 机型	图像基本正常，但伴音音量太小	先检查扬声器系统无异常。再调整音量控制时，噪声电平不变。测 IC351 的 3 脚电压，随音量调整而变化。检查 IC351 的外围元件，发现电阻器 R359 内部电阻值变大。更换同规格的电阻器 R359 后，伴音恢复正常，故障排除
29S21-A1 机型	图像基本正常，但扬声器中无伴音	先从伴音功放级入手，由后级向前级进行检查。用镊子碰触伴音功放集成电路 IC350 的 2 脚（音频信号输入端），扬声器无反应，由此说明故障出在伴音功放或静噪电路。测 IC350 各脚电压，1 脚（电源端）电压正常，但 5 脚（负反馈端）和 10 脚（输出端）等电压异常。由于 IC350 的 5 脚上加有静噪电压，测静噪电路 VD352 两端电压为正偏（0.7V），而正常时应为反偏截止，静噪电路启动。在图像正常时，测微处理器 IC1001 的 7 脚电压为 4.8V，正常。检查该电路开关管 VT1018、VT1021 等相关元件，发现 VT1021 内部开路。更换同型号的晶体管 VT1021 后，伴音恢复正常，故障排除
29S21-A1 机型	光栅及图像正常，但扬声器中无伴音	先用螺钉旋具金属部位碰触伴音功放集成电路 IC350 的 2 脚（音频信号输入端），扬声器无反应。检查伴音功放电路 IC350 的各脚电压，发现 5 脚（反馈，即反向输入端）和 10 脚（功放信号输出）等电压均不正常。测二极管 VD352 两端电压为正偏（0.7V 左右），说明故障出在静噪电路。再测微处理器 IC1001 的 7 脚电压为 4.7V 左右，基本正常。进一步检查开关管 VT1018、VT1021，发现 VT1018 引脚脱焊。加锡将虚焊的引脚重焊后，伴音恢复正常，故障排除
29S21-A1 机型	光栅及图像正常，但扬声器中无伴音	先检查扬声器正常，再调节音量噪声电平不变。测 IC351 的 3 脚电压随着音量调整而变化，测 IC202 和 IC302 的偏置电压，有波动现象。检查其外围电路元件均无异常。再检测 IC202 及 IC302 引脚对地电阻值，发现 IC302 有关引脚与正常值相差太大，判定 IC302 内部损坏。更换同型号的集成电路 IC302 后，伴音恢复正常，故障排除

（续）

机型或机心	故障现象	故障维修
29S21-A1 机型	伴音基本正常，屏幕上图像彩色偏淡	先分别调整行延迟放大控制电位器 R806 和行延迟控制线圈，效果不明显。再用示波器观察 IC801 的 7 脚波形异常，检查 IC801 的 7 脚外围元件，发现副色度控制电位器 R802 内部损坏。更换同规格的 R802 后，屏幕上图像的彩色恢复正常，故障排除
29S21-A1 机型	伴音正常，图像偏红色，亮度增大，不久自动关机	检查发现红色视放管 VT850 的 c 极负载电阻器 R856（8.2kΩ/3W）有过载痕迹。拆下红视放管 VT850 进行检查，发现其 c 极与 e 极之间严重漏电。更换同型号的晶体管 VT850 后，故障排除
29S21-A1 机型	伴音基本正常，但屏幕上的图像场幅变窄	先检查视频电路中的场幅控制电路。调节场幅调整电位器 R554，图像场幅变化不大。进一步检查该电路相关元件，发现电容器 C557 内部严重漏电。更换同规格的电容器 C557 后，屏幕上图像的幅度恢复正常，故障排除
29S21-A1 机型	有图像伴音，屏幕上的光栅左边亮、右边暗	该故障一般发生在显像管电路，具体原因为显像管的加速极电压异常引起的，而加速极电压异常的原因，大多又是由于加速极电源滤波电容容量减小所致。仔细检查，发现加速极电容器 C880 内部失效。更换同规格电容器 C880 后，屏幕上的光栅恢复正常，故障排除
29S21-A1 机型	图像伴音正常，但屏幕上频道字符显示位置偏移	问题可能出在行中心调整电路。先调节行位置控制电位器不起作用，再用示波器观察 IC1001 的 22、23 脚波形，不正常。进一步检查其外围电路，发现 R1023 内部电阻值变大。更换同规格电位器 R1023，再经调整后，频道字符显示的位置恢复正常，故障排除
29S21-A1 机型	屏幕上的光栅呈一条垂直亮线	问题一般出在行扫描电路。调整行调整电位器 R680 无效，检查电路相关元件 R680、C677 无异常。测 VT655 各极电压均不正常，焊下该管检测，发现其内部损坏。更换同型号晶体管 VT655 后，故障排除
29S21-A1 机型	接收 PAL 制信号时，伴音基本正常，但图像色彩浅淡	判断故障原因可能出在色度信号解码电路。首先检查行延迟放大电路，用示波器观察 IC801 的 14 脚波形不正常。检查其外围电路元件，发现放大调整电位器 R806、R807 均已损坏。用同规格的配件更换损坏的 R806、R807 后，屏幕上图像的彩色恢复正常，故障排除
29S21-A1 机型	光栅基本正常，但无图像、无伴音	先将对比度、亮度调至最大时显像管的噪波增大。测量高频调谐器的 BL、BH、BU 及 +B 电压均正常。检查高频调谐器的自动增益控制电压也基本正常，判定为高频调谐器内部不良。更换同型号的高频调谐器后，电视机的图像与伴音均恢复正常，故障排除
29S21-A1 机型	无光栅、无图像，扬声器中也无伴音	开机观察 KA701 能接通，再检查熔断器 F750 已烧断。更换 F750 又烧断。测 1C701 的偏置电压正常。进一步检查 IC701 的外围元件，发现 VD706、C709 均已损坏。用同型号配件更换损坏的 VD706、C709、F750 后，故障排除
29S21-A1 机型	无光栅、无图像，扬声器中也无伴音	开机观察 KA701 已断开，F750 已烧断。更换 F750 后又烧断。测电源厚膜电路 IC701 的偏置电压基本正常。检查 IC701 的外围电路元件正常。再测 IC702 的偏置电压异常，检查 IC702 外围元件无故障，判定 IC702 内部损坏。用同规格的配件更换损坏的 F705、IC702 后，故障排除

（续）

机型或机心	故障现象	故 障 维 修
29S21-A1 机型	无光栅、无图像，扬声器中也无伴音	开机观察 KA701 接通后马上断开，用万用表测 C738 两端无 120V 电压。检查该电路中的 VT702、VD838 和 VD726 均无异常。进一步检查 C744、C886 和 VD725，发现 VD725 内部断路。更换同规格的二极管 VD725 后，故障排除
29S21-A1 机型	无光栅、无图像，扬声器中也无伴音	开机观察 KA701 及 KA750 能接通，但立刻断开。检查行扫描电路不启振。测 C738 有 118V 电压，基本正常。进一步检测 VT650、VT653 及 VT654 的各极电压，发现 VT650 和 VT653 的各极电压均不正常。仔细检查行扫描电路 C661、R665、VT650、VT653 等相关元件，发现 VT653 内部损坏。更换同型号的晶体管 VT653 后，故障排除
29S21-A1 机型	无光栅、无图像，但待机指示灯可以点亮	检查微处理器专用电源正常而副开关电源始终无 15V 电压输出。由于 KA750 的触点能瞬间接通，说明微处理器的待机控制电路是正常的，故障主要原因在副开关电源电路本身，应重点检查 VD710、VD713 组成的整流电路及 IC702 开关电源电路。该机经检查为整流电路 VD713 内部损坏。更换同规格的 VD713 后，故障排除
29S21-A1 机型	无光栅、无图像，但电源指示灯始终发亮	电源工作灯亮，说明电源系统工作全部正常，检查三基色通道 IC1801 集成电路的供电电压基本正常，检查该集成电路外围元件也未发现有异常，判断 IC1801 集成电路本身内部损坏。更换同型号的集成电路 IC1801 后，故障排除
29S21-A1 机型	无光栅、无图像、无伴音，待机指示灯亮、暗交替变化	检查该机微处理器专用电源、副开关电源电路、KA701 继电器均正常。测主开关电源如有 120V 瞬间电压输出，则应检查行扫描输出电路。若行扫描电路也能瞬间工作（B 端逆程脉冲正常），则应检查 VT752、VT753、VD753、C683 等待机控制辅助元件。该机经查为 VD703 内部不良。更换同规格的二极管 VD703 后，故障排除
29S21-A1 机型	光栅呈水平一条亮线，伴音正常，指示灯点亮	故障的部位多与场扫描电路有关。将维修开关 S401 置于中间位置，屏幕上的光栅仍然为水平一条亮线，测量 IC551（TA7609）10 脚上的 0.3V，7 脚上的 0.8V 电压均基本正常，说明 IC801 与 IC551 集成电路组成的电路工作无问题。测量 IC550 集成电路 7 脚上的 12V 电压无问题，检查发现场偏转线圈已经开路。更换同规格的偏转线圈组件以后，通电试机，故障排除
29S21-A1 机型	无光栅与图像，无伴音，待机指示灯不亮	通电测量 IX0981CE 微处理器 42 脚上的 +5V 电压为 0V，对 +5V 电压产生电路中的有关元器件和电路进行检查，发现 C755 电容器已经击穿短路，T750 变压器二次绕组开路。更换同规格的电源变压器与电容器后，通电开机，故障排除
29S21-A1 机型	图像和伴音均基本正常，但不久伴音消失	检查伴音信号处理及静音控制电路无异常，说明问题出在伴音功放电路。找到伴音功放集成电路 IC350（IX0250CE）及微处理器 IC1001（IX0981CE），用金属镊子碰触 IC350 的 3 脚，扬声器无声，再测 IC1001，当按下静音键时，其 35 脚为 5V 高电平正常，仔细检查扬声器及接线部分均无异常，判断为伴音功放集成电路 IC350 内部损坏。更换同型号的集成电路 IC305（IX0250CE）后，伴音恢复正常，故障排除

（续）

机型或机心	故障现象	故 障 维 修
29S21机型	光栅及彩色图像均正常，无伴音	用螺钉旋具碰触伴音功放集成块IC350的2脚（音频信号输入端），扬声器无反应，说明故障出在伴音功放级或静噪电路。测伴音功放电路IC350各脚电压，发现1脚（IC电源输入端）电压正常，但5脚（负反馈）和10脚（功放信号输出）两脚电压不正常。由于5脚上加有静噪电压，测量二极管VD352两端电压为正偏（0.7V），而正常时为反偏截止，说明故障出在静噪电路。焊下VD352的一脚，结果伴音恢复正常，证明判断正确，再在图像正常时，测微处理器IC1001的7脚电压为4.8V左右，基本正常，说明7脚送出的控制电压正常。进一步检查开关管VT1018、VT1012，发现VT1018内部不良。更换同型号的晶体管VT1018后，伴音恢复正常，故障排除
29S21机型	无光栅、无图像、无伴音，待机指示灯一亮一灭交替闪烁	面板指示灯LED1102中的待机指示灯电源由微处理器专用电源的+12V提供，并受控于副开关电源+15V电压，当副开关电源工作时待机灯熄灭；反之则点亮。该机设计了辅助待机电路，即利用行输出变压器10脚的行逆程脉冲电压，经VD653、C683整流滤波形成一定幅度的控制电压促使开/待机控制电路始终处于开机状态，即VT753导通→VT752截止→VT751导通→继电器RY750闭合。如果主开关电源或行扫描电路不工作，VT753的b极便无0.7V控制电压，最终导致RY750释放使整机进入待机状态，实现自动保护。测主开关电源+120V输出正常，说明故障发生在待机控制电路。仔细检查行输出变压器10脚至VT752的b极之间电路，发现VT753内部开路。更换同型号的晶体管VT753（2SC1815）后，电视机的工作恢复了正常，故障排除
29SF1机型	伴音正常，满屏回扫线，图像呈现负像状，色彩也严重失真	该故障一般发生在视放及供电电路。测显像管R、G、B三阴极电压从11.2V逐渐上升至130V左右，正常约175V，而视放管VT850、VT851、VT852（C4544）的b极均为12V，c极分别为11.7V、11.8V、11.6V基本正常，说明以上判断正确。经进一步检查，发现视放级供电电源保险电阻器R1604（1/2W、3.3Ω）开路。更换同规格的电阻器R1604（3.3Ω/2W）后，故障排除
29SF1机型	雷击后三无，红色电源灯亮	观察发现继电器吸合后又释放，怀疑保护电路动作。检查发现基准稳压集成电路IC1750（SE120）损坏，光耦合器IC1702（PC111）内部光敏晶体管开路。更换型号为IC1750和IC1702后，断开+B电压的负载，在+B电压输出端连接一只假负载，然后通电开机，测量+B的+120V电压稳定，说明开关电源工作恢复了正常。拆下假负载，连接好断开的负载，通电试机，故障排除
29TE1机型（SP-90机心）	无光栅与图像，无伴音，电源指示灯点亮	观察发现继电器吸合后又释放，同时电源指示灯由红变绿、由绿变红后不再闪烁，怀疑保护电路动作。在开机的瞬间，测量IC1000（IX3285CEN4）微处理器5脚上始终为0V开机低电平，说明保护电路并未启动，问题可能出在微处理器控制系统。对IC1000微处理器24与33脚的供电、36脚的复位以及30与31脚时钟振荡电路的工作进行检查均无异常，检查IC1000微处理器的矩阵电路也无漏电或短路故障。短接电源控制继电器KA2700的常开触点后，强行通电开机，发现屏幕上有一条水平亮线出现，说明问题出在场扫描电路。断电测量场输出集成电路IC1501（TA8427K）各引脚与地线之间的电阻值，结果发现其2、3、7脚与地线之间的正反向电阻值均较小，已经损坏。更换新的TA8427K型场输出电路后，通电开机，故障排除

（续）

机型或机心	故障现象	故障维修
33RX10J 机型	无光栅，无图像、无伴音，红色电源指示灯亮	观察发现控制交流电源的 KA1701 继电器没有吸合，初步判断故障在微处理器 IC1001 的 17 脚（ON/OFF）到 KA1701 继电器之间的待机控制电路中。测量 IC1001 的 17 脚上的 5V 高电平正常，测量 VT1012 晶体管 e 极电压约为 4.5V，VT1751 晶体管的 b 极电压为 0.7V，c 极为 12V 的直流电压。断电后，测量 VT1715（2SC1815）晶体管各引脚之间的在路正反向电阻值，未发现有明显的异常现象，怀疑该管有软损坏现象。更换一只新的同型号的晶体管后，通电试机，故障排除
33RX10J 机型	待机时红色电源指示灯不亮	开机状态光栅与图像，扬声器中的伴音均正常。开机，测量提供给红色电源指示灯控制电路的 PVC12V 电压基本正常。断电后，对红色电源指示灯控制电路的有关元器件或电路进行检查，结果发现 VD1259 二极管正反向电阻值均约为 1.5kΩ，失去了单向导电特性。更换一只新的 1N4148 后，待机时红色指示灯正常点亮，故障排除
34RE1 机型（SP-71 机心）	开机有继电器的吸合声，指示灯由红色变为绿色，稍后继电器断开，指示灯变为红色并闪烁 6 次，三无	根据自检信息，电源指示灯闪烁 6 次，是扫描信号处理电路 IC1502（TA8859CP）故障。检测 IC1502 的供电的 3 脚 12V 电源正常，测量其他各脚电压，发现 9 脚 SDA 电压由正常时的 4.8V 降到 2.0V 左右，检测 9 脚外部元件，稳压管 D1503 漏电，将 9 脚 SDA 电压拉低，致使 IC1502 与微处理器信息中断，微处理器检测到该故障，执行待机保护。更换 D1503 后，开机光栅恢复正常，恢复保护电路，也未再发生保护故障
34RE1 机型（SP-71 机心）	开机后三无，电源指示灯闪烁	按下电源开关后红色指示灯闪烁，判断总线系统检测到故障，执行待机保护所致。仔细观察指示灯闪烁为 14 次，根据自检信息，电源指示灯闪烁 14 次，是画中画处理电路 IC4901（SDA9288X）故障。测量 IC4901 的总线引脚电压，发现 21 脚无 SDA 电压，而 21 脚外部元件正常。考虑到画中画处理电路板通过 25 脚 PI 插接件与主电路板相连接，检查 PI 插接件的引脚，发现多脚焊点有开焊嫌疑，将 PI 各脚焊好后，IC4901 的 21 脚 SDA 电压恢复正常，开机不再保护，故障排除
W288 机型	无光栅与图像，但伴音基本正常	故障与亮度控制、视放输出、显像管电路有关。直观检查发现显像管灯丝不亮，测量显像管 9 与 10 脚之间的灯丝供电约 4V 左右的交流电压正常。断电，测量显像管 9 与 10 脚之间的电阻值为无限大，显然已经开路损坏。更换同型号的显像管后，故障即可排除 应急修理时，可以将视放电路板上的显像管 12 脚与接地线断开，再将视放电路板上的显像管 9 与外电路断开的 12 脚连接在一起后，故障也可被排除

5.5 LG彩电易发故障维修

5.5.1 LG平板、背投彩电易发故障维修

机型或机心	故障现象	故 障 维 修
32LH23UR-CA液晶机型	开机三无，指示灯不亮	检查开关电源板，限流电阻R501烧焦，测量厚膜电路IC500击穿，其4脚铜箔烧断，4脚与3脚之间电路板碳化，稳压管ZD501击穿。IC501采用ICE3B0365J。将电路板碳化部分清理好，更换上述损坏器件后，故障排除
LH系列液晶	开机几秒钟后黑屏幕	蓝色指示灯亮，根据维修经验，多为主板复位开关，位号SW801或SW800漏电所致，更换后即可排除故障
LH系列尾号带RC液晶机型	不定时关机	根据对该机的维修经验，多为贴片电容C510（1μF）损坏失效所致，换新即可排除故障
32LG30R-TA液晶机型	开机后红色指示灯亮，二次开机蓝色指示灯亮，三无	查二次开机后电源板上PFC电路输出的380V电压正常，说明电源板进入开机状态，但主电源无12V、16.5V和24V电压输出。将电源板上的ZD111、ZD112、C108拆掉不用，即可排除故障
42PX1RV等离子机型	无伴音	首先检查SPK连接线是否正常，若不正常，则更换或修复SPK连接线；若正常，则检查RF/AV/RGB/HDMI声音是否正常，若不正常，说明故障出在音频板上。一是检查音频处理芯片IC400（MSP4410K）及其外围元器件；二是检查数字音频信号处理芯片IC401（NSP-2100A）。若正常，则检查音频放大芯片IC402（TAS5122）及其外围元器件。实际维修中，音频功放IC402（TAS5122）易损坏
60PZ10PDP等离子机型	不开机	打开后壳，测量屏供电VS电源的两个场效应晶体管Q8501、Q8502击穿，其他各组电源管和负载都正常。测量VS电源控制芯片IC8131（UC3863N）各脚电阻基本正常，负载也没有短路现象，考虑到此机是在公共场所使用，可能是开机时间过长而烧坏，于是换新管，开机半小时又烧坏，说明是由其他地方引起的。测量Q8501、Q8502两只电源管的外围阻尼元器件正常，怀疑脉冲驱动器IC8102（IR2113S）不良，更换后故障排除
MT-40PA10等离子机型	无光栅、无图像、无伴音，绿色指示灯亮	遥控开机时，红色指示灯自动熄灭，绿色指示灯自动点亮，但听不到KA801继电器吸合的声音。初步判断故障部位在待机/开机控制电路。通电开机后，测量VT801管的b极上的高电平正常，但VT801管e极上电压为0V。切断交流市电，测量R817两端电阻正常，但发现其有一只引脚呈虚脱焊现象。将R817虚焊引脚重焊后，通电试机，故障排除
MT-40PA10等离子机型	开机无图像无伴音，红色指示灯亮	指示灯能够点亮，说明ST-BY待机电源工作正常，此时遥控开机，能够听到继电器的吸合声，同时红色指示灯熄灭，绿色指示灯点亮，但仍无图无声。继电器能够吸合，表明微处理器控制电路也正常，故障应在IC801（STR-F6553）开关电源电路上 关机，用万用表测量电容C808两端电压，接近300V，且放电很慢，说明开关电源未工作。造成开关电源电路不工作有两个原因，一是稳压环路出现故障；二是启动电源电路出现故障。首先检查启动电阻R803、R804，发现R803阻值已由正常时的47kΩ变成无穷大，用一只47kΩ/1W电阻更换后，故障排除

（续）

机型或机心	故障现象	故障维修
MT-40PA10等离子机型	开机三无	接通电源开关后，电源指示灯不亮，开机发现熔断器 F801 已炸裂。估计电源电路存在严重的短路现象。断开开关 S801，用万用表测量电源插头 AC 端，未见短路现象，由此断定 C801、C802、R801、压敏电阻都无短路损坏。继续检测，发现限流电阻 R802 断路，整流桥 D801 一臂已击穿，更换上述元器件后，仔细检查其他电路正常，开机试机正常，故障排除
MT-40PA10等离子机型	接通电源，继电器无吸合声，整机不工作	根据故障现象，估计故障在待机控制信号传输电路，开机测量 Q801 的 b 极，呈高电平状态，说明微处理器送来了开机信号，测量 Q801 的 e 极为低电平，继续检查，发现电阻 R817 的一脚已与电路板脱焊，补焊后故障排除
MT-40PA10等离子机型	开机三无，红色指示灯亮	遥控开机时，可以听到 KA801 继电器吸合的声音，且红色指示灯自动熄灭、绿色指示灯自动点亮。初步判断故障部位与主开关电源有关。通电开机，测量 PFC 输出滤波电容 C808 两端电压约为 300V，正常时为 400V，判断开关电源没有工作。对开关电源启动电阻 R803、R804 进行检查，发现 R804 的电阻值为∞，更换一只 47kΩ 电阻，通电试机故障排除
MT-40PA10等离子机型	开机三无，电源指示灯不亮	遥控开机时，听不到 KA801 继电器吸合的声音，电源指示灯始终不亮。初步判断故障与主开关电源有关。直观检查熔断器 FU801 已经熔断且发黑，说明电路中有严重的短路现象。切断交流市电，测量电源插头两端的电阻，未见短路现象。对开关电源电路中有关元器件进行检查，发现 R802 的电阻值为∞，VD801 整流桥堆中的一只二极管击穿。更换 2.2Ω/7W 限流电阻与整流桥堆、4A 的熔断器换上后，通电试机，故障排除
MT-40PA10等离子机型	开机后指示灯不亮，且无图像、无伴音	首先通电观察，若无继电器吸合声，则打开机壳检查熔断器 FS01 是否损坏。若完好无损，则检查整流二极管、滤波电容是否正常。若均正常。则检测电源块 IC801（STR-F6553）及其外围元器件是否有问题。实际维修中，STR-F6553 易发生故障
MT-40PA10等离子机型	显示屏不亮，且无图像、无伴音	首先打开机壳试接通电源开关 S801，观察指示灯点亮情况。若红指示灯发光较暗，则检查稳压输出电路，可检测三端稳压器 IC804 输入与输出端电压是否正常。若电压分别为 +9V 和 +3V，则检查其外围元器件是否正常。若均无异常，则试拔插头，再检测待机工作电压是否正常。若电压仍是 3V，则说明 IC804 本身有问题
PDP32F1T374等离子屏电源板	电源板开机后很快保护	测量电源板输出各路电压跳变，包括 VS、+16V、+9V、+5V，关机保护后又会重新启动，循环往复。仔细检查后发现 VA 电压在启动时上升较小，对该部分电路检测时发现 ZD901（B18）击穿短路，换后正常。VA 电压异常，CPU 检测到 VA 电压偏离正常值后发出关机保护指令，故出现各脚电压输出不正常。关机后，CPU 又会发出开机指令重新依次检测 +5V、+16V、+9V、VS、VA 电压检测，当检测到 VA 异常时又会再次停机，如此循环
PDP32F1X031等离子屏电源板	STB5V 电压在 4～5V 间变化	测量 PFC 电压在 360～385V 间变化，其余电压均无输出。该电源对 AC220V、PFC 电压及各路输出电压都有检测保护，为了准确判断故障在哪一路，先将 PC151 与 PC152 的 3、4 脚短接，故障依旧，说明 AC220V 过/欠电压检测，PFC 过/欠电压检测正常，再将 Q203 的 c、e 脚短接，无 16V 电压输出（正常应有 16V 电压输出），检查 Q202、Q203、Q204 及周围元件时发现 ZD201（6.8V 稳压二极管）已击穿。更换 ZD201 后故障排除

（续）

机型或机心	故障现象	故障维修
PDP32F1X031 等离子屏电源板	通电后 C207（25V/470μF）冒烟	电容 C207（25V/470μF）为 16V 电压滤波电容，该电容烧坏，说明输出电压已超过电容耐压，拆下 C207 后再次通电测试，发现 +16V 电源有 35V 左右，而且还在跳变，怀疑是低电压形成电路中稳压电路出现故障，仔细检查发现 PC201（光耦合器）的 1、2 脚正反向阻值都为 220Ω，光耦合器已变质，使副电源稳压失控，输出电压升高。更换 PC201（光耦合器）、C207 后故障排除
PDP32F1X031 等离子屏电源板	+5V 待机电压只有 1.5V，+16V 电压只有 3.5V 左右，其余电压均无	通电后测 +5V 待机电压只有 1.5V，+16V 电压只有 3.5V 左右，其余无电压，说明 IC151、T201 组成的低电压形成电路有故障，测试 IC151 的 6 脚没有 +12V 电源供给，断电后用电阻挡测 T201 一次侧感应电压 +15V输出端，发现对地短路，经仔细检查后发现 ZD801 击穿，Q601（C3209）短路，D156 击穿，将上述元件代换通电工作正常
PDP32F1X031 等离子屏电源板	不带负载时通电测各路电压都正常，将电源板接上显示屏后就不开机	将电源板空载时通电测各路电压都正常，将电源板接上屏后通电发现不开机，此时测待机 +5V 只有 2V 左右，怀疑是低电压形成电路提供的 +5V 带不起负载，仔细查看电源外观，发现 C210、C211 电容已经破裂，C210、C211 为 +5V 滤波电容，C210、C211 破裂将无法发挥滤波作用，所以带不起负载，将 C210、C211 代换后装上整机工作正常
PDP32F1X031 等离子屏电源板	开机后保护关机，电源只有 STB5V 输出，其余电压均无输出	电源板通电 5s 后保护关机，用手触摸 VS 对地放电电阻 R872、R865（5W/22R0J）很烫，说明在关机保护前这两只电阻中有大电流流过，用万用表测试 Q852 的 b 极处于高电平（正常情况下，电源工作时 Q852 的 b 极应该是 0V，c 极与 e 极间呈截止状态），CPU 的 7 脚输出 +5V 高电平正常，Q851 为 0.6V 正常，c 极与 e 极应该短路导通而呈低电平，但测得 Q851 的 c 极上有 1.5V 的电压，怀疑是 Q851 变质，将其代换后通电测试故障依旧，断电后测试 +16V 分压电阻 R868（22kΩ）正常，怀疑是通电情况下 R868 贴片电阻下印制电路板漏电导致，将 R868 取下，清洁下面印制电路板后重新焊上。通电测试各组电压正常且能稳定地工作
PDP32F1X031 等离子屏电源板	通电后电源板发出异响	断电后用万用表测试 R801（ICP250 3A00SMT）开路，仔细测试 VS 高压振荡部分，没有发现任何问题，重新代换 R801 后通电，仍然有异响，重新测量发现 R801 又烧开路，于是在 R801 两端串接白炽灯泡，用通电灯泡的发光情况来判断电路的故障情况，再次接通交流电源，白炽灯泡发光很亮，表明此时电路有短路故障，紧接着 C804（1kV/220pF）高频尖峰吸收电容冒烟，将 C804 代换后故障排除
PDP-42V6 等离子机型	开机后，屏幕上无光栅与图像，扬声器中无伴音	故障的部位通常与电源电路板有关。直观检查发现交流进线熔断器熔断，且管内发黑，说明电路中有严重的短路元器件存在。对电源电路板上的有关元器件进行检查，发现整流全桥 VBD101（GS1B1560）的正极与负极之间电阻只有约 3Ω，但拆下 VBD101 检查未损坏。对与 VBD101 有关器件进行检查，发现 IC101、IC102 击穿短路；VT105 的 b-e 之间击穿短路：IC101 的 16 脚的正反向电阻均为 125Ω 左右，而正常值约为 8kΩ，反向电阻约为 58kΩ，显然也已经损坏。IC101 与 IC102 集成电路的型号均为 20N60C3，VT105 的型号为 2SB1229，IC101 集成电路的型号为 UC3854DW，更换损坏的元器件后，通电试机，故障排除

（续）

机型或机心	故障现象	故 障 维 修
PDP-42V6 等离子机型	指示灯不亮，不开机	指示灯不亮，说明数字板供电有问题，检查送往数字板 CPU 的 +5V 电压为 0V，检查待机副电源输出的 +5V 电压正常，该供电电路由电子开关 Q501 控制，而 Q501 受电源板上的 CPU（U503）的 18 脚控制，测量 18 脚为高电平，正常时为低电平，判断 U503 控制电路没有发出控制低电平，U503 具有电压检测功能，当电源板输出的任何一路电压不正常时，U503 采取保护措施不开机。检查 U503 各个输入检测引脚电压，发现 16 脚处于高电平，而其他相同机型为低电平，检查 16 脚外部电路光耦合器 PC505，1 脚电压正常，而 3、4 脚不正常，怀疑 PC505 内部损坏，更换后故障排除
PDP-42V6 等离子机型	指示灯亮，不开机	指示灯亮说明数字板供电正常，在开机的瞬间可听到继电器的吸合声，紧接着继电器断开，由此判断保护电路启动。将电源板输出连接器全部断开，通电试机还是保护，确定故障在电源板上。将电源板单独取下，将 SW501 拨到 AUTO 状态，迫使电源板独立工作，在开机的瞬间测量 VS、+9V、+12V、+5V 均有电压输出，但唯独无 VA 电压输出。检查 VA 电压形成电路，发现 U301（KA7552）的 8 脚一直为低电平，而其他电路的 KA7552 的 8 脚是高电平，检查 U301 的 8 脚控制电路 Q303 的 b 极也一直为高电平，正常时开机后变为低电平，检查 Q303 的 b 极连接的光耦合器 PC504，1 脚电压正常，3、4 脚电压异常，更换 PC504 后通电，VA 电压恢复正常，接上输出连接器的负载，将 SW501 拨回到 NORMAL 位置，试机故障排除
PDP-42V6 等离子机型	工作一段时间出现三无故障	故障的部位通常与电源电路板有关。在故障出现时，测量电源电路板上各路输出电压均为 0V，测量主滤波电容器 C105（330μF/450V）、C106（330μF/450V）上的约 280V 的整流滤波后的直流电压基本正常，说明问题出在副电源或 PFC 电路。测量副电源输出的 SB5V、VAC、17V 电压均为 0V，手摸 IC501 集成电路的表面温度较高，怀疑该集成电路不良。IC501 型号为 TOP243P，更换一块新的同型号集成电路后，通电试机，故障排除
PDP-42V6 等离子机型	开机后，无光栅与图像，扬声器中也无伴音	故障的部位通常与电源电路板有关。测量电源电路板上 PFC 电压上升到约 350V 左右时就开始下降，最终为 0V 左右。测量 IC101（UC3854DW）集成电路 15 脚上的 16～17V 电源电压在开机瞬间约为 12.5V，然后下降为 2.5V 左右。对副电源的 17V 电压产生的 VD501（DIFL20U）、CS03（47μF/35V）等器件进行检查，发现开关变压器 T501 不良。更换一只同型号开关变压器后，通电试机，故障排除
PDP-42V7 等离子机型	遥控开机时，有时不能正常启动工作，有时开机又正常	测量电源电路板上的各组工作电源电压均基本正常，但发现 IC601（PIC16F72-1/SP）有时会进行保护。检查 IC501（NCP1203P100-0518）集成电路不良，导致 SB5V 电源产生的时序异常。维修实践证明，早期 LGPDP42V7 型等离子彩电中使用的 NCP1203P100-0518 不良，导致启动不良故障，更换新的 NCP1203P100-0531 后，通电开机，故障排除

（续）

机型或机心	故障现象	故障维修
PDP-42V7 等离子机型	有时不能开机，电源板会发出"吡吡"的噪声	通电观察发现电源电路板上有的元器件引脚好像有接触不良和跳火现象存在，各组工作电源电压均基本正常，但发现 IC601（PIC16F72-1/SP）有时会自动保护。对 IC101（UCC3818N）引脚及其外接的电容器、R121～R125，R127～R131，R135～R139 等电阻器进行加锡补焊后，通电开机，故障排除
PDP-42V7 等离子机型	可以启动工作，但工作不久就会自动关机	通电观察发现，电源电路板上的 VS 电压在开机瞬间升高到约 120V，但不久又下降为 0V，说明保护电路启动。用导线将 PC504（PC-17K1）的 1、2 脚短接，使电路输出 190VS-ON 信号，接假负载测量 VA 电压可上升到正常值，怀疑问题出在 VS 电压的稳压反馈电路。VS 电压的稳压与反馈电路主要由 RP201、R218～R221、IC202（TL431）、PC201（PC. 17K1）、IC201 的 3 脚内电路共同构成。对这些元器件进行检查，发现 50kΩ 的精密可调电阻 RP201 有接触不良现象。用一只同规格配件装上后，故障排除
PDP-42V7 等离子机型	屏幕上无光栅与图像，扬声器中也无伴音	通电观察发现，开机瞬间电源板上 VS 与 VA 电压有电压输出，但迅速又下降为 0V，说明保护电路启动。为了判断是哪一路保护电路动作，采用依次短路 190VS-ON 与 60VS-ON 控制信号产生电路中的 PC504（PC-17K1）、PC50（PC-17K1），当短路 PC50 后，VS 电压有输出，说明故障是由于 VA 电压产生电路有问题而导致了保护电路动作。对由 IC301（MR2920）组成的开关电源有关元器件进行检查，未见异常。更换一块新的 MR2920 集成电路后，通电试机，VS 与 VA 电压输出端输出的电压均恢复正常，故障排除
PDP-42V7 等离子机型	屏幕上无光栅与图像，但扬声器中伴音基本正常	把电源板上的 SW601 维修开关拨到 AUTO（测试）状态，再将逻辑电路板的信号线拔掉，通电开机，显示屏仍不亮，说明故障出在显示屏驱动电路。对 Y 驱动输出的转换电路板进行检查，结果发现 Y 电路板上的供电熔断器已经熔断，且管内发黑，说明电路中存在短路故障。更换一块新的同规格的 Y 电路板后，通电试机，显示屏上的光栅出现，接上有线天线后，图像与伴音均正常，故障排除 提示：如果 SW601 维修开关拨到 AUTO（测试）状态时，显示屏上可以出现灰暗的亮光，则说明显示屏上的驱动电路是好的，故障出在数字电路板上
PT-43A80 背投机型（MP-00DA 机心）	开机指示灯点亮，二次开机，指示灯熄灭，数秒钟后指示灯熄灭，三无	测量微处理器 IC001 的 46 脚电压，开机的瞬间由高电平变为低电平，进一步判断是微处理器执行待机保护。断开 IC001 的 46 脚，解除保护，同时断开 +B 输出负载电路，接假负载后开机，测量 +B 电压恢复正常，并且不再出现保护现象；恢复 IC001 的 46 脚，接上行输出电路，采用逐个断开 46 脚外部检测电路二极管或晶体管与 46 脚连接的方法，开机观察故障现象，当断开 Q419 的 c 极时，开机不再保护，且光栅、图像正常，判断行输出过电流保护检测电路引起的误保护。对 Q420 检测电路进行检测，未见异常，怀疑 Q420 不良，引起误保护，更换 Q420 恢复保护电路，开机不再保护

（续）

机型或机心	故障现象	故 障 维 修
PT-43A82 背投机型 （MP-015A 机心）	开机三无，指示灯发生亮、灭、亮的过程，同时伴有继电器的吸放声	测量开关电源输出电压由上升变为降到 0V。判断是微处理器 44 脚 ABN 端口执行保护。测量微处理器 IC001 的 44 脚电压，开机的瞬间出现高电平，进一步判断是微处理器 ABN 端口执行待机保护。断开 +B 输出负载电路，接假负载后开机，测量 +B 电压恢复正常，并且不再出现保护现象，分析是 +B 负载电路发生短路漏电故障。重点检测行输出电路，未见明显短路故障，怀疑行输出变压器内部短路，更换一个新的行输出变压器后，开机不再发生保护故障
PT-48A80 背投机型 （MP-00DA 机心）	开机三无，指示灯发生亮、灭、亮的过程	测量开关电源输出电压由上升变为降到 0V。测量微处理器 IC001 的 46 脚电压，开机的瞬间由高电平变为低电平，判断是微处理器执行待机保护。断开 IC001 的 46 脚，解除保护，接假负载后开机，开机测量 +B 电压恢复正常，但无光栅；检查测量行扫描电路，发现行推动电路 Q402 的 c 极无电压，对行推动电路供电电路进行检测，发现 R404 阻值为无限大，内部断路，引起 D421 导通，保护电路启动。更换 R404，恢复保护电路，开机不再保护
PT-48A80 背投机型 （MP-00DA 机心）	能正常开机和显示图像，但当画面由暗变亮时，出现保护关机	能正常开机和显示图像，表明机器的各部分电路工作基本正常。故障重点在过电流保护电路或 X-RAY 射线保护电路上（当电视机的高压过高时。就会产生过量的 X-RAY，此时 IC402 的 7 脚电压升高，引起 Q426 饱和导通，Q428 截止，切断高压产生电路的工作，起到保护作用）。 本例故障因是画面由暗变亮时，机器出现保护性关机，怀疑故障是在过电流保护线路上。检修时，先用万用表测量过电流保护电路的电流取样电阻 R415（0.47Ω/2W），发现其阻值变为 1.3Ω。更换 R415 后故障排除
PT-48A80 背投机型 （MP-00DA 机心）	开机后，红色指示灯亮一下即熄灭。无光栅、无伴音	红色指示灯会亮，说明电源电路有工作，而后指示灯熄灭．怀疑故障是在行输出电路或高压产生电路、电源的过电压保护电路上（注：MP-00DA 机心的行输出和高压产生电路是采用两套电路）。检修时，为了区分故障部位，先用万用表检查行输出电路的部分元件 Q403（2SC5446）、阻尼二极管 D428、D427；高压控制产生电路的 Q416（2SD1887）、Q433（k2518）、D415、D414 和 D426 等元件。发现除 Q433、D415 均击穿短路外，没有其他元件损坏。更换 Q433 和 D415（RGP15J），故障排除
PT-48A82 背投机型 （MP-015A 机心）	开机三无，指示灯发生亮、灭、亮的过程，同时伴有继电器的吸放声	测量微处理器 IC001 的 44 脚电压，开机的瞬间出现高电平，判断是微处理器 ABN 端口执行待机保护。接假负载测量 +B 电压正常，采用逐个断开 IC001 的 44 脚外部检测电路的方法，解除保护观察故障现象。当断开 D893 后，开机不再出现保护现象，判断是 +40V 电压负载伴有功放电路发生短路故障。对立体声功放模块 IC601、IC602 进行检测，发现 IC601 内部严重短路，同时 40V 电源的 4A 熔断器 F851 烧断，引起 D893 失压检测二极管导通，将 Q007 的 b 极电压拉低产生电压翻转，向微处理器的 44 脚送入高电平，迫使微处理器执行待机保护。更换 IC601、F851，恢复保护电路后，故障排除

（续）

机型或机心	故障现象	故障维修
PT-48A82 背投机型 （MP-015A 机心）	开机三无，指示灯发生亮、灭、亮的过程，同时伴有继电器的吸放声	测量微处理器 IC001 的 44 脚电压，开机的瞬间出现高电平，判断是微处理器 ABN 端口执行待机保护。在开机的瞬间测量 D804、D810、D812、D891、D892、D893 两端电压，均反偏截止；在开机的瞬间 Q419 和 Q891 的 b 极电压，发现开机的瞬间 Q891 的 b 极电压由正常时的低电平 0V 变为高电平 0.7V，判断是 ±28V 失常保护电路引起的保护，重点检测 ±28V 电源和汇聚功放电路未见异常，怀疑是保护电路元件变质引起的误保护。对 Q891 及其外围保护电路进行检测，发现 Q891 的 e-c 之间漏电，更换 Q891 后，故障排除
RT-42PA10 等离子机型 （GM1501H 机心）	开机后指示灯亮，整机三无	指示灯亮说明 ST-BY 待机电源正常，遥控开机有继电器吸合声，同时红色指示灯熄灭，绿色指示灯点亮，但三无。判断故障在以 STR-F6553（IC801）为核心的主电源。先检查启动电路 R803、R804 正常，测量 IC801 各脚对地电阻，发现 4 脚电阻较小，检查 4 脚外部电容 C811 漏电，更换 C811 故障排除
RT-42PX10 等离子机型 （GM1501H 机心）	开机后声图正常，收看 5min 后图像逐渐变差，有时图像和声音消失	根据故障现象，判断是逃台现象。测量高频头的供电，发现 +33V 电压不稳定，在 8～30V 之间变化。该机 +33V 调谐电压由升压电路将 +9V电压提升到 +33V，检查 +33V 形成电路 IC1003（TK11840L）、Q10001 及其外部电路，发现开关管 Q1000 性能变差，用型号为 KT03552T 代换后，+33V 电压恢复正常，且稳定不变，故障排除
RT-44SZ20RP RT-44SZ50LP 背投机型	热机状态下开机困难	经查多为电源板上的厚膜电路 STR-F6688B 不良所致，更换 STR-F6688B 即可排除故障

5.5.2 LG 数码、高清彩电易发故障维修

机型或机心	故障现象	故障维修
29Q11EN 机型	开机三无，指示灯暗一下，几秒后，又亮	测量 C852（160V/100V）两端电压只有 50V 左右，用遥控器开机，电压为 115V，正常，几秒后降为 50V 左右，说明保护电路动作。该机微处理器的 22 脚为保护端，正常为高电平 5V，实测只有 0.5V，说明已动作。检查 22 脚外部保护检测电路，测开关电源次极没有短路，查出 200V 保护检测电路，发现 R417（180kΩ）开路，180V 检测二极管负端为零，导通，把微处理器 22 脚电压拉低，引起保护电路动作，更换 R417 后故障排除
CCF-21G20K 机型 （MC-64A/B 机心）	多数时间能正常收看，收看中途偶尔发生三无故障	发生三无时，指示灯变亮，测量 IC01 的 20 脚电压低于 2.5V，22 脚由开机时的低电平 0V 瞬间变为高电平 5V，+B 电压降到 55V 左右，判断是微处理器执行保护。检修中，翻动电路板时，电视机又自动恢复正常，看来是电路接触不良，引起反常保护检测电路被检测的电压丢失，微处理器执行保护所致。仔细检查电路板上的焊点，发现 12V 稳压电路 IC401 的 12V 输出脚焊点裂纹导致接触不良，造成低压失压检测电路保护启动。将 IC401 焊好后，故障排除

（续）

机型或机心	故障现象	故 障 维 修
CD-29C89 机型	有时开机三无	开机后，有时三无，有时又能正常启动工作，但在正常收看过程中，有时又会自动关机，故障出现的无规律。故障出现时，遥控开机，指示灯呈一亮、一暗不停地闪烁，且在开机瞬间有高压启动的声音，由此说明，出现这种故障的原因主要是电路故障引起了保护电路动作。在通电开机的瞬间，测量开关电源有 +B 电压输出，且发现微处理器 27 脚在开机瞬间为低电平，保护电路动作。在开机瞬间，逐一测量微处理器 27 脚外接的保护检测二极管负极与地线之间的电压，结果发现 VD15 二极管无负极电压，判断故障是伴音功放集成电路 IC620（LA4282）的 +30V 供电保护引起的。测量伴音功放集成电路 IC620 的 10 脚上的 +30V 电压为 0V，检查发现 +30V 电压保险电阻 FR628 的一只引脚呈虚脱焊现象。加锡将 FR628 保险电阻虚焊的引脚焊牢后，通电长时间试机，不再出现自动关机现象，故障排除
CF-21D10B 机型（MC-41B 机心）	开机三无，指示灯亮后即灭	查开关电源无电压输出，测量 C817 有 300V 电压，STR-S6707 的 9 脚有 7.5V 的启动电压，4、5 脚电压为 0V，6 脚对 2 脚有 -0.15V 的电压，说明 STR-S6707 进入过电流保护状态，可能是负载电路存在短路故障。经检查，行输出管击穿，更换行输出管后，开机数分钟，行输出管再次击穿。检查行输出管击穿的原因，接假负载，测量 +B 电压正常；检查行输出电路，逆程电容 C421 管脚虚焊，引脚周围有不易发现的一圈裂纹，补焊后，不再击穿行输出管。该机的元件插孔较大，焊锡较少，容易发生开裂虚焊，发生接触不良的故障，检修时应引起注意
CF-21D10B 机型（MC-41B 机心）	开机时，指示灯亮后即灭，整机三无	指示灯亮后即灭，很可能是进入保护状态。开机测量开关电源输出电压，+B 电压在开机的瞬间为 130V 左右，然后降为 0。正常时，开机后应进入待机状态，输出低电压，+B 应为 37V 左右，就是遥控开机后，也不过 115V，该机开机时 +B 电压高达 130V，说明稳压环路存在开路失控的故障，测量开机时，光耦合器 IC801 的 1、2 脚为待机低电平，如果 IC801 正常，本应输出低电压，怀疑 IC801 内部开路，使 STR-S6707 失控，输出电压过高，STR-S6707 内部过电压保护电路启动。更换 IC801 后，故障排除
CF-21D10B 机型（MC-41B 机心）	三无，指示灯亮、暗正常	在开机的瞬间有高压建立的声音和静电感觉，说明行输出电路已工作。但开机三无，测量开关电源输出电压，遥控开机时，电压由待机时的低电压升高到 80V 后，又降为 37V。但指示灯始终为暗亮。说明微处理器仍处于开机状态。查开关机电路，Q801 随开关机电压变化正常，但 Q802 的 b 极电压由待机时的 0V 升到 0.6V 后又降为 0V，判断是失压保护电路启动。逐个测量各保护检测二极管，发现 D404 正偏导通，检查 16V 整流滤波电路，发现 IC402 内部击穿，更换后，电源输出电压在开机时恢复高电压输出，但整机仍三无。查行扫描二次供电电路，行输出变压器 5 脚的 16V 整流滤波电路中的保险电阻 FR417 烧断，换之，恢复正常
CF21D16R 机型（MC-64A/B 机心）	开机后三无，遥控开机电源指示灯变暗后，几秒钟后变亮	根据指示灯的暗、亮变化过程，估计是微处理器保护电路启动所致。开机的瞬间测量 IC01 的 20 脚电压为 2.3V，开关机控制端 22 脚电压由开机时的低电平瞬间变为高电平 5V，开关电源输出的 +B 电压由开机瞬间的高电压降到 55V 左右，进一步判断是微处理器执行保护。开机的瞬间，测量 20 脚外部的检测二极管 D415、D416、D408 两端正向电压，确

（续）

机型或机心	故障现象	故 障 维 修
CF21D16R 机 型（MC-64A/B 机心）	开机后三无，遥控开机电源指示灯变暗后，几秒钟后变亮	定故障范围。发现 D408 开机的瞬间有正向偏置电压，判断是行推动检测电路引起的保护。对 R411、Q401 等进行检查，发现 R411 表明有烧焦的痕迹，测量阻值内部开路，造成行推动级无供给电压引起保护。更换 R411 后，开机不再保护，故障排除
CF21D16R 机型（MC-64A/B 机心）	开机后三无，遥控开机电源指示灯变暗后，几秒钟后变亮	测量 IC01 的 20 脚电压低于 2.5V，22 脚由开机时的低电平瞬间变为高电平 5V，+B 电压降到 55V 左右，判断是微处理器执行保护。开机的瞬间测量 20 脚外部的检测二极管 D415、D416、D408 两端正向电压，确定故障范围。发现 D415、D416 开机的瞬间均有正向偏置电压，其负极无电压，判断是 12V、8V 低压检测电路引起的保护。对 12V、8V 整流滤波电路和稳压电路进行检查，发现限流电阻 FR422 烧焦，内部开路。更换 FR422 后，开机 FR422 冒烟烧焦，看来低压电路存在短路漏电故障。检查低压电源稳压和负载电路，发现 IC401 的输入端与地短路，更换 IC401 后开机不再保护，故障排除
CF21D16R 机型（MC-64A/B 机心）	多数时间能正常收看，收看中途偶尔发生三无故障	发生三无时，指示灯变亮，测量 IC01 的 20 脚电压低于 2.5V，22 脚由开机时的低电平 5V 瞬间变为高电平 5V，+B 电压降到 55V 左右，判断是微处理器执行保护。开机的瞬间测量 20 脚外部的检测二极管 D415、D416、D408 两端正向电压，均无正向电压，测量 Q302 的 b 极也无正向偏置电压，看来故障在 Q800 组成的行输出过电压保护检测电路。由于该电路为一个独立的小电路板，不易测量，先测量 +B 电压正常，再在行逆程电容的两端并联一个同容量的电容器，开机由于逆程电容增大，行场幅度变大。收看约 10min 后，行场幅度突然变小，由此判断行逆程电容器内部受热后开路，更换行逆程电容器，恢复保护电路后，故障彻底排除
CF-21D16R 机型	正常收看时无规律自动关机，出故障时转为红灯，进入待机状态，用遥控器开机还能正常收看，过一会儿又自动进入待机状态	该机主芯片为 TDA8362，微处理器为 LG8634-18B。微处理器的 20 脚是保护脚，正常电压值 5V，当当保护脚电压为低电压时，电视机进入待机状态，受保护的电路有：场输出电容 C314 短路保护、Q302 及外围元件损坏保护、行输出电路脉冲过高或灯丝开路保护、Q801 及外围元件损坏保护、IC403 FT8V 无输出或短路保护、IC401 FT12V 没有供电或短路保护、行推动无供电或短路、行推动变压器供电滤波电容 C408（1μF/160V）失效保护等。将上述保护电路与微处理器 20 脚的连接逐个断开，保护故障依然发生，此时测量微处理器的 20 脚仍为低电平，检查发现，20 脚外接上拉电阻 R37（4.7kΩ），检查 R37 发现阻值变为无限大，更换 R37，故障排除
CF-21G22 机型	不开机，指示灯亮	检查 +B 电压正常，测量行推动管 Q742 的 b 极电压为 0.8V，集成电路 IC501（TDA8842）40 脚行输出电压为 1.2V，断开行管 c 极，电压不变，说明问题出在 TDA8842 及其外围电路，检查外围未发现问题，更换 TDA8842 后正常
CF-21G24 机型（MC-8AA 机心）	最大音量调整和部分控制功能受到限制	进入旅馆模式所致。LG 以 MC-8AA 机心 CF-21G24、CF-21G22、CF-21G24 为代表采用 MC-8AA 机心的彩电，设有旅馆模式设置功能，需进入维修模式进行设置 在电视机正常收视状态下，先按电视机上的“OK”键，接着按遥控器上的“OK”键（也可按专用遥控器上的“SVC”键 3s），电视机进入维修模式。进入维修模式后，选择“HOTEL”旅馆模式设置项目，对旅馆模式进行设置，数据为 0 时关闭旅馆模式，数据为 1 时启动旅馆模式

（续）

机型或机心	故障现象	故 障 维 修
CF-25C79 机型（MC-74A 机心）	有时能正常收看，有时开机三无	发生故障时遥控开机指示灯亮-暗-亮变化，并听到行输出高压建立的声音，初步判断是进入保护状态。测量开机的瞬间有 +B 电压输出，同时微处理器保护端口 27 脚开机的瞬间为低电平，判断进入保护状态；测量关键点电压，判断故障范围，开机的瞬间逐个测量微处理器 27 脚外部的检测二极管负极对地电压，发现开机的瞬间 D15 无负极电压，估计是为伴音功放电路 IC620（LA4282）供电的 30V 电压失压，引起保护。对 ST-30V 整流滤波电路进行检测，发现 FR628 一端开焊，接触不良，连接时能正常收看，断开时引起检测二极管 D15 导通，微处理器执行保护，开机三无。补焊 FR628 后，故障排除
CF-29C79N 机型	开机三无，指示灯闪烁	开机后，屏幕上无光栅与图像，扬声器中也无伴音，但指示灯呈一亮一灭的闪烁状。在通电开机的瞬间，测量开关电源有 +B 电压输出，且发现微处理器 27 脚在开机瞬间为低电平，由此说明保护电路动作。在开机瞬间，逐一测量微处理器 27 脚外接的保护检测二极管的正向电压，结果发现 VD302 二极管上出现了正向电压，说明故障是场输出供电的 +47V电压异常引起的保护。当断开 VD302 二极管的任一引脚后，屏幕上出现了水平一条亮线，由此说明故障确出在场输出电路。测量场输出集成电路 IC303 的 8 脚上的 47V 电压为 0V，检查发现 +47V 供电保险电阻 FR311 开路，IC303 集成电路内部局部严重短路。IC303 集成电路的型号为 TDA8350Q，FR311 是一只 10Ω/0.5W 的保险电阻，更换新的配件后，通电试机，故障排除
CF-29C80NM 机型	有时没伴音，后来开机即关机	检查过电流，过电压，保护电路都正常，检查微处理器控制电路引起的关机，分析先无伴音，后关机，检查丽音板。发现两个供电的三端稳压有点脱焊，补焊后故障排除，分析关机原因：是丽音板供电不稳，CPU 通过总线检测到丽音板故障，采取保护关机
CF-29C89 机型（MC-74A 机心）	开机三无，指示灯亮度发生亮、暗、亮的过程	检查行输出电路对地电阻为 0，经测量行输出管击穿，引起行输出失压保护。先断开行输出电路供电，在 +B 电压输出端接 200Ω/50W 电阻作假负载，断开微处理器的 27 脚，开机退出保护状态，测量 +B 电压为 155V，过高，说明开关电源稳压电路有故障，造成行输出管损坏。检查电源稳压电路，未见异常，代换三端误差放大电路 IC803 后，电源电压恢复正常。更换行输出管，恢复行扫描电路供电和保护电路，出现正常的图像和伴音，且不再保护
CF-29C89 机型（MC-74A 机心）	有时能正常收看，收看中途无规律停机，有时不能开机	发生故障时遥控开机指示灯亮、暗、亮变化，测量开机的瞬间有 +B 电压输出，同时微处理器保护端口 27 脚开机的瞬间为低电平，判断进入保护状态；开机的瞬间逐个测量微处理器 27 脚外部的检测二极管正向电压，均反偏截止，最后测量行输出过压检测晶体管 Q403 的 b 极电压，由正常时的低电平变为高电平，判断行输出电压过高，引起保护。断开 Q403 的 c 极与保护电路的连接，开机声光图出现，且一切正常，由此判断是行过电压保护电路元件参数改变引起的误保护。对行输出过电压保护电路进行在路检测，未见异常，考虑到稳压二极管稳压值改变，拆下 ZD406 测量器稳压值，由 24V 降到 15～20V 左右，且不稳定。当稳压值升高时，勉强开机收看，当稳压值降低时，引起保护电路动作，造成自动关机或不能开机故障。更换 ZD406 后，故障排除

（续）

机型或机心	故障现象	故 障 维 修
CF-29C89 机型（MC-74A 机心）	开机有行输出高压建立的声音，电源指示灯变暗后又变亮，行输出电路停止工作。电源指示灯变暗后又变亮，三无	测量微处理器 IC12 的 27 脚电压，变为低电平，说明是 27 脚外部检测电路引起的保护。采取从 27 脚解除保护的方法，在 R87 的右端断开保护检测电路的连接，开机观察故障现象，为一条水平亮线。由此判断故障在场扫描电路中。重点检测场输出电路 IC303 发现 4 脚对地短路，同时其供电电路中的保险电阻 FR414 烧断，引起场输出 17V 供电失压，D301 导通，将 IC12 的 27 脚电压拉低，引起微处理器执行保护。更换 IC303（TDA8350Q）和 FR414（2.0Ω/1W）后，开机光栅恢复正常，连接保护检测电路后，不再发生保护故障
CF-29C89 机型（MC-74A 机心）	开机后三无，电源指示灯变暗后又变亮	按下电源开关后有行输出电路工作后高压建立的声音，电源指示灯变暗后又变亮，同时指示灯也随之发生由亮变暗，然后又变亮的变化，判断是保护电路执行待机保护所致。测量 IC12 的 27 脚电压，变为低电平，说明是 27 脚外部检测电路引起的保护。采取从 27 脚解除保护的方法，在 R87 的右端断开保护检测电路的连接，开机观察故障现象，光栅和图像正常，无伴音。检测伴音功放电路 IC620（LA4282），内部严重短路，同时为其提供电源的整流滤波电路中的 FR802 保险电阻烧断，造成 ST-30V 失压，引起 D15 导通，将 IC12 的 27 脚电压拉低，引起微处理器执行保护。更换 IC620 和 FR802（0.47Ω/2W）后，开机伴音恢复正常，连接保护检测电路后，不再发生保护故障
CF-29H20M 机型（MC-71A/B 机心）	开机后有行输出工作高压建立的声音，然后三无	按下电源开关后有开机和高压建立的声音，然后三无。测量开机的瞬间 IC1 的 5 脚电压为低电平，判断是 IC1 的 5 脚外部检测电路引起的保护。采取在开机后进入保护前的瞬间，测量各路检测电路隔离二极管 D828、D701、DS2、DS1、DP3、DP4、D471、D402 的两端电压和 Q303 的 b 极电压的方法，确定故障范围。发现 DS2 的两端开机瞬间有正向电压，检查 DS2 检测的 ICS6 稳压电路内部短路，1 脚外部的 RS56 烧焦，造成 1 脚无 12V 电压输入，3 脚无 8V 电压输出。更换 RS56 和 ICS6，开机不再保护
CF-29H20M 机型（MC-71A/B 机心）	开机后有行输出工作高压建立的声音，然后三无	测量开机的瞬间 IC1 的 5 脚电压为低电平，判断是 IC1 的 5 脚外部检测电路引起的保护。采取解除保护的方法，断开 IC1 的 5 脚外部 L1，开机后电视机恢复正常，判断是误保护。逐个测量各路检测电路隔离二极管的两端电压和 Q303 的 b 极电压，发现 Q303 的 b 极有正向偏置电压 0.7V，判断是灯丝过电压保护电路引起的误保护。对该保护检测电路进行检测，发现 Q407 的 e 极电压高于 b 极电压而导通。检测 Q407 的外部电路，发现 ZD402 两端电压低于其稳压值 5.6V，怀疑 ZD402 稳压值下降，致使 Q407、Q303 饱和导通引起误保护。更换 ZD402 并恢复保护电路 L1 后，开机不再保护
CF-29H20NM 机型（MC-71A/B 机心）	开机后指示灯亮，处于待机状态，遥控不能二次开机	测量开机的瞬间 IC1 的 5 脚电压为高电平，IC1 的 3 脚为低电平，遥控开机 3 脚电压无变化，判断是微处理器或总线系统引起的保护。测量 IC1 的 63、64 脚供电、36 脚复位和 34、35 脚晶振三个工作条件均正常，测量 IC1 的 6～10 脚矩阵电路也无漏电、短路的故障。测量 IC1 的三组总线电压，发现与 IC2 存储器相连接的 27 脚 SDA1 电压偏低，检查 27 脚外部电路，发现 R12 一端虚焊，造成微处理器 IC1 与存储器 IC2 之间数据传输障碍，引起总线系统异常保护，微处理器 IC1 从 3 脚输出待机保护电压。焊好 R12 后，开机恢复正常

（续）

机型或机心	故障现象	故障维修
CF-29H69 机型	正常收看过程中会无规律自动关机	自动关机后，用遥控器再次开机时，指示灯会闪烁，开机瞬间测量+B电压有输出，同时微处理器 27 脚（保护信号输入端）在开机瞬间为低电平，说明保护电路动作。在通电开机的瞬间，逐一测量微处理器 27 脚外接的保护检测二极管的正向电压，均处于反偏截止状态。测量行输出过电压检测晶体管 VT403 电压为高电平，而正常时应为低电平，判断为行输出电压过高引起了保护。断开行输出负载，在开关电源+B 电压输出端连接一只假负载，通电开机测量+B 的+130V 电压基本正常。断开 VT403 的 c 极与电路的连接，通电开机，电视机恢复正常。由此说明，故障是由于行过电压保护电路本身有问题出现了误保护引起的。对行过电压保护电路中的有关元器件与电路进行检查，发现 VZD406 稳压二极管特性不良，VZD406 是一只稳压值为 24V 的稳压二极管，用一只国产 2CW116 型稳压二极管换上后，通电长时间试机，不再自动关机，故障排除
CF-29H82 机型	图像正常，但伴音中蜂音很大	对图像中频通道电路的工作电压进行检查，均在正常值范围内，高频调谐器的各路工作电压也无问题。对图像中频通道的谐振线圈进行适当的调整，伴音可以得到改善，但图像会变差，估计故障是由于中频通道的频带太窄引起的。试在高频调谐器的 IF 输出端与表面波滤波器的输入端之间并接一只 1000pF 的瓷片电容器后，伴音中的蜂音明显减小，说明故障出在瓷片电容器跨接的电路中，但由于一时无原型号的声表面波滤波器可以更换，故征得用户同意后，就采用跨接 1000pF 瓷片电容器的方法解决了问题
CF-29H83E 机型	屏幕字符显示的频道号会自动增加	屏幕上的彩色图像基本正常，扬声器也有伴音，但屏幕上字符显示的频道号会自动增加。将遥控器的电池拆下来，故障依然存在，说明故障与遥控器无关。对本机按键的 4 只微动开关进行检查，没有发现有漏电现象，测量微处理器与微动开关有关的 3、4、5 脚上的电压约为 4.5V，但 6 脚电压只有 3V 左右，且该电压还不稳定。怀疑键开关线路受潮。对与微处理器 6 脚有关的线路表面进行清理，并用电烙铁对相关的焊点与连接线路进行加热，将潮气烘干后，通电长时间进行试机，上述故障再未出现，故障排除
CT-25K90V 机型（MC-022A 机心超级单片彩电）	最大音量调整和部分控制功能受到限制	进入旅馆模式所致。LG 以 CT-25K90V、CT-25M60VE、CT-29K90V、CT-29M60VE、RT-29FB30V、CT-29FA50VE 为代表的采用 MC-022A 机心的超级单片彩电，设有旅馆模式设置功能，需进入维修模式进行设置。正常收视状态下，电视机面板上采用 4 个按键的机型，按住面板上的“音量”键，采用 6 个按键的机型，按面板上的“确定”键，同时按住遥控器的“确定”键，持续 6～10s，即可进入维修模式，屏幕上显示调整菜单。进入维修模式后，选择“HOTEL”旅馆模式设置项目，对旅馆模式进行设置，数据为 0 时关闭旅馆模式，数据为 1 时启动旅馆模式
CT-29K90E 机型	图像正常，伴音严重失真，且伴有交流蜂音	采用 AV 工作方式输入影碟机的信号时，图像与伴音均基本正常。说明故障仅出在与电视伴音有关的电路中，也就是 IC512（TDA8844）集成电路 6 脚到伴音功率放大电路输入端之间的电路中。测量伴音制式选择组件 HIC3 的 8 脚上的高电平、9 脚上的低电平基本正常，说明制式转换控制电平正确，电路工作在 PALD/K 制式。测量 IC512 集成电路 1 脚上的 0.1V 电压、55 脚（音频去加重元件连接端）上的 3V 电压、56 脚

（续）

机型或机心	故障现象	故障维修
CT-29K90E 机型	图像正常，伴音严重失真，且伴有交流蜂音	（伴音去耦元件连接端）上的 2.5V 电压均无问题。用 6.5MHz 的带通滤波器连接在 HIC3 组件的 2、3、4 脚后通电试机，伴音失真现象消失，由此说明，故障是由于伴音制式选择组件 HIC3 内部电路不良引起的。更换一只新的伴音制式选择组件 HIC3 组件后，通电试机，伴音恢复正常，故障排除
CT-29K90 机型	图像正常，无伴音，将音量调到最大也无效	通电开机，用螺钉旋具头部的金属部位碰触伴音功放电路的信号输入端，扬声器中有较响的干扰声，说明伴音功放电路无问题。测量 IC661 集成电路的 +5V 供电电压下降为 2.5V 左右，断开 IC661 的供电引脚后，+5V 电压恢复正常，判断为 IC661 集成电路本身损坏。更换新的同型号的集成电路装上后，通电试机，扬声器中的伴音恢复正常，故障排除
CT-29K92F 机型（MC-01GA 机心）	收看过程中会自动关机	对开关电源电路与行输出电路中怀疑的焊点重新焊一遍后，通电开机，故障依然存在。在故障出现时，测量 IC01 的 49 脚变为低电平，说明保护电路启动。在自动关机的瞬间，监测到 VT856 的 b 极上有 0.6V 左右的电压，怀疑行输出过电流保护电路动作。对与行输出过电流保护电路动作有关的元器件与电路进行检查，发现 R865 电阻值变大为约 1.6Ω。R865 的电阻值为 0.68Ω，更换同规格的电阻器后，通电长时间试机，电视机不再自动关机，故障排除
CT-29K92F 机型（MC-01GA 机心）	无光栅与图像，无伴音，电源指示灯变暗后又点亮	在开机瞬间可听到高压启动的声音，由此判断微处理器控制系统已经发出了开机指令，之后保护电路动作。通电开机测量 IC01 的 49 脚为低电平，断开该脚与外电路的连接，通电开机，电视机不再保护，且有光栅出现，由此说明故障确是保护电路动作引起的。连接好 IC01 的 49 脚，采用逐一断开 IC01 的 49 脚外接保护检测元件的方法，即分别断开 VD864、VD865、VD863、VD412 和 VT856、VT991 保护检测元件，但断开 VD412 二极管的任一引脚时，通电开机不再保护。对保护检测 VD412 二极管支路中的有关元器件进行检查，结果发现 R421 的电阻值变大为约 305kΩ。R421 的电阻值为 180kΩ，更换一只新的同规格的金属膜电阻器后，通电试机，故障排除
CT-29Q40VE 机型	收看中突然光栅消失，但伴音正常	故障的部位多与解码电路或视频信号处理、显像管电路有关。通电开机，调高显像管加速极电压，屏幕上可以出现模糊的光栅，但无图像与回扫线，也无字符显示。测量 IC01 集成电路 42～44 脚（R、G、B 基色信号输出端）输出为 5V 的高电平，45 脚上的 +0.6V 电压为 -0.6V 左右。测量 IC301（LA7845）集成电路 7 脚上的 -12V 左右的电压约为 -0.5V，显然与正常值相差较多，怀疑 IC301 集成电路本身损坏。更换新的 LA7845 集成电路后，通电试机，光栅恢复正常，故障排除
LG-25K29 机型	收看中图像、伴音正常，但无规律自动关机	当自动关机后，如立即开机，则电视机不能启动，等 10min 左右开机，电视机才会再次启动工作。观察发现在自动关机的瞬间，有时呈一条水平亮线后自动关机，有时由上而下逐渐呈黑屏后自动关机，自动关机之前的故障症状不同。出现这种故障的部位通常与存储器或数据总线控制系统有关。在故障出现时，测量小信号处理集成电路 TDA8844 的 40 脚（行激励信号输出端）上的 0.5V 电压上升为 7V 左右，8 脚（SDA1 数据控制线）上的 2.5V 电压下降为波动的 0.2～0.45V，TDA8844 的 8 脚是与 IC01 的 45 脚相连接，测量微处理器 IC01（CXP86441）45 脚（SDA1 数据控制线）上的电压也不稳定。采用逐一断开IC01的45脚挂接的负

（续）

机型或机心	故障现象	故 障 维 修
LG-25K29 机型	收看中图像、伴音正常，但无规律自动关机	载来查找故障部位，当断开所有的负载后，45 脚电压仍然不会上升，当断开 45 脚与外电路的连接后，SDA1 数据控制线上的电压立即恢复至正常值，说明 IC01 的 45 脚内电路局部有短路。更换一块新的 CXP86441 型集成电路后，通电长时间试机，电视机不再出现自动关机，故障排除
MC-74A 机型	无光栅与图像，无伴音，指示灯一亮一暗连续闪烁	发现开机瞬间有 + B 电压输出，同时测得微处理器的 27 脚在开机瞬间为低电平，说明微处理器已经进入了保护程序。检查发现行输出管 VT402 已经击穿短路，拆下损坏的行输出管，在开关电源 + B 电压输出端连接一只 200Ω/50W 的电阻器作为假负载，然后再断开微处理器的 27 脚与外电路的连接，通电测量 + B 电压约为 + 155V，偏高于正常值，说明开关电源稳压控制部分有问题。对开关电源电路中的取样放大与反馈电路中的有关元器件进行检查，结果发现误差放大集成电路 IC803 本身不良。更换一只新的行输出管与误差放大集成电路 IC803 后，通电试机，开关电源输出的 + B 电压恢复正常，故障排除
RT-29FA620VE 机型	无光栅与图像，但扬声器中的伴音基本正常	故障的部位多与视频信号处理电路有关。开机测量开关电源输出的 + B电压基本正常，行振荡电路也已经启动工作，但测量视放的 + 200V 供电电压较低。断开视放集成电路 IC901 的供电引脚端，测量 + 200V 电压恢复正常，判断 IC901 有短路故障。更换一块新的 IC901 集成电路后，光栅恢复正常，但图像很暗，测量 IC01 的 42 ~ 44 脚上的 4.3V 左右的 R、G、B 输出电压基本正常。测量视放电路板上的接插件 P03B 上 2V 左右的 R、G、B 输入电压只有约 1.5V，检查发现 VT509 管不良。更换同型号的晶体管后，通电试机，故障排除
RT-29FB35V 机型	无光栅与图像，无伴音，指示灯不亮，整机无反应	发现故障电视机所放位置处很潮湿，先对该机进行一次彻底的清理和去潮处理后，然后通电开机，屏幕上出现了光栅，但光栅呈绿色且满屏回扫线。测量视放电路所需 200V 供电时，发现该电压供电保险电阻 FR404 已经开路，怀疑视放集成电路 IC901 有短路现象。断电测量 IC901 供电引脚与地之间的正反向电阻值均较小，断开供电引脚再测仍然如此，判断 IC901 本身损坏。FR404 是一只 0.5Ω 的保险电阻器，IC901 集成电路的型号为 TDA6109JF，更换新的配件换上后，通电试机，故障排除
RT-29Q42E 机型	开机后图像场线性不良，而后会自动关机	通电开机，测量 TDA4857 集成电路的各引脚上的电压大多与正常值有差异，怀疑该集成电路本身损坏。更换新的 TDA4857 集成电路后，故障依然存在，更换整块小信号处理电路板后，故障仍然没解决，怀疑 DY 偏转线圈不良。更换一只同规格新的 DY 偏转线圈后，通电试机，电视机上的图像场线性良好，不再自动关机，故障排除
TC-29Q11EN 纯平机型（MC-991A 机心）	有时能开机，有时收视途中自动关机；有时不能开机，二次开机后指示灯亮度变暗，但无光栅、无伴音，数秒钟后，指示灯由暗转亮	当不能开机故障出现时，测量开关电源输出电压，开机的瞬间 + B 输出电压由待机时的低电压 42V 变为 120V，可听到开机时的消磁继电器吸合声和高压建立的声音，几秒钟后 + B 电压变为低电压。测量微处理器 22 脚电压由开机瞬间的高电平 4.5V，变为低电平 2.0V，确定微处理器进入保护状态。断开 R40 解除保护，开机后不再保护，出现图像和伴音。将 R40 重新连接恢复保护功能，逐个断开微处理器 22 脚外围的检测二极管，当断开晶体管 Q871 时，开机不再保护，说明是行输出过电流保护电路引起的保护。对行输出过电流保护电路进行检测，发现取样电阻 R871 一只引脚焊盘上有一黑圈，焊锡很少，疑为虚焊所致。造成取样电阻只剩下 R870 一个电阻，阻值增加一倍，引起过电流检测晶体管 Q870 导通程度增加，提前进入保护状态。将 R870 焊点补焊后，故障彻底排除

（续）

机型或机心	故障现象	故 障 维 修
TC-29Q11EN 纯平机型（MC-991A 机心）	二次开机后指示灯亮度变暗，无光栅、无伴音，数秒钟后，指示灯由暗转亮	测量微处理器 22 脚电压为低电平 1.9V，确定微处理器进入保护状态。将微处理器 22 脚外围的检测二极管 D07、D860、D858、D410 逐个断开，开机仍然保护；当断开三极管 Q402 时，开机不再保护，说明是行输出过压保护电路引起的保护。观察解除保护后的声、光、图均正常，测量行输出和开关电源输出的各路电压均在正常范围内，判断是行输出过压保护电路元件变质引起的误保护。对行输出过压保护电路元件在路测量，未见异常。考虑到对稳压二极管在路测量不够准确，拆下 ZD401 进行测试，发现其稳压值已降低且不稳定，在行输出电压正常时即击穿漏电，Q402 饱和导通，引起过压保护电路误保护。用一只 18V 稳压管更换 ZD401 后，故障排除
TC-29Q11EN 纯平机型（MC-991A 机心）	二次开机后指示灯亮度变暗，无光栅、无伴音，数秒钟后，指示灯由暗转亮	测量微处理器 22 脚电压开机瞬间为 2V 左右，低于正常值，确定微处理器进入保护状态。开机的瞬间逐个测量保护检测电路 D07、D860、D858、D410 的正向电压和 Q402、Q871 发射结的正向电压，发现 Q871 发射结在开机的瞬间有 0.7V 左右的正向电压，由此判断是行输出过流保护电路引起的保护。断开 Q871 的 c 极与 R40 之间的连接，解除保护状态，开机观察故障现象。发现光栅缩小，亮度降低，图像不清晰，测量电源 +B 输出电压为 100V 左右，低于正常值，关机后手摸行输出管温度明显偏高，由此判断行输出电流偏大，引起过流保护。由于测量行输出变压器初级和次级各路输出电路无明显短路漏电故障，怀疑行输出变压器内部局部短路。更换一只行输出变压器后，开机光栅和图像恢复正常，接上 Q871 的 c 极也不再出现保护现象

5.6 飞利浦彩电易发故障维修

5.6.1 飞利浦平板、背投彩电易发故障维修

机型或机心	故障现象	故 障 维 修
26TA2800/93 液晶机型	不开机、电源指示灯不良	检查熔断器未见异常，通电测量 +24V 无电压输出，市电整流滤波后的 300V 电压正常，PFC 电路输出电压仅为 300V，判断 PFC 电路未工作，测量 PFC 驱动控制电路 IC950（FA5541N），发现 6 脚电阻异常，检查外部电路未见异常，更换 IC950 后，故障排除
32HFL200 液晶机型	电视机三无，指示灯不亮	开机检查电源熔断器熔断，RV901 烧糊。怀疑电源电压升高造成，测量电源 220V 电压正常，换电源熔断器和 RV901，开机机器正常。小结：如果发现 RV901 烧毁，一定要检查 220V 电压，不然还会烧毁新换元件
32HFL200 液晶机型	电视机三无，指示灯不亮	开机检查电源熔断器熔断，测量 C920 电阻无短路现象，测量 DB901 电源桥块也无异常，换新熔断器送电又烧断。为排除故障拆下桥块换上熔断器送电，熔断器又烧。用万用表 2M 挡测量发现在没有桥块的时候 C901 两端竟然有 320k 电阻，继续排查发现电阻居然是 L902 上的。经观察发现，这个扼流圈内有胶腐蚀使漆包线漏电，换新后送电正常

（续）

机型或机心	故障现象	故 障 维 修
32HFL200 液晶机型	电视机三无，指示灯不亮	检查熔断器 F901 正常，测量市电整流滤波后电压 300V 正常，进一步测量 C953 正端电压为零，测 C953 两端电阻正常。根据现象判断为 5V 开关电源不起振，测量 IC902 第 7 脚、8 脚无电压，仔细查找发现 R948、R908、R907 开路，IC902 击穿。重新换上好件开机正常，但 5min 后，上述元件再次烧毁。认真细查这部分电路，发现 D930 反向漏电，再次换好元件及 D930，问题再没有出现
32HFL200 液晶机型	开机三无，指示灯不亮	初步判断机内无 5V 电压。测量 +B 电压 300V，再测量 IC902 的 7 脚、8 脚电压正常。测量周围无明显坏件，代换 IC902 后 5V 正常
32HFL200 液晶机型	开机三无，指示灯微亮	直接测量 5V 电压只有 3.2V。断开负载电压没有变化，看来问题出在电源。测量 IC950 二极管侧的电压，结果发现只有 1V 左右，这说明问题一定出在变压器的副边。查取样电路 R957、R958、R959 正常，代换放大器 IC952 后 5V 正常
32HFL200 液晶机型	红色指示灯亮，不开机	测量 5V 电压正常，24V 和 12V 开机无电压。断开主板连线用 1k 电阻连接 5V 和 PS-ON 启动 24V，同样无电压，问题应该在电源板。接着测 Q903 有 300V 电压，而 IC903 第 7 脚无 VCC 电压，VCC 电压是开关机控制电路 Q921 的 e 极送来的。测 Q921 的 e、c 极无电压，b 极电压为零，检查相关电路，发现 D930 短路，更换 D930 故障排除
32HFL200 液晶机型	红色指示灯亮，不开机	测量 5V 电压正常，24V 和 12V 开机无电压。断开主板连线用 1kΩ 电阻连接 5V 和 PS-ON 启动 24V 电源，同样无电压。IC903 第 7 脚的 VCC 电压正常，但是第 1 脚无电压，第 1 脚的电压是 395V 通过电阻分压得到的，细查发现 R924 开路，换新电阻后，故障排除
32HFL200 液晶机型	红色指示灯亮，不开机	测 Q903 击穿。细查跟 Q903 有关的周围元件没发现问题。换新 Q903 后开机正常，3 天后，问题再现，换 Q903 电路还能正常。检查 Q903 及其外部电路元件，未见异常，怀疑开关变压器 T902 内部不良。换新 T1902 后问题彻底解决
32HFL200 液晶机型	开机半个多小时后自动关机	凉的机器还能打开，但最多能看 1h。应该是有元件热稳定性不好。开机演了 2h，再用手摸各元件温度，发现 IC903 温度很高。于是在 IC903 上面粘了块小散热片，问题不再出现．为保险起见，换掉 IC903 交用户使用
32HFL200 液晶机型	凉机电视启动困难	要反复开机很久才能正常，只要开机一切都正常。关机马上开机也没问题，只要机器凉了，就不好启动。打开机器测量 24V 只有 13V。观察 24V 滤波电容有鼓起现象，换新后问题不再出现
19PL3403D 液晶机型	黑屏，伴音正常	判断背光灯供电电路或控制电路异常。测逆变芯片 IC801（OZ9938GN）的供电端 2 脚电压正常，测 IC801 的背光灯开关控制端 10 脚电压为 0，正常时应为高电平，说明背光灯开关控制电路异常。检查发现滤波电容 C807 漏电，更换 C807 后，逆变器恢复正常，故障排除
32PF7321/93 液晶机型（LC4.31A AA 机心）	声音失真，或伴音中有“嗡嗡”声	将位号为 2013 的 1.5nF 电容换为 22nF/50V 的陶瓷电容即可

（续）

机型或机心	故障现象	故障维修
32PF9966/93、42PF9966/93、50PF9966/93 液晶机型（FTP2.4AAA 机心）	不开机。红灯闪烁6次	在液晶 LED 面板板上作如下更改：1. 取消位号 9050 上的跳线；2. 加一只100Ω的电阻的电阻到位号 3053 上面，与原来的那个100Ω的电阻并联；3. 加一只晶体管 BC547A，与 6051 上的 LED 并联。c 极接 6051 上 LED 的正极，e 极接地，b 极通过一只 1kΩ 电阻接到 +8V 上面；4. 取消在 3051 和 3052 上的电阻
32PFL3403 液晶机型	待机保护，不开机	查开关电源电路，发现 ZD965 反向漏电，用27V稳压管代换后，故障排除
32PFL3403 液晶机型	PFC 电路未启动	查 PFC 输出电压仅为 +300V，判断 PFC 电路未工作，查 VCC-PFC 电压为 0V，检查 VCC-P1 电压正常，进一步检查发现 ZD935 击穿，用 15V 稳压管代换后，故障排除
32PFL3403 液晶机型	待机控制功能失效，电源指示灯亮	查 +5V-STBY 电压正常，但检测 L7101 两端无 +3V3-STBY 电压，电阻测量相关器件，发现 C7105（4.7μF）电容器漏电，将 C7105 用分立元件代换后，故障排除
32TA1600 液晶机型	黑屏，伴音正常	该故障多发生在背光灯供电电路，即高压逆变电路。测连接器（1008）的1~5脚有24V电压，6脚有5V电压，7脚有3.5V电压，8~12脚电压为0，说明故障的确发生在逆变器上。测量主要器件电压时，发现芯片 U1 的 3 脚无供电，检查供电回路的熔断器 F1 熔断，检查其他元器件正常，怀疑 F1 误熔断，更换 F1 后，故障排除
37PF9531/93 液晶机型（BJ3.0A LA 机心）	在重低音状态下可以听见杂音	在 SSB 板上位号为 2P02 处增加一只 10nF/50V 的电容即可
37PFL3403 液晶机型	黑屏幕，有伴音	观察背光灯未点亮，用示波器观察 Q801、Q802 的引脚无激励脉冲，再观察 IC801 的 1、15 脚也无脉冲输出，但检查 IC802 的 2 脚 5V 供电正常，检查 IC802 的外部元件，发现 C822 漏电，用 100nF 分离瓷片电容器代换后，故障排除
42PF73202 液晶机型	收看约 30min 后突然自动停机，停机后马上开机，机器不能启动，约 10min 后才能再次开机，但过一段时间后又会出现自动停机现象	首先检查超级芯片 7217（TDA15021H）的供电、复位、晶振符合要求，更换晶振后试机，故障依旧。检测 7217 超级芯片的 14 与 122 脚控制的两个关键电压控制电路，在待修状态下找来两只万用表，分别监测 1.8V-A 和 1.8V-B 输出端即 2208（1μF/50V）和 2209（10μF/16V）两电容正端电压，约 20min 后，发现 +1.8V-A 输出电压波动，波动几下后便自动停机。看来 7217 的 14 脚外围的 +1.8V 供电控制电路存在故障隐患，无意中手摸到 7214、7215、7216-1/2 晶体管和两只滤波电容 2208、2209 时，感到其中 2209（10μF/16V）热量较大，仔细检查发现 2209 顶端凸起，并有漏液痕迹。为保险起见，试将 2209 换成 10μF/25V 的电解电容后试机，故障被排除
42PF7520Z 液晶机型（LC49AAA 机心）	开机后亮度正常，但无图、无声	从高频头自动搜索收不到台，用其他机外信号试机图像声音均正常，初步判断故障在 7217（TDA15021A）和高频调谐器相关电路中。先测高频头 1102（UV1318ST/AIH-MK3）各相关脚位电压，检测发现 9 脚无 30V 调谐电压，调谐电压来自 +12VUNREG，经 5J03 和 IJ02 插件的 8 脚输至 7730（L5970D）的 8 脚 VCC，然后从 1 脚输出 +5VSW 电压，该电压作为 +5VSW 电压供给相关电路工作，同时又经线圈 5735（I-mo）供给由7735（BC817-25）、6735（BAV99）等组成的升压稳压电路后，上

（续）

机型或机心	故障现象	故障维修
42PF7520Z 液晶机型 （LC49AAA 机心）	开机后亮度正常，但无图、无声	升为 +32.9V，作为高频头的调谐电压。先测 7730 的 8 脚 +12VSW、1 脚输出端 +5VSW 正常，测 U7735 的 c 极电压也有 +5V 供电，但测 2736（22μF/35V）正端对地电压为零，于是怀疑 6735（BAV99）可能击穿开路。焊下该元件测量呈开路损坏。继续查 6735 负端至高频头 1102 的 6 脚供电电路各相关元件，发现电容 2736（22μF/35V）击穿短路，更换 2736、6735 后，故障排除
50PF7320 液晶机型 （LC49AAA 机心）	右声道伴音时有时无，有时杂音很大	音频信号的大致流程是：经 TDA15021H 处理后的伴音信号，从 60（L）、61（R）分别输出，经 7204-1 和 7205-1 两只倒相放大管放大后分为两路。其中一路经 7601-1/2（TS4821DT）后，送至耳机伴音输出电路；另一路经接插件 IM52/IJ04 的 1、3 脚分别送至音频放大电路 7700-1/-2 的 3、5 脚，放大后的音频信号再送至音频功放电路 7701（TDA8925ST）的 1 和 17 脚，经功率放大后由 7 和 11 脚输出，并分别经接插件 1736、1735（B3B-PH-K）三脚插件与扬声器相连。先测量伴音功放电路 7701 的 5、10 脚，供电电压分别为 +15V 和 -18V 基本正常。再测放大器 7700 的 4 脚供电也符合要求。顺电路继续向前检查，焊开 5J02 一端，接入收音机音频信号试验，轻击电路板和插件 IM52/1J04（9 脚插件）时，不时出现杂音干扰，有时伴音信号中断。先拔下插件检查，发现该插件各脚不同程度有氧化现象，其中 3 脚氧化较为严重，用小刀轻刮并擦拭明亮后插牢，取掉收音机信号线后焊牢电感 5J02，通电长时间试机，伴音恢复正常
50PF7393 液晶机型 （LC49AAA 机心）	收看中常出现乱花纹，即花屏故障	花屏故障较多发生在时钟晶振不良，接插件接触不良，过桥孔有虚焊，大规律集成电路排阻有开焊或损坏等。本着先简后繁的检修原则，先接入其他机外信号试机，均出现花屏现象，表明故障大致在 7217（TDA15021H）之后的视频处理电路中。开机一段时间后。分别用手摸视频信号处理电路 7217 的 11、12 脚外接的 24.576MHz 晶振和双通道视频处理电路 7801（GM1501-LF-BD）G3、G4 脚外接的 14.31818 晶振，经比较发现，7801G3、G4 脚外接的晶振湿度明显高于 7217 的 11、12 脚外接的 24.576MHz 晶振。估计该晶振温度升高很可能是内部漏电引起。试换 7801G3、G4 脚外接晶振后，长时间试机，花屏现象消除
42PF7393 等离子机型	图像正常，但右声道无伴音，左声道伴音正常	拆机后先测功放电路 7701（TDA8925ST）供电端电压正常，试从 17 脚（输入端）注入人体感应信号，扬声器发出“喀喀”响声，表明功放电路正常。于是向前从接插件 IM52 的 3 脚注入信号，右声道扬声器不响，表明故障就发生在 IM52 的 3 脚至 7701 的 17 脚之间的电路元器件上，测 3712、2722 无异常，从 7700-1（LM393）双运算放大器的 3 脚注入信号仍无伴音，因左声道伴音正常，故芯片供电应该没问题，说明其内部的 A 放大器损坏，找一只 LM393 更换后试机，右声道伴音恢复正常
42PF7421/93 液晶机型 （LC4.31A AA 机心）	不开机，红色指示灯闪烁 2 次	把编号为 8307 的连接线拆除即可

（续）

机型或机心	故障现象	故障维修
42PF7520Z 液晶机型 （LC49AAA 机心）	光栅基本正常，但无图像，扬声器中也无伴音	采用 AV 端口输入影碟机信号，图像与伴音均基本正常，说明图像与伴音通道电路的故障基本正常。测量高频调谐器 IC1102（UV1318ST/AIH-MK3）各引脚电压，结果发现其 9 脚上的约 33V 调谐电压为 0V，测量调谐电压产生电路 IC7730（L5970D）8 脚上的 +12VSW 电压、1 脚输出端的 +5VSW 电压正常，测量 IC7735 的 c 极上的 +5V 电压也无问题，但测量 C2736 正极对地线之间的 33V 电压为 0V。断电，测量双升压二极管 VD6735（BAV99）三只引脚之间的正反向电阻值均为无限大，说明其已经开路。又对与 VD6735 双升压二极管有关的元器件进行检查，结果发现 C2736 电容器的正反向电阻值也近于 0Ω，已经击穿短路。C2736 的容量值为 22μF/35V 的电解电容器，VD6735 内部相当于两只串联的整流二极管，更换新的同规格的配件后，通电试机，故障排除
42PF7593 液晶机型	收看过程中更换频道或开/关机时，扬声器总是发出较响的“嘭嘭”声	静音功能除人为发出静音指令而静音外，在更换频道和开/关机时，静音控制功能同步发挥静音功能，测量 7217（TDA15021H）的 102 脚电压并按动遥控器“静音”键，有高、低电平变化，说明 7217 的静音功能正常。继续检测 7602-3 的 8 脚电压，也有高低电平变化；接着检测 6601 负端，即 7605（PDTA143ET）的 b 极电压，发现按动遥控器“静音”键时始终为 0V 低电平，看来 6601（3.3V）稳压管有击穿的可能，机下检测正、反向电阻均为∞。更换 6601 后试机，故障排除
42PFL3403 液晶机型	无光栅、无图像、无伴音，指示灯亮	指示灯亮说明 5V 电压正常，检查 +12V、+23V 开关电源，最终发现 ZD926（RLZ20B）反向击穿，用 20V 稳压管代换后，故障排除
42PFL3403 液晶机型	光栅时亮时不亮，伴音正常	判断故障在逆变器板有接触不良故障，用放大镜检查逆变器板，发现 Q833、Q830 的 c 极电压时隐时现，说明背光激励电路供电异常，进一步检查发现 Q912 不良，用 C1815 代换 Q912 后，故障排除
42PFL3403 液晶机型	不开机，指示灯不亮	查熔断器完好，检查 5V 供电为 0，测量 PFC 输出电压仅为 300V，判断 +5VSB 开关电源故障。进一步检查发生 IC905（TNY277PN-TL）、IC907 击穿，将二者换新后通电试机再次击穿，说明电路中有潜在故障，对相关电路的器件进行检查，发现 ZD903（RLZ5.6B）稳压管反向漏电，用 5.6V 稳压管代换后，故障排除
42TA1800/93 液晶机型 （TPT1.0A LA 机心）	无光、无声	电源板上位号为 7057 的三极管及位号为 7056 的集成块损坏，如在修理中发现电源板上位号为 1062 熔断器和 7062 晶体管损坏，这时需检查位号 7061、6062 元件是否也损坏，因为这四个元件常会同时损坏
42TA2000/93 液晶机型 （TPT1.0A LA 机心）	图像和光栅闪烁	如电容 2083 正极的 24V 电压降至 20V 左右，须同时检查位号为 2079、2081、2082 的电解电容顶部是否有鼓包现象，最好同时更换这三只电容

（续）

机型或机心	故障现象	故障维修
43TA158 背投机型	有图像、有伴音，工作一段时间出现三无，面板上蓝色与黄色指示灯交替闪烁	在刚开机时，继电器 KA1305 吸合，但不久图、声消失时，同时继电器释放，测量 +B 的 +125V 电压为 0V，但整流滤波后的约 +300V 左右的直流电压正常，开关电源已经停止工作。在接插件 X1518 的 7 脚与地线之间连接上 +5V 的外接直流电压，并短接 VT7309 晶体管的 b 极与 e 极，观察 KA1305 继电器可以正常的吸合，说明 +5V 继电器部分电路基本正常。断开跨线与电阻器 R3395，然后在 C2313 两端并接一只 60W 的白炽灯泡作为假负载，再用导线将继电器 KA1305 的 2、3 脚短接，强行开机测量主电源输出的各路直流电压基本正常。取下副电源电路板，在接插件 IC1102 的 1 脚与地线之间连接一只假负载，通电测量 IC1102 的 1 脚与地线之间的电压在刚开机时为 5V，一段时间后在 0～4V 之间波动。更换基准稳压集成电路 IC7212 无效，拆下光耦合器 IC7213，测量其 4 与 5 脚之间电阻值与正常值不同，且电阻值也不稳定。光耦合器 IC7213 的型号为 CQY80NG-V445-A63，更换同型号的光耦合器装上后，通电长时间试机，上述故障再未出现，故障排除
50PF7320 液晶机型 （LC49AAA 机心）	光栅与彩色图像均正常，左声道伴音时有时无	测量 IC7217（TDA15021H）集成电路 5 与 10 脚上的 +18V 与 -18V 电压基本正常。在故障出现时，从收音机的耳机插孔取出音频信号并连接在 IC7217（TDA15021H）集成电路的 60 脚与地线之间，结果左声道仍然无声音。将收音机的电台信号加在插接件 1J04 的 1 脚与地线之间时，长时间试机，并摇动和敲打印制电路板，左声道扬声器中的伴音一直正常稳定，说明问题出在 IC7217（TDA15021H）集成电路的 60 脚与插接件 1J04 的 1 脚之间的电路或元件中。断电，对 IC7217（TDA15021H）集成电路的 60 脚与插接件 1J04 的 1 脚之间的电路和元件进行检查，结果发现 L5J01 电感器的一只引脚呈虚脱焊现象。加锡将 L5J01 电感器虚焊引脚重焊后，故障排除
50PF7320 液晶机型	伴音正常，但屏幕显示乱花纹状图案，且很不稳定，现象类似于 CRT 彩电中的行、场均不同步即失步现象	在超级芯片 TDA15021H 内部集成有行、场振荡电路，它产生的行、场同步信号同样起行、场同步作用，TDA15021H 的行同步信号从 67 脚输出；场同步脉冲从 22 脚输出。其中行同步脉冲控制着 7L04（AD9885）的 30 脚、7E03（74HC4053）的 13 脚、7M14-1（74HCT22ID）的 2 脚、7M15-1（74HCT221D）的 2 脚和 7436-1（74LVC14APW）的 1 脚；场同步脉冲也控制着 71/24（AD9885）的 31 脚、7E03（74HC4053D）的 1 脚和 7436-2（74LVC14APW）的 3 脚和相关电路。以上行、场同步信号均经过 7436（74LVC14APW）实现对相应芯片的同步控制。从故障现象上看，好像是行、场均不同步故障，这就是说，故障极有可能发生在行、场同步信号共用的电路元器件上。于是先检测 TDA15021H 的 67、22 脚的行、场同步脉冲输出信号正常，说明主芯片无问题。接着测两者共用的 7436（74LVC14APW）也未见异常。顺电路查至接插件 1440（7 脚插件），拔下接插件检查，这才发现接插件多数引脚有明显的氧化层，将其刮亮清洗后插牢试机，故障被排除

（续）

机型或机心	故障现象	故 障 维 修
50PF7393 等离子机型	收看过程中，屏幕上的图像有时会出现杂乱的花纹	图像出现花纹故障的原因较多，既可能是电路的原因，又可能与显示屏有关。采用 AV 工作方式输入影碟机的信号，发现图像上有时仍然会出现花纹现象。开机一段时间后，测量双通道视频信号处理集成电路 IC7801（GM1501-LF-BD）的 G3 与 G4 引脚上的电压有些波动。在电压变低时，屏幕上的图像就会出现花纹，怀疑这两引脚之间连接的 X1801（14M31818）晶体振荡器不良。X1801（14M31818）是一种振荡频率为 14.31818 的晶体振荡器，更换一只同规格新的配件以后，通电长时间试机，图像上不再出现花纹现象，故障排除
50PF7393 等离子机型	伴音正常，屏显为严重的马赛克图像	图像呈现马赛克现象说明在数字电路中相关数据信号传输不畅或出现阻塞故障。测数字电路相关引脚电压基本正常，表明正常的电视信号已送入主芯片 7801（GM1501-LF），于是重点借助放大镜细查 7801 与外接 7801、7C00 等存储器和快速调控电路之间的走线与排阻，发现排阻中的一只颜色变为灰白色，估计此处很可能是故障点。于是借助万用表进一步检测，发现其他电阻值均为 22Ω 正常值，而灰白色的电阻值为∞，小心更换一只贴片电阻后通电试机，马赛克现象消除

5.6.2　飞利浦数码、高清彩电易发故障维修

机型或机心	故障现象	故 障 维 修
14GX8558 机型（ANUBIS-S 机心）	设置菜单、搜索选台、存储 PP 功能失效，或节目号 30 ~49 的节目被消隐，用来收听广播	进入旅馆模式所致。飞利浦以 14GX8558、14PT235A、20GX1050、20GX1350、21PT137A、21PT138A、25GX1880、25GX1881、29GX1892、29GX1893 为代表的小信号处理电路采用 TDA8362 或者 TDA8361 的系列彩电，设有两种旅馆模式，避免在旅馆使用时，由于顾客的随意操作，影响其他顾客休息 旅馆模式 1：该模式下，设置菜单、搜索选台、存储 PP 功能失效。在待机状态下，按“节目 +/-”键将开机，并进入 1 号节目位置，而不是进入关机前的位置。设置方法是：将电视机选在 38 号节目位置上，同时按下电视机上的“STORE”键和“节目 -”键 3s 以上，即可进入旅馆模式 1。将电视机选在 38 号节目位置上，同时按电视机上的“节目 +”键和“音量 -”键 3s 以上，即可退出旅馆模式 1。 旅馆模式 2：除具有旅馆模式 1 功能外，节目号 30 ~ 49 的节目被消隐，用来收听广播。设置方法是：将电视机调到 37 号节目位置上，同时按电视机上的“STORE”和“节目 -”键 3s 以上，即可进入旅馆模式 2。将电视机调到 37 号节目位置上，同时按电视机上的“节目 +”和“音量 -”键 3s 以上，即可退出旅馆模式 2
17 英寸机型	屏幕闪烁	开机画面正常，5min 后屏幕一闪一闪的，好像灯管接触不良似的。经查电源盒中 47μF/400V 电容容量减小。增大即可
20PF5120/93 机型（ML1.1AA 机心）	有时开机后有声无图	将电阻 R54 由 54.9kΩ 改为 75kΩ 即可
21PT2350/93R 机型（L9.1/L9.2 机心）	开机后有行输出工作的声音，然后三无	测量开关电源输出电压基本正常，遥控开机时有行输出启动的声音，然后三无。测量微处理器的 16 脚电压关机前为低电平，判断 16 脚外接的保护电路启动。采取解除保护的方法，先将晶体管 7611 的 b 极与地线短路，解除 7611 的 b 极外部的保护检测电路对微处理器 16 脚电压的影响，开机后，故障依旧。再将晶体管 7621 拆除，开机后不再自动关机，

（续）

机型或机心	故障现象	故障维修
21PT2350/93R 机型（L9.1/L9.2 机心）	开机后有行输出工作的声音，然后三无	但屏幕上显示一条水平亮线。对场输出电路 7640 进行检测，多脚之间漏电短路，用 TDA9302H 更换后，恢复保护电路 7611 和 7621，开机不再保护，声、光、图再现
2588 机型（Anubis-Sbb 机心）	调大色饱和度时彩色爬行变严重	出现这种故障通常与一行基带延迟线 IC7255（TDA4661）有关。测量小信号处理集成电路 IC7525 各引脚上的工作电压基本正常，改用示波器测量各关键引脚上的波形，结果发现其 26 脚是周期为 20us 的锯齿波，而正常时应为平滑可调的直流控制电压，怀疑该脚外接的元件不良。断电，对 IC7525 的 26 脚外接的有关元器件进行检查，结果发现 C2692 电容器已经无充放电能力，显然已经失效。C2692 是一只容量值为 6.8μF/50V 的电解电容器，改用一只 10μF/50V 的电解电容器换上后，通电试机，故障排除
25POT462A 机型（PV4.0/PV4.0AA 单片机心）	关闭全部调整菜单，显示旅馆模式菜单，设置当前音量为最大音量	进入旅馆模式所致。进入旅馆模式方法是：打开电视机电源，将电视机调整到 38 号频道位置，在 1s 内依次按遥控器上的图像菜单键“PICTURE MENU”和功能菜单键“FEATURE MENU”，即可进入旅馆模式，屏幕上的显示旅馆设置菜单。进入旅馆功能后，有三种功能：关闭全部调整菜单；显示旅馆模式菜单；设置当前音量为最大音量。在旅馆模式菜单中，可设置黑屏幕功能，设置方法是：先选择要实现黑屏幕频道，选择菜单中的“黑屏状态”项目名称，并选择“确认”；再选择菜单中的“存储”项目，并按“OK”键，此时屏幕上将显示“STORED”。选择菜单中的“RESET”复位项目，并选择确认，此时所有频道均设置为黑屏幕状态。设置完毕，用主电源开关关机或遥控关机，均可关闭旅馆模式菜单 退出旅馆模式的方法：将电视机调整到 38 号频道位置，在 1s 内依次按遥控器上的图像菜单键“PICTURE MENU”和屏幕显示键“OSD”，即可退出旅馆模式
25PT2565/93R 机型	有时不开机，指示灯亮	指示灯亮说明电源部分基本工作正常，按下开机键没反应，说明电脑部分和行扫描部分有故障。该机是单片机且 7200（TDA9586）也比较容易损坏，所以检修重点侧重于这一部分，首先检测几个必要的工作条件都具备，怀疑 7200 损坏，但是又考虑到该机由于不开机时翻动电路板也会正常，所以检测了一下行扫描电路，这时发现从行管 7460B 极处印制电路板有断裂的迹象，重新连接后，故障排除
25PT4324/93R、25PT4326/93R（TDA8843 单片机心）	开机屏幕上显示 SDM 菜单	误入维修调整模式。遥控关机无法退出维修模式，后来通过热插拔的方法，将故障排除：先将存储器拆除后，再插入原来的位置，开机屏幕上显示 SDM 菜单，遥控关机后，将存储器焊接好，再遥控开机，屏幕上不再显示 SDM 菜单，退出了维修模式
25PT4324/93R、25PT4326/93R（TDA8843 单片机心）	有图像，但行场扫描幅度不足，枕形失真，无伴音	SAM 维修模式和 SDM 工厂模式多项数据出错。按数字键“0、6、2、5、9、6”后，紧接着按 OSD“屏幕显示”键，进入 SAM 维修模式。调整场幅度项目光栅有变化，但调整行幅度和枕形失真校正项目时，光栅无变化。最后，在关机的状态下，短接电路板上的 SDM 和 GND 端子，开机进入 SDM 工厂模式，将 EW 枕形电路选择项目由 OFF 该为 ON，再将 OB1～OB7 的按照后壳上的数据进行更正后，退出工厂状态，伴音恢复正常。再进入维修 SAM 模式，调整行幅度和枕形失真校正项目，光栅失真消失，故障排除

（续）

机型或机心	故障现象	故 障 维 修
25PT4428/93R（超音彩）机型	开机三无，指示灯不亮	该机 CPU：P83C366BDR/026；V. C. D：TDA8375A；帧块：TDA9302H；电源：MC44603P。检查开关电源输出 +B 电压为 0V，测量输出端对地电阻为 0Ω。断开行输出变压器初级与 +B 的连线，行输出变压器一次侧对地电阻为 100kΩ。而测量 +B 端对地电阻仍为 0Ω。检查 +B 整流滤波电路，发现并在 +B 整流管上 2550-330P/1kV 电容器击穿，更换后故障排除
25PT4528/93R（25A6）机型（L7. 3/A 机心）	开机后图像暗，有时会进入待机状态	根据故障现象，估计是自动亮度（ABL）失控。开机检测行输出变压器 5445 的 10 脚电压，正常时应为 24V 左右，而实测为 1. 9V。查有关元件，发现电阻 3481 开路，更换此电阻，故障排除
25PT4528 机型（L7. 3/A 机心）	指示灯不亮，听到有打嗝声	检查开关电源无输出电压（VBATT 为 0V）。测 VBATT 对地电阻值，仅有几欧，说明 VBATT 已对地短路（此电阻值应大于 3kΩ）、，此机进入过电流保护。查行输出电路，发现行输出管已击穿，更换行输出管（7460），故障排除
25PT4623 机型（L7. 3 机心）	设置菜单、搜索选台、存储 PP 功能失效	进入旅馆模式所致。飞利浦以 25PT4623、25PT4673、29PT4180/93R（29E8）、29PT4423、29PT4423/93R、29PT442A/93（29S8）为代表采用 L7. 3 机心的单片系列彩电，设旅馆模式，该模式下，设置菜单、搜索选台、存储 PP 功能失效。避免在旅馆使用时，由于顾客的随意操作，影响其他顾客休息 进入旅馆模式：打开电视机电源，按 RPOGRAM 加/减键将开机，并进入 38 号节目位置，将电视机选在 38 号节目位置上，同时按下电视机上的“音量 +/-”键和遥控器上的 OSD“字符显示”键 3s 以上，即可进入旅馆模式，从 HOTEL CHANNEL X 到 BLANK FROM X 的部分频道节目被消隐 退出旅馆模式的方法与进入旅馆模式的方法相同，电视机屏幕上显示“HOTEL MODE OFF”字符
25PT548/93P 机型（PV4. 0 机心）	开机瞬间有高压建立的声音，2s 后电源指示灯闪烁	测量开关电源输出的 +B 电压（VBATT 电压）为 138V 正常，测量小信号处理电路 TDA8375 的 12 脚主电源和 37 脚行振荡电源均为 0V，测量小信号电路供电电源控制电路 IC7650（LM317T）的 2 脚无电压输出，而 3 脚输入的 13V 电压正常，2 脚电压为 0V，微处理器的待机控制端 36 脚为高电平，判断微处理器执行待机保护措施。采取解除保护的方法，将待机控制电路的 V7565 的 c 极断开，开机后 IC7650 的 2 脚输出 8V 电压，但电视机仍不工作，测量保护电压翻转电路 V7655 的 b 极为 0. 7V，微处理器 37 脚电压为 0V。将电压翻转电路 V7655 的 b 极电阻 R3699 断开，解除保护。开机有行扫描工作高压建立的声音，但屏幕中间偏下位置有一条亮线，判断场输出电路发生故障。该机的场输出电路采用正、负电源供电，输出端 5 脚正常时为 0V，测量 5 脚电压部位 0V，拆下场输出电路 TDA9302H 测量，5、4 脚之间击穿，更换 TDA9302H 后，故障排除
25PT548/93P 机型（PV4. 0 机心）	开机瞬间有高压建立的声音，2s 后电源指示灯闪烁	测量开关电源输出电压正常，但 IC7560 无 8V 电压输出，微处理器待机控制端为待机高电平，37 脚故障检测端电压为 0V，判断保护电路启动。采用逐个断开 V7655 的 b 极外接保护电路 D6441、D6492 的方法解除保护，并开机观察故障现象。当断开 D6441 时，开机不再保护，且屏幕上的图像和光栅正常，判断是灯丝电压过电压保护电路检测元件变质引起的误保护。对相关元件进行检测，未见异常，怀疑稳压管 D6484 不良，更换 D6484 后，故障排除

（续）

机型或机心	故障现象	故 障 维 修
28GR6776 机型（GR-8 机心）	开机三无，但指示灯亮	指示灯亮说明电源电路基本正常。测电源输出 140V 电压，只有 20V 左右。怀疑是保护电路启动了。保护翻转电路是模拟晶闸管 Q96、Q97，测 Q96 的 b 极电压为 0.7V 确实进入了保护状态。将 Q96 的 b 极与 e 极短接，解除保护，同时断开行输出电路，在 +B 输出端接 300Ω/50W 电阻做假负载，开机测量 140V 电压正常，32V 和 5V 电压也正常，判断保护检测电路元件变质，引起误保护。对保护检测电路进行检测，测 Q75 的 c 极电压为高电平，说明 Q75 已导通。检查检测电阻 R77、R78 时，发现 R77 变值，由于它电阻变大，使 Q75 导通，致使触发了 Q96。更换 R77，电视机工作正常
28GR6776 机型（GR-8 机心）	开机三无，但指示灯亮	指示灯亮说明电源电路基本正常。测电源输出 140V 电压，只有 20V 左右。怀疑是保护电路启动了。测 Q96 的 b 极电压为 0V，并非保护电路启动。测量待机控制电路，发现 Q95 的 b 极为高电平，向前检查 Q85，发现 Q85 饱和导通，但 Q65 的 b 极却为高电平，Q63 的控制极与阴极之间电压为 0V，由此判断微处理器已经处于开机状态，故障在 Q85 电路。对 Q85 电路元件进行检测，发现稳压管 D83 两端电压偏低，更换 D83 后，故障排除
28GR6776 机型（GR-8 机心）	开机三无，指示灯不亮	检查电源电路，开关管 Q156 完好，有整流滤波的 300V 直流电压。用万用表监测电压输出 140V，开机瞬间，万用表指针不动，说明电源可能没有启振。查启动电路，发现电阻 R43 接 D44 的一端无电压，测量 R43 阻值变为无穷大。更换 R43 后，故障排除
28GR6776 机型（GR-8 机心）	开机三无，指示灯不亮	发现该机熔断器已烧断，而且发黑，说明有严重短路的地方。查开关管 Q156，发现 c 极、e 极已经击穿短路，更换后通电试机，熔断器再次爆断，Q156 再次击穿。多次烧开关管，说明电路存在隐患，着重检查脉宽调制电路，发现 C48 已严重漏电，造成 Q146 无偏置电压，脉冲调制电路失控而烧坏开关管。更换 C48，故障消失，经几个小时的开机观察，未再出现损坏开关管故障
2988 机型（Anubis-Sbb 机心）	有时出现彩色爬行现象	开机有光栅、图像、伴音，但在正常收看过程中，图像上的彩色有时会出现明暗相间的滚动横条。出现这种故障通常与一行基带延迟线 IC77255（TDA4661）有关。测量一行基带延迟线 IC7255 各引脚上的工作电压基本正常，但发现其 5 脚（沙堡脉冲信号输入端）电压虽正常，但在故障出现时有微微的抖动现象，怀疑沙堡脉冲信号输入电阻器 R3250 不良。断电拆下电阻器 R3250 的任一引脚，测量其电阻值在 10～55kΩ 之间不稳定的变化，显然已经损坏。更换一只新的 10kΩ 金属膜电阻后，通电长时间进行试机，彩色爬行现象再未出现，故障排除
29H8 机型	指示灯亮，但三无	开机指示灯亮，行电路一起振就保护停振。断开行输出变压器 6 脚 +B 端外接限流电阻 3400，在其两端串入电流表，开机测量电流高达 1.8A，随即保护。断开行偏转线圈后复测电流，依然很高。仔细检测行输出级各元器件，未见异常，由此判定行输出变压器内部短路损坏，更换后，故障排除
29PT1319/93R 机型（EM1AA 机心）	光栅与图像基本正常，但扬声器中无伴音	将音量调到最大后，仍然没有声音，但接上耳机后却有声音。由此判断问题可能出在音频功率放大电路。测量功率放大集成电路 TDA2616 的 7 脚上的 28V 电压基本正常，测量 1 与 9 脚输入的信号也无问题，但测量2脚（静音控制信号输入端）电压为0V，怀疑静音不良。断开电阻

（续）

机型或机心	故障现象	故 障 维 修
29PT1319/93R 机型（EM1AA 机心）	光栅与图像基本正常，但扬声器中无伴音	器 R3756 的任一引脚后，通电试机，伴音恢复正常，此时 TDA2616 脚上的电压上升为 4.8V 左右，说明故障确出在静音控制电路。测量晶体管 VT7730 的 b 极上 0V 电压上升为 3V 左右，测量微处理器 IC7001（SAA5647HL）98 脚上的电压也为 3V，判断微处理器 IC7001 的 98 脚内部电路局部损坏。更换一块 SAA5647HL 集成电路后，通电测量其 98 脚输出的静音控制电平为低电平，接上拆下的 R3756 电阻器的引脚，故障排除
29PT2535/93R 机型	冷机时开机困难，热机有时能开机，但屏幕上有回扫线	该机因为出现回扫线维修过，更换过 7200 及 7330。怀疑可能是加速极没有调好造成的。调整加速极后，关机再开机也正常，以为故障修复，但是让机器凉透以后再开机，屏幕底色要闪好几下才能稳定住。将其主板调换到另一台机器上发现故障在主板上仍有故障，怀疑视放电路和行输出有故障，检测时发现视放板上视放供电的电阻 3340 及灯丝供电的电阻 3341 和 3342 阻值是一样的，从图纸上看 3340 是 10Ω 的电阻，3341 和 3342 是 1Ω 的电阻，发现 3341 和 3342 装的也是 10Ω 的电阻，估计上次维修装错元件所致，将 3341 和 3342 更换成 1Ω 的电阻后试机，故障排除。3341 和 3342 阻值变大也会引发类似故障
29PT3532/93R 机型	黑屏，有字符，无图，无声	首先输入 AV 信号有图像，但无声音，AV 输出无图像也无声音，所以可判断故障应在中放电路。检测 TDA8844 中放块各脚电压，54、6、53、48、49 脚基本正常，没有发现有元件损坏，用自动搜索时从屏显上可以看出只能搜到几个台而且搜台很慢，怀疑高频头损坏，将高频头更换后仍不能正常工作。检测中放通道电路，当检测到 TDA8844 第 13 脚时发现电压只有 1.2V，正常应为 4V 左右，测 2211 电容另一边也是 1.2V 左右，将 2211 拆掉后 13 脚电压恢复正常，更换 2211 后图像正常了，但仍无声音，AV 输入也无声音，测功放块正常，怀疑存储器数据有误，进入 SDM 模式，将 OPT7 调整后，试机故障排除
29PT442A/93 机型（L7.3/A 机心）	三无，指示灯不亮	检查滤波电容 2508 两端有 300V 电压，电源没有输出电压（VBATT 为 0V），熔断器 1500 未断。估计电源未启振。测 MC44603 的 3 脚无跳变电压、1 脚电压低于 14V。查 1 脚外围元件，发现电阻 3529 焊点上有一黑色圆圈，可能是虚焊开路。补焊此焊点，故障消除
29PT548A/93S 机型	无光栅与图像，扬声器中也无伴音	通电开机，测量交流电源整流滤波后输出的约 300V 的直流电压基本正常。测量开关电源控制集成电路 MC44603 的 3 脚上的电压近于 0V，1 脚电压在 9.5～13.5V 之间来回波动。测量 +B 电压时万用表指针颤动。断电，对集成电路 MC44603 外围的有关元器件与电路进行检查，未发现有明显的损坏现象。对整流滤波电容器进行放电后，用一只 15V 左右的直流电源加到自馈电整流二极管 6525 的负极端，测量 MC44603 集成电路并未损坏。对开关电源变压器二次侧输出端上的有关元器件与电路进行检查，结果发现与 +B 电压整流二极管 VD6567 击穿短路。更换同型号的快恢复整流二极管后，通电开机，故障排除
29PT548A/93S 机型	开机三无	检查：300V 电压正常，开关电源输出电压仅为 15V。测量行管 c 极对地 150Ω。脱开 c 极后，行管良好，发现逆程电容 2433（1nF/2kV）有裂纹，拆下测量，已击穿。更换后，故障排除

（续）

机型或机心	故障现象	故 障 维 修
29PT548A/93S 机型（MD1.0A/1.1A 机心）	开机三无，指示灯常亮	根据故障现象分析，判断是进入待机状态。开机测量保护电路晶体管 7586 的 b 极电压 P13 测试点电压为 0.6V，且 STANDBY-PROTECTION 电压为 2.7V 左右，说明束电流过大保护电路或左右枕形失真校正电路保护电路启动。对可能引发上述两个保护电路启动的行输出电路、枕形校正电路进行检测，发现逆程电容器 2425 引脚脱焊，补焊后，故障排除
29PT548A/93S 机型（MD1.0A/1.1A 机心）	开机三无，指示灯不亮	指示灯不亮估计是电源电路故障。用万用表监测电源输出电压（监测 140V 输出端）。开机瞬间，万用表指针不动，说明开关电源未启振。查启动电路，未见异常。测 MC44603 电源集成块各脚工作电压，只有电源供电正常，其他各引脚电压均和正常值相差很多。怀疑 MC44603 集成块已损坏。更换电源集成块，故障消失
29PT548A/93S 机型（MD1.0A/1.1A 机心）	开机三无，有电源“打嗝”声	开机瞬间，电源有输出电压，说明电源已经启振。将电源输出电压 140V 断开，加一 220V、100W 灯泡为假负载。开机，灯泡出现一亮、一熄灭、又一亮、又熄灭的现象。测电源集成块的 1 脚，电压在 9～15V 变化。说明稳压调整电路有故障。将光耦合器 7556 的 4、5 脚短接后，灯泡不再发光，1 脚电压为 3V 左右，不再变化。说明故障在光耦合器之前的取样放大电路。查取样及取样放大电路中各元器件，发现误差取样放大器 7555 已击穿短路。更换 7555，故障消失
29PT548A/93S 机型（MD1.0A/1.1A 机心）	开机三无，有电源“打嗝”声	有“打嗝”声说明电源电路已启动。测开关电源各输出电压，均比正常值低很多。测 MC44603 电源集成块的 1 脚电压为 8.5V 左右（正常值当为 13.4V）。估计是输出电压过电流保护电路启动了。测行输出电路供电电流，达 800mA 以上，说明行输出电路有短路性故障。查行输出管 7420 正常，其他行电路元件也都正常，怀疑行输出变压器 5430 有匝间短路。试更换行输出变压器，电视机恢复正常工作
29PT5683/93 机型	三无，指示灯也不亮	卡机有继电器吸合的“嗒”、“嗒”声。该机 CPU：P83C770AAR/047；小信号：TDA8844；MSP3410DB4。测量行管 c 极对地电阻值为 200Ω，发现逆程电容 2618（222/2kV）击穿。更换后试机：指示灯先是长亮，然后是 1s 闪一下，仍然三无，测量 +B 电压 145V 正常，视放电源 190V 先由 145V 升至 190V，2s 后跌至 145V。判断还有故障引起保护电路动作。继续检查，发现 2618（222/2kV）一端与枕校电路有关联，估计枕校管损坏。拆下 17 脚的枕校电路板，查出枕校管 7680（P16NE06）已击穿。更换后，故障排除
29PT6011/93R 机型	开机后红灯亮，按开机键没有反映	有时过一两天也能开机，此为飞利浦彩电的通病，都是左侧有一块竖立的电脑板有问题导致的，处理方法很简单，将 CPU 用热风枪加焊后就 OK，此方法我已处理过多台此故障彩电，无一返修。顺便提出的是如果出现遥控失灵或者音量自动加到最大但还是没有声音，那就是 CPU 坏了，必须更换 1.9 版本的 CPU
29PT6011/93R 机型（A10A AA 机心）	场上部不到边，图像好像是被上部的黑屏切割掉似的	进总线调整也解决不了问题，于是怀疑是 SSB 板上硬件的问题，因为场输出是正负激励型号输出的，所以怀疑是有一路激励信号幅度不够引起的。取下 SSB 板测量 TDA8885 的场激励信号输出 63、64 脚对地电阻分别为 35MΩ 和 16kΩ。对地电阻正常的都是 30M 以上，怀疑有漏电的元件。看图纸上场激励输出脚对地分别接有电容位号 2376、2377。拆下 2376 后测量 64 脚对地电阻为 35M 左右。在其他数字版上找了个 1nF 的贴片电容换上，进入总线调整后，故障排除

（续）

机型或机心	故障现象	故障维修
29PT780C/93R 机型	光栅及图像正常、无伴音	检查伴音电路正常，说明故障出在 TV/AV 转换电路。分析电路可知，在 IC7269 之后，音频电路是左、右声道分离的，只有音频信号电路左、右声道的公共软硬件条件不满足才会引起此故障。音频信号电路左、右声道的公共工作条件有电路本身及其供电、复位电压正常；IIC 控制及有关转换电平正常；静噪电路未动作。另外，由于该机一方面具有 AV 功能，另一方面具有自检功能，因此在检修无伴音故障时，还可根据接收 AV 信号时伴音的有无及利用自检结果来区分故障范围。先利用 AV2 端子输入信号，结果无伴音，说明故障在其后。打开机盖，按下测试键，使电视机进入自检状态，发现屏幕出现“ERR07”字样，说明 IC7679 出错。分析电路发现，送到 TV/AV 电路的转换电平是由 IC7679 输出的。测 IC7503 的 9、10 电压，发现无论是 TV 状态还是 AV 状态，一直处于 0V。至此断定 IC7679 内部损坏。更换一块新的同型号的集成电路 IC7679 后，扬声器中的伴音恢复了正常，故障排除
29PT880A/93K 机型	无光栅与图像，扬声器中也无伴音	拆下开关电源电路的开关管 W16NA60 检查没有损坏，测量电源控制集成电路 IC7520（MC44603）1 与 2 脚上的电压在 10.5～14.5V 之间波动，3 脚电压为 0～2V，说明启动电路基本正常。用一只新的同型号的电源开关管 W16NA60 装上后，通电开机，开关电源仍然无电压输出，怀疑 +B 电源负载有短路处。检查发现电容器 C2428 已经击穿短路。C2428 是一只 0.33μF/250V 的电容器，更换新的配件后，通电试机，电视机正常启动工作，故障排除
29RF50 机型	可以进入正常工作状态，但遥控功能失效	用仪器测试遥控器工作基本正常，测量遥控信号接收头 2 脚（GND 端）与 3 脚（+5V 端）之间的 +5V 电压正常，1 脚（SIRCS 端）与 2 脚之间的电压约为 2V，怀疑红外光接收传感器本身损坏。更换一只同型号新的红外光接收传感器后，故障排除 如一时无同型号的三引脚红外光接收传感器更换，也可用二引脚的红外光接收传感器进行代换，可将二引脚的红外光接收传感器焊接在原三引脚红外光接收传感器的 2 与 3 脚之间，但应注意二引脚红外光接收传感器引脚排列情况。采用二引脚红外光接收传感器代换三引脚红外光接收传感器的型号较多，如 HS0038、TFM5380、HTJS0、SM0038 等
34PT5693/93 机型	无光栅与图像，扬声器中也无伴音	测量开关电源无直流电压输出。断开 +B 电压的负载行输出电路，然后用一只 100W 的白炽灯泡作为假负载连接在 +B 电压输出端，通电开机后，测量开关电源仍然无电压输出。测量开关管 VT7541（IRFPC60）漏极上的约 300V 的整流滤波电源基本正常，但测量栅极电压只有约 0.05V，与正常值 1V 相差较多。测量开关电源控制集成电路 IC7582（MC44603）3 脚（脉冲信号输出端）上的电压为 0.05V，正常值为 1V。测量 IC7582（MC44603）1 脚（供电电压输入端）、2 脚（脉冲驱动供电输入端）上的电压均在 10～15.5V 之间变化。断电，检查开关变压器 T5550 二次侧 15 脚输出端的 +140V 整流二极管 VD6567 未发现问题，但发现与该二极管并联的 C2568 电容器有漏电现象，其漏电阻值约为 52kΩ。更换新的 330PF/1kV 的电容器，拆去假负载，连接好电路后，通电试机，电视机启动工作，故障排除

（续）

机型或机心	故障现象	故 障 维 修
34PT5983/935 机型	遭雷击后三无	开机测量 +B 电压由 145V 下降至 0V，电源指示红灯一闪即灭。由于开关电源可瞬间输出 145V，故检修从开关变压器 5912 二次侧取样比较放大电路查起。测量发现光耦合器 7950（TCD1101G）1、2 脚之间击穿短路，用一只 PC817 四脚光耦器代换 7950 后开机，+B 电压在 85V 左右波动。断电细查，发现取样比较放大电路 7904（SE140N）2、3 脚内晶体管击穿。更换 7904 后通电，指示灯亮，+B 稳定在 140V，二次开机后，光栅出现，整机恢复正常
34PT7333/93S 机型	光栅与图像均基本正常，但扬声器中无伴音	测量伴音功率放大集成电路 TDA2616Q 的 5、7 脚上的供电电压基本正常。断开集成电路 TDA2616Q 的 2 脚（静音控制信号输入端）与外电路的连接铜箔，通电开机，仍然无伴音，采用 AV 工作方式，输入 DVD 影碟机的信号后，也无声音。怀疑该机总线系统数据发生了改变。进入 I^2C 总线数据调整状态，将其数据与该电视机后盖标签上出厂时的数据进行对比，发现 OPT1 ~ OPT7 项中所有的数据均相同，但继续向下翻看“AUDIO”声音菜单时，发现“QSS”项数据设定为“OFF（关）”数据，将其改为“ON（开）”状态后，扬声器中的伴音恢复正常，故障排除
MD1.0A 和 MD1.1A 机心	通病故障：开机三无，指示灯不亮	测电源开关管正常，测量行管 c 极对地电阻不足 100Ω。拆下瓷片逆程电容 2425（102/2kV），见表面已有击穿痕迹，更换逆程电容 2425（用 222/2kV 瓷片电容两个串联，以提高耐压，试机图声恢复正常。小结：该电容击穿为此机通病。在飞利浦 MD1.0A/MD1.1A 机心彩电中屡有发生。原机虽采用的正品电容，耐压也足够（2kV），但瓷片电容的可靠性毕竟不如涤纶电容。故最好用同容量涤纶电容更换
TC-2507 机型	图像枕形失真	检测枕形校正电路，测 V303 的 b 极为 0.9V，c 极为 10V，正常 b 极应为 1.2V，c 极应为 15V，试换 V305、V306、C328 无效，V306 是枕校信号驱动，它将场频枕校驱动信号加到二极管调制器型行输出电路，怀疑 D306 不良，测 D306 反向电阻已变为 6kΩ 左右，正常应为无穷大，换 D306 后，故障排除
TC-2507 机型	开机三无，指示灯不亮	测 +B 输出为 0V，且无短路现象，测 N1022 脚为 9V，正常应为 0.2V，查外围元件无异常，且有时能自动开机，怀疑 N102 本身不良，试换 N102 后有 140V 输出，故障排除
TC-2507 机型	有图像，无伴音	采用信号短路法修理时，用一个 10μF 电容一端焊在 N201 的 12 脚，另一脚去碰其他地方，当信号注入 N352 的 9 脚、N351 的 11 脚，均有伴音，而从 N351 的 16 脚注入无反应，查音量控制，平衡控制等均正常，怀疑 TA7630 损坏，试换后故障排除
TC-2507 机型	开机三无，指示灯不亮	测 C106 两端 300V 直流电正常，而 C120 两端输出电压为零，用万用表 2.5V 挡测得 N102 的 2 脚为 0V，可见启动电路不正常，焊开 R103 测量，发现 R104 已烧断，更换后故障排除
TC-2507 机型	光栅为一条水平亮线	测场输出电路 N301 的 9 脚电压为 27V 正常，测 5 脚电位为 13V，恰好是电源电压的一半，正常；再从 N301 的 1、3 脚注入信号均无反应，由此断定故障在偏转回路，观察场偏转线圈引线果然有一根已断，接通后故障即排除
TC-2507 机型	信号不良	搜台时观察屏幕变化，接收到 CH 波段节目时，已接近于 VL 段的最高端，据此认定可能是调谐器电压不足，实测 D113 负极电压仅 5V，拆下 D113 测量，未发现明显异常，试换 D113 后故障即被排除

5.7 日立彩电易发故障维修

5.7.1 日立平板、背投彩电易发故障维修

机型或机心	故障现象	故障维修
液晶机型	忘记密码	在系统菜单下输入以下六位数代码：678000，密码将被重置为初始密码，即0000
液晶机型	间歇性干扰	一是检查电视机内部抗干扰电路是否元件失效；二是将电视机远离日光灯、手机等有干扰源的电器设备
42PD7900TC等离子机型	开机三无，指示灯不亮	开机测量IC160（PQ3D13）的1脚电压为0V，正常时为5V，判断副电源故障。测量保险R003、R005，发现R003（10Ω/5W）断路。检查全桥D001正常，检查D010、D011、D020、D021、C110、C101等器件均未见异常。怀疑厚膜电路IC101（MIP268A）内部击穿，测量其5脚对地电阻很小且不稳定，拆下测量内部漏电。本地无MIP268A，试用引脚功能相同，参数相近的TNY266PV代换后，更换R003后试机，故障排除
42PMA400C等离子机型	无图像	首先检查LED灯点亮状态，若LED灯亮红色，则检查为信号PWB的7脚（PW01）加控制电压，如果控制电压正常，则检查信号PWB；如果没有加控制电压，则检查AC/DC电源模块。若LED灯亮绿色/橙色，则检查电视机是否处于省电模式，如果没进入省电模式，则检查风扇是否转动。若风扇不转，则检查CN304和PFAN1的1脚电压是否大于7V。若不大于7V，则检查AC/DC电源模块或信号PWB；若大于7V，则检查DC风扇。若风扇转动，则检查AC/DC电源模块上6脚（CN68）电压是否为5V。不是5V检查AC/DC电源模块；是5V检测AC/DC电源模块1、10脚（CN64）电压。若电压正常，则检查面板单元；若电压不正常，则检查AC/DC电源模块
42PMA400C等离子机型	无伴音	首先检测音频PWB功放电路的1脚（PVA）是否有22~28V电压；若无22~28V电压，则检查电源板相关供电电路是否正常；有22~28V供电，则检测音频PWB功放电路的5、8、9、11脚是否有电压；若没有问题，则检查音频端子上是否有信号。若有信号，则检查音箱；若没有信号，则检查音频PWB电路
42PD7900TC等离子机型	开机整机无电，指示灯不亮	测量IC160（PQ3D13）的1脚电压为0V，正常时为5V，说明副电源未工作。测量保险电阻R003、R005，发现R003（10Ω/5W）烧断，查整流全桥D001正常，查D010、D011、D020、D021、C110、C101均未见异常，估计IC101（MIP286A）漏电短路，测量其5脚对地电阻很小，用引脚功能相同的TNY266PV代替IC101，更换R003后，故障排除

5.7.2 日立数码、高清彩电易发故障维修

机型或机心	故障现象	故障维修
5CMT-2988机型	开机后无光栅、无图像、无伴音	测C971两端电压，发现在开机瞬间有约0.7V的跳变电压，由此说明保护电路晶闸管VS906已触发导通。关机再开机测插排PB的1、2脚间+B电压，发现在开机瞬间+B电压最大跳变值仅100V左右，因此可以排除+B输出端过电压保护因素。再断开R977及VT906的导通控制电路，观察电源指示灯发光正常，且有图像和光栅出现，但无伴音，分析原因可能为伴音功放电路工作异常。检测电源板插排BC的1、2脚间电

（续）

机型或机心	故障现象	故 障 维 修
5CMT-2988 机型	开机后无光栅、无图像、无伴音	压为 10.8V，且不稳定，正常应为 28.5V 左右。仔细检查 R980、IC4502、VD980、C954、VD4560、C4549、C991 等相关元件，发现电容器 C991 内部损坏。更换同规格的电容器 C991 后，故障排除
7CMT-2988 机型	无光栅、无伴音，待机指示灯亮后即灭	先脱开 R977，断开 VT906 的导通控制电路，开机后电源指示灯亮，光栅及图像出现，但无伴音。由此判断故障可能是伴音功放电路工作异常，引起开关电源 30V 电压输出负载过电流、保护电路启控所致。检测电源板插排 BC 的 1、2 脚间电压，实测为 10.8V，且不稳定，正常应为 28.5V 左右。由此怀疑限流电阻器 R980 变质或开路、伴音功放电路 IC4502（TA8218AH）的 9 脚内部电路及其外接滤波电容器漏电或短路损坏。关机后，先分别检查 R980、VD980、C954、C4560、C4549、C991 等相关元件，均基本正常。再拔去插排 BC1，切断伴音功放电路的供电电源，开机测电源板插排 BC 的 1、2 脚间电压值为 30V 正常，由此说明伴音功放集成电路 IC4502 内部已损坏。更换同型号的集成电路 IC4502（TA8218AH）后，故障排除
C25D8A 机型	无光栅、无图像、无伴音，指示灯也不亮	测量 C906 电容器两端的 300V 左右电压值及 110V 输出电压基本正常。断电，测量 IC1101 集成电路的 +5V 供电引脚对地电阻值为 0Ω。检查 IC1101 集成电路本身损坏，更换同型号的 IC1101 后，故障排除
CMT2518 机型	白光栅，无图、无声，也无噪点，但字符显示正常	测量集成电路 LA7550 的供电电压值基本正常。测量 LA7550 的 10 脚上的约 3.7V 电压值下降为 3.2V，11 脚上的 6.2V 电压值下降为约 0.5V。检查图像中放及 AGC 电路相关电路，发现 C271 电容器漏电，更换一只新的同规格的配件装上后，故障排除
CMT2518 机型	屏幕中间出现一条 10mm 宽水平亮带后光栅消失	刚开机，屏幕中间出现一条 10mm 宽水平亮带，亮带先后按白、蓝、红、绿顺序交替变化，几分钟后“吱”一声，光栅消失。测量行、场扫描及色处理集成电路 IC501 的供电电压值基本正常。测量 IC501 的 15 脚电压值为 3.5V，正常值为 0.4～0.9V 之间。查外围电路未见异常，怀疑 IC501 集成电路本身损坏，更换一块新的同规格的集成电路后，故障排除
CMT2518 机型	开机无光栅、无图像、无伴音	测量 VT901 的 c 极电压值为 285V 左右，b 极电压值为 0V。测量 C907 两端的 12.6V 电压值下降为 2V 左右。检查开关电源相关电路，发生 C907 电容器漏电，更换新的同规格的电容器后，故障排除
CMT2518 机型	接收 PAL 制信号时无彩色，且图像上下抖动	接收 NTSC 制信号正常，但接收 PAL 制信号时无彩色，且图像上下抖动。测量集成电路 IC7000 的供电电压基本正常。测量 IC7000 的 7 脚上的电压值为 7.5V，正常时为 0V。检查色度解码制式控制电路，C7004 电容器的一只引脚呈虚脱焊现象，加锡将虚脱焊的引脚重焊一遍使其牢固后，故障排除
CMT2518 机型	偶尔可以启动工作，启动工作后一切均正常	测量集成电路 IC901 的供电电压基本正常。测量 IC901 的 9 脚上的电压值为 12V 左右，测量 IC902 的 5 脚有 4.3V 电压，但 IC901 的 1 脚无 4.3V 电压。检查开关电源 IC901 集成电路本身损坏，更换一块新的同型号的集成电路装上后，故障排除
CMT2598 机型（A3P 机心）	开机指示灯亮然后熄灭，开关电源输出电压上升后降到 0V	测量保护电路 Q7991 的控制极电压为 0.7V，判断是晶闸管 Q7991 进入保护状态。由于 Q7991 外接 8 路保护电路，采用断开各路保护电路与晶闸管 G 极连接的方法，逐个解除保护，观察故障现象，当断开 ZD7991 解除 +B 过压保护电路时，开机不再保护，且声、光、图均正常，测量 +B 电压为 120V 正常，判断是 +B 过电压保护电路引起的误保

（续）

机型或机心	故障现象	故障维修
CMT2598 机型（A3P 机心）	开机指示灯亮然后熄灭，开关电源输出电压上升后降到 0V	护。对 +B 过电压保护电路元件进行在路检测，未见异常。怀疑稳压管 ZD7991 稳压值改变，拆下 ZD7991，测量其稳压值，变小且不稳定，在 +B 电压正常时，造成击穿，引起误保护。更换 ZD7991 后，恢复保护电路，开机不再保护，故障排除
CMT2900 机型	收看 30min 左右，图、声逐渐变差，直至全部消失	在图、声正常时，测得调谐电压值 VT 为 17V 左右，故障出现时下降至约 1.3V。测量 C1134 电容器两端电压值在 1.3 ~2V 之间波动。检查相关电路，发现 ZD1103 正、反向电阻值不稳定，更换新件后，故障排除。提示：C1134 电容器不良时，也会造成本例故障
CMT-2900 机型	工作不久，就会出现“逃台”现象	在图像和伴音均正常时测高频调谐器 VT 端电压值为 16V 左右；待故障发生时，发现 VT 电压值下降至 1.5V 左右，说明故障系 VT 电压不稳引起的。再测 32V 稳压电源输出端电压（即电容器 C1104 两端），发现该电压值为 1.52V 的不稳定值。由此判断 32V 稳压电源供电电路有问题，经进一步检查发现稳压二极管 VZD1103 内部损坏。更换同规格的稳压二极管 VZD1103 后，故障排除
CMT-2901 机型	屏幕上有不少水平白线条干扰	用示波器检查 NTSC 制的信号图像均良好，再观察 IC7000 的 1 脚波形不正常，IC501 的 9 脚波形也不正常。经仔细检查发现图像中放电路电阻器 R710 内部开路。更换同规格的电阻器 R710 后，故障排除
CMT2908 机型	图像无规律且不稳定，闪烁干扰，还会导致光栅突然变暗	测量主 +B 电压正常且稳定不变。测量 VT307 管 b 极电压值约为 9.5V，c 极电压值约为 12.3V，e 极电压随着干扰发生波动。检查延迟线轮廓校正电路，发现 DL303 输入端与输出端对地之间漏电，更换后，故障排除。提示：DL303 损坏程度不同，故障现象也不一样
CMT2908 机型	图像、伴音、彩色均有，但图像暗淡	测量中频放大电路组件 DET 端，有全电视信号输出。测量 IC1302 的 2、4 脚均有信号。测量 IC1303 的 7 脚有信号输入，但 4 脚却无 Y 信号。检查 IC1303 集成电路外围元器件均无问题，判断 IC1303 集成电路本身损坏，更换新的同规格的集成电路后，故障排除
CMT2908 机型	图像上有干扰杂波，在干扰杂波出现时，清晰度也下降	检查输入到延迟线 DL304 信号输入端的信号波形正常稳定。测量延迟线 DL304 信号输出端的电压波动。延迟线 DL304 输出与输入端对地漏电，更换新的同规格的配件后，故障排除。提示：延迟线 DL304 损坏程度不同时，产生的故障现象也不一样
CMT-2908 机型	伴音基本正常，但光栅变暗，图像闪烁	测 VT307 的 b 极电压值为 10V 左右，c 极电压值为 12V 左右，e 极电压随闪烁而发生变化。进一步检测 VT308 的 b 极电压，也极不稳定，经仔细检查发现亮度延迟线 DL303 输入、输出两引脚均有不稳定的漏电现象，判定为 DL303 内部不良。更换同规格的亮度延迟线 DL303 后，故障排除
CMT-2908 机型	伴音正常，图像无彩色	测色度/解码集成电路 IC501（HA51399SP-3）各脚电压值正常。再用示波器测色信号转换集成电路 IC502（LA7016）的 4 脚有输出波形，IC501 的 26 脚也有色信号波形。检查石英晶体振荡器 X501（4.43MHz），发现无振荡波形产生，经检查发现晶振 X501 内部不良。更换同规格的石英晶体振荡器 X501 后，屏幕上图像的彩色恢复正常，故障排除
CMT-2908 机型	画面上有不稳定的横线条干扰，伴音正常	先检查亮度通道的延迟线轮廓校正电路。测 VT307 管的 b 极电压值为 9.7V 左右，c 极电压值为 12.3V 左右，均基本正常，但 e 极电压随干扰横条而发生变化。进一步检查 VT308 管 b 极电压也随着干扰条而变化；对 VT307、VT308 管进行检测均无异常，怀疑亮度延迟线 DL303 有问题。用代换法检查，发现 DL303 对地漏电。更换同规格的亮度延迟线 D1303 后，屏幕上的图像恢复正常，故障排除

（续）

机型或机心	故障现象	故 障 维 修
CMT-2908 机型	图像对比度不足，只显示图像色块，伴音正常	用示波器测中放组件 DFT 端子有全电视信号，测 IC1302 的 2 脚和 4 脚均有信号。当检测到 IC1303 时，发现 7 脚输出端有信号，但在 4 脚输出端却无 Y 信号输出，而 3 脚有信号切换控制电平的变化。进一步检查外围电路无异常，判定为 IC1303 内部损坏。更换一块新的同型号的集成电路 IC1303 后，屏幕上的图像恢复了正常，故障排除
CMT-2908 机型	接收 NTSC 制图像无彩色且场频闪烁	让电视机接收 NTSC 制信号时，测 IC7000（LA7950）的 7 脚电压值为 0.1V 低电平，正常应为高电平。用示波器测 1 脚的行脉冲信号为 60Hz，4 脚的 FBAS 信号也正常，进一步仔细检查 3、5 脚之间的外围元件，发现 C7005（0.068μF）内部不良。更换同规格的电容器 C7005 后，屏幕上图像的彩色恢复正常，故障排除
CMT2918-C 机型	图像偏红。屏幕左侧出现一条约 45mm 宽垂直绿带	出现这种故障的部位通常与消磁电路或解码电路、视频输出电路、显像管本身有关。开机观察消磁电路有正常的消磁声，测量解码集成电路 IC5001（AN5635N）1 脚上的 6.5V 电压值上升为 8.5V 左右，2 与 3 脚上的 6.5V 电压值基本正常。测量 IC5001 的 23 脚上的约 9V 电压值只有约 2V，但测量该脚连接的 C501 电容器正极上的 +12V 电压值正常，怀疑 C501 电容器本身不良。C501 是容量值为 1μF/50V 的电解电容器，更换一只同规格新的电容器后，通电试机，故障排除
CMT2918 机型	转换频道时屏幕字符右移不稳，但图像与伴音均基本正常	问题可能出在字符控制及行逆程脉冲电路。一边变换频道，一边用示波器监测微处理器 IC1101（M34300N4-657DP）的 39 脚及 VT1105（2SC3413）的 b 极信号波形，发现在变换频道时 VT1105 的 b 极波形没有变动，而 IC1101 的 39 脚波形的幅度会缩小一下再恢复正常。检查 VT1105 及其外围元件均正常，再测 IC1101 的 42 脚的工作电压值仅为 4.1V，低于正常值 5V，判断 IC1101 内部损坏。更换同型号的晶体管 IC1101 后，屏幕上的字符显示恢复了正常，故障排除
CMT2918 机型	转换频道时，频道字符均向右移动或跳动后才能恢复正常	在变换频道时，测量 VT1105 晶体管 b 极波形不变动。测量 IC1101 的 42 脚上的 5V 电压值下降为 4.2V 左右。检查字符显示电路，发现 VT1102 晶体管本身性能变劣，更换新的同规格的配件后，故障排除。提示：IC1101 集成电路不良时，也会导致本例故障
CMT2918 机型	满屏紫红色光栅，并伴有数条回扫线，且亮度过亮	测量 VT1105 晶体管 c 极电压值约为 218V（正常值为 156.5V）。测量 B、R 枪视放管 c 极电压值为 115V，较正常值低。测量 UP-Y、UB-Y 电压值均为 11V，UG-Y 电压值为 5V，正常值为 7V。检查矩阵输入电路，R703、C786、C782 的连接线不通（断裂），将断裂处接通后，故障排除
CMT2918 机型（G-PL-2 机心）	开机后三无，有启动工作的声音，指示灯不亮	开机的瞬间，有行输出启动工作和高压建立的声音，同时测量开关电源输出的各路电压正常，受待机控制的 12V 电压由开机瞬间的 12V 降为 0V，待机指示灯不亮，由此确定是 Q7902 保护电路启动。采用解除保护的方法，逐个断开 Q7902 控制极外部保护检测电路的连接，开机观察是否退出保护，判断故障范围。当断开 ZD6201 时，开机不再保护，维持开机状态，但屏幕上显示一条水平亮线，判断场输出电路故障，引起保护电路启动。对场输出电路 IC601 进行检测，发现多脚之间击穿，更换 IC601 并恢复保护电路后，电视机恢复正常

（续）

机型或机心	故障现象	故障维修
CMT2918 机型（G-PL-2 机心）	开机的瞬间，指示灯一亮即灭，三无	在开机的瞬间，测量开关电源输出电压，+B 电压上升后瞬间降到 0V，判断时晶闸管 Q906 的+B 过电压保护电路启动。断开行输出电路，拆除 Q906，在+B 输出端 C950 两端接假负载，开机测量+B 电压基本正常，排除开关电源稳压电路故障引起过电压的可能，判断故障是 Q906 保护电路元件变质引起的误保护。对 Q906 及其外围元件进行检测，发现分压电阻 R976 阻值变大，由正常时的 8.2kΩ 变大到 15kΩ 以上，造成分压过高，将 ZD905 击穿，引起保护。更换 R976 后，故障排除
CMT2918 机型（G-PL-2 机心）	开机后三无，有启动工作的声音，指示灯不亮	开机的瞬间，测量开关电源输出的各路电压正常，受待机控制的 12V 电压由开机瞬间的 12V 降为 0V，待机指示灯不亮，由此确定是 Q7902 保护电路启动。采用解除保护的方法，逐个断开 Q7902 控制极外部保护检测电路的连接，开机观察是否退出保护，判断故障范围。当断开 ZD709 时，开机不再保护，但屏幕亮度很低，+B 电压降低，判断行输出电路发生过电流故障，引起保护电路启动。对行输出电路进行电阻测量，未见明显电路故障，怀疑行输出变压器 T702 内部短路，更换 T702 后，电视机恢复正常
CMT-2918 机型	屏幕字符在换台时有位移，然后又恢复正常	该故障可能发生在字符控制及行场脉冲信号通道。测微处理器 M34300N4 的 39 脚及外围元件正常，再测微处理器 7 脚复位电压值仅为 3.8V，正常值应为 5V，查外围元件发现是晶体管 VT1102 性能不良。更换同型号的晶体管 VT1102 后，字符显示位置恢复正常，故障排除
CMT-2918 机型	收不到 VH 及 U 频段信号	检查波段转换开关集成电路 IC1102（IA7910），测各种转换电压值均正常，但发现在接收 2 频道时，高频头 VT 电压值大约为十几伏，正常时应为 33V。焊开 VT 端子检查，测调谐电压值在 0～30V 之间变化，说明故障发生在高频头 VT 端子内部，用代换法检测存在故障。更换同规格的高频头后，故障排除
CMT2968-081 机型（A3P-B/B2 机心）	待机正常，电源指示灯为红色，遥控开机后熄灭	待机正常，说明开关电源和待机控制电路基本正常；遥控开机时电源指示灯变为橙色后熄灭，同时绿色指示灯亮后也熄灭，开关电源输出电压上升后降到 0V。一是以 STR-S6709 为核心的初级保护电路执行保护；二是以晶闸管 Q7991 为核心的保护电路执行保护。测量 Q7991 的控制极电压遥控开机时为低电平 0V，判断是以 STR-S6709 为核心的初级保护电路引起的保护。检查 STR-S6709 外围电路，发现 2 脚外围的过电流检测取样电阻 R907 阻值变大。待机时，由于整机电流较小，STR-S6709 未进入保护状态，遥控开机后，负载电流增大，在阻值增大后的 R907 上产生较大的电压降，引起 STR-S6709 误保护。用两只 2Ω/1W 电阻更换 R907 后，故障排除
CMT2988-01 机型（A1-P6 机心）	接通电源后，整机无任何反应	直观察看熔断器 F901 完好，通电测得+B 无输出，焊开 R977 并拔去 PB 接插件后，再开机测+B 电压，结果仍然为 0V，说明电源的振荡电路没有启振。测 IC901 的 9 脚电压为 12.2V，其 5 脚电压为 0.16V，判断 IC901 内部 b 极电流放大电路停止工作，或其自身不良。焊开 Q902 的 c 极，再测 IC901 的 5 脚电压上升到 6.6V，此时 C950 两端有+125V 电压输出，顺路检查 IC901 的 5 脚外接的保护电路的元器件，发现 Q902 已击穿。选用一只新的 3DG130C 晶闸管更换 Q902 后，故障排除

（续）

机型或机心	故障现象	故　障　维　修
CMT2988-01 机型（A1-P6 机心）	接通电源后，整机无任何反应	先检查其电源电路，通电测 C906 两端，电压正常，IC901 的 9 脚也有 12V 电压，但其 5 脚电压为 0V，焊下 Q902 的 c 极，再测得 IC901 的 5 脚仍为 0V。从前面的电路解析中可知，IC901 第 5 脚的电压在开机后是通过整流输出的直流高压（C906 两端的电压）经 R911、R910 与 R930 分压获得的，其电压为 0V，说明 R911、R910 有其中之一开路。在路检查，发现 R911 已开路，选用一只 0.5W/120k 电阻更换 R911 后，故障排除
CMT-2988-C41 机型	屏幕为一条 10cm 宽的窄亮带	问题出在场输出电路，且大多为场输出锯齿波严重失真造成的，具体原因在场反馈电路。IC601 的 16 脚和 17 脚分别由场输出级取得反馈信号，以校正输出锯齿波的线性。遇到上述现象时，可检查更换电容器 C614、C615、C612、C613、C659 等元件。对上述被怀疑的元器件进行检查，结果发现为 VZD601 内部性能不良。更换同规格的 VZD601 后，屏幕上的光栅恢复了正常，故障排除
CMT-2988-C41 机型	光栅偏黄，调整白平衡无效果	该故障可能发生在末级视放电路。检修时，可先对这部分电路进行检查。该机解码器为三色差输出，在末级视频放大器与 Y 信号完成矩阵变换。与其他机型不同之处在于，从 IC501 的 4 脚输出的 Y 信号经两级射随器放大后不是同时送入 R、G、B 放大管的 e 极，而是分成三路并联输入各自单独输出的射随器，再送往三路放大器的 e 极。对相关电路进行仔细的检查，结果发现射随器 VT315 内部损坏 更换同型号的晶体管 VT315 后，屏幕上光栅的颜色恢复了正常，故障排除
CMT-2988-C41 机型	伴音基本正常，但屏幕上无光栅、无图像	测行输出级无逆程整流 +25V 电压输出，说明行输出末级工作。因为该机 12V 供电、末级伴音功放供电都由开关电源供给，所以行扫描电路停止工作不影响伴音电路。因此，判断故障肯定出在行扫描电路，再测行输出管 VT705 和行推动管 VT704 的 c 极电压，不正常，近似 +B 电压。焊下 VT704 检测，发现其内部断路。更换同型号的晶体管 VT704 后，光栅及图像均恢复了正常，故障排除
CMT-2988-C41 机型	开机无反应，二次开机不启动	测开关电源次级各组均无电压输出，但 VT901 的 c 极有 280V 电压。该机开关电源属他激式电路，VT901 激励脉冲是由 TDA4601 内触发器所产生，而触发器又受 TDA4601 的 2、4、5 脚电压的控制。检查 TDA4601 的 9 脚电压为 12.5V，7、8 脚电压均为 1.8V，两者之间无任何电位差，说明 TDA4601 无输出脉冲。再测 TDA4601 的 1 脚无 4.3V 基准电压，判定为 TDA4601 内部损坏。更换同型号的集成电路 TDA4601 后，重新微调 RP951，使输出电压正常，故障排除
CMT-2988-C41 机型	按遥控器及面板上的各按键均不能开机，无光栅、无伴音	按电源开关后，红、绿指示灯都亮，判断问题可能发生在待机控制电路。测电源板各输入输出引线电压如下：PB 插座 1 脚（+B）输出 120V，比正常值 111V 偏高；BC 插座 1 脚（28V 伴音功放电源）输出 0V；PM 插座 1 脚（低压 12V 电源）输出 0.7V；2 脚、3 脚（保护）输入 0V；4 脚（5V 微处理器电源）输出 4.7V，比正常值稍低；5 脚（电源控制正常应为高电平）输入电压为 0.3V；6 脚 3.5V，这些数据与待机状态基本相同。在测 PM 插座 5 脚的情况下，按电源开关，5 脚电压一直为 0.7V，也就是说按电源开关后微处理器一直没有发出过开机信号，因此故障应在微处理器控制电路。微处理器 5V 电源是由开关变压器二次侧的 S6 引脚经 2.3Ω 保险电阻 FB953、高频整流二极管 VD953 整流、

（续）

机型或机心	故障现象	故 障 维 修
CMT-2988-C41 机型	按遥控器及面板上的各按键均不能开机，无光栅、无伴音	C953（1000 型）滤波、R983（2.2kΩ）限流、VZD953（HZ5C3）稳压输出。输出电压偏低并且有波纹一般是由于滤波不良引起，经仔细检查发现为 C953 内部不良，使输出 5V 电压有波纹，引起直流电压偏低，同时波纹电压引起复位电路不断地发出复位信号，从使微处理器不能进入正常工作状态。更换同规格的电容器 C953 后，故障排除
CMT2988P 机型（A1-P6 机心）	接通电源开机，整机既无光栅，也无伴音，并且无电源指示	拆开机壳，发现熔断器 F901 完好，测得整流、滤波电路输出的脉动直流电压为 +300V，正常，说明故障在开关电源的启动电路中。通电采用电压法，测量 IC901 的 9 脚电压为 0V，正常时为 11.8V。测量 IC901 的 9 脚对地电阻无明显短路现象。检查电阻 R920、R921、R934、R913、R915，发现 R920（1.5kΩ/0.5W）电阻开路。更换 R920 后，故障排除
CMT2988P 机型（A1-P6 机心）	开机面板上的电源指示灯亮一下即自动熄灭，整机无光栅，无伴音	开机后，面板上的待命指示灯发亮，说明开关电源的振荡电路已启振，故障可能在其负载电路中。因此临时拔下插件 PB，测量 +B 电压，一开始为 196V，但立即变为 0V。说明故障在开关电源的稳压控制电路。检查 IC902、Q954、Q953 及 ZD952 等，发现 Q954 损坏，造成开关电源输出电压升高，Q906 保护电路启动。更换 Q954 后，故障排除
CMT2988P 机型（A1-P6 机心）	开机待命指示灯发亮，但随即熄灭，接着又发亮，周而复始	整机无光栅、无伴音。检修时，临时拔下 PB 插件，测得 +B 电压在 37～110V 波动。用万用表测量 Q902 的 b 极电压，发现其在 0～0.6V 波动，检查开关电源电路中的保护元器件 Q902、ZD901 及 Q903，发现 ZD901 漏电。选用一只 RD2.0EB 稳压二极管更换 ZD901 后，故障排除
CMT2988VPN 机型（A3-P2 机心）	开机即自动转入待命状态，面板上的待命指示灯一直发亮	拆开机壳，仔细检查电路板上各元器件，发现 C961 壳体炸裂，由于 C961 损坏后，D958 便无 33V 电压，D958、Q959 导通，Q959 的 c 极的高电位加到待机控制管 Q953 的 c 极，使开关电源自动进入待机状态。更换 C961（2200μF/35V）后，整机恢复正常，故障排除
CMT2988VPN 机型（A3-P2 机心）	屏幕上光栅正常，但收不到电视信号，无台时雪花点浅淡	拆开机壳，测高频头 VT 电压为 5V（正常时应为 32V），说明故障在 32V 电压产生电路。测得 C741 正极有 56V 电压，R7221 左端为 5V。检查 32V 稳压管 ZD001 和 R7221，发现均正常，最后采用试换法检查，发现故障系 C007 漏电。更换 C007 后，整机恢复正常，故障排除
CMT2988 机型（A1-P6 机心）	通电开机后，待命指示灯长亮，但荧光屏上无光栅，扬声器中无声响	观察显像管的灯丝不亮。测量 IC501 的 24 脚，发现无电压，再测量 Q7902 的 G 极、K 极间电压，发现大于 0.6V，说明故障在扫描电路。分别断开 Q7902 触发信号支路来判断哪一电路存在故障。当断开 D712 后，Q7902 的 G 极、K 极间电压消失，并且屏幕出现水平一条亮线，说明故障在垂直扫描电路。此时观察到 IC501 的 15 脚场激励信号波形正常，测量 IC601 各引脚对地正反向电阻值，发现 IC601 的 2 脚对地电阻值比正常值小得多，判断 IC601（UPC1498H）损坏。更换后，故障排除
CMT2988 机型（A1-P6 机心）	接通电源开机，整机既无光栅和伴音，又无电源指示	检查熔断器完好，通电测开关管 Q901 的 c 极有 290V 电压，但 PB 的 4 端与 PB 的 1 端间的电压为 0V，于是拔去 PB 接插件，再测得 PB 的 4 端、1 端间的电压仍为 0V，测 C952、C953 两端电压，结果也为 0V，因此判断电源的振荡启动电路没有启振。测得 IC901 的 9 脚电压为 0.8V（正常时应为 7～12V），断电后测启动电路电阻 R920、R921、R934、R914 等；发现均正常，将 IC901 的 9 脚焊开，通电测得 C907 两端电压有 11.8V，由此分析故障为 IC901 内部击穿。选一块新的 TDA4601 更换 IC901 后，故障排除

（续）

机型或机心	故障现象	故 障 维 修
CMT2988 机型（A1-P6 机心）	在使用过程中，突然无光栅、无伴音	查看熔断器 F901 已熔断，更换同规格（4.2A）熔断器后，一开即熔断。这类故障应着重检查该机的主开关电源电路，从前面的电路解析中可知，一开机即烧熔断器 F901，通常是主开关电源中的开关管 Q901 击穿，或整流桥堆 D901 中有二极管击穿。如果是开关管 Q901 击穿，则应查明 Q901 击穿的原因，一般是饱和期过长引起。如 IC901 的 4 脚的电容 C908 和充电电阻 R915、R913 开路，IC901 的 3 脚的电压偏高将引起开关管饱和期过长。若保护电路 Q906 晶闸管来不及保护，则开关管 Q901 击穿。经检查，发现故障系 Q901 的 c-e 结击穿所致，选用一只新的 2SD1959 晶体管更换 Q901 后，故障排除
CMT2988 机型（A1-P6 机心）	通电开机后，待命指示灯长亮，但荧光屏上无光栅，扬声器中无声响	由指示灯亮，判断开关电源基本正常，故障在待机控制或 Q7902 保护电路。测量 Q7902 的控制极电压为 0.7V，进一步判断保护电路启动。逐个断开 Q7902 的控制极保护检测电路连接，解除保护观察故障现象。当断开 ZD709 时，开机不再保护，屏幕上显示正常的图像，由此判断是 +B 过电流保护检测电路元件变质引起的误保护。对 Q708、R761 等元件进行检测，发现 R761 阻值变大，表面烧焦，造成 Q708 提前导通，引发 Q7902 导通保护。更换 R761 后，故障排除
CMT2988 机型（A1-P6 机心）	通电开机后，待命指示灯长亮，但荧光屏上无光栅，扬声器中无声响	判断故障在待机控制或 Q7902 保护电路。测量 Q7902 的控制极电压为 0.7V，进一步判断保护电路启动。逐个断开 Q7902 的控制极保护检测电路连接，解除保护观察故障现象。当断开 ZD703 时，开机不再保护，屏幕上显示正常的图像，由此判断是高压过电压保护电路元件变质引起的误保护。对 ZD703、R736、R7237 等元件进行在路检测，未见异常，怀疑稳压管 ZD703 稳压值降低或漏电，更换 ZD703 后，故障排除
CMT-2988 机型	关机后屏幕中心有一亮点	问题一般出在关机亮点消除电路。当断电或遥控关机瞬间，VT955 截止而失去对 VT322 的 b 极控制，此时因整机电路 12V 电源消失，则 C321 两端充电电压使 VT321 立即导通，VT322、VT314 截止，继而使 VT315、VT316、VT317 饱和导通，导致 R、G、B 基色激励电路中电流剧增，迫使显像管阴极电位剧降，电子束快速泄放而消除关机亮点。开机图像出现后按下待机控制键遥控关机，测 VT322 的 e 极有约 0.7V 跳变电压，由此说明 VT322 的 b 极控制电路良好，故障元件在 VT322、R380、R306 中，经仔细检查发现 VT322 内部开路。更换同型号的晶体管 VT322 后，电视机在关机后不再出现亮点，故障排除
CMT-2988 机型	开机后无光栅、无图像、无伴音，指示灯也不亮	测电源开关管 VT901 的 c 极电压为 300V 正常；测 IC901 的 9 脚电源端电压值为 8.8V 左右，说明 IC901 内电路启动工作电源条件已具备；再分别检测 IC901 的 4、5 脚电压，发现 5 脚过电流保护输入端电压值为 0V，显然振荡电路停振是因为 5 脚电压恒为 0V 而引起 IC901 内部保护电路启控所致。由原理可知，开机瞬间 IC901 的 5 脚电压是由 VD901、C906 整流滤波形成的 300V 直流电压经 R912、R911、R910 降压，VZD930 限幅稳压与 C930 滤波后获得的，且受保护电路 VT902 的工作状态控制。因此当 R910、R912 开路损坏或 VT902 集射结、C930、VZD930 击穿短路等均会引起 IC901 的 5 脚电压恒为 0V。关机后，先分别在路检测 IC901 的 5 脚正、反向电阻值均为零，而正常时分别约为 0.8kΩ、10kΩ，显然 5 脚外接元件存在击穿短路故障，经仔细检查，发现 C930 内部损坏。更换同规格的电容器 C930（0.0068μF/50V）后，故障排除

（续）

机型或机心	故障现象	故障维修
CMT-2988 机型	开机后无光栅、无伴音，电源指示灯瞬间闪亮后即熄灭	在开机瞬间用万用表测 VT906 控制极电压值为 0.6V 跳变，说明 VT906 触发导通，保护电路启控。测 C950 两端电压，发现在开机瞬间约有 150V 的跳变电压，判断故障出在电源稳压控制电路。分别检查上述相关元件，果然发现 VZD952 内部击穿。更换同规格的稳压二极管 VZD952 后，电视机的图像与伴音均恢复了正常，故障排除
CMT-2988 机型	无光栅、无伴音，待机指示灯闪亮即灭	测 +B 电压值 113V，正常；再测微处理器 IC1101 的 42 脚电压值为 0V，正常应为 +5V，说明 5V 供电电路有问题。分别焊开几组 5V 负载电路，当焊开遥控接收头供电端子后，5V 电压立即恢复正常。经检查发现 CP1101 遥控接收头内部损坏，导致 5V 电压异常。更换同规格的遥控接收头 CP1101 后，故障排除
CMT-2988 机型	无光栅、无伴音，待机指示灯闪烁变化不定	检测 C7991 两端电压，发现开机瞬间此电压值由 0V 升到 0.7V，由此判断故障是因晶闸管 VS7991 触发导通引起保护电路启控的 断电后，再开机测 +B 端电压值未出现高于 130V 电压，从而排除 +B 过电压保护因素；测 IC7911 的 3 脚电压有约 9V 跳变电压出现，说明 9V 输出端无过电压现象，故障很可能是行、场扫描电路工作异常或保护电路监控元件不良引起误保护所致。脱开 R701，切断行扫描振荡电路工作电源，使行、场电路停止工作，再开机测 C7991 两端电压恒为 0V，此时观察电源指示灯发黄光，说明保护不再启控，确认故障在行、场扫描保护电路中。重新焊好 R701，开机测 C740 两端电压有约 19V 的跳变电压，此电压值低于 VZD705 导通阀值 24V，说明显像管灯丝供电未出现过电压现象。经仔细检查保护电路监控元件 VZD7201、VD703、R631、VD604、VZD705，发现 VZD705 内部损坏。更换同规格的稳压二极管 VZD705 后，故障排除
CMT-2988 机型	开机后呈三无待机状态，电视机不能正常启动	先判断枕校电路是否正常。从电路板上焊下 R779，开机后有图像、声音，但行幅缩小，说明枕校电路有故障。测 IC651 的 4 脚电压值为正常的 12V，关机后逐一检查 VT652、VT651、C727、L703，结果发现 C727 内部短路。更换同规格的电容器 C727 后，故障排除
CMT2998-051 机型	一启动就自动停机，但红色指示灯亮	开机后，测量 VT7991 管的栅极电压为 1.5V 左右，说明故障是由 VT7991 管导通引起的。分别断开各个保护检测支路元件（即 VDZD701、VDZD7991、VDZD709、VDZD705、VT604 等）引脚的方法，来确定是哪一路保护支路出现的保护。当拆下 VT604 管 c 极引脚通电试机时，屏幕上出现一条水平亮线，说明故障是由场扫描输出电路异常引起的。对场扫描输出电路有关元器件进行检查，结果发现场输出集成电路 IC601（LA7838）的 8 脚与地之间的电阻值近于 0Ω，1Ω 的电阻器 R632 开路。更换新的配件后，故障排除
CMT2998VP-041 机型	无光栅、无图像、无伴音，红色电源指示灯亮一下即灭	测量行输出管 VT708（2SC4589）并没有击穿短路，将接插件 PB 脱开，通电开机，红色指示灯可以点亮，测量 C954 电容器两端的电压为 35V 左右，断电，将 VT965 管的 c 极与 e 极短接，并将一只 60W 的白炽灯泡并接在 C954 电容器的两端，通电在开机瞬间测量灯泡两端的电压约为 160V，随后开关电源停止工作。说明问题出在开关电源稳压控制电路本身。对取样电路中的 VT951、R956、R955 等元件，结果发现 R955 的电阻值变大为 186kΩ 左右。更换一只新的 56kΩ 的金属膜电阻器 R955 后，通电试机，故障排除

（续）

机型或机心	故障现象	故 障 维 修
CMT2998VP-041 机型（A3P-B/B2 机心）	开机后指示灯始终不亮，开关电源无电压输出	测量熔断器已熔断且内部发黑，STR-S6709 表面裂纹，中间商标部分已崩掉，电阻测量其内部的大功率开关管 Q1 已严重短路，与其相关的 2 脚 e 极电阻 R907、D906 均已损坏。将损坏的元件全部更换后，电视机恢复正常，但收看几天后再次发生类似故障。为稳妥起见，对可能造成 STR-S6709 损坏的 Q901 电压转换电路、C912 反峰压吸收电路、IC902、Q951 稳压电路进行检测，发现反峰压吸收电路 C912 表面裂纹，拆下测量其容量严重减小，由正常时的 1200p 减小到 500p 左右且不稳定，反峰压吸收作用减弱，造成 STR-S6709 重复损坏，更换 C912 后故障彻底排除
CMT2998VP-041 机型（A3P-B/B2 机心）	电源指示灯为红色，开关电源输出电压始终为四分之一	遥控开机后绿色指示灯亮，但无行输出工作的声音，电源输出电压为正常值的四分之一，一是微处理器控制电路故障，不能进入开机状态；二是 Q953 待机保护电路启动。遥控开机时，测量微处理器 IC0001 开关机控制端 58 脚电压为开机高电平 5V，同时绿色指示灯亮，说明微处理器和开关机控制电路已进入开机状态，此时 Q953 的 b 极电压本应为低电平 0V，但实测 Q953 的 b 极为高电平 0.7V，判断是以 Q953 为核心保护电路启动，迫使 STR-S6709 进入降压保护状态。测量 Q953 的 b 极各路触发电压，当测量 D4504 的正极电压时为高电平，判断是功放过电流保护电路引起的保护，检查功放电路，未见异常，对其过电流保护电路进行检测，发现取样电阻 R4560 表面烧焦，测量其阻值由正常时的 1Ω 增大到 15～25Ω，且不稳定，引起功放过电流保护电路误保护，更换 R4560 后，故障排除
CMT2998VP-041 机型（A3P-B/B2 机心）	机器一启动工作，就马上进入保护状态，在保护状态，红色指示灯仍然点亮	测量 Q7991 的 c 极和 Q953 的 b 极电压，发现 Q7991 的 c 极有 1.7V 左右的电压，而 Q953 的 b 极电压为 0V。说明故障是由 Q7991 动作引起的。为了进一步确认故障部位。依次检查 ZD7991、ZD7201、ZD709 和 ZD705 稳压二极管，发现均正常，接着依次脱开上述的稳压二极管，发现当脱开 ZD705 后，机器可以正常工作。表明故障是由高压保护电路动作引起的。接着在机器处于启动工作状态下，测量 C741 两端的电压，发现正常，为 51V 左右，说明故障是由保护电路误动作引起的，检查 R749、R750、ZD705 元件，发现 R750 的阻值由正常的 22kΩ 变为 86kΩ 左右，更换 R750，故障排除
CMT2998VP-041 机型（A3P-B/B2 机心）	机器启动工作为 3～5min 后，进入保护状态，在保护状态，红色指示灯亮	在机器出现保护时，测量 Q7991 的 c 极和 Q953 的 b 极电压。发现 Q7991 的 c 极有 1.7V 左右的电压，而 Q953 的 b 极电压为 0V。说明故障是由 Q7991 动作引起的。为了进一步查清故障点，先依次检查 ZD7991、ZD7201、ZD709 和 ZD705 稳压二极管，发现均正常，接着再依次脱开上述的稳压二极管，发现故障依旧，再接着依次脱开 Q7201 和 Q604 的 c 极，发现当脱开 Q604 的 c 极后，机器可以正常工作，说明故障是由 26V 供电线路的保护电路动作引起的。检查 Q604 和 R632 元件，发现 R632 的阻值由正常的 1Ω（25 英寸型号为 1.2Ω）变为 3Ω 左右，更换 R632，故障排除
CMT2998VP-041 机型（A3P-B/B2 机心）	机器一启动工作，就马上进入保护状态，在保护状态，红色指示灯亮	测量 Q7991 的 c 极和 Q953 的 b 极电压，发现 Q7991 的 c 极电压为 0V，而 Q953 的 b 极电压为 0.7V 左右。说明故障是由 Q953 动作引起的。为了进一步确认故障部位。依次脱开 Q959 和 Q4511 的 c 极，发现当脱开 Q4511 的 c 极后，机器可以正常工作。表明故障是在伴音功放的 30V 供电线路上。检查 R4560（1Ω），Q4511 和 IC4502（LA4280）元件，发现 R4560 开路、IC4502 炸裂，更换 R4560 和 IC4502，故障排除

（续）

机型或机心	故障现象	故障维修
CMT2998VPN-041机型（A3P-B/B2机心）	开机红、绿指示灯亮然后熄灭，开关电源输出电压上升后降到0V	判断STR-S6709为核心的初级保护电路或以晶闸管Q7991为核心的保护电路执行保护所致。开机瞬间测量Q7991的c极电压为0.7V，判断是晶闸管Q7991进入保护状态。由于Q7991外接8路保护电路，采用断开各路保护电路与晶闸管G极连接的方法，逐个解除保护，观察故障现象，当断开ZD7991解除+B过电压保护电路时，开机不再保护，且声、光、图均正常，测量+B电压为130V正常，判断是+B过电压保护电路引起的误保护。对+B过电压保护电路元件进行检测，发现分压电阻R7995阻值变大，由正常时的10kΩ增大到15kΩ左右，使R7995上端分得的电压升高，在+B电压正常时，造成ZD7991击穿，引起误保护。更换R7995后，恢复保护电路，开机不再保护，故障排除
CMT2998VP机型（A3-P2机心）	开机后红色待命指示灯发亮，但无论是主机键控还是遥控，均不能开启主机	测Q7991阳极电压为2V，说明其保护电路已工作。检查电源板，发现13V开关管Q954、5V稳压管ZD953及Q957均击穿，且发现R951开路。更换上述损坏的元器件后，开机，图像和伴音均正常。但收看几天后，故障又复发。经检查也是损坏上述故障元器件。再更换故障件，通电按遥控“开/关机”键转入待命状态，测得开关电源+B电压输出为100V左右（正常为130V），再测量C955正极电压为40V，Q952、Q958已导通，Q954的c极和Q957的c极电压均为40V，检查R951，温度很高（极烫手）。最后检查发现待机控制二极管D955正向电阻变得很大，正向导通不良，按遥控关机时，Q953导通，D955不能导通，光耦合器内的发光二极管负极不能短路到地，光电发光管的发光强度不变，光电管的内阻不能变小，开关电源仍处于大功率的强振荡状态，因此130V和72V电压几乎不能降低，但此时Q952、Q958导通，将72V电压加到耐压低的Q954的c极和Q957的c极而造成击穿损坏，同时R951也因电流过大而烧坏。更换D955，遥控关机后，测得+B电压为36V左右，72V变为15.6V，整机工作正常，故障彻底排除
CMT2998机型	开机收看不久，光栅收缩到屏幕中央呈光斑后自动关机	通电测量+B的+125V电压正常，不会随光栅故障的变化而发生改变。发现行输出变压器附近的公共地线金属片各个焊点出现有裂纹，将怀疑有虚焊的焊点加锡重新焊一遍后试机，发现显像管内有“吱吱”的响声，行输出内同时伴有“咔咔”声，不久光栅消失。测量4AD1YAT016集成电路与行扫描电路有关的28~32脚上的电压与正常值相差较多，怀疑该集成电路28脚与地线之间连接的X701石英晶体振荡器不良。X701石英晶体振荡器的型号为B500-F25，其振荡频率为500kHz，更换一只同规格的配件装上后，通电长时间试机，电视机工作稳定，不再自动关机，故障排除
CMT2998机型	开机面板待机红灯亮，但遥控不能开机	测量微处理器控制系统的基本工作条件均无问题。测量VT7991阳极电压值约为2V。检查相关电路，VT945、C956、VT957、VZD953击穿短路，R951电阻器损坏，全部更换后，故障排除
CMT2998机型（A3P-B/B2机心）	待机正常，遥控开机时电源指示灯变为橙色后熄灭，同时绿色指示灯亮后也熄灭，电源输出电压上升后降到0V	一是以STR-S6709为核心的初级保护电路执行保护；二是以晶闸管Q7991为核心的保护电路执行保护。测量Q7991的控制极电压遥控开机时为0.7V，判断Q7991被触发进入保护状态。由于Q7991外接8路保护电路，采用断开各路保护电路与可控硅G极连接的方法，逐个解除保护，观察故障现象，当断开ZD709解除X射线过高保护时，开机不再保护，且声、光、图均正常，测量+B电压为130V正常，判断是X射线过高保护电路引起的误保护。对X射线过高保护电路元件进行在路检测，未见异常，考虑到稳压管的稳压值在路无法测量，怀疑ZD709性能不良或稳压值改变，更换ZD709并恢复保护电路后，开机不再发生保护故障，故障排除

（续）

机型或机心	故障现象	故 障 维 修
CMT2998 机型（A3P 机心）	开机时听到机内高压启动的“沙”声，但随即又自动转入备用状态，按任何键均不能开机	根据故障现象判断，好像是保护电路动作，测得晶闸管 Q7991 的 G 极电压为 0V，说明不是晶闸管保护，仔细检查电路板上各元器件时，发现 C961（2200μF/35V）凸起炸裂。更换 C961 后，故障排除。本例故障是由于 C961 损坏，造成 D958 负极无 33V 电压，D958、Q959 导通，Q959 的 c 极的高电位加到备用控制管 Q953 的 c 极，使开关电源自动进入待机状态。因为这个转换动作是在开机瞬间完成的，所以故障现象很难观察清楚
CMT3300 机型	开机后，前次储存的数据丢失，需重新设置各项参数	通电开机，测量 C1148 两端有 5V 的电压值。测量 IC1107 集成电路 27 脚上的负脉冲信号正常，但 22、25 脚无负脉冲。检查相关电路，VT1114 管的 c 极与 e 极之间断路，更换新件后，故障排除 提示：IC1107 集成电路不良，也会导致本例故障
CMT3300 机型	开机无光栅、无图像、无伴音	测量 VT7902 的 G、K 电压大于 0.5V，断开 VDT12 的任一引脚后，屏幕上为一条水平亮线。测量 ICS01 的 15 脚输出的场激励信号正常。反馈电容器 C618 漏电，更换同规格新的电容器后，故障排除
CMT3300 机型	通电机内均发出“吱”声，指示灯亮，但电源不能启动	测量 IC1101 的 30 脚电压值为 0.3V。将万用表并接在 IC501 的 7 脚与地间，开机瞬间观察表针无反应，测得 8、9 脚电压值为 2.2V，正常值均应为 7.7V。检查相关电路，发现 C707 电容器损坏，更换新的同规格的电容器后，故障排除
CMT3300 机型	图像严重偏红，且有回扫线	测量 VT851 管 c 极电压低于正常值，e 极电压略偏低。测量 VT316 管 c 极电压值为 1.2V，正常值为 5.9V。检查相关电路，发现 VZD302 稳压二极管正反向电阻值变小，更换新的同规格配件后，故障排除 提示：VT316 管本身不良时，也会导致本例故障
CMT-3300 机型	无光栅与图像，无伴音，呈三无状态	开机观察显像管灯丝不亮。测 IC501 的 24 脚无电压值，测保护电路晶闸管 VS7902 的 G、K 极电压值大于 0.5V，说明故障出在扫描电路。分别断开 VS7902 触发信号支路来判断哪一电路存在故障，当断开 VD712 后，屏幕上出现一条水平亮带，说明故障在场扫描电路。此时用示波器观察 IC501 的 15 脚场激励信号波形正常，查场输出集成电路 IC601（uP-CI498H）外围元件，发现反馈电容器 C618（330μF/50V）内部漏电，使 IC601 的 4 脚电压值下降，VD712 导通，VT707 导通，其 c 极电压上升，从而使 VS7902 导通，12V 电源无输出，导致电视机三无故障出现。更换同规格的电容器 C618 后，故障排除
CMT-3300 机型	伴音正常，无光栅、无图像	观察显像管灯丝发亮，说明行扫描电路工作正常，故障出在亮度通道。测量三基色恢复电路板上晶体管 VT851、VT854、VT857 各极的电压正常，测加速极电压也正常，判断可能是高压回路出现故障，由 +B 电压检查至阳极高压，发现电阻器 R745（68kΩ）内部开路。由于 R745 断路，使电流不能形成回路而无正常阳极高压，造成了无光栅故障发生。更换同规格的电阻器 R745（1W/68kΩ）后，光栅及图像均恢复了正常，故障排除
CMT-3300 机型	指示灯可以点亮，但无光栅、无伴音	测电源各输出电压正常。测微处理器 IC1101 的电源控制端 30 脚的电压，若该脚电压输出高电平（5V 左右）就会使 VT1110 导通，引起保护电路动作使电视机自动关机。实测该脚为 0.2V 左右，说明问题不在电源控制电路。再用示波器观察 IC501 的 7 脚无行频脉冲信号输出，判断故障在 IC501 及外围电路。进一步检测 IC501 的 8、9 脚电压仅 0.5V，正常应为 7.2V，经仔细检查外围电路无故障，判断 IC501 内部不良。更换同型号的集成电路 IC501 后，故障排除

（续）

机型或机心	故障现象	故 障 维 修
CMT-3300 机型	电源指示灯亮，无光栅、无伴音	先查开关电源电路，用万用表测开关电源输出的 +111V、+14.6V、+33V、+5.3V 等电压值均正常，再查微处理器 IC1101（M34300N4-555SP）的电源控制端 30 脚电压为 0.2V 左右，正常；进一步检查行扫描电路，用示波器测 IC501 的 7 脚无行脉冲信号输出，由此判断故障在 IC501 及其外围电路中，测量 IC501（HA51339SP-3）有关脚电压，发现 8、9 脚电压均为 2.5V，正常值应为 7.7V。怀疑 8 脚的 C707 漏电；致使 RC 时间常数发生变化，引起 IC501 的 7 脚无行激励脉冲输出，行推动级、行输出级因此停止工作。将 C707 焊下检查，发现不良。更换同规格的电容器 C707（2200pF）后，电视机的图像与伴音均恢复了正常，故障排除
CMT-3300 机型	光栅水平枕形失真，行幅增大	该故障一般发生在水平枕校电路。由原理可知，C722 与 C719、C747 串联后接电源电压 111V，当 C722 两端电压降低时，C719、C747 两端电压就升高，则流过行偏转线圈的电流就增大，行幅扩大，反之亦然。实际上 C722 两端接的是场频抛物波调制电压，即 C722 两端电压按场频抛物波进行变化。当电子束扫描到荧屏中间时，C722 两端电压降低，C719、C747 两端电压升高，行电流增大，水平幅度得到补偿。测 C722 两端的直流电阻值为零，经检查 C721 内部击穿。更换同规格的电容器 C721 后，故障排除
CMT-3300 机型	开机后前次储存的数据丢失，需要新设置各项参数	问题一般出在信息存储电路。由原理可知，合上电源开关 S901 后，VT1102 对微处理器 IC1101 进行复位，IC1101 被启动，从其内部存储器上读取上次关机时的数据，IC1101 的 1 脚输出高电平，此时 VT955 导通、VT952 截止、VT951 导通，整机进入正常工作状态；遥控关机时 IC1101 的 1 脚由高电平变为低电平，此时 VT955 截止、VT952 导通、VT951 截止，IC501 的 24 脚无 12V 电压，水平振荡电路停止工作。同时，VT1117 因 IC1101 的 1 脚为低电平而截止，C1148 被充电。当 S901 断开的一瞬间，S901（b）的接触片位置移向左侧，C1148 所充电压加至 VT1114 的 b 极，VT1114 导通，IC1101 的 27 脚的负脉冲传至 22 与 25 脚键扫描输入端，使 IC1101 内部存入电源 ON 信息，此时所有电源切断。 在正常开机状态下，测 C1148 两端有 5V 电压，检查 S901 触点无烧焦和接触不良现象，查 R1174、R1176、C1133 等元件均正常，进一步检查发现 VTI114 内部断路。更换同型号的晶体管 VT1114 后，电视机的工作恢复了正常，故障排除
CMT-3300 机型	屏幕图像偏红，且有回扫线，伴音正常	测红色视放管 VT851 的 c 极电压低于正常值，测 VT852 的 b 极与 e 极对地电压，发现 e 极电压略偏低，VT852 的 e 极与 VT316 的 e 极相连，测 VT316 的 e 极电压仅为 1.2V，而正常应为 5.9V。进一步检查 VT316 外围元件，发现 VDZ302 发烫，拆下测其正、反向电阻值均很小，判定其内部击穿。更换同规格的稳压二极管 VDZ302 后，故障排除
CMT3398-751 机型	一启动就自动关机，无光栅、无图像、无伴音，红色电源指示灯亮	测量 VT7991 管的栅极电压值为 1.5V 左右，正常时应为 0V，采用分别断开各个保护检测支路元件（VDZD701、VDZD7991、VDZD709、VDZD705 等）一只引脚的方法，来确定是哪一路保护支路出现的保护。当拆下 VDZD705 稳压二极管的任一引脚，通电试机时，电视机可以恢复

（续）

机型或机心	故障现象	故 障 维 修
CMT3398-751 机型	一启动就自动关机，无光栅、无图像、无伴音，红色电源指示灯亮	正常工作，怀疑高压保护电路误动作。对高压保护电路中的 VDZD705、R750、R749 等进行检查，结果发现 R750 的电阻值变大为 90kΩ 左右。更换新的 22kΩ 的金属膜电阻器 R750 后，通电试机，电视机恢复正常，故障排除
CMT3398-981 机型	一启动就自动停机。但红色指示灯亮	开机后，测量 VT7991 管的栅极电压值为 1.5V 左右，说明故障是由 VT7991 管导通引起的，采用分别断开各个保护检测支路元件（即 VDZD701、VDZD7991、VDZD709、VDZD705 等）一只引脚的方法，来确定是哪一路保护支路出现的保护。当拆下 VDZD709（HZ1282L）稳压二极管的任一引脚，通电试机时，电视机可以恢复正常工作，怀疑行偏转保护电路误动作。对行偏转保护电路中的 VDZD709、VD701、VD702、VD703、C727、R738 等进行检查，结果发现 C727、VDZD709 均已经击穿短路。VDZD709 稳压二极管的型号为 HZ1282L，C727 的型号为 0.012μF/1.8kV，更换新的配件后，通电试机，故障排除
CMT3398 机型	开机瞬间，机内“啪”的一声响，呈三无状态	检查行输出管已经击穿短路，用假负载测量 +B 的 +130V 电压基本正常。检查发现 IC5001 的 28 脚外接的 X701 晶体振荡器有漏电现象，致使行输出管的激励严重不足。更换新的同规格的晶体振荡器装上后，故障排除
CPT-2918C 机型	屏幕上突然有一条水平亮线一闪，随即声、光、图全部消失	拔出 PB4PBI 插接件断开主电源，输入 110V 交流电压开机。测量 +115V电源输出正常，说明开关电源一次回路工作正常。测 VT951 的 b 极电位为 0，e 极无 +12V 输出，证实故障为二次回路的复合保护中心启控作用造成的。逐一断开各保护支路检查，当断开 VZD709 时，屏幕没出现一条很亮水平横线，显然行电流增大是因场输出级异常引发，经进一步检查发现 IC601 内部损坏。更换同型号的集成电路 IC601 后，电视机的图像与伴音均恢复了正常，故障排除
CPT-2918C 机型	机内发出“吱吱”声，随即声、光、图消失	拔出 PB 接插件断开主电源行负载，测量电源板输出的 115V，+12V、+5V 电压值均正常。将万用表 2.5A 量程串入 +B（115V）回路，正常收看时行电流值约 1A 随后缓缓增大，等到“吱吱”声响，声、光、图消失一瞬间，指针指示电流值已达 1.48A，触摸 R748 热得烫手，说明二次回路的复合保护中心启控，切断了 +12V 供电电源。由于场输出级 IC601 的 6 脚 +25V 工作电源取自行输出变压器 T702 二次绕组逆程脉冲，断开逆程脉冲整流二极管 VD707，开机行电流仍随时间不断增大，说明故障在行激励或行输出电路。仔细检查该电路相关元件，发现滤波电容器 C730 内部不良。更换同规格的电容器 C730（220μF/160V）后，故障排除
CPT-2918C 机型	无光栅、无伴音，待机指示灯亮，不能启动	测量 VT951 的 b 极电位为 0，e 极无 +12V 输出，保护电路晶闸管 VS7920 截止，说明问题出在待机控制电路。再测 IC1101 的 1 脚为高电平 +5V，VT955 的 b 极电位仅 0.1V，检查该电路 VT955、R1139 等相关元件，发现 R1139 内部不良。更换同规格的电阻器 R1139 后，故障排除
CPT-2918C 机型	无光栅、无图像、无伴音，待机指示灯不亮	测量 VT901 的 c 极电压 +300V、PB4PB1 两点电压为零。拔出 PB 接插件断开 +B（115V）。主电源回路行负载，用手调调压器将交流输入电压降压到 110V 开机，PB4PBI 电压值仍为零。查过电压保护电路晶闸管 VS906 良好，说明开关电源未启振，测 IC501 的 5 脚电压值正常，测

（续）

机型或机心	故障现象	故 障 维 修
CPT-2918C 机型	无光栅、无图像、无伴音，待机指示灯不亮	IC901 的 7、8、9 脚电压，发现 9 脚电压值为 2.8V 且不稳定。检查 9 脚输入回路中的 R920～R924、R932、R933、C907、VD902 等相关元件，发现电容器 C907 内部漏电。更换同规格的电容器 C907（330μF/50V）后，故障排除

5.8 三洋彩电易发故障维修

5.8.1 三洋平板、背投彩电易发故障维修

机型或机心	故障现象	故 障 维 修
LCD-32XH4 液晶机型	开机三无，指示灯不亮	检查副电源无 +5V 电压输出，测量开关电源熔断器烧断，检查市电整流全桥、滤波电容均正常，测量 PFC 滤波电容两端电阻很小，判断 PFC 供电输出端负载电路有短路击穿故障。逐个测量 PFC 开关管 Q601、主电源开关管 Q602、Q603、副电源厚膜电路 IC601（VIPER53EDIPN）的 5 脚对地电阻，发现 IC601 的 5 脚对地电阻最小，断开 5 脚测量 PFC 滤波电容两端电阻恢复正常，拆下 IC601 测量，5 脚与 3、4 脚之间内部开关管击穿，为了防止 IC601 再次损坏，检查副电源稳压控制环路器件未见异常，检查副电源 IC601 的 5 脚外接尖峰吸收电路，发现 C619 裂纹，用 2000pF 电容更换后，再更换 IC601 和电源熔断器后，开机故障排除
LCD-32CA50 液晶机型	开机三无，指示灯不亮	测量开关电源熔断器完好，检查副电源无 +12VSB 和 +5VSB 电压输出，判断副电源发生故障。测量开关管 Q2 的 c 极电压正常，测量驱动控制电路 IC2 的 5 脚无启动供电，检查 5 脚外部启动电路 R57、R58、R59，发现 R57 阻值变为无限大，更换 R57 故障排除
LCD-42CA50 液晶机型	不开机，指示灯亮	指示灯亮，说明副电源基本正常，测量副电源输出的 +12VSB 和 +5VSB 电压正常，但主电源无 +20V 和 +24V 电压输出，测量开关机控制 PS-ON 为高电平开机电压，检查主电源驱动电路 IC3 的 5 脚无 VCC1 供电，判断故障在开关机 VCC1 控制电路，检查 VCC 产生电路，发现 Q6 的 c 极无 VCC 供电输入，检查 VCC 整流滤波电路，发现限流电阻 R48、R47 烧断，检查整流滤波电路，发现整流管 D11 漏电，更换 R47、R48、D11 后，故障排除
PS42S5HPX 等离子机型	开机不工作	检查 AC IN 插槽连接器和主板 SMPS 板的 CN800 连接正常，检查 SMPS 电源板输入熔断器完好，检查 CN804-2 的 3、5 脚电压为 0V，判断 SMPS 板故障，更换 SMPS 板后，故障排除

5.8.2 三洋数码、高清彩电易发故障维修

机型或机心	故障现象	故 障 维 修
21CKD80-01 机型（GC3-A21 机心）	扬声器只有交流“哼哼”声，无伴音，同时图像无彩色	始终工作于伴音制式为 4.5MHz 状态，“S-STE”的数据出错。进入维修模式，将“S-STE”的数据由“0”调整为“1”时，电视画面没有变化，但关掉电源退出维修模式后，重新开机电视机一切恢复正常。由此看来“S-STE”的数据与彩色和伴音的接收制式有关

（续）

机型或机心	故障现象	故障维修
CK2128 机型（LA7680 单片机心）	不能进行搜索选台，音量调整不能调到最大	进入旅馆模式。首先进入 TV 状态，然后按住遥控器上的“S”键大约 4s 时间，即可进入功能设置模式，屏幕上显示“SP--”。用遥控器上的数字键输入“31”，屏幕上显示“SP31”，再按一下小门里的“M”键存储，即可进入旅馆模式；要退出旅馆模式，输入“30”，屏幕上显示“SP30”，再按一下小门里的“M”键存储，即可退出旅馆模式，搜索和音量调整恢复正常
CK21D5 机型	经常发生图像无彩色、无伴音、有噪声，类似制式错误，但转换制式无效	存储器数据出错。对存储器进行初始化操作：打开电视机，按住电视机上的 TV/AV 按键 2s 以上，屏幕上显示“MEMORY CLEAR”清除记忆字符，在字符没消失之前，按电视机上的“MENU”菜单键，屏幕上显示频道 1 字符，完成初始化操作。如果光栅和白平衡等不正常，再按住电视机的“MENU”菜单键不放，同时按遥控器上的数字键“1”，进入维修状态，按“定时关机”键和“静音”键选择调整项目，按“音量 +/-”键对光栅、白平衡等项目进行调整，最后将 82 S-STE 的数据由“1”改为“0”，关闭电视机，退出维修状态，电视机恢复正常
CK29D1-00 机型（A9-B29 机心）	有时不能开机，有时收看几十分钟或数小时后自动关机，后来严重时干脆不能开机	按下电源开关，红色电源指示灯点亮，同时电视机有高压建立的声音，手摸显像管荧光屏也有高压的感觉，数秒钟后高压感觉消失，指示灯由红色变为黄色。测量开关电源输出电压，开机的瞬间 +B 和其他各路输出电压均达到正常值，+B 电压为 140V，数秒钟后各路输出电压降到 0V，指示灯也由黄色变为红色。测量微处理器的专用保护 41 脚电压为 1.8V 左右，低于正常值 3.2V，判断进入保护状态。断开微处理器的 41 脚外围电路解除保护，开机观察图像和伴音均正常，由此判断是故障检测电路本身元件参数变质或开路，引起的误保护。恢复微处理器的 41 脚外围故障检测电路，逐个断开各路检测二极管，当断开检测二极管 D468 时，开机不再保护。对与 D468 有关的显像管灯丝电压检测电路进行检查，发现分压电阻 R476 一端开焊。造成 D468 负极失电导通，引起保护电路动作。将 D468 补焊后，故障彻底排除
CK29D5S 机型	开机时指示灯由亮变暗，几秒钟后变亮	开机测量电源 +B 电压，开机的瞬间有 +B 电压输出，然后降为 0，测量微处理器中断口 33 脚电压和待机控制脚 16 脚电压，33 脚电压由开机瞬间的高电平 4.1V，变为低电平 2.1V，同时 16 脚电压由开机时的高电平变为低电平，进一步确定是进入保护状态。采用解除保护的方法进行维修，断开微处理器 33 脚外部保护电路，开机试之，光栅特别亮，无雪花无图像，测量显像管电压，三个阴极电压均很低，测量视频供电电压为 0，判断故障在 200V 整流滤波电路。检测 200V 电源发现 R488 烧焦断路，整流管 D485 漏电。更换 R488、D485 后，光栅亮度恢复正常，图像出现，恢复微处理器的 33 脚电路也不再保护
CK29D5S 机型	有时正常收看，有时自动关机，由暗变亮	开机测量电源 +B 电压，正常时有 +B 电压输出且正常，自动关机时降为 0。关机时测量微处理器中断口 33 脚电压仅 2.2V，判断是中断口检测电路进入保护状态。采用解除保护方法，断开图微处理器 33 脚外部保护电路，开机试之，仍未能开机，判断故障在微处理器或开关电源。检查微处理器各脚电压，工作条件正常，但 33 脚电压仍为 2.2V，说明故障在 33 脚内外电路，检查微处理器的 33 脚外围元件 R855、R862 和稳压二极管 D866 均未见异常，拆除电容 C855，33 脚电压恢复高电平。测量 C855 有漏电现象，更换 C855 后，故障排除

（续）

机型或机心	故障现象	故障维修
CK29F2S 机型（FA1 机心）	开机后自动关机，指示灯亮、暗、亮变化	测量微处理器的 24 脚电压和 15 脚电压，发现 24 脚电压由开机时的高电平 4V 以上，瞬间变为低电平 1.5V 以下，同时 15 脚电压由开机时的高电平变为低电平，判断是进入保护状态。采用测量解除保护的方法，断开中断口 24 脚与外部故障检测电路连接的 R857，重新启动电视机试之，开机测得 +B 电压正常，不再发生自动关机故障，且图像和伴音正常，判断是保护检测电路引起的误保护。逐个测量保护检测电路二极管电压，当测量行输出 180V 失电压检测二极管 D486 时两端有正向偏置电压，判断是该检测电路引起的保护。对 180V 失压检测电路元件进行检查，发现分压电路的 R485 阻值变大，由正常时的 180kΩ 变为大于 1MΩ。更换 R485 并恢复保护电路后，不再发生自动关机故障
CK29F2S 机型（FA1 机心）	开机后自动关机，指示灯亮、暗、亮变化	测量开关电源输出电压，由开机瞬间的高电平变为低电平，检查微处理器保护检测中断口 24 脚电压仅 1.2V 左右，说明是中断口检测到故障，微处理器进入保护状态。断开中断口 24 脚与外部故障检测电路连接的 R857，重新启动电视机试之，开机测得 +B 电压正常；再恢复行输出电路，通电试机，开机不再保护，呈一条水平亮线，判断故障在场输出电路。检查场扫描电路，发现场输出电路 IC501（LA7841）击穿，R518 烧断，IC501 的击穿后的 5 脚高电压经 R514 使检测电路的 Q527 导通，将微处理器的 24 脚电压拉低，保护电路启动。更换 LA7841 后，故障排除
CK29F2S 机型（FA1 机心）	开机后自动关机，指示灯亮、暗、亮变化	检查微处理器保护检测中断口 24 脚电压仅 1.3V 左右，说明微处理器进入保护状态。断开 24 脚与外部故障检测电路连接的 R857，重新启动电视机试之，光栅和图像正常，但无伴音。检查音频功放电路，发现熔丝 F001 烧断。测量功放电路 IC001（LA4270），已经击穿短路，造成 F001 烧断，检测二极管 D006 导通，将微处理器的 24 脚电压拉低，引发保护电路启动。更换 F001 和 IC001，恢复保护电路后，不再发生自动关机故障
CK29F78/88/98G 机型	关机后屏上出现色斑	将 C732 由 220μF/16V 改为 470μF/16V，C522 由 1000μF/35V 改为 3000μF/35V，跳线 J153 和 D501 对调
CK29F78/88/98G 机型	图像暗	检查 ABL 电路中的 R422 或 R423，及视放电路中的 R742（120kΩ）
CK29F88PA/98PA 机型	待机时机内有响声	增加电阻 R658（680Ω）即可
CK34D300 机型（A9-B29 机心）	有时正常收看，有时自动关机，指示灯由黄色变为红色	开机测量电源 +B 电压，正常时有 +B 电压输出且正常，自动关机时降为 0。关机时测量微处理器中断口 41 脚电压仅 2.2V，判断是中断口检测电路进入保护状态。采用解除保护方法，断开 R862 后，仍未能开机，判断故障在微处理器或开关电源。检查微处理器各脚电压，工作条件正常，但 41 脚电压仍为 2.2V，说明故障在 41 脚内外电路，检查微处理器的 41 脚外围元件 R855、R862 和稳压二极管 D866 均未见异常，拆除电容 C855，41 脚电压恢复高电平。测量 C855 有漏电现象，更换 C855 后，故障排除

（续）

机型或机心	故障现象	故障维修
CK34D300 机型（A9-B29 机心）	开机有高压建立的声音，然后三无，指示灯由红色变为黄色，几秒钟后变为红色	判断进入保护状态。开机测量电源 +B 电压，开机的瞬间有 +B 电压输出，然后降为 0，测量微处理器中断口 41 脚电压和待机控制脚 7 脚电压，41 脚电压由开机瞬间的高电平 5V，变为低电平 2.0V，同时 7 脚电压由开机时的高电平变为低电平，进一步确定是进入保护状态。再采用解除保护的方法进行维修，断开 R862，开机试之，开机后不再保护，但屏幕上出现一条水平横亮线，判断故障在场扫描电路。对场扫描电路进行检修，发现场输出电路 IC501（LA7838）多脚有开焊迹象，将 IC501 引脚补焊后，恢复保护电路，不再发生保护故障
CK34D300 机型（A9-B29 机心）	开机时指示灯由红色变为黄色，几秒钟后变为红色	开机测量电源 +B 电压，开机的瞬间有 +B 电压输出，然后降为 0，测量微处理器中断口 41 脚电压和待机控制脚 7 脚电压，41 脚电压由开机瞬间的高电平 5V，变为低电平 2.0V，同时 7 脚电压由开机时的高电平变为低电平，进一步确定是进入保护状态。采用解除保护的方法进行维修，断开 R862 开机试之，光栅特别亮，无雪花、无图像。检测检查 180V 电源发现 R488 烧焦断路，整流管 D485 漏电。更换 R488、D485 后，光栅亮度恢复正常，图像出现，恢复微处理器的 41 脚电路也不再保护
CK34D3-01 机型（A9-B29 机心）	电源红色指示灯亮，遥控开机时指示灯由红色变为黄色，几秒钟后变为红色	判断保护电路启动。对微处理器的各脚电压进行全面测量，发现其总线控制输出端 23、24 脚电压不相同，24 脚的时钟线电压为 4.6V 正常，但 23 脚的数据线电压由正常时的 4.6V 降到 3.1V 左右，且不稳定。检查微处理器 23 脚到被控电路 IC201（LA7687N）18 脚之间的总线信号传输电路，发现 IC201 的 18 脚电压更低，仅 2.5V，对 IC201 的 18 脚外围电路元件进行检测，发现 C219 漏电
CK34F58P 机型	收不到台	把 R246 由 22Ω 改为 10Ω 即可
CKM2989K 机型（C-KM 机心）	接通电源开机后，整机无光栅、无声音，但面板红灯亮	测得 IC701 电源过载检测输入端 19 脚和电源“通/断”控制端 33 脚均为低电平，IC701 保护检测 19 脚变为低电平 0.8V，IC701 内部的保护电路动作，逐一断开各路检测电路的二极管，当断开 B3 负载电路检测二极管 D364 时，开关电源启振，图像正常，但无伴音，检查发现伴音功放集成电路 IC171 的电源输入端 9 脚与接地端 8 脚内部短路，更换 IC171 和接通 22V 供电电路后，电视机恢复正常
CKM2989K 机型（C-KM 机心）	接通电源后，整机三无，待命灯不亮	直观检查熔断器 F701 已烧断发黑，更换 F701（4A/250V），并拔去接插件 K7U，通电测得 C704 两端有 5V 电压，同时看到开机瞬间待命指示灯闪一下后熄灭，分别在路测 R302、R1502、IC1501、D301 ~ D304、D311 等元器件，发现 R302 开路、D301 击穿、Q313 击穿，其他元器件均正常。恢复 KD 接插件，更换 R302、D301、Q313，并确认 Q312 良好后瞬时开机，测得 B1 电压仍为 0V，由此判断自激振荡电路未启振。关机后测 Q313 的 c 极电压，放电很慢，表明 Q313 启动电阻开路，用 47kΩ 电阻短接 C307 两端放电后，分别在路测 R320、R321、R311、R314 等启动电路元器件，发现 R320（120kΩ/0.5W）电阻开路，更换后，瞬时开机测得 B1 电压恢复到 130V，故障排除
CKM2989K 机型（C-KM 机心）	开机后能接收电视节目，但在短时间内不定时自动关机，面板红灯亮	检查开关电源并测得整流滤波输出电容 C307 两端电压约为 300V，而开关变压器 T311 二次侧各组电压均无输出，说明开关电源不工作。检查开关电源有关元器件，发现均良好，测得 Q312 各极电压均处于饱和导通状态，继而检查由 D318、D315、R318 和 Q312 等组成过电压保护电路。发现 D315 反向电阻值较小，更换 D315 后，故障排除。由于 D315 性能不良，在通电工作一段时间后产生击穿，造成了无光栅、无伴音

（续）

机型或机心	故障现象	故 障 维 修
CKM2989K 机型（C-KM 机心）	接通电源开机后，整机无光栅、无伴音，但面板红灯亮	测得整流滤波输出电容 C307 两端电压约为 300V，检查开关电源有关元器件，发现均良好；测得 IC701 电源过载检测输入端 19 脚和电源“通/断”控制端 33 脚均为高电平，说明 IC701 已发出关机指令；测得 Q315 各极电压均处于饱和导通状态，继而检查 D312、Q315 等组成电源控制电路。在路测量 Q315、D312 正反向电阻值，发现 D312 的 3 脚与 4 脚异常，拆下检查，证实 D312 中的光敏晶体管已击穿，造成电源强制停振而无光栅、无伴音。更换 D312 后，故障排除
CKM2989K 机型（C-KM 机心）	通电后整机三无，待命指示灯闪烁后变为常亮，且有“吱吱”声	保护电路启动所致。拔去接插件 KD 测 B2、B1、B3、B4、B6、B8 等开关电源稳压输出电压，结果 B6 电压为 0.1V（正常应为 12V），切断 B6 负载后，B6 电压为 0.7V，而 IC352 的 1 脚电压 15V，正常，焊下 C365，测试正常，故断定 IC352 损坏。更换此稳压块并重新焊好 C365 后开机，测得 B6 输出电压恢复正常。此时恢复接插件 KD，整机工作恢复正常
CKM2989K 机型（C-KM 机心）	开机后三无，但待命指示灯变化正常	待命指示灯变化正常，说明 +5V 电源及遥控系统均正常，故障元器件在开关电源中。测得 Q313 的 c 极电压为 290V，b 极电压为 0.25V，断电后在路测 Q313 启动与反馈电路元器件，未发现有开路性故障，在路测 Q312、Q314、Q315 的 c 极与 e 极之间电阻，发现 Q314 的 c 极与 e 极击穿，用 3CG120A 代换 2SA608 后，瞬时开机测得 B1 电压有 130V，且整机工作恢复正常
CKM2989K 机型（C-KM 机心）	开机后三无，但待命指示灯变化正常	通电测得 Q313 的 c 极电压为 290V 正常，b 极电压为 0.65V，说明振荡电压已启振。测得 B1 电压为 0V，断电后瞬时开机测 B2 电压为 36V，由此推断主开关电源已工作。断电后在路测 B1 的整流滤波电路中 D354、C361、C354 等元件，发现 D354 整流管已开路，更换 D354 后开机测得 B1 电压恢复为 130V，同时 B2 电压也降为 26V 正常值，此时故障排除
CKP2176DK 机型（LA768XX 机心）	更换存储器后，开机无图像，黑屏幕，选择调台功能无效，屏幕上显示“XVCR”符号	更换微处理器之后，必须进行初始化操作。开机后，按遥控器上的“S”键 4s，屏幕上显示“SP--”，再按遥控器上的数字“0、1”键输入数字，屏幕上显示“SP01”，然后按电视机面板上的“MEND”记忆键存储，即可完成初始化操作，电视机控制功能恢复正常
CMX2940CX 机型（A8-A 机心）	开机后无光栅、无伴音，但电源指示灯亮	按二次开机键时，待机指示灯熄灭，但约 1s 后有发光指示，反复操作均如此，这说明有过电流保护动作存在。在按动二次开机键时，监测 D612 的 1 脚，发现有 4.1V 高电平，监测 IC701 的 19 脚，在二次开机后 1s 时间内由低电平转为高电平。再测 15 脚电压始终为 0.8V（正常应为 5.0V）。断开 K7H 接插头的第 6 线（即保护检测输入端），检验结果与上述相同，这说明 IC701 的 17 脚输出开关控制电压由低电平瞬间转为高电平不受自动保护检测电路控制。这时可以对开关稳压电源在带假负载的情况下进行独立检修，当测量 D612 的 3 脚、4 脚电压时，发现始终为 0V。进一步检查，发现 R625 开路。用 120kΩ/1W 电阻更换后，故障排除
CMX2940K-00 机型（A8-A 机心）	电源指示灯亮，二次启动时指示灯暗一下后变为闪烁	先检查微处理器的工作条件和矩阵电路未见异常，检查微处理器保护检测中断口 19 脚电压仅为 1.1V 左右，说明是中断口检测到故障，微处理器进入保护状态。电阻检测未见负载严重短路现象，决定采取设法退出保护状态的方法，观察故障现象，测量相关电压。为了不致因电源电

（续）

机型或机心	故障现象	故障维修
CMX2940K-00 机型（A8-A 机心）	电源指示灯亮，二次启动时指示灯暗一下后变为闪烁	压过高损坏负载电路，先断开行输出电路，在 +B 输出端接假负载，断开 R8F6 开机，测得 +B 电压正常；再恢复行输出电路，通电试机，开机不再保护，呈一条水平亮线，判断故障在场输出电路。检查修复场扫描电路后，故障排除
CMX2940K-00 机型（A8-A 机心）	二次启动有时正常，有时不开机，指示灯闪烁报警	不能开机时，敲打电视机外壳，有时能恢复开机状态，故障现象与振动有关，判断可能是某个元件不良或某路电源及其保护电路接触不良，使电视机进入保护状态。不能开机时微处理器的中断口 19 脚电压下降为 1.3V 左右，确系保护关机。在确定电源电压正常后，采取设法退出保护状态的方法：断开 R8F6，退出保护状态，观察故障现象，有图像无伴音。检查伴音电路，功放 20V 电源电路中的 K6A 插座 11、12 脚接触不良，焊盘上有小裂纹，补焊后，故障排除
K21D80 机型（LA76818 机心）	开机无图无声，屏幕呈现白板状态。	存储器数据存储。更换一只 24C16 空白存储器后，开机为黑屏幕状态，按住电视机上的“MENU”键不放，同时按遥控器上的数字“1”键，进入维修状态，按“时间”键和“静音”键选择调整项目，按“音量 +/-”键对相应的项目数据进行适当调整后，遥控关机退出维修模式并保存数据，开机电视机恢复正常
PS42S5HPX 机型	不工作	首先检查 ACIN 插槽连接器和主 SMPS 板 CN800 连接是否正常，若连接不正常，则连接 ACIN 插槽连接器和主 SMPS 板 CN800；若连接正常，则检查主 SMPS 板电源输入部分的熔断器（F101）是否熔断。若熔断器熔断，则更换熔断器 F101；若熔断器完好，则检测主 SMPS 板 CN804-2 的 3、5 脚电压是否为 0V。若为 0V，则更换主 SMPS 板；若正常，则更换主板或数字板

5.9 三星彩电易发故障维修

5.9.1 三星平板、背投彩电易发故障维修

机型或机心	故障现象	故障维修
LA32B450C4H 液晶机型	不开机，指示灯不亮	拆下电源板维修，测量次级电压输出端电阻正常，测量 CM803 处有 16V 以上电压输出，而 CM804 处无电压输出，表明 PWM 模块没有起振。在路测量 ICE3BR0665 阻值基本正常，测量光耦合器 PC801S 的 3、4 脚阻值正常，仔细检查发现稳压管 ZD804 的反向电阻变小，内部漏电，造成 7 脚电压偏低而不能起振，用 12V 稳压管代换 ZD804 后，故障排除
LA32B450C4H 液晶机型	不开机，时而开机正常	检查电源器件，发现 VCC 滤波电容 CM804 鼓包，更换 CM804 时，发现 VCC 整流管 DM802 处电路板发黄，说明 DM802 温度升高，拆下检查型号为 1N4007，更换为快恢复二极管后，故障排除
LCD-37CA5 液晶机型	有时候自动关机	故障原因多为排序 K7205 松动接触不良，由于排线上游抗干扰磁环，在搬运与运输过程中振动，使排线接口松动。将排线接口处理接触良好即可排除故障
LCD-42CA5 液晶机型	接收 TV 信号雪花大	接收灵敏度降低，多为高频头不良，导致接收能力变差，更换同规格高频头即可

（续）

机型或机心	故障现象	故障维修
LCD-42CA5 液晶机型	遥控接收不良	天气潮湿使 C1902 与 C1903 两脚间短路，可用 104 的电容器替换电容器后，在电容器点上溶胶防潮
LA40R81BX/XTT 液晶机型	开机启动困难，指示灯亮	测量市电 220V 正常，测量整流滤波后的 300V 电压也正常。测量副电源输出的 5V 电压偏低，检查副电源电路，发现电容器 CM852 不良，用 16V/3300μF 更换 CM852 后，故障排除，CM852 失容是该机通病
LA40S71B 液晶机型	黑屏幕，无图像，有伴音	判断故障在高压板或液晶显示屏故障，仔细观察背光灯管未点亮。对复合电源板上的高压板部分进行检查，发现熔丝 FM801（3.15A）烧断，检查后面负载电路短路故障，发现 VI801S、VI802S 两只场效应晶体管全部击穿，用 K2996 代替 K2842 后，接灯泡假负载开机，发现灯泡异常发亮，立即关机。检查更换半桥式栅极驱动电路 WI802S（FAN7382）后，通电试机，故障排除
PDP4218 等离子机型	二次开机后无光栅，随后保护关机	首先检测电源板的各组输出电压是否正常，若测 VA 刚通电时电压超过 90V，然后慢慢降到 0V（正常时应为 70V），则是 VA 电源稳压控制电路故障，VA 稳压部分由光耦合器 IC8025 和三端精密稳压块 IC8029（TL431）及其外围电阻 R8129、R8133、R8134、R8135、R8138、R8142 和电容 C8074、C8079、C8070 构成。检测电阻 R8134 是否有从 VA 电路送来的电压，有电压则检测光耦合器 IC8025 内二极管正端电压；若电压失常，则检查给光耦合器供电的电阻 R8129 两端电压是否正常。若电压不正常，则检查 F/B-VCC 形成电路 D8015、D8014 等元器件是否有问题。该例检测 D8015（1N4148）损坏，引发故障。更换 D8015 故障排除
PDP4218 等离子机型	开机后无光栅，但不保护关机	首先自检等离子显示屏，若自检时 LED8001、LED8002、LED8003 均点亮，逻辑板上的 LED2000 也闪亮，检测 VS、VSC、VE 等电压是否正常。检测发现 VE 电压为 0V，拔掉 CN8002 插座检测维持板上 VE 负载未对地短路，而电源板上 VE 处对地短路，检查 VE 上的 D8044、C8071 等元器件，发现 D8044 击穿短路。更换 D8044 后，恢复电路故障排除
PDP4218 等离子机型	二次开机黄色指示灯亮后，保护停机	通电后指示灯 LED8003 点亮，二次开机后 LED8002、LED8001 均点亮，继电器有吸合声，但屏幕不亮，过一会儿红色指示灯 LED8004 点亮，整机保护停机，此时逻辑板上的指示灯 LED2000 不亮，检测逻辑板的 F2000 处的 D3V3 与 F2001 处的 DSVL 电压。F2001 处的电压仅为 1.25V，断开逻辑板供电接插件，测电源板上的 D5VL 的测试点电压也为 1.25V，检测 D5VL 的 DC/DC 转换器 IC8026（LM2576T-ADJ）及其外围元器件 R8143、R8145、D8050、C8099 等，发现 IC8026 内部不良，更换 IC8026 后，故障排除
PDP4218 等离子机型	开机后无光栅、无伴音、无图像，指示灯也不亮	首先断开到主板的电源供给插座，观察指示灯是否点亮，若指示灯仍不亮，则故障可能发生在待机 VSB 电源，检查熔断器 F8001 完好，F8002 熔断，检查滤波电容、整流桥堆 D8007 及驱动块 IC8003（TOP223PN）及其外围元器件对地电阻，发现滤波电容 C8017 损坏、IC8003 内部不良，更换 C8017 和 UC8003 后，故障排除
PS-42Q7H 等离子机型	开机后不工作，电源指示灯也不亮	首先检查 ACIN 插槽连接器和主 SMPS（开关电源）板 CN800 连接是否正常，检查主 SMPS 板电源输入部分的熔断器 F801S 未断，检查主 SMPS 板 CN804-1 插座电压不正常，怀疑主 SMPS 板故障，更换 SMPS 主板后，故障排除

（续）

机型或机心	故障现象	故 障 维 修
PS-42Q7H 等离子机型	开机后无图像，伴音正常	引发无图像故障，既可能是X/Y主板、逻辑板或Y缓冲器板有故障，也可能是主SMPS或DC-DCSMPS板的输出电压有故障。检修时，首先从主SMPS板拆除CN809电缆后，检测VS与VA电压是否正常。若VS与VA电压不正常，则检查主SMPS板与DC-DCSMPS板是否有问题；若VS与VA电压正常，则重新连接CN809电缆并从DC-DCSMPS板拆除CN1、CN2、CN4和CN6电缆时，检测DC-DCSMPS板的输出电压是否正常。若电压不正常，则说明故障出在DC-DCSMPS板上；若电压正常，则说明故障可能出在Y主板、X主板、逻辑板、Y扫描板上
PS-42Q7H 等离子机型	彩电无伴音，图像正常	首先检查主板与扬声器之间连接电缆正常，检测主SMPS板上CN803的5脚输出电压不正常，更换主SMPS板后电压恢复正常，检查主板的扬声器输出端电压不正常，更换主板后电压恢复正常，更换主板上的音频电路，故障排除
PS-42Q7H 等离子机型	通电后自动开关机	连接电源，并从主SMPS板拆除CN809电缆后故障消失，则连接CN809电缆并从DC-DCSMPS板拆除CN2、CN4和CN6电缆后连接电源看故障是否消失。若故障未消失，则说明问题出在DC-DCSMPS板上。若故障消失，则连接电源并从DC-DCSMPS板拆除CN4电缆后看故障是否消失。若故障消失，则检查X主板是否有问题；若故障未消失，则连接电源并从DC-DCSMPS板上拆除CN2看故障是否消失。若故障消失，则说明问题出在Y主板上；若故障未消失，则从主SMPS板拆除CN810后连接电源看故障是否消失。若故障消失，则问题出在逻辑主板上
PS-42S5HP 等离子机型	通电后不能开机，电源指示灯也不亮	首先检查ACIN插槽连接器和主SMPS板CN800连接是否正常，若不正常，则更换或重新连接；若正常，则检查主SMPS板电源输入部分熔丝（F101）是否熔断。若没有，则检测主SMPS板上CN804-2的3、5脚电压是否正常。若3、5脚电压不正常，则检查主SMPS板；若3、5脚电压正常，则检查主板是否有问题。若主板正常，则检查数字板
PS-42S5HP 等离子机型	通电后自动开关机	首先使SMPS板单独运行看故障能否消失，若故障消失，则说明问题出在SMPS板上；若故障依旧，则连接电源并从主SMPS板拆除CN809电缆后看故障是否消失。若故障未消失，则连接电源并从主SMPS板拆除CN804-2电缆后看故障是否消失。若故障消失，则说明故障出在主SMPS板 连接电源并从主SMPS板拆除CN809电缆后故障消失，则连接CN809电缆并从DC-DCSMPS板拆除CN2、CN4和CN6电缆后连接电源时看故障是否消失。若故障未消失，则说明问题出在DC-DCSMPS板上；若故障消失，则连接电源并从DC-DCSMPS板拆除CN4电缆后看故障是否消失。若故障消失，则检查X驱动板是否有问题；若故障未消失，则连接电源并从DC-DCSMPS板上拆除CN2看故障是否消失。若故障消失，则说明问题出在Y驱动板上；若故障未消失，则从主SMPS板拆除CN810后连接电源看故障是否消失。若故障消失，则说明问题出在逻辑板上
PS50C91H 等离子机型	无伴音，图像正常	首先检查主板和扬声器之间的电缆连接是否正常，若不正常，则更换或重接电缆；若正常，则检测主SMPS板的CN801的13脚电压是否正常。若13脚电压不正常，则说明问题可能出在主SMPS板上；若13脚电压正常，则检查主板的扬声器输出端是否正常。若不正常，则检查主板；若正常，则检查扬声器

（续）

机型或机心	故障现象	故 障 维 修
S42AX-YD05（W3）等离子屏电源板	通电开机后无反应，指示灯不亮	故障的部位多与开关电源电路有关。通电开机，测量电路板上输出的电压均为0V，测量5VSB电压始终为0V。测量C8005两端电压约为295V，基本正常，但测量IC8001的4脚上的电压为0V，测量IC8001的4脚与地线之间的电阻值约为150Ω，拆下IC8001集成电路测量其4与2脚之间的电阻值仍然为150Ω左右，显然已经击穿短路。更换新的同型号集成电路后，通电试机，故障排除
S42AX-YD05（W3）等离子屏电源板	通电不开机，但指示灯亮，二次开机电源板保护	通电开机，测量5VSB的约为5V的电压基本正常。通电瞬间测量VAMPA12VGD5V电压在上升到5.6V时就出现保护，怀疑D5V的反馈检测回路异常。对与D5V反馈检测回路中的有关器件与线路进行检查，发现在R8320电阻器的印制电路板的线路处有锈蚀漏电现象。对R8320锈蚀漏电处进行清理后，通电试机，故障排除
S42AX-YD05（W3）等离子屏电源板	不开机，指示灯不亮	初步判断故障点在电源板。取下电源板。让其单独工作（单独工作只需将PS-ON接地，VS-ON接D5V），通电，无任何电压输出，于是确定为电源板故障。指示灯不亮，说明故障点在5VSB形成电路。脱开所有短路点。测量5VSB始终为0V。测量C8006两端的电压为正常的293V。测量U8001的4脚电压为0V，断电在路测量4脚对地阻值为18011。怀疑U8001短路。拆下U8001测量，2脚和4脚的阻值仍然为180Ω，说明待机芯片损坏。更换同型号芯片后，故障排除
S42AX-YD05（W3）等离子屏电源板	不开机，指示灯亮，二次开机电源板保护	取下电源板让其单独工作，一通电就保护，指示灯亮，说明5VSB电路工作基本正常，故障点在VAMP、A12、VG、D5V电压形成电路、PFC电路，以及VS/VA电压形成电路。脱开全部短接点，测量5VSB为5.2V正常。短接PS-ON到地。通电测量PFC电压为360V左右随即保护，重新通电。测量VAMP电压，当电压到10V左右就保护了，于是判断故障点在VAMP、A12、VG、D5V电压形成电路及相应的保护电路。通电瞬间分别测量VAMP、A12、VG、D5V电压，发现D5V电压上升到5.6V随后保护，说明是D5V的稳压出现问题，导致D5V电压失控引起的保护。检查稳压控制电路，发现R8320时发现其下面有锈蚀漏电现象。取下R8320，清理好印制电路板后装上R8320。通电故障排除
S42AX-YD05（W3）等离子屏电源板	不开机，指示灯亮，二次开机电源板保护	初步判断故障点在电源板。取下电源板让其单独工作，一通电就保护，于是判定为电源板故障。指示灯亮，说明5VSB电路工作基本正常，故障点可在VAMP、A12、VG、D5V电压形成电路、PFC电路，以2VS/VA电压形成电路。脱开全部短接点，测量5VSB为5.2V正常。短接PS-ON到地，测量VAMP、A12、VG、D51各电压均正常，测PFC电压为395V，也正常。短接VS-ON到D5V，测量VS/VA电压无输出，说明故障为VS/VA电压形成电路未工作而导致保护。测量U8201的15脚电压为0V，说明是U8201失去工作电压导致VS/VA电路不工作，在通电瞬间测量Q8004的e极电压为15V，b极电压0V，判断Q8004（A1223）损坏，造成U8201工作电压丢失。由于手上无此晶体管，试在A940的b极串一只4.7kΩ电阻，e、b极接一只10kΩ电阻后试机，故障排除

（续）

机型或机心	故障现象	故 障 维 修
S42AX-YD05（W3）等离子屏电源板	不开机，指示灯亮，二次开机电源板保护	取下电源板让其单独工作，一通电就保护，判定为电源板故障。断开全部短接点，测量5VSB为5.2V正常。短接PS-ON到地。测量VAMP电压未到正常值就保护；在通电瞬间分别测量A12、VG、D5V、PFC各电压，也是未到正常值就保护，说明是保护电路自身工作不正常导致误保护。在通电瞬间测量CPU的4脚为3V左右，说明D5V、A12V、VG保护检测电路工作正常故障点应在AC和PFC保护检测电路。在通电瞬间测量U8004的供电为正常的17V，测量2、6脚的基准电压高达8.7V，明显不正常。在通电瞬间测量C8027两端的电感为11V左右，说明稳压块LM431失效，使得U8004的2、6脚基准电压不正常，导致保护电路误动作。更换LM431后，通电，故障排除
V2等离子屏电源板	D5V（V5A）为0V，其他电压正常	由于其他电压均正常，仅D5V电压为0V，基本判断为D5V电压产生支路存在问题。D5V电源是由IC34产生的，测IC34各脚电压都为0V，第1脚电压输入端外接的电感L25两端的电压也为0V。继续沿电路往前查，发现滤波电容C328、C327及D203的电压仍为0V，T4S绕组输出到该支路的限流电阻R602已经开路。取同规格的电阻更换R602后，故障排除
V2等离子屏电源板	VS电压在15～30V之间波动，VSC电压为0V	电源板正常时，VS电压为87V左右，VSC电压为78V左右。当VS电压不正常时，往往VSC电压都降为0V。对VS电压产生电路进行检修时，发现C523、C524电容已经炸裂，使用三星公司提供的最新规格的p224k/400V电容更换后，给电源板通电试机，测得VS、VSC电压均恢复正常，故障排除 维修提示：C523、C524电容早期失效率比较高，原因是原来安装的规格为0.22μF/400V的电容不良，必须使用规格为p224k/400V的电容更换，尽量使用三星公司提供的配件或其他规格性能相近的进口电容。C523、C524电容损坏时，往往体现为外观开裂，无容量或容量大幅下降。当C523或C524有一只损坏时，故障为不定时黑屏
V2等离子屏电源板	电源板输出的所有电压都为0V	只有STB5V电路异常，才有可能导致所有电压都为0V。检测220V输入通道的F1S（250V/8A）、F5（250V/2A）正常，测BD2、C100整流滤波电路也现异常，但发现R2已经开路。焊下R2，测IC2各脚对C100负极电阻（热地），发现2、3脚电阻为均为6Ω，判定IC2已损坏。更换IC2及R2后，给电源板通电，检测各路电压都正常，故障排除
V2等离子屏电源板	12VAMP电压为0V，但其他电压正常	故障部位出在12VAMP电压产生电路。测C337上有17V电压，但IC70的2脚无12V电压输出。测输出端C338对地无短路，试更换IC70，给电源板通电，测12VAMP电压已经正常，故障排除。R600（0.2Ω/1W）限流电阻如果开路，故障相同
V2等离子屏电源板	在电源板左端（即T4S变压器的二次侧输出端）。数只电容鼓起炸裂	电容鼓起，说明电路有过电压现象。经检查，发现C338、C331、C328、C327顶部鼓起，并炸开。对T4S开关变压器输出的各电压支路进行仔细检查，发现IC70、IC50也炸裂，证实电路中有过电压现象，但稳压电路或过电压保护并没有启动。稳压控制由IC37、PC11S及其外部电路元件组成，通过6V电压进行取样。测R430限流电阻正常，测D205整流管也正常，再向前测，发现R603、R604已经开路。采用同规格的电阻更换，并依次更换其他损坏的元器件后，恢复好相关的电路，给电源板通电，检测各路电压都正常，故障排除

（续）

机型或机心	故障现象	故 障 维 修
V3 等离子屏电源板	二次开机后无光，过一会儿保护关机	为判断故障部位，先自检等离子屏，结果无光栅（正常自检时屏幕应是均匀的白光栅），说明等离子屏组件不良。自检时发现，LED8001、LED8002、LED8003 均点亮，测量 VS、VSCAN、VSET、Ⅶ等均无电压，目测逻辑板上的指示灯亮，过一会儿熄灭，说明逻辑板也得电工作。测逻辑板送出的 VS-ON 控制信号正常，按理电源板的各个输出电压也应该正常。测到 VA 时，发现刚通电时电压超过 90V，然后慢慢降到 0V，而正常时该电压应为 60 ~ 80V，说明 VA 电路稳压不良。仔细观察电路，发现 VA 稳压部分由光耦合器 IC8025 和三端精密稳压块（IC8029）TL431 及外围电阻 R8129、R8133、R8134、R8135、R8138、R8142 和电容 C8074、C8079、C8070 构成。测 R8134 有从 VA 部分送过来的电压，测光耦二极管正端电压为 -0.24V（正常电路应为正电压），怀疑二极管不正常。查给光耦合器供电电阻 R8129，两端均无正电压，说明 F/B-VCC 形成电路有问题。经检查，R8129 通过 D8015 与 D8014 整流出的 VSB（+5V）相连，而本机电源的指示灯已点亮，测 VSB 为 5.2V。测 D8015 的负端对地不短路，在路检测 D8015 开路，用一新的 1N4148 更换后，故障排除
V3 等离子屏电源板	二次开机后无光，过一会儿保护关机	为判断故障部位，先自检等离子屏，结果有黯淡带紫色光栅，正常自检时屏幕应是均匀的白光栅，说明等离子屏组件不良，与主板和 AV 板无关，怀疑是电源板或维持板有问题。自检时 LED8001、LED8002、LED8003 均点亮，逻辑板上的 LED2000 也点亮，测量 VS、VSC 等电压均正常，而 VE 电压为 0V 不正常，在路检测 VE 对地短路，拔掉 CN8002 插座检测，维持板上 VE 负载未对地短路，而电源板上 VE 处对地短路。仔细查找 VE 上的元器件，D8044 损坏，更换 D8044 后故障排除
V3 等离子屏电源板	指示灯亮。二次开机后灯变为黄色后整机无光，过一会儿保护停机	拆开机器观察，发现指示灯 LED8003 点亮，二次开机后 LEDS002、LEDS001 均点亮，继电器有吸合声，但屏幕不亮，过一会儿红色 LED8004 点亮，整机保护停机。为了检修方便，自检整机，判断是屏上组件不良。本机二次开机后继电器有吸合声，且 LED8001/LED8002 点亮，说明主板已正常工作，且发出了开机指令。观察逻辑板上的指示灯 LED2000 不亮，说明逻辑板没得到工作电压或工作不正常，测试 F2000 处的 D3V3，正常。测 F2001 处的 DSVL 电压为 1.34V，不正常，断开逻辑板供电接插件，测电源板上的 D5VL 的测试点电压为 1.34V，仍不正常，检查对地电阻，未见异常。测 D5VL 的 DC/DC 变换器 IC8026 的 1 脚电压为 17.5V，调试 VK8009 可调电阻，开机时电压从 4.2V 逐渐下降到 1.34V，不正常。检查外接电阻 R8143，R8145 和 D8050，C8099 等未见异常，更换 IC8026（LM2576T-ADJ）后 D5VL 电压输出正常，VE、VSET 等电压也正常，故障排除
V3 等离子屏电源板	指示灯不亮，三无	指示灯不亮，说明主板没得到 5VSB 供电或主板上 CPU 工作不正常。拆开后盖，发现指示灯 LED8003 不亮，说明电源不良或电源负载过电流；断开到主板的 5VSB 电源供给插座，指示灯还是不亮，说明 VSB 电压形成电路有问题。先查熔断器 F8001 良好，目测发现 VSB 电压形成电路初级部分的滤波电容 C8017 有鼓包现象，测熔断器 F8002 开路，整流桥堆 D8007 完好，驱动块 IC8003 在路电阻未发现异常。更换 C8017（33μF/450V）和 F87002（1A）后故障依旧，更换 IC8003（TOP223PN）后故障排除

（续）

机型或机心	故障现象	故障维修
V3 等离子屏电源板	指示灯亮，二次开机后听不到继电器吸合声	指示灯亮，说明主板已得到供电，故障可能是因主板工作不良所致。开机测试 RELAY 信号能从高电平变为低电平，说明主板 CPU 已正常工作。为判断主板的 RELAY 信号是否送到主电源板上，直接短接 J8005，开机目测指示灯 LED8002/LED8001 仍不亮，说明 RELAY 虽然已正常产生，但它并未正常控控制继电器 RLY8001 和 RLY8002 的吸合，怀疑故障应出在 Q8009/Q8013/Q8004/Q8006/Q8005/Q8008 组成的电路上。在路检查 Q8009 不正常，取下 Q8009（KTN2907A）检测，发现 b-c 结不通，用一只好的晶体管更换后，开机 LED8002 和 LED8001 点亮，整机恢复正常，故障排除
V3 等离子屏电源板	开机后指示灯不亮，屏幕无光	屏自检时 LED8003 不亮，说明由 T8001 和 IC8003 组成的 5VSB 开关电源不良。检测 F8002（250V/1A）开路，C8017 处的正反向电阻均正常。测 D8007（S1WBS60）桥堆正向电阻正常，但交流输入脚与直流负端短路，说明 D8007 内的二极管有一组短路。更换 D8007 桥堆和 F8002 后整机恢复正常，故障排除
V3 等离子屏电源板	开机后指示灯亮，二次开机后指示灯能变化但屏不亮	先自检等离子屏，发现等离子电源上的指示灯 LED8003 和 LEDS002 均亮，但 LED8001 不亮，说明 PFC 电路部分或 Q8005、Q8008 组成的电路部分有问题。测试 PFC 升压后的测试点 T-VPFC 上电压为 0V，不正常，正常时应为 400V，说明 PFC 部分损坏或没有供电。在路检测二次、三次抗干扰电路和 D8003，发现 R8010 开路，但更换 R8010 后开机，LED8001 仍不亮。测 Q8005 和 Q8008 都处于截止状态，IC8002 内部二极管的正端无电压，说明 PFC 模块 HIC8001 不良，没有输出高电平的 RELAY-ON 信号。更换 PFC 模块后故障排除
V3 等离子屏电源板	开机后指示灯亮，二次开机后灯能变化但屏不亮	自检时发现 LED8001、LED8002 和 LED8003 均点亮，但逻辑板上的 LED2000 不亮，说明 D5VL 和 D3V3 可能有问题。测试 D5VL 和 D3V3 无电压，VA 也无电压。测 T-VPFC 测试点电压为 400V，在路检测电阻，发现 F8003 开路，Q8018、Q8016 短路。目测 VS 次级 HIC8004 上的 BC8054（222μF/1kV）电容烧穿一个洞，说明是组件 HIC8004 上的 BC8054 不良造成 VS 负载加重，使 Q8016 和 Q8018 损坏，取下 Q8016 和 Q8018 后，在路检测对称驱动晶体管 Q8019、Q8020、Q8021、Q8022，没发现问题。为防止装上 Q8016 和 Q8018 再次损坏，决定连 Q8019、Q8020、Q8021、Q8022 一起代换。把上述损坏的元器件更换后，故障排除
V3 等离子屏电源板	三无，指示灯不亮	指示灯不亮，说明本机电源或主板 CPU 有问题。拆开机盖，通电试机，发现电源板上的 LED8003 指示灯不亮，拔掉所有连接线，只留电源输入通电，LED8003 指示灯也不亮，说明电源 VSB 形成电路或交流输入开路有问题。测市电整流滤波电路 D8007 上有 303V 电压，测 IC8001（TOP223PN）的 5 脚有 303V 电压，4 脚上没有电压。怀疑 IC8001 损坏，但更换 IC8001，故障依旧，在路检测 IC8001 的 4 脚外接 D8006 支路无异常。测给稳压供电的整流供电二极管 D8013，发现正向电阻比正常值略小，反向有 1.378kΩ 的阻值，正常时反向电阻应为无穷大。取下 D8013（1N4148RT）后测量，D8013 反向确实漏电。用一只新的 1N4148 更换后，故障排除

(续)

机型或机心	故障现象	故障维修
V3 等离子屏电源板	指示灯亮，二次开机后保护	将电源板取下，并将 PS-ON"端接地，VS-ON 接 5V 电压，开机电源板仍保护，确定故障在电源板上。指示灯亮说明待机 5VSB 电压正常，通电开机瞬间测量开关电源输出各组电压，按下 VAMP、A12、VG、D5V、PFC 各组输出电压未到正常值就保护，判断保护电路有问题。为了区分是哪路保护电路启动，在通电开机的瞬间测量 CPU 的 4 脚电压为 3.1V，说明 D5V、A12V、VG 电压保护检测电路无问题；开机瞬间测量 U8004 的 8 脚 17V 电压正常，测量 U8004 的 2 脚和 8 脚的基准电压为 1.6V，且极不稳定，测量 C8027 两端电压为 1.3V 左右，彩显 C8027 测量，已经漏电，更换后故障排除
V4 等离子屏电源板	没有 VA 电压，但其他电压输出正常	维修时，先对电源板进行检查，发现 VA 中的熔断器 F301 已经熔断发黑了，说明 VA 电路有严重短路。对 VA 电压产生电路的主要元器件 T301、IC301、D303、C305、C306 进行检查，发现 IC301（KA1M0880）的 1、2 脚的在路电阻为 5Ω，拆下 IC301 测量 1、2 脚电阻仍为 5Ω，判定 IC301 已经短路损坏。换上正常的 IC301（KA1M0880）及熔断器后，通电试机，VA 电压输出正常，故障排除
V4 等离子屏电源板	开机 30min 左右自动关机，面板指示灯不亮	开机正常，但在 30min 后出现故障，初步判断内部存在热稳定性不好的元器件。拆机正常工作时检测电源部分的各支路输出电压均正常；但在通电约 30min 时，继电器释放关机，随即声音、图像消失，面板指示灯也熄灭。此时检测电源板的各路电压输出全部为 0V；对电源板进行检测，发现 IC101（KA4508）附近的印制电路板颜色偏黄，手摸该器件的背面印制电路板，发现很烫，怀疑 IC101 不良，将其更换，并加上散热片，通电试机 5h，声音、图像都很正常，故障排除
V4 等离子屏电源板	开机电源保护	一般 V4 屏电源板保护，都是因为某路电压输出异常，造成保护电路动作。在通电情况下，测量 VS 电压为 240V 左右，正常应为 208V 左右，明显偏高，说明导致电源板保护的原因是 VS 电路过电压，应重点检查 VS 电路中的稳压及取样反馈电路。对 VS 稳压及取样反馈电路进行检查，结果发现取样电阻 R249 已开路损坏，更换该电阻后，通电试机，VS 电压恢复正常，电源板也不再保护，故障排除
V4 等离子屏电源板	开机继电器不吸合	对于 V4 屏电源板来说，要使继电器吸合，则 IC102（KA7818）输出端要有正常的 18V 电压；其次，待机电源 5V 要正常。通电检测待机电源的 5V 电压正常，但测得 IC102 输出端电压 VANXP 为 0V，说明没有电压提供给继电器线圈，使得继电器无法正常工作。测量 IC102 的输入端电压也为 0V，顺着该电路检查，发现变压器 T101 有一条线圈开路。将其焊好后，通电试机，听到继电器吸合声，电源板各输出电压都正常，故障排除
V4 等离子屏电源板	VS 电压输出为 0V，熔断器 F201 熔断发黑	F201 是 VS 支路的熔断器，熔断表示该支路有严重的过电流。在路测试各元器件电阻，果然发现 Q205（2SK3522）、Q206（2SK3522）阻值异常，拆下检测，发现已经击穿短路。Q205、Q206 损坏，一般有两个原因，一是 Q205、Q206 本身的质量有问题，此时，更换 Q205、Q206 就能解决问题；二是其他原因导致 Q205、Q206 损坏，常见的有 IC203（IR2109）损坏，D219、D220 损坏，D221、D225、D222、D226 短路等。经检查其他外围电路，没有发现异常，更换 Q205、Q206、F201 后，通电试机，故障排除

（续）

机型或机心	故障现象	故 障 维 修
V4 等离子屏电源板	没有 VG（15V）电压，但其他电压正常	没有 VG 电压而其他电压均正常，说明 PFC 电压及其他部分正常，故障部位在 VG 电压产生电路。VG 电压是由开关变压器 T401 二次侧的 9～11 绕组间感应到的脉动电压，经 D404 整流二极管整流，C425 滤波，IC402（KA7815）、IC403（KA7815）稳压得到的。对上述电路进行检查，发现 D404 短路，但将其拆下测量是正常的。怀疑 IC402、IC403 内部击穿短路，于是将 IC402、IC403 拆下，再测量印制电路板 D404 的焊盘，不再短路，分别更换 IC402、IC403 后，通电试机，VG 电压出现，故障排除
S42SD-YD07 V4 型等离子屏电源板	开机后，屏幕上无光栅与图像，扬声器中也无伴音	直观对离子屏电源电路板上的有关元器件进行检查，结果发现 VA 电源支路中的 FU301 熔断器已经熔断，且管内发黑，说明 VA 电路中有严重的短路现象存在。对 VA 电源有关器件进行检查，发现 IC301（KA1M0880B）的 1、2 脚的在路电阻值约为 5Ω，与正常值相差较多。断开 IC301（KA1M0880B）的 1、2 脚与外电路的连接，再测量 1、2 脚电阻值仍然为 5Ω 左右，判断 IC301 集成电路本身损坏。更换新的 KA1M0880B 集成电路和 FU301 熔断器后，通电试机，故障排除
S42SD-YD07 V4 型等离子屏电源板	工作一段时间后自动关机，指示灯不亮	通电开机测量电源板上输出的各路电压基本正常，正常收看一段时间后，当机内有“嘀嗒”的继电器动作声时，自动关机，面板上的指示灯也熄灭。此时检查电源板上输出各路电压均为 0V。对电源板上有关元器件进行检查，发现 IC101（KA4508）集成电路的表面有些变色，手摸其表面有些烫手。测量 IC101 的 1、2 脚与 5～8 脚的在路电阻值均与正常值相差较多。拆下 IC101 测量其开路电阻，也与正常值相差较大，判断 IC101 损坏，更换后故障排除
S42SD-YD07 V4 型等离子屏电源板	通电开机，就会自动停机，不能正常启动工作	通电开机测量电源板上输出的各路电压，发现 VS 输出端上的 205V 左右的电压上升到约 240V，说明故障是由于 VS 电压过高引起的。对 VS 电源稳压与取样反馈电路中的有关元器件进行检查，发现 R250 电阻器的一只引脚虚焊。加锡将 R250 引脚焊牢后，通电测量 VS 输出端上的 205V 左右的电压恢复正常，故障排除
S42SD-YD07 V4 型等离子屏电源板	通电开机后，整机没有反应，不能正常启动工作	通电开机的瞬间，听不到继电器吸合的声音。由此判断故障与继电器控制电路有关。通电开机测量电源板上输出待机的 +5V 电压正常，但发现 IC102（KA7818）三端固定稳压集成电路输出端上的 18V 电压为 0V，测量 IC102 输入端上的电压也为 0V，对 IC102 输入端处的各个元器件进行检查，结果发现 VD103 整流二极管的一只引脚呈虚脱焊现象。加锡将 VD103 牢固后，通电测量 IC102 输出端上的 18V 左右的电压恢复正常，故障排除
S42SD-YD07 V4 型等离子屏电源板	通电开机后，整机没有反应，不能正常启动工作	在通电开机的瞬间，听不到继电器吸合的声音。由此初步判断该故障的部位多与电源电路有关。直观检查发现 FU201 熔断器已经熔断，且管内发黑，说明 VS 电源电路中存在有严重的短路元器件。对由 IC203（IR2109）集成电路组成的开关电源有关元器件进行检查，发现 VT205 与 VT206 场效应晶体管已经击穿短路，再测 IC203（IR2109）各引脚上的在路电阻值，并与正常值进行对比，相差也较大，说明其也已经损坏。VT205 与 VT206 的型号均为 2SK3522，是一种场效应晶体管，IC203 的型号为 IR2109，是一块厚膜集成电路，更换新的配件后，通电试机，故障排除

（续）

机型或机心	故障现象	故障维修
W3 等离子屏电源板	开机指示灯亮，二次开机电源保护	指示灯亮说明 5VSB 电压形成电路正常，故障在其他电压形成电路。脱开电源连接线，测量 5VSB 电压为 5.2V 正常；短接 PS-ON 到地，测量 VAMP、A12V、VG、D5V 等各组输出电压均正常；再将 PS-ON 与 D5V 相连接，测量 VS、VA 输出电压为 0，判断 VS、VA 电压形成电路故障。通电瞬间测量 U8201 的 15 脚电压为 0V，检查 Q8004 的 e 极电压为 15V 正常，而 c 极却无电压，重点检查 15 脚供电相关功放输出电路 Q8203、Q8204、Q8205、Q8206，发现 Q8203、Q8204 的 c 极与 e 极击穿，电容 C8201、电阻 R8218 损坏。更换上述器件，故障排除
V5 等离子屏 PT4288 机型电源板	通电后指示灯亮，二次开机后马上回到待机状态	对等离子屏进行自检，还是开机保护。说明故障出现在等离子屏组件上。拔下插座 CN8005（去地址板供电）、CN8007（维持板供电）、CN8006（Y 驱动板供电），使电源还是处于自检状态。通电测试各组输出电压。发现 VA、VS 无电压。检测 PFC 电压有 380V，说明 VA 形成电路有故障。检测 F8002 开路，VA、VS 的初级输入端对地短路．说明 MR5060、MR2940 形成电路的初级有问题，检查 VS 输出部分和 VA 输出部分，未发现短路。仔细测试 VA、VS 的初级部分元器件，发现 D8032 短路，引起 F8002 损坏。用一新的 RU3 代换后故障排除
V5 等离子屏 PT4288 机型电源板	有时二次开机后图像正常，有时开机后马上回到待机状态	先对等离子屏进行自检，还是有时开机保护，说明故障出现在等离子屏组件上面。拔下插座 CN8005（去地址板供电）、CN8007（去维持板供电）、CNS006（Y 驱动板供电），使电源还是处于自检状态。通电测试各组输出电压，发现 VS 电压有时只有 80V 不到，有时 VA 电压和 D3V3 都没有。测试 5VSB 电压为 5.2V，说明给微处理集成电路模块 J8001 的供电正常。检测 J8001 的 9 脚（VA 和小电压形成电路控制）控制电压，有时为 4.85V，有时为 0V。J8001 的 9 脚（VS 开关控制）有时也是 4.92V，有时为 0V，有时为 3V 左右。在 4.9V 时能正常开机。检测保护输入 4、7、8 脚，在正常或不正常状态下电压均正常。说明微处理集成电路模块 J8001 不良。更换后故障排除
V5 等离子屏 PT4288 机型电源板	二次开机后马上回到待机状态	取下长虹生产的主板，对等离子屏进行自检，还是开机保护。说明故障出现在等离子屏组件上。拔下插座 CN8005（去地址板供电）、CN8007（去维持板供电）、CN8006（Y 驱动板供电）。使电源还是处于自检状态。在通电瞬间测试各组输出电压，发现 VSCAN 电压不正常。瞬间有 -240V，不正常，说明 VS′，AN 形成电路的稳压部分电路有故障。故障在 IC8015、U8309、U8312 及取样电阻 R8369、R8370、VR8305、R8371 之间。检查发现 R8369 的阻值变大，更换后故障排除
V5 等离子屏 PT4288 机型电源板	开机后指示灯不亮	指示灯不亮．说明本机供电或主板 CPU 不良。开盖后测试主板 CPU 的供电电压，发现电源板没有 5VSB 电压输出。测试电源板上 D8332 的负极，也没有 5VSB 电压输出，说明屏电源板上的 5VSB 形成电路有故障或交流进线电路开路。测交流熔断器 F8001 完好，测试 U8002（MR1722）没有对地短路，通电测试 D8003 的负极（PFC 输出）没有电压，正常时此处应有 380V 的电压。说明交流电压没有送入 PFC 形成电路。在路检查 L8001、L8003、R8004，发现 R8004 开路（15Ω/7W），用两只 7.5Ω/7W 的“水泥”电阻串联后装入 R8004 位置，故障排除

（续）

机型或机心	故障现象	故障维修
V5 等离子屏 42600 机型 电源板	通电后红色指示灯亮，二次开机后指示灯闪烁，但整机无光，过一会儿回到待机状态	为了判断故障部位，先对等离子屏进行自检，还是开机保护，说明故障出现在等离子屏组件上。拔下插座 CN8005（去地址板供电）、CN8007（去维持板供电）、CN8006（Y 驱动板供电），使电源处于自检状态。在通电瞬间测试各组输出电压，发现电压都正常，但是过一会儿消失。说明保护电路有故障。本机设有较多的保护电路，如过热保护、过电流保护、AC 检测保护、PFC 过电压保护、VS 和 VA 电压检测保护等，相互关联很大。有 VSCAN、VE、VSET 电压，说明低电压和 VA 电压形成电路以前的保护电路是正常的，故障应该在 VS、VSET、VE、VSCAN 保护电路上。拆下电源板，目测电路板。发现 VS 检测电路的印制线烧断。首先把烧伤故障点（跳接线的焊接头）处理好，使 A12 的跳线头不再压在 VS 电压线上面，用飞线把 VS 点与 VS 去检测电路点相连。检查 A12 之路，未见异常，把电源板装上试机，故障排除
V5 等离子屏 PT4288 机型 电源板	通电后红色指示灯亮，二次开机后图声正常，但是热机半个小时至一个小时后出现蓝色竖条和黑色竖条	故障应是某元器件热稳定不良造成的。出故障时，满屏约有 10 条蓝色和黑色竖条，故障与电源、Y 驱动板、Y 缓冲板、维持板没有关系，只与主板、逻辑板、地址（ADD）板和屏有关。如果屏上连接器 COF 坏。一般只会出现一条或几条黑线或黑带。为了判断故障范围，自检状态开机 15min，没有出现黑带。说明主板可能有故障，但是主板出故障引起黑带不太可能，最多出现黑线。所以故障被锁定在 ADD 板（地址）和逻辑板上。但两块 ADD 板不可能同时出故障。经过上述的故障排除法，认定故障是由逻辑板不良引起的。找来新的逻辑板更换后，故障排除
V5 等离子屏 电源板	开机没有 VS 电压。5V 和 12V 启动一下就没有了，红色灯变绿灯，闪几下又变成红灯	红灯闪烁，说明主板已经执行开机动作。5V 和 12V 电压瞬间有，马上保护。说明低电压形成电路开始工作。故障应该在 VS 电压形成电路或低电压形成电路、逻辑板控制电路上。在关机一段时间后，再开机测试 3.4V（VS-ON 信号）电压正常，D5V 电压已经送到逻辑板，并且逻辑板已经发出 VS-ON 信号。再按上述方法监测 VS 输出电压，没有发现 VS 电压有跳动现象，说明故障在 VS 电压控制电路或 VS 电压形成电路。在电路进入保护前测试 MR50600 的供电电压，正常。在路检查外围元器件，未见明显短路和开路。试更换厚膜块 MR50600 后，故障排除

5.9.2 三星数码、高清彩电易发故障维修

机型或机心	故障现象	故障维修
CS-2551H 机型（S51A 机心）	屡烧行管	故障原因为 D403 性能不良，从而引起行激励功率不足。更换时，将 D403 由原来的 1N4004 换成 1N4007 即可
CS-2551N 机型	屏幕呈黑色，但有字符显示	按压 AV 按键后，屏幕上可显示“自动”等字符，然后黑屏变为蓝屏，当输入 AV 视频信号与音频信号后，蓝屏又转变为黑屏，但声音正常。将加速极电压调高，屏幕上出现了有点偏红的光栅，且有很淡的图像出现，调大对比度、色度、锐度，观察光栅变化不大，似乎缺亮度信号。对与亮度信号有关的元器件进行检查，未发现有明显的异常现象，检查 TDA8843 集成电路的沙堡脉冲也无问题。测量行输出变压器的 ABL 端电压异常，顺着该脚铜箔连接线进行检查 R417、R418、R419 三只电阻器，发现 R417 电阻器的一只引脚开路。加锡将 R417 电阻器开路的引脚焊牢后，通电试机，电视机恢复正常，故障排除

（续）

机型或机心	故障现象	故 障 维 修
CS-2551N 机型	不能正常开机，但指示灯闪烁	通电，测量 + B 的 130V 电压在 130 ~ 155V 之间波动，测量 15V 输出端的电压也在 5 ~ 15.5V 之间波动，6.5V 与 14.5V 电压同样也出现相应的波动。对开关电源电路中的精密基准集成电路 TL431 进行检查，未发现有异常，但发现 R815 电阻值有不稳定的变大现象，最大电阻值可达 318kΩ 左右。R815 的正常电阻值应为 127kΩ，用一只新的金属膜电阻器换上后，通电试机，开关电源的各组电压值均恢复正常且稳定，故障排除
CS-2901AP 机型（SCT52A 机心）	开机后立即进入保护停机状态	测得 STR-S6709 的 9 脚电压在 5 ~ 8V 间波动（正常值为 8V），+ B 电压在开机时上升到某值后，随即降为 0。此故障多为原机所用光耦合器（L9651-817BI）性能不良，换用性能较好的 TLP621 光耦合器即可
CS-29KIH 机型（S15 机心）	屡烧行管 D5703	更换行管后，需将电感 L410 换成导线，以消除因电路设计不当造成的此故障
CS-29M20WU 机型	无光栅，有伴音	通电开机，观察显像管灯丝亮，但调整显像管加速极电压屏幕上不出现光栅和回扫线。测量视放电路板上的视放电压和显像管三枪电压均在正常值范围内，但测量加速极电压只有约 5V。拔下显像管尾板管座，通电开机测量加速极电压上升为约 340V，说明故障出在显像管本身。断电，测量显像管加速极与栅极之间的电阻值只有约几百千欧 故障处理：拔下原显像管尾板，另用一只管座插在故障显像管上，然后用一段高压导线插在加速极管脚上，并将其根部用高压胶布包好，以防跳火。在栅极管脚焊上一根导线，另一端缠绕在石墨层的编织线上，用胶布将一根塑料绝缘棒与高压帽引线固定好。通电开机，将高压帽卡簧缓慢靠近加速极上的高压引线，一般情况下，第一次靠近时会出现较大的拉弧火花，再次靠近时一般情况下拉弧火花就不会太明显，此时就说明显像管内的短路处已经被击开。本例经采用上述方法处理后，测量加速极与栅极之间的电阻值为无限大，恢复好电路后，屏幕上的光栅恢复正常，故障排除
CS-5339Z 机型（SCT11C 机心）	屡烧行管 D5072	电源厚膜电路 SMR40000C 性能不良，温度升高后，+ B 电压（+125V）瞬间大幅上升所致
CS-6226Z 机型	遥控与本机键控均失效，待机指示灯不亮	检查交流电源进线熔断器、电源开关管、行输出管均未发现有损坏现象。断开行输出管 VT450 的 c 极，在 + B 电压 +130V 输出端滤波电容器 C823 两端并接一只假负载，通电测量 + B 电压值在 0V→70V→120V→0V 间变化，说明开关电源已经工作。测量开关电源 C827 电容器两端的约 12.5V 的电压基本正常，测量 VT803 管 c 极上的约 10V 的电压正常，但 e 极上的 5V 电压为 0V。断电，拆下 VT803 晶体管进行测量，结果发现该管 b 极与 e 极之间已经开路。VT803 晶体管的型号为 2SC2331，用一只国产 3DK205C 型晶体管进行代换后，故障排除
CS-6277P 机型	电视机不能启动工作，面板上指示灯也不闪烁	对开关电源电路及其负载电路进行检查，发现行输出管 VT402 已经击穿短路，检查行逆程电容器发现有损坏现象。更换一只新的 2SD1887 型行输出管后，通电开机，测量行输出管 c 极上的 +130V 电压正常。测量开关电源输出端输出的 + 8.5V、+ 12V、+ 13.5V、+ 30V、+ 33V、+130V电压值均在正常值范围内。测量行激励驱动集成电路 IC401

（续）

机型或机心	故障现象	故 障 维 修
CS-6277P 机型	电视机不能启动工作，面板上指示灯也不闪烁	（TDA8143）2 脚无激励信号输出，断电测量该脚与地线之间的电阻值较小，显然已经损坏。更换一块新的 TDA8143 型行激励驱动集成电路后，通电试机，故障排除
CS-7226Z 机型	无光栅与图像，有伴音，指示灯不亮	检查交流电源进线熔断器已经熔断，电源开关管 VT801 已经击穿损坏。更换新件后，为了防止电路中仍有隐患元件存在，采用调压器逐渐升高提供给电视机的交流市电电压，当调压电压升高到 210V 时，就听到“啪”的一声，新换的熔断器与开关管又被损坏。断电，测量 IC801 集成电路的 15、14 脚与地线之间的电阻值只有约 5kΩ，单独测量 15 与 14 脚自检电阻为 0Ω，显然击穿短路。C801 的型号为 TEA2261，是一块开关电源控制集成电路，VT801 开关管的型号为 BUV488，更换损坏的元件后，通电试机，故障排除
CS-7277P 机型（SCT51A 机心）	不定期烧行管 D1887	在更换行管后，若行管温升较快，应更换 IC401（TDA8143）、C470（220μF/25V）、C403（220μF/25V）
CS-7277P 机型	光栅暗有回扫线，图像偏色很淡，伴音基本正常	测量解码集成电路 TDA4780 的 20、22、24 脚上的约为 6V 电压值只有约为 0.5V，怀疑视频通道电路被关闭。试从机内引一个 12V 的直流电压短时间接触 TDA4780 的 19 脚后再断开，结果发现电视机可以恢复正常，并且可以长时间进行工作，但关机再次开机时，上述故障会再次出现。试将该机的“静音”按键的两个引脚与电路断开，然后串接一只 5.1kΩ 的电阻器后串接在 TDA4780 的 19 脚与 CN201 插接件的 1 脚之间。这样，当每次开机有伴音出现时，按压一次“静音”按键后，电视机就可以进入正常的工作状态
CS-7277 机型（SCT51A 机心）	有伴音，有高压启动声，无字符，黑屏	显像管灯丝亮，各阳极电压均为 190V。此故障多为 ABL 电路中的 8.2V 稳压二极管 D406 击穿。此机型彩电若行变打火，极易损坏 D406
CS-7277 机型	开机瞬间有打火声，随后保护停机	开机瞬间，可以听到机内有“噼啪”的响声传出，但不能启动工作。直观检查发现靠近行输出变压器处的一块散热铝板的一处有跳火的痕迹，通电观察，果然是该散热铝板与行输出变压器之间跳火。拆下行输出变压器观察，发现跳火处有一烧焦的裂纹，说明故障就是该处绝缘不良引起的跳火。用单面小刀片仔细将行输出变压器烧焦的裂纹处表面刮干净，然后用双管 504AB 绝缘胶水调配后填充在清理后的裂纹处，待胶水自然干透后，再涂抹 1～2 次，等干透后，上机试用，跳火现象消失，故障排除
OK-25 机型	伴音正常，但屏幕上无光栅与图像，指示灯点亮	出现这种故障通常都与亮度通道电路、视频输出电路、显像管电路有关。通电，测量 IC504（TDA4687）2～4、6～8、10～12 脚上的电压均小于 1V，偏低于正常值，20、22、24 脚电压也小于 1V，怀疑该集成电路中的视频信号处理电路处于关闭状态。对 IC504 其他引脚上的电压进行测量，发现其 15 脚上的 3.5V 电压只有 0.1～0.2V，说明故障出在 ABL 控制电路，测量 C307 两端电压值约为 45V，C419 两端电压为负值，但 VD407 二极管两端的电压为 0V。断电，测量 VD407 两端的正反向电阻值均近于 0Ω，将其拆下进行检查，其确实已经击穿短路。VD407 是一只稳压值为 8.2V 的稳压二极管，改用国产 2CW106 型稳压二极管换上后，通电试机，故障排除